Werkzeugmaschinen 5

Manfred Weck • Christian Brecher

Werkzeugmaschinen 5

Messtechnische Untersuchung und
Beurteilung, dynamische Stabilität

7. Auflage

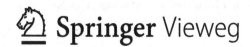 Springer Vieweg

Manfred Weck
Produktionstechnologie (IPT)
Fraunhofer Institut für
  Produktionstechnologie (IPT)
Aachen, Deutschland

Christian Brecher
WZL Laboratorium für Werkzeugmaschinen
  und Betriebslehre
Aachen, Deutschland

ISBN 978-3-540-22505-8 (Hardcover)
ISBN 978-3-642-38748-7 (Softcover)   ISBN 978-3-540-32951-0 (eBook)
DOI 10.1007/978-3-540-32951-0

Die Deutsche Nationalbibliothek verzeichnet diese Publikation in der Deutschen Nationalbibliografie; detaillierte bibliografische Daten sind im Internet über http://dnb.d-nb.de abrufbar.

Springer Vieweg
© Springer-Verlag Berlin Heidelberg 1996, 2001, 2006

Gedruckt auf säurefreiem und chlorfrei gebleichtem Papier

Springer Vieweg ist eine Marke von Springer DE. Springer DE ist Teil der Fachverlagsgruppe Springer Science+Business Media.
www.springer-vieweg.de

Überblick über Dateien Deutsch-Russisch

Zu den bei Springer veröffentlichten Werken Werkzeugmaschinen 1 bis 5 existiert eine Kurzfassung in russischer Sprache, die den interessierten Lesern verfügbar gemacht werden soll. Inhalte der russischen Kurzfassung orientieren sich an Inhalten der Vorlesungen im Fach Werkzeugmaschinen an der Rheinisch-Westfälischen Technischen Hochschule in Aachen. Die Inhalte sind verfügbar auf http://extras.springer.com.

Die Vorlesung ist in 12 Abschnitte gegliedert:

1 Einführung in Werkzeugmaschinen, Umformmaschinen
1 Обзор станков и оборудования, станки для обработки металлов давлением

2 Spanende Werkzeugmaschinen mit Werkzeugen mit geometrisch bestimmten und unbestimmten Schneiden, Verzahnmaschinen
2 Станки для обработки инструментом с геометрически определенными и неопределенными режущими кромками, станки для обработки зубчатых колес

3 Auslegung und Konstruktion von Gestellen und Gestellbauteilen
3 Расчет и конструирование структурных компонентов

4 Simulation, FEM, MKS, Aufstellung und Fundamentierung
4 Симуляция, МКЭ, МТМ, расчет фундаментов

5 Hydrodynamische Gleitführungen und Gleitlager, hydrostatische und aerostatische Gleitlager, Magnetlager
5 Гидродинамические, гидро- и аэростатические, элетромагнитные подшипники инаправляющие

6 Führungen, Lager und Gewindetriebe
6 Направляющие, подшипники, винтовые передачи

7 Geometrische und kinematische Genauigkeit
7 Геометрическая и кинематическая точность

8 Steifigkeit, Temperatur und Lärm
8 Жесткость, температура и шум

9 Dynamik von Werkzeugmaschinen
9 Динамика станков

10 Motoren und Umrichter
10 Двигатели и преобразователи частот

11 Aufbau von Vorschubantrieben, Positionsmesssysteme und Regelung
11 Конструкция приводов, системы позиционирования и управление

12 Logik- und numerische Steuerungen, NC-Programmierung
12 Логическое и числовое управление, программы ЧПУ

Vorwort
zum Kompendium „Werkzeugmaschinen Fertigungssysteme"

Werkzeugmaschinen zählen zu den bedeutendsten Produktionsmitteln der metallverarbeitenden Industrie. Ohne die Entwicklung dieser Maschinengattung wäre der heutige hohe Lebensstandard der Industrienationen nicht denkbar. Die Bundesrepublik Deutschland nimmt bei der Werkzeugmaschinenproduktion eine führende Stellung in der Welt ein. Innerhalb der Bundesrepublik Deutschland entfallen auf den Werkzeugmaschinenbau etwa 8% des Produktionsvolumens des gesamten Maschinenbaus; 8% der Beschäftigten des Maschinenbaus sind im Werkzeugmaschinenbau tätig.

So vielfältig wie das Einsatzgebiet der Werkzeugmaschinen ist auch ihre konstruktive Gestalt und ihr Automatisierungsgrad. Entsprechend den technologischen Verfahren reicht das weitgespannte Feld von den urformenden und umformenden über die trennenden Werkzeugmaschinen (wie spanende und abtragende Werkzeugmaschinen) bis hin zu den Fügemaschinen. In Abhängigkeit von den zu bearbeitenden Werkstücken und Losgrößen haben diese Maschinen einen unterschiedlichen Automatisierungsgrad mit einer mehr oder weniger großen Flexibilität. So werden Einzweck- und Sonderwerkzeugmaschinen ebenso wie Universalmaschinen mit umfangreichen Einsatzmöglichkeiten auf dem Markt angeboten. Auf Grund der gestiegenen Leistungs- und Genauigkeitsanforderungen hat der Konstrukteur dieser Maschinen eine optimale Auslegung der einzelnen Maschinenkomponenten sicherzustellen. Hierzu benötigt er umfassende Kenntnisse über die Zusammenhänge der physikalischen Eigenschaften der Bauteile und der Maschinenelemente.

Eine umfangreiche Programmbibliothek versetzt den Konstrukteur heute in die Lage, die Auslegungen rechnerunterstützt vorzunehmen. Messtechnische Analysen und objektive Beurteilungsverfahren eröffnen die Möglichkeit, die leistungs- und genauigkeitsbestimmenden Kriterien, wie die geometrischen, kinematischen, statischen, dynamischen, thermischen und akustischen Eigenschaften der Maschine zu erfassen und nötige Verbesserungen gezielt einzuleiten.

Die stetige Tendenz zur Automatisierung der Werkzeugmaschinen hat zu einem breiten Fächer von Steuerungsalternativen geführt. In den letzten Jahren nahm die Entwicklung der Elektrotechnik/Elektronik sowie der Softwaretechnologie entscheidenden Einfluss auf die Maschinensteuerungen. Mikroprozessoren und Prozessrechner ermöglichen steuerungstechnische Lösungen, die vorher nicht denkbar waren. Die Mechanisierungs- und Automatisierungsbestrebungen beziehen auch den Materialtransport und die Maschinenbeschickung mit ein. Die Überlegungen auf diesem Gebiet führten in der Massenproduktion zu Transferstraßen und in der Klein- und Mittelserienfertigung zu flexiblen Fertigungszellen und -systemen.

Die in dieser Buchreihe erschienenen fünf Bände zum Thema „Werkzeugmaschinen Fertigungssysteme" wenden sich sowohl an die Studierenden der Fachrichtung „Fertigungstechnik" als auch an alle Fachleute aus der Praxis, die sich in die immer komplexer werdende Materie dieses Maschinenbauzweiges einarbeiten müssen.

Außerdem verfolgen diese Bände das Ziel, dem Anwender bei der Auswahl der geeigneten Maschinen einschließlich der Steuerungen zu helfen. Dem Maschinenhersteller werden Wege für eine optimale Auslegung der Maschinenbauteile, der Antriebe und der Steuerungen sowie Möglichkeiten zur gezielten Verbesserung auf Grund messtechnischer Analysen und objektiver Beurteilungsverfahren aufgezeigt. Der Inhalt des Gesamtwerkes lehnt sich eng an die Vorlesung „Werkzeugmaschinen" an der Rheinisch-Westfälischen Technischen Hochschule Aachen an und ist wie folgt gegliedert:

Band 1:   Maschinenarten, Bauformen und Anwendungsbereiche,
Band 2:   Konstruktion und Berechnung,
Band 3:   Mechatronische Antriebe und Prozessdiagnose,
Band 4:   Steuerungstechnik von Maschinen und Anlagen,
Band 5:   Messtechnische Untersuchung und Beurteilung, dynamische
          Stabilität.

Aachen, im November 2005   *Manfred Weck, Christian Brecher*

Vorwort zum Band 5

Für die Qualitätskontrolle von Werkzeugmaschinen und für die Abnahme von Maschinen bei der Übernahme durch den Maschinenanwender ist man bestrebt, alle wichtigen Eigenschaften von Werkzeugmaschinen zu beschreiben und zu bewerten. Dazu sind objektive Verfahren zur Erfassung und Darstellung entsprechender Messwerte erforderlich.

Die Problematik liegt darin, dass praktisch alle Maschineneigenschaften von einer Vielzahl systematischer und zufälliger Größen beeinflusst werden. Um zu einer gerechten Maschinenbeurteilung zu kommen, muss man deshalb die Einzeleinflüsse erkennen und für die vergleichende Maschinenbeurteilung konstant halten.

Ausgehend von der Definition der Eigenschaften, die die Arbeitsgenauigkeit, die Leistungsfähigkeit, das Umweltverhalten und die Zuverlässigkeit der Maschinen bestimmen, werden in diesem Band die grundlegenden Zusammenhänge dargestellt, die wesentlichen Einflussparameter diskutiert und der heutige Stand der Messtechnik aufgezeigt.

Dabei wird jeweils darauf eingegangen, inwieweit die Prüfung der entsprechenden Eigenschaften in Richtlinien oder Normen festgelegt ist. Darüber hinaus werden in Verbindung mit der zur Erfassung der Maschineneigenschaften benutzten Messtechnik Vorgehensweisen beschrieben, die es erlauben, die Schwachstellen der Maschinen hinsichtlich der einzelnen Eigenschaften zu erkennen, um zielsicher Verbesserungsmaßnahmen ergreifen zu können.

Der Inhalt des vorliegenden Bandes gliedert sich wie folgt:

Nach einer kurzen Einleitung (Kapitel l), die allgemein die Ziele und Methoden zur Erfassung von Maschinenkenngrößen umreißt, wird in Kapitel 2 ein Überblick über die zur Beurteilung von Werkzeugmaschinen erforderlichen Messgeräte gegeben. Die in den nachfolgenden Kapiteln beschriebenen Vorgehensweisen bei der Durchführung der Messungen greifen auf diese Darstellung zurück.

Einen bedeutenden Einfluss auf die Maßhaltigkeit der auf Werkzeugmaschinen hergestellten Werkstücke haben die Abweichungen der Ist-Relativbewegung (bzw. der Ist-Position) zwischen Werkzeug und Werkstück von der vorgegebenen Soll-Relativbewegung (bzw. Soll-Position). Die Vorgehensweise zur messtechnischen Erfassung dieser geometrischen und kinematischen Abweichungen wird in Kapitel 3 behandelt.

In Kapitel 4 wird auf die Messtechniken und Auswertemethoden zur Untersuchung der Maschinenverformungen unter statischen Belastungen (Werkstückgewichtskräfte und Prozesskräfte) eingegangen.

Kapitel 5 beschäftigt sich mit der Messung der geometrischen und kinematischen Maschinenabweichungen auf Grund thermischer Verformungseinflüsse. Das thermische Verhalten ist, insbesondere vor dem Hintergrund ständig steigender Schnitt- und Vorschubgeschwindigkeiten sowie Achsbeschleunigungen und der damit verbundenen Wärmeeinbringung in die Maschinenstruktur, ein zunehmend wichtiger Faktor für die erzielbaren Genauigkeiten von Werkzeugmaschinen. Dieser Entwicklung wird durch Einführung neuer Messverfahren zur einfachen Erfassung thermoelastischer Strukturverformungen an Werkzeugmaschinen Rechnung getragen.

Schwingungserscheinungen an Werkzeugmaschinen hängen meist mit dem dynamischen Nachgiebigkeitsverhalten der Maschinenstruktur zusammen. Kapitel 6 behandelt diese Thematik. Im Einzelnen wird auf die Untersuchung des dynamischen Verhaltens, die theoretischen Grundlagen bei der Messung, die Zusammenhänge bei der Entstehung von Ratterschwingungen und die Möglichkeiten zur Verbesserung des dynamischen Maschinenverhaltens durch geeignete Wahl der Prozessparameter eingegangen.

Die messtechnische Erfassung und Beurteilung des kinematischen und dynamischen Verhaltens von Vorschubantrieben ist Gegenstand des Kapitels 7. Insbesondere werden Diagnosemöglichkeiten, die sich durch die Verwendung moderner Steuerungen ergeben, vorgestellt.

Das Geräuschverhalten von Werkzeugmaschinen (Kapitel 8) stellt ein sehr wichtiges Abnahmekriterium dar. Nach einer Einführung in die Grundbegriffe der Akustik werden Möglichkeiten zur Geräuschmessung, -beurteilung und -analyse aufgezeigt und die aktuellen Messrichtlinien dargestellt.

Das Kapitel 9 zeigt indirekte Wege zur Erfassung der geometrischen und kinematischen Maschinenmerkmale an Hand von Bearbeitungstests auf. Hier wird die Güte der Maschine durch die maßliche Bewertung von Werkstücken bestimmt. Es werden die Vorgehensweise bei und die Bedeutung von Fähigkeitsuntersuchungen zur Abnahme von Sondermaschinen erläutert sowie eine hierzu erarbeitete Richtlinie vorgestellt.

Kapitel 10 beschäftigt sich mit der indirekten Beurteilung des dynamischen Maschinenverhaltens durch Rattertests für vorgegebene Bearbeitungsaufgaben.

Die nunmehr siebte Auflage entstand unter Mitwirkung unserer Mitarbeiter, der Herren Dipl.-Ing. *Martin Esser*, Dipl.-Ing. *Lutz Schapp*, Dipl.-Ing. *Peter Hirsch*, Dipl.-Ing. *Severin Hannig*, M.Eng. *Sergio Macedo*, Dipl.-Ing. *Falco Paepenmüller* und Herrn *Michael Pfoser*.

Allen Beteiligten möchten wir für ihre große Einsatzbereitschaft sehr herzlich danken. Für die Koordination und Organisation der Überarbeitung zur siebten Auflage möchten wir Herrn Dipl.-Ing. *Martin Hork* besonders danken.

Den Firmen, die die bildlichen Darstellungen aufbereitet und für diesen Band zur Verfügung gestellt haben, möchten wir ebenso herzlich danken.

Aachen, im November 2005   *Manfred Weck, Christian Brecher*

Inhaltsverzeichnis

**DIREKTE MESSUNG UND BEURTEILUNG
DER MASCHINENEIGENSCHAFTEN**

**3   Geometrisches und kinematisches Verhalten
      von Werkzeugmaschinen**

**INDIREKTE BEURTEILUNG DER MASCHINENEIGENSCHAFTEN
DURCH BEARBEITUNGSTESTS**

Formelzeichen und Abkürzungen

Großbuchstaben

A	m^2	äquivalente Absorptionsfläche
A	–	Anfangspunkt der Kontaktlänge
A	m^2	Fläche
A	–	Schablonenkennwert
A	–	statistischer Anteil der Abweichung
A$_\text{ü}$	mm	Überschwingweite
[A$_\varphi$]	–	Matrix der Winkelabweichungen
[A$_{\angle 0}$]	–	Matrix der Winkelabweichungen
B	µm	größte vorkommende Abweichung
B	Vs/m^2	magnetische Flussdichte
C	Ns/m	Dämpfungskoeffizient
C	–	Fähigkeitsindex
C	F	Kapazität
[C]	–	Dämpfungsmatrix
C$_\text{k}$	–	kritischer Fähigkeitsindex
C$_\text{l}$	–	Langzeitfähigkeitsindex
C$_\text{lk}$	–	kritischer Langzeitfähigkeitsindex
C$_\text{s}$	–	Kurzzeitfähigkeitsindex
C$_\text{sk}$	–	kritischer Kurzzeitfähigkeitsindex
D	–	Dämpfungsmaß
D	mm	Durchmesser, mittlerer Speckledurchmesser
$\vec{D}$	–	Verschiebungsvektor
D$_\text{eq}$	mm	äquivalenter Schleifscheibendurchmesser
D$_\text{s}$	mm	Schleifscheibendurchmesser
D$_\text{w}$	mm	Werkstückdurchmesser
E	N/mm^2	Elastizitätsmodul
E	–	Endpunkt der Kontaktlänge
$\vec{E}$	–	Empfindlichkeitsvektor
E(jω)	–	komplexes Energiespektrum
E$_\text{i}$	–	i-tes Element
F	N	Kraft
$\hat{F}$	N	maximale Kraftamplitude
{F}	–	Vektor der äußeren Kräfte
F(jω)	N	Kraftspektrum

F_a	N	Antriebskraft
F_d	–	Dämpfungskraft
G	N/mm^2	Gleitmodul
[G]	µm/N	Matrix der Nachgiebigkeitsfrequenzgänge
$G(j\omega)$	–	Frequenzgang
$G_{führ}(j\omega)$	–	Führungsfrequenzgang
$G_g(j\omega)$	µm/N	gerichteter Nachgiebigkeitsfrequenzgang
$G_{ij}(j\omega)$	µm/N	Nachgiebigkeitsfrequenzgang
		i = Koordinatenrichtung der Kraft
		j = Koordinatenrichtung der Verlagerung
$G_M(j\omega)$	µm/N	Maschinennachgiebigkeitsfrequenzgang
$G_0(j\omega)$	µm/N	Frequenzgang des aufgeschnittenen Wirkungskreises
$G_S(j\omega)$	µm/N	Schleifscheibennachgiebigkeitsfrequenzgang
$G_{Sl}(j\omega)$	µm/N	Kontaktnachgiebigkeitsfrequenzgang der Schleifscheibe
$G_{stör}(j\omega)$	–	Störfrequenzgang
$G_{Sw}(j\omega)$	µm/N	Schleifscheibenverschleiß
H	A/m	Magnetische Feldstärke
I	A	Strom
I	W/m^2	Intensität, Schallintensität
I_0	W/m^2	Bezugsschallintensität
Im	–	Imaginärteil
J	kgm^2	Massenträgheitsmoment
K	–	Größen der Schablone
K	–	K-Faktor (DMS)
K	N/µm	Steifigkeit
K	–	Steigungsmaß
K	–	systematischer Fehleranteil
[K]	–	Steifigkeitsmatrix
K_i	–	i-te Koppelstelle
K_L	s^{-1}	Verstärkungsfaktor des Lagereglers
K_{Luft}	–	Luftkorrekturwert zur Kompensation
K_M	Nm/A	Momentkonstante
K_p	As/m	Verstärkungsfaktor des Geschwindigkeits-(Drehzahl-)reglers
K_V	s^{-1}	Geschwindigkeitsverstärkung (Lageregler)
K_1	dB	Korrekturfaktor für Fremdgeräusch
K_2	dB	Korrekturfaktor für Raumeinfluss
L	H	Induktivität
L_{eq}	dB	energieäquivalenter Schalldruckpegel
L_m	dB	zeitlicher Mittelungspegel
L_p	dB	effektiver Schalldruckpegel
L_{pA}	dB	A-bewerteter Schalldruckpegel
L_r	dB	Beurteilungspegel
L_S	dB	Messflächenmaß

L_v	dB	Schnellepegel
L_W	dB	Schallleistungspegel
L_{WA}	dB	A-bewerteter Schallleistungspegel
M	Nm	Drehmoment
M	kg	Masse
[M]	–	Massenmatrix
N	–	Anzahl
N	–	Interferenzordnung
OGW	–	oberer Grenzwert
P	–	Objektpunkt
P	kW	Leistung, Antriebsleistung
P	W	Schallleistung
P_A	µm	Positionierabweichung
P_i	–	i-ter Messpunkt
P_N	kW	Nennleistung
P_0	W	Bezugsschallleistung
P_0	–	Bezugspunkt im Maschinenkoordinatensystem
P_{Si}	µm	Positionsstreubreite
P_{Ui}	µm	Positionierunsicherheit
Q'_W	mm³/(mm·s)	bezogenes Zeitspanvolumen
R	µm/N	Imaginärteil der modalen Nachgiebigkeit
R	mm	Radius
R	Ω	Widerstand
Re	–	Realteil
R_{eq}	mm	äquivalenter Schleifscheibenradius
R_m	mm	Radius des Ausrichtefehlerkreises
R_O	Ω	Gesamtwiderstand
R_S	Ω	wirksamer Widerstand
R_V	Ω	Vergleichswiderstand
RV	–	Spannweitenkennwert
RV_k	–	kritischer Spannweitenkennwert
S	m²	Messfläche
S	µm/N	Realteil der modalen Nachgiebigkeit
S_0	m²	Bezugsfläche
SV_α	mm	Schneidenversatz in Richtung Freifläche
$S(j\omega)$	–	komplexes Leistungsspektrum
$S_{xx}(\omega)$	–	Autoleistungsspektrum (reell) aus Systemeingang
$S_{yy}(\omega)$	–	Autoleistungsspektrum (reell) aus Systemausgang
$S_{xy}(j\omega)$	–	Kreuzleistungsspektrum (komplex) aus Systemeingang
$S_{yx}(j\omega)$	–	Kreuzleistungsspektrum (komplex) aus Systemausgang
T	–	Toleranzfeldbreite
T	s	Zeit, Periodendauer, Zeitkonstante, Totzeit
T_{an}	s	Anregelzeit

T_{aus}	s	Ausregelzeit
T_{np}	s	Nachstellzeit des Geschwindigkeits-(Drehzahl-)reglers
T_o	–	obere Toleranzfeldbreite
T_p	s	Positionierzeit
$T_{PWz}\{K_i\}$	µm	Transformation der Verlagerung des Punktes P an der Koppelstelle K_i auf den Werkzeugpunkt
T_S	s	Totzeit der Schleifscheibendrehzahl
T_t	s	Totzeit
T_u	–	untere Toleranzfeldbreite
$T_ü$	s	Überschwingzeit
T_v	s	Verzögerungszeit
T_W	s	Totzeit der Werkstückdrehzahl
U	V	elektrische Spannung
U	µm	Unsicherheit
U_0	V	an R_0 angelegte Spannung
UGW	–	unterer Grenzwert
U_i	µm	Umkehrspanne
U_M	V	Messspannung
U_p	V	Speisespannung für Piezoaktorik
U_s	V	Steuerspannung, wegproportionale Spannung
U_{WS}	µm	Werkstückmaßabweichung
V	–	Shearingversatz
V	m³	Volumen
$\vec{V}$	–	Verformungsvektor
VB	mm	Verschleißmarkenbreite
{X}	–	Systemkoordinaten, Lagevektor im Maschinenkoordinatensystem
$X_0, Y_0, Z_0,...$	–	Lagevektor eines Punktes im Maschinenkoordinatensystem
$X_a(j\omega)$	–	Ausgangsgröße eines Systems im Frequenzbereich
$X_i(j\omega)$	–	Ist-Größe im Frequenzbereich
$X_s(j\omega)$	–	Soll-Größe im Frequenzbereich
X_{WSI}	–	Werkstückkoordinaten
{Z}	–	modale Koordinaten
Z_0	Ns/m^3	Schallkennimpedanz

Kleinbuchstaben

a	m/s^2	Beschleunigung
a	mm	Länge
a	mm	Schnitttiefe, Spanungstiefe, Zustellung
{a}	–	Werkstückmaßabweichungen
$\{a_T\}_{(xo)}$	–	Abweichungsvektor

b	m/s^2	Beschleunigung
b	mm	Breite, Schleifbreite, Spanungsbreite
b_{cr}	mm	Grenzspanungsbreite
b_s	mm	Schleifscheibenbreite
c	Ns/m	Dämpfungskoeffizient
c	m/s	Schallgeschwindigkeit
d	mm	Abstand, Auslenkung
d	mm	Durchmesser
d_{ij}	–	Richtungsfaktor (directional factor)
e	mm	Exzentrizität
$\vec{e}$	–	Einheitsvektor
f	mm	Brennweite
f	Hz	Frequenz
{f}	–	Vektor der äußeren Kräfte
$f_{c\,max}$	Hz	maximale Ratterfrequenz
f_l	Hz	Abhebefrequenz
f_m	Hz	Mittenfrequenz
f_n	Hz	Eigenfrequenz
f_o	Hz	obere Grenzfrequenz
f_R	Hz	Resonanzfrequenz
f_s	Hz	Abtastfrequenz, Samplingfrequenz
f_t	Hz	Übergangsfrequenz
f_u	Hz	untere Grenzfrequenz
f_z	Hz	Zahneingriffsfrequenz
h	mm	Höhe
h_w	µm	Restwelligkeit auf dem Werkstück
i	–	Anzahl
i	–	Getriebeübersetzung
i_a	A	Motorstrom
i_s	A	Soll-Strom
j	–	$\sqrt{-1}$
k	N/mm	Federkonstante, Steifigkeit
k_c	Ns/mm^3	Schnittkraftkoeffizient
k_c	N/mm^2	spez. Schnittsteifigkeit
k_{cb}	$N/\mu m^2$	spez. dyn. Schnittkraftkoeffizient
k_{ij}	$N/\mu m$	Steifigkeit
		i = Koordinatenrichtung der Kraft
		j = Koordinatenrichtung des Weges
$k_{i\varphi j}$	$N/(\mu m \cdot m)$	Neigungssteifigkeit
		i = Koordinatenrichtung der Kraft
		φj = Neigung um die Achse j
k_s	$N/\mu m$	Schnittsteifigkeit
l	mm	Länge
l	mm	Maschinenverfahrweg
l_c	mm	Kontaktlänge

l_{ci}	mm	innere Kontaktlängenänderung
l_{co}	mm	äußere Kontaktlängenänderung
l_{Fe}	mm	Länge der Feldlinien im Kern und Anker
l_L	mm	Länge der Feldlinien in der Luft
m	kg	Masse
m	–	Messreihe
m	–	Ordnungszahl der Rattersäcke
n	–	Anzahl
n	min^{-1}	Drehzahl
n_i	min^{-1}	Ist-Drehzahl
n_s	min^{-1}	Soll-Drehzahl
n_w	min^{-1}	Werkstückdrehzahl
p	–	Kippsteifigkeitsbeiwert (Pressen)
p	N/m^2	Schalldruck
$\tilde{p}$	N/m^2	effektiver Schalldruck
p_0	N/m^2	Bezugsschalldruck
$\tilde{p}_0$	N/m^2	effektiver Bezugsschalldruck
$p_{\ddot{O}l}$	bar	Öldruck
p_w	–	Welligkeitsfortschritt
q	–	Steifigkeitsbeiwert (Pressen)
r	mm	Teilkreisradius
s	–	Koordinatenrichtung
s	mm	Lauflängenänderung
s	mm	Messhub
s	–	Scheibenzahl
s	–	Streuung, Standardabweichung, stat. Abweichung
s	mm	Vorschub
s	mm	Weg
$\bar{s}$	–	mittlere Standardabweichung
s^2	–	Varianz
s_A	–	Koordinate des Anfangspunktes der Kontaktlänge
s_M	–	Koordinate des Schleifscheibenmittelpunktes
s_z	mm	Vorschub
t	s	Zeit
u	mm	Spanungsdickenänderung
v	m/s	Geschwindigkeit, Schnittgeschwindigkeit
v	m/s	Schallschnelle
v	–	Scheibenindex
$\tilde{v}$	m/s	effektive Schallschnelle
v_0	m/s	Bezugsschallschnelle
$\tilde{v}_0$	m/s	effektive Bezugsschallschnelle
v_f	m/s	Vorschubgeschwindigkeit
v_s	m/s	Schleifscheibenumfangsgeschwindigkeit
v_w	m/s	Werkstückumfangsgeschwindigkeit, Werkstückgeschwindigkeit

w	–	Windungszahl
x	mm	Messwert
x	µm	Verlagerung
x	mm	Weg, Position
$\dot{x}$	m/s	Geschwindigkeit
$\ddot{x}$	m/s^2	Beschleunigung
$\overline{\overline{x}}$	mm	Mittelwert der Messwerte
$\underline{x}$	mm	systematische Abweichung der Messwerte
$\tilde{x}$	mm	Median der Messwerte
{x}	–	Vektor der Verlagerungen
{$\dot{x}$}	–	Vektor der Geschwindigkeiten
{$\ddot{x}$}	–	Vektor der Beschleunigungen
$\hat{x}$	mm	maximale Wegamplitude
x_a	mm	Ist-Position des Antriebs
$x_a(t)$	–	Ausgangsgröße eines Systems im Zeitbereich
x_d	µm	aktuelle Verlagerung
x_e	µm	Summe aus Maschinenverlagerung und lokaler Verformung der Schleifscheibe
$x_e(t)$	–	Eingangsgröße eines Systems im Zeitbereich
x_{ges}	µm	Gesamtmaschinenverlagerung
x_{GS}	µm	Verformung der Schleifscheibe
x_m	m	Ist-Position der Mechanik
x_M	µm	Maschinenverlagerung
x_M	µm	Koordinate des Schleifscheibenmittelpunktes
x_S	µm	Verformung der Schleifscheibe
x_{Sg}	µm	globale Verformung der Schleifscheibe
x_{Sl}	µm	lokale Verformung der Schleifscheibe
x_{Sw}	µm	Schleifscheibenverschleiß
$x_{Sw,ges}$	µm	Gesamtverschleiß während einer Schleifscheibenumdrehung
$x_{Sw,stat}$	µm	statischer Verschleiß während einer Schleifscheibenumdrehung
x_{wi}	µm	Schleifscheibenwelligkeit nach der i-ten Umdrehung
x, y, z, ...	–	Koordinatenrichtungen
x´, y´, z´, ...	–	Koordinatenrichtungen
y	µm	Verlagerung, Hilfsgröße zur Berechnung der Kontaktlänge
z	–	Zähnezahl
z_0	–	Gangzahl des Fräsers
z_2	–	Zähnezahl des Werkstücks

Griechische Buchstaben

α, β, δ	Grad	Winkel
α	Grad	Hilfswinkel zur Berechnung der Kontaktlänge
$\overline{\alpha}$	–	mittlerer Schallabsorptionsgrad
β	Grad	Phasenverschiebung
β	Grad	Schrägungswinkel
β	Grad	Winkel zwischen Schnittkraftkomponente F_{xy} und Spanungsdickenänderungskomponente u_{xy}
β_g	–	Proportionalitätsfaktor
β_{orth}	Grad	Winkel zwischen Richtung der dyn. Schnittkraft und Spanungsdickenänderungsrichtung
δ	µm	Abweichung
δ'_i	Grad	Neigungswinkel
$\delta_{i(j)}$	µm	Abweichung in der Achse i aufgrund einer Bewegung in Achse j
$\delta_i(\varphi_z)$	µm	Exzentrizitäten
$\delta x, \delta y, \delta z$	µm	lineare Abweichungen in den Koordinatenrichtungen x, y, z
$\delta x(x)$	µm	lineare Positionierabweichung
$\delta y(x)$	µm	Geradheitsabweichung
$\delta z(x)$	µm	Geradheitsabweichung
$\delta z_0(x)$	µm	Oberflächenabweichung
$\delta z_A(x)$	µm	Ausrichtungsfehler
$\delta z_F(x)$	µm	Führungsabweichung
$\delta z'_i$	µm	Einzelhöhenunterschied
$\delta\varphi_i$	Grad	Winkelabweichung
$\delta\varphi_{ij}$	Grad	Achswinkelfehler
$\delta\varphi_{x,y,z,...}$	Grad	Winkelabweichung um die Koordinatenrichtung
$\delta\Theta_{x,y,z,...}$	Grad	Winkelabweichung um die Koordinatenrichtung
Δ	–	Differenz, Abweichung
ΔA	–	Signalgenauigkeit
Δt	s	Zeitinkrement, Schrittweite
ΔT	°C	Temperaturänderung
Δx_{krit}	mm	kritischer Abstand
ΔX_{ij}	µm	Verlagerung des Bauteils j zum Zeitpunkt i
$\Delta\upsilon$		Übertemperatur
ε	–	Dehnung
ε	Grad	Winkel zwischen der inneren und der äußeren Spanungsdickenmodulation
ε	Grad	Winkel zwischen aufgeschnittener Welligkeit und aktueller Verlagerung

ε_{Sw}	Grad	Phasenverschiebung zwischen dynamischem Verschleiß und vorhandener Welligkeit
ε	F/cm	Dielektrizitätskonstante der Luft
ε_0	F/cm	Dielektrizitätskonstante des leeren Raums
γ	Grad	(Kipp-) Winkel
γ^2	–	Kohärenz
η	–	Wirkungsgrad
$\eta(j\omega)$	–	Störsignal (Ausgang)
ϑ	°C	Temperatur
ϑ, φ, ψ	Grad	Winkel
κ	–	Empfindlichkeit
κ_M *)	Grad	Einstellwinkel im Maschinenkoordinatensystem
λ	Grad	Neigungswinkel
λ	m	Wellenlänge
λ_L	m	Lichtwellenlänge
λ_{lw}	mm	Abhebewellenlänge
λ_O	m	Wellenlänge im Vakuum
λ_{tw}	mm	Übergangswellenlänge
μ	–	Erwartungswert
μ	Vs/Am	Permeabilität
μ	–	Querkontraktionszahl
μ	%	Überdeckungsgrad
μ_0	Vs/Am	Permeabilität des leeren Raumes
μ_k	–	Abklingkonstante
ν_k	s^{-1}	Gedämpfte Eigenkreisfrequenz
π	–	Pi
ρ	kg/m^3	Dichte
ρ	Ω/mm	spezifischer Widerstand
ρ_L	kg/m^3	Dichte der Luft
σ	–	Standardabweichung
$\upsilon(j\omega)$	–	Störsignal (Eingang)
φ	Grad	Eingriffsbogen
φ	Grad	Phasenwinkel
φ	Grad	Tischdrehwinkel
φ_A	Grad	Winkel des Anfangspunktes der Kontaktlänge
φ_E	Grad	Winkel des Endpunktes der Kontaktlänge
φ_G	Grad	Phasenwinkel des Systemnachgiebigkeitsvektors
φ_{ges}	Grad	Phasenwinkel des Gesamtsystems

*) Zur eindeutigen Festlegung der Lage der Werkzeugschneidekante im Maschinenkoordinatensystem wurde der Winkel κ_M eingeführt. Im Gegensatz zum Einstellwinkel κ, wie er in DIN 6581 definiert ist, bezieht sich κ_M nicht auf den Winkel zwischen der Schneidenebene und der Arbeitsebene des Werkzeugs (Werkzeugbezugssystem), sondern auf den Winkel zwischen der Werkzeugschneide und der Ebene senkrecht zur Rotationsachse des Werkzeugs und Werkstücks, gemessen in Richtung der positiven z-Achse.

φ_{gr}	Grad	Grenzphasenwinkel
$\varphi_{Grenz,s}$	Grad	schleifscheibenseitiger Grenzphasenwinkel
$\varphi_{Grenz,w}$	Grad	werkstückseitiger Grenzphasenwinkel
φ_i	Grad	Eintrittswinkel der Schneide
φ_k	Grad	Phasenwinkel zwischen relativer Verlagerung und Zeitspanvolumenänderung
φ_m	Grad	Lagewinkel des Fräsbogens
φ_M	Grad	Phasenwinkel der Maschinennachgiebigkeit
φ_o	Grad	Austrittswinkel der Schneide
$\varphi_{x,y,z,...}$	Grad	Winkel um die Koordinatenrichtung
$\{\Psi\}$	–	Eigenvektor
$[\Psi]$	–	Eigenvektormatrix
ω	s^{-1}	Kreisfrequenz
ω_{dn}	s^{-1}	Eigenkreisfrequenz (gedämpftes System)
ω_n	s^{-1}	Eigenkreisfrequenz (ungedämpftes System)
ω_o	s^{-1}	Eigenkreisfrequenz
ω_R	s^{-1}	Resonanzkreisfrequenz (gedämpftes System)
ω_S	s^{-1}	Schleifscheibendrehfrequenz
ω_W	s^{-1}	Werkstückdrehfrequenz

Indizes

0	Bezug
1	Ritzel
2	Rad
a	Anfangs-
A	A-Bewertung
abs	absolut
cr	Grenz- (critical)
d	digitalisiert
dyn	dynamisch
e	End-
eff	effektiv
el	elektrisch
eq	äquivalent
g	global
ges	gesamt
grenz	Grenz-
hyd	hydraulisch
i, j, k, n, m	Laufparameter
i	innerer, Eintritt (in)
i, ist	Ist-
k, krit	kritisch

L	Luft
m	mittel
max	maximal
mech	mechanisch
mess	gemessen
min	minimal
neg	negativ
N	Nenn-
o	äußerer, Austritt (out)
ref	Referenz
rel	relativ
s, soll	Soll-
st, stör	Stör-
stat	statisch
T	Tisch
W, W_{St}	Werkstück
W_z	Werkzeug
x, y, z	auf Koordinatenrichtung bezogen
zul	zulässig
$^\wedge$	Scheitelwert
*	konjugiert komplex
↑	positive Anfahrrichtung
↓	negative Anfahrrichtung

Abkürzungen

ANSI	American National Standards Institut
BAS	AB Bofors, Alfa Laval, Asea, Scania Vabis (Schweden)
DIN	Deutsches Institut für Normung e.V.
DGQ	Deutsche Gesellschaft für Qualität
ETS	Emission technischer Schallquellen
GMR	Gesellschaft für Mess- und Regelungstechnik
GOST	Gosstandart of Russia, State Committee of the Russian Federation for Standardization and Metrology
ISO	International Organization for Standardization
JIS	Japanese Industrial Standards
NAS	National Aerospace Standardization
NWM	Normenausschuss für Werkzeugmaschinen
UMIST	University of Manchester, Institute of Science and Technology
UVV	Unfallverhütungsvorschrift
VDI	Verein Deutscher Ingenieure
VDMA	Verband Deutscher Maschinen- und Anlagenbau e.V.
VDW	Verein Deutscher Werkzeugmaschinenfabriken e.V.

1 Ziele und Methoden zur Erfassung der Maschineneigenschaften

1.1 Bedeutung der Maschinenbeurteilung und -abnahme

Arbeitsgenauigkeit, Leistungsvermögen, Umweltverhalten und Zuverlässigkeit von Werkzeugmaschinen beeinflussen wesentlich die Qualität der gefertigten Produkte und die Wirtschaftlichkeit der Fertigung. Die stürmische Entwicklung der Steuerungstechnik in den letzten Jahren erhöhte in starkem Maße die Automatisierung des Fertigungsprozesses und damit die Komplexität der Anlagen. Diese Entwicklung wurde von ständig steigenden Zuverlässigkeitsanforderungen an die Maschinen begleitet.

Technologische Fortschritte auf dem Werkzeugsektor fordern von den neuen Werkzeugmaschinen wesentlich höhere Leistungen, Hauptspindeldrehzahlen und Vorschubgeschwindigkeiten. Neben den beträchtlich zugenommenen Maschinenbelastungen, hervorgerufen durch den Prozess, sind zusätzlich die Ansprüche an die Maschinengenauigkeit gestiegen.

Die Entwicklung der erzielbaren bzw. angestrebten Maschinengenauigkeit innerhalb der letzten 250 Jahre gibt Bild 1-1 wieder [1-1, 1-2]. In dem Bild wird zwischen Standard-, Feinbearbeitungs- und Ultrapräzisionsmaschinen unterschieden. Die ständige Verbesserung der Maschinengenauigkeiten lässt für die Zukunft erwarten, dass selbst Standard-Bearbeitungsmaschinen, wie Dreh- und Fräsmaschinen, in der Lage sein werden, die Genauigkeit heutiger Feinbearbeitungsmaschinen zu erreichen. Ob dieser Trend in jedem Falle sinnvoll ist, soll hier nicht diskutiert werden. Fest steht, dass es auch zukünftig neben sehr genauen Werkstücken grob tolerierte Werkstücke geben wird, die die Forderung an eine solch hohe Maschinenpräzision nicht stellen werden.

Die Arbeitsgenauigkeit einer Werkzeugmaschine wird im Wesentlichen durch ihr geometrisches und kinematisches Verhalten beschrieben. Bei der Vielzahl möglicher Fehlerursachen sind zunächst die auf die Herstellung der Maschinenbauteile und deren Montage zurückzuführenden geometrischen und kinematischen Abweichungen zu berücksichtigen. Darüber hinaus ist das elastische Last-/Verformungsverhalten der Maschine infolge der Prozessbelastungen von großer Bedeutung. Als Ursachen für die Maschinenverformungen sind Werkstückgewichtskräfte, statische und dynamische Prozesskräfte, Beschleunigungskräfte sowie verschiedenartige Wärmequellen zu nennen.

Die Aufgabe der in diesem Band beschriebenen Messverfahren zur Beurteilung der Werkzeugmaschinen besteht daher darin, das Maschinenverhalten im lastfrei-

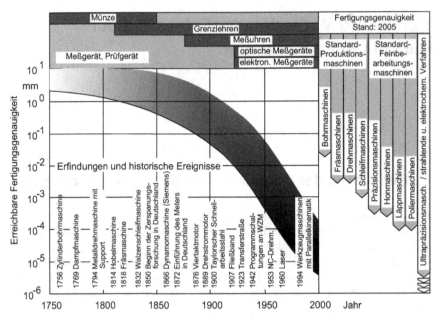

Bild 1-1. Historische Entwicklung der erreichbaren Maschinengenauigkeiten

en Zustand sowie bei unterschiedlichen Belastungsbedingungen objektiv zu erfassen. Geeignete Auswerteverfahren sollen eine qualitative und quantitative Einstufung der Maschine hinsichtlich ihrer Genauigkeitsmerkmale, bzw. den Vergleich von Maschinen ermöglichen.

1.2 Anforderungen an die Messverfahren und Vorgehensweise bei der Durchführung

Ein Überblick über die Bedeutung der Begriffe „Arbeitsgenauigkeit, Leistungsvermögen, Umweltverhalten und Zuverlässigkeit" sowie deren sich überschneidende Zusammenhänge der maschinenbeschreibenden Unterbegriffe ist in Bild 1-2 dargestellt. Für die Arbeitsgenauigkeit und das Leistungsvermögen einer Werkzeugmaschine ist neben dem geometrischen und kinematischen Verhalten der unbelasteten Maschine, bestimmt durch die fertigungsbedingten Abweichungen ihrer Elemente und Bauteile, der Einfluss der Belastung durch den Prozess besonders hervorzuheben. Hier spielen insbesondere die statischen, dynamischen und thermoelastischen Verformungseigenschaften der Maschine eine Rolle. Im Hinblick auf die Humanisierung der Arbeitswelt ist das Umweltverhalten von immer größerer Bedeutung. Neben der Geräusch- und Schwingungsemission sind ergonomische Gesichtspunkte zu berücksichtigen. Die Zuverlässigkeit einer Maschine nimmt ebenfalls großen Einfluss auf die Wirtschaftlichkeit einer Anlage und stellt somit ein wichtiges Qualitätsmerkmal dar.

Zur Prüfung der Qualität sind geeignete Mess- und Beurteilungsverfahren heranzuziehen. Die zu untersuchenden Maschinenmerkmale sind den jeweiligen Erfordernissen entsprechend auszuwählen und tolerierbare Grenzwerte sind festzulegen. Stets sollte gelten: Eine Maschine muss nur so gut sein, wie es das auf ihr zu fertigende Werkstückspektrum verlangt [1-3]. Genauere Maschinen sind meist teurer!

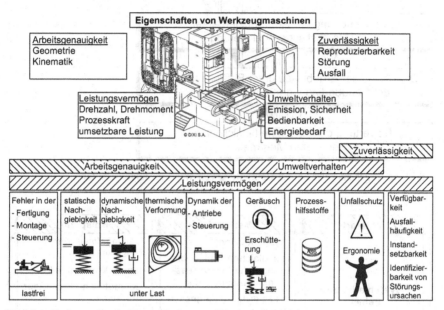

Bild 1-2. Zu beurteilende Eigenschaften von Werkzeugmaschinen

Die grundsätzliche Vorgehensweise bei der Beurteilung der Eigenschaften von Werkzeugmaschinen zeigt Bild 1-3. Ein wesentlicher Punkt ist die Definition der Merkmale, durch die die zu beurteilenden Maschineneigenschaften beschrieben werden. Nachdem die Merkmale mit geeigneten Messmitteln erfasst und die Ergebnisse statistisch abgesichert sind, müssen sie bewertet werden. Dazu werden die aufgrund der geforderten Maschineneigenschaften vorgegebenen Werte mit den gemessenen verglichen. Darüber hinaus ist zu klären, welche Wertigkeit das jeweilige Merkmal im Verhältnis zu anderen Eigenschaften der Maschine hat.

Durch die Anwendung statistischer Auswerteverfahren können systematische und zufällige Fehler voneinander getrennt werden. In Bild 1-4 sind anhand einiger Beispiele diese Fehlerarten erläutert. Systematische Fehler sind unter gleichen Randbedingungen reproduzierbar. Sie lassen sich aufgrund der Gesetzmäßigkeit ihres Auftretens häufig gezielt kompensieren. Zufällige Fehler entziehen sich weitgehend systematischen Beschreibungen. Sie sind daher meist nicht kompensierbar und äußern sich in Form eines Streubandes um den mittleren Messwert.

Definition bzw. allgemeine Beschreibung des
zu beurteilenden Merkmals

Erfassung bzw. Messung
des zu beurteilenden Merkmals

Untersuchung der Reproduzierbarkeit,
u.U. statistische Absicherung

Diskussion der Ergebnisse unter Berücksichtigung
der Randbedingungen und Auswertung

Bewertung der Maschine hinsichlich des
erfassten Merkmals

Bild 1-3. Vorgehensweise bei der Beurteilung von Maschineneigenschaften

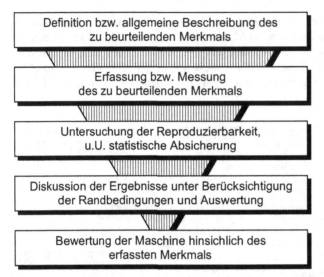

Fehlerart	Merkmale	Beispiele
Systematische Fehler	- systembedingt - bei gleichen Randbedingungen für jeden Messpunkt reproduzierbar - ausgleichbar, da gesetzmässig	- Teilungsfehler der Messsysteme - innere Wärmequellen - geometrische Fehler der Führungen - Positionsabweichungen - Umkehrspanne - Nachgiebigkeiten
Zufällige Fehler	- auch bei konstanten Randbedingungen nicht reproduzierbar - nicht gesetzmässig, aber weitgehend statistischer Natur	- Reibungsverhältnisse (Stick-Slip) - Lagerluft - Schwingungen - Chargeneinflüsse - Positionsstreubreite - Werkzeugverschleiß

Bild 1-4. Systematische und zufällige Fehler von Maschineneigenschaften

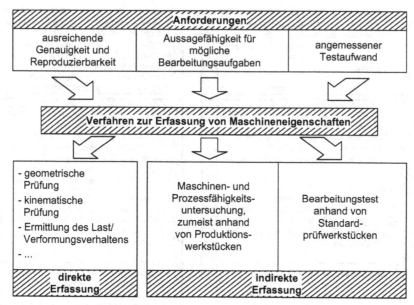

Bild 1-5. Anforderungen an Verfahren zur Erfassung von Maschineneigenschaften

Allgemeine Anforderungen an die Verfahren zur Erfassung der Maschineneigenschaften zeigt Bild 1-5. Zunächst muss die ausreichende Genauigkeit und
Reproduzierbarkeit der Messergebnisse gewährleistet sein. Die Messbedingungen
sollten für möglichst viele relevante Bearbeitungsaufgaben (Bearbeitungsbedingungen, Werkstück-Werkzeug-Konfiguration usw.) ausreichend aussagefähig
sein. Damit das Verfahren wirtschaftlich einsetzbar ist und nicht auf labormäßige
Untersuchungen beschränkt bleibt, müssen die Messungen mit vertretbarem Aufwand möglich sein.

Sowohl die direkte als auch die indirekte Erfassung von Maschineneigenschaften erfüllen diese Anforderungen. Diese beiden Methoden dienen im Allgemeinen jedoch zwei unterschiedlichen Zielrichtungen, wie Bild 1-6 veranschaulicht. Zum einen liegt der Schwerpunkt auf einer genauen Feststellung vorhandener Maschinenfehler, um gezielt konstruktive Verbesserungsmaßnahmen einzuleiten. Zum anderen steht die Beurteilung der Maschine im Sinne einer Maschinenabnahme im Vordergrund. Im Bild sind diese zwei möglichen Wege für die
Maschinenuntersuchung bzw. -beurteilung aufgezeigt, aus denen sich auch die
Gliederung der Hauptkapitel dieses Buches ableitet.

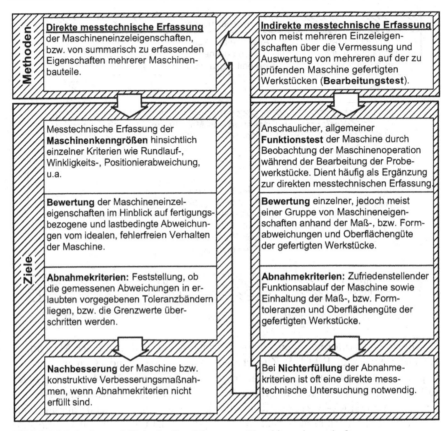

Bild 1-6. Methoden und Ziele der Ermittlung von Maschineneigenschaften

1.3 Direkte Erfassung der Maschineneigenschaften

Bei der direkten Erfassung der Maschineneigenschaften werden die einzelnen Kenngrößen an der Maschine mit Messgeräten ermittelt. Das Verfahren ermöglicht eine Separierung der unterschiedlichen Fehlereinflüsse. Durch die eindeutige Zuordnung von Maschinenfehlern zu deren Ursachen wird in der Regel eine Entscheidung über die Notwendigkeit konstruktiver oder fertigungstechnischer Verbesserungsmaßnahmen erleichtert. Für eine allgemeine Maschinenabnahme von Serienmaschinen ist der erforderliche Messaufwand vielfach zu umfangreich, zeit- und kostenintensiv. Hier reicht es, den Prototypen zu analysieren und gegebenenfalls zu verbessern.

Für die messtechnische Ermittlung der einzelnen Merkmale wie Rundlauf-, Geradlinigkeits-, Winkligkeits-, Positionierabweichung u.a. werden oft an die Maschinengröße angepasste, spezielle Messgeräte eingesetzt. Der Aufbau und die

Einsatzgebiete der Geräte sowie deren Funktionen werden in den folgenden Kapiteln beschrieben.

Systematische, geometrische Fehler bedingt durch fehlerhafte mechanische Bauelemente können heute vielfach durch die NC-Steuerung kompensiert werden. So werden die direkt erfassbaren, systematischen Geometrieabweichungen bei leistungsfähigen numerischen Steuerungen als Korrekturdaten für eine Fehlerkompensation verwendet (z.B. Spindelsteigungsfehler, Umkehrspanne, usw.).

Für die meisten zu messenden Parameter im lastfreien Zustand der Maschine liegen in den Abnahmerichtlinien der DIN 8601 ff. [1-4] genaue Beschreibungen der Vorgehensweisen bei den Messungen sowie Grenzwerte in Abhängigkeit der verschiedenen Maschinentypen und -größen vor.

Die Definition von lastabhängigen Verformungsgrenzwerten auf nationaler und internationaler Ebene stellt aber ein umstrittenes Thema dar. Einerseits fehlen objektive Bezugsgrößen und andererseits wehren sich die Maschinenhersteller mit Recht gegen eine Ausweitung der bestehenden, ohnehin schon sehr umfangreichen Abnahmeprozeduren. Für die Prüfung des Verhaltens von Fräsmaschinen unter statischer und thermischer Last sind in der Vornorm DIN V 8602 Regeln festgelegt worden [1-5]. Diese beziehen sich aber nur auf prinzipielle Messaufbauten und legen keine Grenzwerte fest. Die Prüfungen unter Last werden meist nur an Prototypen oder Referenzmaschinen durchgeführt, weil sich Maschinen einer Serie vergleichbar verhalten.

Lediglich für die Geräuschemission von Werkzeugmaschinen wurde der Stand der Technik in VDI-Richtlinien dokumentiert. In diesen Richtlinien sind die durchschnittlichen Emissionskennwerte für verschiedene Bearbeitungsmaschinen (Drehmaschinen, Fräsmaschinen, Wälzfräsmaschinen, Schleifmaschinen, Kaltkreissägen, Bohrmaschinen) in Abhängigkeit ihrer Antriebsleistung und maximalen Spindeldrehzahl sowie beispielhafter Bearbeitungsfälle erfasst worden. Mit Hilfe dieser Kennwerte kann beurteilt werden, wie sich die Geräuschemission einer speziellen Maschine gemessen am Durchschnitt vergleichbarer Maschinen verhält.

Auslehren mit angepassten Messnormalen

Die direkte und teilweise auch die indirekte Erfassung der Maschineneigenschaften erfordert umfangreiche und zeitaufwändige Messungen. Soll eine Maschine in gewissen Zeitabständen relativ schnell auf mögliche Veränderungen ihrer Genauigkeit hin untersucht werden, bietet sich die Selbstvermessung der Maschine als rationelles Verfahren an.

In die Werkzeugaufnahme z.B. einer Fräsmaschine wird ein Drei-Koordinaten-Messtaster eingesetzt. In den Bereich der Werkstückaufspannzone wird ein standardisiertes Prüfobjekt mit definierten Messpunkten und bekannten geometrischen Maßen aufgestellt und ausgerichtet.

Die Maschine fährt nun entsprechend der Geometrie des Prüfobjektes vorprogrammierte Wege und tastet wie eine Messmaschine mit dem eingespannten Messtaster vorgegebene Punkte am Prüfobjekt an. Die Auswertung der erfassten Abweichungen der Messpunkt-Koordinaten von ihren Soll-Positionen ermöglicht eine globale Aussage über die geometrischen Maschinenabweichungen. Auch hier sind die Auswirkungen mehrerer Einzelfehlereinflüsse im Messergebnis summarisch enthalten. Liegen die Abweichungen innerhalb gegebener Toleranzen, so wird die Geometrie der Maschine akzeptiert. Andernfalls ist die Maschine mit der direkten Erfassungsmethode detaillierter zu untersuchen.

1.4 Indirekte Erfassung der Maschineneigenschaften

Bei der indirekten Erfassung der Maschineneigenschaften werden Probewerkstücke mit definierten geometrischen Formelementen auf der zu untersuchenden Maschine hergestellt. Die Messung der Geometrieabweichung am Werkstück erlaubt Rückschlüsse auf die Maschinengenauigkeit. Im Gegensatz zur direkten Erfassung ist eine gezielte Zuordnung von Werkstückmaßabweichungen zu den einzelnen Maschineneigenschaften nur bedingt möglich, da die Werkstückabweichungen durch mehrere, sich überlagernde Geometrieabweichungen der Maschine hervorgerufen werden können.

Bei der Beschreibung und Beurteilung von Maschineneigenschaften mit Hilfe von Bearbeitungstests besteht eine nicht zu vernachlässigende Aussageunsicherheit darin, dass in der Regel undefinierbare Schnittprozesszustände die Werkstückgeometrie und -oberflächengüte auf ungewisse Weise mehr oder weniger stark beeinflussen. So werden infolge von Werkzeugverschleiß, Aufbauschneidenbildung, Chargenunterschieden von Werkstückwerkstoff und Schneidstoff die Rückschlüsse auf die eigentlich zu untersuchenden Maschineneigenschaften erschwert.

Andererseits liegt der Vorteil des Verfahrens in der Anschaulichkeit des Messergebnisses in Form des bearbeiteten Werkstücks. Das Verfahren wird hauptsächlich unter Schlichtoperationsbedingungen angewandt. Es ergänzt die direkten Messungen und dient als Teil des Funktionstests bei der Maschinenabnahme. Für die verschiedenen Maschinenarten sind Standardwerkstückgeometrien definiert worden [1-6 bis 1-8].

In der Massenfertigung, speziell im Automobilbau, wird von einer Maschine häufig nur ein bestimmtes Bauteil oder eine Familie sehr ähnlicher Bauteile bearbeitet. Deshalb wird die Güte der Maschine daran gemessen, ob die Fertigungsgenauigkeit der Bauteile innerhalb der geforderten Toleranzen liegt. Um bei gleichbleibender Prüfsicherheit den Prüfaufwand zu minimieren, wird mit Hilfe der statistischen Auswertung weniger gefertigter Teile (Stichproben) die so genannte „Maschinenfähigkeit" bzw. „Prozessfähigkeit" der Maschine ermittelt. Da die Teileprüfung von der Automobilindustrie zunehmend an ihre Zulieferer verlagert wird, dienen die Maschinen- und Prozessfähigkeitsuntersuchungen auch hier häufig als Abnahmegrundlage. Kapitel 9 beschäftigt sich mit diesen Bearbeitungstests.

1.5 Normen, Normungsgremien

Für die Maschinenabnahme (Nachweis des Herstellers gegenüber dem Käufer über die Güte der Maschine) sollten sich die Beurteilungskriterien und die zulässigen Abweichungen, soweit vorhanden, auf internationale oder nationale Normen oder auf Abnahmeempfehlungen von Fachverbänden stützen. Darüber hinaus sind natürlich gesonderte Vereinbarungen zwischen Hersteller und Käufer möglich.

Auf internationaler Ebene koordiniert die ISO (International Organization for Standardization) auf Initiative der Mitgliedsländer die Normungsbemühungen. Auf nationaler Ebene ist für den Werkzeugmaschinenbereich der Normenausschuss Werkzeugmaschinen (NWM) für die Arbeiten verantwortlich. Die Arbeitsergebnisse werden als DIN-Normen herausgegeben [1-4,1-9].

Die Anregung zu solchen Normungsarbeiten kommt auch von Fachverbänden (VDI – Verein Deutscher Ingenieure, DGQ – Deutsche Gesellschaft für Qualität) oder von Firmenzusammenschlüssen (z.B. VDW – Verein Deutscher Werkzeugmaschinenfabriken), welche die Arbeiten teilweise selbst durchführen und in Abstimmung mit dem NWM veröffentlichen. Die Zusammenhänge sind in Bild 1-7 dargestellt.

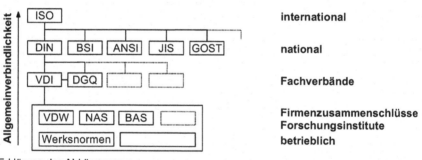

Erklärung der Abkürzungen:

ISO	-	International Organization for Standardization
DIN	-	Deutsches Institut für Normung e. V. (NWM = Normenausschuss für Werkzeugmaschinen)
BSI	-	British Standards Institution
ANSI	-	American National Standards Institut
JIS	-	Japanese Industrial Standards
GOST	-	Gosstandart of Russia, State Committee of the Russian Federation for Standardization and Metrology
VDI	-	Verein Deutscher Ingenieure
DGQ	-	Deutsche Gesellschaft für Qualität
VDW	-	Verein Deutscher Werkzeugmaschinenfabriken
NAS	-	National Aerospace Standardization (USA)
BAS	-	AB Bofors, Alfa Laval, Asea, Scania Vabis (Schweden)

Bild 1-7. Hierarchische Gliederung verschiedener Normungsgremien

In den bestehenden Normenwerken und Richtlinien sind im Wesentlichen nur Abnahmen der geometrischen Eigenschaften [1-4,1-9], der Positionier- und Arbeitsgenauigkeit [1-10], des Geräuschverhaltens [1-11] und der Sicherheit geregelt.

Auf diese Normen und die Weiterentwicklung der Verfahren wird in den einzelnen Abschnitten dieses Buchs eingegangen. Darüber hinaus werden neuere Messverfahren sowie die erforderlichen Messgeräte und Auswerteverfahren dargestellt. Zur Erleichterung des Verständnisses werden dort, wo es notwendig erscheint, die zugrunde liegenden technologischen und physikalischen Prinzipien näher erläutert.

2 Messgeräte zur Erfassung von Maschineneigenschaften

In diesem Kapitel werden alle zur Beurteilung von Werkzeugmaschinen erforderlichen Messgeräte zusammenhängend vorgestellt. Die in den nachfolgenden Kapiteln beschriebenen Vorgehensweisen bei der Durchführung der Messungen greifen auf diese Darstellung zurück.

In den ersten Abschnitten werden zunächst die üblichen Mess- und Auswertegeräte zur Längen-, Winkel-, Geschwindigkeits- und Beschleunigungsmessung beschrieben. Da Genauigkeitsprüfungen an Werkzeugmaschinen grundsätzlich in Form von Abweichungsmessungen durchgeführt werden, sind diese Geräte von großer Bedeutung. Die Kenntnis des Genauigkeitsverhaltens unter Betriebslasten (Prozess- und Gewichtskräfte) wird künftig an Bedeutung gewinnen. Hierzu wird die Verformungsneigung der Maschinen unter definierter Lastaufbringung erfasst. Die dafür künstlich einzuleitenden statischen, dynamischen und thermischen Belastungen müssen ebenfalls gemessen werden. Aus diesem Grunde werden die zur Untersuchung notwendigen Kraftmessaufnehmer und Temperatursensoren behandelt.

Die Interferometrie mit Laserlicht ermöglicht ein flächiges und sogar dreidimensionales Erfassen der Verformungen von Maschinenstrukturen. Diesem künftig bedeutsamen Messverfahren wird daher ein eigener Abschnitt gewidmet.

2.1 Geräte zur Messung von Wegen

In diesem Abschnitt werden die für die Untersuchungen an Werkzeugmaschinen wichtigen Geräte zur Messung von Wegen bzw. Längenänderungen oder Dehnungen vorgestellt. Vielfach werden die gleichen Aufnehmertypen auch für die Erfassung von Geschwindigkeiten und Beschleunigungen verwendet, da durch Differentiation bzw. Integration eine Umwandlung der Messgrößen möglich ist. Der grundsätzliche Nachteil der Differentiation besteht häufig darin, dass alle höherfrequenten Störungen das Messergebnis stark verfälschen.

Zu den am häufigsten bei Geometriemessungen einsetzbaren Messgeräten gehören die relativen Wegaufnehmer. Je nach Anwendungsfall kann zwischen berührenden und berührungslosen, mechanisch und elektronisch wirkenden Aufnehmern verschiedener Messbereiche, Auflösung (kleinster unterscheidbarer Messschritt) und Genauigkeit gewählt werden.

Wie in späteren Kapiteln dieses Buches noch ausführlich beschrieben wird, eignen sich Wegaufnehmer in Kombination mit Referenznormalen (Prüflineal, Prüfwinkel oder Prüfkugel usw.) für vielfältige Messaufgaben wie z.B. Messung der Tischgerad- bzw. -ebenheit (siehe Abschnitt 3.1.5.2.1) oder Rundlaufmessungen von Rotationsachsen (siehe Abschnitt 3.1.5.9.3).

2.1.1 Mechanische Wegmessgeräte

Zu den ältesten Wegmessgeräten zählen die mechanischen Messuhren. Hierbei wird die translatorische Messbewegung über Präzisionszahnstange und -ritzel in eine rotatorische Zeigerbewegung umgewandelt, Bild 2-1.

Federn halten unabhängig von der Bewegungsrichtung immer dieselben Zahnflanken in Kontakt. Hierdurch wird das Spiel der Getriebeelemente weitgehend ausgeschaltet. Über einen Ausgleichshebel wird für eine annähernd von der Tasterposition unabhängige Andruckkraft gesorgt. Durch Wahl geeigneter Zahnstangenlängen und Getriebeübersetzungen können unterschiedliche Messbereiche und Auflösungen realisiert werden [2-1].

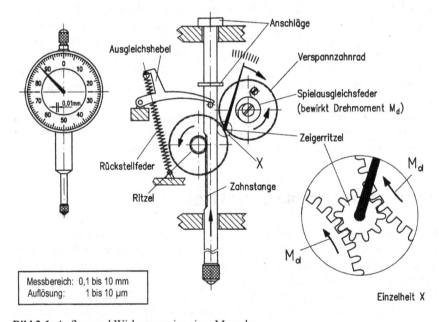

Bild 2-1. Aufbau und Wirkungsweise einer Messuhr

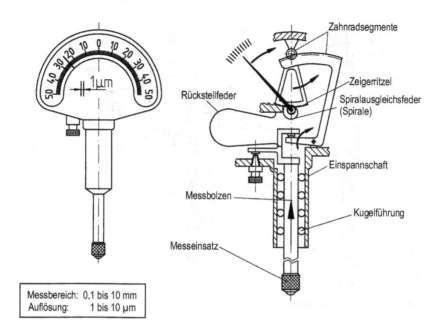

Messbereich: 0,1 bis 10 mm
Auflösung: 1 bis 10 μm

Bild 2-2. Aufbau und Wirkungsweise eines Feinzeigers

Feinzeiger, Bild 2-2, sind analoge Längenmessgeräte mit einem maximalen Zeigerausschlag von weniger als 360° [2-2]. Sie unterscheiden sich von den Messuhren durch eine größere mechanische Übersetzung, die mit Hilfe von Ritzel- und Zahnradsystemen erreicht wird. Sie weisen zwar einen geringeren Messbereich, dafür aber eine höhere Auflösung auf.

Einen Mikrokator zeigt Bild 2-3. Hierbei wird als Übersetzungselement für den Messweg ein dünnes Metallband benutzt, das von der Mitte aus zur einen Seite hin rechtsgängig und zur anderen Seite hin linksgängig verdrillt ist. In der Mitte ist ein Zeiger befestigt.

Die axiale Messbolzenbewegung wird durch einen Winkelhebel um 90° umgelenkt und auf das verdrillte Metallband übertragen. Die dadurch entstehende Streckung des Metallbandes bewirkt eine proportionale Drehung des Zeigers. Da in der gesamten Kette der Messwegübertragung nur Federn ausgelenkt werden, tritt bei dem Mikrokator nahezu keine Umkehrspanne auf [2-1, 2-3].

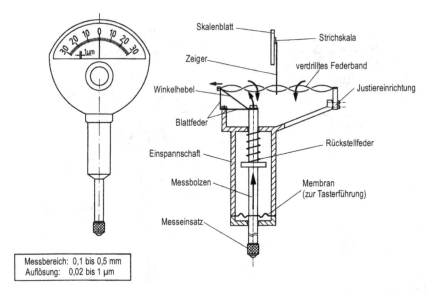

Messbereich: 0,1 bis 0,5 mm
Auflösung: 0,02 bis 1 µm

Bild 2-3. Aufbau und Wirkungsweise eines Mikrokators

2.1.2 Potentiometer-Weggeber

Weggeber nach dem Potentiometer-Prinzip überführen die Wegmessgröße in eine Widerstandsänderung. Durch eine wegproportionale Verschiebung des Abgriffs-punktes des Schleifers auf einem über der Weglänge ausgedehnten Widerstand ändert sich der Widerstand entsprechend. Das Hauptmerkmal dieser Geber ist ihre hohe Nutzspannung, was einfache und robuste Schaltungen ohne Verstärker er-möglicht. Die einfachste Form des Potentiometergebers besteht aus einem gerade gespannten Widerstandsdraht konstanten Querschnitts, auf dem sich ein Schleifer bewegt, Bild 2-4 [2-4]. Der zwischen dem Schleifer und dem einen Ende des Drahtes wirksame Widerstand R_S verläuft proportional zum entsprechenden Weg s

$$R_s = \frac{s}{s_{max}} R_o \qquad\qquad (2\text{-}1)$$

Hierin bedeutet s_{max} den maximal möglichen Weg und R_o den gesamten Wider-stand. Nutzt man den Potentiometergeber als Spannungsteiler, erhält man bei einer Nichtbelastung durch das Messgerät ($I_S = 0$) eine wegproportionale Spannung U_S:

$$U_s = \frac{s}{s_{max}} U_o \qquad\qquad (2\text{-}2)$$

mit U_0 als der an R_0 anliegenden Spannung. Der wesentliche Nachteil der Potentiometergeber ist durch das Schleiferprinzip bedingt: Schleifer und Wider-standsdraht nutzen sich ab, der Übergangswiderstand bleibt nicht konstant.

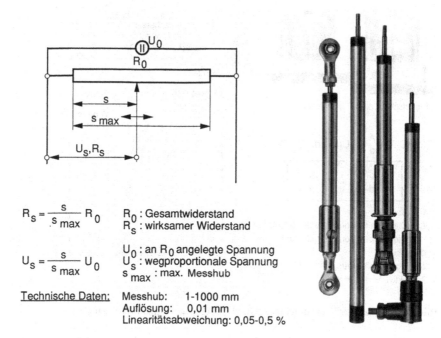

$$R_s = \frac{s}{s_{max}} R_0 \qquad \begin{array}{l} R_0 : \text{Gesamtwiderstand} \\ R_s : \text{wirksamer Widerstand} \end{array}$$

$$U_s = \frac{s}{s_{max}} U_0 \qquad \begin{array}{l} U_0 : \text{an } R_0 \text{ angelegte Spannung} \\ U_s : \text{wegproportionale Spannung} \\ s_{max} : \text{max. Messhub} \end{array}$$

Technische Daten: Messhub: 1-1000 mm
                     Auflösung: 0,01 mm
                     Linearitätsabweichung: 0,05-0,5 %

Bild 2-4. Potentiometergeber (Quelle: nach TWK-Elektronik GmbH)

Potentiometer-Weggeber sind einsetzbar für Messhübe von l bis über 1000 mm, bei einer Auflösung von 0,01 mm. Die Linearitätsabweichungen betragen je nach Bauweise und Messweg ca. 0,05 bis 0,5% [2-5, 2-6].

2.1.3 Kapazitive Weggeber

Zwei einander mit dem Abstand d gegenüberstehende, leitende Platten der Flächen A, zwischen denen sich ein Material mit der relativen Dielektrizitätskonstante befindet, besitzen die Kapazität C [2-7]:

$$C = \varepsilon_o \varepsilon \frac{A}{d} \quad \text{mit } \varepsilon_o = \frac{1}{2\pi} 10^{-11} \frac{\text{Farad}}{\text{cm}} \tag{2-3}$$

Hierin ist ε_0 die Dielektrizitätskonstante des leeren Raumes. Zur Wegmessung kann die Änderung des Abstandes Δd der beiden Platten voneinander genutzt werden. Sie beeinflusst proportional die Kapazität C, deren Veränderung elektronisch ausgewertet wird. Nach einer Änderung des Abstandes d der Platten um Δd ergibt sich eine Kapazität $C(d + \Delta d)$ zu [2-4]:

$$C(d + \Delta d) = \frac{\varepsilon_o \varepsilon A}{d + \Delta d} \tag{2-4}$$

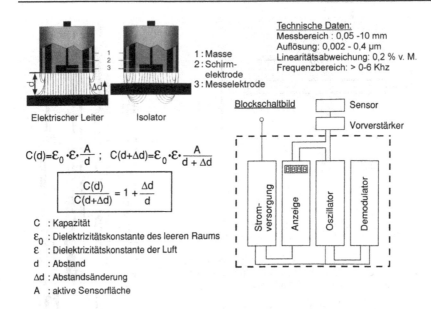

Bild 2-5. Kapazitiver Wegaufnehmer (Quelle: nach Mikro Epsilon Messtechnik)

Aus den Gleichungen (2-3) und (2-4) erhält man die Grundgleichung des kapazitiven Abstandsgebers zu:

$$\frac{C(d)}{C(d + \Delta d)} = 1 + \frac{\Delta d}{d}$$

(2-5)

Auf diese Weise lässt sich die Änderung des Plattenabstandes bestimmen zu:

$$\Delta d = \left(\frac{C(d)}{C(d + \Delta d)} - 1 \right) d$$

(2-6)

Durchfließt ein Wechselstrom konstanter Frequenz den Kondensator, so ist die Amplitude der Wechselspannung am Sensor dem Abstand der Kondensatorplatten proportional. Hierzu speist der Oszillator den Sensor mit einer frequenz- und amplitudenstabilen Wechselspannung. Der in Bild 2-5 im Blockschaltbild dargestellte Vorverstärker ermöglicht die Überbrückung größerer Entfernungen zwischen Messort und Hauptelektronik. Die Aufgabe des Demodulators ist die Demodulation, Linearisierung und Verstärkung des abstandsabhängigen Messsignals [2-8].

Kapazitive Abstandsgeber benutzt man meist zur berührungslosen Messung der Bewegungen schwingender Bauteile. Hierzu wird der Messgeber in einem geringen Abstand (ca. 1 mm) von der Oberfläche eines metallischen Bauteils angebracht. Seine Frontfläche stellt die eine Platte des Kondensators dar. Die andere Platte wird vom metallischen Bauteil selbst gebildet. Änderungen der Leitfähigkeit wirken sich nicht auf die Empfindlichkeit oder Linearität aus.

Messungen gegen Isolatorwerkstoffe sind möglich, wenn das Material eine konstante Dielektrizitätskonstante besitzt. Das lineare Verhalten wird durch eine elektronische Beschaltung erreicht. Um die Streukapazität der festen Elektrode zu definieren, ist eine Abschirmung vorgesehen, die auch gleichzeitig Störfelder abschirmt. Mit einer derartigen Messeinrichtung lassen sich je nach Sensortyp Messungen in Messbereichen von 0,05 mm bis zu 10 mm, bei einer Auflösung von 0,002 bis 0,4 µm durchführen. Die Linearitätsabweichungen betragen ca. 0,2% vom Messbereich. Der Frequenzbereich liegt zwischen 0 und 6 kHz.

2.1.4 Wirbelstrom-Weggeber

Wirbelstromaufnehmer eignen sich zur berührungslosen Wegmessung gegen jegliche Messobjekte aus elektrisch-leitenden Werkstoffen. Es ist gleichgültig, ob diese ferromagnetische Eigenschaften aufweisen oder ob es sich um nicht-ferromagnetische Materialien handelt [2-9].

Der Aufbau der Aufnehmer ist nahezu identisch mit dem Aufbau kapazitiver Geber. Eine in ein Sensorgehäuse eingegossene Spule wird von hochfrequentem Wechselstrom durchflossen. Das elektromagnetische Spulenfeld induziert im leitfähigen Messobjekt Wirbelströme. Dadurch ändert sich der Wechselstrom-widerstand der Spule. Diese Impedanzänderung bewirkt ein dem Abstand des Messobjektes proportionales, lineares, elektrisches Signal. Das Wirbelstrom-Messverfahren reagiert im Gegensatz zum kapazitiven Messverfahren unempfindlich auf Umwelteinflüsse (Öl, Schmutz, Wasser und elektromagn. Störfelder), ist allerdings weniger hoch auflösend. Aufgrund der geringeren Empfindlichkeit gegen Umwelteinflüsse kann beim Aufbau von Wirbelstrom-Aufnehmern auf die Abschirmung verzichtet werden (siehe Bild 2-5). Aus diesem Grund werden derartige Aufnehmer kleiner als kapazitive Aufnehmer gebaut.

Mit Wirbelstrom-Wegaufnehmern lassen sich je nach Aufnehmertyp Messungen im Bereich zwischen 0,5 und 80 mm, bei einer Auflösung von 0,05 bis 8 µm durchführen. Der Messbereich liegt zwischen 1 Hz und 100 kHz [2-9].

2.1.5 Induktive Weggeber

Eine auf einen ferritischen Kern aufgebrachte Drahtwicklung besitzt eine Induktivität. Die Größe der Induktivität L ist abhängig von der Windungszahl w, der Permeabilität µ des Kerns und den Abmessungen A von Wicklung und Kern. Werden die Größen w, µ oder A, d.h. also die Induktivität L von mechanischen Größen beeinflusst, so bezeichnet man sie als induktiven Geber. Je nachdem, ob w, µ oder A einer Induktivität beeinflusst werden, ist die Wirkungsweise und der konstruktive Aufbau des Gebers verschieden [2-4].

Induktive Geber, deren Induktivität durch Verändern des Luftspaltes zwischen Kern und Anker eines Magneten beeinflusst wird, heißen Querankergeber. In Bild 2-6 ist ein derartiger Geber, seine Kennlinie und die Schaltung eines Differential-Querankergebers dargestellt [2-7]. Auf einen magnetischen Kern (z.B. in U-Form)

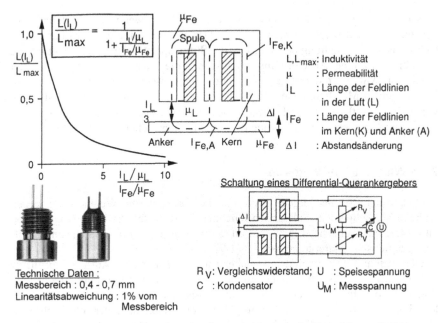

Bild 2-6. Induktiver Querankergeber (Quelle: nach Hottinger Baldwin Messtechnik)

ist eine Spule aufgeschoben. Die magnetischen Feldlinien durchsetzen den Kern, treten an seinen Stirnseiten aus und schließen sich im ebenfalls magnetischen Anker. Wird der Anker relativ zum Kern bewegt, ändert sich der Luftspalt und damit die Induktivität.

Bezeichnet man mit l_{Fe} die Länge der magnetischen Feldlinien durch das Eisen, d.h. durch Kern und Anker bzw. mit l_L die Feldlinien durch die Luft, mit μ_{Fe} bzw. μ_L die entsprechenden relativen Permeabilitäten von Kern und Luft, mit μ_0 die Permeabilität des leeren Raumes, mit A die Fläche des Kerns und mit w die Windungszahl, so wird unter Vernachlässigung von Streuung und Wirbelströmen die Induktivität des Querankergebers:

$$L(l_L) = \frac{\mu_o w^2 A}{\dfrac{l_{Fe}}{\mu_{Fe}} + \dfrac{l_L}{\mu_L}}$$

(2-7)

mit $\mu_o = 4 \cdot \pi \cdot 10^{-9} \dfrac{H}{cm}$ (H = Vs/A: Henry).

Für $l_L = 0$, also für am Kern anliegenden Anker, wird L maximal:

$$L_{max} = \frac{\mu_o w^2 A}{\dfrac{l_{Fe}}{\mu_{Fe}}}$$

(2-8)

Aus den Gleichungen (2-7) und (2-8) folgt die Grundgleichung für Querankergeber:

$$\frac{L(l_L)}{L_{max}} = \frac{1}{1 + \dfrac{l_L \mu_{Fe}}{\mu_L l_{Fe}}} \qquad (2\text{-}9)$$

In der Praxis ist ausgehend von einem Ankerabstand l_L eine Wegänderung Δl zu ermitteln. Die sich dabei einstellende Induktivität $L(l_L + \Delta l)$ lässt sich nach Gl. (2-7) bestimmen zu:

$$L(l_L + \Delta l) = \frac{\mu_o w^2 A}{\dfrac{l_{Fe}}{\mu_{Fe}} + \dfrac{l_L + 3\Delta l}{\mu_L}} \qquad (2\text{-}10)$$

Auf diese Weise lässt sich die Wegänderung Δl aus den Gleichungen (2-7) und (2-10) errechnen zu:

$$\Delta l = \frac{1}{3}\left[\mu_L \left[\frac{L(l_L)}{L(l_L + \Delta l)} \left(\frac{l_{Fe}}{\mu_{Fe}} + \frac{l_L}{\mu_L} \right) - \frac{l_{Fe}}{\mu_{Fe}} \right] - l_L \right] \qquad (2\text{-}11)$$

Gleichung (2-9) kennzeichnet einen hyperbolischen Zusammenhang zwischen der Induktivität L und dem Ankerweg l_L. Querankergeber besitzen nur für kleine Ankerwege eine näherungsweise konstante Empfindlichkeit. Um auch für etwas größere Ankerwege konstante Empfindlichkeit zu erhalten, schaltet man meist zwei gegenüberliegende Querankergeber in einer Wheatstone'schen Brücken-schaltung zusammen. Bei einer Verschiebung des Ankers wird entsprechend der Kennlinie des Querankergebers die eine Induktivität der einen Spule größer, die der anderen kleiner. Die beiden Induktivitäten sind mit den Vergleichs-widerständen R_V und dem zum Phasenabgleich nötigen Kondensator C so in eine Wheatstone'sche Brücke geschaltet, dass bei einer Verschiebung des Ankers beide Induktivitäten das Brückengleichgewicht gleichsinnig beeinflussen. U ist die Speisespannung der Brücke und U_M die gemessene Spannung bei einer Verschiebung des Ankers um Δl.

Queranker-Wegaufnehmer sind in Messbereichen von 0,4 bis 0,7 mm bei einer Linearitätsabweichung von ca. 1% des Messbereiches einsetzbar [2-10].

Die wesentliche Einschränkung des Querankergebers, sein begrenzter Messweg, führte zur Entwicklung eines induktiven Gebers mit großem Messweg. Der sogenannte Tauchankergeber besteht aus einer Spule mit einem Querschnitt A_L, einem verschiebbaren Anker des Querschnittes A_A und der Permeabilität μ_A sowie einem magnetischen Rückschluss des Querschnittes A_R und der Permeabilität μ_R. In erster Näherung laufen die magnetischen Feldlinien durch den Luftraum der Länge l_L im Inneren der Spule, durch den Anker der Länge l_A und schließen sich wieder durch den magnetischen Rückschluss der Länge l_R Bild 2-7.

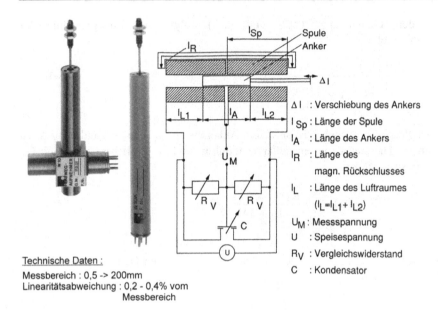

Technische Daten :
Messbereich : 0,5 -> 200mm
Linearitätsabweichung : 0,2 - 0,4% vom
                    Messbereich

Bild 2-7. Induktiver Tauchankergeber (Quelle: nach Hottinger Baldwin Messtechnik)

Durch Verändern der Eintauchtiefe des Ankers in die Spule ändert sich entsprechend die Induktivität. Als Funktion des Weges Δl gilt in erster Näherung:

$$L = \frac{\mu_o w^2}{\dfrac{l_L}{\mu_L A_L} + \dfrac{l_A}{\mu_A A_A} + \dfrac{l_R}{\mu_R A_R}} \tag{2-12}$$

Für $l_L = 0$ ($\Rightarrow \approx 2l_{Sp}$) wird bei genügend langem Anker die Induktivität L maximal:

$$L_{max} = \frac{\mu_o w^2}{\dfrac{l_A}{\mu_A A_A} + \dfrac{l_R}{\mu_R A_R}} \tag{2-13}$$

Aus den Gleichungen (2-12) und (2-13) folgt die Grundgleichung des Tauchankergebers zu:

$$\frac{L}{L_{max}} = \left[1 + \frac{\dfrac{l_L}{\mu_L A_L}}{\dfrac{l_A}{\mu_A A_A} + \dfrac{l_R}{\mu_R A_A}} \right]^{-1} \tag{2-14}$$

Als Materialien für die einzelnen Aufnehmerkomponenten kommt Eisen oder Stahl für das Gehäuse, Stahl, Eisen oder auch Titan für den Anker und Kupfer für die Spulen zum Einsatz.

Setzt man näherungsweise $l_A = l_R = l_{Fe}/2$ und $\mu_A = \mu_R = \mu_{Fe}$ sowie $A_L = A_A = A_R$ so wird mit $m_{Fe} \gg m_L$ Gleichung (2-14) zu:

$$\frac{L}{L_{max}} = \left[1 + \frac{l_L \mu_{Fe}}{\mu_L l_{Fe}} \right]^{-1} \qquad (2\text{-}15)$$

Da diese Beziehung gleich der entsprechenden Gleichung (2-9) des Querankergebers ist, ist der Tauchankergeber im Verhalten dem Querankergeber sehr ähnlich, der Messweg ist jedoch erheblich größer. Die Nichtlinearität des Tauchankergebers wird in der Praxis dadurch kompensiert, dass wie beim Querankergeber zwei Geber zu einem Differential-Tauchankergeber zusammengeschaltet werden. Die beiden Messspulen bilden dann eine induktive Halbbrücke.

Der induktive Wegaufnehmer wird an einen Trägerfrequenz-Messverstärker angeschlossen und dort durch zwei Widerstände zu einer Wheatstone-Brücke ergänzt. Durch die Tauchankerverschiebung wird die vorher abgeglichene Brücke verstimmt. Das vom Aufnehmer erzeugte Messsignal U_M ist proportional der Ankerverschiebung und somit ein Maß für den Weg des mit dem Tauchanker verbundenen Messobjektes.

Tauchanker-Wegaufnehmer sind für Messbereiche von $\pm$ 0,5 mm bis über $\pm$ 200 mm einsetzbar. Die Linearitätsabweichung beträgt je nach Modell 0,2 bis 0,4% vom Messbereich [2-11, 2-12].

2.1.6 Optische Wegmessgeräte

2.1.6.1 Laser-Interferometer

Aufgrund anwachsender Forderungen hinsichtlich der Genauigkeit von Werkzeugmaschinen fällt heute der modernen Messtechnik eine bedeutende Rolle bei der Beurteilung einer Maschine zu. Hier sind Prüfverfahren anzuwenden, die bei hoher Genauigkeit reproduzierbare Messergebnisse liefern. Besonders bei Großmaschinen hat sich die Vermessung mittels optoelektronischer Messsysteme wie z.B. des Laser-Interferometers bewährt. Besonders hervorzuheben sind die hohe Auflösung und die geringe Messunsicherheit der Lasersysteme [2-13]. Das Prinzip des Laser-Interferometers sei hier kurz beschrieben.

Laser ist die Abkürzung für Light Amplification by Stimulated Emission of Radiation. Damit ist der Laser als Lichtverstärker auf der Basis stimulierter Strahlungsemission charakterisiert. Das vom weit verbreiteten He-Ne-Gaslaser emittierte Licht weist eine Wellenlänge von 632,8 nm auf und liegt damit im orange-roten Gebiet. Die besonderen Eigenschaften des Laserlichtes, nämlich hohe Monochromasie und große Kohärenzlänge stellen die Voraussetzungen für eine interferometrische Längenmessung über größere Bereiche dar.

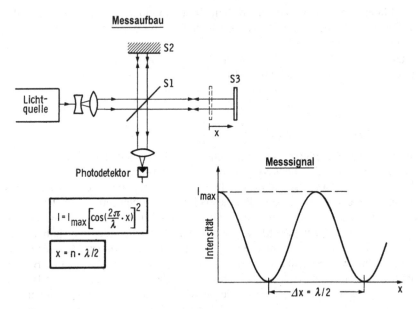

Bild 2-8. Prinzip des MICHELSON-Interferometers

Monochromatisches Licht ist dadurch gekennzeichnet, dass es nur elektromagnetische Wellen einer bestimmten Frequenz bzw. Wellenlänge enthält, d.h. λ = konst. (einfarbig). Licht wird als kohärent bezeichnet, wenn es einfarbig ist und wenn gleichzeitig alle in dem Licht enthaltenen Wellenzüge in Phase zueinander sind ($\varphi = 0$). Die Entfernung zweier Punkte in Ausbreitungsrichtung des monochromatischen, kohärenten Lichtes, für die noch eine hinreichend starre Phasenbeziehung besteht, nennt man Kohärenzlänge. Interferenz schließlich kennzeichnet einen Vorgang, bei dem zwei oder mehrere Wellenzüge miteinander in Wechselwirkung treten, d.h. sich in einem Wellenzug vereinigen. Dabei können durch Amplitudenaddition der beiden interferierenden Wellenzüge je nach Phasenlage sowohl Verstärkungen als auch Abschwächungen bis zur vollständigen Auslöschung der resultierenden Welle auftreten.

Die ersten Anwendungen der Interferenzerscheinungen für die Längenmesstechnik gehen schon auf das Jahr 1890 zurück. Seinerzeit entwickelte Michelson ein Interferometer, das auch heute noch in nahezu unveränderter Form die Grundeinheit moderner Laser-Interferometer darstellt. Das Prinzip des Michelson-Interferometers ist in Bild 2-8 erläutert.

Eine Lichtquelle sendet einen monochromatischen, kohärenten Lichtstrahl aus. Der Lichtstrahl spaltet sich an einem halbdurchlässigen Spiegel S_1 in zwei Anteile und gelangt an zwei Spiegel S_2 und S_3. Von dem ortsfesten Spiegel S_2 wird der eine Teilstrahl auf einen Photodetektor reflektiert. Der bewegliche Spiegel S_3 reflektiert den anderen Strahlteil, der über den Spiegel S1 ebenfalls zum Photodetektor gelangt. Die beiden Strahlteile interferieren miteinander. Die Gesamtlichtintensität

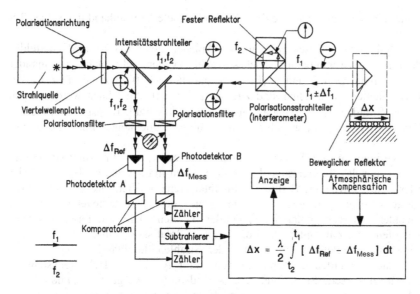

Bild 2-9. Prinzip des Zwei-Frequenzen-Lasers

auf der Oberfläche des Empfängers wird in eine proportionale elektrische Spannung gewandelt. Bewegt sich nun der Spiegel S_3 parallel zur Strahlenachse in x-Richtung, so treten aufgrund der optischen Weglängenänderung zwischen beiden Strahlteilen im Überlagerungspunkt Lichtintensitätsschwankungen durch Lichtauslöschung und Lichtverstärkung auf. Der Photodetektor registriert die Intensitätsschwankungen und liefert ein kosinusförmiges Signal, dessen Periode einer Verschiebung des Spiegels S_3 um eine halbe Wellenlänge des verwendeten Lichtes entspricht. Aus diesem Signal werden Impulse geformt und gezählt, deren Anzahl dem Weg x proportional ist.

Die Genauigkeit des Laser-Interferenzverfahrens hängt sehr von der Stabilität der Lichtwellenlänge ab. Diese wird beeinflusst durch Umgebungsbedingungen wie Luftdruck, Lufttemperatur, Luftfeuchtigkeit, CO_2-Gehalt der Luft und durch den Betriebszustand des Lasers selbst (Anwärmphase usw.).

Berücksichtigt man diese Einflussgrößen auf die Laserwellenlänge nicht, so liegen die Messungenauigkeiten bei ca. 10 μm/m. Durch Überwachung von Luftdruck, -temperatur und -feuchte während der Messung und durch entsprechende Korrekturen kann die Messgenauigkeit auf ca. 1,5 μm/m verbessert werden. Eine weitere Reduktion der Messungenauigkeit auf ca. 0,1 μm/m kann nur durch wesentlich aufwendigere Verfahren erreicht werden [2-14 bis 2-17].

Zur Erhöhung der Wellenlängenstabilität des Laserstrahls gibt es verschiedene Möglichkeiten, z.B. die Verwendung eines Zwei-Frequenzen-Lasers. Aufgrund der dabei durchgeführten automatischen Wellenlängenstabilisierung entfallen lange Anwärmzeiten. Der Laser ist ca. 10 Minuten nach dem Einschalten betriebsbereit. Daneben bietet der Zwei-Frequenzen-Laser in sehr einfacher Form die Möglichkeit der Richtungsunterscheidung des bewegten Messobjektes. Die

Funktion eines Zwei-Frequenzen-Laser-Interferometers sei anhand des Bildes 2-9 erläutert.

Ein Helium-Neon-Laser emittiert bei Anlegen eines externen Magnetfeldes kohärentes, quasi-monochromatisches Licht zweier sehr nahe beieinander liegender Frequenzen f_1 und f_2 (f_1, f_2 ca. $0,47408343 \cdot 10^{15}$ Hz, f1 – f2 $\approx 1,8 \cdot 10^6$ Hz). Die beiden Lichtwellen sind zirkular polarisiert. Aus ihnen werden durch eine im Strahlaustritt liegende sogenannte $\lambda/4$-Verzögerungsplatte (Viertel-wellenplatte) zwei Strahlen gebildet, die senkrecht zueinander linear polarisiert sind.

Ein geringer Anteil beider Strahlen wird an einem Intensitätsstrahlteiler abgelenkt, um das Referenzsignal zu bilden. Dazu müssen die beiden Strahlteile interferieren. Notwendige Bedingung für Interferenz ist aber, dass beide Strahlen mindestens eine gemeinsame Komponente des Feldstärkevektors haben. Zueinander senkrecht polarisierte Strahlen können nicht interferieren. Daher durchlaufen sie ein unter 45° orientiertes Polarisationsfilter, das nur die entsprechend parallelen Komponenten der Strahlen durchlässt. Dahinter inter-ferieren sie und fallen auf einen Photodetektor A, wo die Helligkeitsschwan-kungen in elektrische Signale umgesetzt werden. Am Ausgang des Photodetek-tors A steht somit ein elektronisches Referenzsignal zur Verfügung, dessen Amplitude mit der Schwebungsfrequenz

$$\Delta f_{Ref} = f_1 - f_2 \; (\approx 1,8 \text{ MHz})\qquad\qquad\qquad (2\text{-}16)$$

moduliert ist.

Der größte Teil des Laserlichtes passiert den Intensitätsstrahlteiler unabgelenkt und wird in einem Polarisationsstrahlteiler in seine Komponenten zerlegt. Dieser Strahlteiler hat die Eigenschaft, entsprechend seiner Polarisationsrichtung die eine Komponente – im Bild die Komponente f_2 – um 90° abzulenken und die andere Komponente – hier die Komponente f_1 – durchzulassen. Die Komponente f_2 gelangt über den festen Reflektor zurück zum Strahlteiler, wo sie wiederum um 90° abgelenkt wird. Die Strahlkomponente f_1 wird vom beweglichen Reflektor zurückgeworfen und passiert aufgrund ihrer Polarisationsrichtung wiederum unabgelenkt den Strahlteiler. Ab hier haben die beiden Strahlkomponenten wieder den gleichen Weg. Wie auch oben beschrieben, durchlaufen sie, um miteinander interferieren zu können, einen Polarisationsfilter und werden dahinter dem Photo-detektor B zugeführt. Bei nicht bewegtem Reflektor liegt die Schwebungsfrequenz am Photodetektor B genau wie am Detektor A bei ca. 1,8 MHz.

Die hierbei verwendeten Reflektoren bestehen aus jeweils drei Spiegeln, die zueinander – vergleichbar mit einer Würfelecke – in Winkeln von 90° stehen. Dies hat zur Folge, dass der austretende Lichtstrahl stets parallel zum eintretenden Lichtstrahl ist. Es ist nur ein translatorisches Ausrichten der Reflektoren erforderlich, um den Parallelversatz der beiden Strahlen einzustellen.

Bei Verschiebung des beweglichen Reflektors erfährt die Frequenz f_1 aufgrund des Dopplereffektes eine Frequenz- bzw. Phasenverschiebung. Die am Detektor B messbare Differenzfrequenz Δf_{Mess} ist dann

$$\Delta f_{Mess} = \left(f_1 \pm \Delta f_1\right) - f_2\qquad\qquad\qquad (2\text{-}17)$$

Δf_1 ist dabei die Dopplerfrequenzverschiebung, die eine Funktion der Verschiebungsgeschwindigkeit $v(t)$ des beweglichen Reflektors und der Laserwellenlänge λ ist.

$$\Delta f_1 = \frac{2}{\lambda} |v(t)| \qquad (2\text{-}18)$$

Mit den Gleichungen (2-16) bis (2-18) folgt:

$$\Delta f_{Mess} = \Delta f_{Ref} \pm \frac{2}{\lambda} v(t) \qquad (2\text{-}19)$$

$$v(t) = \frac{\lambda}{2} (\Delta f_{Ref} - \Delta f_{Mess}) \qquad (2\text{-}20)$$

Die Verschiebungslänge x des beweglichen Reflektors ergibt sich aus dem Integral über die Geschwindigkeit $v(t)$.

$$\Delta x = \int_{t_1}^{t_2} v(t) dt \qquad (2\text{-}21)$$

$$\Delta x = \frac{\lambda}{2} \int_{t_1}^{t_2} [\Delta f_{Ref} - \Delta f_{Mess}] dt = \pm \frac{\lambda}{2} \int_{t_1}^{t_2} \Delta f_1 dt \qquad (2\text{-}22)$$

Zur numerischen Ermittlung der Verschiebungslänge wird die Integration durch Zählen von Impulsen approximiert. Aus den analogen, sinusförmigen Signalen der Mess- und Referenzschwebungsfrequenzen werden in einer Komparatorschaltung Rechtecksignale gebildet. Die Zählimpulse von Referenz- und Messsignal werden jeweils aufsummiert und voneinander abgezogen [2-18].

Für eine atmosphärische Kompensation wird ein Korrekturwert K_{Luft} aus den aktuellen Luftparametern errechnet. Damit und unter Berücksichtigung der konstanten Vakuumwellenlänge λ_0 berechnet der Rechner den Anzeigewert. Zum Ausgleich von Längenausdehnungen durch Temperaturschwankungen des Maschinenkörpers kann auch die Materialtemperatur zur Kompensation dem Rechner zugeführt werden.

Durch Frequenzvervielfachung bei der Auswertung kann das Auflösungsvermögen der laser-interferometrischen Wegmessung verbessert werden. Mit der in Bild 2-10 gezeigten Optik erreicht man eine Auflösung von maximal 5 nm. Mit veränderten Optiken, bei denen der Messstrahl mehrfach zwischen Interferometer und beweglichem Reflektor hin- und hergeworfen wird, ist eine Auflösung von 1,25 nm Stand der Technik [2-19, 2-20]. Maximale Verfahrgeschwindigkeiten von bis zu 60 m/min sind messbar.

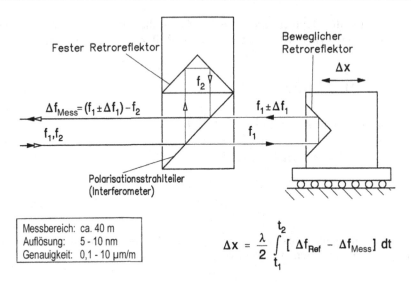

Bild 2-10. Optische Komponenten zur Messung von Wegabweichungen

Durch spezielle optische Komponenten können neben Wegabweichungen auch Messgrößen wie Winkel- und Geradheitsabweichungen auf den immer gleichen Effekt zurückgeführt werden, dass ein vom Laser ausgesendeter Strahl geteilt wird und die beiden Teilstrahlen bis zum Auftreffen auf den Photodetektor unterschiedliche Dopplerverschiebungen erfahren.

Bild 2-11 zeigt die optischen Komponenten, die zur Messung von Winkelabweichungen erforderlich sind. Im Gegensatz zur Wegmessung werden hierbei beide Teilstrahlen nach ihrer Aufspaltung auf den am Messobjekt (z.B. einem Werkzeugmaschinenschlitten) befestigten Reflektor geworfen. Bei einer rein translatorischen Bewegung zwischen Interferometer und Reflektor ist die Dopplerverschiebung beider Teilstrahlen gleich. Bei einer Kippung des Winkelreflektors relativ zum Interferometer erfahren die Teilstrahlen jedoch unterschiedliche Dopplerverschiebungen, die in funktionalem Zusammenhang zum Kippwinkel stehen.

Geradheitsabweichungen werden laser-interferometrisch mit den in Bild 2-12 gezeigten Komponenten gemessen. Der Laserstrahl wird von einem aus Kalkspat oder Quarz bestehenden Prisma („Wollaston-Prisma") aufgespalten, der für die beiden Polarisationskomponenten des Laserstrahls unterschiedliche Brechungsindizes aufweist. Der zugehörige Reflektor wird von zwei Planspiegeln gebildet, deren Öffnungswinkel so eingestellt ist, dass die vom Prisma kommenden Strahlen genau in sich selbst zurückgeworfen werden. Bei translatorischen Bewegungen parallel zur Referenzachse zwischen Interferometer und Reflektor ist die Dopplerverschiebung beider Teilstrahlen wiederum gleich. Unterschiedliche Dopplerverschiebungen ergeben sich, wenn das Prisma, wie im Bild 2-12 gezeigt, senkrecht zur Referenzachse bewegt wird. Daraus kann die entsprechende Geradheitsabweichung ermittelt werden.

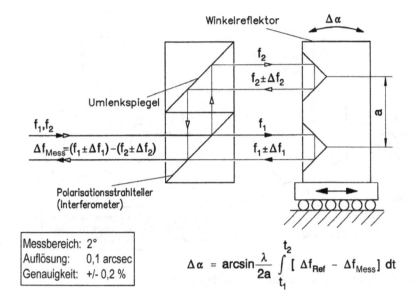

$$\Delta\alpha = \arcsin\frac{\lambda}{2a} \int_{t_1}^{t_2} [\ \Delta f_{Ref} - \Delta f_{Mess}\ ]\ dt$$

Bild 2-11. Optische Komponenten zur Messung von Winkelabweichungen

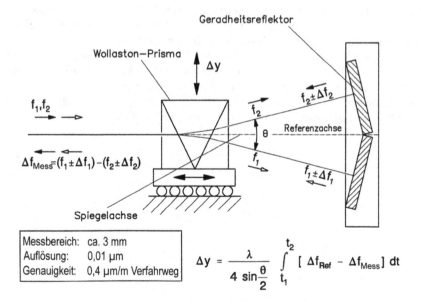

$$\Delta y = \frac{\lambda}{4\sin\frac{\theta}{2}} \int_{t_1}^{t_2} [\ \Delta f_{Ref} - \Delta f_{Mess}\ ]\ dt$$

Bild 2-12. Optische Komponenten zur Messung von Geradheitsabweichungen

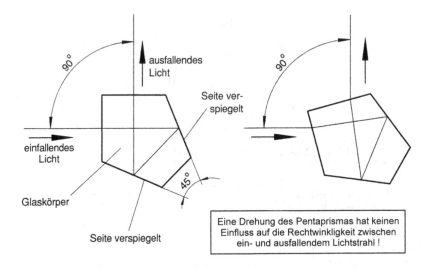

Bild 2-13. Geometrie und Strahlengang eines Pentaprismas

In Äquivalenz zu Stahl- bzw. Granitlinealen oder verkörperten Winkeln, die man bei tastenden Messmitteln als Referenznormale einsetzt, werden auch bei optischen Messmitteln entsprechende geometrische Normale benötigt. Ein Rechtwinkligkeitsnormal für optische Messzwecke zeigt Bild 2-13. Zwei verspiegelte Kanten eines fünfeckigen Prismas („Pentaprisma") stehen zueinander in einem Winkel von 45°. Fällt ein Lichtstrahl in der im Bild gezeigten Weise in das Prisma, so schließt er mit dem ausfallenden Lichtstrahl stets einen Winkel von genau 90° ein. Kleine Drehungen des Prismas haben keinen Einfluss auf die Rechtwinkligkeit zwischen ein- und ausfallendem Lichtstrahl.

Mit Hilfe der gezeigten Hilfsmittel werden vielfältige Untersuchungen zur Beurteilung und Abnahme von Werkzeugmaschinen möglich [2-21 bis 2-23].

2.1.6.2 Laser Tracker

Die Erweiterung der unidirektionalen Messfunktionalität eines Laser-Inter-ferometers auf beliebig bewegte Messpunkte im Raum führte Anfang der 90er Jahre zur Entwicklung des Laser Trackers, Bild 2-14.

Der Laser Tracker arbeitet nach dem Prinzip der Objektverfolgung mit Kugel-koordinaten, wobei der Strahl aus der Mitte des Kugelkoordinatensystems emit-tiert wird und um die horizontale und vertikale Achse geschwenkt werden kann. Der Strahl trifft auf einen am bewegten und zu messenden Objekt befestigten Re-flektor, dem er durch eine spezielle Sensorik und Steuerung sehr genau folgt.

Mit Hilfe der horizontalen und vertikalen Winkelmessung sowie einer interferometrischen Laser-Distanzmessung der Strahllänge zum Reflektor wird die Position des Objektpunktes zum Kugelkoordinatenmittelpunkt des Trackers absolut erfasst, Bild 2-15.

Eine im Inneren des Laser Trackers installierte Lichtquelle (1) emittiert einen kohärenten, quasi-monochromatischen HeNe-Laserstrahl, der über ein Glasfaserkabel (2) und eine entsprechende Optik ausgekoppelt wird. Der Laserstrahl trifft am Messpunkt auf einen Tripelspiegel (3), der über eine rechtwinklige Anordnung von drei reflektierenden Oberflächen den Lichtstrahl parallel zur Einfallsrichtung auf die Interferometereinheit (4) des Laser Trackers zurückwirft. Der Schnittpunkt der drei reflektierenden Flächen liegt dabei zentrisch in einer hochgenau geschliffenen Kugel, Bild 2-16.

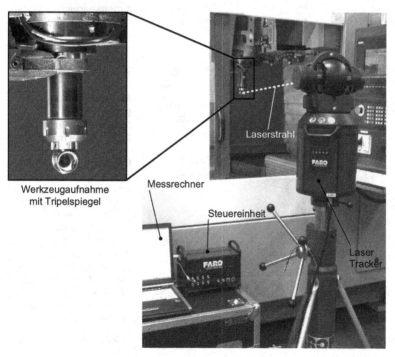

Werkzeugaufnahme
mit Tripelspiegel

Messrechner

Laserstrahl

Steuereinheit

Laser
Tracker

Bild 2-14: Laser Tracker

Ein Detektor (5) mit positionsempfindlicher Diode (PSD, vergl. Kap. 2.1.6.3) wertet im Inneren des Gerätes den Auftreffort des zurückgeworfenen Laserstahl aus. Bleibt der Messpunkt bzw. der Tripelspiegel in Ruhe oder bewegt sich genau in radialer Strahlrichtung, so wird der von der Laserquelle ausgesendete Lichtstrahl annähernd in sich selbst reflektiert und im Zentrum der PSD detektiert. Wird der Tripelspiegel jedoch um einen Betrag δx quer zur Strahlrichtung bewegt, so verlagert sich der reflektierte Strahl um den Betrag 2δx am Tripelspiegel, was von der PSD erfasst wird, Bild 2-16. Die hierdurch am Sensor veränderte Spannung dient zur Ansteuerung der beiden mit hochgenauen Drehgebern versehenen Motoren, die den Trackerkopf auf horizontalen (Azimut) und vertikalen (Zenit) Schwenkkreisen automatisch nachstellen, so dass der Lichtstrahl wieder annähernd im Zentrum des Tripelspiegels liegt. Durch die motorische Nachstellung mit Winkelgeschwindigkeiten von bis zu 180°/s kann der Trackerkopf beliebig bewegten und durch einen Tripelspiegel markierten Messpunkten sicher folgen.

Aus den Drehgeberinformationen der bewegten Trackerachsen in Verbindung mit der interferometrischen Längeninformation des Laserstrahls lassen sich so die Messkoordinaten bestimmen. Abhängig von der Strahllänge ergeben sich dabei absolute Einzelpunktgenauigkeiten von 0,027 bis 0,129 mm bei einem maximalen Messvolumen mit horizontalem Schwenkwinkel von +/- 270°, vertikalem Schwenkwinkel von + 75° bis - 50° und einer Strahllänge von 35 m.

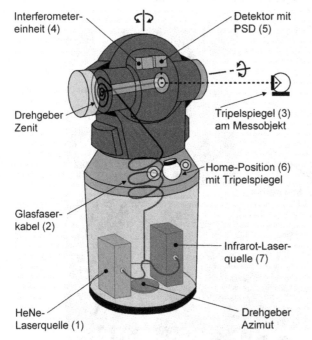

Interferometer-
einheit (4)

Detektor mit
PSD (5)

Drehgeber
Zenit

Tripelspiegel (3)
am Messobjekt

Home-Position (6)
mit Tripelspiegel

Glasfaser-
kabel (2)

Infrarot-Laser-
quelle (7)

HeNe-
Laserquelle (1)

Drehgeber
Azimut

Arbeitsbereich:
- horizontaler Schwenk-
  winkel +/- 270 °
- vertikaler Schwenk-
  winkel + 75 ° bis -50 °
- max. Strahllänge 35 m

**3D Einzelpunkt-
genauigkeit:**
Abh. von der Strahllänge
0,027 - 0,129 mm

**Genauigkeit in Strahl-
richtung:**
Interferometer:
- Wiederholgenauigkeit
  1 µm + 1 µm/m
- Absolute Genauigkeit
  10 µm + 0,8 µm/m
*Absolute Distanzmess-
einheit (ADM):*
- Wiederholgenauigkeit
  7 µm + 1 µm/m
- Absolute Genauigkeit
  20 µm + 1,1 µm/m

Bild 2-15: Aufbau und Genauigkeit eines Laser Trackers (Quelle: Faro Europe)

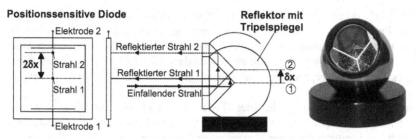

Bild 2-16: Tripelspiegel, Strahlverhältnisse für den zweidimensionalen Fall

Die Bewegungsgrenzen des Messpunktes sind durch den Strahleinfallswinkel des Tripelspiegels festgelegt. Dieser liegt bei ca. +/- 20°. Sollen größere Messbereiche überstrichen werden, so muss der Tripelspiegel nachgeschwenkt werden. Da das kugelförmige Gehäuse mit dem zentrisch eingesetzten Tripel-spiegel am Messobjekt über magnetische Kräfte in einer hochgenauen Dreipunkt-lagerung aufgenommen wird, ist das Nachschwenken des Spiegels nicht mit Genauigkeitseinbußen verbunden.

Der Laser Tracker stellt insgesamt gesehen ein absolut messendes System dar, das durch genaue Informationen über die absolute Strahllänge und die Strahlwin-kellagen die Position des Messpunktes erfasst. Da das zur Strahllängenmessung verwendete Laserinterferometer bekanntlich ein relativ messendes System ist, wird der Tripelspiegel vor Beginn der Messung in die Home-Position (6) gesetzt.

Der Abstand vom Kugelkoordinatenmittelpunkt zur Home-Position ist genau bekannt und dient als Längenreferenz. Von hier wird der Tripelspiegel von Hand zur Messstelle des Messobjektes geführt, wobei der Laserstrahl ununterbrochen Kontakt zum Spiegel haben muss. Auf diese Weise misst das Laser-Interferometer den absoluten Abstandsbetrag zum Messpunkt.

Um jedoch beliebige Punkte im Raum direkt vermessen zu können und den Tripelspiegel nicht immer manuell von der Home-Position zur Messposition führen zu müssen, verfügen moderne Laser Tracker zusätzlich über eine absolute Distanzmesseinheit (ADM), die eine Strahlunterbrechung erlaubt.

Dabei handelt es sich um eine zweite, unabhängige Lichtquelle (7), die einen Infrarot-Laserstrahl mit zwei Frequenzen intensitätsmoduliert und in Richtung des Tripelspiegels aussendet. Eine entsprechende Auswerteeinheit ermittelt anhand der Phasenlage der ersten der beiden Frequenzen zunächst die grobe Entfernung. Anschließend wird mit Hilfe der Phasenlage der zweiten Frequenz die genaue Dis-tanz zum Messobjekt in Strahlrichtung sowie in Kombination mit den Winkelin-formationen des Trackerkopfes die genauen 3D-Messpunktkoordinaten bestimmt.

Der Vorteil der möglichen Strahlunterbrechungen bei der absoluten Distanz-messung nach dem Phasenmessprinzip geht jedoch einher mit Verlusten bei der erreichbaren Messgenauigkeit (s. Genauigkeitskenngrößen, Bild 2-15). Daher können beide Messverfahren auch derart kombiniert werden, dass das ADM-Verfahren nur für das Setzen der Erst- bzw. Referenzdistanz zu einem Messpunkt verwendet wird und anschließend interferometrisch, d.h. ohne Strahlunter-brechung weiter gemessen wird.

Der Trackerkopf ist komplett gekapselt und erlaubt so den Einsatz in einer realen Produktions- und Werkstattumgebung. Schwankende Umgebungstemperaturen sowie Änderungen von Luftdruck und Luftfeuchtigkeit werden dabei von einer integrierten Wetterstation erfasst, so dass die Messwerte automatisch im Hinblick auf eine reproduzierbare Genauigkeit kompensiert bzw. korrigiert werden.

Das Hauptanwendungsgebiet des Laser Trackers ist zur Zeit u. a. die Kalibrierung von 5-achsigen Werkzeugmaschinen und Robotern, das Ausrichten von groß- und mittelvolumigen Bauteilen, das Scannen von Freiformflächen mit handgeführtem Tripelspiegel sowie das Messen beliebiger Punkte auf bewegten Bauteilen wie z. B. bei der automatischen Bahnverfolgung eines Roboters. Darüber hinaus erlaubt die Anbindung der Messsoftware an CAD-CAM-Systeme z. B. bei handgescannten Freiformflächen die Rückführung der ermittelten Messdaten in das Konstruktionssystem zur direkten Maßkontrolle.

2.1.6.3 Positionsempfindliche Photodiode

Die Eigenschaft der sehr geringen Divergenz eines Laserstahls kann man sich bei verschiedenen geometrischen Messverfahren zunutze machen, bei denen der Laserstrahl als Geradheitsreferenz verwendet wird [2-25, 2-26], (vgl. Abschnitt 3.1.5.2.2).

Im Gegensatz zum Prüflineal oder einem gespannten Draht, die ebenfalls häufig als Geradheitsreferenz Anwendung finden, besitzt der Laserstrahl den Vorteil, dass er keinen mechanischen und nur sehr geringen thermischen Verformungen unterworfen ist. Prinzipiell ist er in der Messlänge nicht begrenzt. Gemessen werden die relativen Verlagerungen einer Photodiode in der Ebene senkrecht zum „ortsfesten" Laserstrahl. Es werden Flächenpositionsdioden (PSD = Position Sensitive Diode) verwendet, bei denen man die Typen Tetralateral- und Duolateraldioden unterscheidet. Beide Diodentypen arbeiten nach demselben Prinzip, das zunächst anhand einer eindimensionalen Diode erläutert wird:

Eine Positionsdiode besteht aus einer großflächigen Photodiode, auf deren Oberseite ein homogener Widerstandsbelag aufgebracht ist, Bild 2-17 [2-27]. Dieser Widerstandsbelag ist mit den Elektroden 1 und 2 kontaktiert. Trifft ein Lichtstrahl auf die Diode, so entsteht in der Diode ein Photostrom, der über die Elektroden an der Ober- und Unterseite abfließt. Der Strom teilt sich dabei auf der Oberseite je nach Auftreffort und damit entsprechend des Widerstandsverhältnisses auf die beiden Elektroden auf. Es entstehen zwei Teilströme I_1 und I_2 aus denen die Ortsinformation gewonnen werden kann. Die Größe des Lichtflecks ist unerheblich, da durch seine räumliche Ausdehnung ein räumlich ausgedehnter Photostrom entsteht, dessen Schwerpunkt das Verhältnis der Ströme bestimmt.

Zweidimensionale Photodioden ermöglichen die gleichzeitige Ortsbestimmung in zwei Achsen. Dabei haben tetralaterale PSDs einen ähnlichen Aufbau wie eindimensionale Dioden. Hier befinden sich jedoch auf der Oberfläche vier Elektroden, auf die sich die Photoströme verteilen. Da in den Randbereichen jedoch eine Verzerrung des Kennfeldes entsteht, ist dieser Diodentyp nur bedingt geeignet. Für höhere Genauigkeit muss er kalibriert werden.

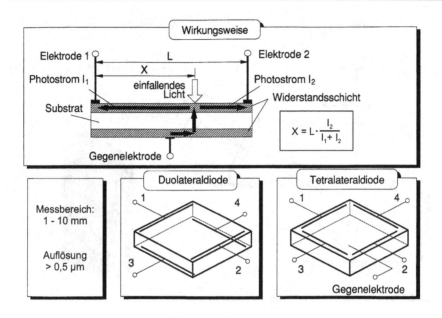

Bild 2-17. Bauformen positionsempfindlicher Dioden (Quelle: nach Hamamatsu Photonics)

Besser geeignet sind Duolateraldioden. Sie besitzen gegenüber Tetralateraldioden sowohl auf der Ober- als auch auf der Unterseite einen homogenen Widerstandsbelag sowie die Elektroden für jeweils eine Achse. Durch diese Maßnahme werden die Verzerrungen in den Randbereichen weitgehend beseitigt. Zudem fließt in den einzelnen Achsen bei gleichem Wirkungsgrad beider Diodentypen bei der Duolateraldiode der doppelte Strom, da er sich nur auf zwei anstatt vier Elektroden verteilt. Daher bieten diese Dioden wegen des besseren Signal/Rausch-Verhältnisses eine höhere Auflösung.

Lage und Richtung des Laserstrahls sind in der Praxis Schwankungen unterworfen, die zum einen von der Laserquelle selbst herrühren und zum anderen durch Luftturbulenzen, die am Messort vorliegen können, verursacht werden. Daher wird die Messunsicherheit in erster Linie durch diese Einflüsse bestimmt. Durch speziell aufgebaute Laser, gekapselte Strahlführungen und durch Kompensationsverfahren, bei denen z.B. Strahllageschwankungen eines ausgekoppelten Referenzstrahls ermittelt und dadurch Korrekturdaten gewonnen werden, kann die Messgenauigkeit auf bis zu 1 µm/m verbessert werden.

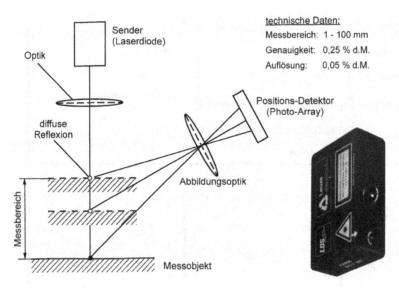

Bild 2-18. Laser-Distanz-Sensor (Quelle: nach Leuze electronic)

2.1.6.4 Laser-Distanz-Sensor

Laser-Distanz-Sensoren, Bild 2-18, eignen sich ebenfalls zur Abstandsmessung. Ihr Funktionsprinzip basiert auf dem sogenannten Triangulationsverfahren. Ein Lichtpunkt (in den meisten Fällen aus einer Laserdiode) wird mit Hilfe einer Optik auf das Messobjekt fokussiert, dessen Oberfläche einen Teil des Sendelichts diffus zum Sensor reflektiert. Die Empfängeroptik bildet diesen Fleck auf einem hochauflösenden analogen Positionsdetektor (sog. Photo-Array) ab. Durch die Lage des Lichtflecks auf dem Element wird auf die Entfernung des Messobjekts geschlossen [2-27, 2-28].

Der Messbereich derartiger Aufnehmer liegt je nach Typ zwischen 1 und 100 mm. Die Genauigkeit beträgt ca. 0,25 % und die Auflösung 0,05 % des Messbereiches.

2.1.6.5 Inkrementaler Linearmaßstab

Häufig werden zur genauen Positionserfassung der linear bewegten Baugruppen einer Werkzeugmaschine photoelektrische Linearmaßstäbe eingesetzt. Sie lassen sich ebenfalls als Referenzmesssystem für kleine und mittlere Wegmessungen einsetzen. Die meisten digitalen Längen- und auch Winkelmesssysteme arbeiten nach dem photoelektrischen Messprinzip (Moire-Effekt). Dieses nutzt die Streifenmuster, die beim Durchstrahlen mit Licht durch die relative Bewegung von zwei parallel ausgerichteten Gittern gleichartiger Teilung entstehen. Die Gitter bestehen aus lichtundurchlässigen Strichen und gleich breiten Strichabständen mit einer Teilungsperiode (= ein Strich und eine Lücke) von üblicherweise 10 – 40 µm.

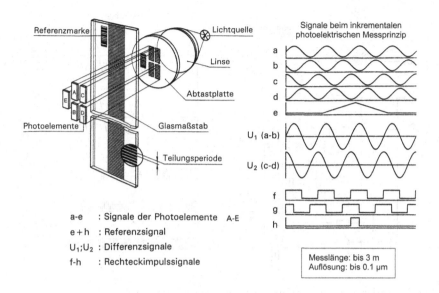

Bild 2-19. Photoelektrisches Messprinzip mit Glasmaßstab (Durchlichtverfahren) (Quelle: nach Heidenhain)

Bild 2-19 zeigt das Prinzip anhand des Durchlichtverfahrens: Die Lichtquelle durchstrahlt eine bündelnde Kondensorlinse, die Abtastplatte mit den Abtastgittern und dem Glasmaßstab. Das Licht trifft dann hinter dem Glasmaßstab auf die Photoelemente, die gegenüber den einzelnen Gittern der Abtastplatte angeordnet sind.

Bei Bewegung des Glasmaßstabes lassen sich an jeder Photodiode quasi sinusförmige Signale abgreifen, denen Gleichstromanteile überlagert sind (Signale a, b, c, d in Bild 2-19). Durch je zwei um 180° phasenverschobene Gitter erzeugt man zwei ebenso verschobene Sinussignale und kann durch Differenzschaltung den Gleichstromanteil eliminieren ($U_1 = a - b$ und $U_2 = c - d$). Die beiden Gruppen von je zwei Photodioden sind zusätzlich zueinander um 90° phasenverschoben, um eine Richtungserkennung zu ermöglichen. Ausgangssignale sind also zwei um 90° verschobene, nullsymmetrische Signale (U_1 und U_2 in Bild 2-19). Die fünfte Photodiode dient zur Abtastung der Referenzmarkierung. Sie wird dazu genutzt, eine eindeutige Anfangsposition zu definieren, von der aus der Zählvorgang beginnt.

Bild 2-20 zeigt die Weiterverarbeitung der mit einem photoelektrischen System gewonnenen Signale. Das Eingangssignal U_1 und das um 90° phasenverschobene Signal U_2 werden zunächst verstärkt. Beim häufig verwendeten (analogen) Interpolationsverfahren mit Hilfsphasen werden aus den Signalen U_1 und U_2 die Signale U_{10}, U_{11}, U_{12} usw. gebildet, die zu U_1 um β, 2β, 3β usw. phasenverschoben sind und deren Nulldurchgänge die gesuchten Interpolationswerte ergeben. Bild 2-20 zeigt einen Ausschnitt aus der Schaltung und das Phasendiagramm für eine Interpolation um den Faktor 5 mit $\beta = 18°$.

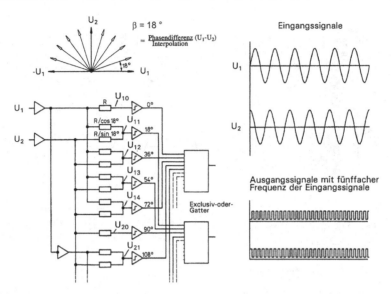

Bild 2-20. Analoge Signalinterpolation (Quelle: nach Heidenhain)

In dem gezeigten Beispiel werden 10 Signale mit den Phasen 0° bis 162° erzeugt. Sie werden von Komparatoren in Rechtecksignale umgeformt und zu zwei Folgen von Rechteckimpulsfolgen mit fünffacher Frequenz gegenüber den Eingangssignalen zusammengefasst. Nach dem gleichen Verfahren ist auch eine Signalvervielfachung um das 10- oder 25-fache möglich. Noch höhere Interpolationsgrade sind mit digitalen Verfahren erreichbar [2-29].

2.2 Geräte zur Messung von Winkeln

2.2.1 Seismischer Drehschwingungsaufnehmer

Zur Ermittlung von Winkelgeschwindigkeitsabweichungen von Wellen mit konstanter Drehzahl werden auch analoge Messverfahren eingesetzt, die nach dem seismischen Drehschwingungsprinzip arbeiten. Bild 2-21 zeigt den Aufbau eines solchen Aufnehmers.

Das Gehäuse (Grundplatte) wird stirnseitig an den zu messenden Wellen befestigt. Die Masse eines Drehschwingers ist drehbar in einem Kreuzfedergelenk aufgehängt. Sie stellt die seismische Masse aufgrund der niederfrequenten Abstimmung mit den drehweichen Kreuzfedern (Eigenfrequenz 0,1 bis 3 Hz) dar. Mit der zu messenden rotierenden Welle bewegt sich die Rotormasse mit nahezu gleichförmiger Winkelgeschwindigkeit, da die höherfrequenten Drehungleichförmigkeiten der Welle von der Masse nicht nachvollzogen werden. Die seismische Masse bildet somit das Bezugsnormal für eine gleichförmige Rotationsbewegung, gegen das die Ungleichförmigkeit der Wellenbewegung (Ge-

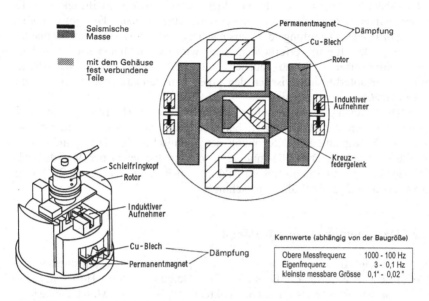

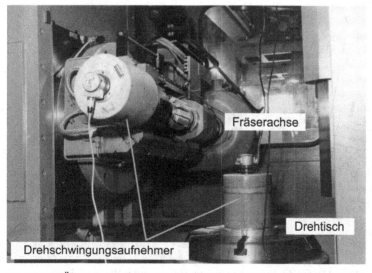

Bild 2-21. Aufbau und Prinzip eines Seismischen Drehschwingungsaufnehmers

häuse) in Form einer Relativmessung mit induktiven Wegaufnehmern erfasst werden kann. Bewegungsabweichungen unterhalb der Abstimmungsfrequenz lassen sich mit diesen Aufnehmern nicht amplituden- und phasentreu erfassen.

Bild 2-22. Übertragungsfehlermessung mit seismischen Drehschwingungsaufnehmern an einer Wälzfräsmaschine

Die Abnahme der Messwerte geschieht über einen Schleifringkopf oder berührungsfreie Drehüberträger nach dem Induktionsprinzip. Die geschwindigkeitsproportionale Dämpfung der seismischen Rotormasse ist zur schnellen Beruhigung des Rotors erforderlich und wird durch magnetische Wirbelstromdämpfer erreicht. Dazu tauchen mit dem Rotor (seismische Masse) verbundene Kupferbleche zwischen den Polen von Permanentmagneten ein, die mit dem Gehäuse verbunden sind

Der Messbereich dieser Geräte liegt zwischen 1 bis 400 Hz. Bei höheren Drehbeschleunigungen der Wellen (z.B. beim Hochlauf oder Abbremsen) ist zum Schutz der Messgeräte eine Klemmung der seismischen Masse gegenüber dem Gehäuse erforderlich. Diese Klemmung wird nach Erreichen der Messdrehzahl freigegeben (Klemmmechanismus im Bild 2-21 nicht dargestellt). Bild 2-22 zeigt den Messaufbau an einer Wälzfräsmaschine.

2.2.2 Elektronische Neigungswaage

Bild 2-23 zeigt die Ansicht und das Prinzipbild eines Neigungsmessgerätes (elektronische Wasserwaage). Damit kann die Neigung um eine Horizontalachse sowohl von waagerecht als auch von senkrecht angeordneten Maschinenbezugsflächen gemessen werden. Das Messprinzip ist auf eine Ausschlagsmessung eines Pendels zurückzuführen. Dem Prinzipbild ist zu entnehmen, dass durch gegenphasige Speisung eines Differentialkondensators, dessen mittlere Platte an dem Pendel befestigt ist, das Ausgangssignal abgeleitet wird. Diese Ausgangsspannung ist dem Winkel φ der ausgelenkten Platte proportional. Sie wird elektronisch aufbereitet an einem Display digital angezeigt.

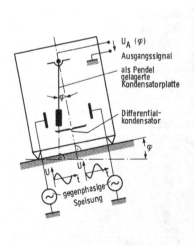

Bild 2-23. Ansicht und Prinzipbild eines Neigungsmessgerätes (Quelle: nach Wyler)

2.2.3 Optische Winkelgeber

2.2.3.1 Autokollimator

Der Autokollimator ist ein hochauflösendes und hochgenaues optisches Mess-gerät, das zur Messung kleiner Winkelverlagerungen benutzt wird. Bild 2-24 zeigt das Arbeitsprinzip.

Über einen Umlenkspiegel und ein Objektiv wird ein auf eine Glasplatte aufgebrachtes Strichkreuz („Kollimatorstrichkreuz") nach unendlich projiziert. Auf dem Messobjekt, dessen Winkelbewegungen senkrecht zur Lichtstrahlachse zu erfassen sind, ist ein Planspiegel befestigt, der das Lichtbündel in das Objektiv zurückwirft. Steht der Spiegel – wie im Bild dargestellt – genau senkrecht zur optischen Achse, so wird das Kollimatorstrichkreuz in der Brennebene auf seiner optischen Achse abgebildet. Die Abbildung des projizierten Kollimatorstrich-kreuzes ist dann deckungsgleich mit einem zweiten auf die Okularstrichplatte aufgebrachten Strichkreuz.

Wird der Spiegel – wie in Bild 2-25 gezeigt – um den Winkel α gekippt, so ist das reflektierte Lichtbündel gegen das projizierte um den Winkel 2α geneigt und das Kollimatorstrichkreuz wird auf der Okularstrichplatte mit einem entsprechen-den Versatz neben der optischen Achse abgebildet.

Die Auslenkung d des Strichkreuzbildes kann über die Beziehung

$$d = f \cdot \tan(2\alpha)$$

(2-23)

dargestellt werden. Daraus ist der gesuchte Winkel α berechenbar [2-30].

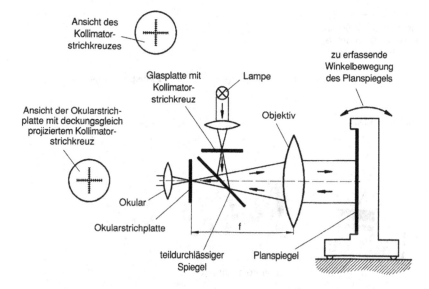

Bild 2-24. Arbeitsprinzip eines Autokollimators zur Messung kleiner Winkelverlagerungen

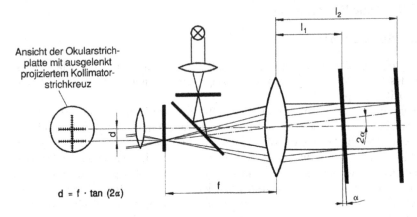

Ansicht der Okularstrich-
platte mit ausgelenkt
projiziertem Kollimator-
strichkreuz

$d = f \cdot \tan(2\alpha)$

Bild 2-25. Strahlengang am Autokollimator bei verkipptem Planspiegelreflektor

$$\alpha = \frac{1}{2} \arctan \frac{d}{f} \qquad\qquad\qquad (2\text{-}24)$$

Da die Auslenkung d – im Bild dargestellt für die unterschiedlichen Abstände l_1, und l_2 – unabhängig von der Entfernung zwischen Spiegel und Objektiv ist, eignet sich der Autokollimator z.B. für die Geradheitsvermessung von Führungsbahnen, Tischoberflächen usw. oder für die Winkelfehlervermessung von Linear-führungsbewegungen (vgl. Abschnitt 3.1.5).

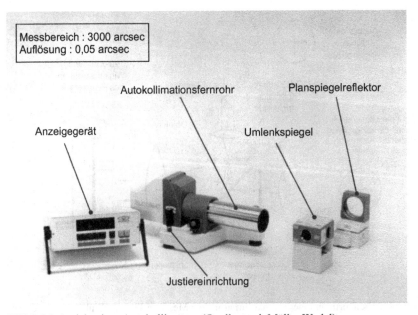

Messbereich : 3000 arcsec
Auflösung : 0,05 arcsec

Autokollimationsfernrohr

Planspiegelreflektor

Anzeigegerät

Umlenkspiegel

Justiereinrichtung

Bild 2-26. Ansicht eines Autokollimators (Quelle: nach Möller Wedel)

Bei modernen Autokollimatoren, Bild 2-26, wird das projizierte Bild des Strichkreuzes über eine CCD-Kamera erfasst. Sie ermöglicht vollautomatische Messungen, digitale Anzeige und rechnergestützte Weiterverarbeitung der Messwerte. Kennwerte elektronischer Autokollimatoren sind eine Auflösung von bis zu 0,005 arcsec (0,024 µm auf 1 m) und eine Genauigkeit von bis zu 0,02 arcsec (0,1 µm auf 1 m) [2-31].

2.2.3.2 Inkrementaler Winkelschrittgeber

Bild 2-27 zeigt schematisch den Aufbau eines optischen Drehgebers. Die Wirkungsweise ist analog zur der des photoelektrischen Linearmaßstabes. Eine fest mit der sich drehenden Antriebswelle verbundene Glasscheibe mit radialer Gitterteilung wird im Durchlicht von vier Gegengitterfeldern abgetastet. Die hierdurch auftretenden Hell-Dunkel-Wechsel des durchgelassenen Lichtstrahls werden von Photoelementen registriert, interpoliert und nach Umformung der Signale in einem Impulsformer gezählt. Mit optischen Drehgebern lassen sich Genauigkeiten kleiner 0,5" bei einer Auflösung, je nach Interpolation, bis 0,1" erreichen. Zu beachten ist allerdings die mit steigender Auflösung zunehmende Eingangsfrequenz für die elektronische Auswertung. Wegen der Grenzfrequenz der Auswerteelektronik sinkt die maximale Drehzahl mit zunehmender Auflösung entsprechend ab. Darüber hinaus wird die Messgenauigkeit von der Ausrichtung des Drehgebers zur Welle beeinflusst. Die Signalauswertung erfolgt wie bei den Linearmaßstäben (siehe Abschnitt 2.1.6.5).

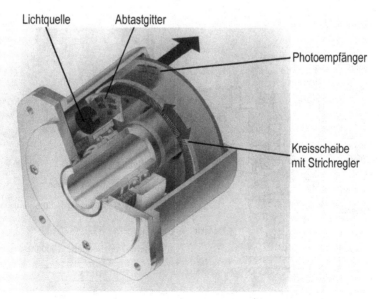

Bild 2-27. Aufbau eines inkrementalen Winkelschrittgebers (Quelle: nach Heidenhain)

2.3 Geräte zur Messung von Geschwindigkeiten

2.3.1 Elektrodynamische Geber

Unter elektrodynamischen Gebern versteht man Induktionsgeber, bei denen durch die Relativbewegung von einer Spule zu einem magnetischen Feld geschwindigkeitsproportionale Spannungen in der Spule induziert werden. Die induzierte Spannung ist der magnetischen Flussdichte B, der Windungszahl w, der Länge l einer Windung und der Geschwindigkeit v, mit der die Spule zum magnetischen Feld bewegt wird, proportional.

Die bekannteste Ausführung besteht im Wesentlichen aus einem ferritischen Gehäuse mit einem Permanentmagneten, dessen magnetischer Fluss über einen Polschuh zu einem zylindrischen Luftspalt geleitet wird, in dem eine Spule mit w Windungen längsverschiebbar angeordnet ist, Bild 2-28, [2-4]. Die Spule ist direkt mit dem Messstößel verbunden, der über Membranfedern nahezu reibungsfrei parallel geführt wird. Im Luftspalt steht ein radial verlaufendes Magnetfeld. Ist l die Länge einer Windung der Spule und bewegt sich diese mit der Geschwindigkeit v, so ergibt sich die induzierte Spannung zu:

$$U = w \cdot l \cdot B \cdot v = k \cdot v \qquad\qquad (2\text{-}25)$$

mit $B = \mu_0 \cdot \mu_r \cdot H$ (H: magnetische Feldstärke, [H] = A/m)
              (B: magnetische Flussdichte, [B] = Tesla = Vs/m^2)

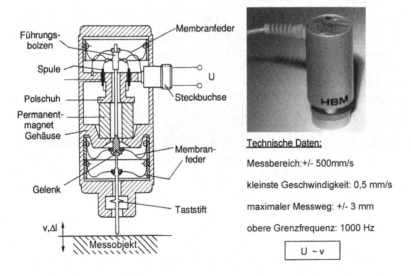

Bild 2-28. Elektrodynamischer Geschwindigkeitsaufnehmer (Quelle: nach Hottinger Baldwin Messtechnik; Philips)

Die wichtigsten technischen Eigenschaften eines derartigen Gebers sind: Messbereich: ± 500 mm/s, kleinste messbare Geschwindigkeit: 0,5 mm/s, maximaler Messweg ± 3 mm, obere Grenzfrequenz 1000 Hz, Genauigkeit 1% vom Messbereich.

2.4 Geräte zur Messung von Beschleunigungen

2.4.1 Geräte zur Messung von Linearbeschleunigungen

Beschleunigungsaufnehmer erfassen in der Regel die Reaktionskraft einer beschleunigten Masse. Über die Beziehung

$$F = m \cdot a, \quad \text{bzw.} \quad a = \frac{F}{m} \tag{2-26}$$

lässt sich aus der Kraft F auf die Linearbeschleunigung a eines Körpers der Masse m schließen. Beschleunigungsaufnehmer sind also im Grunde Kraftaufnehmer. Je nach Bauweise lassen sich auf diese Weise auch extrem kleine Beschleunigungen messen. Hierbei wird die Masse entsprechend groß gewählt.

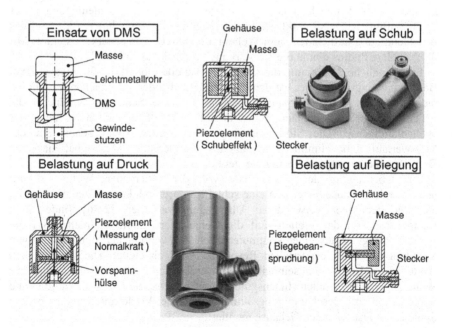

Bild 2-29. Bauformen von Beschleunigungsaufnehmern (Quelle: nach Kistler Piezo-Instrumentation; Brüel & Kjaer; Tichy, Gautschi)

Beschleunigungsmessgeräte arbeiten in der Regel nach dem seismischen Prinzip. Genügend weit unterhalb der Resonanzfrequenz eines seismischen Systems ist der Relativweg zwischen Masse und zu messendem Objekt proportional zur Beschleunigung a. Beschleunigungsaufnehmer haben daher möglichst hohe mechanische Eigenfrequenzen. Zum Messen von Linear- und Rotationsbeschleunigungen haben die piezoelektrischen Geber die größte technische Bedeutung. Sie sind sehr klein und leicht, einfach aufgebaut und erreichen sehr hohe Resonanzfrequenzen von bis zu 100 kHz. Die Messbereiche liegen zwischen 10^{-3} und 10^5 g. Die hierbei genutzten piezoelektrischen Effekte werden in Abschnitt 2.5.2 genauer beschrieben. In Bild 2-29 sind neben einem Beschleunigungsaufnehmer mit Dehnungsmessstreifen für relativ große Beschleunigungen verschiedene Bauformen mit Piezoelementen dargestellt. Die Piezoelemente werden je nach Anordnung der seismischen Masse auf Druck, Biegung oder Schub belastet [2-34].

2.4.2 Einrichtung zur Messung von Drehbeschleunigungen

Zur Messung von Drehbeschleunigungen an Wellen kann ein Linear-beschleunigungsaufnehmer (Abschnitt 2.4.1) eingesetzt werden. Der Aufnehmer wird tangential zum Wellendurchmesser montiert, so dass er die zu seiner Längsachse (= Wirkachse) parallel gerichtete Tangentialbeschleunigung a der Welle aufnimmt. Dabei wirkt der Flugkreisradius des Aufnehmers (Abstand des Beschleunigungsaufnehmers zum Wellenmittelpunkt) als Verstärkungsfaktor. Mit wachsendem Radius nimmt die Verstärkung proportional zu [2-35].

Eine mögliche Anordnung der einzelnen Bauteile gibt Bild 2-30 wieder. Zwei Beschleunigungsaufnehmer werden diametral zueinander auf gleichem Flugkreis-radius montiert und gegenparallel geschaltet. Diese Schaltung verhindert die Erfassung von Störbeschleunigungen in radiale Richtung und in Richtung der Wellenlängsachse. Die Störbeschleunigungen werden somit schon bei der Messwertaufnahme eliminiert, so dass als resultierendes Messsignal die reine Dreh-Beschleunigung zur Verfügung steht.

Zur Übertragung der Messsignale von der rotierenden Welle auf das feststehende Gehäuse bietet sich eine schleifringlose, induktive Datenübertragung an. Bei dem hier verwendeten Übertragungsverfahren [2-36] findet kein Energiefluss von der Wellen- auf die Gehäuseseite statt. Vielmehr wird die Signalübertragung aus einer kontinuierlichen Auswertung der signalabhängigen Verstimmung eines elektrischen Resonanzkreises abgeleitet. Die wesentlichen Bauteile der Übertragungseinheit sind zwei konzentrisch zueinander und zur Welle angeordnete Spulen (Innenspule L_1 und Außenspule L_2). Während die eine Spule L_1 mit dem Beschleunigungsaufnehmer auf der Welle rotiert, ist die andere Spule L_2 im feststehenden Gehäuse montiert.

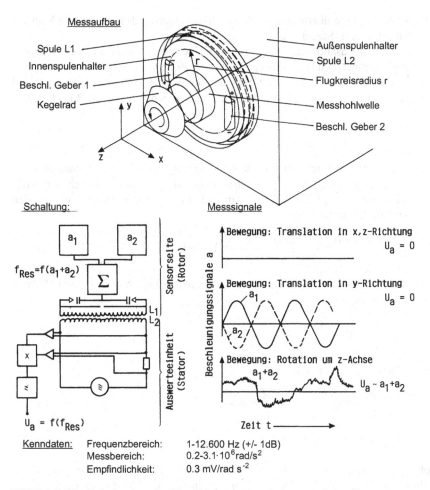

Bild 2-30. Messprinzip eines Drehbeschleunigungsaufnehmers mit berührungsloser Messwertübertragung

2.5 Geräte zur Messung von Kräften

2.5.1 Dehnungsmessstreifen (DMS)

Körper aus Materialien, die dem Hook'schen Gesetz folgen, wie z.B. alle Metalle, verformen sich im elastischen Bereich proportional zur Belastungskraft. Es gilt also, die Verformung an einem Messkörper, der im Kraftfluss liegt, zu erfassen, um auf die zu messende Kraft schließen zu können. Dehnungsmessstreifen bilden hierzu ein geeignetes Messmittel. Sie werden in der Hauptdehnungsrichtung auf dem Messkörper appliziert, Bild 2-31. Da die Dehnung des Körpers vollständig auf die DMS-Drähte übertragen wird, ist deren Widerstandsänderung ein Maß für die Körperdehnung (Stauchung).

Die Widerstandsänderung der DMS infolge der aufgezwungenen Längen-änderung errechnet sich wie im Folgenden dargestellt.

Ein Draht mit der Länge l, dem Querschnitt A bzw. dem Durchmesser d und dem spezifischen Widerstand ρ hat im Ruhezustand den Widerstand R [2-4, 2-7]

$$R = \rho \frac{l}{A} = \rho \frac{4l}{\pi d^2} \qquad (2\text{-}27)$$

Unter dem Einfluss einer Dehnung ε = Δl/l verringert sich der Durchmesser um Δd/d = −με, worin μ die Querkontraktionszahl bezeichnet. Durch partielles Differenzieren von (2-27) erhält man für kleine Änderungen von R den linearisierten Zusammenhang [2-4]

$$\frac{\Delta R}{R} = \frac{\Delta \rho}{\rho} + \frac{\Delta l}{l} - \frac{2 \Delta d}{d} = \frac{\Delta \rho}{\rho} + \varepsilon \left(1 + 2\mu\right) \qquad (2\text{-}28)$$

Verhält sich Δρ/ρ proportional zu Δl/l, wie es bei technisch brauchbaren Drähten der Fall ist, dann gilt

$$\frac{\Delta \rho}{\rho} = \beta_G \frac{\Delta l}{l} \qquad (2\text{-}29)$$

Aus (2-28) und (2-29) erhält man

$$\frac{\Delta R}{R} = \left(\beta_G + 1 + 2\mu\right) \frac{\Delta l}{l} = \kappa \frac{\Delta l}{l} \qquad (2\text{-}30)$$

$$\text{mit} \quad \kappa = \beta_G + 1 + 2\mu$$

wobei κ als die Empfindlichkeit des DMS bezeichnet wird. Bei dem als Mess-drahtwerkstoff technisch wichtigen Konstantan liegt der Wert β_G bei l und κ bei etwa 2,0.

Eine Voraussetzung für die Funktion eines Dehnungsmessstreifens ist, dass die Dehnung des Bauteils vollständig auf den Messdraht übertragen wird.

Den prinzipiellen Aufbau eines DMS zeigt Bild 2-31. Auf dem Bauteil wird das Trägermaterial (Polyamid, glasfaserverstärktes Phenolharz), in das der Messdraht eingebettet ist, aufgeklebt. (Die Klebstoffschicht ist hier nicht berücksichtigt worden.) Wird das Bauteil gedehnt, so stellt sich im Trägermaterial und im Messdraht näherungsweise die angegebene Spannungsverteilung ein. Um eine vollständige Dehnungsübertragung auf den Draht zu erreichen, sind die Abmessungen und der E-Modul des Trägers und des Messdrahtes so zu wählen, dass sowohl die Spannungen σ_l im Trägermaterial im Bereich der Messdraht-enden bereits völlig aufgebaut sind, als auch der Aufbau der Längsspannung im Messdraht in einer gegenüber der Länge l_M kurzen Strecke (z.B. 1%) erfolgt. Da das Verhältnis der E-Moduli von Draht und Trägermaterial im Allgemeinen mit

100:1 gegeben ist, müssen die obigen Forderungen allein durch eine geeignete Wahl der Abmessungen erfüllt werden. Bei einer Dicke des Trägers von z.B. 0,1 mm und einer Länge des Messdrahtes l_M von 10 mm muss man für die Größen (l_{TR} – l_M)/2 etwa 4 mm und d_M etwa 0,02 mm wählen [2-4], (l_{TR} : Länge der Trägerschicht, d_M: Durchmesser des Messdrahtes).

Es existiert eine Vielzahl unterschiedlicher Messstreifentypen, wobei die Folienstreifen eine besondere Bedeutung erlangt haben. Sie werden ähnlich wie die bekannten bedruckten Schaltungen für elektrische Geräte hergestellt. Zunächst wird eine dünne Metallfolie mit einem dünnen Kunststoffträger fest verbunden. Auf die Metallfolie wird dann mit säurefester Farbe das gewünschte Gitter aufgedruckt und anschließend der unbedruckte Teil der Metallfolie weggeätzt, so dass das gewünschte Gitter stehen bleibt. Auf die verbreiterten Enden der Metallfolie werden die Anschlussleitungen gelötet. Die Herstellungsweise erlaubt es, beliebig gestaltete Messstreifen oder Messstreifenkombinationen herzustellen. So lassen sich Rosetten und Doppelspiralen zur Ermittlung zentralsymmetrischer Spannungsverteilungen anfertigen. Weiter lassen sich Folienstreifen sehr dünn herstellen (z.B. Gesamtdicke: = 0,025 mm) was eine extrem gute Schmiegsamkeit bedeutet. Außerdem besitzen diese Folien wegen der guten Ableitung der Stromwärme an das Bauteil eine hohe spezifische Strombelastbarkeit [2-37].

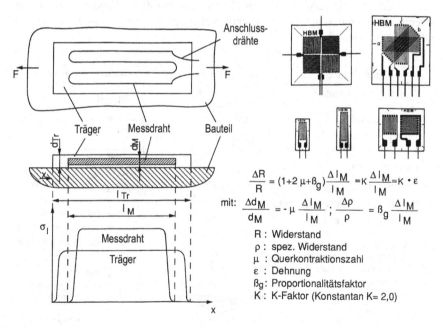

$$\frac{\Delta R}{R} = (1+2\,\mu+\beta_g)\frac{\Delta l_M}{l_M} = K\frac{\Delta l_M}{l_M} = K \cdot \varepsilon$$

mit: $\quad \dfrac{\Delta d_M}{d_M} = -\mu\,\dfrac{\Delta l_M}{l_M} \;;\; \dfrac{\Delta \rho}{\rho} = \beta_g\,\dfrac{\Delta l_M}{l_M}$

R : Widerstand
ρ : spez. Widerstand
μ : Querkontraktionszahl
ε : Dehnung
β_g : Proportionalitätsfaktor
K : K-Faktor (Konstantan K= 2,0)

Bild 2-31. Dehnungsmessstreifen (Quelle: nach Hottinger Baldwin Messtechnik)

Einen Dehnungsmessstreifen, dessen Messdraht durch einen langgestreckten Halbleiter (z.B. Silizium oder Germanium) ersetzt ist, nennt man Halbleitergeber. Da die Abmessungen des Halbleiters und auch sein E-Modul ähnlich den Werten metallischer Drähte sind, unterscheidet sich der Halbleitergeber in seinen mechanischen Funktionen kaum von einem konventionellen DMS. Die Halbleitermaterialien haben den Vorzug großer β_G Faktoren (Si = 175, Ge = 102), so dass im Gegensatz zum ohmschen DMS der Volumeneffekt $(1 + 2\mu)$ keine Rolle mehr spielt (siehe Gl. 2-30). Die Halbleitergeber besitzen eine höhere Empfindlichkeit. Da β_G sehr stark von der Kristallorientierung abhängig ist, verwendet man zumeist Geber mit einkristallinem Aufbau [2-4].

Zur Erhöhung der Messempfindlichkeit, zur Kompensation von Temperatureinflüssen oder Erfassung unsymmetrischer Krafteinleitungen werden je nach Anwendungsfall mehrere DMS auf dem Messkörper angebracht. Sie werden in einer Wheatstone'schen Brückenschaltung verdrahtet, die verschiedene Möglichkeiten der Addition oder Subtraktion von Messwerten bietet, wie beispielsweise zur Trennung von Biegungs- und Längskräften in Form einer selektiven Erfassung von Beanspruchungskomponenten im Falle kombinierter Beanspruchungsarten [2-38].

Bild 2-32 zeigt die Grundschaltung der Wheatstone'schen Brücke und die drei möglichen Anbringungsarten von DMS zur Kraft-, Biegemomenten- und Drehmomentenmessung mit den entsprechenden Formeln zur Erfassung der gesuchten Größe.

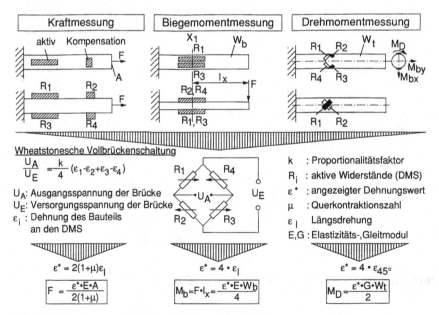

Bild 2-32. Messung von Kräften und Momenten mit Dehnungsmessstreifen

2.5.2 Piezoquarze

Verformt man gewisse Arten von Einkristallen (Quarz, Turmalin, Seignettesalz) elastisch durch Aufbringen einer äußeren Kraft, so treten an bestimmten Flächen der Kristalle elektrische Ladungen Q aus. Dieser „direkte piezoelektrische Effekt" eignet sich für technische Kraft- bzw. Druckmessungen. Legt man demgegenüber an bestimmte Flächen geeigneter Einkristalle elektrische Spannungen an, so dehnen sich die Kristalle aus oder ziehen sich zusammen. Diese Erscheinung bezeichnet man als den „reziproken piezoelektrischen Effekt". Man nutzt ihn zur Schwingungserregung (siehe Abschnitt 6.2.5).

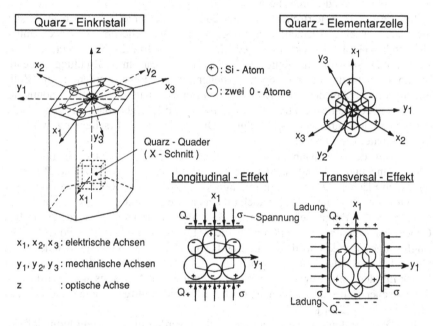

Bild 2-33. Piezoelektrischer Effekt

Piezoelektrische Geber sind wegfühlend, d.h., die auftretenden Ladungen Q hängen ausschließlich von der Deformation der Kristalle ab und nicht von der Geschwindigkeit mit der die Deformation aufgebracht wird. Sie benötigen keine Hilfsspannungsquelle, sie sind also aktiv. Zur Verstärkung der Signale werden Ladungsverstärker verwendet. Da die Ladungen Q des Piezoelements ähnlich wie bei einem Kondensator aufgrund eines endlich großen Isolationswiderstandes gegen Null absinken, sind statische Langzeitmessungen mit einem derartigen Aufnehmer nur bedingt möglich.

Zur qualitativen Erklärung des piezoelektrischen Effekts eignet sich besonders der Quarz. In Bild 2-33 ist ein Quarz-Einkristall mit senkrecht zur Längsachse, der z-Achse, angeschliffenen Endflächen dargestellt. Die Stirnflächen haben die Form eines regelmäßigen Sechsecks. Auch die Elementarzelle des Quarzes besitzt in z-Richtung diese Form. Jeder Eckpunkt der Zelle ist abwechselnd mit einem Silizium-Atom besetzt, das vier positive Einheitsladungen aufweist, oder mit zwei Sauerstoff-Atomen, die je zwei negative Einheitsladungen besitzen. Die vom Mittelpunkt der Elementarzelle in Richtung der Si-Atome verlaufenden Achsen (x_1, x_2, x_3) bezeichnet man als elektrische Achsen, weil an den zu diesen Achsen senkrechten Flächen bei Deformation des Kristalls elektrische Ladungsverschiebungen auftreten. Unter jeweils 90° zu den x-Achsen verlaufen die sogenannten mechanischen Achsen (y_1, y_2, y_3), auf den senkrecht zu diesen liegenden Flächen sind lediglich mechanische (Dehnung, Stauchung) aber keine elektrischen Effekte (Abgabe elektrischer Ladungen) zu beobachten. Die z-Achse bezeichnet man als die optische Achse.

Infolge des symmetrischen Aufbaus einer Elementarzelle kompensieren sich die Ladungen einer Elementarzelle gegenseitig. Die Zelle erscheint nach außen elektrisch neutral. Drückt man jedoch, wie im Bild 2-33 gezeigt, z.B. in x_1-Richtung, so wird die Zelle elastisch verzerrt. Das in x_1-Richtung liegende Si-Atom sowie die beiden gegenüberliegenden O-Atome werden in die Zelle hineingedrückt. Auf der einen Druckfläche nimmt deshalb die positive Ladung ab, d.h. es entsteht eine negative Ladung und auf der gegenüberliegenden Fläche entsteht analog eine positive Ladung. Die geschilderte Erscheinung wird als longitudinaler Effekt bezeichnet [2-39].

Im Fall des sogenannten transversalen Effektes wirkt eine Spannung in y_1-Richtung und die Ladungen Q entstehen auf den senkrecht zur x_1-Richtung liegenden Flächen. Die bei Beanspruchungen in x_1- bzw. y_1-Richtung auftretenden Effekte treten in gleicher Weise auch in den anderen x- und y-Richtungen auf.

Eine in der Praxis sehr häufig eingesetzte Bauform eines piezoelektrischen Gebers zur Messung von Kräften ist die „Messunterlegscheibe", Bild 2-34. Die ringförmige Grundplatte des Gehäuses besitzt dünne zylindrische Wände. Zwei Quarzplatten werden unter Vorspannung gehalten, indem die Deckplatte unter Druck mit den Gehäusewänden verschweißt wird. Das Ausgangssignal wird durch die zwischen den Quarzplatten liegenden Elektroden aufgenommen und auf den Stecker geleitet [2-40].

Die Quarzplatten für Messunterlegscheiben werden für den Longitudinaleffekt, also normal zur kristallographischen x-Achse geschnitten. Die nominelle Kraftempfindlichkeit beträgt ca. 2,30 pC/N. Da die Gehäusewände einen Kraftnebenschluss bilden, ist die typische Empfindlichkeit einer Quarzplatte für den Longitudinaleffekt 2,0 pC/N. Durch die elektrische Parallelschaltung von zwei Platten ergibt sich für den Aufnehmer eine typische Empfindlichkeit von 4,0 pC/N.

Messunterlegscheiben werden für Messbereiche von wenigen kN bis über 1 MN gebaut. Die Steifigkeiten dieser Aufnehmer liegen im Bereich von 1 kN/mm für die kleinen, bis 100 kN/mm für die großen Aufnehmer, das Auflösungsvermögen aller Aufnehmertypen beträgt 0,01 N [2-39].

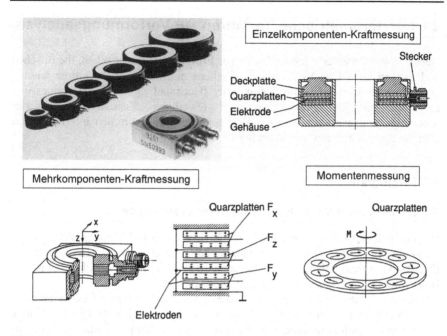

Bild 2-34. Kraft- und Momentenmessung mit piezoelektrischen Gebern (Quelle: nach Kistler Piezo-Instrumentation)

Der Aufbau von Mehrkomponenten-Kraftaufnehmern entspricht dem von Einkomponenten-Aufnehmern. Es werden entsprechend der Anzahl der zu messenden Komponenten mehr Quarzscheiben in den zusätzlichen Messachsen eingebaut. So enthalten Dreikomponenten-Kraftaufnehmer ein für den Longitudinaleffekt geschnittenes Quarzplattenpaar für die Normalkomponente (z-Achse) und je ein für den Schubeffekt geschnittenes Quarzplattenpaar für die beiden Schubkomponenten in x- und y-Richtung. Da die Schubkräfte durch Reibung übertragen werden, müssen diese Aufnehmer immer unter genügender mechanischer Vorspannung eingebaut werden. Bild 2-34 zeigt einen Drei-komponenten-Kraftaufnehmer, mit dem die drei Komponenten einer beliebig angreifenden Kraft gemessen werden können.

Die Messung von Momenten mit piezoelektrischen Quarzen kann mit der im Bild unten rechts gezeigten Anordnung vorgenommen werden. Quarzscheiben, die für den Schubeffekt geschnitten sind, werden in einem Kreis so angeordnet, dass die schubempfindliche Achse jeder Quarzscheibe tangential zum Kreis liegt. Der Aufnehmer muss ebenfalls unter hoher Vorspannung eingebaut sein, damit die Schubkräfte durch Reibung übertragen werden können. Ein auf den Aufnehmer wirkendes Moment erzeugt in den Scheiben tangentiale Schubspannungen. Da alle Quarzscheiben elektrisch parallel geschaltet sind, ist das Ausgangssignal proportional zum wirkenden Moment.

2.6 Interferometrische Verfahren zur Verformungsanalyse

Neben konventionellen Messverfahren zur Ermittlung des statischen, thermischen und dynamischen Last-Verformungsverhaltens mechanischer Strukturen werden auch interferometrische Verfahren zur flächenhaften Verformungsmessung eingesetzt. In Abhängigkeit von der jeweiligen Messaufgabe und der Messumgebung werden hierzu die Verfahren der holografischen Interferometrie oder die Speckleinterferometrie eingesetzt.

2.6.1 Holografie

2.6.1.1 Verfahren der holografischen Interferometrie

Bei der holografischen Interferometrie [2-41 bis 2-44] handelt es sich um ein flächenhaftes Verformungsmessverfahren, bei dem die relative Bewegung der Oberfläche eines Objekts in Richtung der Winkelhalbierenden zwischen Beleuchtungs- und Beobachtungsrichtung erfasst wird.

Hierzu wird das Objekt in zwei definierten Zuständen seiner Bewegung bzw. seiner Verformung flächenhaft aufgenommen. Beide belichtete Objektzustände werden in der holografischen Bildebene auf eine lichtempfindliche Schicht auf-gezeichnet, die aus einem Thermoplastfilm oder einer Hologrammplatte bestehen kann.

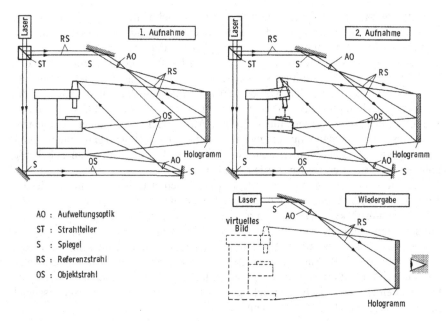

Bild 2-35. Prinzip der Aufnahme und Wiedergabe von Hologrammen

Der prinzipielle Messaufbau zur Aufnahme eines Hologramms einer Werkzeugmaschine ist in Bild 2-35 dargestellt. Die Belichtung des Fotomaterials erfolgt durch das von der Objektoberfläche reflektierte Licht eines Lasers. Dieser sogenannte Objektstrahl interferiert auf dem Fotomaterial mit einem aus derselben Lichtquelle stammenden, ausgeblendeten Referenzstrahl. Durch die Verwendung von monochromatischem Licht stellen sich die Verformungen des zu untersuchenden Objekts bei der Rekonstruktion des Hologramms als Interferenzmuster in Form von Hell-Dunkelstreifen auf dem Objektbild dar.

Zur Erzeugung des Objektstrahls (OS) und des Referenzstrahls (RS) wird der Laserstrahl mit einem Strahlteiler (ST) aufgeteilt. Der Objektstrahl wird über Spiegel (S) und eine Aufweitungsoptik (AO) auf die Maschine gelenkt und reflektiert dort diffus. Ein gewisser Anteil des diffus reflektierten Lichts trifft auf das Fotomaterial und interferiert dort mit der Wellenfront der Referenzwelle. Je nach relativer Phasenlage beider Wellenfronten entstehen dort Auslöschungen oder Verstärkungen des Wellenfeldes. Auf diese Art und Weise entsteht vom ersten Oberflächenzustand auf dem Fotomaterial ein mikroskopisch feines Interferenzmuster.

Sobald die zu vermessende Maschine einen definierten Verformungszustand durch innere oder äußere Kräfte aufweist, wird zur Ermittlung der Objektverformungen auf demselben Fotomaterial ein zweites Hologramm nach dem gleichen Verfahren abgelichtet. Die von der verformten Struktur reflektierten Laserstrahlen gelangen ebenfalls mit leicht veränderter Lauflänge gegenüber dem unverformten Zustand auf das Fotomaterial und interferieren dort mit der unveränderten Referenzwelle. Der Messaufbau bleibt bei der Aufnahme der beiden Objektzustände ebenfalls unverändert.

Zur Auswertung wird das zweimal belichtete Fotomaterial entwickelt und mit monochromatischem Licht aus der Richtung des vorherigen Referenzstrahls rekonstruiert, Bild 2-35 unten rechts.

Interferieren die von den zwei Aufnahmen auf dem Fotomaterial gespeicherten Mikrointerferenzmuster, so entsteht ein virtuelles Bild mit einem Makrointerferenzmuster (Streifenmuster) auf der Oberfläche der Maschinenstruktur, aus dem die Verformung der Maschinenoberfläche ermittelt werden kann, Bild 2-37.

2.6.1.2 Messaufbau

Bild 2-36 stellt einen realen holografischen Doppelpulsmessaufbau dar, wie er zur Schwingungsanalyse an Werkzeugmaschinen verwendet wird, Abschnitt 2.6.1.3. Zur Bauteilbeleuchtung wird ein Rubinpulslaser mit einer im Vergleich zur Periodenlänge einer Schwingung sehr kurzen Pulsdauer von weniger als 30 Nanosekunden eingesetzt, um so von beiden Endlagen der Schwingung jeweils ein Mikrointerferenzmuster auf der Fotoplatte abbilden zu können.

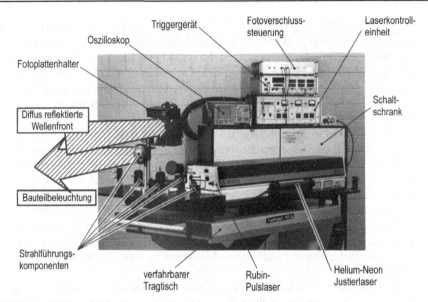

Bild 2-36. Holografischer Doppelpulsaufbau zur Schwingungsanalyse

Die Steuerung der beiden Laserpulse findet über einen auf der Maschinen-struktur angebrachten Schwingungsaufnehmer statt, der über ein Triggergerät mit der Laserkontrolleinheit verbunden ist. Die Signale des Schwingungsaufnehmers und die beiden Laserpulse werden zur Überprüfung der richtigen Belichtungs-zeitpunkte gleichzeitig mit einem Oszilloskop aufgezeichnet. Die Führung des Objekt- und Referenzstrahls findet über optische Komponenten statt, die zusammen mit dem Rubinpulslaser auf einem verfahrbaren Tragtisch montiert sind. Zur Justierung dieser Komponenten wird ein Helium-Neon-Laser verwendet, dessen sichtbar rotes Dauerlicht parallel zum Strahlweg des Rubinpulslasers verläuft. Die vom Messobjekt diffus reflektierte Wellenfront wird auf einer Foto-platte aufgefangen. Zur Vermeidung einer Fehlbelichtung durch Umgebungslicht befindet sich die Fotoplatte in einem geschlossenen Fotoplattenhalter. Nur während der Aufzeichnung beider Mikrointerferenzmuster wird am Foto-plattenhalter für kurze Zeit ein Fotoverschluss geöffnet. Die Verschlusssteuerung ist hierzu mit der Laserkontrolleinheit verbunden.

Die Rekonstruktion des aufgezeichneten Hologramms wird in einem getrennten Aufbau durchgeführt. Durch eine Auswertung des rekonstruierten Makrointer-ferenzmusters kann die Schwingungsform der Maschinenstruktur ermittelt wer-den. In Abschnitt 2.6.1.3 ist eine typische Beispielmessung dokumentiert.

2.6.1.3 Beispiel einer holografischen Messung

Schleifmaschinen können während der Bearbeitung zu störenden Schwingungen angeregt werden. Die verwendete Schleifscheibe stellt dabei ein besonders kritisches Bauteil dar. Vor dem Einsatz der Scheibe in der Maschine kann über eine Schwingungsanalyse das dynamische Verformungsverhalten ermittelt werden.

Mit dem in Bild 2-36 abgebildeten Doppelpulsaufbau wurde eine Schwingungsanalyse an einer Hochgeschwindigkeitsschleifscheibe durchgeführt. Das Ergebnis ist in Bild 2-37 dargestellt. In einem ersten Schritt werden die Resonanzfrequenzen der Schleifscheibe über eine Messung der Nachgiebigkeits-frequenzgänge an verschiedenen Punkten erfasst. Eine Resonanzfrequenz äußert sich dabei in einer hohen Amplitude bei gleicher Anregungskraft.

Zur Bestimmung der Schwingungsform einer ausgewählten Resonanzfrequenz wird die Schleifscheibe mit dem in Bild 2-37 oben links abgebildeten Erreger harmonisch angeregt. Mit dem holografischen Doppelpulsverfahren, das in Abschnitt 2.6.1.4 noch näher erklärt wird, werden beide Schwingungsendlagen kurz nacheinander belichtet. Das aufgezeichnete Makrointerferenzmuster enthält die Verformungen der Schleifscheibe zwischen beiden Endlagen, wobei zwischen zwei Streifen ein Verformungsunterschied von 357 nm besteht.

Das in Bild 2-37 dargestellte Makrointerferenzmuster wurde bei einer Frequenz von 1790 Hz aufgezeichnet. Aus der Betrachtung des Interferenzmusters allein kann noch nicht geschlossen werden, welche Teilbereiche positive und welche negative Verformungen aufweisen. Nach einer Bildauswertung auf Basis des in Abschnitt 2.6.1.5 beschriebenen Phasenshiftverfahrens kann die Schwingungs-form der Schleifscheibe eindeutig bestimmt werden. Die dreidimensionale Darstellung in Bild 2-37 unten rechts stellt die berechnete Schwingungsform dar.

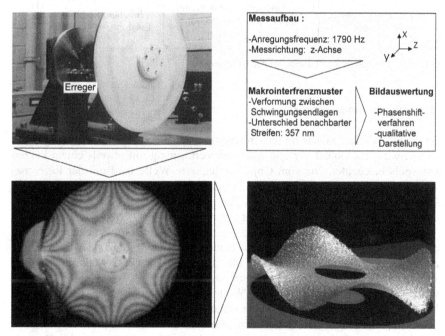

Bild 2-37. Holografische Schwingungsanalyse an einer CFK-Schleifscheibe

2.6.1.4 Verfahrensvarianten

Zur Erzeugung monochromatischen Lichtes werden in der Praxis unterschiedliche Lichtquellen eingesetzt. Bild 2-38 zeigt einen Überblick über die bei der Holografie eingesetzten Lasertypen in Abhängigkeit vom jeweiligen Einsatzgebiet. Die benötigte Laserleistung hängt von der Größe des zu untersuchenden Objekts ab.

Je nach speziellem Anwendungsfall werden unterschiedliche Varianten der holografischen Interferometrie eingesetzt. Diese Varianten unterscheiden sich im Wesentlichen in der zeitlichen Folge zwischen der ersten und zweiten Aufnahme, der Belichtungszeit zur Aufzeichnung der Hologramme und der Speicherart der aufgezeichneten Hologramme.

Laserart	Anwendung	Eigenschaften
Rubin-Pulslaser	Pulslaser zur Aufnahme von Hologrammen	Wellenlänge: 694 nm Pulsenergie: < 3 Joule Pulslänge: < 30 nsec
Helium-Neon-Laser	Dauerstrichlaser zur Rekonstruktion von Hologrammen	Wellenlänge: 633 nm Leistung: < 40 mWatt
Argon-Ionen-Laser	Dauerstrichlaser zur Aufnahme und Rekonstruktion von Hologrammen	Wellenlänge: 514 nm Leistung: < 8 mWatt
frequenzverkoppelter YAG-Laser	Dauerstrichlaser zur Aufnahme und Rekonstruktion von Hologrammen	Wellenlänge: 532 nm Leistung: < 80 mWatt

Bild 2-38. Gebräuchliche Laserarten der Holografie

Doppelbelichtungsverfahren

Bei diesem Verfahren, das im letzten Kapitel an einem Beispiel bereits dargestellt wurde, wird das Objekt vor und nach der Verformung mit jeweils einem kurzen Laserpuls beleuchtet. Die vom Objekt reflektierte Welle wird mit der Referenzwelle auf der Fotoschicht überlagert, wodurch sich für jeden Objektzustand ein Mikrointerferenzmuster bildet. Die Mikrointerferenzmuster beider Verformungszustände werden auf einer Fotoschicht aufgezeichnet.

Durch eine Ausleuchtung des so aufgezeichneten Hologramms mit monochromatischem Licht interferieren die beiden Mikrointerferenzbilder. Es entsteht auf einem virtuellen Bild der Maschinenstruktur ein Makrointerferenzstreifenmuster, aus dem der Verformungszustand der Maschinenstruktur ermittelt werden kann, Bild 2-37 links. Weil die Belichtungszeit von etwa 30 Nanosekunden im Verhältnis zur Periodendauer einer mechanischen Schwingung verschwindend klein ist, kann der Bauteilzustand während dieser kurzen Belichtungszeit als konstant angesehen werden. Daher eignet sich das Doppelbelichtungsverfahren neben der Untersuchung statischer und thermischer

Verformungen ebenfalls zur Schwingungsanalyse. Bei letzterer wird der Belichtungsimpuls auf die Schwingungsfrequenz getriggert, wobei man möglichst die beiden Schwingungsendlagen belichtet.

Aufgrund der kurzzeitigen einmaligen Belichtung beider Oberflächenzustände sind die Anforderungen an die mechanische Stabilität bei der Vermessung von thermischen und statischen Verformungen geringer als bei Verwendung von Dauerstrichlasern, wo zur Aufzeichnung eines Mikrointerferenzmusters ein einzelner Verformungszustand über einen längeren Zeitraum belichtet wird.

Stroboskopisches Verfahren

Beim Stroboskopischen Verfahren wird im Gegensatz zur Doppelpulstechnik jeder der beiden Bauteilzustände mehrfach durch einen kurzen Laserpuls belichtet.

Durch die mehrfache Belichtung ist im Vergleich zum Doppelpulsverfahren die Pulsenergie je Einzelpuls bei gleicher Gesamtausleuchtung des Fotomaterials geringer, und es können kleinere Strahlquellen eingesetzt werden. Als Quellen können Doppelpulslaser oder mit mechanischen Blenden versehene Dauerstrichlaser verwendet werden. Sowohl die Einsatzgebiete als auch die aufgenommenen Ergebnisbilder des Doppelpulsverfahrens und des Stroboskopischen Verfahrens unterscheiden sich nicht voneinander.

Beim Einsatz in der Schwingungsmesstechnik werden die Belichtungszeitpunkte über einen auf der Maschinenoberfläche angebrachten Sensor gesteuert, wobei zur mehrfachen Aufnahme eines Oberflächenzustands eine konstante periodische Schwingungsform ohne Oberschwingungen und eine sehr exakte Triggerung der Belichtungszeitpunkte vorausgesetzt werden muss.

Echtzeitverfahren

Mit den bisher erklärten Verfahren wird die Verformung zwischen zwei diskreten Zuständen in Form eines Makrointerferenzmusters auf dem Fotomaterial fest aufgezeichnet. Beim holografischen Echtzeitverfahren hingegen wird nur das Mikrointerferenzmuster der unverformten Maschine auf der Fotoschicht festgehalten. Beleuchtet man nun das Objekt mit einem Dauerstrichlaser und lässt den von der Oberfläche reflektierten Strahl auf dem abgespeicherten Mikrointerferenzmuster mit einem Referenzstrahl interferieren, so kann man im Falle einer Verformung der Objektoberfläche eine kontinuierliche Wanderung der Makrointerferenzstreifen beobachten, die für eine Online-Auswertung der Verformungen genutzt wird.

Das Echtzeitverfahren eignet sich sehr gut zur kontinuierlichen Beobachtung von thermischen und quasistatischen Oberflächenverformungen, da im Gegensatz zur Pulsholografie auch zeitliche Veränderungen erfasst werden können. Zum Auffinden von Resonanzfrequenzen mit dem Echtzeitverfahren wird bei der Schwingungsanalyse der interessierende Frequenzbereich langsam durchfahren.

Bei einer Resonanzfrequenz tritt bedingt durch die größere Strukturverformung im Vergleich zu anderen Frequenzen eine erhöhte Streifendichte auf.

Das Echtzeitverfahren stellt jedoch hohe Ansprüche an die geometrische Genauigkeit (thermisches Wachsen) und die Schwingungsisolation des optischen

Aufbaus, da eine Veränderung der optischen Weglänge zu einem zusätzlichen Wandern bzw. Zittern der Streifen auf dem Hologramm führt, das irrtümlicherweise als Verformung des Objekts interpretiert werden kann.

Sandwich-Verfahren

Beim Sandwich-Verfahren werden die zu untersuchenden Maschinenzustände im Gegensatz zum Doppelpulsverfahren oder zum Stroboskopischen Verfahren auf zwei unterschiedlichen Hologrammen aufgezeichnet. Zur Erzeugung des Makrointerferenzmusters werden die beiden Hologramme übereinandergelegt. Das Makrointerferenzmuster wird durch eine relative Verschiebung der aufeinanderliegenden, entwickelten Hologrammplatten und bei Beleuchtung mit einem Dauerstrichlaser erzielt. Der Vorteil dieser Aufnahmetechnik liegt darin, dass unerwünschte Interferenzlinien eliminiert und andere verstärkt werden können.

Zeitmittlungsverfahren

Das Zeitmittlungsverfahren wird ausschließlich bei der Schwingungsanalyse von periodisch schwingenden Messobjekten eingesetzt, wobei die bei einer stehenden Welle auftretenden Knotenlinien und Schwingungsbäuche dargestellt werden.

Bei den bisher erklärten Verfahren interferieren die Mikrointerferenzmuster von zwei unterschiedlichen Bauteilzuständen zu einem Makrointerferenzmuster, aus dem die Verformung der Maschinenstruktur ermittelt werden kann. Beim Zeitmittlungsverfahren hingegen erfolgt die Belichtung der Fotoschicht durch den

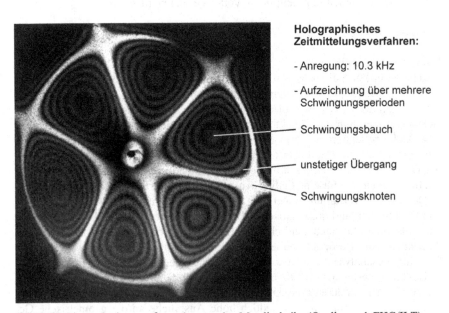

Holographisches Zeitmittelungsverfahren:

- Anregung: 10.3 kHz

- Aufzeichnung über mehrere Schwingungsperioden

— Schwingungsbauch

— unstetiger Übergang

— Schwingungsknoten

Bild 2-39. Eigenschwingungsform einer runden Metallscheibe (Quelle: nach FHG/ILT)

Objekt- und Referenzstrahl bei einer harmonischen Schwingung des Bauteils über mehrere Schwingungsperioden, so dass der zeitliche Mittelwert der Schwingungsform aufgezeichnet wird.

Bild 2-39 zeigt die harmonische Anregung einer runden Metallscheibe in einer ihrer Eigenfrequenzen. Die Schwingungsform wurde nach dem Zeitmittlungsverfahren aufgezeichnet. In Abhängigkeit vom Messort treten unterschiedliche Schwingungsamplituden auf. An den Knotenlinien der Schwingung ändert sich aufgrund des Stillstands der Oberfläche die Phasenfront des reflektierten Objektstrahls nicht, wodurch diese Stellen bei der Rekonstruktion des Hologramms besonders hell erscheinen, Bild 2-39. Mit zunehmender Amplitude der Schwingung tritt eine stärkere Änderung der reflektierten Phasenfront auf. Hierdurch erscheint ein Schwingungsbauch bei der Rekonstruktion des Hologramms besonders dunkel. Beim Übergang von einer Knotenlinie zu einem Schwingungsbauch nimmt die Helligkeit aufgrund eines unvermeidbaren physikalischen Störeffekts mit zunehmender Amplitude nicht streng monoton ab. Vielmehr ist dieser Übergang durch einen periodischen Wechsel von Hell nach Dunkel überlagert, der zur Ausbildung der Streifenmuster in Bild 2-39 führt. Auf einem Streifen besteht eine konstante Schwingungsamplitude.

2.6.1.5 Auswerteverfahren von Makrointerferenzmustern

Zur Berechnung der Oberflächenverformungen aus den Makrointerferenzmustern sind in Bild 2-40 die bei der Aufnahme des Hologramms relevanten Kenngrößen aufgezeichnet.

Der aus der Laserquelle stammende Lichtstrahl wird durch einen Strahlteiler in den Objektstrahl OS und den Referenzstrahl RS aufgeteilt. Der Objektstrahl wird über Spiegel und eine entsprechende Aufweitungsoptik auf die zu untersuchende Maschinenstruktur gelenkt. Der aufgeweitete Referenzstrahl interferiert auf dem Hologramm mit dem von der Maschinenoberfläche reflektierten Objektstrahl. Verschiebt sich der Objektpunkt P in Richtung des Vektors $\vec{D}$, so bewirkt dies eine Lauflängenänderung s der Objektwelle, die mit dem Hologramm aufgezeichnet wird. Mit der Voraussetzung, dass der Betrag des Verschiebungsvektors $\vec{D}$ klein im Vergleich zum Abstand zwischen Objektpunkt und Beobachtungspunkt und gleichzeitig klein zum Abstand zwischen Objektpunkt und Beleuchtungspunkt ist, lässt sich die Lauflängenänderung s wie folgt bestimmen.

$$s = \vec{D} \cdot (\vec{e}_B + \vec{e}_L) = \vec{D} \cdot \vec{E} = \left|\vec{D}\right| \cdot \cos\psi \cdot \left|\vec{E}\right| = D_E \cdot \left|\vec{E}\right| = D_E \cdot 2\cos(\delta/2) \quad (2\text{-}31)$$

Die Vektoren $\vec{e}_L$ und $\vec{e}_B$ sind Einheitsvektoren und zeigen vom Objektpunkt P ausgehend auf den Beleuchtungspunkt bzw. den Beobachtungspunkt. Der Vektor $\vec{E}$ wird Empfindlichkeitsvektor genannt. Er ergibt sich aus der Summe der beiden Vektoren ($\vec{e}_L + \vec{e}_B$), beschreibt somit die Winkelhalbierende zwischen Beleuchtungsrichtung und Beobachtungsrichtung. Aus dem holografischen Interferenzmuster kann somit nur die Komponente D_E des Verlagerungsvektors $\vec{D}$ in Richtung des Empfindlichkeitsvektors gewonnen werden.

Zwischen zwei benachbarten Makrointerferenzstreifen auf der Maschinenoberfläche liegt eine um λ unterschiedliche Lauflängenänderung s vor. Dabei ist λ
die Wellenlänge des bei der Aufnahme verwendeten Lasers (Rubinpulslaser:
λ = 694 nm). Als Hilfsgröße zur Bestimmung der Verformung wird die
sogenannte Interferenzordnung N eingeführt, die den Zusammenhang zwischen
Wellenlänge λ und Lauflängenänderung s herstellt.

$$s = \vec{D} \cdot \vec{E} = N \cdot \lambda \rightarrow N = \frac{s}{\lambda} = \frac{\vec{D} \cdot \vec{E}}{\lambda} \qquad (2\text{-}32)$$

Die relative Lauflängenänderung Δs zwischen zwei beliebigen Punkten auf der
Maschinenstruktur kann somit durch Auszählen der Streifen ΔN zwischen den
Punkten im Makrointerferenzmuster abgeschätzt werden. Eine direkte Information
über die Interferenzordnung N bzw. Lauflängenänderung s eines Punktes der
Maschinenstruktur enthält das Makrointerferenzmuster allerdings nicht, so dass
mit der holografischen Interferometrie lediglich Relativverformungen zwischen
beliebigen Punkten der Maschinenoberfläche erfasst werden können. Ist allerdings
durch die Anwendung einer anderen Messtechnik die Lauflängenänderung s eines
Punktes der Maschinenoberfläche bekannt, so kann durch eine Kombination mit
dem gleichzeitig aufgezeichneten Hologramm die Lauflängenänderung s für jeden
weiteren Oberflächenpunkt bestimmt werden. Hierbei dient die gemessene
Lauflängenänderung s des Einzelpunktes als Referenzgröße für die Holografie.

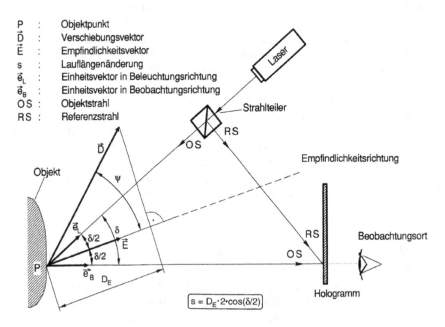

Bild 2-40. Relevante Kenngrößen zur Deutung von Makrointerferenzmustern

Ein Nachteil bei der Interpretation von Makrointerferenzmustern besteht darin, dass ohne Kenntnis des Belastungszustandes beim Übergang zwischen zwei benachbarten Streifen nicht eindeutig auf die Richtung der Verformung geschlossen werden kann, d.h. die Ordnung N kann sowohl um den Wert Eins zunehmen als auch abnehmen. Ist allerdings das prinzipielle Verformungsverhalten der Werkzeugmaschine aus der Art der mechanischen Belastung bekannt, so kann beim Übergang zwischen zwei Streifen die Änderung der Interferenzordnung vorzeichenrichtig ermittelt werden. Die Messgenauigkeit einer solchen Auswertung beträgt etwa eine halbe Wellenlänge des bei der Aufnahme verwendeten Laserlichts.

Phasenshiftverfahren

Zur automatischen Auswertung von Makrointerferenzmustern wurde das sogenannte Phasenshiftverfahren [2-45] entwickelt. Bei diesem Verfahren wird rechentechnisch entschieden, ob beim Übergang zwischen zwei Streifen die Interferenzordnung zunimmt oder abnimmt.

Die Durchführung dieses Verfahrens bedingt einen im Gegensatz zum Bild 2-35 leicht modifizierten Messaufbau, in dem jeder der beiden Objektzustände gleichzeitig mit zwei leicht räumlich versetzten Referenzstrahlen statt mit einem Referenzstrahl auf der Fotoschicht aufgezeichnet wird. Die Rekonstruktion des aufgenommenen Hologramms wird ebenfalls mit zwei Referenzstrahlen durchgeführt. Wird die Lage einer der beiden Referenzstrahlen durch die Verschiebung eines Spiegels verändert, so tritt eine Wanderung der Makrointerferenzstreifen auf der Objektoberfläche auf. Es werden nun drei Bilder bei unterschiedlicher Lage der Makrointerferenzstreifen in ein Rechnersystem eingelesen. Durch eine Auswertung der drei Bilder kann der Verformungsunterschied zwischen zwei beliebigen Punkten der Maschinenoberfläche mit einer Genauigkeit von etwa 1/50 der Laserwellenlänge automatisch ermittelt werden. Bei einer Wellenlänge von 694 nm (Rubin-Laser) entspricht das einer Auflösung von etwa 14 nm.

2.6.1.6 Verfahrensgrenzen

Grundsätzlich besteht die Möglichkeit, mit dem Verfahren der holografischen Interferometrie statische, thermische und dynamische Verformungsvorgänge flächenhaft zu erfassen. Bei der Vermessung von Werkzeugmaschinen müssen allerdings einige Einschränkungen berücksichtigt werden.

– Die zu vermessenden Oberflächen müssen optisch zugänglich sein. Durch das Vorhandensein von Maschinenabdeckungen, Kanten, Bohrungen, Bauteilbegrenzungen und Kabeln können Schatten entstehen, die nicht mehr ausgewertet werden können.
– Durch die Abdunkelung der Umgebung oder entsprechend kurze Belichtungszeit beim Pulslaser muss sichergestellt werden, dass der überwiegende Anteil des auf die Fotoschicht gestreuten Lichts aus diffusem Laserstreulicht von der zu untersuchenden Oberfläche besteht.

– Zur Ausleuchtung einer gesamten Werkzeugmaschine ist eine genügende Laserleistung bzw. Pulsenergie zur Verfügung zu stellen.

– Durch eine „geschickte" Verteilung der Beleuchtungsintensität ist sicherzustellen, dass die vom Bauteil ausgehende, in Richtung Fotoschicht reflektierte Lichtintensität für jeden Oberflächenpunkt möglichst konstant ist, um so einen großen Hell-Dunkel Unterschied der Makrointerferenzstreifen zu erzielen.

– Da Relativbewegungen von Messobjekt und Fotoschicht zwischen den beiden Aufnahmen das Messergebnis verfälschen, muss durch die mechanische Stabilität des Messaufbaus der Einfluss derartiger Störungen minimiert werden. Dieser Einfluss ist insbesondere bei thermischen Verformungsmessungen, die sich über einen langen Zeitraum abspielen, von großer Bedeutung.

Beim Einsatz des Phasenshiftverfahrens zur automatischen Auswertung von Makrointerferenzstreifenmustern müssen weitere Bedingungen erfüllt werden.

– Durch Sprünge bzw. Unstetigkeiten der Bauteiloberfläche kann der Verlauf der Makrointerferenzstreifen springen, so dass eine Auswertung der gesamten Maschinenoberfläche mit dem Phasenshiftverfahren nicht mehr möglich ist. Zur Auswertung mit dem Phasenshiftverfahren muss die Gesamtfläche in Teilgebiete zerlegt werden, die keine Sprünge mehr aufweisen.

– Ist aufgrund einer zu großen Verformung der Streifenabstand zu gering, kann das Phasenshiftverfahren die Streifen nicht mehr auflösen und eine quantitative Verformungsanalyse wird unmöglich. Unter Idealbedingungen kann ein minimaler Streifenabstand von etwa 4 Bildpunkten auf der Kamera noch aufgelöst werden. Bei Verwendung einer Kamera mit 512 x 512 Bildpunkten und eines Rubin-Pulslasers ($\lambda = 694$ nm) zur Aufzeichnung der Hologramme können innerhalb der digitalisierten Bildfläche maximale Relativverformungen von etwa 40 µm noch erfasst werden.

2.6.2 Speckleinterferometrie

2.6.2.1 Verfahren der Speckleinterferometrie

Die Speckleinterferometrie [2-42 bis 2-44] stellt eine Alternative zur Holografie bei der Verformungsanalyse von Maschinenstrukturen dar. Zur Messung unterschiedlicher Verformungsarten einer Maschinenstruktur wurden das sogenannte Out-of-plane-Verfahren, Bild 2-44, das In-plane-Verfahren, Bild 2-45, und das Shearingverfahren, Bild 2-46 entwickelt. Im Einzelnen werden die drei Verfahrensvarianten in Abschnitt 2.6.2.4 genauer beschrieben.

Bei der Speckleinterferometrie wird das Bild der Objektoberfläche wie bei konventioneller Foto- und Filmtechnik über eine Abbildungsoptik scharf auf eine Bildebene abgebildet, so dass jedem Punkt der Objektoberfläche eindeutig ein Punkt auf der Bildebene zugeordnet werden kann.

Zur Messung von Maschinenverformungen wird das zu untersuchende Messobjekt über einen Dauerstrichlaser mit kohärentem Laserlicht beleuchtet, Bild 2-41. Ein Teil des vom Objekt diffus reflektierten Lichts trifft auf die Bildebene, wo sich in Abhängigkeit von der Form der Objektoberfläche eine bestimmte Phasenverteilung der auftreffenden Wellenfront ausbildet.

Befindet sich zwischen der Abbildungsoptik und der Bildebene eine Blende, Bild 2-41, so werden die von den Objektpunkten reflektierten Einzelstrahlen an der Blende aufgeweitet, was die Phasenverteilung auf der Bildebene beeinflusst. Jeder Objektpunkt erzeugt so ein eigenes Beugungsmuster, wie für die Punkte P_1 und P_2 in Bild 2-41 dargestellt. Die von sämtlichen Objektpunkten erzeugten Beugungsmuster interferieren nun gegenseitig, wodurch auf der Bildebene ein so genanntes Specklemuster entsteht, das in Bild 2-41 ebenfalls exemplarisch dargestellt ist. An einigen Orten des Specklemusters entstehen aufgrund destruktiver Interferenzen Auslöschungen, die zu dunklen Flecken führen. An anderen Orten entstehen bei konstruktiven Interferenzen Verstärkungen, die zu besonders hellen Flecken führen. Der mittlere Abstand zweier benachbarter heller bzw. dunkler Flecken auf der Bildebene wird auch als mittlerer Speckledurchmesser D bezeichnet. In [2-43] wird gezeigt, dass dieser mit dem Abstand zwischen dem Intensitätsmaximum und dem zweiten Intensitätsminimum eines einzelnen Beugungsmusters identisch ist, Bild 2-41. Damit berechnet sich der Speckledurchmesser D nach folgendem Zusammenhang (λ: Laserwellenlänge, a: Blendendurchmesser, b: Abstand Blende-Bildebene).

$$D = \frac{2,4 \cdot \lambda \cdot b}{a} \qquad\qquad (2\text{-}33)$$

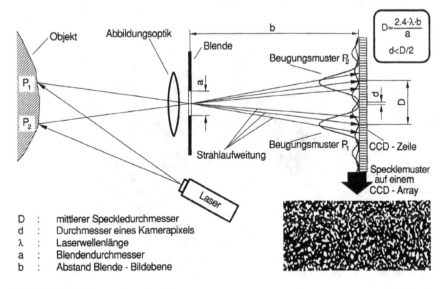

D	:	mittlerer Speckledurchmesser
d	:	Durchmesser eines Kamerapixels
λ	:	Laserwellenlänge
a	:	Blendendurchmesser
b	:	Abstand Blende - Bildebene

Bild 2-41. Entstehung eines Specklemusters

In älteren Specklemessgeräten wird als Bildebene noch Fotomaterial eingesetzt. Neue Geräte, die als Bildebene CCD-Kamerachips verwenden, setzen sich wegen ihrer einfachen Handhabung als sogenanntes ESPI-Verfahren (electronic speckle pattern interferometry) in der Praxis zunehmend durch.

Um mit einer CCD-Kamera das Specklemuster noch auflösen zu können, muss der Durchmesser d eines Kamerapixels kleiner als der halbe Speckledurchmesser D sein, Bild 2-41.

Zur Bestimmung von Objektverformungen wird der in Bild 2-41 abgebildeten Wellenfront eine weitere, aus der gleichen Laserquelle stammende Wellenfront überlagert. Der Strahlverlauf dieser zweiten Wellenfront unterscheidet sich in Abhängigkeit von der Verfahrensvariante, Abschnitt 2.6.2.4. Genau wie die erste bildet auch diese Wellenfront ihr eigenes Specklemuster, das mit dem in Bild 2-41 abgebildeten Muster zu einem resultierenden Specklemuster interferiert. Durch eine Verformung der Objektoberfläche ändert sich die relative Phasenlage beider Wellenfronten. Bei einer Änderung um eine halbe Wellenlänge wird ein zuvor helles Speckle in Bild 2-41 dunkel und umgekehrt. Ändert sich die relative Phasenlage um ein Vielfaches N einer ganzen Wellenlänge, so wird die gleiche Helligkeit erreicht.

Durch die Verrechnung der Specklebilder zweier unterschiedlicher Maschinenzustände kann die Verformung der Maschinenstruktur ermittelt werden. Eine besonders einfache Auswertetechnik stellt das sogenannte Realtime-Verfahren dar, bei dem zwei Bilder von unterschiedlichen Maschinenzuständen in sehr kurzen Zeitabständen eingelesen und voneinander subtrahiert werden, Abschnitt 2.6.2.5. Die entstehenden Streifenmuster, Bild 2-43 links, ähneln sehr den Makrointerferenzmustern der Holografie. Durch eine weitergehende Auswertung mit dem Phasenshiftverfahren können die Verformungen wie bei der Holografie rechentechnisch ermittelt werden, Bild 2-43 rechts.

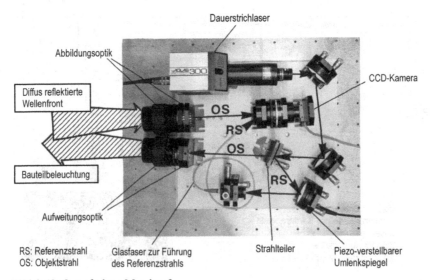

RS: Referenzstrahl
OS: Objektstrahl

Bild 2-42. Out-of-plane-Messkopf

2.6.2.2 Messaufbau

In Bild 2-42 ist ein in der Praxis eingesetzter sogenannter Out-of-plane-Messkopf abgebildet. Genau wie bei einem Holografiesystem, Abschnitt 2.6.1.2, wird bei diesem Messkopf der von der Maschinenoberfläche diffus reflektierten Wellenfront ein Referenzstrahl überlagert, dessen Lauflänge auch bei Bewegung der Objektoberfläche konstant bleibt.

Die durch eine Bewegung der Maschinenoberfläche hervorgerufene Lauflängenänderung des Objektstrahls führt zu einer Änderung der Interferenzphase und somit auch des Specklemusters auf dem CCD-Chip der Kamera. Im Gegensatz zum Holografiesystem wird beim abgebildeten Messkopf ein Dauerstrichlaser eingesetzt, so dass nur statische und thermische Verformungen gemessen werden können. Über einen Strahlteiler wird der Laserstrahl in Objekt- und Referenzstrahl aufgeteilt. Zur Durchführung der Phasenshiftauswertung wird eine gezielte Steuerung der relativen Phasenlage zwischen Objekt- und Referenzstrahl über einen piezoverstellbaren Umlenkspiegel des Referenzstrahls durchgeführt. Der Referenzstrahl wird nach dieser Umlenkung in eine optische Faser eingekoppelt, wodurch aufwendige Umlenkeinheiten zur Weiterführung entfallen. Sowohl die Aufweitung des Objektstrahls zur Beleuchtung der Maschinenoberfläche als auch die Abbildung der von der Oberfläche reflektierten Wellenfront auf den CCD-Chip wird im Gegensatz zur Holografie über konventionelle Kameraobjektive und Linsen durchgeführt. Durch den Verzicht auf eine Fotoplatte kann ein Out-of-plane-Messkopf erheblich kompakter als ein Holografiesystem aufgebaut werden und ist auch einfacher zu handhaben.

2.6.2.3 Beispiel für eine Messung mit dem Speckleinterferometer

In Bild 2-43 wurde das Out-of-plane-Verfahren zur Bestimmung des Verformungsverhaltens eines Umlenkspiegels eingesetzt, der zur Führung von CO_2-Laserstrahlen verwendet wird. Etwa 2% der einfallenden Laserleistung wird auf der Spiegeloberfläche absorbiert und in Wärme umgesetzt. Durch geeignete Kühlmethoden müssen die durch die Absorption hervorgerufenen thermischen Verformungen auf ein Minimum reduziert werden, um so Veränderungen des umgelenkten Laserstrahls entgegenzuwirken.

Während des Verformungsvorgangs des Umlenkspiegels wurden mit dem so genannten Realtime-Verfahren, Abschnitt 2.6.2.5, in Zeitabständen von 40 Millisekunden Bilder in das Rechnersystem eingelesen und ausgewertet. Hierdurch bilden sich Streifenmuster aus, die den Makrointerferenzmustern der Holografie entsprechen, Bild 2-43 links. Durch die schnelle Berechnung der Differenzbilder und eine gleichzeitige Darstellung auf einem Monitor kann eine kontinuierliche Wanderung der Streifen beobachtet werden, wodurch eine zeitabhängige Verformungsanalyse möglich ist.

1 kW Laserleistung - ~ 2% Absorption - 60 Sekunden Betriebsdauer

Realtime - Auswertung

- zeitkontinuierliche Messung

- Verformung zwischen
  benachbarten Streifen: 274 nm

Phasenshift - Auswertung

- zeitdiskrete Messung

- Verformung pro
  Grauwertstufe: 50nm

- Peak to Valley :   761nm

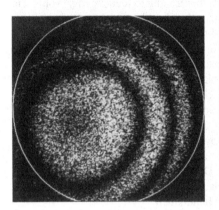
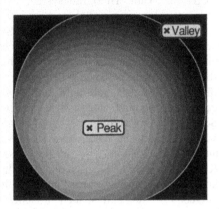

Bild 2-43. Spiegelverformung mit Out-of-plane-Verfahren

Mit einer weitergehenden rechnerischen Auswertung der Specklebilder durch das Phasenshiftverfahren kann die Verformung des Spiegels zu diskreten Zeitpunkten quantitativ bestimmt werden, Bild 2-43 rechts. Eine kontinuierliche Beobachtung des Verformungsvorgangs ist auf der Basis des Phasenshiftverfahrens wegen der beschränkten Rechenleistung derzeit eingesetzter Bildverarbeitungssysteme noch nicht möglich.

Bild 2-43 zeigt die relative Verformung der Oberfläche eines Spiegels bei einer Laserleistung von 1 kW nach einer Betriebsdauer von 60 Sekunden. Trotz einer Kühlung der Spiegelunterseite tritt eine um 0,76 µm unterschiedliche Verformung der Spiegeloberfläche auf, was eine unerwünschte Beeinflussung des umgelenkten Laserstrahls zur Folge hat. Obwohl der Laserstrahl im Zentrum des Spiegels reflektiert wird und dort eine maximale Absorption auftritt, liegt der Punkt maximaler Verformung wegen der unsymmetrischen Kühlung der Spiegelunterseite nicht im Spiegelmittelpunkt.

2.6.2.4 Verfahrensvarianten

Im Gegensatz zur holografischen Interferometrie werden bei der Speckleinterferometrie innerhalb der heute gebräuchlichen Systeme ausschließlich Dauerstrichlaser eingesetzt, so dass dieses Messverfahren noch auf die Vermessung von
statischen und thermischen Verformungen beschränkt ist. Der Einsatz von
Pulslasern befindet sich derzeit in der Entwicklungsphase, so dass Schwingungsuntersuchungen zukünftig ebenfalls möglich sein werden.

Für die Verwendung der Speckleinterferometrie spricht, dass durch vergleichs-
weise geringe Modifikationen des Messaufbaus die Messung unterschiedlicher
Verformungskomponenten einer Maschinenstruktur möglich ist. Die
Modifikationen führen zu den folgenden Verfahrensvarianten, die im weiteren
Text näher beschrieben werden.

– Out-of-plane-Verfahren: senkrecht zur Oberfläche, Bild 2-44
– In-plane-Verfahren: tangential zur Oberfläche, Bild 2-45
– Shearingverfahren: Oberflächensteigung, Bild 2-46

Out-of-plane-Verfahren

Bei diesem Verfahren, das bereits in Abschnitt 2.6.2.2 kurz beschrieben wurde,
wird der Laserstrahl über einen Strahlteiler in einen Referenzstrahl RS und einen
Objektstrahl OS aufgeteilt [2-42, 2-43], Bild 2-44. Durch eine aus Kamera-
objektiven und Linsen bestehende Abbildungsoptik wird die zu untersuchende
Oberfläche scharf auf den CCD-Chip einer Kamera abgebildet.

Ein Teil des von der Objektoberfläche reflektierten Laserlichts gelangt so über
eine Blende auf den CCD-Chip, wo es mit dem ebenfalls auftreffenden, etwa
gleichstarken Referenzstrahl interferiert. Aus der Änderung des Interferenzmusters
kann auf die Verformung der Maschinenstruktur geschlossen werden. Wie in Bild
2-44 dargestellt ist, werden zur Führung des Referenzstrahls optische Fasern
eingesetzt.

Der Empfindlichkeitsvektor $\vec{E}$ ergibt sich genau wie bei der holografischen
Interferometrie aus der Vektoraddition eines Einheitsvektors $\vec{e}_L$ vom Punkt P der
Maschinenoberfläche in Richtung des Beleuchtungspunktes und eines Einheitsvektors $\vec{e}_B$ in Richtung des Beobachtungspunktes. Zwischen dem Verschiebungsvektor $\vec{D}$ und der gemessenen Lauflängenänderung s ergibt sich wie bei der
holografischen Interferometrie der folgende Zusammenhang:

$$s = \vec{D} \cdot (\vec{e}_B + \vec{e}_L) = \vec{D} \cdot \vec{E} = |\vec{D}| \cdot \cos \psi \cdot |\vec{E}| = D_E \cdot |\vec{E}| = D_E \cdot 2 \cos(\delta/2)$$

$$(2\text{-}34)$$

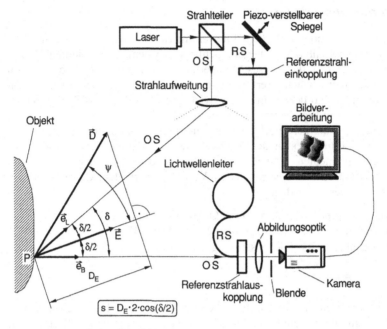

Bild 2-44. Out-of-plane-Verfahren

In-plane-Verfahren

Beim In-plane-Verfahren [2-42, 2-43] wird der Laserstrahl in zwei gleichstarke Objektstrahlen aufgeteilt, Bild 2-45. Beide Objektstrahlen OS 1 und OS 2 beleuchten einen einzelnen Oberflächenpunkt der zu untersuchenden Maschinenstruktur aus unterschiedlichen Richtungen. Die Beobachtungsrichtung befindet sich auf der Winkelhalbierenden zwischen beiden Objektstrahlen. Über die Abbildungsoptik wird ein Teil des diffus reflektierten Lichts auf den CCD-Chip der Kamera abgebildet.

Im Gegensatz zum Out-of-plane-Verfahren interferieren beim In-plane-Verfahren die Beleuchtungsstrahlen schon auf der Objektoberfläche, so dass der von der Maschinenoberfläche reflektierten Objektwelle keine Referenzwelle überlagert werden muss, Bild 2-45. Bewegt sich ein Punkt der Oberfläche parallel zur Beobachtungsrichtung $\vec{e}_B$, so verändern sich die Lauflängen der beiden Objektstrahlen OS 1 und OS2 um den gleichen Betrag, wodurch deren relative Phasenlage konstant bleibt. Bei einer Verschiebung senkrecht zur Beobachtungsrichtung hingegen tritt bedingt durch eine unterschiedliche Lauflängenänderung eine Änderung der relativen Phasenlage auf, was einen geänderten Grauwert des betreffenden Speckles bzw. Bildpunkts auf dem CCD-Chip zur Folge hat.

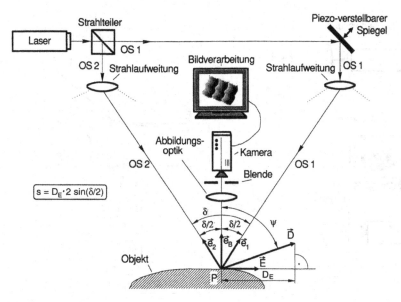

Bild 2-45. In-plane-Verfahren

Die Einheitsvektoren $\vec{e}_1$ bzw. $\vec{e}_2$ in Bild 2-45 zeigen ausgehend vom Objektpunkt P auf die beiden Beleuchtungspunkte. Der Empfindlichkeitsvektor $\vec{E}$ ergibt
sich aus der Differenz dieser beiden Vektoren. Zwischen der in dem Interferenzmuster festgehaltenen Lauflängenänderung s und dem Verschiebungsvektor $\vec{D}$
gilt somit der folgende Zusammenhang.

$$s = \vec{D} \cdot (\vec{e}_1 - \vec{e}_2) = \vec{D} \cdot \vec{E} = \left|\vec{D}\right| \cdot \sin\psi \cdot \left|\vec{E}\right| = D_E \cdot \left|\vec{E}\right| = D_E \cdot 2\sin(\delta/2) \qquad (2\text{-}35)$$

Somit kann auch beim In-plane-Verfahren wie beim Out-of-plane-Verfahren nur
eine Komponente D_E des Verlagerungsvektors $\vec{D}$ gemessen werden.

Shearingverfahren

Beim Shearingverfahren [2-42, 2-43] werden über eine Abbildungsoptik
gleichzeitig zwei Bilder der Objektoberfläche auf den CCD-Chip einer Kamera
abgebildet. Beide Bilder sind dabei so verschoben, dass jeweils einem Punkt auf
der Bildebene zwei geringfügig auseinanderliegende Punkte P_1 und P_2 auf der
Maschinenstruktur zugeordnet werden können, Bild 2-46.

Bei Beleuchtung der Maschinenstruktur mit kohärentem Laserlicht interferieren
die von beiden Bildpunkten P_1 und P_2 reflektierten Objektstrahlen OS 1 und OS 2
auf einem gemeinsamen Punkt des CCD-Chips, Bild 2-46. Durch eine Verkippung
der Objektoberfläche tritt eine unterschiedliche Lauflängenänderung der beiden
Objektstrahlen auf, wodurch sich die relative Phasenlage beider Strahlen ändert.

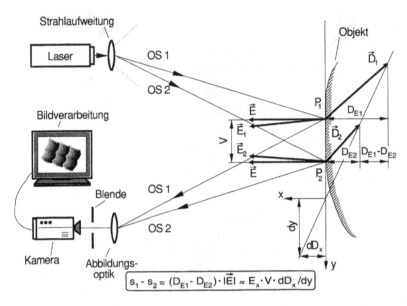

Bild 2-46. Shearingverfahren

Die Lauflängenänderungen s_1 und s_2 der beiden von den Punkten P_1 und P_2 auf der Maschinenstruktur reflektierten Objektstrahlen ergeben sich bei einer Verschiebung $\vec{D}_1$ bzw. $\vec{D}_2$ analog zum Out-of-plane-Verfahren, was auch durch einen Vergleich von Bild 2-44 mit 2-46 veranschaulicht wird. Liegen beide Objektpunkte nur um wenige Millimeter auseinander, so ist ihr gegenseitiger Abstand vernachlässigbar klein im Vergleich zum Abstand zum gemeinsamen Beobachtungspunkt und klein im Vergleich zum Abstand zum gemeinsamen Beleuchtungspunkt.

Damit sind die Empfindlichkeitsvektoren $\vec{E}_1$ und $\vec{E}_2$ näherungsweise parallel und betragsmäßig gleich. Folglich können sie durch zwei identische um den sogenannten Shearingversatz V seitlich versetzte Vektoren genähert werden, Bild 2-46. Die relative Lauflängenänderung beider Objektstrahlen lässt sich folgendermaßen ausdrücken.

$$s_1 - s_2 = \vec{D}_1 \cdot \vec{E}_1 - \vec{D}_2 \cdot \vec{E}_2 \approx \left(\vec{D}_1 \cdot \vec{D}_2\right) \cdot \vec{E} = \left(D_{E1} - D_{E2}\right) \cdot \left|\vec{E}\right| \qquad (2\text{-}36)$$

mit $\qquad \vec{E} \approx \vec{E}_1 \approx \vec{E}_2$

Definiert man ein kartesisches Koordinatensystem so, dass der Empfindlichkeitsvektor $\vec{E}$ in x-Richtung zeigt und ein Shearingversatz V in y-Richtung vorliegt (Bild 2-46), so gilt

$$s_1 - s_2 = N \cdot \lambda = \frac{d\vec{D}}{dy} \cdot \vec{E} \cdot V = \frac{dD_x}{dy} \cdot E_x \cdot V \qquad (2\text{-}37)$$

Die Interferenzordnung N ist also proportional zur Änderung der Oberflächen-steigung dD_x / dy.

2.6.2.5 Auswerteverfahren von Specklebildern

Da das zugrundeliegende physikalische Messprinzip des Speckleeffekts bei allen drei im Abschnitt 2.6.2.4 genannten Varianten identisch ist, kann das gleiche rechnerische Auswerteverfahren eingesetzt werden. Bei allen Varianten gelangt die interferierende Wellenfront auf den CCD-Chip einer Kamera. Diese Interferenz wird genau wie bei der holografischen Interferometrie zur Bestimmung der Oberflächenverformung ausgenutzt. Über die Ausmessung des Winkels δ in den Gleichungen (2-34) und (2-35) bzw. des Shearingversatzes V in Gl. (2-37) muss vorher die jeweilige Messempfindlichkeit bestimmt werden.

Ändert man die Lage oder die Form der Bauteiloberfläche, so beobachtet man aufgrund der relativen Lauflängenänderung der beiden interferierenden Einzel-wellen eine Änderung des Grauwertes jedes einzelnen Speckles. Durch die Anwendung des Realtime-Verfahrens bzw. des Phasenshiftverfahrens kann die Oberflächenverformung bestimmt werden.

Realtime-Verfahren

Bei diesem Verfahren wird vom unverformten Zustand über die CCD-Kamera ein sogenanntes Referenzbild der Oberfläche in den Speicher des Bild-verarbeitungssystems eingelesen. Die weiteren eingelesenen Kamerabilder werden nun bildpunktweise vom Referenzbild abgezogen. Nach der Betragsbildung wird das resultierende Bild auf einem Monitor abgebildet. Wie bei der Holografie entsteht auf diese Art und Weise ein Streifenmuster, Bild 2-43 links, aus dessen Verlauf auf die Verformung der zu untersuchenden Maschinenstruktur geschlossen werden kann. Mit derzeit eingesetzten Rechnersystemen wird das Einlesen eines Bildes und die anschließende Differenzbildung mit dem Referenzbild in minimal 40 Millisekunden durchgeführt, so dass die durch thermische oder langsame quasistatische Beanspruchung hervorgerufene Streifen-wanderung kontinuierlich verfolgt werden kann. Eine automatische quantitative Bestimmung der Verformungen ist mit dem Realtime-Verfahren nicht möglich, da nicht geschlossen werden kann, ob beim Übergang zwischen zwei benachbarten Streifen die Verformung zu- oder abnimmt.

Phasenshiftverfahren

Zur quantitativen Bestimmung der Bauteilverformungen zu diskreten Zeitpunkten wird das aus der Holografie bekannte Phasenshiftverfahren [2-45] in leicht abgewandelter Form [2-47] angewendet. Vor der Verformung werden vom ursprünglichen Bauteilzustand drei leicht unterschiedliche Specklebilder aufgenommen. Die drei Bilder unterscheiden sich in einer um eine drittel Wellen-länge unterschiedlichen relativen Phasenlage der interferierenden Wellenfronten, was zu einer unterschiedlichen Lage der Streifen führt. Nach einer statischen oder thermischen Verformung werden von der Maschinenstruktur nach dem gleichen Verfahren drei weitere Bilder eingelesen. Die exakte Steuerung der relativen Phasenlage erfolgt durch die Verschiebung eines Piezospiegels mit einer angelegten Spannung, Bilder 2-44 und 2-45. Über mehrere Auswerteschritte wird aus den vorliegenden Bildern die Verformung der Maschinenstruktur berechnet.

2.6.2.6 Verfahrensgrenzen

Die bei der Holografie genannten Einschränkungen bei der Vermessung der Verformungen von Werkzeugmaschinen können auf die Speckleinterferometrie übertragen werden.

Folgende zusätzliche Einschränkungen ergeben sich aus der Anwendung von Dauerstrichlasern beim ESPI-Verfahren (**e**lektronic **s**peckle **p**attern **i**nterferometry).

– Durch starke Schwingungen der Bauteiloberfläche ändert sich die relative Phasenlage der interferierenden Wellen während des Einlesens eines einzelnen Kamerabildes. Hierdurch können die so eingelesenen Specklebilder nicht mehr ausgewertet werden.
– Ändert sich bei der Anwendung des Phasenshiftverfahrens während des Einlesens der drei phasengeshifteten Specklebilder die Form der Maschinenoberfläche, so führt dies zu Schwierigkeiten bei der Berechnung der Oberflächenverformung.

Aktuelle Entwicklungen zielen auf die Beseitigung der oben genannten Einschränkungen hin.

– Durch den Einsatz von Pulslasern in Verbindung mit einer Synchronisation der Kamera wird der Einfluss von störenden Bauteilschwingungen beseitigt. Hierdurch wird ein Einsatz der Speckleverfahren zur Schwingungsanalyse ebenfalls möglich.
– Durch Anwendung der sogenannten direkten Phasenmessung beim Phasenshiftverfahren muss von jedem Oberflächenzustand nur noch ein einzelnes Kamerabild eingelesen werden, wodurch die Empfindlichkeit gegenüber störenden äußeren Schwingungen beseitigt wird.

2.6.3 Vergleich holografischer Interferometrie und Speckleinterferometrie

Bezüglich der Eignung der holografischen Interferometrie und der Speckleinterferometrie zur flächenhaften Analyse des Verformungsverhaltens von Werkzeugmaschinen bzw. Werkzeugmaschinenkomponenten bestehen sehr viele Übereinstimmungen, so dass an dieser Stelle zur Trennung der Anwendungsbereiche die wesentlichen Unterschiede beider Verfahren genannt werden.

- Beim ESPI-Verfahren (electronic speckle pattern interferometry) kann im Gegensatz zur Holografie auf den Einsatz von Fotomaterial verzichtet werden, wodurch in Verbindung mit schnellen Rechnertechnologien eine Verformungsanalyse innerhalb einiger Sekunden erfolgen kann.
- Mit dem Verfahren der Speckleinterferometrie können im Gegensatz zur Holografie neben Verschiebungen in Richtung der Winkelhalbierenden zwischen Beleuchtungsrichtung und Beobachtungsrichtung auch Verformungskomponenten senkrecht dazu bestimmt werden.
- Da beim momentanen technischen Entwicklungsstand des ESPI-Verfahrens noch keine Pulslaser eingesetzt werden, eignet sich das Verfahren lediglich zur Analyse von relativ langsamen Strukturverlagerungen wie z.B. thermische und quasistatische Oberflächenverformungen und nicht zur Schwingungsanalyse.
- Aktuelle Entwicklungsarbeiten zielen auf den Einsatz von Pulslasern in Kombination mit der sogenannten direkten Phasenmessung hin. Hierdurch werden in Zukunft mit dem ESPI-Verfahren neben der Untersuchung von thermischen und quasistatischen Verformungen auch Schwingungsuntersuchungen möglich sein.
- Moderne ESPI-Messsysteme zeichnen sich im Vergleich zu Holografiesystemen durch eine kompaktere Bauform aus, wodurch deren Einsatz in einer industriellen Umgebung erleichtert wird. Durch den Verzicht auf Fotomaterial wird zudem deren Handhabung erheblich vereinfacht.
- Im Vergleich zur Holografie ist der Messbereich der Speckleinterferometrie etwa um den Faktor 2 bis 3 geringer (Holografie max. 40 µm, Speckle max. 15 µm), da hier die Interferenzstreifen schlechter aufgelöst werden. Tatsächlich vorkommende Maschinenverformungen können durchaus in diese Größenordnung vorstoßen, so dass die Grenzen des Messbereichs insbesondere für die Speckleinterferometrie eine starke Einschränkung darstellen.
- Die Messgenauigkeit nimmt bei der Speckleinterferometrie im Vergleich zur Holografie etwa um den Faktor 2 bis 5 ab (Holografie min. 10 nm, Speckle min. 25 nm). Diese Einschränkung stellt im Gegensatz zur Beschränkung des Messbereichs bei realen Maschinenverformungen keine praxisrelevante Einschränkung für die Anwendung der Speckleinterferometrie dar, weil derartig hohe Messgenauigkeiten nur in Spezialfällen gewünscht werden.

2.7 Sensoren zur Messung von Temperaturen

Die Sensoren zur Messung von Temperaturen können in nicht berührende und berührende Sensoren untergliedert werden. Die berührungslose Temperaturmessung bietet insbesondere bei sehr hohen Temperaturen, bei Messungen an Körpern mit sehr geringer Wärmeleitfähigkeit und -kapazität, bei bewegten Körpern (Spindeln) und bei schwer zugänglichen Messorten Vorteile. Die auf der Objektoberfläche herrschende Temperatur wird aus der abgegebenen Wärmestrahlung ermittelt (z.B. mit Pyrometer oder Infrarotkamera). Die Messung ist von den Emissionseigenschaften der Oberfläche abhängig. Bei der Untersuchung der thermischen Eigenschaften von Werkzeugmaschinen lassen die Zugänglichkeit des Messobjektes und der zu erfassende Temperaturbereich jedoch meist den Einsatz berührender Sensoren zu, die einen geringeren apparativen Aufwand erfordern und eine höhere Genauigkeit besitzen. In Bild 2-47 sind die Eigenschaften der vier gebräuchlichsten Sensortypen und deren Messprinzipien dargestellt.

Thermoelemente sind aktive Geber und werden für Messungen an Werkzeugmaschinen häufig eingesetzt. Sie sind sehr robust und beanspruchen wenig Bauraum. Wälzlager lassen sich z.B. durch Gehäusebohrungen (Durchmesser 1 – 2 mm) hindurch mit Thermoelementen vergleichsweise einfach während des Betriebes überwachen. Die Linearität des Spannungs-Temperatur-Verlaufes ist für viele Anwendungen ausreichend. Zum Abgleich sind zwei Temperatur-Referenzstellen erforderlich, die am unteren und oberen Rand des zu erfassenden Temperaturintervalles liegen sollten. Das Messprinzip beruht auf dem thermo-elektrischen Effekt, demzufolge zwei leitend verbundene Metalldrähte unterschiedlichen Materials eine temperaturabhängige Spannung aufbauen. Die Grundwerte der Thermospannungen gebräuchlicher Elementtypen (z.B. Ni-CrNi oder Fe-Konstantan) sowie die zulässigen Toleranzgrenzen der Thermoempfindlichkeit sind in der DIN 43710 genormt. Nachteilig für den praktischen Einsatz von Thermoelementen ist ihr niedriger Signalpegel im mV-Bereich. Zum einen leidet die Messgenauigkeit unter dem geringen Nutzsignal-Störsignal-Verhältnis. Zum anderen ist für die computergestützte Auswertung mit handelsüblichen AD-Wandlerkarten eine Verstärkung des Temperatursignals um den Faktor 1000 erforderlich.

Widerstandssensoren sind passive Geber, die ihren Widerstand temperaturabhängig ändern. Sie können in Metall- und Halbleiterwiderstandssensoren unterteilt werden.

Metallwiderstandsthermometer, insbesondere solche aus Platin (Pt 100), weisen einen nahezu linearen Kennlinienverlauf im gesamten Messbereich auf und liefern ein robustes Ausgangssignal. Eine höhere Genauigkeit als ± 0,3 °C kann durch exakte Bestimmung des Sensorwiderstandes erzielt werden. Hierzu kann ein einfacher Referenzwiderstand eingesetzt werden, gegen den der Sensor bei Messung einer bekannten Temperaturquelle abgeglichen wird. Um die volle Genauigkeit nutzen zu können, müssen thermische Einflüsse auf die Zuleitungen durch Kompensationsschaltungen (Brückenschaltungen) eliminiert werden.

Bei den Halbleiterwiderstandsthermometern kann zwischen Heißleitern (NTC = negative temperature coefficient, sinkender Widerstand bei steigender Temperatur) und Kaltleitern (PTC = positive temperature coefficient, steigender Widerstand bei steigender Temperatur) unterschieden werden. NTC-Sensoren bieten eine geringere Genauigkeit als die oben angesprochenen Metallwiderstandsthermometer und sind in gleicher Weise durch Einwirkungen auf die Zuleitungen beeinträchtigt. Je nach Anwendungsfall ist der Vorteil in der kürzeren Ansprechzeit zu sehen. PTC-Sensoren werden aufgrund ihres extrem nichtlinearen Kennlinienverlaufes überwiegend als Grenzwertgeber eingesetzt. Dabei wird nur ein Kennlinienpunkt des Sensors, der zuvor bestimmt und eingestellt worden ist, zum Zu- oder Abschalten von Aggregaten genutzt.

Eine Neuentwicklung stellen die *Quarz-Thermometer* dar. Hier wird die Verschiebung der Resonanzfrequenz eines Schwingquarzes bei Temperaturänderung als Messprinzip genutzt. Die Messinformation, die Änderung der Pulszeit, stellt somit ein quasidigitales Signal dar. Da die Frequenzen der Pulse und nicht deren Amplituden zur Bestimmung der Temperatur ausgewertet werden, ist die Messgenauigkeit von Störgrößen, die z.B. auf die Zuleitungen wirken, weitgehend unabhängig. Dies stellt einen besonderen Vorteil dar. Bei Linearisierung der Kennlinien werden Genauigkeiten von ± 0,1 °C im Messbereich –40 °C bis 100 °C erreicht. Nachteilig gegenüber Pt 100-Elementen sind die größeren Abmessungen und der höhere Preis.

	Thermoelement	Metallwiderstands-thermometer	Halbleiterwiderstands-thermometer	Quarzthermometer
Kennlinie	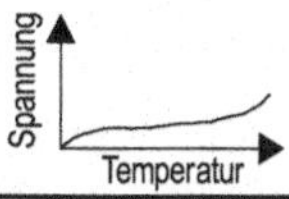 Spannung / Temperatur	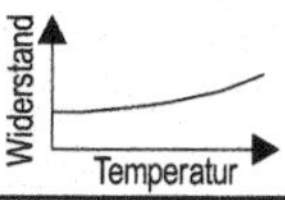 Widerstand / Temperatur	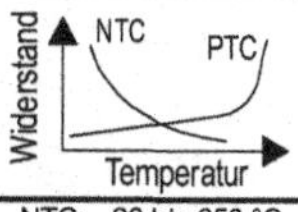 Widerstand / Temperatur (NTC, PTC)	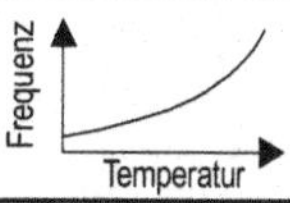 Frequenz / Temperatur
Messbereich	-200 bis 1000 °C	-220 bis 750 °C	NTC: -20 bis 250 °C	-40 bis 300 °C
Fehlergrenzen	+/- 0,75 % • ϑ_{soll} bzw. +/- 2,5 °C	+/- 0,3 + 0,5 % • ϑ_{soll}	NTC: +/- 0,4 °C (im Bereich -20 bis 70°C)	+/- 0,1 °C (-40 bis 100 °C)
Einstellzeit	Wasser 2 sec Luft 50 sec	15 sec 150 sec	2 sec 50 sec	18 sec /
Vorteile	-strapazierfähig -preisgünstig -minimale Abmessungen -schnell	-hohe Genauigkeit -gute Linearität	-grosse Empfindlichkeit	-hohe Genauigkeit -störunempfindlich
Nachteile	-niedrige Signalpegel -nicht linear -störempfindlich	-langsam -störempfindlich	-nicht linear -kleiner Temperatur-Bereich	-kleiner Temperatur-bereich -nicht linear -teuer

Bild 2-47. Sensoren zur Messung von Temperaturen

DIREKTE MESSUNG UND BEURTEILUNG DER MASCHINENEIGENSCHAFTEN

3 Geometrisches und kinematisches Verhalten von Werkzeugmaschinen

Die geometrischen Maßabweichungen der auf spanenden, umformenden und abtragenden Werkzeugmaschinen hergestellten Werkstücke hängen von folgenden Einflussgrößen ab:

- Abweichungen von der Soll-Werkzeuggeometrie (Fertigungsfehler bei Formwerkzeugen),
- technologisch bedingte Abweichungen, z.B. Verschleiß oder Aufbauschneiden bei spanender Bearbeitung; Spaltabweichungen bei elektroerosiver und elektrochemischer Bearbeitung,
- elastische Verformungen von Werkzeugen, Werkstücken, Vorrichtungen und Spannelementen,
- Abweichungen der Maschinenvorschubbewegungen von den vorgegebenen Relativbewegungen (Kontur bzw. Position) zwischen Werkzeug (bzw. Werkzeugträger) und Werkstück (bzw. Werkstückträger) einschließlich der lastbedingten Verformungen der Maschinenstruktur sowie Abweichungen von der linearen oder rotatorischen Hauptbewegung des Prozesses (Dreh- oder Frässpindel, Pressenbär usw.).

Nur die zuletzt genannten Abweichungsursachen sind der Werkzeugmaschine zuzuschreiben und werden deshalb im Rahmen dieses Buches näher behandelt. Eine Übersicht über den Gesamtzusammenhang zwischen Ursachen und Auswirkungen auf die maschinenbedingten Abweichungen gibt Bild 3-1. Man unterscheidet zwischen geometrischen und kinematischen Abweichungen.

Unter geometrischen Abweichungen sind Form- und Lageabweichungen einzelner Maschinenbauteile (Tische, Supporte, Schlitten, Pinolen) zu verstehen. Hier sind ausschließlich solche Bauteile von Interesse, welche Bewegungs-, Führungs- und Haltefunktionen zu erfüllen haben. In der Regel erfolgen die Maschinenbewegungen in mehreren Achsen (bis zu fünf und mehr), so dass neben den Abweichungen der Bauteilgeometrie und der Bauteilbewegungen in den jeweiligen Einzelmaschinenachsen zusätzlich auch die geometrischen Abweichungen von der Soll-Lage der Maschinenachsen zueinander von Bedeutung sind.

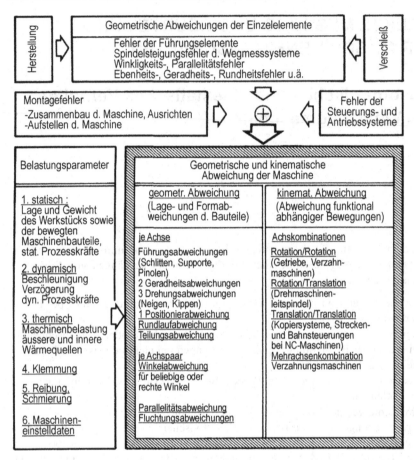

Bild 3-1. Einflussgrößen auf geometrische und kinematische Maschinenabweichungen

Kinematische Abweichungen treten bei mehreren funktional voneinander abhängigen Bewegungsachsen (Gewindeschneiden, Bahnsteuerungen) auf. Die Ursachen kinematischer Abweichungen können häufig auf geometrische Abweichungen der an der Bewegungsübertragung beteiligten Bauelemente zurückgeführt werden. Sind mehr als zwei koordinierte Achsbewegungen zur Erfüllung des kinematischen Gesetzes erforderlich, so können die Achsen zur Überprüfung der Maschinenkinematik in der Regel paarweise isoliert betrachtet und getestet werden.

Die geometrischen und kinematischen Abweichungen einer Werkzeugmaschine haben unterschiedliche Ursachen, Bild 3-1. Zunächst sind die geometrischen Abweichungen der einzelnen Bauelemente zu nennen. Diese Abweichungen können zum einen bereits durch fehlerhafte Fertigung der relevanten Funktionsflächen (wie Führungen, Lager), zum anderen auch durch Verschleißerscheinungen hervorgerufen werden. Beim Zusammenbau der Einzelteile zur kompletten Maschine kommt es häufig zu montagebedingten Abweichungen. Schlechte Fundamentierungen und Ausrichtarbeiten können sich hierbei negativ auf die geometrischen Maschinenabweichungen auswirken (z.B. Verformungen unter Wanderlasten). Fehler in der Maschinensteuerung sind als weitere Ursachen für geometrische und kinematische Maschinenabweichungen verantwortlich. Als Beispiel sind Lage-, Geschwindigkeits- und Beschleunigungsabweichungen bei Nachformsystemen und NC-Achsen sowie Impulsverluste schrittgesteuerter Motoren zu nennen (Band 3).

Entscheidenden Einfluss auf die geometrische und kinematische Genauigkeit einer Werkzeugmaschine nehmen zusätzlich die zahlreichen Belastungsparameter. In Form statischer Kräfte wirken Eigengewichte bewegter Maschinenbauteile (Gewichtsverlagerungen), Werkstückgewichte sowie statische Prozesskräfte auf die Maschine ein, unter denen sie sich mehr oder weniger stark verformt. Beschleunigungen und Verzögerungen bewegter Massen (Ständer, Tische, Pinolen, Bären, Werkstücke) beanspruchen die Werkzeugmaschine dynamisch. Die hierbei erforderlichen Beschleunigungskräfte sind weitgehend ausschlaggebend für die Dimensionierung der Antriebsmotoren und der Getriebeelemente bei den Vorschubantrieben (Band 3).

Dynamische Prozesskräfte wie Messereingriffstöße beim Fräsen sowie selbsterregte Schwingungen, z.B. regeneratives Rattern, Schmiedekräfte und Schneidkräfte beim Blechschneiden, verformen die Maschinenstruktur bzw. Komponenten und Teile davon gemäß ihrer dynamischen Nachgiebigkeitseigenschaften bzw. ihrer Eigenschwingungsformen.

Die zwangsläufige Erwärmung der Maschinen im Betrieb kann insbesondere bei sich stark ändernden Isothermenfeldern zu erheblichen Verformungen der Maschinenstruktur und somit zu Relativverlagerungen zwischen Werkzeug und Werkstück führen. Als innere Wärmequellen sind Verlustleistungen in Lagern, Getrieben sowie die Prozesswärme zu nennen. Hinzu kommen äußere Wärmequellen bzw. -senken wie die sich ändernde Umgebungstemperatur, Lufttemperaturschichtung in der Halle, Zugluft und Sonneneinstrahlung.

Durch Reibungs- und Klemmkräfte können zusätzlich undefinierte Verlagerungen auftreten. Unter Umständen haben auch die Maschineneinstelldaten einen, wenn auch meist geringfügigen, Einfluss auf das geometrische Maschinenverhalten. Hier sei als Beispiel die Ausbildung der Schmierfilmstärke in hydrodynamischen Führungen erwähnt, welche u.a. von der Vorschubgeschwindigkeit abhängt.

Die Ausführungen machen deutlich, wie vielfältig die Einflüsse auf die geometrischen und kinematischen Eigenschaften einer Werkzeugmaschine sein können. Der Aufwand für eine alles umfassende Maschinenanalyse unter Berücksichtigung der genannten Gesichtspunkte wäre immens und bei routinemäßigen Maschinenabnahmen wirtschaftlich nicht vertretbar.

Die Untersuchungen zur Beurteilung einer Werkzeugmaschine müssen deshalb darauf abzielen, mit möglichst wenigen, repräsentativen Messungen aussagekräftige Resultate zu erzielen.

3.1 Geometrische Abweichungen

Bei der Beschreibung der möglichen Abweichungen im gesamten Arbeitsraum
einer Maschine müssen die Anteile aller Bewegungsachsen in Betracht gezogen
werden. Neben Abweichungen der Linearbewegungen sind auch die Lageabweichungen rotatorischer Achsen zu berücksichtigen.

3.1.1 Allgemeine Beschreibung der systematischen Abweichungen

3.1.1.1 Bewegung in einer Achse

Die geometrische Abweichung eines Bauteils, beispielsweise eines Schlittens in
jeder möglichen Position seiner Bewegungsachse, ist – analog zu den sechs
Bewegungsfreiheitsgraden eines Körpers im Raum – durch sechs Angaben darstellbar. Für einen Punkt P_0 in der Ebene eines Tisches können drei translatorische
Abweichungen in den orthogonalen Achsrichtungen gemessen werden, Bild 3-2.

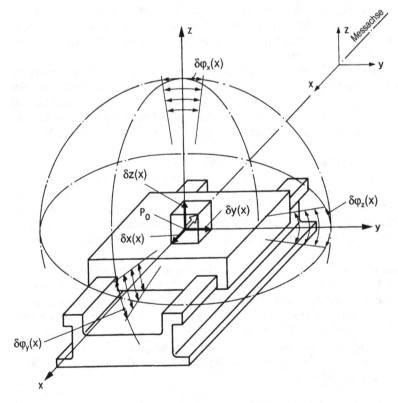

Bild 3-2. Drei translatorische und drei rotatorische Abweichungen eines beweglichen Bauteils mit einer linearen Bewegungsachse

Es bedeuten z.B. für die Vorschubachse x:

$\delta x(x)$　　Positionierabweichung, da Abweichung in Vorschubrichtung
　　　　　(Messachse = Positionierachse)

$\delta y(x)$　　Geradheitsabweichung in y-Richtung, da Abweichung senkrecht zur Vor-
　　　　　schubrichtung

$\delta z(x)$　　Geradheitsabweichung in z-Richtung, da Abweichung senkrecht zur Vor-
　　　　　schubrichtung

Bei der gewählten Schreibweise nennt der erste Index die Koordinatenrichtung, in der die Abweichung δ gemessen wird. Der in Klammern stehende zweite Index gibt die Bewegungskoordinate der betreffenden Vorschubachse an.

Um ausgehend von diesem Punkt P_0, der die Schlittenposition repräsentiert, für beliebige Stellen P_i des Werkstückes auf dem Tisch die Abweichung von der Soll-Lage beschreiben zu können, müssen zusätzlich zu den translatorischen Abweichungen die Winkelabweichungen $\delta\varphi_x$, $\delta\varphi_y$ und $\delta\varphi_z$ (vgl. Bild 3-2) berücksichtigt werden, Bild 3-3. (Kompensation des Abbe'schen Fehlers, da der zu betrachtende Punkt P_i nicht auf der Messachse liegt). Bezogen auf das in Bild 3-2 gegebene Koordinatensystem bedeuten:

$\delta\varphi_x(x)$　　Winkelabweichung um die x-Achse (Vorschubachse), Rollbewegung

$\delta\varphi_y(x)$　　Winkelabweichung um die y-Achse (Achse senkrecht zur Vorschub-
　　　　　bewegung und in der Tischebene), Nick- oder Stampfbewegung

$\delta\varphi_z(x)$　　Winkelabweichung um die z-Achse (Achse senkrecht zur Vorschub-
　　　　　bewegung und senkrecht zur Tischebene), Gierbewegung

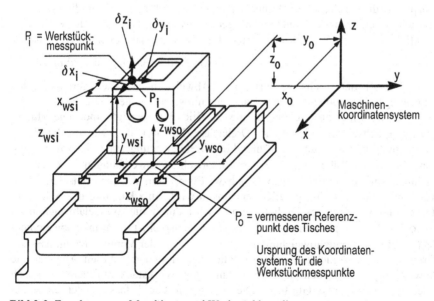

Bild 3-3. Zuordnung von Maschinen- und Werkstückkoordinaten

Unter der Voraussetzung, dass der Tisch keine Verformungen in sich erfährt, lassen sich mit diesen Angaben die Abweichungen für jeden beliebigen Punkt des Werkstücks im Arbeitsraum ableiten. Da man davon ausgehen kann, dass die Winkelabweichungen $\delta\varphi_x$, $\delta\varphi_y$ und $\delta\varphi_z$ klein sind, kann anstelle des Sinus der Winkel des Bogens selbst stehen und der Kosinus durch den Wert 1 ersetzt werden. Die Abweichung $\{a\}_{(X_0, X_{WSi})}$ für den Werkstückpunkt P_i mit den Koordinaten $\{x_{WSi}, y_{WSi}, z_{WSi}\}$, die von P_0 aus gemessen werden, ergibt sich dann zu:

$$\{a\}_{(X_0, X_{WSi})} = \{a_T\}_{(X_0)} + [A_\angle]_{(X_0)} \cdot \{X_{WSi}\} \tag{3-1}$$

bzw.

$$\begin{Bmatrix} \delta_x \\ \delta_y \\ \delta_z \end{Bmatrix}_{(X_0, X_{WSi})} = \begin{Bmatrix} \delta_x \\ \delta_y \\ \delta_z \end{Bmatrix}_{(X_0)} + \begin{bmatrix} 0 & -\delta\varphi_z & \delta\varphi_y \\ \delta\varphi_z & 0 & -\delta\varphi_x \\ -\delta\varphi_y & \delta\varphi_x & 0 \end{bmatrix}_{(X_0)} \cdot \begin{Bmatrix} x_{WSi} \\ y_{WSi} \\ z_{WSi} \end{Bmatrix} \tag{3-2}$$

mit

$X_0 = \{x_0, y_0, z_0\}$ Maschinenkoordinaten der Tischposition für den Punkt P_0

$X_{WSi} = \{x_{WSi}, y_{WSi}, z_{WSi}\}$ Werkstückkoordinaten, von P_0 aus gemessen,

wobei $\{a_T\}_{(X_0)}$ den Abweichungsvektor für die drei translatorischen Komponenten für den Referenzpunkt P_0 in der Position X_0 des Schlittens darstellt.

Zu dieser Abweichung kommen für alle Punkte P, außerhalb des Referenzpunkts die Einflüsse der Drehbewegungen des Schlittens hinzu, die durch den zweiten Summanden der Gleichung ausgedrückt werden. Hierbei bedeutet:

$[A_{\angle 0}]_{(X_0)}$ die Matrix für die Winkelabweichung des Tisches für seine Position X_0 der Maschinenkoordinaten.

Analog zu den sechs beschriebenen Abweichungen einer geradgeführten Bewegungsachse unterscheidet man ebenfalls bei einer Drehachse sechs verschiedene Einzelabweichungen, die in Bild 3-4 gezeigt sind. Die Hauptbewegungsachse stellt hierbei die Drehachse (hier φ_z) dar. Die translatorische Abweichung in z-Richtung ist während der Drehbewegung um z die Abweichung von der axialen Ruhe $\delta z(\varphi_z)$. Die translatorischen Abweichungen in x- und y-Richtung sind Exzentrizitäten $\delta x(\varphi_z)$ bzw. $\delta y(\varphi_z)$, um die die Achse bei ihrer Rotation um die z-Achse parallel verschoben wird. Eine Kippung der Achse um die x- und y-Achse bei Drehung um z wird durch die Winkelabweichungen $\delta\varphi_x(\varphi_z)$ und $\delta\varphi_y(\varphi_z)$ beschrieben. Im gezeigten Beispiel ist die Winkelabweichung $\delta\varphi_z(\varphi_z)$ die Positionierabweichung des Tisches. Unter der Voraussetzung, dass der Tisch keine Verformungen in sich erfährt, lassen sich mit diesen Angaben die Abweichungen für jeden beliebigen Punkt am Werkstück auf dem Drehtisch ableiten (Gl.(3-1) und Gl.(3-2)). Die messtechnische Erfassung der einzelnen Abweichungskomponenten wird in Abschnitt 3.1.5 näher beschrieben.

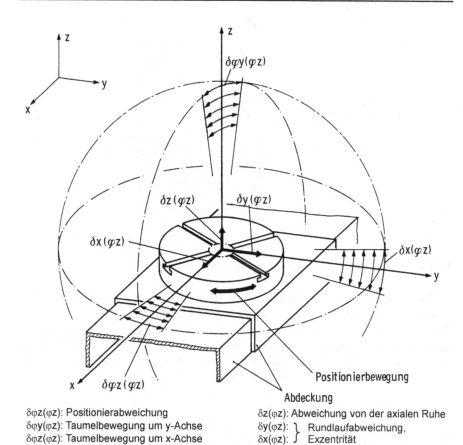

$\delta\varphi z(\varphi z)$: Positionierabweichung $\delta z(\varphi z)$: Abweichung von der axialen Ruhe
$\delta\varphi y(\varphi z)$: Taumelbewegung um y-Achse $\delta y(\varphi z)$: } Rundlaufabweichung,
$\delta\varphi z(\varphi z)$: Taumelbewegung um x-Achse $\delta x(\varphi z)$: } Exzentrität

Bild 3-4. Lageabweichung einer rotatorischen Bewegungsachse

3.1.1.2 Bewegung in mehreren Achsen

Zusätzlich zu den genannten Abweichungen, die für jede Bewegungsachse in der beschriebenen Form darstellbar sind, müssen bei Mehrachsenbewegungen die Winkelabweichungen der Achsen untereinander berücksichtigt werden. Der zusätzlich durch Achswinkelabweichungen bedingte Fehler ergibt sich entsprechend den vorher benutzten Beschreibungsformen aus der Matrix der Achswinkelabweichung $[A_{\angle 0}]$ und den Arbeitsraumkoordinaten x, y, z.

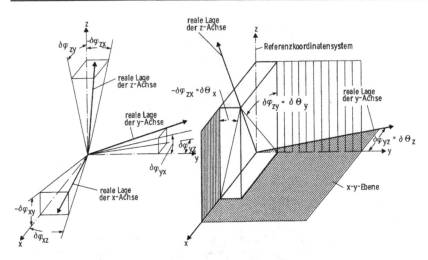

Bild 3-5. Winkelabweichungen der Bewegungsachsen untereinander

Wie in Bild 3-5 links dargestellt, beschreiben die Winkel $\delta\varphi_{xy}$, $\delta\varphi_{xz}$ die Achswinkelabweichungen der x-Achse und entsprechend die Winkel $\delta\varphi_{yx}$, $\delta\varphi_{yz}$ bzw. $\delta\varphi_{zx}$, $\delta\varphi_{zy}$ die Achswinkelfehler der y- bzw. z-Achse um die jeweiligen Achsen des Referenzkoordinatensystems. Die Abweichung eines Punktes im Arbeitsraum einer Maschine infolge dieser Achswinkelfehler ist direkt proportional zu dem Verfahrweg in den Koordinatenachsen des Maschinensystems.

$$\{a_{\angle 0}\}_{(x_0)} = [A_{\angle 0}] \cdot \{X_0\}   \tag{3-3}$$

$[A_{\angle 0}]$ Matrix für die gemessenen Winkelabweichungen der Achsen zueinander
X_0 Lagevektor des geführten Maschinenbauteils (Schlitten) im
         Maschinenkoordinatensystem x_0, y_0, z_0

Oder detaillierter ausgedrückt:

$$\begin{Bmatrix} \delta_x \\ \delta_y \\ \delta_z \end{Bmatrix}_{(\angle_0, X_0)} = \begin{bmatrix} 0 & -\delta\varphi_{yz} & \delta\varphi_{zy} \\ \delta\varphi_{xz} & 0 & -\delta\varphi_{zx} \\ -\delta\varphi_{xy} & \delta\varphi_{yz} & 0 \end{bmatrix} \cdot \begin{Bmatrix} x_0 \\ y_0 \\ z_0 \end{Bmatrix}   \tag{3-4}$$

Wird eine Achse, beispielsweise die x-Achse, als Bezugsachse gewählt und die (x, y)-Ebene (Tischebene) als Bezugsebene (Bild 3-5 rechts), so sind die Abweichungen unabhängig von der x-Koordinate und die Abweichungen in z-Richtung in guter Näherung zu Null zu setzen. Dadurch vereinfacht sich die Matrix der zu messenden Achswinkelabweichungen.

Es ergibt sich:

$$\left\{\begin{matrix} \delta_x \\ \delta_y \\ \delta_z \end{matrix}\right\}_{(\angle_0, X_0)} = \begin{bmatrix} 0 & -\delta\varphi_{yz} & \delta\varphi_{zy} \\ 0 & 0 & -\delta\varphi_{zx} \\ 0 & 0 & 0 \end{bmatrix} \cdot \left\{\begin{matrix} x_0 \\ y_0 \\ z_0 \end{matrix}\right\} \qquad (3\text{-}5)$$

mit $\delta\varphi_{zx} = \delta\theta_x$, $\delta\varphi_{zy} = \delta\theta_y$, $\delta\varphi_{yz} = \delta\theta_z$.

Für den Fall der 3-achsigen Bewegung beträgt somit die Gesamtabweichung für einen Punkt P, im Arbeitsraum für die Schlittenposition X_0:

$$\{a\}_{(X_0, X_{WSi})} = \{a_T\}_{(X_0)} + [A_\angle]_{(X_0)} \cdot \{X_{WSi}\} + [A_{\angle 0}] \cdot \{X_0\} \qquad (3\text{-}6)$$

Die Vektoren $\{a_T\}$ bzw. Matrizen $\{A_\angle\}$ und $\{A_{\angle 0}\}$ sind hinsichtlich einer präzisen Beschreibung der Maschinenabweichungen für den gesamten Arbeitsraum mit seinen Koordinaten $X_0 = \{x_0, y_0, z_0\}$ an diskreten Punkten zu bestimmen, wobei für eine umfassende Aussage die Vielzahl der Belastungen (Kapitel 4, 5 und 6) ebenfalls in ihren jeweils repräsentativen Bereichen variiert werden müsste.

Es ist einleuchtend, dass der messtechnische Aufwand hierbei nicht mehr vertretbar ist. So muss man sich häufig mit einer vereinfachten Messung begnügen, wobei die einzelnen Maschinenachsen jeweils nur in einer bestimmten repräsentativen Bauteillage gemessen werden.

Eine Superposition der einzelnen Achsfehler dieser Messungen zu einem Gesamtfehler ist jedoch nur dann erlaubt, wenn die Fehlereinflüsse jeder Achse von denen anderer Achsen als jeweils entkoppelt betrachtet werden können. In jedem Einzelfall ist kritisch zu prüfen, ob die Fehlereinflüsse als entkoppelt betrachtet werden können oder nicht. Beispielsweise liegt eine Kopplung von Fehlereinflüssen vor, wenn das geometrische Verhalten einer Achse von der Verfahrposition einer zweiten Achse oder der Lage eines aufgespannten Bauteils abhängt.

Unter dieser einschränkenden Voraussetzung, dass eine Entkopplung der einzelnen Achseinflüsse angenommen werden kann, gilt die folgende einfache Beziehung für die Gesamtabweichung:

$$\{a\}_{(X_0, X_{WSi})} = [\{a_T\}_{(x_0)} + \{a_T\}_{(y_0)} + \{a_T\}_{(z_0)}] + \qquad (3\text{-}7)$$

$$[[A_\angle]_{(x_0)} + [A_\angle]_{(y_0)} + [A_\angle]_{(z_0)}] \cdot \{X_{WSi}\} + [A_{\angle 0}] \cdot \{X_0\}$$

Bei der Vorzeichenbildung ist folgendes zu beachten:

Da die relative Abweichung von Werkzeug und Werkstück interessiert, ist die Differenz von Werkstückträger- und Werkzeugträgerabweichungen zu bilden. Hierzu sind zunächst die Einzelabweichungen derjenigen Achsen zu addieren, die jeweils die Bewegung des Werkstückträgers bzw. des Werkzeugträgers bewirken. Für den in Bild 3-6 als Beispiel gezeigten Fall sind deshalb die Abweichungen der Achsen x und z (Werkstückträger) sowie die der Achsen y und w (Werkzeugträger) jeweils zu addieren, und von beiden Summen ist dann die Differenz zu bilden:

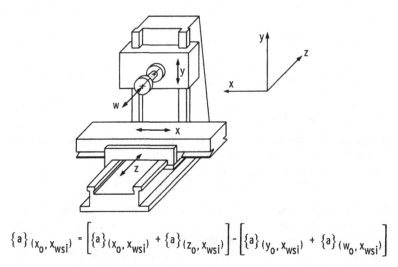

$$\{a\}_{(x_0, x_{wsi})} = \left[\{a\}_{(x_0, x_{wsi})} + \{a\}_{(z_0, x_{wsi})}\right] - \left[\{a\}_{(y_0, x_{wsi})} + \{a\}_{(w_0, x_{wsi})}\right]$$

Bild 3-6. Ermittlung der relativen Abweichung bei einer Verteilung der Bewegungsachsen auf Werkstück- und Werkzeugträger

$$\{a\}_{(x_0, x_{WSi})} = [\{a\}_{(x_0, x_{WSi})} + \{a\}_{(z_0, x_{WSi})}] - [\{a\}_{(y_0, x_{WSi})} + \{a\}_{(w_0, x_{WSi})}] \quad (3-8)$$

Für die geometrischen Abweichungen eines Messpunktes am Werkstück auf einer 3-Koordinatenmaschine sind unter achsentkoppelten Voraussetzungen laut Gl. (3-7) und Gl. (3-5) 3 mal 3 translatorische Abweichungen, 3 mal 3 Winkelabweichungen und laut Gl. (3-5) 3 Achswinkelabweichungen, also insgesamt 21 Einzelabweichungen zu berücksichtigen.

Einschränkung der Messergebnisse:

Wie schon erwähnt, setzt diese schon relativ komplizierte Beschreibung der geometrischen Verhältnisse vereinfachend voraus, dass die Verformungseinflüsse infolge Gewichtsverlagerungen der Bauteile, d.h. auch die Einzelabweichungen der Achsen, voneinander unabhängig sind.

Dies ist jedoch in der Regel nicht der Fall, da durch die unterschiedlichen elastischen Verformungen der Maschine infolge des Gewichtseinflusses der Bauteile die für eine Achse gemessenen Abweichungen von ihrer Lage im Arbeitsraum abhängig sind. Die Winkel- und Translationsabweichungen müssen also – falls es erforderlich ist – für alle Achsen innerhalb des gesamten Arbeitsraumes in repräsentativen Schnittebenen erfasst werden. Dies geschieht dadurch, dass die Achsen in verschiedenen Lagen der Bauteile vermessen werden. Gl. (3-7) ändert sich somit zu

$$\{a\}_{(x_0, x_{WSi})} = \{a\}_{(x_0(y_0, z_0); x_{WSi})} + \{a\}_{(y_0(x_0, z_0); x_{WSi})} + \{a\}_{(z_0(x_0, y_0); x_{WSi})} \quad (3-9)$$

Diese Ergebnisdarstellung gilt selbstverständlich – wie Bild 3-1 zu entnehmen ist – nur für einen definierten Belastungsfall (Lage und Gewicht des Werkstücks, Maschinentemperatur usw.). Damit eine umfassende Aussage über das geometrische Maschinenverhalten gemacht werden kann, müssen mehrere unterschiedliche Belastungsfälle durchgemessen werden.

Um den Messaufwand in Grenzen zu halten, ist es erforderlich, je nach Maschinenart und Bauform repräsentative Bauteillagen und Belastungen für die Achsvermessungen zu definieren. Hierzu sind in Zukunft noch umfangreiche Normungsarbeiten notwendig.

3.1.2 Allgemeine Beschreibung des statistischen Anteils der Abweichungen

Zusätzlich zu den bisher beschriebenen systematischen Abweichungen, die unter gleichen Bedingungen reproduzierbar sind und durch entsprechenden Aufwand korrigiert und kompensiert werden können, treten statistische Abweichungen auf. Diese statistischen bzw. unsystematischen Abweichungen können von Messung zu Messung in Amplitude und Vorzeichen variieren, so dass man zu ihrer Beschreibung statistische Kennwerte benutzt.

In Bild 3-7 sind die Messergebnisse für einen Abweichungsparameter über dem Verfahrweg in einer Achse beispielhaft dargestellt. Neben den Mittelwerten, die für beide Verfahrrichtungen aus mehreren Messungen (mindestens 5) unter gleichen Randbedingungen gewonnen werden, ist auch das Streuband (2s oder 3s) dargestellt (Herleitung dieser Kennwerte aus den Einzelmessungen siehe Abschnitt 3.1.5.6).

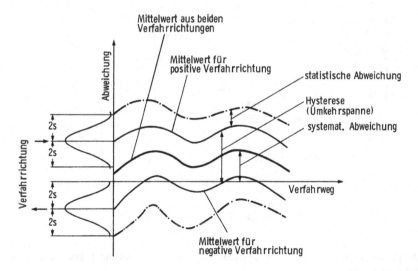

Bild 3-7. Darstellung der Abweichung eines Parameters über dem Verfahrweg in einer Achse

Die Differenz der Mittelwerte beider Verfahrrichtungen ist die Hysterese bzw. Umkehrspanne, die durch Reibkräfte und durch Spiel in den Übertragungselementen bedingt ist.

Die Messung der Abweichungen für die einzelnen Parameter ergibt somit keinen eindeutigen Kurvenverlauf über der Bewegungsachse, sondern es fällt aufgrund statistischer Abweichungen ein mehr oder weniger breites Streuband an, das um den Betrag der Hysterese noch verbreitert wird.

3.1.3 Bestimmung der Werkstückmaßfehler aus den geometrischen Maschinenabweichungen

Die bisher beschriebenen geometrischen Abweichungen der Maschinenkomponenten von ihren Soll-Lagen sind verantwortlich für Werkstückmaßabweichungen, die während des Bearbeitungsprozesses auf der betreffenden Maschine entstehen.

Da die Werkstückabmessungen, z.B. die Längenmaße, durch Verfahren der entsprechenden Tische, Supporte oder Pinolen um dieses betreffende Maß entstehen, ist die Differenz der Maschinenabweichungen in den beiden Endlagen dieses Verfahrwegs von Interesse.

Die Werkstückmaßabweichung ergibt sich somit zu

$$\{a\} = \{a\}_{(X_{01}, X_{WSi})} - \{a\}_{(X_{02}, X_{WSi})} \tag{3-10}$$

wobei X_{01} und X_{02} die Maschinenkoordinaten der Bauteile für dieses Werkstückmaß bedeuten.

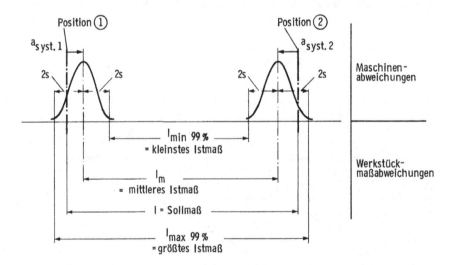

Bild 3-8. Beziehung zwischen geometrischen Maschinenabweichungen und Werkstückmaßabweichungen

Unter Einbeziehung der statistischen Abweichungen ergibt sich, wie das Beispiel in Bild 3-8 verdeutlicht, zusätzlich zu den systematischen Abweichungen der Maschine in den Positionen 1 und 2 ein Streuband von 2s für jeden Positionspunkt. Darin sind jeweils 95% aller Werte erfasst. Die statistische Sicherheit, mit der das Werkstückmaß innerhalb der Grenzen l_{min} bzw. l_{max} liegt, beträgt dann nach den Regeln der Statistik ca. 99%.

3.1.4 Linearisierte Beschreibung der statistischen Abweichungen

Der Versuch, eine vereinfachte linearisierte Beschreibungsform der geometrischen Abweichungen aufzustellen, wurde in [3-4, 3-5] unternommen.

Geht man davon aus, dass durch Messung die drei translatorischen Abweichungen einschließlich des statistischen Anteils im gesamten Arbeitsraum für eine Maschine erfasst worden sind, so stellt sich bei der Vielzahl der Messschriebe die Frage nach einer vereinfachten Darstellung.

Eine Möglichkeit bestünde darin, die maximal vorkommende Abweichungsdifferenz zwischen bestimmten Positionen zu nennen, so dass mit Sicherheit alle vorkommenden geometrischen Maßabweichungen am Werkstück unterhalb dieser Grenzmarke bleiben.

Viele Maschinenuntersuchungen haben jedoch gezeigt, dass häufig systematische Abweichungen vorliegen, die – zumindest in bestimmten Bereichen – proportional zum Verfahrweg der Bauteile sind. Somit wäre vor allem für kleinere Werkstückabmessungen das oben genannte Kriterium (maximal vorkommende Abweichung im gesamten Arbeitsraum) ein zu scharfes Vergleichsmaß für die Maschinengüte. Durch eine längenabhängige Angabe der Maschinenabweichungen ist man in der Lage, je nach vorliegender Bearbeitungsaufgabe (Toleranz, Werkstückgröße) die richtige Maschine auszuwählen.

Darüber hinaus ist die Möglichkeit gegeben, in erster Näherung die geometrische Maschinengüte nach ISO einzugliedern, da die Werkstücktoleranzen für jede Qualität ebenfalls eine Funktion der Werkstückabmessungen sind:

$$i = 0,45 \cdot \sqrt[3]{l} + 0,001 \cdot l \qquad\qquad (3\text{-}11)$$

mit l in mm und i in μm bei Qualität 1.

Der in Bild 3-9 beispielhaft skizzierte Abweichungsverlauf über dem Verfahrweg wird mit Hilfe einer gedachten Schablone beschrieben. Die Schablone muss man möglichst so wählen, dass sie parallel über das Kurvenband geschoben werden kann, wobei sie sich an die Kurve möglichst eng anschmiegt.

Der engste Durchlass der Schablone wird durch das Maß A bestimmt: A enthält hauptsächlich den statistischen Anteil der Abweichungen und beträgt $A \geq 4s +$ Hysterese, gemessen an der ungünstigsten Stelle des Kurvenverlaufs.

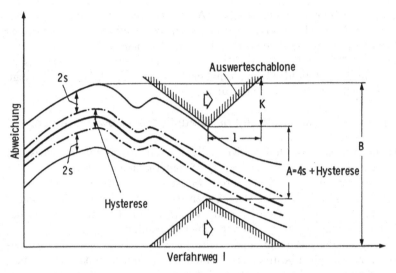

Bild 3-9. Auswerteschablone für einen gegebenen Verlauf gemessener Abweichungen

Das Steigungsmaß K der Schablone wird durch den längenabhängigen, unkorrigierten, systematischen Fehler bestimmt. Die Beschreibung der Abweichung für eine Maschinenposition lautet somit in Abhängigkeit vom Verfahrweg l:

$$U = A + K \cdot l \leq B \qquad\qquad (3\text{-}12)$$

Hierin bedeuten [3-4, 3-5]:

U   Unsicherheit (uncertainty)
A, K   Größen der Schablone, wobei K immer positiv zu wählen ist
l   Maschinenverfahrweg
B   größte vorkommende Abweichung

In Bild 3-10 ist dieser Zusammenhang graphisch dargestellt. Die Begrenzung B ist sinnvoll, da der lineare Abweichungszuwachs im Allgemeinen nicht über den gesamten Verfahrbereich Gültigkeit hat. Die Werte A und K sind so zu wählen, dass Gl. (3-12) in jedem Fall die Kurve einhüllt. Theoretisch ließe sich diese Forderung durch eine unendliche Anzahl von Kombinationen dieser Werte erreichen. Eine sinnvolle Vorgehensweise für die Festlegung der Werte A und K ist in Bild 3-11 wiedergegeben. Hierzu wird das Kurvenband durch Rechtecke angenähert, die sich durch eine gleichmäßige Aufteilung (hier 10) des gesamten Verfahrwegs ergeben. Das höchste Rechteck (hier zwischen 9 und 10) hat die Höhe A. Dieses wird nun an eine Stelle gelegt, wo die systematischen Abweichungen in ihrem Verlauf ein Maximum (oder Minimum) bzw. Sprünge besitzen (hier zwischen 4 und 5). Von dort aus bestimmt man die Steigung K der Schablone für die kritischste Seite sowie den Maximalwert B.

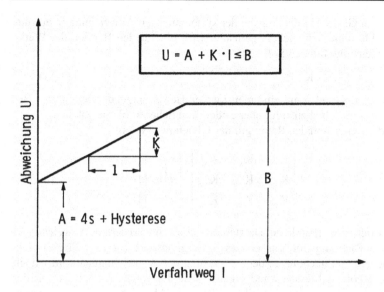

Bild 3-10. Linearisierter Verlauf eines Abweichungsmerkmals

Mit Kenntnis von Gl. (3-12) lässt sich die maximale Grenze der Werkstückmaßabweichung ermitteln. Wie in Abschnitt 3.1.3 dargelegt, ergeben sich die Maßabweichungen des Werkstücks durch die Differenz der relativen Bauteilabweichungen von Werkstück- und Werkzeugträger, wobei sowohl die systematischen als auch statistischen Anteile zu betrachten sind.

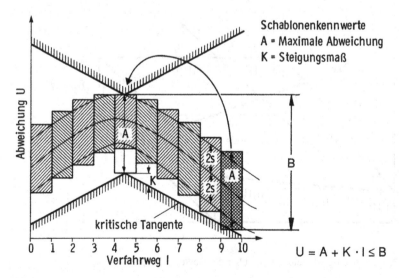

Bild 3-11. Ermittlung der Kennwerte für die Auswerteschablone aus einem gegebenen Messwertschrieb

Da jedoch in Gl. (3-12) die Angabe der systematischen Abweichung in absoluten Zahlen, d.h. ohne Vorzeichen, gemacht wird, gilt für den Bereich der Werkstückmaßabweichung um den Sollwert:

$$U_{WS} = \pm (A + K \cdot I) \qquad\qquad (3\text{-}13)$$

Diese bisher an Beispielen mit eindimensionalen Bewegungen durchgeführten Betrachtungen lassen sich ebenso für ebene oder räumliche Probleme ableiten.

Für den dreidimensionalen Raum gilt das Gleichungssystem:

$$\begin{Bmatrix} U_x \\ U_y \\ U_z \end{Bmatrix} = \begin{Bmatrix} A_x \\ A_y \\ A_z \end{Bmatrix} + \begin{bmatrix} K_{xx} & K_{xy} & K_{xz} \\ K_{yx} & K_{yy} & K_{yz} \\ K_{zx} & K_{zy} & K_{zz} \end{bmatrix} \cdot \begin{Bmatrix} x \\ y \\ z \end{Bmatrix} \leq \begin{Bmatrix} B_x \\ B_y \\ B_z \end{Bmatrix} \qquad (3\text{-}14)$$

Bild 3-12 zeigt eine räumliche Darstellung eines linearisierten Abweichungs-
verlaufs in x-Richtung für ein ebenes Bewegungsproblem (x-y-Ebene). Die
offensichtliche Vereinfachung in der Darstellung der Abweichungen wird jedoch
durch einen erhöhten Messaufwand erkauft. Auf die Winkelfehlererfassung der
Bauteile kann man verzichten, weil die linearen Abweichungen im gesamten
Arbeitsraum vermessen werden. Außer dem Nachteil des hohen messtechnischen
Aufwands liegen noch keine ausreichenden Erfahrungen vor, wie sich die Kenngrößen der Gleichungen A_{ij} und K_{ij} zweckmäßig und sinnvoll bestimmen lassen.
Dies gilt besonders für die mehrachsigen Problemstellungen.

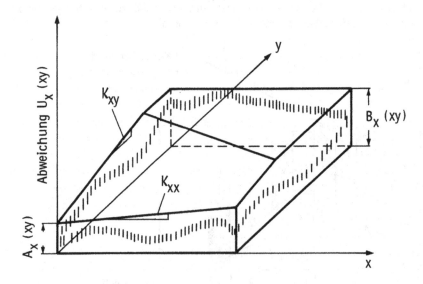

Bild 3-12. Linearisierte Abweichung U_x über der Bewegungsebene x-y

Mit zunehmendem Einsatz numerisch gesteuerter Werkzeugmaschinen, auf denen Werkstücke mit engen Maßtoleranzen zu fertigen sind, sowie mit der wachsenden Verwendung von dreidimensionalen Messmaschinen in der Fertigung wird die Entwicklung einer objektiven Methode zur geometrischen Abnahme sowie die eindeutige Beschreibung der Abweichungen im gesamten Arbeitsraum immer dringlicher. Die Zukunft wird zeigen, welcher der dargestellten Wege eine sinnvolle Beschreibung der Abweichungen ermöglicht.

Eng verbunden mit der Darstellung der Abweichungen ist die Entwicklung der Messgeräte zu sehen. Die linearen und rotatorischen Einzelabweichungen können heute relativ einfach mit modernen Messmitteln erfasst und dokumentiert werden.

Die folgenden Abschnitte behandeln die heute für die geometrische Vermessung eingesetzten Messverfahren und Messgeräte.

3.1.5 Messverfahren zur Ermittlung der geometrischen Maschineneigenschaften

Die Untersuchung der geometrischen Eigenschaften von Werkzeugmaschinen umfasst die Prüfung der Größe, Form, Lage und Bewegung von Maschinenteilen, soweit sie für die Arbeitsgenauigkeit der Maschine maßgebend sind.

Die in den nächsten Abschnitten beschriebenen Messverfahren zur geometrischen und kinematischen Maschinenuntersuchung lassen sich im Allgemeinen bei unterschiedlichen Maschinenbelastungszuständen anwenden. Der thermische Belastungszustand bedeutet ohnehin keine Beeinflussung des Messprinzips. Allerdings können die statischen Werkstückbelastungen die Messdurchführung räumlich beeinträchtigen, d.h. die aufzubringenden Werkstücksimulationsgewichte können störend bei der Anbringung der Messaufbauten wirken. Statische und dynamische Prozesskräfte sind zur Messung der Geometrie während der Bewegung der Maschinenbauteile vielfach schwer aufzubringen. Man begnügt sich daher in den meisten Fällen mit der Ermittlung der relativen Steifigkeit der Maschine an ihrer Bearbeitungsstelle im Stillstand.

In den Kapiteln 4, 5 und 6 wird auf die zur Erfassung der lastabhängigen Maschineneigenschaften notwendigen messtechnischen Ergänzungen, die über die in diesem Kapitel beschriebenen allgemeinen Messprinzipien hinausgehen, näher eingegangen. Bei der Erfassung dieser geometrischen Maschinenabweichungen ist es erforderlich, zunächst die Genauigkeit der Koppelstellen von Werkzeug- und Werkstückaufnahme selbst sowie ihrer relativen Lage zueinander und zu den Maschinenachsen zu prüfen. Die Form- und Lageabweichungen dieser Koppelflächen sind in Bild 3-13 beispielhaft für einen Maschinentisch sowie einen Werkzeugspannkegel skizziert

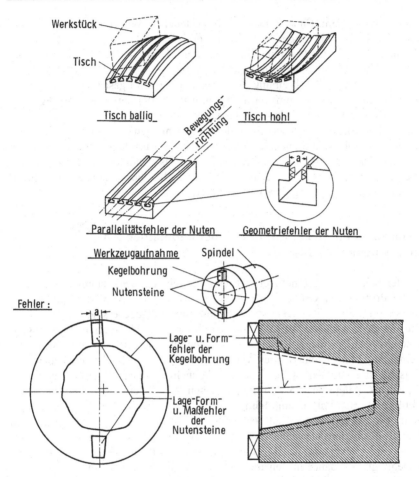

Bild 3-13. Geometrie-Fehler der Koppelstellen: Werkzeug- und Werkstückaufnahme einer Werkzeugmaschine

Typische Geometrieabweichungen sind ballige, hohle und verwundene Tischoberflächen sowie Maßabweichungen bei den Spannuten. Die geometrischen Abweichungen des Spindelinnenkegels, der zur Aufnahme von Bohr- und Fräswerkzeugen verwendet wird, führen zu einer schlechten Klemmung und zu fehlerhaften Werkzeugausrichtungen (Werkzeugschlag und Taumeln). Die zweite Kategorie der geometrischen Abweichungen ist auf die tatsächlichen Relativbewegungen zwischen Werkzeug und Werkstück durch die Vorschubachsen zurückzuführen.

In Bild 3-14 sind einige repräsentative Geometrieparameter der bewegten Maschinenachsen dargestellt, deren messtechnische Erfassung ebenfalls im Folgenden behandelt wird.

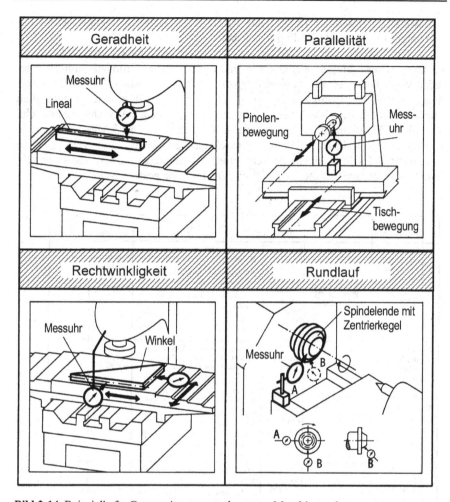

Bild 3-14. Beispielhafte Geometrieparameter bewegter Maschinenachsen

Die heute gebräuchlichen Abnahmebedingungen gehen auf die von Prof. Schlesinger [3-6] in den zwanziger Jahren entwickelten Prüfungen zurück. Die in diesen Normen verankerten Prüfungen auf Ebenheit, Rundlauf, Axialruhe, Parallelität, Rechtwinkligkeit usw. sind inzwischen für einige Maschinentypen durch Richtlinien verschiedener Verbände und Organisationen ergänzt worden [3-1, 3-2, 3-3]. Die zu beurteilenden Merkmale kann man nach Normblättern des Deutschen Instituts für Normung (DIN) erfassen, die vom Normenausschuss Werkzeugmaschinen (NWM) erarbeitet werden (DIN 8601 ff) [3-1, 3-2, 3-7].

Die Abnahmeprüfungen werden in der Regel im Werk des Herstellers und mit dessen Messgeräten durchgeführt, soweit es die Größe der Maschine im Hinblick auf ihre erforderliche Maschinenaufstellung bzw. -fundamentierung erlaubt. Bei

Großwerkzeugmaschinen findet daher häufig die Maschinenabnahme beim Kunden unter Originalaufstellbedingungen statt.

In den Normen werden Messprinzipien sowie geeignete Messgeräte vorgeschlagen. Diese Messgeräte gehören in der Regel zur Grundausstattung einer jeden Werkstatt. Allerdings lassen die Normen die Anwendung eventuell vorhandener anderer Messmittel unter der Voraussetzung zu, dass deren Genauigkeit mindestens derjenigen der in den Normen vorgeschlagenen Verfahren entspricht. Von dieser Möglichkeit, andere als in den Normen angegebene Messverfahren zu benutzen, muss man häufig dann Gebrauch machen, wenn die zu vermessenden Maschinen oder Maschinenteile sehr große Abmessungen aufweisen oder sehr hohe Anforderungen an die Genauigkeit der Maschine gestellt werden.

Nr.	Gegenstand der Prüfung	Bild	Prüfmittel	Prüfanleitung	Abweichungen	
					zulässig	gemessen
G9	Abstandsgleichheit der beiden Zentrierspitzen zur Bezugsebene	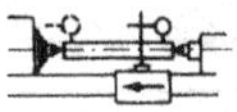	Feinzeiger nach DIN 879 Prüfdorn zur Aufnahme zwischen Spitzen	Reitstock und Reitstockpinole geklemmt. Mit Feinzeiger obere Mantellinie des Prüfdornes abtasten. Messung an beiden Enden des Prüfdornes 3.2.2 5.4.2.2.3	0,04 mm (Reitstockspitze höher)	
G 10	Parallelität der Arbeitsspindelachse zur Längsbewegung des Oberschlittens	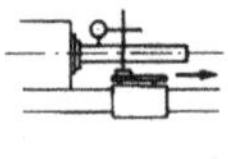	Feinzeiger nach DIN 879 Prüfdorn mit kegeligem Aufnahmeschaft	Führung des Oberschlittens in der Waagerecht-Ebene parallel zur Spindelachse ausrichten. Bettschlitten klemmen. Prüfdorn im Innenkegel auf Mittenstellung der Rundlaufabweichung bringen. Oberschlitten mit daran befestigtem Feinzeiger längs des Prüfdornes entsprechend dem Verstellweg verschieben. 5.4.2.2.3	0,04 mm auf 300 mm	
G 11	Rechtwinkligkeit der Arbeitsspindelachse zur Bewegung des Querschlittens	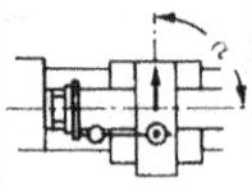	Feinzeiger nach DIN 879 Prüfscheibe oder Lineal	Feinzeiger am Querschlitten befestigt. Prüfscheibe oder Lineal an Arbeitsspindel befestigt. Querschlitten bis 300 mm verschieben. 3.2.2 5.5.2.2.3	0,02 mm auf 300 mm Fehlerrichtung 90°	
G 12	Axialruhe der Leitspindel	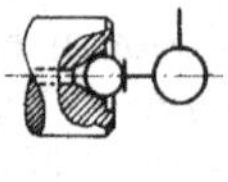	Feinzeiger nach DIN 879 Stahlkugel nach DIN 5401	Stahlkugel in der Zentrierung der Leitspindel mit Feinzeiger abtasten. Mit Leitspindel Bettschlitten in beiden Richtungen bewegen. Diese Messung kann entfallen, wenn die praktische Prüfung P3 (Arbeitsgenauigkeit) durchgeführt wird. 5.6.2.2.1 5.6.2.2.2	0,015 mm in jeder Richtung	

Bild 3-15. „Abnahmebedingungen für Drehmaschinen". Auszug aus der Norm DIN 8606

Für solche Fälle sind besonders die in den letzten Jahren entwickelten und in der Praxis schon vielfach bewährten Verfahren auf der Grundlage moderner Technologien wie Lasertechnik, Optoelektronik sowie digitaler Messwertverarbeitung und -auswertung geeignet. Hiermit lassen sich sehr viele grundlegende Messungen der geometrischen (und kinematischen) Maschineneigenschaften vornehmen. Außerdem besteht die Möglichkeit, die Messabläufe weitgehend automatisiert durchzuführen sowie die anfallenden Messwerte direkt abzuspeichern und auszuwerten.In Bild 3-15 sind auszugsweise die geometrischen Abnahmebedingungen für Drehmaschinen (DIN 8606) wiedergegeben [3-1]. Der Gegenstand der Messung (untersuchtes Merkmal), ein Prinzipbild der Messanordnung, die erforderlichen Messgeräte und eine Anleitung zur Durchführung der Messung für die einzelnen Untersuchungsschritte sind spaltenweise hintereinander angeordnet. Außerdem sind die zulässigen Abweichungen festgelegt und eine weitere Spalte für die gemessenen Werte vorgesehen.

Im Folgenden sollen einige grundlegende geometrische Prüfungen der Koppelstellen und der Achsbewegungen der am Beispiel des im Bild 3-16 gezeigten Horizontal-Bohr- und Fräswerks vorgestellt werden. Die durch diese Messungen zu erfassenden Abweichungen gliedern sich entsprechend Bild 3-1 in Messungen der geometrischen Abweichungen einzelner Maschinenachsen sowie in Abweichungen zwischen mehreren Achsen.

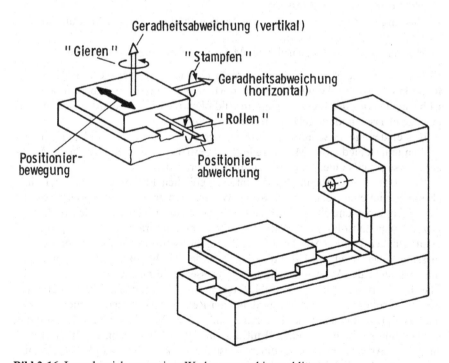

Bild 3-16. Lageabweichungen eines Werkzeugmaschinenschlittens

3.1.5.1 Messprinzipien. Allgemeine Zusammenhänge, Begriffsdefinitionen

Bevor auf die Messverfahren im Einzelnen eingegangen wird, sind einige Grund-
zusammenhänge zu erläutern, die bei der Interpretation der Messdaten von Bedeutung sind. Am Beispiel eines einachsig bewegten Aufspanntisches soll dies ge-
schehen. Grundsätzlich sind die Gesamtabweichungen der Tischgeometrie (Form
der Koppelstelle) und der relativen Lage des Tisches zum Werkzeug auf seinem
Vorschubweg von Interesse. Hierbei muss davon ausgegangen werden, dass sich
die Tischgeometrie je nach Belastungsgröße und -ort sowie durch die unterschiedliche elastische Verformung des Unterbaus (Bett, Fundament) je nach Lage des
Tisches auf seinem Führungsweg unterschiedlich verändert. Das bedeutet: Im Ide-
alfall ist eine vollständige Geometriebeschreibung der Tischoberfläche sowie ihrer
relativen Lage zum Werkzeugbezugsachsensystem als Funktion der Belastung und
des Schlittenweges erwünscht.

Die meisten Messverfahren mit Messuhren, Wegaufnehmern (Ausnahme:
Holografie) erlauben lediglich eine punktuelle Messwertaufnahme. Zur Beschrei-
bung der Oberfläche wird daher ein Netz von diskreten Messzeilen über die
Tischfläche gelegt, die eine gute Vorstellung der Oberflächengestalt vermitteln.

Bei der Messung ist streng zu differenzieren zwischen den Begriffen:

– relative oder absolute Messung,
– Messung mit festem Messort an der Werkzeugwirkstelle oder Messung mit be-
  weglichem Messort (Tisch),
– Messung bei bewegtem Tisch oder Messung bei bewegtem Messgerät.

Bild 3-17 gibt die Zusammenhänge graphisch wieder, wobei die Begriffe in der
Regel kombiniert vorkommen, um einen Messvorgang präzise zu beschreiben. So
ist beispielsweise der Messvorgang im Bild oben rechts eine relative Messung bei
bewegtem Tisch und mitgehendem Messaufnehmer.

Die eindeutige Beschreibung bzw. Unterscheidung der in Bild 3-17 dargestellten unterschiedlichen Messvorgänge ist deshalb von Bedeutung, da die Messergebnisse jeweils unterschiedlich zu interpretieren sind.

Die erste Zeile verdeutlicht die unterschiedlichen Ergebnisse zwischen einer
absoluten und einer relativen Messung. Während im ersten Fall die Geradheit der
Bewegung eines einzelnen Tischpunktes relativ zum ruhenden Boden (daher die
Bezeichnung „absolut") mit Hilfe eines Laserreferenzstrahls und einer positionsempfindlichen Diode (Abschnitt 3.1.5.2.2) gemessen wird, wird bei der Relativmessung (oben rechts im Bild) die Geradheit des Tischpunktes relativ zum Koordinatensystem des Werkzeugschlittens gemessen. Die elastische Aufstellung der
Maschine verursacht bei der Tischbewegung eine Gesamtmaschinenneigung, die
bei der Absolutmessung erfasst wird, bei der Relativmessung jedoch nicht, da sich
die Laserquelle und damit der Referenzstrahl mit der Maschine neigt. Die Neigung
der Gesamtmaschine hat keinen Einfluss auf das Arbeitsergebnis. Für die Erfassung der Arbeitsgenauigkeit einer Maschine sind daher möglichst Relativ-
messungen, d.h. die Erfassung der relativen Abweichungen zwischen Werkzeugträger und Werkstückträger anzustreben.

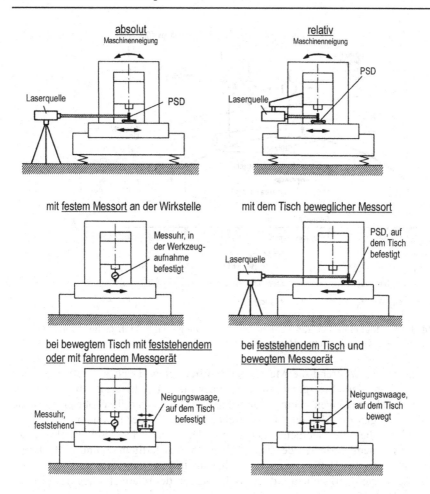

Bild 3-17. Übersicht über messtechnische Begriffe

In der mittleren Zeile von Bild 3-17 sind die beiden Messprinzipien „mit festem Messort an der Wirkstelle" und „mit dem Tisch beweglicher Messort" gegenübergestellt.

Da die Formentstehung des Werkstücks vornehmlich an der Wirkstelle geschieht, gibt die Messung an der Wirkstelle vor allem bei elastischen Werkstücken, die sich der Tischform eher anpassen, repräsentativere Ergebnisse für die Arbeitsgenauigkeit. Natürlich sollen sich auch Tischpunkte außerhalb der Wirkstelle geradlinig bewegen. Die Messungen bei mit dem Tisch beweglichem Messort geben hierüber Auskunft; doch sind die gemessenen Abweichungen nicht ohne weiteres in Werte der Arbeitsgenauigkeit umrechenbar.

In der letzten Zeile von Bild 3-17 werden die Prinzipien der Messung bei bewegtem Tisch und feststehendem Tisch mit bewegtem und feststehendem Messge-

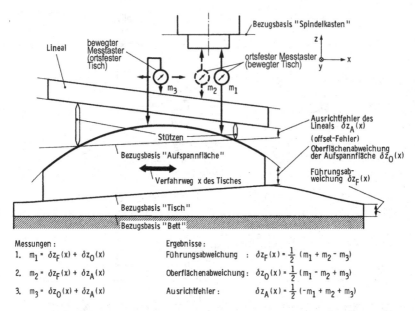

Messungen :

1. $m_1 = \delta z_F(x) + \delta z_0(x)$

2. $m_2 = \delta z_F(x) + \delta z_A(x)$

3. $m_3 = \delta z_0(x) + \delta z_A(x)$

Ergebnisse :

Führungsabweichung : $\delta z_F(x) = \frac{1}{2}\,(m_1 + m_2 - m_3)$

Oberflächenabweichung: $\delta z_0(x) = \frac{1}{2}\,(m_1 - m_2 + m_3)$

Ausrichtfehler : $\delta z_A(x) = \frac{1}{2}\,(-m_1 + m_2 + m_3)$

Bild 3-18. Möglichkeiten zur Fehlerquellenzuordnung durch Mehrfachmessung bei der Ermittlung der Geradheit einer Bewegungsbahn

rät verglichen. Während die Messungen bei bewegtem Tisch mit feststehendem oder mitfahrendem Messgerät Aussagen über die geometrischen Abweichungen durch Tischbewegungen bedingt durch Führungsfehler und Tischoberflächenfehler machen, gibt die Messung bei feststehendem Tisch aber bewegtem Messgerät Aufschluss über die Geometrie der Koppelfläche, d.h. der Tischoberfläche. Je nach elastischem Verhalten des Tisches beeinflussen fertigungs- und lastbedingte Verformungen des Bettes auch die Tischgeometrie, so dass diese von der Lasthöhe, der Lasteinwirkstelle auf dem Tisch und von der relativen Lage des Tisches auf dem Bett (Vorschubachse) abhängt.

Wie die Ausführungen zeigen, entscheidet die jeweilige Aufgabenstellung, welches Messprinzip Anwendung finden muss. Darüber hinaus sind die abweichungsbedingten Einflüsse (Führungen, Tischgeometrie) nicht direkt voneinander zu trennen. Bild 3-18 zeigt eine mögliche Vorgehensweise, die Einflussgrößen durch Mehrfachmessung zu trennen. Hierbei wird von der Annahme ausgegangen, dass die Tischoberfläche nicht durch Führungsfehler oder elastische Verformungen des Bettes beeinflusst wird.

Bei der eindimensionalen Messung ist meist nicht zu unterscheiden zwischen Führungsbahnfehler (Bewegungsfehler), Oberflächengestaltfehler des Tisches und Ausricht- und Parallelitätsfehler des Messlineals. Im Bild wird dargestellt, wie man durch Mehrfachmessungen zu den einzelnen Fehlereinflüssen gelangen kann.

Begnügt man sich mit der Messung m_2 Bild 3-18, so enthält das Ergebnis Ausricht-, Führungsbahn- und Tischoberflächenabweichungen. Erst die Auswertung der drei einzelnen Messungen m_1, m_2 und m_3 ermöglicht die Berechnung der

Einzelfehler (Gleichungen in Bild 3-18). Zur Reduzierung der Fehlereinflüsse sollten die Stützen eines Lineals auf solchen Messpunkten (Referenzpunkten) aufliegen, deren räumliche Lage bekannt ist.

3.1.5.2 Messung der Tischgeradheit bzw. -ebenheit

Die meisten Messverfahren zur Messung der Tischgeradheit bzw. -ebenheit können auch bei der Messung bewegter Achsen (vergl. Abschnitt 3.1.5.3) eingesetzt werden.

3.1.5.2.1 Messverfahren mit Lineal und Wegaufnehmern

Zur Ermittlung der Geradheit einer Tischoberfläche wird ein Lineal mit zwei Stützen auf den Aufspanntisch gelegt. Eine der beiden Stützen ist so zu justieren, dass die weiter auseinander liegenden Bezugspunkte A und B, wie sie in Bild 3-19 skizziert sind, am Messtaster möglichst den gleichen Ausschlag zeigen. Wenn möglich soll das Lineal in den Besselschen Punkten C und D (0,22 • L), d.h. in den Punkten der Minimaldurchbiegung des Lineals infolge von Eigengewicht aufgelegt werden. Eine Messgabel, die in senkrechter Richtung von einem Stativ geführt wird, tastet mit ihrem unteren Ende die Tischoberfläche ab. Am oberen Ende der Gabel ist eine Messuhr oder ein elektronischer Messaufnehmer befestigt, der die Auslenkung der Gabelbewegung relativ zum Messnormal, dem Lineal, erfasst.

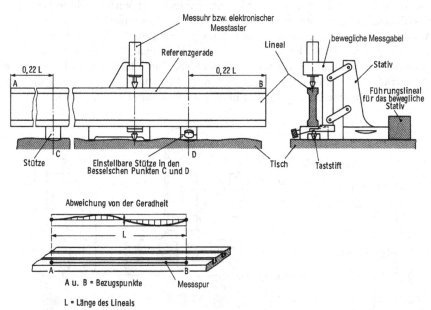

Bild 3-19. Prüflineal zur Messung der Geradheit der Aufspannfläche eines Tisches

Zur Unterstützung einer geradlinigen Bewegung auf dem Tisch wird das Stativ an einem Führungslineal vorbei bewegt. Zur geometrischen Beschreibung der Ebenheitsabweichungen der gesamten Tischfläche sind mehrere Messspuren in beiden Achsen netzförmig über den Tisch zu legen. Bei Verwendung eines elektronischen Tasters mit Analogausgang besteht die Möglichkeit, die Abweichung von der Geradheit mit einem Schreiber direkt aufzuzeichnen. Steht ein Kleinrechner zur Verfügung, ist eine automatische Aufzeichnung und Darstellung des Geradheits- bzw. Ebenheitsprofils möglich. Hierbei muss für die Erfassung der Stativlängsbewegung ebenfalls ein Wegaufnehmer zur Verfügung stehen.

3.1.5.2.2 Messverfahren mit positionsempfindlicher Diode (PSD)

Die Bauformen positionsempfindlicher Dioden wurden in Abschnitt 2.1.6.2 vorgestellt. Wie in Bild 3-20 dargestellt wird, können sie zur Überprüfung von Ebenheiten genutzt werden.

Ein gebündelter Lichtstrahl – meist ein Laserstrahl – wird hierbei ähnlich wie das Lineal parallel zur Maschinenachse ausgerichtet. Der Lichtstrahl beleuchtet eine positionsempfindliche Diode, die auf dem Tisch in Richtung des Laserstrahls bewegt wird. Mit einer Justiereinheit an der Lichtquelle gleicht man Niveauunterschiede der Bezugspunkte aus. Ein senkrecht zur Tischfläche geführter Taster, der längs des Tisches bewegt wird, ist direkt mit der Diode verbunden.

Zur Messung der Geradheit der Tischfläche wird die Einheit entlang der Messstrecke bewegt. Bewegungen in der Ebene senkrecht zur Verfahrrichtung ergeben Signalveränderungen, die in der angeschlossenen elektronischen Schaltung (vgl. Abschnitt 2.1.6.2) umgewandelt und sodann in Verlagerungs- bzw. Ebenheitswerte umgerechnet werden können. Entlang der Bewegungsachse der Diode kann damit ein Profilschnitt der Ebene erstellt werden. Durch Parallelverschiebung der Messgeraden und Aufnahme von weiteren Profilschnitten in genügend kleinen Abständen wird eine Beurteilung der Ebenheit der Gesamtfläche möglich.

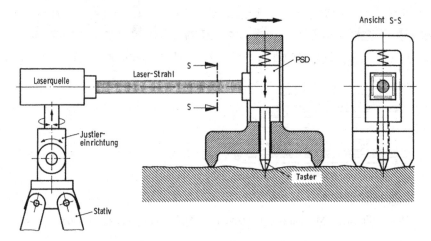

Bild 3-20. Geradheitsmessung mit Laser und PSD

3.1.5.2.3 Messverfahren mit Autokollimator

Die Vermessung der Ebenheit einer Fläche, z.B. eines Maschinentisches kann an diskreten Punkten eines geeigneten Messgitters vorgenommen werden. Man misst die Ebenheit der Fläche unter Verwendung von Winkelmessgeräten wie dem Autokollimator (vgl. Abschnitt 2.2.3.1), indem man die unterschiedlichen Neigungswinkel der Strecken zwischen zwei benachbarten Messpunkten bekannten Abstandes erfasst, Bild 3-21.

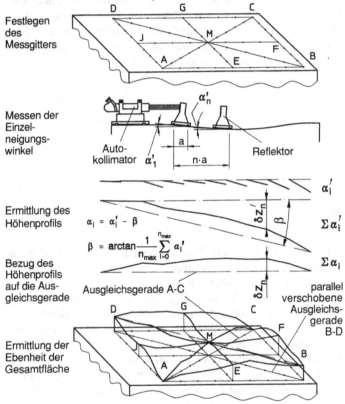

Bild 3-21. Vermessung der Ebenheit einer Tischfläche mit dem Autokollimator

Die optische Achse des Autokollimationsfernrohres wird entlang einer Strecke des Messgitters möglichst parallel zur Tischoberfläche ausgerichtet. Der Reflexionsspiegel wird auf der Messstrecke in äquidistanten Schritten auf dem Tisch verschoben, die genau gleich dem Abstand a der Aufsatzpunkte der Spiegelgrundplatte sein müssen. Aus den gemessenen Neigungswinkeln α'_i und dem Abstand der Auflagepunkte a sind die Einzelhöhenunterschiede $\delta z'_i$ zwischen den Messpunkten berechenbar.

$$\delta z'_i = a \cdot \tan \alpha'_i \qquad (3\text{-}15)$$

Diese Messung wird entlang aller Linien des Messgitters durchgeführt, so dass durch Addition der Einzelhöhendifferenzen für jede Messlinie ein Höhenprofil ermittelt werden kann. Für kleine Neigungswinkel α'_i gilt:

$$\delta z'(n \cdot a) \approx \sum_{i=0}^{n} \alpha'_i \cdot a = a \cdot \sum_{i=0}^{n} \alpha'_i \qquad (3\text{-}16)$$

Ausrichtefehler des Lichtstrahls gegenüber der Tischoberfläche werden wie folgt kompensiert [3-8]: Für eine der diagonalen Messlinien (im Bild die Linie A-C) wird eine Verbindungslinie von der Höhe des Anfangspunktes zur Höhe des Endpunktes gezogen. Sie ist die Ausgleichsgerade (Null-Niveaulinie) für die Messlinie A-C, die mit der optischen Achse des Autokollimators den Winkel β einschließt. Damit lässt sich das bezogene Höhenprofil bestimmen.

$$\delta z(n \cdot a) \approx \sum_{i=0}^{n} \alpha'_i \cdot a = a \sum_{i=0}^{n} \alpha'_i \qquad (3\text{-}17)$$

Darin ist

$$\alpha_i = \alpha'_i - \beta$$

mit

$$\beta = \arctan\frac{1}{a \cdot n_{max}} \sum_{i=0}^{n_{max}} a \cdot \tan\alpha'_i \approx \arctan\frac{1}{n_{max}} \sum_{i=0}^{n_{max}} \alpha'_i$$

In der gleichen Weise wird für die zweite Tischdiagonale B-D eine Ausgleichsgerade definiert. Sie wird allerdings so weit parallel verschoben, bis die bezogene Höhe im gemeinsamen Mittelpunkt M für beide Messlinien gleich ist.

Damit sind die Höhen aller Eckpunkte bekannt, so dass auch die Ausrichtefehler der restlichen Strecken des Messgitters kompensiert werden können. Die Ebenheit der Gesamtfläche lässt sich schließlich durch Auswertung aller Einzelhöhen des Messgitters ermitteln.

Da die Messpunkte bei diesem Verfahren auf eine Ausgleichsebene, die sich erst aus der Messung ergibt, bezogen werden, eignet sich diese Messung allein zur Ermittlung der Ebenheit und nicht zur Ermittlung der Parallelität zu Maschinenachsen o.ä.

3.1.5.2.4 Messverfahren mit elektronischer Neigungswaage

Die Vermessung der Ebenheit von Flächen ist nach der im vorigen Abschnitt vorgestellten Vorgehensweise mit allen Messgeräten möglich, mit denen kleine Winkeländerungen mit genügend guter Auflösung und Genauigkeit erfasst werden können.

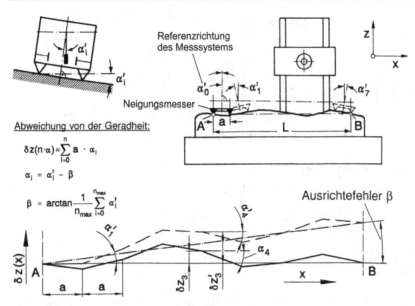

Bild 3-22. Messung der Geradlinigkeit der Aufspannfläche eines Tisches mit einer Neigungswaage

Diese Möglichkeit bietet auch die elektronische Neigungswaage (Abschnitt 2.2.2). Sie wird entlang einer Messstrecke des Messgitters im Punkt A auf den Maschinentisch gelegt und der angezeigte Winkel mit Hilfe der Nullpunktjustierung zu Null gesetzt (Anfangs-Bezugsgerade). In äquidistanten Abständen wird der Neigungsmesser entlang der Messstrecke aufgelegt und der jeweilige Messwert abgelesen (Bild 3-22). Die Auswertung erfolgt entsprechend dem im Abschnitt 3.1.5.2.3 vorgestellten Schema.

3.1.5.2.5 Messverfahren mit Laser-Interferometer und Winkeloption

In Kapitel 2 wurde das Laser-Interferometer als hochgenaues und hochauflösendes Messgerät zur Messung von relativen Wegverlagerungen vorgestellt. Mit Hilfe des in Bild 3-23 dargestellten Aufbaus optischer Komponenten können Winkelbewegungen erfasst werden.
Der Lichtstrahl eines Zwei-Frequenzen-Lasers wird parallel zur Tischoberfläche ausgerichtet. In einem ortsfesten Interferometer werden die Frequenzanteile f_1 und f_2 getrennt und auf einen Doppelreflektor abgelenkt. Dieser Doppelreflektor wird auf dem Prüfling in Messrichtung verschoben, und je nach Geradheit der Oberfläche werden die Reflektoren mehr oder weniger geneigt. Beide Reflektoren haben unterschiedliche Abstände zur Drehachse der Kippbewegung. Aus diesem Grunde erfahren die beiden Strahlen bei der Kippung des Doppelreflektors auf dem Messobjekt eine verschiedene Weglängenänderung, so dass eine unterschiedliche Frequenzverschiebung f_1 und f_2 zu beobachten ist.

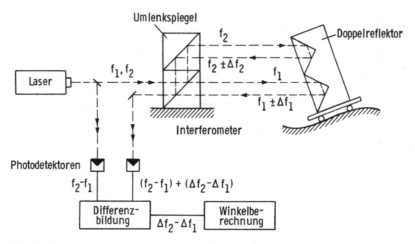

Bild 3-23. Messung einer Tischebenheit mit Hilfe eines Laser-Interferometers und Winkeloption

Die Verschiebung der Schwebungsfrequenz am Interferometerausgang ist gleich der Differenz $f_1 - f_2$. Hieraus und aus der geometrischen Anordnung (Abstand) der beiden Reflektoren kann die Winkelbewegung des Doppelreflektors berechnet werden. Die Auflösung dieser Messanordnung liegt bei 0,1 Winkelsekunden. Der maximale Messbereich liegt bei ca. ± 1 ° [3-9]. Durch Anwendung der im Abschnitt 3.1.5.2.3 vorgestellten Auswertemethode kann damit die Ebenheit von Tischflächen vermessen werden.

In der Praxis wirkt sich beim Laser-Interferometer jedoch nachteilig aus, dass Messungen prinzipiell durch „Zählen" von Interferenzmaxima und - minima erfolgen. Sobald der vom Photodetektor aufgefangene Laserstrahl unterbrochen wird – was beim Verschieben des Doppelreflektors von Hand nur mit allergrößter Sorgfalt verhindert werden kann – verliert das Zählwerk seinen Bezug und die Messung muss abgebrochen werden. Diesen Nachteil weisen die Messverfahren mit Autokollimator und elektronischer Neigungswaage nicht auf.

3.1.5.3 Messung der Geradlinigkeit der Bewegung

Die in Abschnitt 3.1.5.2 beschriebenen Messgeräte können in gleicher Weise für die Geradheitsmessung von bewegten Achsen herangezogen werden (Bild 3-17). Der einzige Unterschied besteht darin, dass nicht das Messgerät bzw. ein Teil des Messaufnehmers über die Tischoberfläche bewegt wird, sondern dass der Aufnehmer an einem Punkt des Tisches fest justiert und der Tisch verfahren bzw. die Messuhr festgehalten und das auf dem Tisch befestigte Lineal an der Uhr vorbei bewegt wird.

Eine detaillierte Beschreibung der Geräteanwendungen ist im Abschnitt 3.1.5.2 gegeben. Lediglich die zu beachtenden Besonderheiten sind ausführlicher darzulegen. Bild 3-24 gibt einen zusammenfassenden Überblick über die verschiedenen Geräteanwendungen zur Messung der Geradlinigkeit der Bewegung.

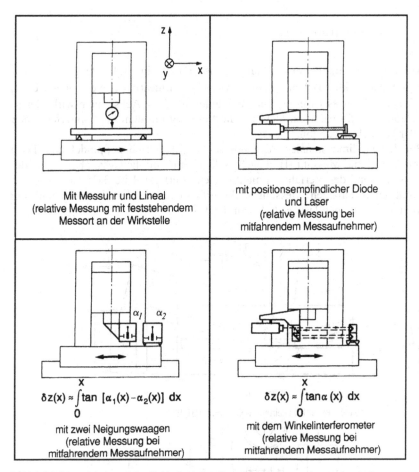

Bild 3-24. Verschiedene Möglichkeiten der Geradheitsmessung bewegter Achsen

Auf die unterschiedlichen Messmöglichkeiten einer relativen oder absoluten Messung bzw. bei feststehendem Messort an der Wirkstelle oder bei mitfahrendem Aufnehmer und der unterschiedlichen Ergebnisinterpretation sei auf Abschnitt 3.1.5.1 und Bild 3-17 sowie 3-18 verwiesen.

Bei der Geradlinigkeitsmessung der Bewegung mit Hilfe von Neigungs- bzw. Winkelmessgeräten sind zwei Einschränkungen zu berücksichtigen.

Bei der Erfassung der Geradheitsabweichung über die Integration der Winkelabweichung über dem Verfahrweg $\delta z(x)$ werden die reinen linearen Hubbewegungen in z-Richtung, die nicht auf eine Winkeländerung $\alpha(x)$ zurückzuführen sind, nicht erfasst.

$$\delta z(x) \approx \int_0^x \tan \alpha(x) dx \qquad\qquad (3\text{-}18)$$

Aufgrund der Gravitationswirkung können für das in Bild 3-24 gezeigte Beispiel mit der elektronischen Neigungswaage die Linearitätsabweichungen $\delta y(x)$ und $\delta x(y)$ nicht erfasst werden, da das Pendel um die z-Achse nicht wirkt. Diese Einschränkung gilt natürlich nicht für die Messung mit dem Laser-Interferometer und der Winkelmessoption.

Bei den eindimensionalen Abstandsmessungen zwischen Spindel und Tisch mittels Lineal und Messuhr (Bild 3-18, links oben) wird die Gesamtbewegung des Tisches während des Verfahrens nicht eindeutig erfasst. Bild 3-25 zeigt deutlich den mit einer einzigen Messuhr nicht erfassbaren Fehler (hier: Gieren) der Bewegungsbahn eines Tisches (Abschnitt 3.1.5.5).

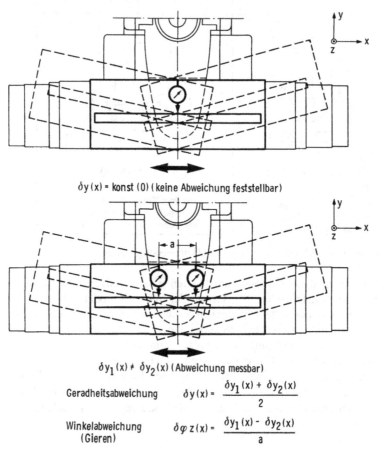

$\delta y(x) = \text{konst}(0)$ (keine Abweichung feststellbar)

$\delta y_1(x) \neq \delta y_2(x)$ (Abweichung messbar)

Geradheitsabweichung $\quad \delta y(x) = \dfrac{\delta y_1(x) + \delta y_2(x)}{2}$

Winkelabweichung
(Gieren) $\quad \delta \varphi z(x) = \dfrac{\delta y_1(x) - \delta y_2(x)}{a}$

Bild 3-25. Erfassbare Abweichungen bei der Geradheitsmessung mittels des Ein- und Zwei-Messuhrverfahrens

Mit einer Messuhr wird scheinbar ein exakt geradliniger Verlauf ermittelt. Erst die Zuhilfenahme einer zweiten Messuhr, die in einem Abstand „a" parallel zur ersten angebracht ist, macht die tatsächlichen Abweichungen deutlich. Das Zweimessuhrverfahren ist somit dem Einmessuhrverfahren vorzuziehen. Es werden gleichzeitig ein Geradheitsparameter und ein Winkelabweichungsparameter erfasst. Die Geradheitsabweichung beträgt

$$\delta y(x) = \frac{y_1(x) + y_2(x)}{2} \qquad\qquad (3\text{-}19)$$

Die Winkelabweichung kann während der Achsbewegung x durch die folgende Beziehung gleichzeitig ermittelt werden (Abschnitt 3.1.5.5).

$$\delta\varphi_z(x) = \frac{y_1(x) - y_2(x)}{a} \qquad\qquad (3\text{-}20)$$

3.1.5.3.1 Messverfahren mit dem Laser-Interferometer und Geradheitsoption (Wollaston-Prisma)

Bild 3-26 zeigt den Aufbau der optischen Bauelemente zur Messung der Geradheitsabweichung einer Achsbewegung mit Laser-Interferometer. Im Gegensatz zur Messung mit positionsempfindlichen Photodioden kann mit diesem Verfahren jeweils nur eine Richtungskomponente der Abweichung erfasst werden.

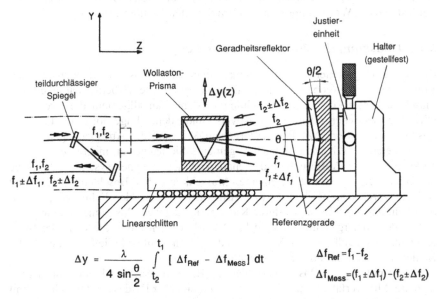

Bild 3-26. Messung der Bewegungsgeradheit einer Linearachse mit Laser-Interferometer und Wollaston-Prisma

Wie in Abschnitt 2.1.6.1 beschrieben, sendet der Laser zwei um 90° gegen-einander polarisierte Strahlteile aus. Das Wollastonprisma besitzt einen polari-sationsabhängigen Brechungsindex, so dass der Laserstrahl in zwei Teilstrahlen aufgespalten wird, die miteinander einen Winkel Θ einschließen. Die beiden Strahlen treffen auf einen Winkelspiegel mit dem Öffnungswinkel (180° − Θ) und werden nach der Reflexion wieder im Wollastonprisma vereinigt und zum Photodetektor geleitet. Die Winkelhalbierende dieses Winkelspiegels stellt die Referenzgerade der Geradheitsmessung dar.

Zur Geradheitsmessung wird der Geradheitsreflektor gestellfest und das Wollastonprisma auf dem Schlitten der zu vermessenden Achse befestigt. Beide müssen mit dem Laserstrahl und der Verfahrachse so gut fluchten, dass der Photo-detektor über der gesamten Messstrecke ein Signal empfängt. Das Wollaston-prisma folgt, während der Schlitten entlang der zu vermessenden Achse verscho-ben wird, den Geradheitsabweichungen der Schlittenbewegung. Durch die Ver-lagerung des Prismas quer zur Verfahrachse in der Ebene der beiden Teilstrahlen wird die relative optische Weglänge zwischen den beiden Teilstrahlen verändert. Aus dem sich einstellenden Interferenzeffekt kann die Geradheitsabweichung ent-sprechend der Gleichung aus Bild 3-26 berechnet werden [3-10].

Winkelbewegungen der Messoptiken während der Messung können das Mess-ergebnis verfälschen, wenn durch sie die optischen Weglängen für die Strahlen f_1 und f_2 beeinflusst werden (hier z.B. Nickbewegungen). Das gilt besonders für Nickbewegungen des Geradheitsreflektors. Nickbewegungen des Wollaston-prismas sind dagegen vernachlässigbar. Daher ist der Geradheitsreflektor stets ge-stellfest und das Wollastonprisma auf dem Schlitten zu montieren [3-11].

3.1.5.4 Messung der Positionierabweichung

Bei numerisch gesteuerten Werkzeugmaschinen ist die Positionierabweichung der Vorschubeinheiten von besonderer Bedeutung für die Arbeitsgenauigkeit der Maschine. Unter Positionierabweichung versteht man allgemein die Größe der Differenz zwischen dem Lage-Istwert und dem Lage-Sollwert für alle Positionskoordinaten. Mit Positioniergenauigkeit sind die Abweichungen in der Positionierachse, d.h. Vorschubachse, gemeint. Sie hängt von mehreren Einfluss-faktoren ab, wie Auflösung und Genauigkeit der Wegmesssysteme, elastische Verformungen der Antriebselemente, Massenkräfte bei Beschleunigungs- und Abbremsvorgängen, Reibungs- bzw. Stick-Slip-Effekte der Führungen, Tisch- oder Schlittenverschiebungen durch Klemmung nach dem Positionieren usw.

Die Positioniergenauigkeit wird bei NC-Maschinen durch die Güte der Steu-erung und bei handbedienten Maschinen durch den nicht kalkulierbaren Fehler des Bedienungsmanns zusätzlich beeinträchtigt.

Zur Ermittlung des Positionierfehlers an Bewegungsachsen können prinzipiell mehrere Messverfahren zur Anwendung kommen: z.B. das Stufenendmaß mit Messtaster, das Laser-Interferometer, das besonders bei großen Verfahrwegen angewendet wird, sowie der inkrementale Vergleichsmaßstab. Die Prüfung der Positioniergenauigkeit von Werkzeugmaschinen ist in den Richtlinien VDI/DGQ 3441 bis 3445 festgelegt [3-3]. Dazu werden mehrere Sollpositionen für jede

Achse mehrfach aus beiden Verfahrrichtungen angefahren. Mit Hilfe der oben genannten Messgeräte werden die Ist-Positionen erfasst und mit den Soll-Positionen verglichen.

Da sich die Kugelrollspindel durch die Reibungsenergie während der Messbewegung aufheizt, kann sich die über die Messzeit veränderliche Längenausdehnung der Spindel bei der Verwendung von indirekten Positionsmesssystemen (Band 3) im Messergebnis widerspiegeln.

Es wurden daher drei verschiedene Bewegungsstrategien zum Anfahren der Messpunkte definiert, die in Bild 3-27 gegenübergestellt sind:

Das häufig eingesetzte Linearverfahren zeichnet sich durch kurze Messweglänge und geringe Messdauer für den gesamten Messablauf aus. Wegen des großen zeitlichen Versatzes zwischen dem Anfahren der ersten Messposition aus unterschiedlichen Richtungen macht sich die Dehnung der Vorschubspindel, z.B. infolge Erwärmung, sowohl in der Umkehrspanne als auch in der Positionsstreubreite bemerkbar.

Beim Pilgerschrittverfahren ist der zeitliche Versatz beim Anfahren aller Messpositionen aus unterschiedlichen Richtungen gering, jedoch ist wegen der größeren Messweglänge die Messdauer für den gesamten Messablauf länger. Temperaturauswirkungen auf die Umkehrspanne werden ausgeglichen, jedoch machen sich temperaturbedingte Längenänderungen innerhalb der Vorschubachse im systematischen Fehleranteil bemerkbar.

Das Pendelschrittverfahren ermöglicht den geringsten Versatz beim Anfahren aller Messpositionen aus unterschiedlichen Richtungen, hat jedoch einen größeren

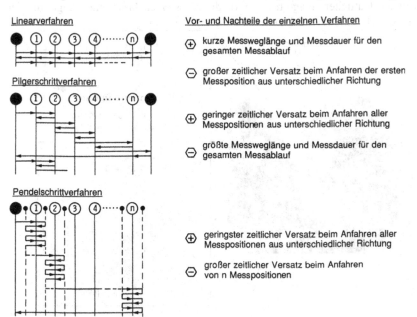

Bild 3-27. Unterschiedliche Bewegungszyklen bei der Prüfung der Positionierunsicherheit (Erwärmungseinfluss) (Quelle: nach VDI/DGQ 3441)

zeitlichen Versatz zur Erfassung unterschiedlicher Messpositionen. Der Temperatureinfluss erscheint als systematischer Fehleranteil in der Positionierabweichung, während die Umkehrspanne und die Positionsstreubreite fast gar nicht durch die Erwärmung der Maschine beeinflusst werden.

Wichtig für alle Messverfahren ist, dass möglichst viele Messpunkte erfasst werden und jeder Messpunkt mindestens fünfmal angefahren wird. Um periodische Fehler zu vermeiden, sind die Messpunktabstände untereinander ungleich zu wählen. Die letzte Forderung ist vom Stufenendmaß nicht erfüllbar (Abschnitt 3.1.5.4.1), da hier meist äquidistante Abstände zwischen den Messpositionen durch den mechanischen Aufbau des Normales gegeben sind.

In den Richtlinien und Standards wird darauf hingewiesen, dass die vom Maschinenhersteller angegebene Positionstoleranz (= zulässige Gesamtabweichung im Arbeitsbereich einer Maschinenachse) unabhängig vom Messverfahren eingehalten werden muss. Trotzdem führen die Strategien aufgrund der statistischen Auswertung bei thermisch bedingten Verlagerungen während der Messung zu unterschiedlichen Ergebnissen.

Im Folgenden wird dies am Beispiel des Linear- und des Pendelschrittverfahrens gezeigt, die beide an der selben Maschine eingesetzt wurden. Es handelt sich um den x-Schlitten einer Drehmaschine. Die Wärmeenergie fließt vom Vorschubmotor ins Gestell und heizt das direkte Wegmesssystem allmählich auf. Zur Untersuchung der Korrelation der thermisch bedingten Maschinenfehler mit den Temperaturen in der Maschine wurde der Linearmaßstab mit Thermoelementen ausgerüstet, Bild 3-28. Da der thermische Einfluss mit zunehmender Messdauer deutlicher zutage tritt, wurde die Messdauer durch eine Steigerung der Anzahl der Durchläufe auf 100 verlängert.

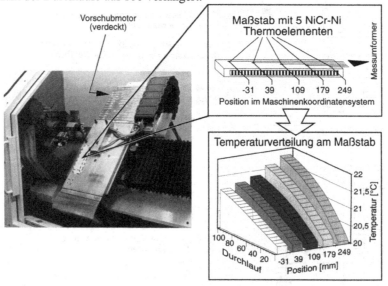

Bild 3-28. Anordnung der Thermoelemente am Linearmaßstab zur Temperaturüberwachung während der Verfahrbewegung der x-Achse

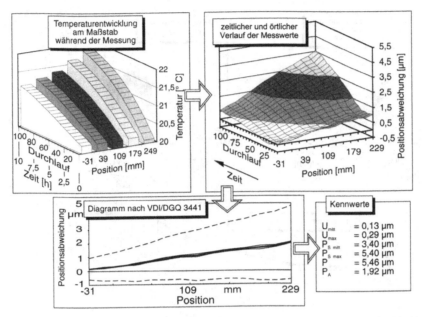

Bild 3-29. Einfluss der Maschinenerwärmung auf die ermittelten Kennwerte der Positions-genauigkeit nach dem Linearverfahren

Über die Messdauer erwärmt sich die Maschine, die bei Beginn der Messung eine gleichmäßige Temperatur von ca. 20,2 °C hat. Am Linearmaßstab werden, wie im Bild 3-29 (links oben) gezeigt, je nach Abstand des Messpunktes von der Hauptwärmequelle, dem Vorschubantriebsmotor, Temperaturerhöhungen zwischen 0,8 und 1,5 K gemessen. Die Erwärmung führt zu thermischen Dehnungen des Maßstabs und damit zum Driften der Messpunkte. Im Diagramm rechts oben ist der zeitliche und örtliche Verlauf der Messwerte der positiven Verfahrrichtung während der gesamten Messung eingezeichnet. Beim Linearverfahren werden sukzessive alle Messpositionen des Verfahrweges vermessen, zwischen dem ersten und dem letzten Durchlauf liegen ca. 10 Stunden.

Die einzelnen Durchläufe weisen zu Beginn einen Fehler von ca. 1 μm zwischen den Messbereichsenden auf. Gegen Ende der Messzeit ist der Fehler auf ca. 3 μm angewachsen, da sich der Maßstab gedehnt hat. Gegenüber dem Bezugspunkt hat sich der Messpunkt am unteren Messbereichsende um ca. 0,5 μm verschoben, am oberen Messbereichsende um ca. 3,5 μm.

In der Auswertung nach VDI/DGQ 3441 (Abschnitt 3.1.5.6.) drückt sich dieser Verlauf der Messwerte wie folgt aus: Durch die arithmetische Mittelung zwischen allen Messwerten einer Position fällt die gegen Ende der Messung große Abweichung am oberen Messbereichsende nicht so stark ins Gewicht. Der Kennwert der Positionsabweichung ist mit 1,92 μm relativ klein. Die Streubreite erreicht am oberen Messbereichsende mit P_{Smax} = 5,4 μm einen sehr großen Wert. Ursache hierfür ist, dass bei der statistischen Auswertung die weite Messwertspanne je Position zur Berechnung der Standardabweichung bzw. Streubreite herangezogen wird. Die

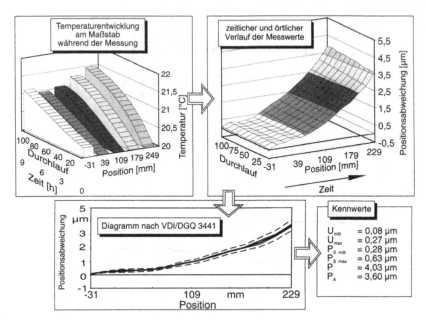

Bild 3-30. Einfluss der Maschinenerwärmung auf die ermittelten Kennwerte der Positions-genauigkeit nach dem Pendelschrittverfahren

Positionsunsicherheit wird in diesem Beispiel also hauptsächlich von der maximalen Positionsstreubreite bestimmt.

Die Verwendung des Pendelschrittverfahrens, Bild 3-30, führt demgegenüber zu einem anderen Ergebnis. Basis ist dieselbe Maschine; die Messdauer beträgt mit 9 Stunden geringfügig weniger als beim Linearverfahren. Die Erwärmung des Linearmaßstabs liegt in der gleichen Größenordnung wie bei der vorherigen Messung.

Bei dieser Bewegungsstrategie werden zunächst durch einen Pendelhub alle 100 Messwerte für die erste Messposition aufgenommen, dann alle für die zweite usw.. Der größte zeitliche Versatz, d.h. die größte thermische Drift, liegt zwischen erstem und letztem Messpunkt. Der zeitliche Versatz und damit die Unterschiede zwischen den Messwerten eines einzelnen Messpunktes sind daher kleiner. Das hat bei der Berechnung der Kennwerte folgende Auswirkung:

Fast die gesamte über der Messzeit auftretende Drift geht in die Positionsabweichung ein, die mit P_A = 3,6 µm erheblich größer berechnet wird als beim vorherigen Verfahren. Die Positionsstreubreite, die nur für die einzelnen Messpunkte berechnet wird, fällt wegen des geringen zeitlichen Versatzes sehr klein aus. Die Positionsunsicherheit wird daher in diesem Beispiel hauptsächlich von der Positionsabweichung bestimmt.

Im gezeigten Vergleich ist der Vorschubmotor als externe Wärmequelle Ursache der Positionsdrift. Bei indirekten Wegmesssystemen kann darüber hinaus die Erwärmung der Kugelgewindespindel durch Reibung in der Gewindemutter eine dominante Rolle spielen. Während die Reibungswärme beim Linearverfahren über der Länge der Spindel verteilt eingebracht würde, führt die Bewegung beim Pendelschrittverfahren zu einer stärkeren örtlichen Aufheizung. Dadurch würden sich zusätzliche Unterschiede zwischen den Verfahren ergeben.

3.1.5.4.1 Messung mit dem Stufenendmaß

Bei der Ermittlung der Positionierunsicherheit mit Hilfe eines Stufenendmaßes und einem Messtaster wird ein Messaufbau, wie in Bild 3-31 gezeigt, eingesetzt.

Das Stufenendmaß richtet man auf seinen Auflagestützen aus. Nach dem Anfahren des ersten Messpunktes nullt man die Messuhr. Die Maschine fährt mit der Tastkugel des Tasters die Messposition kurz oberhalb oder seitlich des Lineals an und bewegt den Taster dann zum Messen in die Stufe des Lineals hinein.

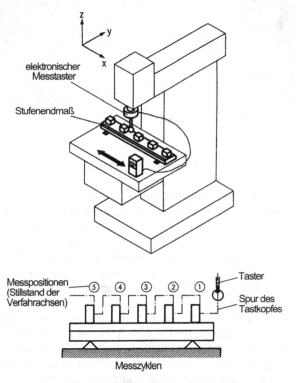

Bild 3-31. Stufenendmaß zur Messung der Positionierunsicherheit

Je nachdem, ob das Linear-, Pilgerschritt- oder Pendelschritt-Verfahren gewählt wird, muss der Maschinensteuerung ein entsprechendes NC-Programm eingegeben werden, das eine automatische Messung erlaubt. Hat der Messtaster einen Digitalausgang, so ist der Anschluss an einen Kleinrechner möglich und eine vollautomatische Messung durchführbar. Ein angeschlossener Plotter übernimmt dann die graphische Darstellung der Messergebnisse. Bild 3-32 zeigt ein Stufenendmaß bei der Prüfung der Positionierunsicherheit einer Fräsmaschine.

Bild 3-32. Prüfung der Positionierunsicherheit mit einem Stufenendmaß

3.1.5.4.2 Messung mit dem Laser-Interferometer

Zur Prüfung der Positionierunsicherheit an einem Bearbeitungszentrum mit Laser-Interferometer ist der in Bild 3-33 dargestellte Messaufbau erforderlich. Die Maschinenabnahme ist in der Richtlinie VDI/DGQ 3441 bis 3445 festgehalten [3-3]. Moderne Messsysteme auf PC-Basis lassen nicht nur die vollautomatische Erfassung der Messwerte zu, sondern unterstützen schon die Messvorbereitung. Nach Vorgabe von Bewegungsstrategie, gewünschten Messpositionen, Anzahl der Durchläufe und Maschinenverweilzeit je Messposition (3 bis 7 Sekunden) wird das benötigte NC-Programm automatisch generiert, in die Maschinensteuerung übertragen und dort abgearbeitet. Um eine hohe Messgenauigkeit zu gewährleisten, überwacht der Messrechner kontinuierlich die Umgebungsparameter und kompensiert ihren Einfluss auf die Laserwellenlänge. Daneben besteht die Möglichkeit, die Temperatur der zu prüfenden Maschine aufzunehmen und Positionierfehler, die aus ihrer Erwärmung herrühren, aus dem Ergebnis zu eliminieren.

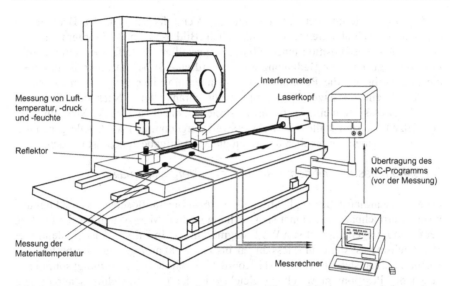

Bild 3-33. Messaufbau zur automatischen Ermittlung der Positionierunsicherheit an einem Bearbeitungszentrum mit einem Laser-Interferometer

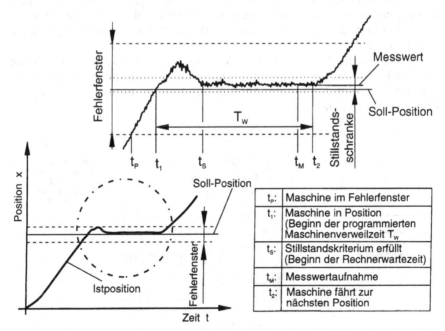

Bild 3-34. Positionskontrolle zur automatischen Datenaufnahme bei der Messung der Positionsgenauigkeit (Quelle: nach Spindler & Hoyer)

Zur Objektivierung der Messung und zur Vereinfachung für den Bediener ist eine automatisch ablaufende Messung üblich, Bild 3-34. Im Messprogramm wird geprüft, ob die Ist-Position innerhalb des eingestellten Fehlerfensters um die Soll-Position liegt. Ist diese Bedingung erfüllt, wird eine Stillstandskontrolle gestartet, die überwacht, ob die Positionsänderung innerhalb eines bestimmten Zeittaktes kleiner als ein zulässiger Wert („Stillstandsschranke") ist. Nach dem Stillstand lässt das Messsystem eine Wartezeit verstreichen, die etwa 70% der Maschinen verweilzeit T_W sein sollte, bis der Messwert aufgenommen wird. Alle genannten Parameter können vorgegeben und so an die Messaufgabe angepasst werden.

3.1.5.4.3 Messung mit dem inkrementalen Vergleichsmaßstab

Da mit Linearmaßstäben (vgl. Abschnitt 2.1.6.4) Messauflösungen von 20 nm und weniger erreichbar sind, eignet sich auch ein solches Messsystem für die Prüfung der Positioniergenauigkeit von Werkzeugmaschinen. In Bild 3-35 ist ein derartiges Vergleichsmesssystem für Messlängen bis ca. 1500 mm gezeigt. Es besteht aus einem Stahlmaßstab mit einer Zwei-Koordinaten Phasengitter-Teilung; somit kann neben der Positionierabweichung gleichzeitig der Führungsfehler senkrecht zur Verfahrrichtung erfasst werden.

Zur Vorbereitung der Messung wird der Maßstab auf der Maschine – z.B. auf dem Werkstücktisch der zu vermessenden Achse – parallel zur Bewegungs-richtung mittels eines Hilfswagens ausgerichtet. Der Messkopf wird durch Magne-te an das relativ dazu bewegliche Teil – z.B. die Werkzeugspindel – geklemmt, Bild 3-36 [3-26].

Die erforderliche Verfahrbewegung der zu prüfenden Achse, der Vergleich von Soll- und Istpositionen sowie die Verarbeitung der Messdaten erfolgt in der gleichen Weise wie bei der im vorherigen Abschnitt beschriebenen Messung mit dem Laser-Interferometer.

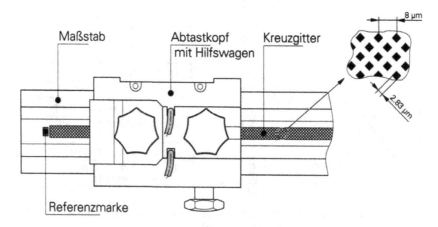

Bild 3-35. Inkrementaler Vergleichsmaßstab (Quelle: nach Heidenhain)

Werkzeugspindel

Montagewinkel

Messkopf

Maßstab

Werkstücktisch

Bild 3-36. Messaufbau zur Prüfung der Positioniergenauigkeit mit einem inkrementalen Vergleichsmaßstab (Quelle: nach Heidenhain)

3.1.5.5 Messung der Winkelabweichungen linear bewegter Achsen

Wie in Abschnitt 3.1.1.1 dargelegt, nehmen neben den Bewegungsabweichungen der Maschinenelemente in den linearen Freiheitsgraden (2 Geradlinigkeitsabweichungen, Positioniergenauigkeit) auch die Bewegungsabweichungen in den Drehfreiheitsgraden (Rollen, Stampfen und Gieren) einen bedeutenden Einfluss auf die Arbeitsgenauigkeit der Maschine.

Dieser Winkeleinfluss ist, wie Gl. (3-6) beschreibt, um so größer, je weiter der Bearbeitungspunkt von der Messstelle des Tisches entfernt ist. Dies trifft insbesondere bei der Bearbeitung großer Werkstücke zu. Diese Winkelbewegungen können mit verschiedenen Messverfahren erfasst werden, die im Folgenden näher erläutert werden.

3.1.5.5.1 Messverfahren mit Lineal und Wegaufnehmern

Die in Bild 3-37 skizzierten Messaufbauten verwenden ein Lineal und zwei Messtaster zur Ermittlung der Roll-, Gier- und Stampfbewegung eines Tisches.

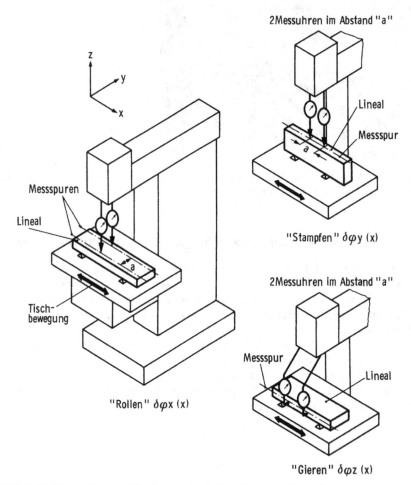

Bild 3-37. Messaufbau zur Ermittlung der Roll-, Gier- und Stampfbewegungen mit zwei
Messtastern und einem Lineal

3.1.5.5.2 Messverfahren mit positionsempfindlichen Photodioden

Mit positionsempfindlichen Photodioden kann von den drei Drehfreiheitsgraden einer linear bewegten Achse nur das Rollen gemessen werden, Bild 3-38. Aus der Verlagerungsdifferenz der beiden Dioden kann bei bekanntem Diodenabstand auf die Winkelbewegung um die Vorschubachse geschlossen werden.

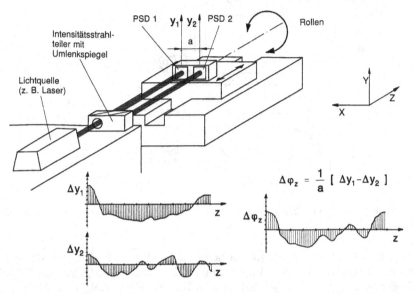

Bild 3-38. Messung des Rollens linear bewegter Achsen mit positionsempfindlichen Dioden

3.1.5.5.3 Messverfahren mit Autokollimator

Die gleichzeitige Vermessung von Gier- und Stampfbewegungen einer bewegten Linearachse kann mit dem Autokollimator vorgenommen werden. Der Aufbau ähnelt dem bei der Vermessung der Ebenheit eines Aufspanntisches (Abschnitt 3.1.5.2.3), jedoch braucht der Planspiegel hierbei nicht von Hand auf die einzelnen Messpunkte gesetzt zu werden, sondern steht fest und wird mit dem zu untersuchenden Schlitten verfahren. Die Winkelabweichungen $\delta\varphi_y(x)$ und $\delta\varphi_z(x)$ können gleichzeitig über dem Verfahrweg x aufgenommen werden.

3.1.5.5.4 Messverfahren mit elektronischer Neigungswaage

Wie bereits in Abschnitt 3.1.5.2.4 beschrieben, ist die Messung der Winkeländerungen von bewegten Bauteilen (Tische, Pinolen, Stößel usw.) mit elektronischen Neigungswaagen auf einfache Weise möglich.

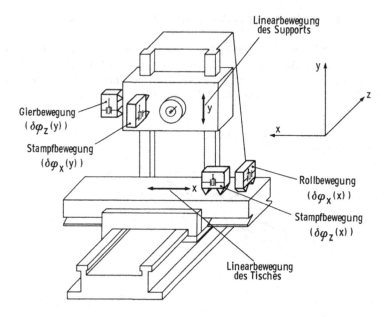

Bild 3-39. Messung von Winkelabweichungen bewegter Achsen mit elektronischen Neigungswaagen

Bei diesen Messungen ist jedoch besonders zu beachten, dass die Messwertübernahme wegen der großen Einschwingzeit des gedämpft aufgehängten Pendels (Größenordnung bis zu 10 Sekunden) nicht kontinuierlich erfolgen darf, d.h. nach dem Anfahren eines jeden Messpunktes muss daher der Stillstand des Pendels abgewartet werden (siehe auch Abschnitt 3.1.5.1 und 3.1.5.3).

Bild 3-39 zeigt die Anordnung zweier Neigungswaagen zur Erfassung der Winkelabweichungen $\delta\varphi_x(x)$ und $\delta\varphi_z(x)$ bzw. $\delta\varphi_x(y)$ und $\delta\varphi_z(y)$. Zur relativen Erfassung der Winkelverlagerung zwischen Tisch und Spindelkasten muss die Differenz der entsprechenden Neigungswinkel gebildet werden. Aufgrund des Pendelprinzips der Neigungswaagen ist eine Winkelabweichungsmessung um die senkrechte Achse (Schwere-Achse) allgemein nicht möglich.

3.1.5.5.5 Messverfahren mit Laser-Interferometer und Winkeloption

Das Laser-Interferometer eignet sich unter Verwendung spezieller optischer Komponenten, die in Abschnitt 2.1.6.1 vorgestellt wurden, auch für Winkelmessungen. Bei Einsatz eines Strahlteilerwürfels mit Umlenkspiegel und eines Doppelreflektors können Stampfen und Gieren gemessen werden. Zur Untersuchung des Rollens muss der am Schlitten befestigte Doppelreflektor durch einen Planspiegel ersetzt werden, so dass sich der Messaufbau wie in Bild 3-40 oben darstellt.

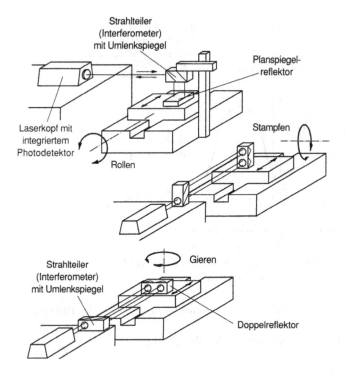

Bild 3-40. Messung von Rollen, Stampfen und Gieren mit dem Laser-Interferometer

3.1.5.6 Statistische Auswertung

Zum Beschreiben der Positionierunsicherheit für eine Sollposition sind mehrere Kennwerte erforderlich. Bild 3-41 zeigt die Messwertverteilung in Form von Gauß'schen Kurven für einen Messpunkt und verschiedene Bewegungsrichtungen.

Für die Kenngrößen gelten folgende Bildungsgesetze:

– Systematische Abweichung vom Sollwert am Ort x:

$$\overline{\overline{x}}_i = \frac{\left(\overline{x_i} \uparrow + \overline{x_i} \downarrow\right)}{2} \tag{3-21}$$

– Mittelwert der Messwerte in positiver Anfahrrichtung:

$$\overline{x}_i \uparrow = \frac{1}{n} \sum_{j=1}^{n} x_{ij} \uparrow \tag{3-22}$$

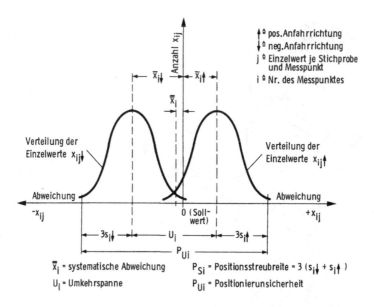

Bild 3-41. Verteilung der Messwerte, statistische Kenngrößen. Quelle: nach VDI/DGQ

– Mittelwert der Messwerte in negativer Anfahrrichtung:

$$\overline{x}_i \downarrow = \frac{1}{n} \sum_{j=1}^{n} x_{ij} \downarrow \tag{3-23}$$

– Umkehrspanne am Ort x:

$$U_i = \left| \overline{x}_i \downarrow - \overline{x}_i \uparrow \right| \tag{3-24}$$

– Positionsstreubreite am Ort x:

$$P_{s_i} = 6\overline{s}_i \tag{3-25}$$

– Mittlere Standardabweichung der Messwerte am Ort x_i:

$$\overline{s}_i = \frac{s_i \uparrow + s_i \downarrow}{2} \tag{3-26}$$

– Standardabweichung in positiver Anfahrrichtung:

$$s_i \uparrow = \sqrt{\frac{1}{n-1} \sum_{j=1}^{n} \left(x_{ij} \uparrow - \overline{x}_i \uparrow \right)^2} \tag{3-27}$$

Bei einem Stichprobenumfang von n < 25 erfolgt die Bestimmung der Standardabweichung nach der Spannweitenmethode (siehe Richtlinie VDI/DGQ 3441)
[3-3].

– Positionierunsicherheit am Ort x_i:

$$P_{U_i} = U_i + P_{s_i} \qquad\qquad (3-28)$$

Bild 3-42 zeigt eine aufgrund automatischer Messauswertung erstellte Kennkarte
der Positionierunsicherheit einer Fräsmaschine für eine Maschinenachse. Mit Hilfe dieser Darstellung können systematische Fehler des Mess- oder des Vorschubsystems aufgedeckt werden, z.B.

– große Umkehrspanne in Pos. 2, 5 und 6 durch Fehler in der Vorschubspindel,
– zunehmender systematischer Fehler von Pos. 4 bis 10 durch Summensteigungsfehler der Spindel.

In der graphischen Darstellung der Messergebnisse (Bild 3-42) sind die statistischen Kenngrößen mehrerer Messpositionen eingezeichnet. Werden die Messpunkte innerhalb einer Prüfachse wesentlich dichter gewählt, so ist man in der Lage,
kurzperiodische Fehleranteile, wie z.B. Steigungsfehler der Gewindegänge der
Vorschubspindel, zu ermitteln. Bei einer Vermessung aller Maschinenachsen
steigt der Aufwand für diese Untersuchungen entsprechend an. Bei vollautomati-
sch durchführbaren Messungen fällt dieser Aufwand jedoch nicht so stark ins
Gewicht.

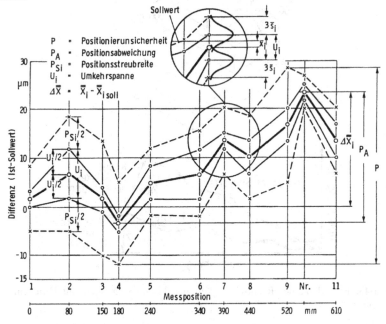

Bild 3-42. Graphische Darstellung der statistischen Kenngrößen mehrerer Messpositionen
entlang einer gewählten Prüfachse

3.1.5.7 Messung der Winkligkeit mehrerer Achsen zueinander

Zur Überprüfung der Winkligkeit mehrerer Achsen zueinander können die vorher beschriebenen Verfahren herangezogen werden. Als Messbezug wird ein Winkelnormal benötigt. In den überwiegenden Fällen wird die Rechtwinkligkeit, d.h. ein Winkel von 90°, geprüft. Bei optischen Messverfahren steht als Messnormal ein Pentaprisma zur Verfügung. Ein 90°-Winkel aus Granit stellt bei kleineren Maschinen ein häufig verwendetes Vergleichsnormal dar. Mit Hilfe dieser Winkelnormale wird die Winkelmessung auf zwei Geradheitsmessungen zurückgeführt.

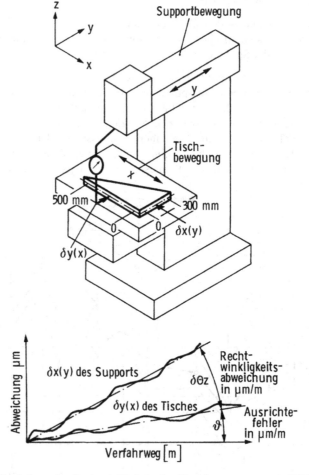

Bild 3-43. Ermittlung der Rechtwinkligkeit der Tischbewegungen mit Hilfe eines 90°-Winkelnormals

3.1.5.7.1 Messung mit verkörpertem Winkelnormal

Zur Überprüfung der Winkligkeit von Kreuztischbewegungen bzw. zwischen Tisch- und Supportbewegung einer Konsolfräsmaschine legt man das Winkelnormal auf den Tisch (Bild 3-43).

Nach Ermittlung der Einzelgeradheitsabweichungen $\delta x(y)$ und $\delta y(x)$ für beide Richtungen der Vorschubachsen legt man Regressionsgeraden durch die gemessenen Kurven. Der von den mittelnden Geraden eingeschlossene Winkel ist dann die Winkelabweichung $\delta\Theta_z$. Das Messergebnis kann auch durch Angabe der Steigung (Neigung) der Regressionsgeraden in µm/m ergänzt werden (Bild 3-43, unten).

3.1.5.7.2 Messverfahren mit dem Laser-Geradheitsmesssystem und Pentaprisma

Die Messung der Rechtwinkligkeit zweier Bewegungen zueinander erfolgt entsprechend der in Bild 3-44 am Beispiel eines Portalfräswerks dargestellten Vorgehensweise. Zunächst wird die Geradlinigkeit der Tischbewegung bei der Bewegung in x-Richtung ($\delta z(x)$) gemessen. Die positionsempfindliche Diode (vgl. Abschnitt 3.1.5.2.2) wird dabei zunächst auf dem Werkstücktisch befestigt. Das Messergebnis ist im unteren Diagramm des Bildes als Linienzug $\delta z(x)$ dargestellt. Die mittelnde Gerade schließt mit der Abszisse den Winkel ϑ ein. Es handelt sich hierbei um einen Parallelitätsfehler zwischen dem Lichtstrahl und der Tischführung, der auf ein fehlerhaftes Ausrichten zurückzuführen ist und nie ganz vermieden werden kann.

In einer weiteren Messung setzt man ein Pentaprisma auf den ruhenden Tisch und bringt es in den Strahlengang ein, um den einfallenden Lichtstrahl um 90° in die Bewegungsrichtung z des Werkzeugschlittens umzulenken. Die Photodiode wird an der Werkzeughalterung befestigt. Nun misst man die Geradlinigkeit $\delta x(z)$ der Werkzeugschlittenbewegung. Als Ergebnis erhält man den Linienzug $\delta x(z)$ im unteren Diagramm des Bildes 3-44. Der von den mittelnden Geraden der Linienzüge $\delta x(z)$ und $\delta z(x)$ eingeschlossene Winkel $\delta\Theta_y$ ist die Rechtwinkligkeitsabweichung zwischen beiden Maschinenbewegungen um die y-Achse.

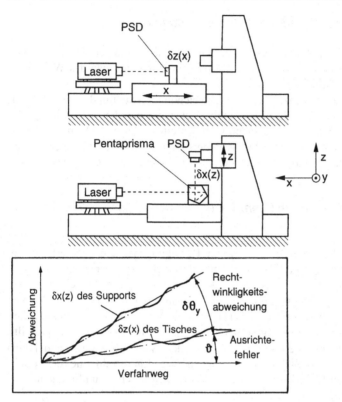

Bild 3-44. Rechtwinkligkeitsmessung zwischen zwei Bewegungsachsen mit positions-empfindlichen Photodioden

3.1.5.7.3 Messverfahren mit Laser-Interferometer und Pentaprisma

Auch mit der Geradheitsoption des Laser-Interferometers (Wollaston-Prisma und Geradheitsreflektor) kann die Rechtwinkligkeit von Bewegungsachsen zueinander untersucht werden. Bild 3-45 zeigt den dazu erforderlichen Aufbau am Beispiel einer Drehmaschine.

Gestellfest wird ein Geradheitsreflektor (vgl. Abschnitt 3.1.5.3.1) am Spindel-gehäuse der Maschine angebracht. Reflektor und Laser werden möglichst parallel zur z-Achse ausgerichtet. Das Wollaston-Prisma wird zunächst mit dem z-Schlitten im Strahlengang verfahren. Als Messergebnis erhält man die Bewegungsgeradheit $\delta x(z)$. Daneben kann der Fluchtungsfehler zwischen der Ausgleichsgeraden der Messung und der Referenzgeraden ermittelt werden. Die Referenzgerade wird bei diesen Verfahren von der Winkelhalbierenden des Geradheitsreflektors gebildet. Daher darf der Geradheitsreflektor zwischen den Messungen nicht bewegt werden.

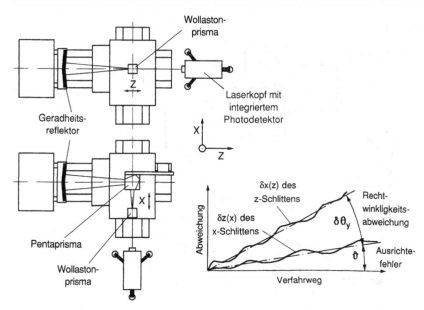

Bild 3-45. Messung der Rechtwinkligkeit zwischen zwei bewegten Achsen mit Laser-Interferometer

Zur Messung der zweiten Achse wird der Laserkopf um 90° umgesetzt und über ein gestellfestes Pentaprisma wieder auf den Geradheitsreflektor ausgerichtet. Der Laserkopf braucht nur so gut ausgerichtet zu werden, dass seine Empfangs-diode über den gesamten Messbereich ein Signal empfängt.

Nun wird das Wollaston-Prisma in den Strahlengang der zweiten Achse gebracht und mit dem Tisch (hier in der x-Achse) verfahren. Man erhält die Bewegungsgeradheit $\delta z(x)$ der zweiten Achse und wiederum einen Flucht-ungsfehler zwischen der entsprechenden Ausgleichs- und der Referenzgeraden. Die Differenz zwischen den Fluchtungsfehlern der ersten und zweiten Messung entspricht der gesuchten Rechtwinkligkeitsabweichung der Verfahrachsen x und z.

3.1.5.8 Parallelitätsmessungen von Bewegungsachsen

In Bild 3-46 ist ein möglicher Messaufbau zur Ermittlung der Abweichung von der Parallelität zweier Bewegungsachsen skizziert. Der Lichtstrahl der Lichtquelle wird rechtwinklig zu den Führungen ausgerichtet und auf der Höhe des zu messenden Schlittens mit einem Pentaprisma umgelenkt.

Der Strahl trifft auf eine auf dem Werkstücktisch angebrachte positions-empfindliche Diode. Der Tisch wird nun über die gesamte Bewegungslänge in z-Richtung verfahren. Dabei misst man die Geradlinigkeit der Bewegung in x-Richtung $\delta x(z)$.

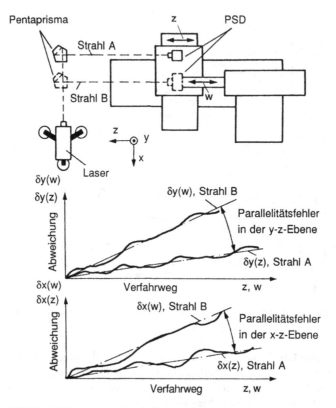

Bild 3-46. Messung der Parallelität zweier Bewegungsachsen

Die gleiche Messung wird nun zur Ermittlung von δx(w) für die Pinolen-bewegung der Bohr- und Frässpindel durchgeführt. Hierzu wird das Pentaprisma bis auf die Höhe der Spindel verschoben (gestrichelte Lage). Die Photodiode be-findet sich jetzt an der Werkzeughalterung.

Zur Ermittlung der Abweichungen δy(z) und δy(w) müssen Laser, Pentaprisma und Photodiode in der (y; z)-Ebene angeordnet werden. Die Winkel zwischen den mittelnden Geraden der Linienzüge entsprechen den Parallelitätsfehlern in der (x,z)- bzw. in der (y,z)-Ebene der beiden Bewegungsachsen (Bild 3-46).

3.1.5.9 Messung der Abweichungen rotatorischer Achsen

Neben den Bewegungsabweichungen der geradlinig geführten Maschinenbauteile müssen auch die Bewegungsabweichungen der rotatorischen Bewegungsachsen überprüft werden, da auch diese Maschinenkomponenten entscheidenden Einfluss auf die mit einer Maschine erzielbaren Bearbeitungsgenauigkeit besitzen. So inte-ressieren z.B. die Fehlerbewegungen einer Spindelachse, die Positioniergenauig-keit eines Rundtisches oder die Lage- und Formabweichungen von Koppelflächen. Solche Koppelflächen sind z.B. der Werkzeugaufnahmekegel, die Zentrierkegel für die Zentrierung und Befestigung von Spannfuttern oder die Auflagefläche von Drehtischen. Zur Überprüfung der Abweichungen rotatorischer Achsen können verschiedene Methoden und Messmittel eingesetzt werden, die im Folgenden beschrieben werden.

3.1.5.9.1 Grundlagen und Definitionen

In Analogie zu den sechs Abweichungen einer geradgeführten Bewegung unterscheidet man bei einer Drehbewegung ebenfalls sechs verschiedene Einzelabweichungen von einer idealen, fehlerfreien Drehbewegung, Bild 3-4. Mit Hilfe dieser sechs Bewegungskomponenten kann die Lage bzw. Bewegung einer rotatorischen Achse in jeder Winkellage sowie zu jeder Zeit eindeutig beschrieben werden.

Betrachtet man die Fehlerbewegungen der rotatorischen Achse für einen bestimmten Bearbeitungsprozess, so wirkt sich nicht jede der sechs unterschiedlichen Fehlerkomponenten in gleichem Umfang auf die entstehende Oberflächenstruktur aus. Selbst wenn alle Abweichungskomponenten die gleiche Amplitude hätten, würde sich die eine Komponente stark auf die Qualität des bearbeiteten Werkstückes auswirken, während Bewegungen in anderer Richtung nahezu keinen Einfluss besitzen. Es können also in Abhängigkeit vom Bearbeitungsprozess sensitive und nicht sensitive Bewegungsrichtungen der Achse bestimmt werden (Bild 3-47).

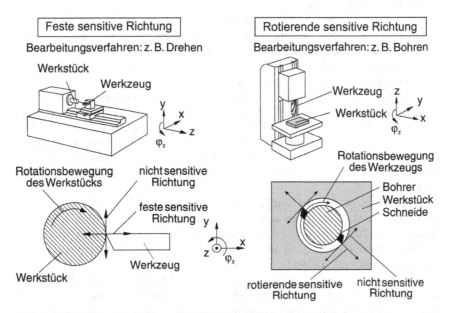

Bild 3-47. Sensitive und nichtsensitive Richtung beim Drehen und Bohren

Verdeutlichen lässt sich dieser Zusammenhang am Beispiel einer Rund-drehoperation. Für diesen Bearbeitungsfall wirken sich alle Relativbewegungen zwischen Werkzeug und Werkstück mit einer Komponente in x-Richtung, also die Abweichungen der Drehspindel $\delta_x(\varphi_z)$ und $\delta\varphi_y(\varphi_z)$, direkt auf die Werkstück-qualität in Form von Durchmesserabweichungen, Lagefehlern, Kreisform-abweichungen oder Rauheiten aus. Die Art, wie sich eine bestimmte Bewegungs-abweichung in der Werkstückgeometrie niederschlägt, hängt hierbei direkt von der Frequenz dieser Bewegung ab. Bewegungen in y- und z-Richtung haben keinen oder nur geringen Einfluss auf den Durchmesser und können für diesen Fall als Abweichungen zweiter Ordnung bezeichnet werden.

Unabhängig vom Bearbeitungsprozess können die sensitiven Richtungen als diejenigen Bewegungsrichtungen definiert werden, die eine Komponente in Rich-tung der Verbindungslinie zwischen der Werkzeugspitze und der Normalen auf die Werkstückoberfläche besitzen. Bewegungen in tangentialer Richtung zur Werkstückoberfläche haben keinen oder nur geringen Einfluss. Diese Bewegungs-richtungen werden daher als nicht sensitive Richtungen bezeichnet. Bild 3-47 ver-deutlicht diese Zusammenhänge am Beispiel einer Dreh- und einer Bohroperation. Folgt man diesen Überlegungen, so wird klar, dass bei der messtechnischen Unter-suchung von rotatorischen Bewegungsachsen nur die Bewegungskomponenten ermittelt werden sollten, die für die jeweilige Bearbeitung von Bedeutung sind. Fehlerbewegungen in nichtsensitiver Richtung können als Fehlerquelle zweiter Ordnung vernachlässigt werden, da sie sich auf das Bearbeitungsergebnis nur in zweiter Ordnung auswirken.

Neben der Unterscheidung zwischen sensitiven und nicht-sensitiven Richtungen muss in Abhängigkeit von der Bearbeitungstechnologie noch zwischen festen und rotierenden sensitiven Richtungen unterschieden werden. Diese Unterscheidung bestimmt die Art des Messaufbaus, der bei der Vermessung und Beurteilung eingesetzt werden muss.

So muss bei einer rotierenden Bohrmaschinenspindel die radiale Fehlerbewe-gung gleichzeitig in x- und y-Richtung erfasst werden, da die Normale von der Schneide auf die Werkstückoberfläche mit dem Werkzeug umläuft. Bei der Ver-messung einer Drehmaschinenspindel dagegen braucht nur die radiale Fehlerbe-wegung in Werkzeug-Richtung erfasst werden, da die Normale von Werkzeug zur Werkstückoberfläche bei stehenden Werkzeugen stets in die gleiche Richtung zeigt.

In Bild 3-48 ist der prinzipielle Aufbau für die Vermessung der Bewegungs-abweichungen in einer festen sensitiven Richtung dargestellt. Dabei erfolgt die Messung mit Hilfe eines Wegaufnehmers, der in Werkzeugrichtung angebracht ist. Dieser Sensor misst die Verlagerungen eines hochgenauen Referenzkörpers, hier einer Messkugel, die an der Spindel befestigt ist.

Die Verlagerungen in x-Richtung werden nun abhängig von dem Drehwinkel gemessen und graphisch in einem Polarkoordinatensystem, dessen Mittelpunkt durch die Achsen x und y bestimmt wird, dargestellt. Durch die exzentrische Lage der Messkugel (Ausrichtefehler) zur Drehachse, liegen auch die Messkurven ex-zentrisch zum Kreismittelpunkt des Diagramms. Zur korrekten Ermittlung der Rundlaufabweichungen in x-Richtung muss der Mittelpunkt der Messkurven (Re-

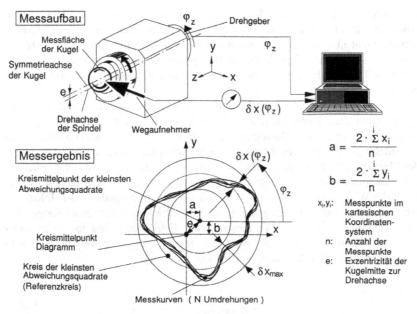

Bild 3-48. Messaufbau und Messergebnis für die Vermessung einer Bewegungsabweichung in fester sensitiver Richtung

ferenzkreismitte) mit Hilfe eines der folgenden Verfahren [3-19], [3-23] ermittelt werden:

1. Mitte des Kreises der kleinsten Abweichungsquadrate (LSC)
2. Mitte des Kreises der kleinsten Abstände (MRS)
3. Mitte des kleinsten umschriebenen Kreises (MCC)
4. Mitte des größten einbeschriebenen Kreises (MIC)

Die Lage der Referenzmitte ist auf einfache Weise mit Hilfe der Methode der kleinsten Abweichungsquadrate zu ermitteln. Mit Hilfe der Methode der kleinsten Abweichungsquadrate können die Abstände a und b des Diagrammmittelpunktes zu dem Mittelpunkt der Messkurve bestimmt und der Referenzkreis gezeichnet werden. Zur Bestimmung der Abstände a und b dienen die Gleichungen (3-29) und (3-30).

$$a = \frac{2 \cdot \sum_{1}^{i} x_i}{n} \qquad (3\text{-}29)$$

$$b = \frac{2 \cdot \sum_{1}^{i} y_i}{n} \qquad (3\text{-}30)$$

Die Koordinaten x_i und y_i beschreiben die Lage der n Punkte der Messkurven relativ zum Diagrammittelpunkt. Häufig werden für die Ermittlung der Referenzkreismitte nicht alle Messpunkte herangezogen, sondern nur die Messpunkte der Abweichungskurve des wiederholbaren Bewegungsfehlers (siehe auch Bild 3-51). In einem solchen Fall muss zuerst die Kurve des wiederholbaren Bewegungsfehlers ermittelt werden.

Bei der Darstellungsweise in Bild 3-48 entspricht der Abstand in radialer Richtung zwischen dem Referenzkreis und der Messkurve dem Betrag der Fehlerbewegung. Die maximale Bewegungsabweichung ist der Abstand zweier, zum Kreismittelpunkt des Referenzkreises konzentrischer Kreise durch die Extremwerte der Messkurven. Da die Lage des Messaufnehmers identisch mit der Werkzeuglage ist, entspricht die in Bild 3-48 dargestellte Messkurve den Abweichungen, die sich auf der Werkstückoberfläche während des Bearbeitungsprozesses abbilden.

Im Gegensatz zur Ermittlung der Bewegungsabweichung in einer festen sensitiven Richtung müssen zur Vermessung der Fehlerbewegung in umlaufender sensitiver Richtung zwei um 90° versetzte Sensoren eingesetzt werden. Bild 3-49 zeigt einen prinzipiellen Messaufbau für diese Messung.

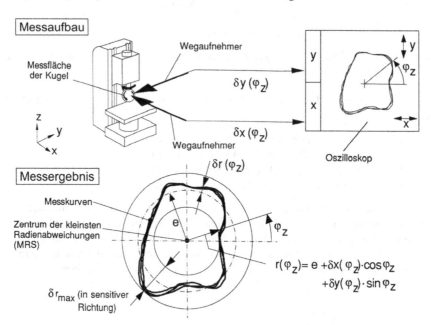

Bild 3-49. Messaufbau zur Ermittlung der Achsfehlerbewegung bei umlaufender sensitiver Richtung

Bei diesem Messaufbau wird die Fehlerbewegung der Spindelachse in der x-y-Ebene mit Hilfe zweier Sensoren in x- und y-Richtung gemessen. Die Messsignale können dann auf einem Oszilloskop (x- und y-Ablenkung) oder auf einem x-y-Schreiber direkt dargestellt werden. Dadurch, dass die Kugelfläche gegen die gemessen wird, mit einer gewissen Exzentrizität zur Spindelachse angebracht ist,

entsteht auf dem Oszilloskop ein Kreis, dem die eigentliche Bewegungsabweichung als Abweichung von der Kreisform überlagert ist. Die Fehlerbewegung der
Achse als Funktion des Drehwinkels φ_z ist dann die radiale Abweichung zwischen
der Messkurve und dem Referenzkreis, dessen Radius der Exzentrizität der Messkugel zur Spindelachse gleichgesetzt werden kann.

Um nun die bei der in Bild 3-49 dargestellten Achsfehlerbewegung entstehende
Oberflächenkontur der Bohrung zu ermitteln, muss die Bewegung jeder einzelnen
Schneide relativ zum Werkstück bekannt sein. Die Lage der einzelnen Schneiden i
ist durch den Winkel φ_{0i} zwischen ihrer Position und dem Spindelnullpunkt $\varphi_z{=}0$
gekennzeichnet. Da nur die radiale Bewegung der Schneide die Kontur der
Bohrung erzeugt, muss auch nur diese Bewegungskomponente näher betrachtet
werden.

Zur Ermittlung der radialen Bewegung der Schneide i müssen die gemessenen
Bewegungen $\delta_x(\varphi_z)$ und $\delta_y(\varphi_z)$ auf den Schneidenvektor projiziert werden. Die
konturerzeugende Bahn der Schneide i wird durch folgende Formel beschrieben,
(s. Bild 3-50):

$$\delta_r\big(\varphi_z + \varphi_{0i}\big) = \delta_x\big(\varphi_z\big)\cdot\cos\big(\varphi_z + \varphi_{0i}\big) + \delta_y\big(\varphi_z\big)\cdot\sin\big(\varphi_z + \varphi_{0i}\big) \qquad (3\text{-}31).$$

Bei Mehrschneidenwerkzeugen sind alle Schneiden entsprechend zu betrachten.
Die Einhüllende aller Schneidenbewegungen ergibt die Querschnittsform der
Bohrung. Nur für den Fall, dass die Schneide eines Einschneidenwerkzeuges bei
$\varphi_{0i} = 0°$ positioniert wird, sind der Messschrieb aus Bild 3-49 und der erzeugte
Bohrungsquerschnitt identisch.

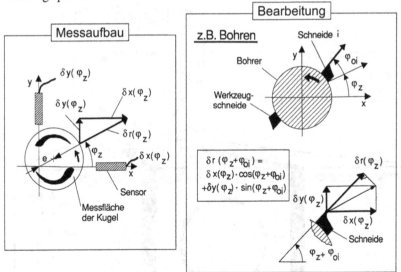

Bild 3-50. Zusammenhang zwischen den gemessenen Verlagerungen und der radialen Verlagerung an der Schneide

3.1.5.9.2 Wiederholbarer und nichtwiederholbarer Rundlauffehler

Im Allgemeinen werden die Bewegungsabweichungen der Rotationsachse über mehrere Spindelumdrehungen ermittelt, so dass die verschiedenen Anteile der Bewegungsfehler bestimmt werden können. In Bild 3-51 ist die Bewegungsabweichung einer Spindel in $\delta_x(\varphi_z)$ in ihre verschiedenen Fehleranteile aufgeteilt dargestellt.

Der Gesamtfehler der Spindelbewegung in einer Richtung setzt sich aus einem wiederholbaren und einem nichtwiederholbaren Anteil zusammen. Wiederholbare oder synchrone Bewegungskomponenten kehren bei jeder Umdrehung in gleicher Weise wieder. Unter nichtwiederholbaren oder asynchronen Bewegungsabweichungen werden Abweichungen verstanden, deren Frequenz kein ganzzahliges Vielfaches der Drehfrequenz ist. Nichtwiederholbare Fehler schließen sowohl stochastisch auftretende Verlagerungen als auch Komponenten mit festen Bewegungsfrequenzen ein. Weiterhin kann eine innere und eine äußere Hüllkurve der Bewegungsabweichung bestimmt werden.

Die Zerlegung des Gesamtfehlers in diese Fehleranteile dient dazu, den Einfluss der Spindelbewegung auf die entstehende Werkstückqualität abzuschätzen. Zum Beispiel ist bei einer Längsdrehoperation der wiederholbare Fehleranteil für die bei der Fertigung entstehende Kreisformabweichung und der nichtwiederholbare Fehleranteil für die entstehende Rauheit verantwortlich. Mit Hilfe der Hüllkurven ist es möglich Aussagen über die bei Bohroperationen entstehenden Konturen zu machen.

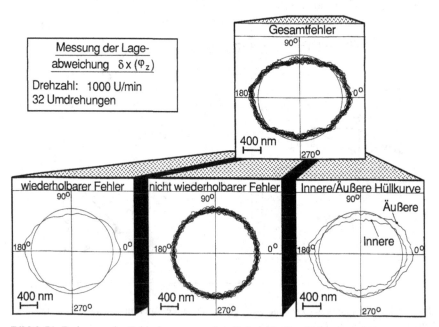

Bild 3-51. Zerlegung der Fehlerbewegung einer Spindel in ihre Komponenten

3.1.5.9.3 Messung von Rundlaufabweichungen, der Axialruhe und des Planlaufes drehender Achsen nach DIN

Neben den reinen Bewegungsfehlern der rotatorischen Achse interessieren häufig auch die sogenannten Rundlaufabweichungen von bestimmten Maschinenteilen und Koppelstellen wie z.B. der Werkzeugaufnahme bei Fräsmaschinen oder des Zentrierkegels des Spannfutters. Diese Rundlaufabweichungen beinhalten neben den Bewegungsfehlern der Spindellagerung (Drehachse) auch die Form- und Lagefehler der Bauelemente [3-21]. Je nach Problemstellung muss entschieden werden, ob die reinen Bewegungsfehler der Drehachse oder auch die Rundlaufabweichungen der Koppelflächen eines bestimmten Bauelementes von Interesse sind und messtechnisch erfasst werden müssen.

Beispielsweise hängt vom Versatz der Werkzeugaufnahme eines Fräswerkzeuges zur Drehachse der Umlaufradius des Fräsers direkt ab, was von großer Bedeutung für die Genauigkeit eines bearbeiteten Werkstückes sein kann. Andererseits spielt die Rundlaufabweichung der Spannflächen von Backenfuttern einer Drehmaschine nur eine untergeordnete Rolle, da die Qualität der erzeugten Oberfläche im Wesentlichen durch die Bewegungsfehler der Spindelachse erzeugt werden. In dem Fall aber, in dem die eingespannten Flächen koaxial zu den zu bearbeitenden Flächen liegen müssen (Umspannen, d.h. spannen auf fertig bearbeiteten Flächen), ist die Rundlaufabweichung der Spannelemente von großer Bedeutung für die Lagegenauigkeit der Funktionsflächen zueinander.

Die Ermittlung der Rundlaufabweichung einer Drehachse, die nach DIN (z.B. DIN 8601 und DIN 8605) auch die Prüfung der Axialruhe und des Planlaufes beinhaltet, erfolgt i.a. bei der Abnahme von Werkzeugmaschinen. Diese Messungen werden bei langsamer Drehzahl gegen eine Referenzfläche (z.B. Zentrierkegel bei Drehmaschinen) der zu vermessenden Spindel oder des Rundtisches durchgeführt. Der Gesamtausschlag des Messtasters bei einer Spindelumdrehung wird dann als Rundlaufabweichung angegeben.

Durch diese Art der Messung gehen nicht nur die Bewegungsfehler der Drehachse sondern auch die Form- und Lagefehler der Koppelflächen, die als Messfläche dienen, in das Messergebnis mit ein. Diese Messung gibt also nur begrenzt Aufschluss über das eigentliche Verhalten der Spindelachse. Da jedoch die angetasteten Flächen häufig die Aufspannflächen für das Werkstück darstellen (z.B. Drehtischspannflächen), ist die Kenntnis ihres Planlaufes bzw. ihrer Axialruhe von Wichtigkeit.

In Bild 3-52 ist beispielhaft der Messaufbau zur Ermittlung des Rundlaufes der Arbeitsspindel einer Drehmaschine sowie die Einflussfaktoren auf das Messergebnis dargestellt. Die Messung wird hier, wie für das Drehen auch zweckmäßig, mit einem Messtaster in der feststehenden sensitiven Richtung des Werkzeuges (x-Richtung) durchgeführt. Das Ergebnis für diese Messung an dem Zentrierkegel für das Futter ist oben rechts im Bild 3-52 wiedergegeben.

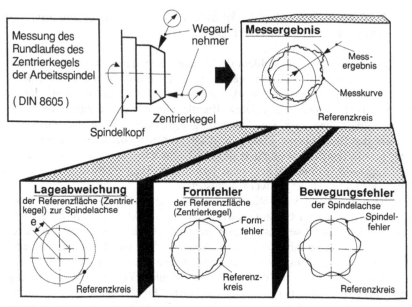

Bild 3-52. Einflüsse auf das Messergebnis bei einer Rundlaufmessung nach DIN 8605

Aufgeschlüsselt nach den hauptsächlichen Fehlerquellen zeigen die drei Darstellungen im unteren Teil des Bildes, dass sich die Gesamtabweichung aus einer Lageabweichung (Exzentrizität) des Kegels zur Spindelachse, dem Kreisformfehler der Messfläche auf dem Kegel sowie der Fehlerbewegung der Spindelachse zusammensetzt. Solch detaillierte Analysen sind erforderlich, um die richtigen Maßnahmen zur Verbesserung der Fertigungsgenauigkeit einer Produktionsmaschine einleiten zu können, falls dieses erforderlich ist.

3.1.5.9.4 Messung der Abweichung rotatorischer Achsen mittels Prüfkugel oder Prüfzylinder

Zur Ermittlung der reinen Fehlerbewegung einer Drehachse müssen die etwaigen Form- und Lagefehler der Koppelflächen gegen die gemessen wird entweder klein im Vergleich zur Größe der Bewegungsfehler der Achse sein oder die Form- und Lagefehler dieser Fläche müssen genau ermittelt und kompensiert werden. Weit verbreitet ist heute die Vermessung von Spindelsystemen mit Hilfe hochgenauer Prüfkugeln und Prüfzylinder, die im Zentrum der zu prüfenden Achse befestigt werden. Die Entscheidung für eine Prüfkugel oder einen Prüfzylinder hängt in erster Linie von den zu messenden Bewegungsfreiheitsgraden ab. Zur messtechnischen Erfassung von Winkelbewegungen senkrecht zur Rotationsachse muss gegen einen Prüfzylinder oder eine Planfläche gemessen werden. Allerdings können nur Winkelbewegungen der Drehachse gemessen werden, die nicht mit der Drehfrequenz umlaufen. Rein kreisförmige Bewegungsabweichungen, die mit Drehfre-

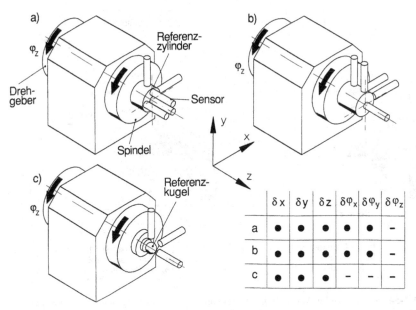

Bild 3-53. Messanordnungen mit Prüfkugel und Prüfzylinder zur messtechnischen Untersuchung von Drehachsen

quenz umlaufen, können nicht ermittelt werden, da sie von justagebedingten Schiefstellungen des Referenzzylinders nicht eindeutig unterscheidbar sind. In Bild 3-53 sind typische Messanordnungen dargestellt.

Bei der Vermessung der Spindelbewegung werden häufig berührungslose Sensoren eingesetzt, die in den dargestellten Anordnungen die Relativbewegung zwischen dem Sensor und der Oberfläche der Prüfkörper messen. Häufig werden kapazitive Sensoren und Wirbelstromaufnehmer verwendet. Mit ihnen ist es möglich die Bewegungsabweichungen der Drehachse nicht nur bei langsamen Drehzahlen sondern auch bei Bearbeitungsdrehzahl zu bestimmen. Dadurch können Rückschlüsse aus dem Spindelverhalten auf das zu erwartende Bearbeitungsergebnis gezogen werden.

Während bei Verwendung einer Prüfkugel nur die radialen und axialen Fehlerbewegungen der Rotationsachse ermittelt werden können, sind mit Hilfe eines Prüfzylinders auch die Winkelbewegungen der Rotationsachse $\delta\varphi_x(\varphi_z)$ und $\delta\varphi_y(\varphi_z)$ bestimmbar. In Bild 3-54 sind zwei Möglichkeiten der Sensoranordnung bei Messung gegen einen kurzen und einen langen Prüfzylinder schematisch dargestellt.

Während bei Messaufbau A die radiale Fehlerbewegung direkt dem Sensorsignal entnommen werden kann, muss die axiale Bewegung und die Winkelbewegung durch die Addition bzw. Subtraktion der Sensorsignale ermittelt werden. Bei Messaufbau B wird die radiale Bewegung in x-Richtung durch einen Aufnehmer erfasst. Die Winkelbewegung um die y-Achse wird durch Differenzbildung der beiden Messsignale r_1 und r_2 bezogen auf den Sensorabstand ermittelt.

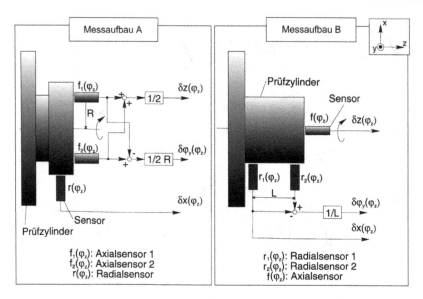

Bild 3-54. Schematische Anordnung der Sensoren zur Ermittlung der Fehlerbewegung einer Drehachse in radialer, axialer und Kippbewegungsrichtung

Zur Bestimmung der Axialbewegung der Achse wird der in Achsmitte positionierte Wegaufnehmer benutzt. Die gezeigten Messaufbauten dienen zur Untersuchung des geometrischen Verhaltens einer Drehachse in allen Bewegungsrichtungen, ohne dass der Einsatzfall des Systems berücksichtigt wird. Für die Untersuchung einer Spindel für einen bestimmten Bearbeitungsprozess sind, wie im vorigen Kapitel gezeigt wurde, nur die für diese Bearbeitung interessierenden, sensitiven Richtungen zu berücksichtigen. Die Anzahl der notwendigen Sensoren und damit der Messaufwand wird dadurch wesentlich vermindert.

Bei der Vermessung hochgenauer Spindeln und Rundtische kann es vorkommen, dass die Formgenauigkeit der verwendeten Prüfkörper im Verhältnis zur Größe der Bewegungsabweichungen der Drehachsen zu groß ist, um weiterhin vernachlässigt werden zu können. In solchen Fällen muss die Formgenauigkeit ermittelt und ihr Einfluss auf das Ergebnis kompensiert werden. Ein mögliches Verfahren zur Trennung von Spindelabweichung und Formfehler des Prüfkörpers ist das sogenannte Umkehrverfahren [3-19]. Dieses Verfahren beruht auf der Annahme, dass sich der Spindelfehler bei jeder Umdrehung wiederholt bzw. dass durch eine entsprechende Mittelung über eine Anzahl von Umdrehungen ein konstanter synchroner Fehleranteil ermittelt werden kann.

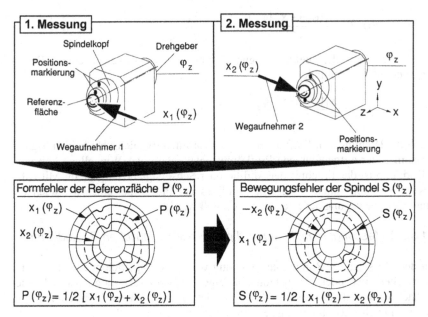

Bild 3-55. Ermittlung der Form- und Oberflächenfehler des Prüfkörpers sowie des Bewegungsfehlers der Drehachse [3-20]

Bild 3-55 stellt schematisch den Messaufbau für die Umkehrmethode dar. Es werden zwei Messungen durchgeführt. Mit dem kapazitiven Sensor in Position 1 wird die Fehlerbewegung der Spindelachse sowie zwangsläufig auch der Form- und Oberflächenfehler des Prüfkörpers aufgenommen. Vor Beginn der 2. Messung wird der Referenzkörper sowie der Sensor um 180° gedreht, die Position des Spindelkopfes wird in der gleichen Stellung wie bei Beginn der ersten Messung beibehalten.

Der Sensor zeichnet ebenso wie bei der ersten Messung sowohl die Fehlerbewegung der Spindelachse wie auch die Form- und Oberflächenfehler des Prüfkörpers auf. Bei der ersten Messung verzeichnet der Sensor das Wegsignal $x_1(\varphi_z)$ bei der zweiten das Signal $x_2(\varphi_z)$. Die beiden Signale können nach Elimination der Exzentrizität des Referenzzylinders in die Form- und Oberflächenfehler des Prüfkörpers und die Fehlerbewegungen der Spindel aufgeteilt werden:

$$x_1(\varphi_z) = P(\varphi_z) + S(\varphi_z) \qquad\qquad (3\text{-}32)$$

$$x_2(\varphi_z) = P(\varphi_z) - S(\varphi_z) \qquad\qquad (3\text{-}33)$$

wobei $P(\varphi_z)$ bzw. $S(\varphi_z)$ den Form- und Oberflächenfehler des Prüfkörpers bzw. die Fehlerbewegung der Spindel beschreiben. Eine Addition der beiden Verlagerungsverläufe liefert die Formabweichung des Prüfkörpers.

$$P(\varphi_z) = \frac{x_1(\varphi_z) + x_2(\varphi_z)}{2} \tag{3-34}$$

Die Subtraktion der beiden Signale führt zu dem gewünschten Bewegungsverhalten der Spindel.

$$S(\varphi_z) = \frac{x_1(\varphi_z) - x_2(\varphi_z)}{2} \tag{3-35}$$

Durch die Drehung von Prüfkörper und Sensor um 180° bleibt bei beiden Signalaufnahmen der aufgenommene Prüfkörperfehler relativ zur Winkellage konstant. In Bild 3-55 ist das Ergebnis der Addition der Sensorsignale dargestellt. Mit Hilfe dieses Verfahrens kann sowohl der Einfluss der Prüfkörperfehler wie auch die reine Fehlerbewegung der Drehachse ermittelt werden.

3.1.5.9.5 Messungen mit Laser und positionsempfindlichen Photodioden

Bei der Messung der Rundlaufabweichung wird eine Laserlichtquelle (Laser mit Lichtwellenleiter oder ein netzunabhängiger Diodenlaser) möglichst nahe der Drehachse des zu messenden Maschinenelementes (drehender Maschinentisch, Futter) in Drehachsrichtung ausgerichtet.

In definiertem Abstand werden oberhalb des Tisches eine bzw. mehrere positionsempfindliche Photodioden angebracht. Die Anordnung ist am Beispiel einer Tischachsenmessung für eine Wälzfräsmaschine in Bild 3-56 gezeigt. Die Vorrichtung mit den positionsempfindlichen Photodioden ist hier am Axialschlitten

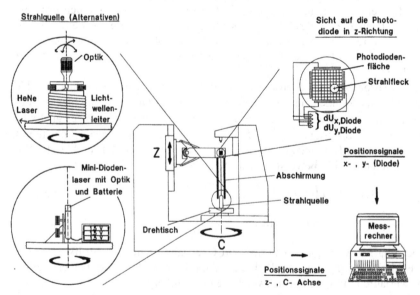

Bild 3-56. Messaufbau zur Ermittlung von Rundlaufabweichungen des Werkstücktisches und der Parallelität der Tischdrehachse zur Axialschlittenbewegung (z-Achse)

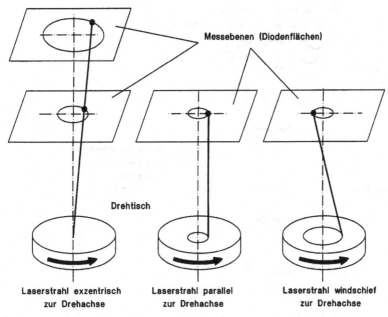

Messebenen (Diodenflächen)

Drehtisch

Laserstrahl exzentrisch zur Drehachse   **Laserstrahl parallel zur Drehachse**   **Laserstrahl windschief zur Drehachse**

Bild 3-57. Auswirkung von unterschiedlichen Ausrichtefehlern auf die Projektion in den Diodenmessebenen

der Maschine angebracht. Die positionsempfindlichen Photodioden (siehe Abschnitt 2.1.6.2) geben entsprechend der Lage des Laserstrahlflecks auf der Diodenfläche Photoströme für die x- bzw. y-Koordinaten ab.

Bei diesen Messungen geht man von der Vorstellung aus, dass ein in der Tischebene in Richtung der Drehachse strahlender Laser bei Drehung des Tisches wie ein großer Zeiger in jeder ortsfesten Messebene eine Bahnkurve beschreibt, die Aussagen über die Bewegungsgenauigkeit des Maschinentisches zulässt. Im idealen, abweichungsfreien Fall beschreibt der Lichtfleck in der Diodenebene einen Kreis aufgrund nicht zu vermeidender Ausrichtefehler (Exzentrizität und Nichtparallelität des Laserstrahls zur idealen Tischachse), Bild 3-57.

Durch die Drehung des zu prüfenden Maschinenelementes beschreibt der Lichtstrahl auf der Photodiode eine charakteristische Bewegungsbahn [3-15]. Diese setzt sich zusammen aus einem kreisförmigen Anteil - Ausrichtefehler des Messgerätes (s.o.) - aus Störbewegungen, die auf Kippbewegungen des Tisches zurückzuführen sind, und der eigentlichen Rundlaufabweichung.

Wie Bild 3-58 veranschaulicht, lassen sich reine Rundlaufabweichungen (Parallelbewegungen der Achse in der x-y-Ebene) in beliebigen Messhöhen oberhalb des Maschinentisches in gleicher Größe erfassen.

Dem gegenüber verursachen kippende Bewegungen des Drehtisches in unterschiedlichen Messhöhen aufgrund der Zeigerwirkung unterschiedliche große Abweichungen, siehe Bild 3-59. Es ist also erforderlich, Rundlaufmessungen in mindestens zwei unterschiedlichen Ebenen oberhalb des Tisches durchzuführen, um

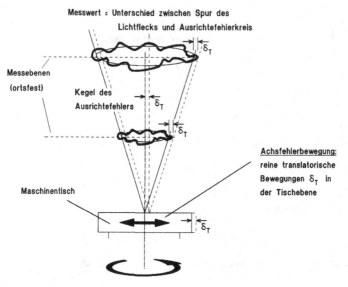

Bild 3-58. Ermittlung der translatorischen Achsfehlerbewegung senkrecht zur Achse

die rein translatorischen Bewegungen des Tisches (= Rundlaufabweichung) und die kippenden Bewegungen des Tisches zu separieren. Hierbei können nur Kippanteile erkannt werden, die nicht rein sinusförmig mit der Drehfrequenz des Tisches auftreten, da diese nicht von den Auswirkungen des Ausrichtefehlers getrennt werden können [3-14].

Die Messwertbildung erfolgt über die Erfassung der x-y-Koordinaten der Bewegungsbahn in der Diodenebene (Messebene) als Funktion des Drehwinkels φ_c (der Drehachse C). Diese Koordinaten werden gemeinsam mit den dazugehörigen Winkelpositionen des Maschinentisches einem Messrechner zugeführt. Nach Ablauf der Messung (vollständige Tischdrehung) erfolgt die Berechnung der Abweichungen.

Bild 3-60 zeigt schematisch eine Bewegungsbahn in der Diodenebene. Da der (theoretische) Mittelpunkt des Kreises des Laserstrahls (C-Achse) im Allgemeinen nicht mit dem Ursprung des Diodenkoordinatensystems (elektrischer Nullpunkt) übereinstimmt, werden die Koordinaten des Diodensystems in den Mittelpunkt des Ausrichtefehlerkreises, d.h. der Rotationsachse, verschoben.

$$x' = x_D - x_0 \qquad\qquad (3\text{-}36)$$

$$y' = y_D - y_0 \qquad\qquad (3\text{-}37)$$

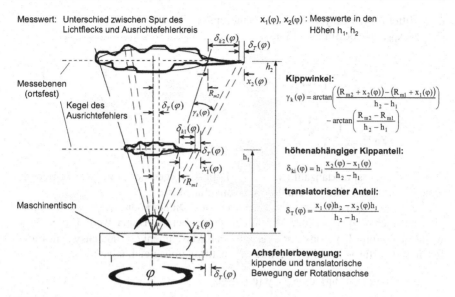

Bild 3-59. Auswirkungen von kippenden und translatorischen Bewegungen der Rotations-achse auf das Ergebnis von Rundlaufmessungen in unterschiedlichen Messebenen

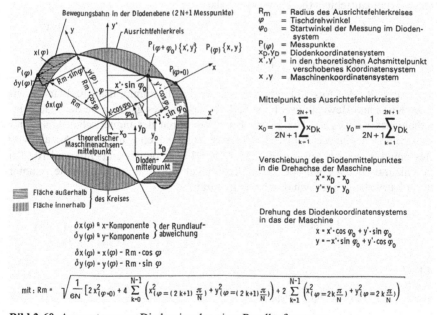

Bild 3-60. Auswertung von Diodensignalen einer Rundlaufmessung

Der Mittelpunkt (x_0, y_0) lässt sich näherungsweise aus den gemessenen Wertepaaren (x_{Dk}, y_{Dk}) bestimmen [3-12].

$$x_0 = \frac{1}{2N+1} \sum_{k=1}^{2N+1} x_{Dk} \qquad (3\text{-}38)$$

$$y_0 = \frac{1}{2N+1} \sum_{k=1}^{2N+1} y_{Dk} \qquad (3\text{-}39)$$

Die Gesamtmesspunktanzahl $(M = 2N + 1)$ muss wegen der numerischen Berechnungsformel des Fehlerkreisradius (s.u.) ungerade sein.

Die Richtungen der Koordinatenachsen des Diodenkoordinatensystems stimmen i.a. nicht mit denen der Maschinenachse überein. Daher werden die Messwerte in das um den Winkel φ_0 verschobene Maschinenkoordinatensystem transformiert. Hierfür gelten die folgenden Transformationsgleichungen:

$$x(\varphi) = x'(\varphi)\cos\varphi_0 + y'(\varphi)\sin\varphi_0 \qquad (3\text{-}40)$$

$$y(\varphi) = -x'(\varphi)\sin\varphi_0 + y'(\varphi)\cos\varphi_0 \qquad (3\text{-}41)$$

Im Rechen- bzw. Maschinenkoordinatensystem (x, y) stellen sich die Komponenten des Rundlauffehlers (δ_x, δ_y) wie folgt dar:

$$\delta_x(\varphi) = x(\varphi) - R_m \cos(\varphi) \qquad (3\text{-}42)$$

$$\delta_y(\varphi) = y(\varphi) - R_m \sin(\varphi) \qquad (3\text{-}43)$$

Der Radius R_m des Ausrichtefehlerkreises wird so bestimmt, dass die Fläche zwischen Kreis und Bewegungsbahn außerhalb des Kreises gleich groß der Fläche innerhalb des Kreises ist. Hierzu wird das Verfahren der numerischen Quadratur nach Simpson eingesetzt [3-13]. Voraussetzung ist eine ungerade Anzahl von Messpunkten. Es werden von den $M = 2N + 1$ Messpunkten im Intervall $[0, 2\pi]$ die Quadrate der Radien über dem Drehwinkel aufgetragen. Die Fläche A unter dieser Kurve berechnet sich durch das Integral:

$$A = \frac{1}{2} \int_0^{2\pi} r^2(\varphi)\,d\varphi \qquad (3\text{-}44)$$

mit

$$r^2(\varphi) = x^2(\varphi) + y^2(\varphi)$$

Dieses Integral lässt sich mit dem o.g. Verfahren numerisch annähern [3-13]:

$$A = \frac{\pi}{6N}\left(r^2_{(\varphi=0)} + r^2_{(\varphi=2\pi)} + 4\sum_{k=0}^{N-1} r_{\left(\varphi=(2k+1)\frac{\pi}{N}\right)} + 2\sum_{k=1}^{N-1} r_{\left(\varphi=(2k)\frac{\pi}{N}\right)} \right) \qquad (3\text{-}45)$$

Da die Koordinatensysteme zueinander ausgerichtet wurden, gilt:

$$y^2_{(\varphi=0)} = y^2_{(\varphi=2\pi)}$$

und

$$x^2_{(\varphi=0)} = x^2_{(\varphi=2\pi)}$$

Mit $A = \pi R_m^2$ folgt dann für den Radius des Ersatzkreises:

$$R_m = \sqrt{\frac{1}{6N}\left(2x^2_{(\varphi=0)} + 4\sum_{k=0}^{N-1}\left(x^2_{\left(\varphi=(2k+1)\frac{\pi}{N}\right)} + y^2_{\left(\varphi=(2k+1)\frac{\pi}{N}\right)} \right) + 2\sum_{k=1}^{N-1}\left(x^2_{\left(\varphi=(2k)\frac{\pi}{N}\right)} + y^2_{\left(\varphi=(2k)\frac{\pi}{N}\right)} \right) \right)}$$

$$(3\text{-}46)$$

Bild 3-61 zeigt die Originalschriebe der Auswertung einer Rundlaufmessung in einer Ebene in x- und y-Komponenten über dem Drehwinkel.

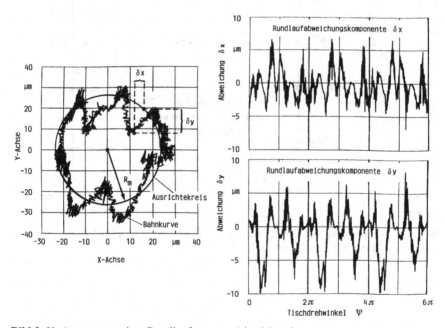

Bild 3-61. Auswertung einer Rundlaufmessung (eine Messebene)

Die δ_x und δ_y -Werte, d.h. die Komponenten der Rundlaufabweichung, stellen die Bewegung der Drehachse in x- und y-Richtung in der Messebene (Diodenebene) dar. Bild 3-62 zeigt die Durchführung von Rundlaufmessungen in mehreren Messebenen, also in unterschiedlichen Abständen von der Tischebene.

Wertet man die Messungen wie oben beschrieben aus, erhält man in jeder Ebene jeweils die Rundlaufabweichung und die Diodenkoordinaten der theoretischen Tischdrehachse. Verfolgt man die Koordinaten der Tischdrehachse über dem veränderlichen Tischebenenabstand, so erhält man eine Aussage über die Parallelität der Drehachse zur z-Achse des Frässchlittens, Bild 3-62.

Interessieren nur die reinen Rundlaufabweichungen des Drehtisches, so bietet sich ein Aufbau an, bei dem die PSD auf dem Drehtisch und der Diodenlaser oberhalb der PSD an einem stabilen Gestell befestigt wird. Kippbewegungen des Drehtisches haben so keine Auswirkungen auf das Messergebnis.

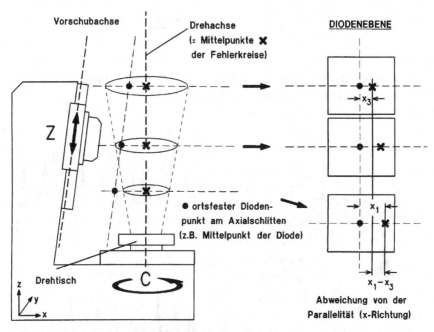

Bild 3-62. Bestimmung der Parallelität der Vorschubachse zur Drehachse mit Hilfe von Rundlaufmessungen in verschiedenen Messhöhen

3.1.5.10 Auslehren des Arbeitsraumes mit einem angepassten Messnormal

Bei den bisher dargestellten Prüfungen und Abnahmeverfahren zur Ermittlung der geometrischen Abweichungen bezogen sich die Messungen auf einzelne Kriterien wie Geradheit, Ebenheit, Winkligkeit usw. Diese Messungen sind sehr umfangreich und zeitaufwendig und daher für Routineuntersuchungen ungeeignet. Um eine im Betrieb befindliche Maschine in gewissen Zeitabständen wiederholt auf ihre Genauigkeit zu untersuchen, sind rationellere Verfahren angebracht. Es ist erstrebenswert, mit wenigen Messungen einen Gesamtüberblick über das Maschinenverhalten hinsichtlich relevanter Kriterien stichprobenartig zu erhalten. Zur Durchführung solcher Vergleichsmessungen ist der in Bild 3-63 beispielhaft skizzierte Messaufbau geeignet.

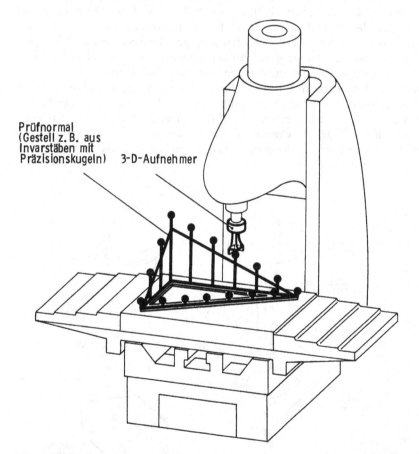

Prüfnormal
(Gestell z. B. aus
Invarstäben mit
Präzisionskugeln)   3-D-Aufnehmer

Bild 3-63. Prüfnormal und Drei-Koordinaten-Messtaster zur Bestimmung der Positionierunsicherheit im Arbeitsraum einer Fräsmaschine

Die Maschine wird hierzu mit einem maßlich definierten Prüfnormal, wie im Bild 3-63 gezeigt, und einem Drei-Koordinaten-Messtaster, der in der Werkzeugaufnahme befestigt ist, an diskreten Punkten vermessen. Durch mehrfaches Umlegen ist der gesamte Arbeitsraum in relativ kurzer Zeit erfassbar. Die Maschine fährt NC-programmgesteuert mit dem Messtaster die vorgegebenen Messpunkte am Prüfnormal an. Werden z.B. die Kugeln auf den Katheten des Prüfobjektes hintereinander angefahren, so kann in einfacher Weise die Veränderung der Positionierabweichung innerhalb des Arbeitsraumes erfasst werden.

Die Auswertung der erfassten Abweichungen gibt einen globalen Überblick über die geometrischen Abweichungen der Maschine. Die Auswirkungen mehrerer Einzelfehlereinflüsse sind im Messergebnis summarisch enthalten. Liegen die Abweichungen innerhalb vorgegebener Schranken, so wird die Geometrie der Maschine akzeptiert. Erst bei größeren Abweichungen (Grenzwertvorgabe) sind zur Ursachenuntersuchung gezielte Prüfungen notwendig, und die Maschine ist auf die vorher beschriebenen Einzelmerkmale hin zu untersuchen.

Bei diesen globalen Maschinenuntersuchungen können verschiedene Ausführungen von Messaufnehmern und Prüfnormalen zur Anwendung kommen. Bild 3-64 zeigt einige Ausführungsbeispiele für eine Drei-Koordinaten-Messvorrichtung. Die Prüfnormalen können in Form eines separaten Prüfkörpers wie in Bild 3-63 skizziert, zur Anwendung kommen oder auch an repräsentativen Stellen der Maschine selbst realisiert werden. Z.B. könnte in den Eckpunkten eines Tisches je ein Prüfkegel eingelassen werden. An der neuen Maschine werden die Lagen dieser Kegelflächen, dreidimensional vermessen und anschließend gegen Verschmutzung abgedeckt (Bild 3-65).

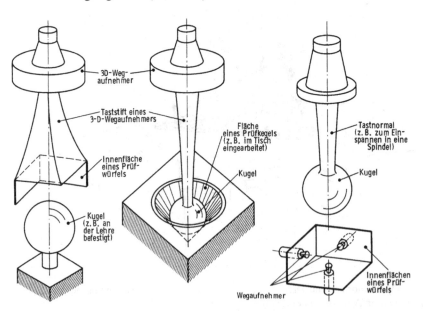

Bild 3-64. Ausführungsbeispiele für eine Drei-Koordinaten-Messvorrichtung und mögliche Messnormale

Zur späteren Überprüfung der Maschinengeometrie werden die Verschlüsse entfernt und die Maschine erneut vermessen. Aus den Abweichungen zu früheren Messungen kann dann auf die Veränderung der Geometrie der Maschine geschlossen werden. Fällt die Prüfung zufriedenstellend aus, sind keine weiteren Messungen nötig. Sind jedoch größere Abweichungen, die infolge von Funktionsfehlern der Messsysteme oder der Steuerung oder durch Verschleiß einzelner Maschinenbauteile hervorgerufen werden können, feststellbar, so sind weitere Messungen zur Einzelfehlerermittlung erforderlich. Gleichzeitig können die Prüfkegel als Referenzpunkt zur Auflage von Linealen, Winkelnormalen oder Prüfkörpern dienen. Da diese Flächen unter Verschluss sind, bleiben sie stets als einwandfreie Referenzpunkte erhalten [3-16; 3-17].

Bei der Maschinenüberprüfung muss die Maschine für die Dauer der Messung außer Betrieb genommen werden. Auch sind die Kosten für die Messung nicht unbeträchtlich. Daher ist man ständig auf der Suche nach einfachen und schnellen Verfahren, mit denen sich die Maschinengeometrie und -kinematik in kurzer Zeit strichprobenartig überprüfen lassen. Als universelles Verfahren – insbesondere für Fräs- und Bohrmaschinen – hat der Kreisformtest (vgl. Abschnitt 3.2.2.4) weite Verbreitung gefunden.

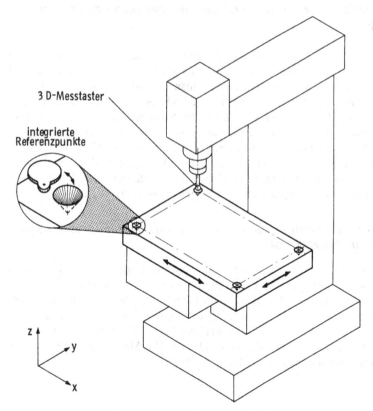

Bild 3-65. Integrierte Referenzpunkte zur globalen Maschinengeometrieüberprüfung

3.2 Kinematische Abweichungen

3.2.1 Allgemeine Beschreibung

Die Überprüfung des kinematischen Verhaltens von Werkzeugmaschinen bezieht sich auf die relativen Bewegungsabweichungen mehrerer bewegter Maschinenteile, deren Bewegungen unter strenger funktionaler Abhängigkeit erfolgen sollen. Die Prüfungen beziehen sich auf Bewegungen, die einen Einfluss auf die Arbeitsgenauigkeit der Maschine haben. Dabei können die Messungen unter Last und im lastfreien Zustand erfolgen, sie werden jedoch häufig aufgrund messtechnischer Probleme im unbelasteten Zustand durchgeführt. Dennoch ist eine Untersuchung unter Einfluss von Schnitt- und Massenkräften aussagefähiger.

Von besonderer Bedeutung für Werkzeugmaschinen ist die Koordinierung rotatorischer Bewegungen untereinander (z.B. bei Verzahnmaschinen) sowie rotatorisch-translatorischer (z.B. zum Gewindeschneiden) und translatorisch-translatorischer Bewegungen (z.B. bei Zweiachsen-NC-Steuerungen).

3.2.2 Messverfahren zur Ermittlung der kinematischen Maschineneigenschaften

Zur Erfassung der kinematischen Maschinenabweichungen müssen die Bewegungen der einzelnen Achsen mit möglichst hoher Auflösung und Genauigkeit gemessen werden. Daher misst man Linearbewegungen häufig mit Hilfe des Laser-Interferometers (Abschnitt 2.1.6.l) oder mit photoelektrischen Linearmaßstäben (Abschnitt 2.1.6.4), wie sie zur Positionserfassung in Werkzeugmaschinen eingesetzt werden. Zur Erfassung von Drehbewegungen kommen z.B. auf optischer Basis arbeitende Winkelschrittgeber zum Einsatz (Abschnitt 2.2.3.2). Die Erfassung von Winkelgeschwindigkeitsabweichungen und Übersetzungsungleichförmigkeiten kann auch mit analogen Messverfahren unter Verwendung seismischer Drehschwingungsaufnehmer erfolgen (Abschnitt 2.2.1).

3.2.2.1 Vorschubfehlermessung an einer Drehmaschine (rotatorisch-translatorische Bewegungen)

Bild 3-66 zeigt eine Versuchsanordnung zum Bestimmen des Vorschubfehlers an einer Drehmaschine mit Hilfe des Laser-Interferometers und eines Drehgebers.

Auf der Drehmaschine soll z.B. ein Gewinde geschnitten werden. In diesem Falle besteht zwischen der Drehbewegung der Spindel und der Vorschubbewegung des Werkzeugschlittens eine feste mathematische Sollbeziehung. Sie hängt von der Steigung des zu fertigenden Gewindes ab. Die Messaufgabe besteht nun darin, die Einhaltung dieser Sollbeziehung zu überprüfen.

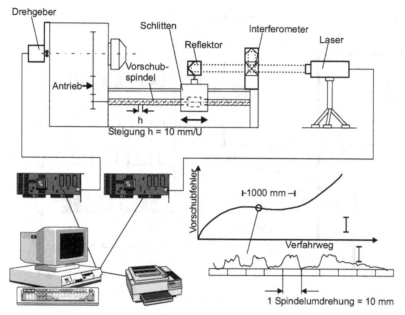

Bild 3-66. Prinzip der Vorschubfehlermessung

Der Drehgeber liefert die Information über die Winkellage der Spindel; die Vorschubbewegung des Werkzeugschlittens wird mit Hilfe des Laser-Interferometers gemessen. Anschließend werden beide Bewegungen miteinander verglichen. Die Abweichung von der Sollbeziehung wird als Drehfehler ausgegeben und im Auswerterechner registriert.

Die Bildung des analogen Fehlersignals aus den inkrementalen Impulsfolgen der Laser- und Drehgeberelektronik veranschaulicht die Darstellung in Bild 3-67. Aus den beiden Impulsfolgen (f_1 vom Drehgeber, f_2 vom Laser-Interferometer) werden durch Vorteiler die Impulsfolgen f_{10} und f_{20} so gebildet, dass bei fehlerfreiem Übertragungsverhalten der Maschine $f_{10} = f_{20}$ ist. Im Vergleicher wird ein Zählgatter von den Impulsen der Frequenz f_{20} geöffnet und von denen mit der Frequenz f_{10} geschlossen. Die während der Öffnungszeit des Zählgatters registrierten Impulse des Drehgebers (f_1) stellen in digitaler Weise die momentane relative Phasenlage der Spindel gegenüber dem Vorschub dar. Diese wird in einem Digital/Analog (D/A)-Wandler in ein analoges Signal umgeformt und von einem Registriergerät über der Zeit t bzw. dem Vorschubweg aufgetragen. Ein Übertragungsfehler zwischen Dreh- und Vorschubbewegung tritt erst dann auf, wenn die vom Zählgatter während einer Öffnungsperiode erfassten Impulszahlen, d.h. die Phasenlagen, schwanken.

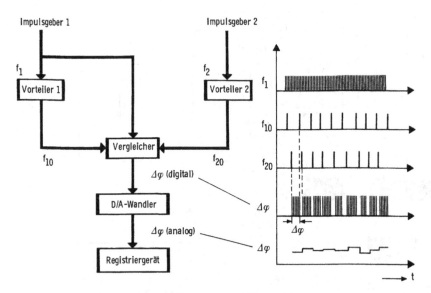

Bild 3-67. Vereinfachtes digitales Übertragungsfehlermessgerät

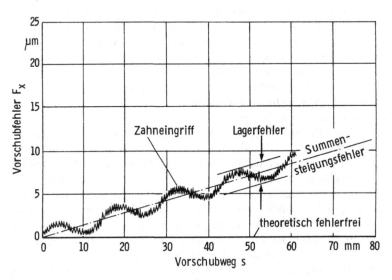

Bild 3-68. Messschrieb eines Vorschubfehlers

Bild 3-68 zeigt die Ergebnisse einer Vorschubfehlermessung. Aus dem Fehler-verlauf können Rückschlüsse auf die Fehlerursachen gezogen werden. Neben Zahneingriffsfehlern sind der Summensteigungsfehler der Leitspindel und Lager-fehler zu erkennen. Der theoretisch fehlerfreie Verlauf ist durch die horizontale Achse (Abszisse) gekennzeichnet.

3.2.2.2 Dreh- und Vorschubfehlermessung an einer Wälzfräsma-schine (rotatorisch-rotatorisch-translatorische Bewegungen)

Schwieriger als bei einer Drehmaschine gestaltet sich die Vorschub- und Dreh-fehlermessung z.B. an einer Zahnradwälzfräsmaschine. Diese besitzt eine Vielzahl bewegter rotatorischer und translatorischer Achsen, welche untereinander in festen mathematischen Sollbeziehungen stehen. Im Allgemeinen genügt es jedoch, drei dieser gekoppelten Bewegungen zu betrachten: Werkstückdrehung, Fräserdrehung und Vorschubbewegung des Frässchlittenvorschubs. In Bild 3-69 ist der Mess-aufbau skizziert. Die Drehbewegungen von Fräser und Werkstück werden über optische Drehgeber erfasst. Den translatorischen Fräservorschub misst man mit einem Laser-Interferometer oder mit digitalen Linearmaßstäben.

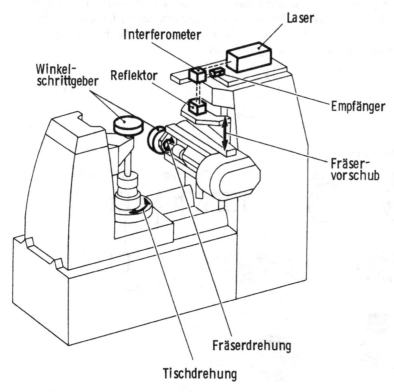

Bild 3-69. Messaufbau zur Ermittlung des kombinierten Dreh- und Vorschubfehlers an ei-ner Wälzfräsmaschine

Die Grundbeziehung zwischen Werkstück- und Werkzeugbewegungen an einer Wälzfräsmaschine leitet sich aus der Geometrie des zu fertigenden Zahnrades ab:

$$\varphi_T = \varphi_F \frac{z_0}{z_2} \pm s \frac{\tan \beta}{r} \tag{3-47}$$

mit

s	Axialvorschub (Beta)
β	Schrägungswinkel
z_0	Gangzahl des Fräsers
z_2	Werkstückzähnezahl
r	Teilkreisradius
φ_T	Tischdrehwinkel
φ_F	Fräserdrehwinkel

Danach ist der Tischdrehwinkel φ_T je nach Zähnezahlverhältnis dem Fräser-drehwinkel φ_F und bei Schrägverzahnung zusätzlich je nach Schrägungswinkel β und Teilkreisradius r des zu fertigenden Zahnrades dem Axialvorschub s des Fräsers proportional. Diese Beziehung wird in der Maschine durch mehrere mechanische Getriebezüge oder die numerische Steuerung (NC) realisiert. Bei der Untersuchung des kinematischen Verhaltens kann dieselbe Beziehung bei der Messwertverknüpfung herangezogen werden.

$$\underbrace{\delta\varphi_T}_{\text{Drehfehler}} = \underbrace{\varphi_T}_{\text{Istwert}} - \underbrace{\varphi_F \frac{z_0}{z_2} \pm s \frac{\tan \beta}{r}}_{\text{Sollwert}} \tag{3-48}$$

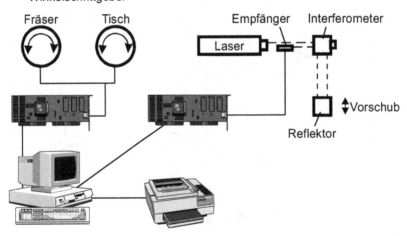

Bild 3-70. Prinzipbild zur kombinierten Dreh- und Vorschubfehlermessung

Der Sollwert (Gl. (3-48), rechter Ausdruck) des Tischdrehwinkels wird dabei nach Fräser- und Axialbewegung gerechnet. Danach leitet sich aus den beiden Komponenten der Fräserbewegung, dies sind Drehwinkel und Axialvorschub, entsprechend den Verzahnungsdaten ein Tisch-Solldrehwinkel ab, der mit dem gemessenen Tisch-Istdrehwinkel verglichen wird. Ein nach diesem Grundprinzip konzipiertes digitales Auswertesystem ist im Bild 3-70 gezeigt. Je ein Winkelschrittgeber erfasst die Tisch- und die Fräserdrehung. Der Axialvorschub des Fräsers wird mit dem Interferometer ermittelt. Eine Auswerteeinheit übernimmt die Verarbeitung der Signale, die auf einem Analogschreiber graphisch dargestellt werden.

Bild 3-71 zeigt einen Messschrieb, der im Leerlauf an einer Wälzfräsmaschine aufgezeichnet wurde. Die Erfassung und Verknüpfung der Achsensignale kann heutzutage vollständig von Messrechnern übernommen werden.

Die Abweichung von der Sollbewegung setzt sich, wie in Bild 3-71 zu erkennen ist, aus mehreren Komponenten zusammen. Der lineare Anteil ist auf einen Steigungsfehler der Spindel für den Fräservorschub zurückzuführen. Pro Tischumdrehung zeigt sich ein großer langwelliger periodischer Anteil, der durch die Abweichungen des Teilrades (Schneckenrad) am Maschinentisch entsteht.

Der Fehler wird im Allgemeinen im Leerlauf gemessen und mit Toleranzangaben verglichen. Führt man eine Messung unter Last durch, d.h. während der Bearbeitung, kann man von dem Übertragungsfehler auf die Verzahnungsfehler am Werkstück schließen.

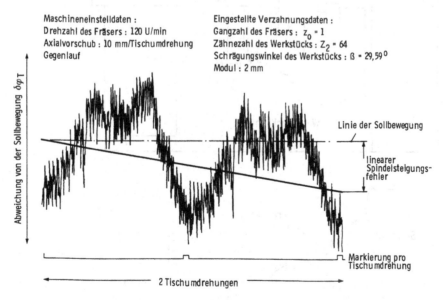

Bild 3-71. Messschrieb eines kombinierten Dreh- und Vorschubfehlers einer Wälzfräsmaschine im Leerlauf

3.2.2.3 Messung einer Zweiachsen-NC-Steuerung (translatorisch-translatorische Bewegungen)

Zum Erfassen der kinematischen Maschinenabweichungen von translatorisch-translatorischen Bewegungen bei einer Zweiachsen-NC-Drehmaschine kann der in Bild 3-72 gezeigte Messaufbau eingesetzt werden. Bei dieser Drehmaschine werden die Axialbewegung des Supports und die Radialbewegung des Querschiebers numerisch gesteuert. Bei der Bearbeitung komplizierter Geometrien - wie z.B. kegel- oder kugelförmiger Drehteile - kommt es auf die exakte Koordinierung der beiden Vorschubbewegungen an. Mit Hilfe des Laser-Interferometers, wie im Bild angedeutet, kann man die Einhaltung dieser Forderung überprüfen. Ein Strahlteiler spaltet den Laserstrahl in zwei gleiche Anteile auf. Während der eine Teilstrahl die Vorschubbewegung des Supports in axialer Richtung erfasst, wird mit dem anderen die radiale Vorschubbewegung des Werkzeughalters gemessen. Aus den gemessenen Vorschubbewegungen wird in einem Kleinrechner die Bewegungs-Istgeometrie bestimmt und mit der abgespeicherten Werkstück-Sollgeometrie verglichen.

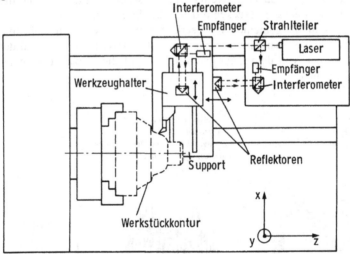

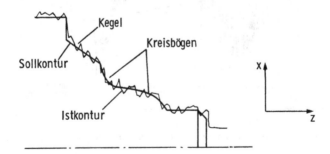

Bild 3-72. Zweiachsenmessung an einer NC-Drehmaschine

Die Sollgeometrie des Werkstückes ($x_{soll} = f(z)$) wird entweder im Auswerterechner vorher abgespeichert oder aus den NC-Steuerdaten generiert. Ein Vergleich dieser Werte mit den gemessenen Daten (x_{mess}) $= f(z)$) ergibt die Maschinenbewegungsabweichungen, die auch unter Last, d.h. während der Bearbeitung, erfasst werden können. Diese Abweichungen lassen sich mittels eines Digitalplotters in geeigneter Vergrößerung ausgeben (Bild 3-72).

3.2.2.4 Kreisformtest

Ein weitverbreitetes Verfahren zur Untersuchung des geometrischen und kinematischen Verhaltens von Werkzeugmaschinen ist der Kreisformtest, bei dem die absolute Genauigkeit einer von der NC-Steuerung interpolierten Kreisbahn vermessen wird.

Kreisformtests mit großen Radien geben Auskunft über die Maschinengeometrie, wohingegen bei kleinen Kreisradien der Einfluss der Dynamik der Vorschubantriebe beurteilt wird.

Bild 3-73 zeigt einen Messaufbau für den Kreisformtest mit Hilfe eines Double-Ball-Bars [3-18]. Der Sollradius der zu vermessenden Kreisbahn ist durch die Länge der Messstange vorgegeben und kann mit Hilfe von Verlängerungen im Bereich von 150 bis 300 mm variiert werden. In die Werkzeugaufnahme und auf dem

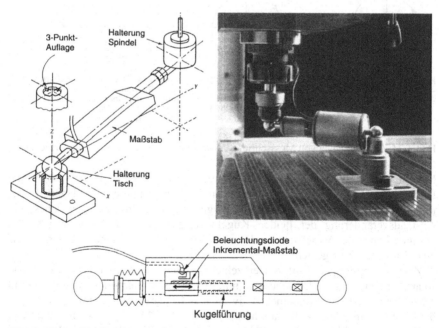

Bild 3-73. Double-Ball-Bar-Verfahren zur Durchführung von Kreisformtests. Quelle: nach Heidenhain

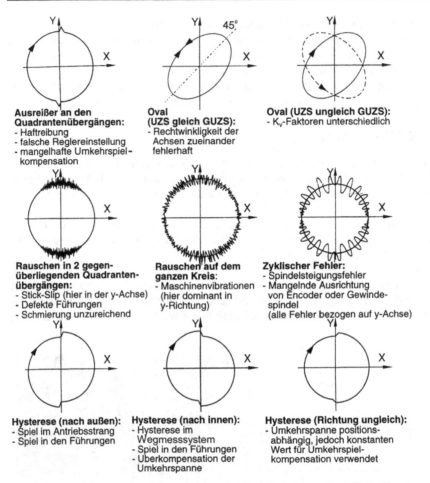

Bild 3-74. Ausprägungen von Messschrieben des Kreisformtests und mögliche Ursachen

Maschinentisch wird je ein Sockel montiert, der mittels Magneten über eine Dreipunktauflage die Kugeln an den Enden der Messstange drehbar lagert. In der teleskopartigen Messstange ist ein Wegmesssystem integriert, welches die Abstandsveränderung der beiden Kugeln während der Messung erfasst. Die absolute Länge der Messtange wird vor der Messung mittels einer Lehre oder auf einer Messmaschine geeicht.

Zur Entkopplung der Einflüsse einzelner Maschinenachsen wird die Kreisebene so angeordnet, dass die Bewegung in nur zwei Achsen interpoliert wird. Während Tisch- und Werkzeugaufnahme relativ zueinander eine vorprogrammierte Kreisbahn mit dem Radius R abfahren, erfasst das Messsystem die relativen Verlagerungen, d.h. die Abweichungen von der Sollkreisbahn der Bewegung, welche von der Auswertesoftware in einem Polardiagramm aufgetragen werden.

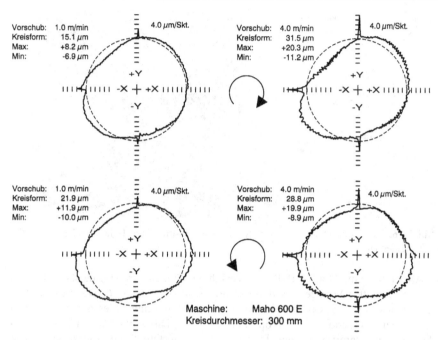

Bild 3-75. Kreisformtest mit DBB-Messgerät bei Variation der Vorschubgeschwindigkeit.

Maschinenfehler spiegeln sich in typischen Abweichungen der Messschriebe von der idealen Kreisform wider. Da sich die verschiedenen Abweichungen im Diagramm überlagern und unterschiedliche Fehler zum Teil zu ähnlichen Abweichungen führen, ist die Fehlerzuordnung häufig schwierig, Bild 3-74.

Obwohl bereits mathematische Ansätze zur quantitativen Bestimmung der verschiedenen Fehler gemacht wurden, ist bisher die eindeutige Analyse der Kreisformdaten schwierig. Eine Möglichkeit der qualitativen Auswertung liegt in dem Vergleich der Messschriebe mit den typischen Ausprägungen der einzelnen Ursachen. Auf diese Weise können dominierende Maschinenfehler ausfindig gemacht werden.

Das Ergebnis eines Kreisformtests, gemessen mit dem DBB-Messgerät an einem Bearbeitungszentrum, zeigt Bild 3-75. Dargestellt sind die Abweichungen von der Sollkontur eines Kreises mit 300 mm Durchmesser. Die Messungen zeigen an den Umkehrpunkten der Verfahrrichtung deutliche Abweichungsspitzen, die durch Haftreibung in der Achsmechanik hervorgerufen werden. Neben der mit dem Vorschub zunehmenden Radiusabweichung ist die Drehrichtungsabhängigkeit der Bahnabweichungen zu erkennen.

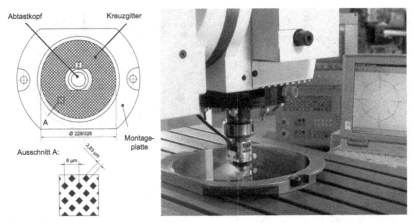

Bild 3-76. Kreuzgitter-Messgerät zur dynamischen Prüfung des Bahnverhaltens (Quelle: nach Heidenhain)

Alternativ zum Double-Ball-Bar Verfahren können Kreisformtests mit Hilfe eines Kreuzgitter-Messgerätes durchgeführt werden, Bild 3-76. Der Messaufbau besteht aus einer Messplatte mit einer Kreuzgitterteilung, über die ein in zwei Richtungen messender Abtastkopf geführt wird. Die Abtastung erfolgt photoelektrisch und damit berührungslos nach einem interferentiellen Messprinzip, wie es auch bei hochgenauen Linearmaßstäben angewendet wird. Bei einer Teilungsperiode des Gitters von 8 µm und elektronischer Vervielfachung des Messsignals wird eine Auflösung von 10 nm erreicht. Die Auswertung und Darstellung der Messdaten erfolgt analog zum Double-Ball-Bar Verfahren mittels einer Auswertesoftware.

Aufgrund der berührungslosen Abtastung ist der Radius der zu vermessenden Kreisbahnen von 115 mm bis hinab zu 1 µm variabel. Es können beliebige Kurvenzüge gefahren und deren Abweichungen von der Sollkontur gemessen werden. Darüber hinaus gibt es keine Geschwindigkeitsbegrenzung der Vorschubbewegung, die die Anwendung des Double-Ball-Bar Verfahrens begrenzt.

4 Statisches Verhalten von Werkzeugmaschinen

Die in den vorherigen Kapitel beschriebenen Verfahren zur Beurteilung des Maschinenverhaltens beschränkten sich auf die Überprüfung der Geometrie und Kinematik im lastfreien Zustand der Maschine. Eine vollständige Beschreibung der Maschineneigenschaften setzt jedoch die Kenntnis des Verhaltens unter statischer, dynamischer und thermischer Last voraus. Statische Lasten treten in Form von Werkstück- und Werkzeuggewichten sowie Prozess- und Spannkräften (z.B. bei Drehmaschinen: Werkstückaufnahme zwischen Spitzen) auf. Um deren Einflüsse auf das geometrische und kinematische Maschinenverhalten ermitteln zu können, müssen die Prüfungen der Arbeitsgenauigkeit unter definierten Belastungen erfolgen. In dem Normvorschlag DIN V8602 sind hierfür verschiedene Mess- und Auswerteverfahren festgelegt [4-1].

4.1 Messtechnische Erfassung des Werkstückgewichtseinflusses

Der Einfluss des Werkstückgewichtes auf das geometrische Verhalten von Werkzeugmaschinen wird häufig bei Maschinenuntersuchungen nicht berücksichtigt. Eine solche Messung ist immer dann gerechtfertigt, wenn die Gewichtskraft des Werkstückes klein im Vergleich zur Prozesskraft ist (z.B. bei Umformoperationen in Pressen). Auch wenn das Werkstück klein im Vergleich zu den bewegten Maschinenschlitten (kleine Fräsmaschinen) oder Spindellagersystemen (kleine Drehmaschinen) ist, kann der Einfluss der Werkstückmasse vernachlässigt werden. Dagegen kann bei mittleren Maschinengrößen und bei Großwerkzeugmaschinen die Belastung durch die Werkstückmasse dominierend sein. Bei einer Fräsmaschine z.B. übt das Werkstück aufgrund seines Gewichtes Kräfte auf den Aufspanntisch aus, die über die Führungen und Gestellbauteile in das Fundament weitergeleitet werden. Alle Bauteile, die im Kraftfluss der Werkstücklast liegen, werden mehr oder weniger stark verformt.

Bild 4-1 zeigt einen Messaufbau zur Erfassung des Werkstückgewichtseinflusses auf Geradlinigkeit und Winkligkeit der Tischbewegung einer Konsolfräsmaschine. Im Diagramm ist deutlich zu sehen, dass der Tisch unter dem Werkstückgewicht absinkt. Beim Verfahren der Schlitten im Arbeitsraum bewegt sich der Belastungsvektor des Werkstückgewichtes mit. Dies hat eine Veränderung der Reaktionskräfte und -momente auf die Führungen der Konsole am Maschinengestell zur Folge, so dass mit sich ändernden Verformungen zu rechnen ist.

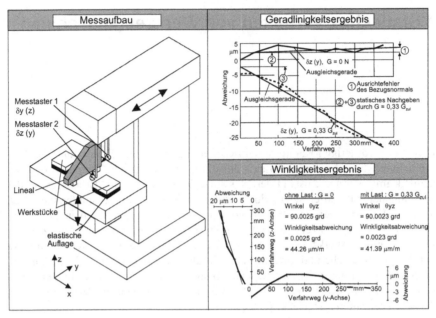

Bild 4-1. Einfluss des Werkstückgewichtes auf die Geradlinigkeit und Winkligkeit der Bewegung des Tisches

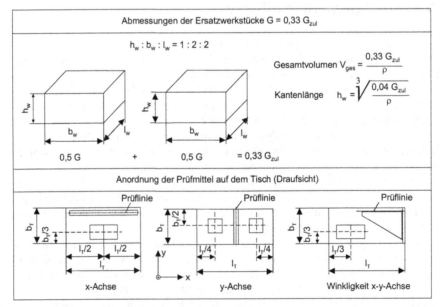

Bild 4-2. Ersatzwerkstücke und Anordnung der Prüfmittel bei geometrischen Messungen unter statischer Last

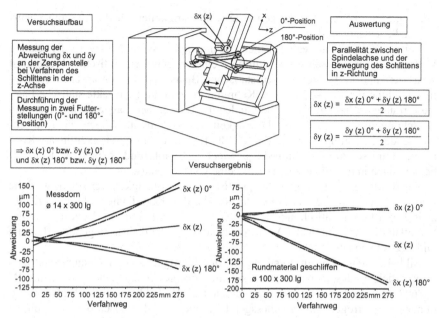

Bild 4-3. Einfluss des Werkstückgewichtes auf die Parallelität der Bewegung zwischen Spindelachse und der Bewegung des Schlittens in z-Richtung

Um das Verhalten verschiedener Werkzeugmaschinen bei Gewichtsbelastung untereinander vergleichen zu können, sind in der Normvorlage DIN V 8602 die Anordnung und Größe der Ersatzwerkstücke sowie die zu verwendenden Prüfmittel festgelegt. Bild 4-2 zeigt die Definition des Ersatzwerkstückes und die Anordnung der Werkstücke und der Prüfmittel auf dem Maschinentisch bei Konsolenfräsmaschinen.

Die Belastung der Drehmaschinen mit einem Werkstückgewicht hat hauptsächlich eine Verlagerung der Werkstückdrehachse im Arbeitsraum zur Folge. Bild 4-3 zeigt die prinzipielle Vorgehensweise zur Bestimmung der Parallelität zwischen Werkstückachse und der Vorschubachse des Schlittens in z-Richtung infolge einer statischen Gewichtsbelastung.

4.2 Messtechnische Erfassung des statischen Prozesslasteinflusses

Während die Werkstückgewichtslasten über die eine Hälfte der Maschine ins Fundament abgeleitet werden, wirken die statischen Prozesslasten relativ zwischen Werkzeug und Werkstück. Die Kräfte durchlaufen die gesamte Maschinenstruktur. Bei größeren Maschinen ist auch das Fundament in den Kraftfluss mit einbezogen. Im Allgemeinen ist die Nachgiebigkeit bzw. Steifigkeit in allen drei Koordinatenachsen von Interesse, wobei je nach Maschinentyp neben den direkten linearen Steifigkeiten auch ausgewählte Kippsteifigkeiten für die Maschinenbeurteilung bedeutsam sind.

Bei der Beurteilung des statischen Nachgiebigkeitsverhaltens wird die relative Verlagerung an der Schnittstelle infolge einer simulierten statischen Prozesslast ausgewertet. Bild 4-4 zeigt einen statischen Belastungsversuch an einer Konsolfräsmaschine für die z-Achse. Die Kennlinie beschreibt das direkte statische Last-Verformungsverhalten. Nach Überwinden der Lose in den Lagern, Führungen und Verschraubungen wird die Nachgiebigkeit des Systems im Allgemeinen mit zunehmender Belastung geringer, d.h. die Steifigkeit nimmt durch nichtlineare Kontaktverhältnisse zu. Bei Entlastung bildet sich aufgrund geänderter Kontaktbedingungen in den Fügestellen häufig eine Hysterese aus.

Zur Bestimmung des räumlichen, statischen Nachgiebigkeitsverhaltens wird die statische Nachgiebigkeit nacheinander für alle drei Koordinatenrichtungen relativ zwischen Maschinentisch und Frässpindel bestimmt. Die Verlagerung an der Schnittstelle wird durch die Verformung aller im Kraftfluss liegenden Bauteile und Fügestellen verursacht.

Bild 4-5 zeigt die zur Bestimmung der Steifigkeits- und Neigungsmatrizen erforderlichen Messaufbauten, wie sie für Fräsmaschinen in der Vornorm DIN V 8602 vorgeschlagen werden. Im rechten Teil des Bildes sind die Einbauanordnungen von Erreger und Wegmessgerät bezogen auf den Tisch und die Spindel dargestellt. Links sind die vollständigen Steifigkeitsmatrizen, für die linearen Steifigkeiten und Neigungssteifigkeiten abgebildet. Auf der Hauptdiagonalen liegen die direkten Steifigkeiten, neben der Hauptdiagonalen die Kreuzsteifigkeiten.

Nicht alle Steifigkeitswerte sind von Bedeutung. Die Form der Maschinenstruktur hat hierauf einen starken Einfluss. Für symmetrisch gebaute Bett- und Konsolfräsmaschinen sind die zur Beurteilung nicht relevanten Steifigkeiten in den Matrizen schraffiert unterlegt dargestellt.

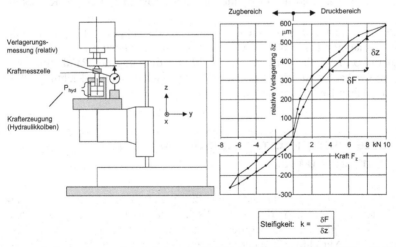

Bild 4-4. Bestimmung des statischen Nachgiebigkeitsverhaltens einer Konsolfräsmaschine an der Zerspanstelle

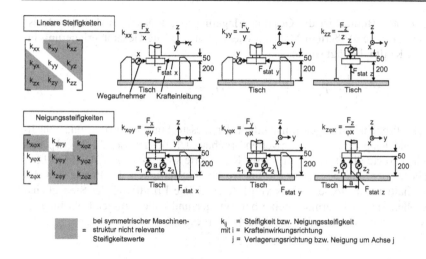

Bild 4-5. Prüfung der linearen Steifigkeit und der Neigungssteifigkeit unter simulierter statischer Prozesslast

Die Bedeutung von linearer Steifigkeit und Neigungssteifigkeit verdeutlicht Bild 4-6. Durch die Kraft F_y verlagert sich der Fräser in y- und z-Richtung. Gleichzeitig neigt er sich durch die Spindelbewegung um die x-Achse.

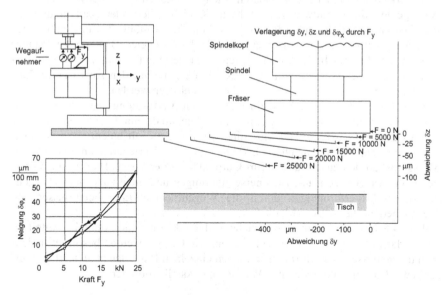

Bild 4-6. Ermittlung und Darstellung statischer Verlagerung sowie der relativen Neigung der Fräserebene infolge statischer Kräfte

Im rechten Bildteil ist die Gesamtverlagerung des Fräsers für diskrete Belastungsstufen in vergrößertem Maßstab wiedergegeben. Die Gesamtverlagerung infolge der Kraft F beträgt somit:

$$y = \frac{1}{k_{yy}} \cdot F_y \quad z = \frac{1}{k_{yz}} \cdot F_y \quad \varphi_x = \frac{1}{k_{y\varphi x}} \cdot F_y \tag{4-1}$$

Ähnliche Problemstellungen hinsichtlich der messtechnischen Ermittlung von linearen und Kippsteifigkeitskennwerten ergeben sich bei Pressen [4-2, 4-3]. Das Vorgehen sowie die Berechnung dieser Kennwerte werden in der DIN 55189 beschrieben. Hier sind besonders die lineare Gesamtsteifigkeit der Presse und das Kippverhalten des Pressenstößels von Interesse. Die Ermittlung der Steifigkeitskenngrößen einer Umformmaschine bei mittiger und außermittiger Belastung ist für zwei verschiedene Lastfälle im Bild 4-7 dargestellt.

4.3 Schwachstellenanalyse statisch belasteter Maschinenbauteile

Die in den Abschnitt 4.1 und 4.2 vorgestellten Untersuchungstechniken liefern als Ergebnis lediglich die an der Krafteinleitungsstelle relativ zwischen Werkzeug und Werkstück summarisch messbaren Nachgiebigkeiten bzw. Steifigkeiten. Eine Aussage über die Verantwortlichkeit der im Kraftfluss liegenden Bauteile und Fügestellen an dieser Gesamtverformung ist damit nicht möglich. Zur Analyse der statischen Verformungen einzelner Bauteile bzw. zweier Bauteile zueinander müssen die Relativ- bzw. Absolutbewegungen der Bauteile an vielen Strukturpunkten gemessen werden. Nur auf diese Weise kann auf den Anteil einer Bauteilnachgiebigkeit auf das Gesamtverhalten geschlossen werden.

Bild 4-8 zeigt das Ergebnis einer statischen Verformungsanalyse an einem Bohrwerk, das unter Anwendung eines mühevollen und zeitaufwendigen Messverfahrens gewonnen wurde. Die Maschine wurde hierzu mit einem engmaschigen Messgerüst aus Rohrelementen umkleidet, um die Verlagerungen relativ zum Messgerüst an den ausgewählten Strukturpunkten zu erfassen. Thermische Verlagerungen des Messgerüstes, Bodenerschütterungen und nicht zu vernachlässigende Messgerüstverformungen durch die Wegaufnehmerkräfte beeinflussen die Messsicherheit dieses Verfahrens.

Bild 4-8 ist zu entnehmen, in welchem Maße die einzelnen Bauteile Anteil an der Verlagerung an der Schnittstelle haben. Die Größen werden bestimmt, indem man die gemessenen Verformungen an den einzelnen Bauteilen analysiert und anschließend auf die interessierende Werkzeugwirkstelle projiziert.

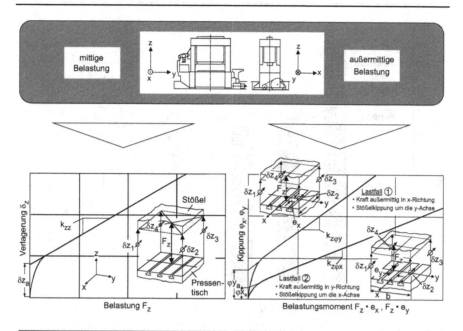

Steifigkeitskenngrößen

- lineare Steifigkeit in z-Richtung

$$k_{zz} = \frac{F_z}{\frac{1}{4}(\delta_{z1} + \delta_{z2} + \delta_{z3} + \delta_{z4})}$$

- Anfangsverlagerung in z-Richtung: δ_{za}

- Steifigkeitswert q_{zz}

(Zum Vergleich geometrisch ähnlicher Pressen mit unterschiedlichen Nennkräften F_N bezüglich ihrer vertikalen Steifigkeit)

$$q_{zz} = \frac{k_{zz}}{\sqrt{F_N}} = const \text{ (für ähnliche Pressen)}$$

Beispiel: Kaltfließpressen

$$15 \frac{\sqrt{N}}{m} < q_{zz} < 50 \frac{\sqrt{N}}{m}$$

Steifigkeitskenngrößen

- Kippsteifigkeit um die x-Achse

$$k_{z\varphi x} = \frac{F_z \cdot e_y}{\frac{1}{2}(\frac{\delta_{z1} - \delta_{z2}}{b} + \frac{\delta_{z4} - \delta_{z3}}{b})}$$

- Kippsteifigkeit um die y-Achse

$$k_{z\varphi y} = \frac{F_z \cdot e_x}{\frac{1}{2}(\frac{\delta_{z1} - \delta_{z4}}{a} + \frac{\delta_{z2} - \delta_{z3}}{a})}$$

- Anfangskippung um die x-Achse: φ_{xa}
- Anfangskippung um die y-Achse : φ_{ya}
- Kippsteifigkeitswert $p_{z\varphi x}$, $p_{z\varphi y}$

(Zum Vergleich geometrisch ähnlicher Pressen bezüglich ihrer Kippsteifigkeiten)

$$p_{z\varphi x} = \frac{k_{z\varphi x}}{\sqrt{F_N^3}} = const \quad (0,25\frac{m}{\sqrt{N}} < p_{z\varphi x} < 4\frac{m}{\sqrt{N}})^*$$

$$p_{z\varphi y} = \frac{k_{z\varphi y}}{\sqrt{F_N^3}} = const \quad (0,5\frac{m}{\sqrt{N}} < p_{z\varphi y} < 4\frac{m}{\sqrt{N}})^*$$

* Beispiel: Kaltfließpressen

Bild 4-7. Steifigkeitskennwerte einer Umformmaschine bei mittiger und außermittiger Belastung

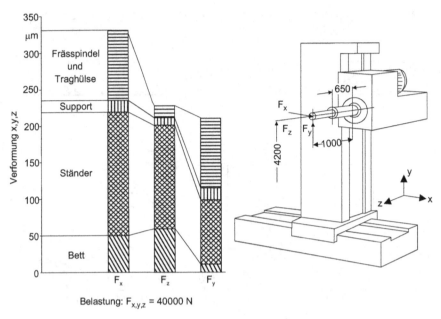

Bild 4-8. Verformungsanalyse an einem Bohr- und Fräswerk

4.4 Quasi-statische Last-Verformungsanalyse

Ein alternatives, rationelles Verfahren zur statischen Schwachstellenanalyse be-ruht auf einer dynamischen Verformungsanalyse (vgl. Abschnitt 6.2.3) [4-4, 4-5]. Hierbei werden an der Zerspanstelle zwischen Werkzeug und Werkstück nie-derfrequente, sinusförmige Kraftsignale (f < 10 Hz) eingeleitet und die Verlage-rungswerte an den interessierenden Strukturpunkten der Maschine mit absolut messenden Weg-, Geschwindigkeits- oder Beschleunigungsaufnehmern (siehe Kapitel 2) in den einzelnen Koordinatenrichtungen erfasst. Das statische Maschi-nenverhalten wird also durch das Verhalten bei niedrigen Frequenzen approxi-miert. Die verwendeten Aufnehmertypen benötigen nicht die bei Relativauf-nehmern erforderliche Abstützung durch Messgerüste o.ä.. Die Aufnehmer werden an den zu messenden Punkten in den jeweiligen Koordinatenrichtungen von Hand gegen die Maschinenstruktur gedrückt oder mit Haftmagneten fest-gehalten.

Bei Maschinenstrukturen handelt es sich um eine mechanische Koppelung von Ständerbauteilen, Schlitten, Spindel-Lager-Systemen, Antriebselementen usw., die durch Koppelelemente wie Verschraubungen, Führungen und Lager miteinander verbunden sind. Man kann sie für eine statische Verformungsanalyse als ein Sys-tem parallel oder in Reihe geschalteter Federelemente ansehen, die im Kraftfluss liegen und ihren jeweiligen Teil an der Gesamtverformung der Maschine (speziell der Verformung an der Zerspanstelle) beitragen.

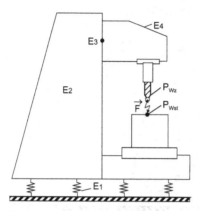 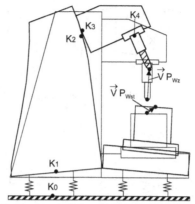

Verformungseinfluss des Elementes E_i auf die Verlagerung des Werkzeugpunktes P_{Wz}:

$$\vec{V}_{PWz}(E_i) = \vec{T}_{PWz}\{K_i\} - \vec{T}_{PWz}\{K_{i-1}\}$$

mit K_{i-1}, K_i : angrenzende Koppelstellen
$\vec{T}_{PWz}\{\}$: Projektionsalgorithmus auf
die Zerspanstelle P_{Wz}

An der Ständerbewegung beteiligte Baugruppen		relevante Koppelstellen
Aufstellung	E1	K0 / K1
Ständer	E2	K1 / K2
z - Führung	E3	K2 / K3
Spindelkasten	E4	K3 / K4

Bild 4-9. Verformung der im Kraftfluss liegenden, einzelnen Maschinenkomponenten

Bild 4-9 zeigt am Beispiel eines auf weichen Federn aufgestellten Senkrecht-bohrwerkes den Einfluss der im Kraftfluss liegenden Maschinenkomponenten E_i auf die Gesamtverformung an der Bearbeitungsstelle. Ständerbiegung, Aufklaffen der Verbindung von Ständer und Bett, Bettbiegung, Aufklaffen der z-Führung des Spindelkastens und Biegeverformung des Spindelkastens sind als die wichtigsten Verformungsanteile herausgestellt.

Die statische, relative Gesamtverformung an der Schnittstelle infolge der Schnittkraft $\vec{F}$ (Bild 4-9) setzt sich aus der absoluten werkzeugseitigen (Punkt P_{Wz}) und der absoluten werkstückseitigen Teilverformung (Punkt P_{Wst}) zusammen.

$$\vec{V}_{ges,rel} = \vec{V}_{PWz,abs} + \vec{V}_{PWst,abs} \qquad (4\text{-}2)$$

Aufgrund des Kraftflusses ist im Allgemeinen eine klare Zuordnung der einzelnen Bauteilverantwortlichkeiten auf die beiden Verformungsanteile $\vec{v}_{PWst}$ und $\vec{v}_{PWz}$ möglich. So sind der ständerseitige Anteil der Aufstellungsnachgiebigkeit, die Ständerbiegung, das Führungsbahnaufklaffen und die Spindelkastenbiegung für den werkzeugseitigen Verformungsanteil $\vec{v}_{PWz}$ verantwortlich. Hingegen wird der werkstückseitige Anteil der Verlagerung durch die Aufstellungsnachgiebigkeit des Bettes und durch die Bettbiegung verursacht. Lediglich die zwischen Ständer und Bett aufklaffende Fuge ist anteilsmäßig beiden Verformungskomponenten $\vec{v}_{PWz}$ und $\vec{v}_{PWst}$ zuzuordnen.

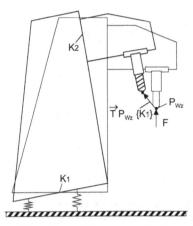 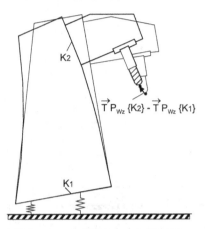

Verlagerung des Werkzeugpunktes P_{Wz} Verlagerung des Werkzeugpunktes P_{Wz}
infolge der Aufstellung K_1 infolge der Ständerbiegung K_2

Bild 4-10. Einfluss der Ständerbiegung auf die Verlagerung des Werkzeugpunktes durch Messung der Koppelstellenbewegungen K_1 und K_2

Die wirksame Eigenverformung eines Bauteils äußert sich in einer Relativverlagerung derjenigen Koppelstellen des Körpers, die die Verbindung zu den im Kraftfluss liegenden, angrenzenden Bauteilen bilden.

Am Beispiel des Ständers in Bild 4-9 sei dieser Zusammenhang näher erläutert. Wie Bild 4-10 in der linken Darstellung zeigt, macht der Ständer zunächst aufgrund seiner weichen Aufstellung und weichen Verbindung zum Bett eine Starrkörperbewegung, die durch eine messtechnische Erfassung der Koppelflächenverlagerung K_1 zwischen Ständer und Fundament eindeutig bestimmbar ist.

Unter der Annahme, dass alle Bauteile unverformt bleiben, erzeugt diese Bewegung der Koppelstelle K_1 schon eine Verlagerung des Werkzeugpunktes $\vec{T}_{P_{Wz}\{K_1\}}$, für die weder der Ständer noch die nach ihm kommenden, übrigen Komponenten verantwortlich sind. Der Verlagerungsanteil $\vec{T}_{P_{Wz}\{K_1\}}$ muss also in jedem Fall in Abzug gebracht werden, wenn man den Ständereinfluss auf die Verlagerung von P_{Wz} ermitteln will.

Um den Verformungsanteil an der Wirkungsstelle P_{Wz}, für den der Ständer verantwortlich ist, zu erfassen, muss zusätzlich die Relativverlagerung der Koppelstelle K_2 des Ständers betrachtet werden. Bild 4-10 stellt rechts den Anteil dieser Verlagerung, der ausschließlich durch die Ständerverformung hervorgerufen wird, dar. Als Ausgangsposition der Verformungsbewegung ist der durch K_1 bedingte, gekippte Zustand gezeichnet. Diese Koppelstellenverlagerung von K_2 projiziert auf die Bearbeitungsstelle P_{Wz} (unter Annahme unverformter Komponenten in Richtung P_{Wz}) gibt den Anteil der Werkzeugverlagerung wieder, für die lediglich der Ständer verantwortlich ist.

Da die zu messenden Bewegungen der einzelnen Koppelflächen der Bauteile mit Hilfe von Absolutaufnehmern an diskreten Punkten erfasst werden, werden somit immer die Gesamtverlagerungen gemessen. Dies bedeutet, dass sowohl die eigentliche Bauteilverformung, als auch die Starrkörperbewegung des Bauteils, die durch alle Verformungen, die in Richtung Fundament vor dem betreffenden Bauteil entstanden sind, im Messergebnis enthalten sind. Bezogen auf das Beispiel in Bild 4-10 enthalten die Messwerte der absoluten Bewegung der Koppelstelle K_2 sowohl den Ständerbiegeanteil als auch die Starrkörperbewegungen des Ständers durch die Koppelstelle K_1 (Aufstellung).

Somit ergibt sich der Anteil an der Werkzeugverlagerung, der allein durch die Ständerbiegung hervorgerufen wird, aus der Differenz der auf den Wirkungspunkt P_{Wz} projizierten Koppelflächenbewegungen

$$\vec{V}_{PWz(\text{Ständer})} = \vec{T}_{PWz}\{K_2\} - \vec{T}_{PWz}\{K_1\}$$

oder allgemein für einen Körper E_i mit den Koppelstellen K_{i-1} und K_i

$$\vec{V}_{PWz(E_i)} = \vec{T}_{PWz}\{K_i\} - \vec{T}_{PWz}\{K_{i-1}\} \tag{4-3}$$

Dabei ist mit $\vec{T}_{PWz\{K_i\}}$ die Starrkörper-Transformation von K_i auf den Werkzeugpunkt P_{Wz} bezeichnet. Diese Starrkörpertransformation bzw. Projektion der Koppelstellenbewegung von K_i auf den Werkzeugbezugspunkt P_{Wz} soll im Folgenden näher beleuchtet werden.

Bild 4-11 stellt diese Zusammenhänge dar. In die Koppelstellenebene sind drei Messpunkte in Form eines rechtwinkligen Koordinatenkreuzes zu legen. Punkt 0 liegt dabei in der Mitte des Tripels. Um die spätere Auswertung zu erleichtern, sollten die Achsen der Messpunkte parallel zu den Maschinenkoordinatenachsen ausgerichtet sein.

Die Bewegung des Punktes P_{Wz} infolge der Koppelstellenbewegung von K_i bei einer gedachten starren Verbindung des Punktes mit der Koppelebene ist dann durch die Verlagerungs-Messwerte der Punkte P_{0Ki}, P_{1Ki}, P_{2Ki} und P_{3Ki} wie folgt darstellbar:

$$\vec{T}_{PWz}\{K_i\} = \vec{\delta}_{P0K_i} + [A_{\varphi P0K_i}] \cdot (\vec{P}_{PWz} - \vec{P}_{P0K_i}) \tag{4-4}$$

Hierbei wird die Starrkörperbewegung $\vec{\delta}_{\varphi 0}$, wie in Bild 4-11 gezeigt, durch die lineare Bewegung des Punktes P_0 der Koppelebene K_i dargestellt, der mögliche rotatorische Bewegungen um die drei Achsen überlagert sind. Die Rotationsmatrix $[A_{\varphi P0Ki}]$ beschreibt diese Drehbewegung.

Sie besteht aus den Rotationskomponenten um die drei Koordinatenachsen

$$[A_{\varphi P0K_i}] = \begin{pmatrix} 0 & -\varphi_{P0z} & +\varphi_{P0y} \\ +\varphi_{P0z} & 0 & -\varphi_{P0x} \\ -\varphi_{P0y} & +\varphi_{P0x} & 0 \end{pmatrix} \tag{4-5}$$

mit: φ_{P0x} = Rotation um die x-Achse

φ_{P0y} = Rotation um die y-Achse

φ_{P0z} = Rotation um die z-Achse

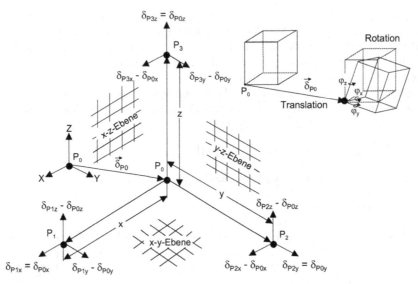

Bild 4-11. Lage der Messebenen und Messpunkte

Der rotationsbedingte Verlagerungsanteil des Werkzeugpunktes P_{Wz} durch die Koppelstelle ergibt sich aus dem Produkt von Rotationsmatrix und Abstandsvektor $\vec{P}_{Wz} - \vec{P}_{0Ki}$ zwischen dem Werkzeug und dem Messpunkt P_{0Ki} der Koppelstelle K_i. Für die drei möglichen Lagen der Koppelebene, jeweils parallel zur x-y-, x-z- bzw. y-z-Ebene des Maschinenkoordinatensystems, sind in den Bildern 4-11 und 4-12 die Beziehungen zur Ermittlung der Rotationskomponenten φ_x, φ_y und φ_z aus den drei Messpunkten dargestellt.

Wie Bild 4-12 zu entnehmen ist, sind unabhängig von der Lage der Koppelebene zum Koordinatensystem der Maschine die drei Verlagerungskomponenten δ_{P0x}, δ_{P0y} und δ_{P0z} des Punktes P_0 (Koordinatenursprung des lokalen Hilfskoordinatensystems in der Koppelebene) messtechnisch zu erfassen. Zusätzlich sind drei weitere Verlagerungskomponenten von zwei der drei Messpunkte P_1, P_2, P_3 erforderlich, die von der Lage der Mess- bzw. Koppelebene abhängen. Dabei kann bei Bedarf jeweils ein Messwert durch einen anderen ersetzt werden (z.B. für die x-y-Ebene δ_{1y} durch δ_{2x} mit den zugehörigen Berechnungsgleichungen). Für eine eindeutige Bestimmung der Koppelstellenbewegung sind also 6 Messwerte und 2 Abmessungen (die Abstände der gewählten Messpunkte zu P_0) erforderlich.

Neben der Gleichung (4-5) ist zur Projektion der Koppelstellenbewegung von K_i auf den Wirkungspunkt P_{Wz} nun lediglich noch der bekannte Verbindungsvektor $\vec{P}_{Wz} - \vec{P}_{0Ki}$ mit den Komponenten

$$\vec{P}_{Wz} - \vec{P}_{0K_i} = \begin{pmatrix} X_{Wz} - X_{0K_i} \\ Y_{Wz} - Y_{0K_i} \\ Z_{Wz} - Z_{0K_i} \end{pmatrix} \tag{4-6}$$

Lage der Koppel-stellenebene bzw. des Messwert-koordinaten-systems	Drehwinkel			Messwerte
	φ_x	φ_y	φ_z	$\delta_{P0} = \left\{ \begin{array}{c} \delta_{P0x} \\ \delta_{P0y} \\ \delta_{P0z} \end{array} \right\}$
x-y-Ebene (Punkte P_0, P_1, P_2)	$\dfrac{\delta_{P2z} - \delta_{P0z}}{y}$	$-\dfrac{\delta_{P1z} - \delta_{P0z}}{x}$	$-\dfrac{\delta_{P2x} - \delta_{P0x}}{y}$; $\dfrac{\delta_{P1y} - \delta_{P0y}}{x}$	δ_{P1z} δ_{P2z} δ_{P1y} oder δ_{P2x}
x-z-Ebene (Punkte P_0, P_1, P_3)	$-\dfrac{\delta_{P3y} - \delta_{P0y}}{z}$	$\dfrac{\delta_{P3x} - \delta_{P0x}}{z}$; $-\dfrac{\delta_{P1z} - \delta_{P0z}}{x}$	$\dfrac{\delta_{P1y} - \delta_{P0y}}{x}$	δ_{P1y} δ_{P3y} δ_{P1z} oder δ_{P3x}
z-y-Ebene (Punkte P_0, P_2, P_3)	$-\dfrac{\delta_{P3y} - \delta_{P0y}}{z}$; $\dfrac{\delta_{P2z} - \delta_{P0z}}{y}$	$\dfrac{\delta_{P3x} - \delta_{P0x}}{z}$	$-\dfrac{\delta_{P2x} - \delta_{P0x}}{y}$	δ_{P2x} δ_{P3x} δ_{P2z} oder δ_{P3y}
				je 6 Messwerte

Bild 4-12. Allgemeine Gleichungen zur Ermittlung der Starrkörper-Rotationsbewegungen

zu berücksichtigen, wobei die Großbuchstaben X, Y, und Z für die Koordinaten des Maschinensystems stehen. Wie Gl. (4-3) zu entnehmen ist, ergibt sich der durch Eigenverformung verursachte Anteil eines Bauteiles E_i an der Gesamtverlagerung des Werkzeugpunktes P_{Wz} aus der Relativbewegung der kraftübertragenden Koppelstellen $K_i - K_{i-1}$. Durch Einsetzen von Gl. (4-4) bis (4-6) in Gl. (4-3) erhält man den allgemeinen Zusammenhang

$$\vec{V}_{PWz(E_i)} = \vec{\delta}_{POK_i} - \vec{\delta}_{POK_{i-1}} + [A_{\varphi POK_i}] \cdot (\vec{P}_{Wz} - \vec{P}_{OK_i})$$
$$- [A_{\varphi POK_{i-1}}] \cdot (\vec{P}_{Wz} - \vec{P}_{OK_{i-1}})$$

(4-7)

Mit dieser Beziehung lässt sich nun für jedes Bauelement E_i des Beispiels aus Bild 4-9 der Verformungsanteil an der Bearbeitungsstelle messtechnisch bestimmen. Man benötigt dazu 2 x 6 Verlagerungsmesswerte, 2 x 2 Abstandswerte im Koppelstellenkoordinatensystem (in der Regel sind das die Kantenlängen der Führungsflächen K_{i-1} und K_i) und 2 x 3 Abstandskomponenten vom Werkzeug P_{Wz} zum Ursprung der beiden Koppelstellenkoordinatensysteme P_{OKi-1} und P_{OKi}.

Für den Fall, dass eine betrachtete Koppelstelle unter Last nicht exakt eben bleibt, sind mehr als 3 Messpunkte in die Koppelebene zu legen. Vor der Auswertung muss rechnerisch eine Ausgleichsebene durch die repräsentativen Messpunkte gelegt werden. Durch diese Maßnahme bleibt auch bei ggf. auftretenden Messfehlern eine zufriedenstellende Aussagegenauigkeit erhalten.

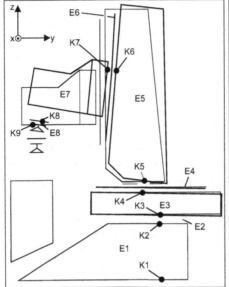

	Elemente	Koppel-stellen	Anteil an der Gesamtnach-giebigkeit (%)
E1	Bett	K1, K2	0
E2	x - Führung	K2, K3	11
E3	Kreuzschlitten	K3, K4	0
E4	y - Führung	K4, K5	54
E5	Ständer	K5, K6	0
E6	z - Führung	K6, K7	15
E7	Spindelkasten	K7, K8	17
E8	Spindel	K8, K9	6

100% = 0,026 µm/N

Bild 4-13. Ergebnis der Quasistatik-Untersuchung eines Bearbeitungszentrums (z-Richtung)

Der vorstehend beschriebene Rechengang liefert als Ergebnis, wie Bild 4-13 für ein in z-Richtung untersuchtes Bearbeitungszentrum zeigt, eine prozentuale Aufteilung der Gesamtnachgiebigkeit auf die einzelnen Bauteile. Der Nachgiebigkeitseinfluss der einzelnen Bauteile ist dadurch direkt vergleichbar. Schwachstellen können lokalisiert werden. Im vorliegenden Beispiel ist dies insbesondere die y-Führung, während die Gestellbauteile und die Spindel ausreichend steif dimensioniert sind.

4.5 Bestimmung statischer Verformungen mit Hilfe der Speckleinterferometrie

Das in Abschnitt 2.6.2.4 erklärte In-plane-Verfahren bietet als eine Variante der Speckleinterferometrie die Möglichkeit, durch einen Blick senkrecht auf die Oberfläche eines Messobjekts Verformungskomponenten in der Ebene zu messen.

Die Anwendung des In-plane-Verfahrens wird hier beispielhaft bei der Bestimmung statischer Verformungen von Führungsschuhen gezeigt, die in Linearführungssystemen von Werkzeugmaschinen eingesetzt werden, Bild 4-14. Eine äußere Krafteinwirkung auf die Anschraubfläche führt zu einer Verformung des Schuhs und einer daraus resultierenden Verschiebung der daran befestigten Maschinenkomponenten. Diese Verschiebung kann sich negativ auf die Bearbeitungsgenauigkeit der Werkzeugmaschine auswirken.

In Bild 4-14 ist das Ergebnis der In-plane-Verformungsanalyse dokumentiert. Zur Krafteinleitung wurde auf der Anschraubfläche des Schuhs ein massiver Stahlblock befestigt. Nach Einleitung einer Kraft auf diesen Stahlblock in der im Bild oben rechts eingezeichneten Richtung weiten sich die beiden gegenüberliegenden Schenkel auf. Gleichzeitig verbiegt sich die Anschraubfläche.

Der Messkopf wurde so positioniert, dass mit der Kamera die gesamte Stirnfläche des Führungsschuhs erfasst wird. Gleichzeitig wurde die Stirnfläche aus zwei unterschiedlichen Richtungen so beleuchtet, dass ausschließlich Verschiebungskomponenten einzelner Objektpunkte in der in Bild 4-14 dargestellten Empfindlichkeitsrichtung $\vec{E}$ gemessen werden. Hierdurch ist es möglich, die Aufweitung der Schenkel quantitativ zu bestimmen. Eine gleichzeitige Messung der Verbiegung der Anschraubfläche ist nicht möglich.

Durch eine Veränderung der Beleuchtungsrichtungen besteht die Möglichkeit, den Empfindlichkeitsvektor $\vec{E}$ um 90° zu drehen, so dass dieser dann senkrecht zur Anschraubfläche zeigt. Hierdurch kann auch die Verbiegung der Anschraubfläche mit einer zweiten Messung bestimmt werden. Bild 4-14 dokumentiert das Untersuchungsergebnis zur Bestimmung der Aufweitung anhand von Topologielinien. Im Verlauf einer Linie besteht eine konstante Verformungskomponente in Empfindlichkeitsrichtung $\vec{E}$. Zwischen zwei Linien besteht ein Verformungsunterschied von 0,3 µm. Ausgehend von der Symmetrielinie in der Mitte der Anschraubfläche besteht auf dem linken und rechten Schenkel eine weitgehend symmetrische Aufweitung. Eine Auswertung entlang der Linien A-A bzw. B-B zeigt neben der reinen Verkippung eine zusätzliche Verbiegung im mittleren Bereich beider Schenkel.

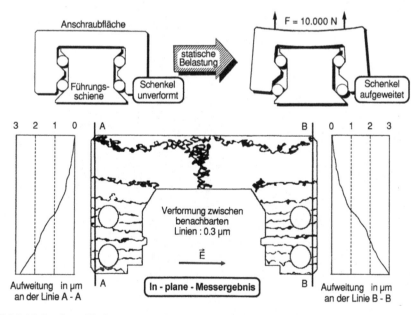

Bild 4-14. In-plane-Verformungsanalyse eines Linearführungssystems

5 Thermisches Verhalten von Werkzeugmaschinen

Das thermoelastische Verformungsverhalten von Werkzeugmaschinen nimmt wie das zuvor behandelte statische Last-Verformungsverhalten entscheidenden Einfluss auf die Arbeitsgenauigkeit. Hierbei hängen die Strukturverformungen der Maschine von dem oft veränderlichen thermischen Zustand der Maschine ab [5-1].

5.1 Thermische Einflüsse auf Werkzeugmaschinen

Das thermische Maschinenverhalten, d.h. die Temperaturverteilung und die sich hieraus ergebenden Verformungen der Maschine, wird durch eine Vielzahl konstruktiver und wärmetechnischer Faktoren bestimmt. Neben maschineninternen Einflüssen wirken gleichzeitig thermische Umgebungseinflüsse auf die Maschine ein (Bild 5-1) und bewirken eine Wärmeeinbringung in die Maschinenstruktur, die in Abhängigkeit der thermischen Materialeigenschaften, der Masseverteilung sowie der Lage der Wärmequellen zu einer ungleichen und instationären Temperaturverteilung führt. Zusammen mit den wirksamen Dehnlängen und deren Ausdehnungskoeffizienten, der Bauteilstruktur (Verrippung, Wandstärken), der Lage der Bauteile zueinander sowie Art und Anbringung des Positionsmesssystems resultieren aus diesem Temperaturfeld Verlagerungen und Neigungen am Bearbeitungspunkt. Für die letztendliche Maßabweichung am Werkstück ist zusätzlich die Richtung der auftretenden Verlagerung von Bedeutung. So verursacht z.B. eine Verlagerung in y-Richtung bei einer Drehmaschine nur eine geringe Durchmesserabweichung.

Unter den maschineninternen Einflüssen, oder auch inneren Wärmequellen, werden die thermischen Einflussfaktoren verstanden, die durch das Betreiben der Maschine im belasteten oder unbelasteten Zustand auftreten. Dies sind zum einen die verlustbehafteten Komponenten wie Lager, Motoren, Getrieben etc. und zum anderen stellt der Bearbeitungsprozess selbst eine bedeutende Wärmequelle dar. Ein Teil der hier erzeugten Wärme führt zu einer Temperaturerhöhung von Werkzeug und Werkstück. Der größte Teil der Wärme wird in den Spänen gespeichert, die, vor allem bei Maschinen mit waagerechter Aufspannfläche, zu einer beträchtlichen Tischerwärmung beitragen. Zu den internen Wärmequellen zählt auch der thermische Zustand des Kühlschmierstoffes, der den größten Teil des Arbeitsraumes benetzt. Er kann sowohl zu unvorhersehbaren Einflussgrößen gehören als auch bewusst zur Erzielung einer gleichmäßigen Temperaturverteilung eingesetzt

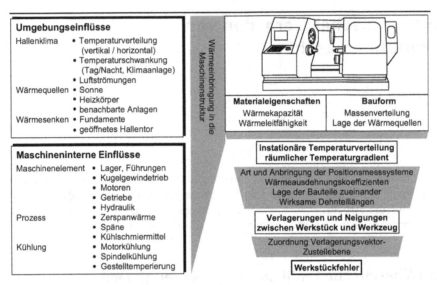

Bild 5-1. Ursachen für thermoelastische Verformungen

werden [5-2]. Eine gezielte thermische Beeinflussung kann außerdem durch Kühlung einzelner Komponenten (Spindel, Motoren) erfolgen, die indirekt jedoch auch einen Einfluss auf die umgebende Maschinenstruktur besitzen.

Die thermischen Umgebungseinflüsse sind u.a. vom Aufstellungsort der Maschine abhängig. Hierbei spielt in erster Linie das Hallenklima, gekennzeichnet durch zeitliche Lufttemperaturschwankungen sowie horizontale und vertikale Lufttemperaturgradienten, eine wichtige Rolle [5-3]. Die Temperaturschwankungen der Hallenluft verhindern ebenso wie Drehzahl- und Belastungsvariationen, dass sich in der Maschine ein konstanter Beharrungszustand einstellen kann.

Vertikale Temperaturgradienten und deren Änderung wirken sich insbesondere auf die Verformung der Gestellbauteile von Großwerkzeugmaschinen aus. Unmittelbare Strahlungsbelastungen durch Sonneneinstrahlung, Heizungen oder benachbarte Anlagen sind in jedem Fall zu vermeiden.

Am Beispiel der in Bild 5-2 skizzierten Momentaufnahme der thermischen Situation einer Maschinenhalle wird die Bedeutung des Aufstellungsortes erkennbar. Bedingt durch die verschiedenen Funktionsbereiche (Montage, Versand, Schweißerei) sind deutliche Unterschiede im Temperaturniveau ($\Delta\vartheta$= 2°C) festzustellen. Des weiteren liegt eine ausgeprägte Temperaturschichtung vor, die sich im Bereich des Hallentores am stärksten ausbildet, da oberhalb des Tores Heißluftgebläse angeordnet sind. Hier ist auch zu beachten, dass ein gelegentliches Öffnen des Hallentores, je nach Außentemperatur, zu großen Temperatursprüngen führt.

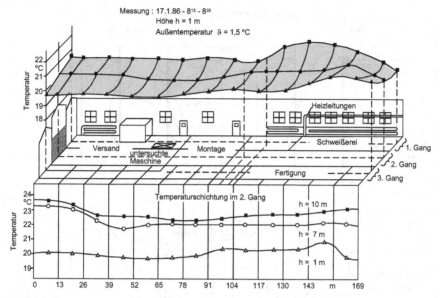

Bild 5-2. Temperaturverteilung und -schichtung in einer Maschinenhalle

Bei den das Hallenklima beeinflussenden Faktoren unterscheidet man zwischen meteorologischen (äußeren) und hallenspezifischen (inneren) Einflüssen. Bild 5-3 zeigt den jahreszeitlichen Verlauf der beiden wesentlichen Umgebungseinflüsse, Intensität der Sonneneinstrahlung und Amplitude der Tag-/Nachtschwankungen. Diese äußeren Einflüsse wirken zusätzlich auf den Verlauf der Hallentemperatur, die zunächst durch Heizsysteme, Klimaanlagen, Lüfter, Maschinenabwärme und sonstige Wärmequellen bestimmt wird. Der dargestellte Temperaturverlauf lässt Schaltzyklen der Klimaanlage um 6.00 Uhr und 16.00 Uhr erkennen. In Abhängigkeit von der jeweiligen Außentemperatur schwanken die Amplituden zwischen $\Delta\vartheta = 1\,°C$ und $4{,}5\,°C$.

5.2 Messtechnische Untersuchung des thermischen Verformungsverhaltens

5.2.1 Versuchsaufbau

Die Beurteilung des thermischen Verformungsverhaltens spanender Werkzeugmaschinen erfolgt in erster Linie durch eine Bestimmung der an der Zerspanstelle auftretenden Relativverlagerungen zwischen Werkzeug und Werkstück und einer zeitgleichen Erfassung der Temperaturen verschiedener Strukturpunkte. In den Normvorschlägen ISO 230-3 und DIN V 8602 werden hierfür das versuchstechnische Vorgehen sowie die Auswertung der Messergebnisse beschrieben.

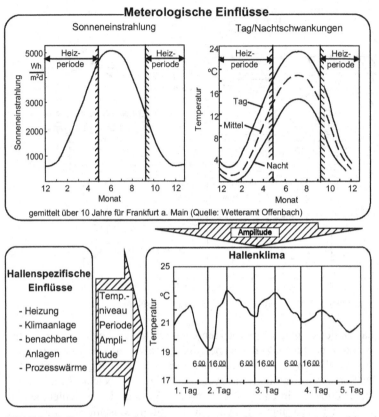

Bild 5-3. Einflussgrößen auf den Temperaturverlauf innerhalb einer Maschinenhalle

Im Hinblick auf eine detaillierte Verformungsanalyse zur Ableitung kon-struktiver Verbesserungsmaßnahmen sind darüber hinaus auch die quantitativen Anteile der einzelnen Bauelemente an der Gesamtverformung von Interesse (Ab-schnitt 5.2.4).

Die Verlagerungen an der Zerspanstelle werden zweckmäßigerweise mit meh-reren Wegaufnehmern gleichzeitig erfasst, um sowohl relative lineare Verlagerun-gen δx, δy, δz in Richtung der drei Koordinatenachsen x, y, z als auch Neigungen $\delta\varphi_x$ und $\delta\varphi_y$ um die x- und y-Achsen feststellen zu können (Bild 5-4). Bewährt haben sich berührungslos messende Systeme, mit denen die Verlagerungen für un-terschiedliche Betriebszustände gegen einen in die Spindel gespannten Messdorn erfasst werden können. Zur Vermeidung von Messfehlern sollte das Messgestänge sowie der Messdorn aus Material mit niedrigem Ausdehnungskoeffizienten (z.B. Invarstahl) bestehen.

Zeitgleich zur Verlagerungserfassung wird die Erwärmung der Maschine an einer Vielzahl von Punkten berührend gemessen. Neben der eigentlichen Maschi-nenstruktur sollte auch die Temperaturentwicklung der Hauptwärmequellen (Motoren, Kugelgewindemuttern, Führungsschuhe, Lagerstellen), der Wegmess-

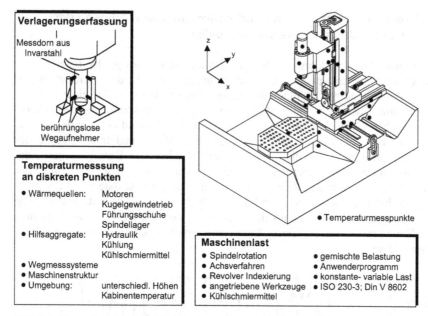

Verlagerungserfassung

Messdorn aus
Invarstahl

berührungslose
Wegaufnehmer

**Temperaturmesssung
an diskreten Punkten**

- Wärmequellen: Motoren
                   Kugelgewindetrieb
                   Führungsschuhe
                   Spindellager
- Hilfsaggregate: Hydraulik
                   Kühlung
                   Kühlschmiermittel
- Wegmesssysteme
- Maschinenstruktur
- Umgebung: unterschiedl. Höhen
                   Kabinentemperatur

- Temperaturmesspunkte

Maschinenlast

- Spindelrotation   - gemischte Belastung
- Achsverfahren   - Anwenderprogramm
- Revolver Indexierung   - konstante- variable Last
- angetriebene Werkzeuge   - ISO 230-3; Din V 8602
- Kühlschmiermittel

Bild 5-4. Versuchsaufbau zur Untersuchung des thermischen Verformungsverhaltens

systeme sowie der Hilfsaggregate erfasst werden. Gleichzeitig wird die Raumtemperatur im Maschinennahfeld an verschiedenen Positionen und in verschiedenen Höhen gemessen, um die zuvor beschriebenen hallenklimatischen Einflüsse zu erfassen. Als Temperatursensoren können Thermoelemente oder Widerstandsthermometer eingesetzt werden (Abschnitt 2.7).

Eine Interpretation der Temperatur-Verlagerungszusammenhänge ist meistens nicht anhand eines Versuches möglich. Vielmehr ist es erforderlich, durch ein umfangreiches Versuchsprogramm die Einzelphänomene (Erwärmung der Vorschubantriebsstränge, Erwärmung der Spindellagerung, Einfluss der Prozesswärme etc.) und deren Auswirkung auf das Verlagerungsverhalten zu bestimmen, um dann deren summarisches Zusammenwirken beurteilen zu können. Neben der Art der Belastung sollte auch die Höhe dieser (Vorschubgeschwindigkeit, Spindeldrehzahl) modifiziert werden und die Abkühlphase aufgezeichnet werden.

Wird eine Maschine über einen längeren Zeitraum in einem konstanten Betriebszustand betrieben (Massenproduktion), so streben Temperatur und Verformung einem Beharrungszustand entgegen. Der Zeitraum, bis eine Maschine den thermischen Beharrungszustand erreicht, kann in Abhängigkeit von der Maschinenbauform und der Maschinengröße bis zu 8 Stunden betragen. Aus diesem Grund ist eine automatisierte Messwertaufnahme sinnvoll. Bei Universalmaschinen mit großen Belastungswechseln bzw. bei Maschinen mit wechselnden Arbeitsprogrammen tritt ein solcher Beharrungszustand nicht ein. Temperaturverteilung und Verformung sind in diesem Fall dynamische Größen.

5.2.2 Temperaturentwicklung und Verformungsverhalten an der Zerspanstelle durch innere Wärmequellen

Die Temperaturentwicklung in der Maschinenstruktur infolge der inneren, maschineneigenen Wärmequellen wird durch die Art und Höhe der thermischen Last (Verfahrgeschwindigkeit, Spindeldrehzahl) bestimmt. Während bei einer konstanten Belastung, wie z.B. einer Massenfertigung, ein Beharrungszustand erreicht wird, tritt bei Wechsellasten nur ein quasistationärer Zustand auf, bei dem Verlagerungen und Temperaturen um einen mittleren Wert pendeln. Die Höhe des Temperaturniveaus sowie die Zeit bis zum Erreichen des Beharrungszustandes hängt neben den Wärmeübergangsbedingungen vor allem von der Entfernung des Messpunktes zur Wärmequelle ab. Je dichter sich eine Messstelle an der Wärmequelle befindet, desto schneller folgt dieser Punkt der Temperaturentwicklung der Wärmequelle. In Abhängigkeit der für eine Verlagerungsrichtung relevanten Dehnlängen resultieren aus dieser Temperaturverteilung unterschiedliche Verlagerungsverläufe.

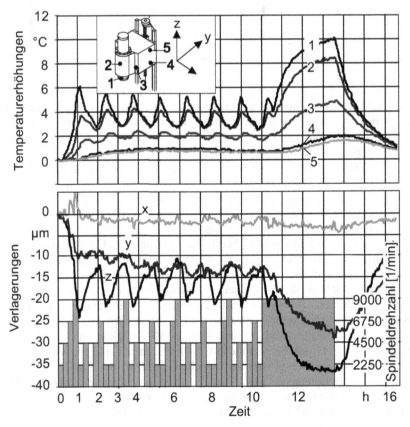

Bild 5-5. Temperaturentwicklung und Verlagerungen eines Bearbeitungszentrums bei Spindelrotation

Bild 5-5 verdeutlicht diesen Sachverhalt an einem Bearbeitungszentrum. Über einen Zeitraum von 10 Stunden wurde die Maschine mit einem Drehzahlspektrum gemäß DIN V8602 belastet, anschließend wurde die Spindel für weitere 3 Stunden mit maximaler Drehzahl betrieben. Die Hauptwärmequelle stellt bei dieser Maschine das vordere Spindellager dar. Hiervon ausgehend wird der gesamte Spindelkasten erwärmt. Deutlich zu erkennen ist, dass mit zunehmender Entfernung von dieser Wärmequelle der Temperaturanstieg geringer und die thermische Trägheit größer wird. Hierdurch wirken sich Belastungswechsel nur auf Messpunkte in Nähe der Wärmequelle (T_1, T_2 und T_3) aus, während diese auf entfernte Messstellen (T_4 und T_5) kaum einen Einfluss haben. Die sich hieraus ergebenden Verlagerungen sind in der unteren Bildhälfte dargestellt. Aufgrund der thermosymmetrischen Konstruktion treten in x-Richtung nur geringe Verlagerungen auf. In y-Richtung wird die thermische Drift durch die integrale Erwärmung des Spindelkastens bestimmt, so dass Schwankungen der wärmequellennahen Temperaturen stark geglättet im Verlagerungsverlauf zu finden sind. Die thermische Drift der z-Richtung hingegen wird wesentlich von dem thermischen Zustand des vorderen Spindelkastens bestimmt. Bei wechselnder Belastung schwanken daher die Verlagerungswerte entsprechend den Temperaturen T_1 und T_2.

Neben translatorischen Verlagerungen treten auch thermisch bedingte Winkelfehler auf. Diese werden durch Temperaturunterschiede in der Maschinenstruktur hervorgerufen, die zu einer Biegung einzelner Bauteile und damit letztendlich zu Neigungsfehlern am Bearbeitungspunkt führen. Bild 5-6 demonstriert diesen Sachverhalt am Beispiel der Biegung eines Fräsmaschinenständers. Ein weiteres Beispiel hierzu gibt Bild 5-13 im Kapitel 5.2.4.

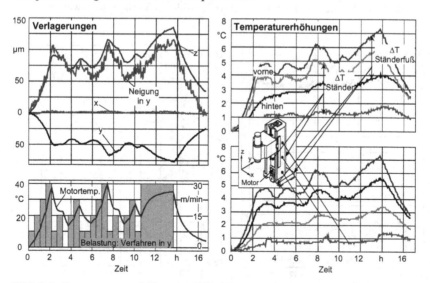

Bild 5-6. Temperaturentwicklung und Verlagerungen eines Bearbeitungszentrums beim Verfahren der y-Achse

Die kritische Wärmequelle bei der dargestellten Fräsmaschine stellt der in den Ständer integrierte y-Motor dar. Die starke Wärmentwicklung beim Verfahren in y-Richtung führt auch zu einer starken Erwärmung des Ständers. Dieser dehnt sich nach oben und in negative y-Richtung aus und verursacht die dargestellten Verlagerungen.

Gleichzeitig bildet sich durch die Anordnung des Motors im vorderen Ständerbereich sowie durch eine bessere Durchlüftung des hinteren Ständerbereichs ein Temperaturgradient zwischen Vorder- und Hinterseite aus. Dieser führt zu einer stärkeren vorderen thermischen Dehnung und verursacht dadurch eine Biegung des Ständers, die als Neigungsfehler am Bearbeitungspunkt beobachtet werden kann.

Werden mehrere Bauteile thermisch beeinflusst, können sich, bei entsprechender Anordnung, die Verlagerungsanteile der einzelnen Bauteile gegenseitig aufheben. Bild 5-7 zeigt das Verhalten des erwähnten Bearbeitungszentrums beim Verfahren in z-Richtung. Der Maschinenständer wird hierbei durch den oben in den Ständer integrierten Motor erwärmt. Im Gegensatz zu Bild 5-6 bildet sich daher am Ständer ein Temperaturgradient von oben nach unten aus. Diese Erwärmung führt zu einem Wachsen des Ständers in positive z-Richtung. Der Spindelkasten hingegen wird durch die an ihm angeflanschte Kugelgewindemutter sowie die Führungsschuhe thermisch beeinflusst. Dies führt zu einer von hinten ausgehenden Erwärmung und einer Dehnung in negative z-Richtung. Durch diese entgegengesetzten Dehnrichtungen heben sich die Verlagerungsanteile von Ständer und Spindelkasten teilweise wieder auf, so dass die am Werkzeugpunkt auftretenden Verlagerungen klein sind. In y-Richtung addieren sich jedoch Ständer- und Spindelkastendehnung und führen zu deutlich größeren Verlagerungswerten.

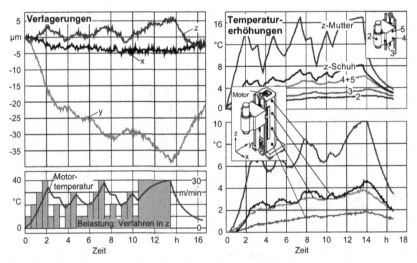

Bild 5-7. Temperaturentwicklung und Verlagerungen eines Bearbeitungszentrums beim Verfahren der z-Achse

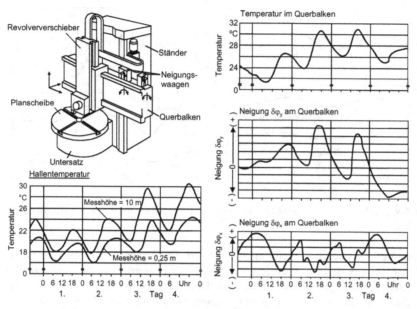

Bild 5-8. Einfluss der Umgebungstemperatur auf das geometrische Verhalten einer Senkrechtdrehmaschine. (Quelle: nach Schieß AG)

5.2.3 Temperatur- und Verformungsverhalten aufgrund thermischer Umgebungseinflüsse

Der zuvor beschriebenen Temperaturentwicklung aufgrund innerer Erwärmung überlagern sich die thermischen Einflüsse der Umgebung. Von diesen Temperaturschwankungen ist die gesamte Struktur betroffen. Im Vergleich zu den Temperaturänderungen durch innere Wärmequellen handelt es sich hierbei um kleine Temperaturunterschiede. Größere Verlagerungen treten daher meist in Verbindung mit großen wirksamen Dehnlängen oder bei Neigungen mit großen Hebellängen auf. Somit werden Großwerkzeugmaschinen in besonderem Maße durch solche Hallentemperatureinflüsse beeinträchtigt. In Bild 5-8 ist der Einfluss des Hallenklimas auf das Verformungsverhalten einer Senkrechtdrehmaschine dargestellt. Der Verlauf der Hallentemperatur weist tagesabhängig Schwankungen auf. Auch treten veränderliche Temperaturschichtungen auf, die sich im Temperaturverlauf des Querbalkens widerspiegeln. Diese Einflüsse führen zu Neigungen des Querbalkens, die sich direkt auf die Lage des Werkzeugträgers auswirken. Die Maschine war bei dieser Messung nicht in Betrieb.

Die in Bild 5-9 dargestellten Messergebnisse zeigen die Auswirkungen der inneren Wärmequellen überlagert durch die Umgebungseinflüsse für ein Bearbeitungszentrum kleiner Baugröße. Die Umgebungstemperaturschwankungen von $\Delta\vartheta$ Hochlaufen der Spindel von 0 auf 2000 min^{-1} gekennzeichnet. Im weiteren Verlauf ist eine dem Beharrungszustand überlagerte Schwankung als Reaktion auf die Umgebungstemperaturschwankungen zu erkennen.

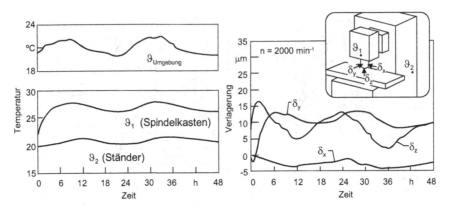

Bild 5-9. Einfluss der Tag/Nachtschwankungen auf die Arbeitsgenauigkeit einer Bettfräsmaschine

Die Verlagerung in y-Richtung wird durch ein Wachsen des Spindelkastens und des Z-Supports hervorgerufen. In z-Richtung ist zunächst eine sehr schnelle Ausdehnung der Spindel zu beobachten. Der sich anschließende Verlagerungsrückgang mit zunehmender Umgebungstemperatur ist auf ein anderes Bauteil, den wachsenden Ständer, zurückzuführen. An allen Verläufen der Verlagerungen ist die Auswirkung der Raumtemperaturschwankungen eindeutig auszumachen.

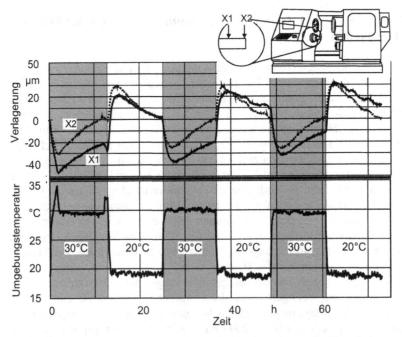

Bild 5-10. Radiale Verlagerungen bei sprunghafter Veränderung der Umgebungstemperatur

Den Einfluss von Umgebungstemperaturschwankungen auf die relativen Verlagerungen an der Zerspanstelle in radialer Richtung einer Schrägbettdrehmaschine zeigt Bild 5-10. Diese Messungen wurden in einer Klimakammer aufgenommen, die eine gezielte Beeinflussung der Umgebungstemperatur ermöglicht. Die Temperatur wurde in Intervallen von ca. 12 Stunden wechselweise auf konstant 20 °C bzw. 30 °C gehalten. Bei einer Temperaturerhöhung verringert sich zunächst der Abstand zwischen Revolver und Spindel. Nach ca. 2,5 Stunden geht die Verlagerung langsam wieder zurück, der Abstand vergrößert sich. Die thermische Drift beträgt auch 6 Stunden nach dem Temperaturwechsel noch ca. 2,5 µm/h. Selbst nach 10 Stunden driftet die Maschine noch um ca. 1,5 µm/h.

Das Verhalten der Maschine bei sprunghaftem Wechsel der Umgebungstemperatur kann genutzt werden, um den Anteil einzelner Bauteile an der Gesamtverlagerung von Raumtemperaturänderungen zu bestimmen. Die zeitliche Gesamtverlagerung kann in erster Näherung durch eine Summe von e-Funktionen der Form

$$\Delta x_i = C_i \left(1 - e^{\frac{-t}{T_i}} \right) \tag{5-1}$$

beschrieben werden. Die Konstante C_i ergibt sich theoretisch aus dem Produkt der linearen Ausdehnungskoeffizienten, der Amplitude des Temperatursprungs und der freien Dehnlänge des Bauteils. Die Konstante T_i gibt die Trägheit des Bauteils an und hängt von der Wärmekapazität sowie dem Wärmeübergang zum Bauteil ab.

Bild 5-11 zeigt diese Vorgehensweise für die Verlagerung ΔX_1 während der zweiten Erwärmungsphase des zuvor beschriebenen Versuchs. Die Sprungantwort

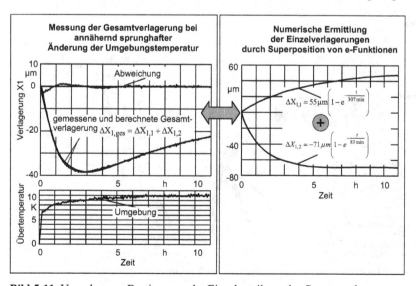

Bild 5-11. Vorgehen zur Bestimmung der Einzelanteile an der Gesamtverlagerung

lässt sich aufteilen in eine schnelle Reaktion des Werkzeugrevolvers $\Delta X_{1,2}$, die zu einer Abstandsverringerung führt, und eine deutlich langsamere Dehnung des Maschinenbettes $\Delta X_{1,1}$, die für die allmähliche Abstandsvergrößerung verantwortlich ist.

5.2.4 Messung von Strukturverformungen

Zur thermischen Schwachstellenanalyse einer Maschine als Entscheidungsgrundlage für Verbesserungsmaßnahmen sind Temperatur- und Verlagerungsmessungen an der Bearbeitungsstelle allein nicht ausreichend. Vielmehr müssen hierzu die qualitativen Anteile, mit denen die einzelnen Bauteile an der Gesamtverformung beteiligt sind, bestimmt werden. Neben aufwendigen Messaufbauten mittels berührender Sensoren und eines Referenzgestänges, bietet das nachfolgend vorgestellte optische Messverfahren die Möglichkeit, thermische Strukturverformungen einfacher zu erfassen.

Die Maschine wird hierbei durch auf die Struktur geklebte LEDs approximiert, deren Positionen während der Versuchdauer mittels eines Kamerasystems gemessen werden. Das Kamerasystem basiert auf zwei flächigen optischen Sensoren, die den Lichtschwerpunkt einer LED auf ihren aktiven Flächen erfassen. Aus diesen beiden 2-dimensionalen Lageinformationen sowie der geometrischen Anordnung beider Sensoren zueinander berechnet das System die Lage einer LED im Raum. Die Aktivierung der einzelnen LEDs erfolgt nacheinander über eine sogenannte Strober-Unit. Um thermisch bedingte Änderung des Abstandes beider Sensoren zu vermeiden, sind diese durch ein thermostabiles Gestänge miteinander verbunden. Zur Erhöhung der Systemgenauigkeit werden verschiedene Korrekturmodelle verwendet, deren Parameter durch ein einmaliges Einmessen bestimmt werden.

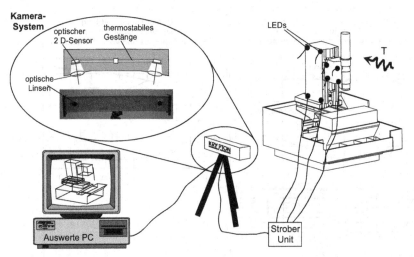

Bild 5-12. Messaufbau zur Erfassung thermischer Strukturverformungen

Des Weiteren wird ein differenzielles Messverfahren verwendet, um störende Hintergrundeinflüsse zu eliminieren. Hierzu wird bei jeder Messwerterfassung jeweils ein Bild ohne aktivierte LED und mit aktivierter LED aufgezeichnet und diese beiden Intensitätsbilder voneinander subtrahiert [5-4].

Eine Mess- und Auswertesoftware kombiniert die einzelnen Lageinformationen der LEDs zu einem Gesamtbild. Die Maschinenstruktur wird hierbei als ein Drahtmodell durch Punkte und Linien approximiert. Die Verlagerungen der Knotenpunkte werden durch die LEDs erfasst. Durch eine dreidimensionale Visualisierung der verformten Maschinenstruktur können so Schwachstellen erkannt und die einzelnen Verformungsanteile bestimmt werden.

In Bild 5-13 ist beispielhaft das thermoelastische Verhalten eines Spindelhalters zu sehen. Neben der summarischen Verlagerung an der Zerspanstelle werden bei dieser Darstellungsweise die Bauteilverformungen und deren Einfluss auf das Gesamtverhalten sichtbar. Die obere Bildreihe zeigt die Temperaturentwicklung des Spindelhalters anhand von Thermographieaufnahmen (siehe Kapitel 5.2.5), die untere Bildreihe die hieraus resultierenden Verformungen. Der Spindelhalter wurde hierfür mittels 12 LEDs approximiert, deren Lage unten links zu sehen ist.

Wie zu sehen, steigt die Temperatur des Motors auf etwa 70°C an. Eine zweite Wärmequelle ist das vordere Spindellager, das im Bild nach 135 Minuten zu erkennen ist. Beide Wärmequellen bewirken eine starke, jedoch ungleiche Erwärmung des Spindelhalters, die zu einem Wachsen in negative y- und z-Richtung führt. Ein ausgeprägter horizontaler Temperaturgradient verursacht zusätzlich ein Abkippen der Spindelhülse. Neben einem Winkelfehler ruft diese Neigung über den langen Hebel der Spindelhülse eine Verlagerung am Werkzeugpunkt in positive y-Richtung hervor, und kompensiert so den y-Verlagerungsanteil aufgrund der thermische Dehnung des Spindelhalters.

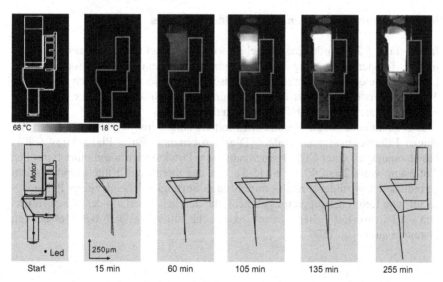

Bild 5-13. Verformungen eines Spindelhalters beim Reversierbetrieb des Spindelmotors

Zur Messung thermischer Verformungen kompletter Oberflächen bietet sich das in Abschnitt 2.6.2 beschriebene ESPI-Verfahren (Electronic Speckle Pattern Interferometry) an. Mittels einer CCD-Kamera können hierbei Verformungen in dem Oberflächenbereich des Messobjekts, der mit kohärenter Laserstrahlung ausgeleuchtet wird, erfasst werden. Da sich Verlagerungen des Messkopfes gegenüber der Maschine und eine Drift der Messkette auf alle Bild- und Objektpunkte gleichermaßen auswirken, können diese bei der Auswertung der Messergebnisse identifiziert und eliminiert werden. Lediglich Temperatur- oder Druckschwankungen der in der Messstrecke liegenden Luft führen noch zu geringen Messfehlern. Da in den heute verwendeten ESPI-Messköpfen nur Dauerstrichlaser geringer Strahlenergie eingesetzt werden, ist die Objektgröße auf maximal ca. $0{,}5 \cdot 0{,}5$ m^2 beschränkt. Eine Messung ist bei störenden Schwingungen, deren Amplitude etwa ein Zehntel der Laserwellenlänge übersteigt, wie in Abschnitt 2.6.2 beschrieben, ebenfalls nicht möglich. Diese Einschränkung soll zukünftig durch den Einsatz von Pulslasern beseitigt werden.

Bei der Analyse des Verformungsverhaltens des Spindelstocks in Bild 5-14 wurde die Out-of-plane-Verformung (x'-Richtung) gegenüber dem unverformten Anfangszustand in Intervallen von 5 Minuten aufgenommen. Es ist deutlich das durch die Lagerreibung verursachte Verlagerungsmaximum oberhalb des arbeitsseitigen Spindellagers sowie die zeitliche Veränderung zu erkennen. Durch eine Veränderung des Messaufbaus können auch die beiden in den anderen Koordinatenachsen liegenden Verformungskomponenten erfasst werden. Hierzu werden die zur Out-of-plane-Komponente senkrechten In-plane-Verformungen des Spindelstocks ermittelt (vgl. Bild 4-14: Statische In-plane-Verformung eines Linearführungssystems).

5.2.5 Bestimmung des zeitlichen Wärmeflusses

In Abschnitt 5.2.2 wurde eine Vorgehensweise vorgestellt, mit der aus einer punktuellen Temperaturmessung auf die Temperaturverteilung geschlossen werden kann. Eine elegantere Methode zur Beschreibung der sich zeitlich ändernden Temperaturverteilung bietet die Thermographie. In Bild 5-15 ist die Funktionsweise einer marktüblichen Infrarotkamera dargestellt.

Das einfallende Strahlungsbild wird mittels eines Linsensystems auf einen flächigen Infrarotdetektor abgebildet. Dieser sogenannte Focal-Plane-Array (FPA) besteht analog zu einer CCD-Kamera aus einer Detektormatrix mit einer typischen Auflösung von 320 x 240 Pixeln [5-5]. Um das thermische Hintergrundrauschen zu reduzieren, wird der Detektor mittels eines Stirlingkühlers oder einer Peltierstufe auf eine Referenztemperatur gebracht, die deutlich unterhalb des Messbereichs von $-10°C$ bis $450°C$ liegt. Durch zusätzliche Filter lässt sich der Messbereich erweitern auf bis zu $1500°C$.

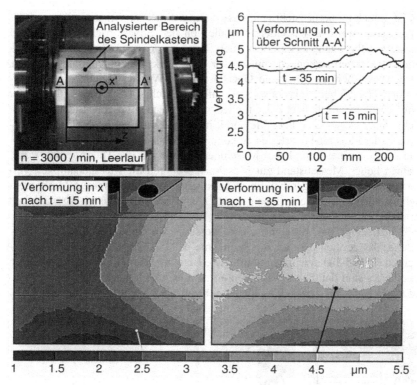

Bild 5-14. Thermisch bedingte Verformung des Spindelstocks einer Drehmaschine bei konstanter Leerlaufdrehzahl (n = 3000 min^{-1})

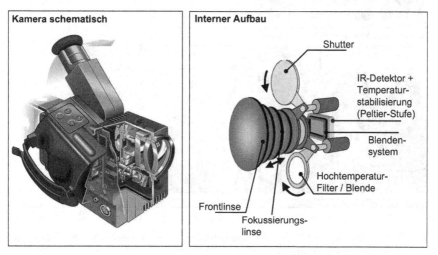

Bild 5-15. Hardware-Konfiguration und prinzipielle Arbeitsweise eines Infrarot-Messsystems. (Quelle: Agema)

Es ist jedoch zu berücksichtigen, dass die mit dieser Vorgehensweise ermittelten Temperaturwerte in besonderem Maße von den Emissionseigenschaften der betrachteten Oberfläche bestimmt werden. Um eine Aussage über absolute Temperaturwerte treffen zu können, muss zuvor eine Eichkurve aufgenommen werden. Diese gilt natürlich nur für einen Oberflächentyp. Werden gleichzeitig Oberflächen unterschiedlicher Emissionseigenschaften betrachtet (lackierte Gehäuse oder geschliffene Führungsbahnen), ist für jeden Oberflächentyp eine Eichung erforderlich. Daher eignet sich diese Methodik in erster Linie, um qualitativ den Wärmefluss in der Maschine beurteilen zu können.

Die Analyse einer kompletten Maschinenstruktur mit der Thermografie erfordert einen hohen Messabstand zur Maschine, wodurch die Messgenauigkeit verringert wird. Wird hingegen bei einem geringen Messabstand nur ein Maschinenausschnitt oder eine einzelne Komponente analysiert, so ist die Messgenauigkeit ausreichend.

Bild 5-16 zeigt das Ergebnis einer Messung am Spindelstock einer Drehmaschine, das zeitlich parallel zur Aufnahme der Verformungen mit dem ESPI-Verfahren (Bild 5-14) gewonnen wurde. Die Bereiche oberhalb des arbeitsseitigen Spindellagers sind deutlich als Temperaturmaxima zu erkennen. Ein weiteres Anwendungsbeispiel der Thermographie ist in Kapitel 5.2.4, Bild 5-13, zu finden.

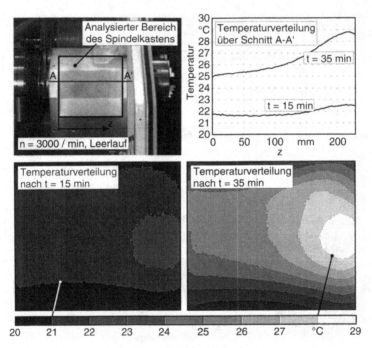

Bild 5-16. Temperaturverteilung des Spindelstocks einer Drehmaschine bei konstanter Leerlaufdrehzahl (n = 3000 min^{-1})

6 Dynamisches Verhalten von Werkzeugmaschinen

Die Arbeitsgenauigkeit einer spanenden Werkzeugmaschine wird durch die an der Schnittstelle zwischen Werkzeug und Werkstück auftretenden Abweichungen von den vorgegebenen Arbeitsbewegungen bestimmt. Diese geometrischen und kinematischen Abweichungen werden auch durch statische und dynamische Kräfte bewirkt, die alle im Kraftfluss der Maschine liegenden Bauteile wie Gestelle, Betten, Schlitten, Spindeln usw. verformen. Die Realisierung einer geforderten statischen Steifigkeit ist heute mit modernen Rechenverfahren im Konstruktionsstadium mit guter Genauigkeit möglich. Hinsichtlich der dynamischen Steifigkeit von gekoppelten Systemen treten jedoch viele Wechselwirkungen auf, die nur schlecht abgeschätzt werden können. Insbesondere die Unkenntnis des Dämpfungs- und Steifigkeitsverhaltens der Füge- und Koppelstellen ist ein wesentlicher Unsicherheitsfaktor bei der Vorherbestimmung der dynamischen Maschineneigenschaften, Band 2.

Aus diesem Grund ist man zur genauen Beschreibung des Steifigkeits- bzw. Nachgiebigkeitsverhaltens für die Maschinenbeurteilung und zur zielsicheren Analyse hinsichtlich wirksamer Verbesserungsmaßnahmen auf messtechnische Untersuchungen angewiesen.

Eine ungenügende statische Steifigkeit einer spanenden Maschine wirkt sich vorwiegend in Formfehlern am Werkstück aus (ungenügende Maßhaltigkeit). Demgegenüber führen unausgeglichene dynamische Eigenschaften einer Maschine zu Schwingungserscheinungen, deren Folgen außer schlechter Oberflächenqualität des Werkstücks und erhöhtem Maschinen- und Werkzeugverschleiß Werkzeugbruch und Beschädigung von Werkstück und Werkzeugmaschine sein können. Vor diesem Hintergrund ist das Nachgiebigkeitsverhalten einer Maschine gegenüber wechselnder Belastung als ein Kriterium ihrer Leistungsfähigkeit anzusehen.

6.1 Grundlagen des dynamischen Verhaltens

Werkzeugmaschinen sind aus einzelnen Maschinenteilen aufgebaut. Sie sind hinsichtlich des dynamischen Verhaltens als Mehrmassenschwinger zu betrachten. In vielen Fällen ist das Maschinenverhalten unter dynamischer Belastung näherungsweise durch ein System entkoppelter Einmassenschwinger beschreibbar, so dass eine Charakterisierung dynamischer Maschineneigenschaften modellmäßig am Beispiel des Einmassenschwingers demonstriert werden kann.

Die Bewegungsgleichung eines Einmassenschwingers unter der Annahme einer geschwindigkeitsproportionalen Dämpfung ist im oberen Teil von Bild 6-1 darge-stellt.

Einen anschaulichen Einblick in das Schwingungsverhalten erlaubt die im unteren Bildteil angegebene Gleichung im Frequenzbereich. Diese Darstellung kann unter Berücksichtigung der angegebenen Transformationsvorschriften direkt aus der Differentialgleichung abgeleitet werden und führt zur Beschreibung des dynamischen Verhaltens von Maschinen in Form des Nachgiebigkeitsfrequenz-ganges $G(j\omega)$.

Es handelt sich dabei um den komplexen Quotienten aus der Verlagerung x und der sie hervorrufenden dynamischen Kraft F. Für den Einmassenschwinger ist dieser Frequenzgang durch die drei Systemkennwerte statische Steifigkeit k, Eigenkreisfrequenz ω_n und Dämpfungsmaß D vollständig beschrieben, Bild 6-2. Neben den Bestimmungsgleichungen für die Kennwerte ω_n und D zeigt das Bild qualitativ die beiden gebräuchlichen graphischen Darstellungen eines Frequenz-gangs. Der linke Bildteil zeigt untereinander den Amplituden- und Phasengang der Nachgiebigkeit. Die Anregungsfrequenz hat außer dem Einfluss auf den Betrag der Nachgiebigkeit (Amplitudengang) auch eine Auswirkung auf die zeitliche Verschiebung zwischen der Kraftwirkung und der erzwungenen Verlagerung (Phasengang).

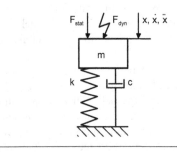

Zeitbereich:

$$m\ddot{x} + c\dot{x} + k(x_{dyn} + x_{stat}) = F_{stat} + F_{dyn}$$

$m\ddot{x}$: Massenkraft kx_{dyn} : dyn. Federkraft

$c\dot{x}$: Dämpfungskraft kx_{stat} : stat. Federkraft

Transformationsgleichungen:

$$F(t) \Rightarrow \hat{F}e^{j\omega t} \qquad \dot{x}(t) \Rightarrow \hat{x}(j\omega)e^{j(\omega t + \varphi)}$$

$$x(t) \Rightarrow \hat{x}e^{j(\omega t + \varphi)} \qquad \ddot{x}(t) \Rightarrow \hat{x}(j\omega)^2 e^{j(\omega t + \varphi)}$$

Frequenzbereich:

$$[m\hat{x}(j\omega)^2 + c\hat{x}(j\omega) + k\hat{x}]e^{j(\omega t + \varphi)} = \hat{F}e^{j\omega t}$$

mit $\omega = 2\pi f$

$$G(j\omega) = \frac{\hat{x}(\omega)}{\hat{F}(\omega)}e^{j\varphi(\omega)} = \frac{x(j\omega)}{F(j\omega)} = \frac{1}{m(j\omega)^2 + c(j\omega) + k}$$

mit $\omega_n^2 = \dfrac{k}{m}$ und $D = \dfrac{c}{2m\omega_n}$

$$G(j\omega) = \frac{\frac{1}{k}}{\frac{m}{k}(j\omega)^2 + \frac{c}{k}(j\omega) + 1} = \frac{\frac{1}{k}}{\frac{(j\omega)^2}{\omega_n^2} + 2D\frac{(j\omega)}{\omega_n} + 1}$$

Konjugiert komplex erweitert:

$$G(j\omega) = \frac{\frac{1}{k}\left(1 - \frac{\omega^2}{\omega_n^2}\right)}{\left(1 - \frac{\omega^2}{\omega_n^2}\right)^2 + \left(2D\frac{\omega}{\omega_n}\right)^2} - j\frac{\frac{2D}{k}\frac{\omega}{\omega_n}}{\left(1 - \frac{\omega^2}{\omega_n^2}\right)^2 + \left(2D\frac{\omega}{\omega_n}\right)^2}$$

Realteil   Imaginärteil

Bild 6-1. Prinzipbild und mathematische Beschreibung eines Einmassenschwingers

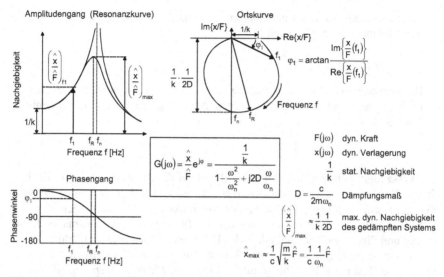

Bild 6-2. Nachgiebigkeitsfrequenzgang und Ortskurve eines Einmassenschwingers

Eine dem Amplituden- und Phasengang entsprechende Aussage liefert die im rechten oberen Bildteil dargestellte Ortskurve der Nachgiebigkeit. Der Abstand eines Ortskurvenpunktes vom Koordinatenursprung ist der Betrag der Nachgiebigkeit, während die Drehung dieses Ortsvektors gegenüber der positiven reellen Achse die Phase charakterisiert. Aufgrund der passiven Systemcharakteristik handelt es sich immer um ein zeitliches Nacheilen der Verlagerung gegenüber der Kraft. Dies bedingt negative Phasenwerte im Phasengang und eine Frequenzparametrisierung der Ortskurve im Uhrzeigersinn, d.h. in mathematisch negativer Drehrichtung.

Theoretisch sind beim Einmassenschwinger drei typische Kreisfrequenzen zu unterscheiden [6-1, 6-2]:

– Eigenkreisfrequenz eines ungedämpften Systems (natural frequency); (90° Phasenverschiebung zwischen Kraft und Verlagerung). Bei dieser Frequenz ω_n liegt eine Resonanzüberhöhung vor, deren Amplitude geringfügig unter der maximalen Resonanzüberhöhung des gedämpften Systems liegt.

$$\omega_n = \sqrt{\frac{k}{m}}$$

$$\left(\frac{\hat{x}}{\hat{F}}\right)_{\omega_n} \approx \frac{1/k}{2 \cdot D}$$

– Eigenkreisfrequenz eines gedämpften Systems. Mit dieser Frequenz klingt ein frei schwingendes System aus.

$$\omega_{dn} = \omega_n \cdot \sqrt{1 - D^2}$$

– Resonanzkreisfrequenz eines gedämpften Systems. Bei dieser Frequenz hat ein reales System bei einer harmonischen Anregung die maximale dynamische Nachgiebigkeit.

$$\omega_R = \omega_n \cdot \sqrt{1 - 2D^2}$$

Im Werkzeugmaschinenbau kann in der Regel auf die quantitative Unterscheidung dieser drei Frequenzen verzichtet werden, da bei den hier auftretenden geringen Systemdämpfungen $D \leq 0,1$ diese Frequenzen praktisch zusammenfallen.

Einen qualitativen Überblick über den Einfluss des Dämpfungsmaßes D auf Betrag und Phase der Nachgiebigkeit des Einmassenschwingers gibt Bild 6-3.

Für ein dämpfungsloses $(D = 0)$ System tritt bei der Eigenfrequenz f_n eine unendliche Resonanzüberhöhung auf, während die Phase sich sprunghaft von 0° nach –180° dreht. Für reale Systeme mit von Null verschiedener Dämpfung bleibt die Resonanzüberhöhung der Nachgiebigkeit endlich. Die Resonanzausprägung wird mit zunehmendem Dämpfungsmaß breitbandiger, während der Phasenübergang von 0° nach –180° flacher verläuft. Für den aperiodischen Grenzfall, für das das Dämpfungsmaß $D = 1$ beträgt, tritt keine Resonanzüberhöhung der Nachgiebigkeit mehr auf.

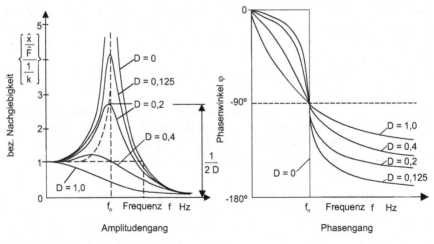

Bild 6-3. Frequenzgänge eines Einmassenschwingers

6.1.1 Bestimmung von Systemkennwerten aus Messungen des dynamischen Nachgiebigkeitsverhaltens

Die statische Steifigkeit k kann direkt dem gemessenen Nachgiebigkeitsfrequenzgang als Reziprokwert der Nachgiebigkeit bei der Frequenz f = 0 Hz entnommen werden. Werkzeugmaschinen bestehen aus einer Vielzahl gekoppelter mechanischer Bauteile. Mehrere dieser Feder-Masse-Systeme verursachen Resonanzüberhöhungen bei der Nachgiebigkeit. Allgemein werden Frequenzen, bei denen solche Resonanzüberhöhungen auftreten, als Resonanzfrequenzen f_R bezeichnet. Die Stelle, bei der das absolute Maximum der Nachgiebigkeit auftritt, nennt man demgemäß die dominierende Resonanzstelle und die zugehörige Frequenz die dominierende Resonanzfrequenz.

Ausschlaggebend für die Resonanzüberhöhung der Nachgiebigkeit ist das dimensionslose Dämpfungsmaß D eines Systems, auch Systemdämpfung genannt. Es kann im Allgemeinen mit Hilfe der so genannten $\sqrt{2}$-Methode aus dem Amplitudengang bzw. der Ortskurve der Nachgiebigkeit ermittelt werden, Bild 6-4.

Dieses Verfahren lässt sich generell auf jede Resonanzüberhöhung eines gemessenen Nachgiebigkeitsfrequenzganges anwenden. Als Randbedingung ist lediglich abzuschätzen, ob in das Nachgiebigkeitsverhalten der untersuchten Resonanzstelle zusätzlich noch deutliche Resonanzeffekte benachbarter Resonanzstellen hineinwirken. Der erforderliche Frequenzabstand benachbarter Resonanzstellen verringert sich mit abnehmendem Dämpfungsmaß, d.h. je schmalbandiger die Resonanzüberhöhungen ausgebildet sind.

Eine Bestimmung der Systemdämpfung D aus dem Verhältnis der statischen Nachgiebigkeit zur maximalen dynamischen Nachgiebigkeit, Bild 6-5, ist nur bei ausgeprägtem Einmassenschwingerverhalten möglich, d.h. dann, wenn nur eine einzige Resonanzüberhöhung der Nachgiebigkeit vorliegt.

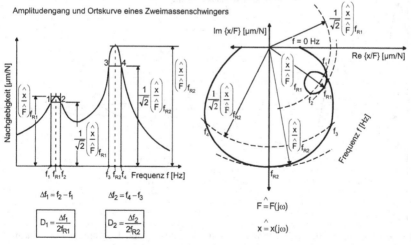

Bild 6-4. Berechnung der Dämpfung aus dem Amplitudengang bzw. der Ortskurve der Nachgiebigkeit nach der $\sqrt{2}$-Methode

Amplitudengang und Ortskurve eines Einmassenschwingers

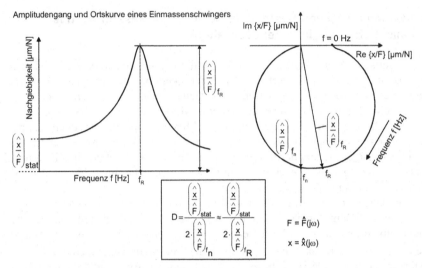

Bild 6-5. Berechnung der Dämpfung aus dem Amplitudengang bzw. der Ortskurve der Nachgiebigkeit bei ausgeprägtem Einmassenschwingerverhalten

Eine dritte Möglichkeit zur Bestimmung der Systemdämpfung bietet die Auswertung der Abklingkurve eines Systems, Bild 6-6. Das zu untersuchende System wird zunächst in der interessierenden Resonanzfrequenz harmonisch angeregt. Nach Abschalten der Erregung zeichnet man die abklingende Schwingung im Zeitbereich auf und wertet sie entsprechend der im Bild angegebenen Formeln aus.

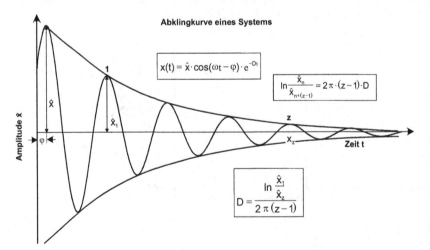

Bild 6-6. Berechnung der Dämpfung aus dem logarithmischen Dekrement der Abklingkurve eines Systems

6.1.2 Schwingungsarten und -ursachen

Auch bei einem ungestörten Zerspanungsvorgang treten Relativbewegungen zwischen Werkstück und Werkzeug auf, die der vorgegebenen Sollbewegung – d.h. der Vorschub- und der Schnittbewegung – überlagert sind. Hinsichtlich der Beurteilung dieser Schwingungserscheinungen ist generell zwischen fremderregten, d.h. erzwungenen und selbsterregten Schwingungen zu unterscheiden. Bild 6-7 zeigt eine Zusammenstellung unterschiedlicher Schwingungsursachen entsprechend dieser Einteilung.

Fremderregte Schwingungen

Fremderregte Schwingungen treten z.B. durch Störkräfte auf, die über das Fundament in die Maschine geleitet werden. Weitere Ursachen fremderregter Schwingungen sind schadhafte bzw. ungenau gefertigte Maschinenelemente wie Unwuchten, Lagerfehler und Zahneingriffsstöße. Wechselnde Schnittkräfte, die durch unterbrochenen Schnitt oder durch die Messereingriffsstöße beim Fräsvorgang entstehen, verursachen ebenfalls erzwungene Schwingungen. Das charakteristische Merkmal dieser fremderregten bzw. erzwungenen Schwingung besteht darin, dass das Maschinensystem mit der Frequenz der Anregungskräfte schwingt. Dabei kann es zu besonders großen Amplituden kommen, wenn die Anregungsfrequenz in der Nähe einer Eigenfrequenz der Maschine liegt oder gar identisch mit einer Maschineneigenfrequenz ist.

Dies gilt selbstverständlich nur bei periodischer Anregung. Bei Impuls- oder Sprunganregung schwingt das Maschinensystem bevorzugt mit seinen Eigenfrequenzen aus, wobei die Schwingungsamplituden exponentiell abklingen. Erzwungene Schwingungen lassen sich in den meisten Fällen reduzieren oder abstellen, indem man entweder die Störquellen beseitigt oder bei periodischer Anregung die Anregungsfrequenz in der Weise ändert, dass sie nicht in die Nähe irgendeiner Eigenfrequenz des Maschinensystems fällt.

Selbsterregung	Fremderregung
Schwingung mit Eigenfrequenz	Schwingung mit Erregerfrequenz bei periodischer Anregung, mit Eigenfrequenz bei Impulsanregung
Ursachen: ● **Regenerativeffekt** ● **Lagekopplung** ● Grundrauschen der Schnittkräfte ● fallende F-v-Charakteristik ● Aufbauschneidenbildung	Ursachen: ● **Unterbrochener Schnitt** ● **Messereingriffsstoss** ● Über das Fundament eingeleitete Störkräfte ● Unwuchten, Lagerfehler ● wechselnde Schnittkräfte

Bild 6-7. Schwingungen an spanenden Werkzeugmaschinen

Beim Fräsen ist der Messereingriffsstoß – bedingt durch den Zerspanprozess – nicht vermeidbar, so dass die Neigung einer Maschine zu Schwingungen durch diese Anregungsart besonders beachtet werden muss.

Selbsterregte Schwingungen

Bei selbsterregten Schwingungen schwingt das Maschinensystem grundsätzlich mit einer oder mehreren Eigenfrequenzen, wobei keine äußeren Störkräfte auf das System einwirken.

Eine Schwingungsart, die im Grenzbereich zwischen erzwungenen und selbsterregten Schwingungen liegt, ist das „Grundrauschen" des Schnittprozesses. Hierbei basiert der Anteil der Fremderregung auf dem Spanbildungsvorgang, d.h. auf der Scherebenenbildung und dem Spanbruch. Selbsterregte Schwingungen sind eine Folge der durch diese Fremderregung erzeugten Oberflächenwelligkeit, die beim Drehen nach einer Werkstückumdrehung oder beim Fräsen beim Einschneiden des nächsten Messers zu einer Anregung („Selbstanregung") von Schwingungen führt. Die Maschine schwingt dabei vornehmlich in ihren Eigenfrequenzen, da sie naturgemäß im Bereich ihrer Resonanzstellen die wesentlichen dynamischen Nachgiebigkeiten aufweist.

Der Pegel dieses Schnittkraftspektrums, das durch den Zerspanvorgang selbst erzeugt wird, ist in der Regel unerheblich, so dass diese Schwingungen wegen ihrer kleinen Amplituden gewöhnlich keine Bedeutung haben. Bei Schleif- und Polieroperationen machen sich jedoch geringste Relativbewegungen zwischen Werkstück und Werkzeug senkrecht zur Schnittoberfläche in Form von Lichtreflexen bemerkbar, die Schwingungen infolge des Schnittkraftrauschens sind hierbei oft ein unlösbares Problem.

Eine weitere Ursache für selbsterregte Schwingungen kann die mit steigender Schnittgeschwindigkeit abnehmende Schnittkraft sein. Eine mit zunehmender Geschwindigkeit abnehmende Kraftcharakteristik bedeutet – ähnlich wie beim Stick-Slip-Vorgang bei Gleitführungen – einen negativen Dämpfungseinfluss, der zur Instabilität infolge selbsterregter Schwingungen führen kann. Diese Schwingungsanregung hat jedoch nur untergeordnete Bedeutung, da der Bereich fallender Schnittkraft-Schnittgeschwindigkeitscharakteristik auf niedrige Schnittgeschwindigkeiten beschränkt ist, mit denen bei den meisten Schneidstoff-Werkstoff-Kombinationen heute kaum gearbeitet wird.

Die sogenannte Aufbauschneidenbildung führt zu sich ändernden Schnittkräften und damit zu entsprechenden Verlagerungen zwischen Werkzeug und Werkstück. Dieser im Grenzgebiet zwischen selbsterregter und erzwungener Schwingung sich abspielende Vorgang ist noch nicht ausreichend erforscht. Es ist zweifelhaft, ob die Aufbauschneidenbildung mit einer Maschineneigenfrequenz einhergehen muss. Bei den heute üblichen, höheren Schnittgeschwindigkeiten, bei denen es wohl kaum zu einer Aufbauschneidenbildung kommen dürfte, ist dieses Problem ohnehin nicht mehr von ausschlaggebender Bedeutung.

Selbsterregte Schwingungen aufgrund des Regenerativeffekts sind ein wesentliches dynamisches Problem bei spanenden Werkzeugmaschinen. Dieser Anregungsmechanismus steht in unmittelbarem Zusammenhang mit dem Grundrauschen der Schnittkräfte. Wenn diese Schnittkraftschwankungen auch noch so gering sind, so hinterlassen sie doch auf der Werkstückoberfläche eine Welligkeit, bedingt durch die endliche Steifigkeit der Maschine. Diese Welligkeit ist besonders bei den Bewegungsamplituden mit den Resonanzfrequenzen der Maschine ausgeprägt. Auch bei einer rauschartigen Kraftanregung sind die Verlagerungen mit den Resonanzfrequenzen der Maschine aufgrund der größeren Nachgiebigkeit der Maschine für diese Frequenzen besonders groß. Wird wiederholt in diese Oberflächenwelligkeit eingeschnitten, was z.B. beim Drehen nach je einer Werkstückumdrehung der Fall ist, bewirkt dies eine dynamische Anregung der Maschine in ihren Resonanzfrequenzen. Je nach den Schnittprozessbedingungen und der Maschinennachgiebigkeit, besteht die Gefahr der Instabilität des Bearbeitungsvorgangs.

Bild 6-8 zeigt den qualitativen Verlauf der Schwingungsamplituden bei einem Stirnfräsprozess in Abhängigkeit von der Spanungstiefe bei fremd- und selbsterregten Schwingungen. In erster Näherung ist davon auszugehen, dass die dynamischen Kräfte an einer Schneidkante proportional zur Länge der Schneidkante sind. Durch den Messereingriffsstoß bedingte Schwingungsamplituden zeigen deshalb ebenfalls Proportionalität zur Spanungstiefe, wie es im linken Bildteil dargestellt ist. Der Proportionalitätsfaktor hängt dabei im Wesentlichen von der Nachgiebigkeit der Maschine bei der Anregungsfrequenz ab. Die Frequenz der Verlagerung ist bei diesen fremderregten Schwingungen identisch mit der Anregungsfrequenz bzw. deren etwaigen Harmonischen.

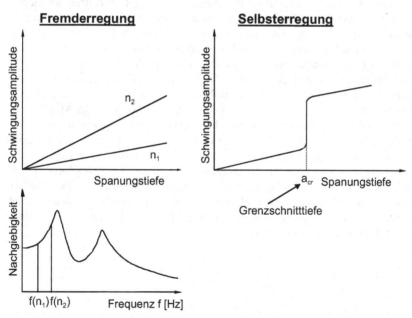

Bild 6-8. Schwingungsamplitude in Abhängigkeit von der Spanungstiefe bei Fremd- und Selbsterregung

Bei selbsterregten Schwingungen ergibt sich für Spanungstiefen unterhalb einer kritischen Grenzspanungstiefe zunächst ebenfalls der beschriebene lineare Anstieg der Verlagerungen. Oberhalb dieser Grenzspanungsbreite b_{cr} bzw. Grenzschnitttiefe a_{cr} tritt eine Instabilität des Bearbeitungsvorgangs auf, was an dem steilen Anstieg der Schwingungsamplitude sichtbar wird. Die Frequenz dieser Schwingungen liegt dabei immer in der Nähe einer Eigenfrequenz der Maschine.

In der Praxis ist es oft schwierig, selbsterregte Schwingungen von fremderregten zu trennen. Hierzu kann die in Bild 6-9 dargestellte Entscheidungslogik eine nützliche Hilfe sein. Sobald Schwingungen auftreten, ist zunächst die Maschine abzuschalten. Sind die Schwingungen, die durch das Gehör, mit dem Tastsinn oder mit elektronischen Messwertaufnehmern festgestellt wurden, hierdurch nicht zu beseitigen, so handelt es sich in jedem Falle um fremderregte Schwingungen, die von außen, z.B. über das Fundament, eingeleitet werden. Lassen sich die Schwingungen durch Abschalten dagegen eliminieren, so kann man mit Sicherheit auf Schwingungen schließen, deren Erregermechanismen in der Maschine selbst zu suchen sind.

Tritt die Schwingbewegung nur während des Zerspanvorganges auf, so lassen sich selbsterregte Ratterschwingungen dadurch aufdecken, dass sich ihre Schwingfrequenz mit Variation der Antriebsdrehzahl in der Regel kaum verändert.

Ändern sich die Schwingfrequenzen proportional mit der Antriebsdrehzahl, so handelt es sich um fremderregte Schwingungen, die entweder durch den Schnittprozess selbst hervorgerufen werden (z.B. Messereingriffsstoß beim Fräsen, unterbrochener Schnitt usw.) oder die ihre Ursache in den Antriebselementen haben. Eine Gegenüberstellung der gemessenen Frequenzen mit den in Betracht kommenden berechneten Erregerfrequenzen erlaubt meist eine eindeutige Zuordnung von Schwingungen und Schwingungsursachen.

Selbsterregte Schwingungen aufgrund der Lagekopplung können bei Systemen höherer Ordnung, d.h. bei gekoppelten Systemen, deren Eigenfrequenzen nahe beieinander liegen, auftreten. Dabei beeinflussen sich die unterschiedlichen Eigenschwingungen gegenseitig und führen zu einer erhöhten Neigung der Maschine zu Prozessinstabilitäten. Das charakteristische Merkmal der Lagekopplung besteht darin, dass die Schwingungen auch beim ersten Einschnitt in die glatte Materialoberfläche bzw. bei der Überdeckung $\mu = 0$ auftreten, wobei kein Regenerativeffekt vorliegen kann. Rattererscheinungen aufgrund der Lagekopplung können daher insbesondere bei Gewindeschneidvorgängen, Dreh-, Hobel- oder Schleifoperationen mit geringem Überdeckungsgrad, d.h. bei großem Seitenvorschub auftreten. Die theoretischen Zusammenhänge zum Effekt der Lagekopplung werden in Kapitel 6.3.2 beschrieben.

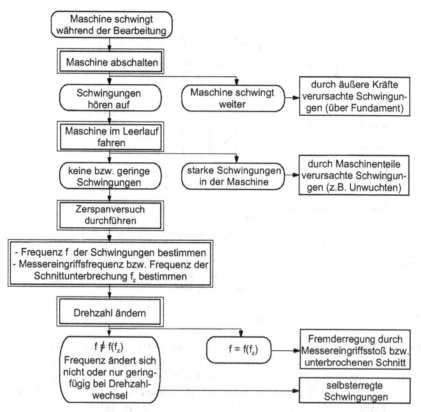

Bild 6-9. Bestimmung der Schwingungsursachen (Quelle: nach Kegg)

6.2 Mess- und Auswerteverfahren für die experimentelle Modalanalyse

6.2.1 Digitale Signalverarbeitung

Der Einsatz heute üblicher digital arbeitender Analysatoren setzt die Möglichkeit voraus, analoge Signale als eine Serie von digitalen Werten darzustellen. Im Gegensatz zur analogen Darstellung können nach der Digitalisierung die Signalamplituden nur zu diskreten Zeitabständen innerhalb diskreter Wertestufen angegeben werden. Die Anzahl der diskreten Wertestufen ist abhängig von der Anzahl Bits des A/D-Wandlers. Ein Wandler kann analoge Daten in 2^m-Stufen auflösen, wobei m die Anzahl Bits pro Datenwort angibt. Üblicherweise werden heute 8, 12, 16 oder bis zu 24 Bit A/D-Wandler eingesetzt. Die prinzipielle Vorgehensweise der Digitalisierung ist in Bild 6-10 dargestellt.

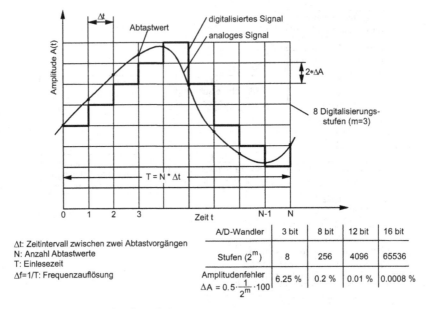

A/D-Wandler	3 bit	8 bit	12 bit	16 bit
Stufen (2^m)	8	256	4096	65536
Amplitudenfehler $\Delta A = 0.5 \cdot \frac{1}{2^m} \cdot 100$	6.25 %	0.2 %	0.01 %	0.0008 %

Δt: Zeitintervall zwischen zwei Abtastvorgängen
N: Anzahl Abtastwerte
T: Einlesezeit
Δf=1/T: Frequenzauflösung

Bild 6-10. Digitale Signalverarbeitung

In der Praxis besteht das Ziel darin, die Analog/Digital-Wandlung so durchzuführen, dass bei der Übertragung in den Frequenzbereich (Fourier-Transformation) Amplitude, Phase und Frequenz der Messwerte mit ausreichender Genauigkeit digital vorliegen. Zwei Eigenschaften entscheiden über die Leistungsfähigkeit eines digitalen Analysators: Die Abtastrate und die Auflösung.

Die Abtastrate gibt an, wie viel Zeit zwischen der Aufzeichnung zweier digitaler Werte vergeht. Mit N als Anzahl der Abtastwerte und Δt als Zeitintervall zwischen zwei aufeinanderfolgenden Abtastvorgängen bzw. f_s als Abtastfrequenz (Samplingfrequenz) ist

$$T = N \cdot \Delta t = N \cdot \frac{1}{f_s} \qquad (6\text{-}1)$$

die gesamte Einlesezeit und

$$t = i \cdot \Delta t \qquad \text{mit} \quad 0 \le i \le N - 1$$

der aktuelle Messzeitpunkt.

Für die Frequenzauflösung (Frequenzschrittweite = unterster Frequenzwert) Δf im Frequenzbereich gilt (Rayleigh-Kriterium):

$$\Delta f = \frac{1}{T} \qquad (6\text{-}2)$$

D.h. eine Signalaufnahme bzw. -beobachtungszeit von 10 s erlaubt eine Frequenzanalyse in 1/10 Hz-Abstand bei 0,1 Hz beginnend.

Die Genauigkeit ΔA, mit der ein Signal je nach gewähltem A/D-Wandler digitalisiert werden kann, lässt sich nach folgender Formel ermitteln (wobei der maximal mögliche Fehler einer halben Digitalisierungsstufe gemäß Bild 6-10 entspricht):

$$\Delta A = 0{,}5 \cdot \frac{1}{2^m} \cdot 100 \, [\%] \qquad (6\text{-}3)$$

Zur Bestimmung der maximalen Analysefrequenz findet das Shannon-Theorem Anwendung, welches besagt, dass mindestens zwei Abtastwerte pro Schwingungs-periode erforderlich sind, um eine Schwingung eindeutig zu identifizieren. Zur Analyse der maximalen Frequenz f_{max} ist daher die Abtastfrequenz

$$f_s = \frac{1}{\Delta t} = 2f_{max} \quad \Rightarrow \quad f_{max} = 0{,}5 f_s \qquad (6\text{-}4)$$

erforderlich, bzw. müssen die Messwerte im Zeitbereich im Abstand von

$$\Delta t = \frac{1}{2f_{max}}$$

digitalisiert werden [6-3].

Versucht man das analoge Signal in einem Frequenzbereich, der oberhalb der halben Abtastfrequenz liegt zu analysieren, so treten Amplituden- und Frequenz-fehler auf. Diese Verzerrung des abgetasteten Signals wird Bandüberlappung oder Aliasing genannt [6-4]. Wie in Bild 6-11 gezeigt, werden diese höherfrequenten Signale ($f > f_{max}$) bei der Digitalisierung als Werte unterhalb der maximal mess-baren Frequenz f_{max} abgebildet und somit fälschlicherweise erfasst. Im Bild sind neben der korrekten Digitalisierung eines Signals mit der Frequenz $f_{a1} < f_{max}$ (links unten) zwei Beispiele für den Aliasing-Effekt aufgeführt. Entspricht die Abtast-frequenz f_s genau der Frequenz f_{a3} des Signals, so liegt nach der Digitalisierung ein statisches Signal vor (rechts unten). Signalverläufe mit Frequenzen oberhalb der halben Abtastfrequenz werden entsprechend der Abbildung

$$f_d = n \cdot f_s \pm f_a \qquad (6\text{-}5)$$

mit

f_d verfälschte, digitalisierte Analysefrequenz
f_s Signalabtastfrequenz
f_a analoge Analysefrequenz
n 0, 1, 2, 3, ...

digitalisiert. Dieser Fehler wird durch den Einsatz analoger Tiefpassfilter (Anti-Aliasing-Filter) unterdrückt. Hiermit werden höherfrequente Signalanteile ($> f_{max}$) vor der Digitalisierung aus dem Messsignal herausgefiltert. Die eingeschränkte Leistungsfähigkeit („Steilheit") solcher Filter führt dazu, dass nur Messwerte unterhalb der „cut-off"-Frequenz f_c (Eckfrequenz) des Filters (zumeist 80% f_{max}) mit zufriedenstellender Genauigkeit ausgewertet werden können.

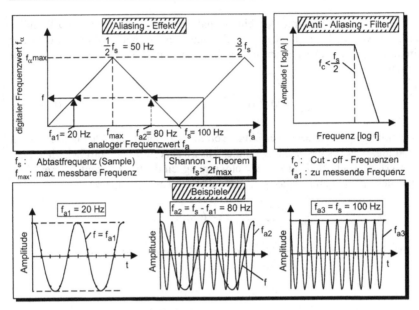

Bild 6-11. Bandüberlappung (Aliasing)

6.2.2 Fourier-Transformation

In zahlreichen Anwendungsfällen ist es nötig, das Frequenzspektrum eines Messsignals bzw. die funktionale Verwandtschaft von zwei simultan aufgenommenen Signalverläufen zu kennen. Als geeignetes analytisches Verfahren zur Berechnung von Frequenzspektren bietet sich die Fourieranalyse und die daraus ableitbare Frequenzgangdarstellung an. Vor ca. 160 Jahren zeigte Fourier, dass man die zeitliche Darstellung periodischer Funktionen umkehrbar eindeutig in eine spektrale Darstellung überführen kann. Dies geschieht mit der sogenannten Fourierschen Reihe, die ein Signal x(t) als Summe seiner Harmonischen darstellt.

Ein periodisches Signal, d.h. ein nach einer Zeitperiode T_0 wiederkehrender Verlauf x(t), kann als Funktion bestehend aus Grundfrequenz und deren höheren Harmonischen in Form einer unendlichen Fourierreihe dargestellt werden [6-5]:

$$x(t) = A_0 + \sum_{n=1}^{\infty} \left[A_n \cdot \cos(n\omega_0 t) + B_n \cdot \sin(n\omega_0 t) \right] \qquad (6\text{-}6)$$

Hierbei ist

$$\omega_0 = \frac{2\pi}{T_0} \qquad (6\text{-}7)$$

die Grundkreisfrequenz, d.h. die niedrigste auftretende Frequenz im Signal x(t) mit T_0 als deren Periodendauer gemäß

$$x(t) = x(t - T_0) \tag{6-8}$$

Die Koeffizienten A_0, A_n, B_n sind wie folgt definiert:

$$A_0 = \frac{1}{T_0} \int_0^{T_0} x(t)\, dt \tag{6-9}$$

$$A_n = \frac{2}{T_0} \int_0^{T_0} x(t)\, \cos(n\omega_0 t)\, dt \tag{6-10}$$

$$B_n = \frac{2}{T_0} \int_0^{T_0} x(t)\, \sin(n\omega_0 t)\, dt \tag{6-11}$$

Eine direkte Interpretation der Fourier-Transformation liefert Bild 6-12 [6-6]. Wie dargestellt, besteht die Hauptaufgabe der Fourier-Transformation eines Signals in der Zerlegung des Zeitsignals in eine Summe von Sinus- und Kosinusfunktionen über einen bestimmten Frequenzbereich. Das Bild zeigt als Beispiel die Transformation eines aus zwei Sinusschwingungen verschiedener Frequenzen bestehenden Zeitsignals in den Frequenzbereich. In der Praxis treten häufig nichtperiodische Vorgänge auf. Hier kann die Fourierreihe nicht eingesetzt werden, da die mathematische Bedingung für ihre Anwendung, die Periodizität des Zeitsignals, nicht erfüllt ist. Das für allgemeine Zeitsignalverläufe eingesetzte Fourierintegral (Gl. (6-12)) transformiert auch nichtperiodische Signale vom Zeit- in den Frequenzbereich. Die nichtperiodische Funktion $x(t)$ wird dabei in ein kontinuierliches Frequenzspektrum mit unendlich dicht benachbarten Frequenzen transformiert. $E_x(j\omega)$ wird daher als die Energiedichte des Zeitsignals $x(t)$ definiert [6-6].

$$E_x(j\omega) = \int_{-\infty}^{+\infty} x(t)\, e^{-j\omega t}\, dt = \int_{-\infty}^{+\infty} x(t)[\cos(\omega t) - j\sin(\omega t)]\, dt \tag{6-12}$$

Die Rücktransformation vom Frequenz- in den Zeitbereich ist auch möglich und wird mit der inversen Fouriertransformation vollzogen und zwar nach der Vorschrift

$$x(t) = \frac{1}{2\pi} \int_{-\infty}^{+\infty} E_x(j\omega) e^{-j\omega t}\, d\omega = \frac{1}{2\pi} \int_{-\infty}^{+\infty} E_x(j\omega)[\cos(\omega t) - j\sin(\omega t)]\, d\omega \tag{6-13}$$

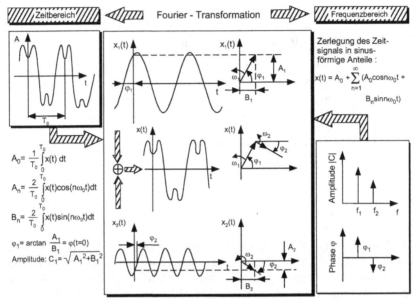

Bild 6-12. Fourier-Transformation

Die Grenzen der Integration sind bei dem Fourierintegral von $-\infty$ bis $+\infty$ festgelegt. Dies bedeutet, dass das Messsignal über eine unendliche Zeit beobachtet und integriert werden muss. In der Praxis stehen nur eng begrenzte Zeiträume für die Signalintegration zur Verfügung. Als Folge der Einschränkung auf endliche Integrationszeiten und der Tatsache, dass die Zeitsignale in digitalisierter Form in zeitdiskreten Abständen vorliegen, verwendet man eine abgewandelte Art der Transformation, die als diskrete Fourier-Transformation bezeichnet wird (Gl. (6-14)). Sie ist insbesondere für die Analyse diskret abgetasteter Signale geeignet.

$$E_x(jk\Delta\omega) = \sum_{n=0}^{N-1} x(n\Delta t)\cdot e^{-j\left(\frac{2\pi kn}{N}\right)}\cdot \Delta t \qquad (6\text{-}14)$$

mit

n	Abtastwerte, $0 \leq n \leq N$
k	Frequenzlaufzähler, $0 \leq k \leq f_{max}/\Delta f$
$\Delta\omega$	Kreisfrequenzauflösung, $\Delta\omega = 2\pi\Delta f$
$x(n\Delta t)$	digitalisierte Funktion $x(t)$
$\Delta t = T/N$	Abtastrate
$\Delta f = 1/T$	Frequenzauflösung

Das analoge Zeitsignal wird mit Hilfe eines A/D-Wandlers digitalisiert und zur Weiterverarbeitung einem Rechner zugeführt. Zur Transformation des Signals in den Frequenzbereich mit der diskreten Fourier-Transformation erfolgt eine zeitlich begrenzte Messdatenaufnahme (in einem sog. Beobachtungszeitfenster). Die Güte der Transformation ist neben der eingesetzten Abtastrate bei der Digitalisierung auch abhängig von der zeitlichen Lage des Beobachtungsfensters, wie die folgende Betrachtung zeigt.

Man unterscheidet zwischen bandbegrenzten periodischen Signalen mit einer Beobachtungszeit gleich und ungleich einer Periode des Zeitsignals. Als Beispiel wird ein Sinussignal gewählt [6-6].

Der Beobachtungszeitraum ist gleich einer ganzzahligen Periode des Sinus, wenn

$$T = n \cdot T_{sin} \tag{6-15}$$

mit

T   Beobachtungszeitraum
T_{sin} Periodendauer des Sinus
N   1, 2, 3, ... (ganze, positive Zahl)

Da $1/T_{sin}$ die Frequenz des Sinus f_{sin} und $1/T$ die Frequenzauflösung (niedrigste Frequenz) Δf ist, folgt für diesen Fall aus Gl. (6-15):

$$f_{sin} = n \cdot \Delta f \quad , \text{mit} \quad \Delta f = \frac{1}{T} \tag{6-16}$$

Demnach liegt die Fouriertransformierte f_{sin} des Sinussignals (bei ganzzahliger Periode im Zeitfenster) auf einer Frequenzlinie. Das Resultat der diskreten Fourier-Transformation ist in diesem Fall exakt und gleich der kontinuierlichen Fourier-Transformation.

Dieser Zusammenhang ist in Bild 6-13 dargestellt: Die Anwendung der kontinuierlichen Fourier-Transformation auf ein digitalisiertes Sinussignal g(t) mit der Frequenz f_{sin} führt bei einer unendlichen Beobachtungszeit zur richtigen Wiedergabe von Frequenz und Amplitude im Frequenzbereich (Bild 6-13 oben). Die für die praktische Bearbeitung erforderliche zeitliche Begrenzung der Beobachtungszeit entspricht einer Multiplikation des Sinussignals mit einem Rechteck-Fenster im Zeitbereich (Bild 6-13, Mitte). Dies stellt eine Faltung im Frequenzbereich dar, wobei die Fourier-Transformation des Rechteck-Fensters gekennzeichnet ist durch eine sin(f)/f-Charakteristik mit sehr starken Seitenschwingern und Nullstellen bei $n\Delta f$. Das im Frequenzbereich durch die Faltung entstandene kontinuierliche Signal (Bild 6-13 rechts unten) wird durch eine Abtastung in Schritten der Länge Δf digitalisiert. Dabei werden außer bei f_{sin} keine weiteren Signale abgetastet. Da das Fenster so gewählt wurde, dass es der ganzzahligen Periodendauer des Sinus entspricht (Gl. (6-16)), entstehen durch die Zeitbegrenzung keine Fehler (Bild 6-13, unten).

Beobachtungszeit gleich einem Vielfachen der Signalperiode

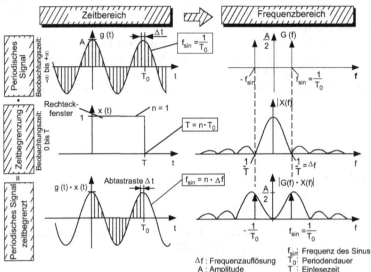

Bild 6-13. Diskrete Fourier-Transformation

Ist der Beobachtungszeitraum ungleich einer ganzzahligen Periode des Sinus, so ist die Gl. (6-16) mit n als ganzzahligem Wert nicht mehr zulässig. Diskrete und kontinuierliche Fourier-Transformation des Signals unterscheiden sich sowohl in der Frequenz als auch in der Amplitude. Als Beispiel ist in Bild 6-14 ein Beobachtungsfenster mit 1,5-facher Periode des Sinus gewählt worden. Diese Zeitbegrenzung führt zu einer scharfen Diskontinuität im Zeitbereich, die eine Anzahl von Nebenschwingungen im Frequenzbereich zur Folge hat (Frequenzanteile links und rechts neben f_{sin}). Die zusätzlichen Komponenten werden als „Leckagekomponenten" bezeichnet. Sie verfälschen das Ergebnis der Fourier-Transformation erheblich.

Zur Vermeidung der Amplituden- und Frequenzfehler ist für das zu untersuchende Zeitsignal eine geeignete Fensterfunktion zu wählen, die die Seitenschwinger dämpft. Je stärker die Seitenschwinger gedämpft werden, um so schwächer sind die Leckageeffekte und deren Auswirkungen auf die Resultate der diskreten Fourier-Transformation.

Die am weitesten verbreitete Fensterfunktion ist das Hanning-Fenster (Gl. (6-17)). Es wird bei der Analyse von rauschförmigen bzw. stochastischen Signalen angewendet und zeichnet sich durch eine ca. 10-fach höhere Dämpfung der Seitenschwinger bezogen auf das Rechteckfenster aus.

$$x(t)\Big|_0^T = \frac{1}{2} - \frac{1}{2}\cos\left(\frac{2\pi t}{T}\right)\Big|_0^T \qquad\qquad (6\text{-}17)$$

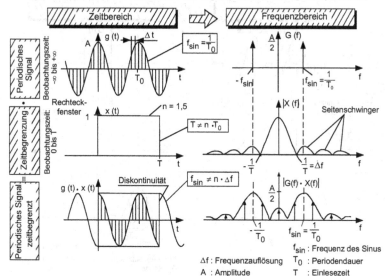

Bild 6-14. Diskrete Fourier-Transformation

Exemplarisch wird in Bild 6-15 hierzu anstelle des in Bild 6-14 verwendeten Rechteck-Fensters das Hanning-Fenster als Zeitbegrenzung eingesetzt. Man erkennt, dass die Wirkung des Hanning-Fensters in der Abschwächung der von der rechteckförmigen Zeitbegrenzungsfunktion verursachten Diskontinuitäten besteht. Im unteren rechten Bildteil ist der Betragsverlauf der diskreten Fourier-Transformierten des Abtastsignals dargestellt. Die Leckagekomponenten sind wesentlich kleiner ausgefallen.

Es existiert eine Vielzahl weiterer Fenster-Funktionen zur Unterdrückung der Leckagefehler, die sich von dem Hanning-Fenster insbesondere durch den Grad der Dämpfung der Seitenschwinger unterscheiden.

Fast-Fourier-Transformation (FFT)

Eine genauere Betrachtung der Gleichung der diskreten Fourier-Transformation (Gl. (6-14)) zeigt, dass sich die Rechenzeit für die Berechnung der Amplituden von N Frequenzen aus den N Abtastwerten des Signals $x(t)$ proportional N^2 der Anzahl der notwendigen Multiplikationen verhält. Bei größeren Werten von N aber brauchen selbst Computer mit hohen Rechengeschwindigkeiten extrem lange Rechenzeiten für die numerische Auswertung der diskreten Fourier-Transformation. Im Jahr 1965 veröffentlichten Cooley und Tukey einen mathematischen Algorithmus [6-7], der als „schnelle Fourier-Transformation" (Fast Fourier Transform, FFT) bekannt wurde. Es handelt sich dabei um einen Rechenalgorithmus, der die Rechenzeit für Gl. (6-14) von N^2 auf eine Zeit proportional $N \cdot \log_2 N$ herabsetzt.

Beobachtungszeit ungleich einem Vielfachen der Signalperiode, Hanningfenster

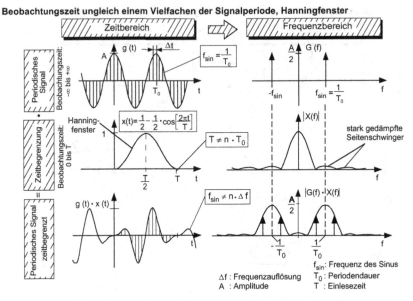

Bild 6-15. Diskrete Fourier-Transformation

Im Folgenden soll der Grundgedanke dieses Algorithmus dargelegt werden [6-8]. Ausgehend von Gl. (6-14) lässt sich der Wertevorrat für n (n = 0, 1,..., N − 1) in ungerade und gerade Werte aufteilen. Damit werden zwei Wertevorräte geschaffen, die, wenn N eine Zweierpotenz ist, gleich viele Elemente N/2 enthalten:

n = 2m   (gerade n)
n = 1+2m   (ungerade n), mit m = 0, 1, ... N/2 − 1

Auf diese Weise können die Elemente x(nΔt) in der Summe in Gleichung (6-14) in zwei Gruppen x(2mΔt) und x((1+2m)Δt) aufgeteilt werden. Setzt man diese Aufteilung fort, erhält man das Gleichungssystem (6-18).

$$E_x(jk\Delta\omega) = \sum_{m=0}^{(N/2)-1} x(2m\Delta t)e^{-j\left(\frac{2\pi k 2m}{N}\right)} + \sum_{m=0}^{(N/2)-1} x((1+2m)\Delta t)e^{-j\left(\frac{2\pi k(1+2m)}{N}\right)}$$

$$(6\text{-}18)$$

Mit den Abkürzungen

$x(2m\Delta t)$ = a(m)
$x((1+2m)\Delta t)$ = b(m)
$N/2$ = M

und mit

$$A_1(k\Delta\omega) = \sum_{m=0}^{M-1} a(m)e^{-j\left(\frac{2\pi km}{M}\right)} \tag{6-19}$$

$$B_1(k\Delta\omega) = \sum_{m=0}^{M-1} b(m)e^{-j\left(\frac{2\pi km}{M}\right)} \tag{6-20}$$

und

$$W_1(k\Delta\omega) = e^{-j\left(\frac{\pi k}{M}\right)} \tag{6-21}$$

erhält man schließlich die das Prinzip des FFT-Algorithmus kennzeichnende Formel:

$$E_x(jk\Delta\omega) = A_1(k\Delta\omega) + W_1(k\Delta\omega) \cdot B_1(k\Delta\omega) \tag{6-22}$$

Zur Berechnung von $E_x(jk\Delta\omega)$ nach Gl. (6-14) sind, wie schon erwähnt N^2 Multiplikationen nötig, für $A_1(k\Delta\omega)$ und $B_1(k\Delta\omega)$ je M^2 also zusammen $2M^2$ Multiplikationen. Da die Beziehung N = 2M gilt, folgt daraus, dass $2M^2 = N^2/2$ ist, d.h., die erforderliche Anzahl von Multiplikationen konnte durch die Formulierung nach Gl. (6-22) halbiert werden. Dazu war Voraussetzung, dass N eine Zweierpotenz ist, damit N ganzzahlig geteilt werden kann und M wieder eine Zweierpotenz ist. Der Index 1 bei $A_1(k\Delta\omega)$, $B_1(k\Delta\omega)$ und $W_1(k\Delta\omega)$ kennzeichnet, dass diese Größen aus der ersten Teilung entstanden sind.

Die Größen können durch weitere Teilungsschritte im Sinne der Beziehung (6-22) weiter zerlegt und somit die erforderlichen Multiplikationen weiter reduziert werden. Diese Prozedur ist sooft wiederholbar, bis die fortlaufende Teilung von N auf 1 geführt hat. Dann sind die zugehörigen Summen zu je einem Glied degeneriert, so dass die ursprünglich N^2 komplexen Operationen schließlich auf $N\log_2 N$ komplexe Operationen vermindert werden konnten. Für einen technisch durchaus üblichen Wert N = 1024, sind statt 1.048.576 Multiplikationen nur 10.240 erforderlich. Dies ergibt eine Zeitersparnis von ca. 99%.

6.2.3 Ermittlung des Übertragungsverhaltens

Viele Eigenschaften einer Werkzeugmaschine werden in Form von Differential-gleichungen beschrieben. Da häufig dynamische Eigenschaften interessieren, ist die Darstellung des Verhaltens im Frequenzbereich angebracht. So wird das dynamische Nachgiebigkeitsverhalten einer Struktur im Frequenzbereich d.h. in Form von Amplituden- und Phasengängen erfasst.

Nachgiebigkeitsfrequenzgänge bilden die Basis für eine Beurteilung der untersuchten Maschine hinsichtlich der Stabilität des Zerspanprozesses und hinsichtlich

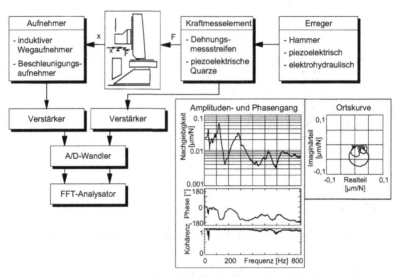

Bild 6-16. Messung eines Nachgiebigkeitsfrequenzganges an einer Werkzeugmaschine

der Möglichkeit des Auftretens fremderregter Schwingungen [6-9]. Zur mess-technischen Ermittlung eines Nachgiebigkeitsfrequenzgangs ist eine Anregung der Maschine mit Wechselkräften und eine Messung der Verlagerung als Reaktion auf diese Kraftanregung durchzuführen.

Bild 6-16 zeigt den hierzu erforderlichen prinzipiellen Messaufbau. Ein Erreger wirkt über ein Kraftmesselement auf die Maschine. Das vom Kraftmesselement gemessene Kraftsignal und das von einem Verlagerungsaufnehmer erfasste Wegsignal werden gleichzeitig aufgezeichnet. Die anschließende Analyse der Signale und deren Weiterverarbeitung zu einem Nachgiebigkeitsfrequenzgang in Form von Amplituden- und Phasengang und/oder Ortskurve wird mit Hilfe eines Fourier-Analysators durchgeführt.

Bei der Analyse des Übertragungsverhaltens (Nachgiebigkeitsfrequenzgang) einer Maschine können sinusförmige Testkraftsignale verwendet werden, wobei die Frequenz im interessierenden Bereich langsam stetig („Wobbeln") oder in dis-kreten Sprüngen (schrittweiser Sinus) verändert wird. Die Weg/Kraft-Amplituden sowie die Phasenlage zwischen beiden Signalen werden im eingeschwungenen Zustand gemessen.

Grundgleichungen zur Bestimmung des Frequenzganges

Heute werden vorwiegend digital arbeitende Fourier-Analysatoren eingesetzt, die eine wesentlich vereinfachte und beschleunigte Auswertung beliebiger Testsignal-formen wie regellose Signale (Rauschen) oder kurzzeitige impulsförmige Signale erlauben. Die direkt von den Messwertaufnehmern kommenden Systemeingangs-und -ausgangssignale, d.h. die Kraft- und Verformungssignale, werden digitalisiert und mit Hilfe einer Fourier-Transformation in den Frequenzbereich transformiert.

Der komplexe Übertragungsfrequenzgang eines Systems ist definiert als die Fouriertransformierte des Ausgangssignals (hier Weg-, Geschwindigkeits- oder Beschleunigungssignal) dividiert durch die Fouriertransformierte des Eingangssignals (hier Kraftsignal) bei dem zu untersuchenden Maschinensystem (Gl. (6-23)).

$$G(j\omega) = \frac{\int\limits_0^T x(t)e^{-j\omega t}\,dt}{\int\limits_0^T F(t)e^{-j\omega t}\,dt} = \frac{E_x(j\omega)}{E_F(j\omega)} \tag{6-23}$$

mit

F(t) Eingangssignal
x(t) Ausgangssignal
$E_F(j\omega)$ komplexes Energiespektrum des Eingangssignals
$E_x(j\omega)$komplexes Energiespektrum des Ausgangssignals

Nach der Division der komplexen Energiespektren durch die Integrationsdauer T erhält man die komplexen Leistungsspektren:

$$S_F(j\omega) = \frac{1}{T}E_F(j\omega)$$

komplexes Leistungsspektrum des Eingangssignals

$$S_x(j\omega) = \frac{1}{T}E_x(j\omega)$$

komplexes Leistungsspektrum des Ausgangssignals

mit

$$Re\{S_x(j\omega)\} = \frac{1}{T}\int\limits_0^T x(t)\cos\omega t\,dt$$

$$Im\{S_x(j\omega)\} = \frac{1}{T}\int\limits_0^T x(t)\sin\omega t\,dt$$

$$Re\{S_F(j\omega)\} = \frac{1}{T}\int\limits_0^T F(t)\cos\omega t\,dt$$

$$\mathrm{Im}\{S_F(j\omega)\} = \frac{1}{T}\int_0^T F(t)\sin\omega t\,dt$$

so dass gilt:

$$G(j\omega) = \frac{S_x(j\omega)}{S_F(j\omega)} = \frac{\mathrm{Re}\{S_x(j\omega)\} + j\,\mathrm{Im}\{S_x(j\omega)\}}{\mathrm{Re}\{S_F(j\omega)\} + j\,\mathrm{Im}\{S_F(j\omega)\}} \qquad (6\text{-}24)$$

Durch die bei der Rechnung mit komplexen Zahlen übliche Erweiterung mit dem konjugiert komplexen Nenner folgt aus Gleichung (6-24):

$$G(j\omega) = \frac{S_x(j\omega)\cdot S_F^*(j\omega)}{S_F(j\omega)\cdot S_F^*(j\omega)}$$

mit

$$S_F^*(j\omega) = \mathrm{Re}\{S_F(j\omega)\} - j\,\mathrm{Im}\{S_F(j\omega)\}$$

konjugiert komplexes Leistungsspektrum des Kraftsignals

$$G(j\omega) = \frac{\left[\mathrm{Re}\{S_x(j\omega)\} + j\,\mathrm{Im}\{S_x(j\omega)\}\right]\cdot\left[\mathrm{Re}\{S_F(j\omega)\} - j\,\mathrm{Im}\{S_F(j\omega)\}\right]}{\mathrm{Re}\{S_F(j\omega)\}^2 + \mathrm{Im}\{S_F(j\omega)\}^2}$$

$$= \frac{\mathrm{Re}\{S_x(j\omega)\}\cdot\mathrm{Re}\{S_F(j\omega)\} + \mathrm{Im}\{S_x(j\omega)\}\cdot\mathrm{Im}\{S_F(j\omega)\}}{\mathrm{Re}\{S_F(j\omega)\}^2 + \mathrm{Im}\{S_F(j\omega)\}^2}$$

$$+ j\frac{\mathrm{Im}\{S_x(j\omega)\}\cdot\mathrm{Re}\{S_F(j\omega)\} - \mathrm{Re}\{S_x(j\omega)\}\cdot\mathrm{Im}\{S_F(j\omega)\}}{\mathrm{Re}\{S_F(j\omega)\}^2 + \mathrm{Im}\{S_F(j\omega)\}^2}$$

$$= \frac{\mathrm{Re}\{S_{xF}(j\omega)\} + j\,\mathrm{Im}\{S_{xF}(j\omega)\}}{S_{FF}(\omega)} \qquad (6\text{-}25)$$

$$G(j\omega) = \frac{S_{xF}(j\omega)}{S_{FF}(\omega)} \qquad (6\text{-}26)$$

Wobei

$$S_{FF}(\omega) = S_F(j\omega)\cdot S_F^*(j\omega) \qquad (6\text{-}27)$$

als das reelle Autoleistungsspektrum des Eingangssignals F(t) und

$$S_{xF}(j\omega) = S_x(j\omega)\cdot S_F^*(j\omega) \qquad (6\text{-}28)$$

als das komplexe Kreuzleistungsspektrum zwischen Eingangs- und Ausgangssignal bezeichnet wird.

Störsignaleinfluss

Die Praxis zeigt, dass sowohl das gemessene Kraftsignal als auch das gemessene Wegsignal durch elektrische Störsignale beeinflusst ist und somit die Messdatenverarbeitung verfälscht wird. Aus diesem Grund und zur Erweiterung der begrenzten Messdauer nutzt man die Mittelwertbildung aus mehreren Messungen zur Elimination des Störrauschens. In Abhängigkeit davon, ob das Eingangs- oder das Ausgangssignal gestört ist, kann eine angepasste Methode zur Berechnung des Übertragungsverhaltens des Systems genutzt werden, die dazu führt, dass mit steigender Anzahl von Mittelungen der Einfluss des Störrauschens auf den Übertragungsfrequenzgang immer geringer wird. Es wird hierbei zwischen der sogenannten H_1- und der H_2-Technik unterschieden [6-3]. (Die Bezeichnung „H_1" bzw. „H_2" resultiert aus der im englischsprachigen Raum üblichen Bezeichnung H(jω) für einen Übertragungsfrequenzgang.)

Fall 1: Störsignal auf dem Ausgangssignal bei fehlerfreiem Eingangssignal (Bild 6-17 links):

Die erste Methode zur Berechnung des Nachgiebigkeitsfrequenzgangs, die H_1-Technik, findet Anwendung, wenn ausschließlich das gemessene Ausgangssignal elektrische Störungen η(jω) beinhaltet (Gl. (6-29)).

$$G_1(j\omega) = \frac{S_x(j\omega) + \eta(j\omega)}{S_F(j\omega)} \qquad (6\text{-}29)$$

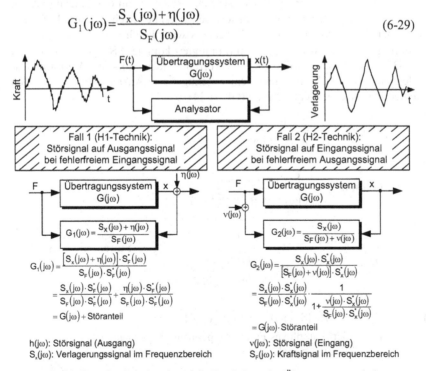

Bild 6-17. Einfluss des Störsignals auf die Ermittlung des Übertragungsverhaltens

Zur Lösung des Gleichungssystems wird die Gleichung wiederum mit der konjugiert komplexen Größe des Nenners erweitert:

$$G_1(j\omega) = \frac{[S_x(j\omega) + \eta(j\omega)] \cdot S_F^*(j\omega)}{S_F(j\omega) \cdot S_F^*(j\omega)}$$

$$= \frac{S_x(j\omega) \cdot S_F^*(j\omega)}{S_F(j\omega) \cdot S_F^*(j\omega)} + \frac{\eta(j\omega) \cdot S_F^*(j\omega)}{S_F(j\omega) \cdot S_F^*(j\omega)} = G(j\omega) + \text{Störanteil} \quad (6\text{-}30)$$

Unter der Voraussetzung, dass das Störrauschen $\eta(t)$ nicht mit dem Eingangssignal F(t) in einem ursächlichen Zusammenhang steht (Korrelation der Signale) und dass eine genügende Anzahl von Mittelungen vorgenommen wird, geht der Term $\eta(j\omega) \cdot S_F^*(j\omega)$ gegen Null und die Übertragungsfunktion berechnet sich entsprechend dem störsignalfreien Fall (Gl. (6-26)) zu:

$$G_1(j\omega) = \frac{S_x(j\omega) \cdot S_F^*(j\omega)}{S_F(j\omega) \cdot S_F^*(j\omega)} = \frac{S_{xF}(j\omega)}{S_{FF}(j\omega)} \quad (6\text{-}31)$$

Fall 2: Störsignal wirkt auf das Eingangssignal (Bild 6-17 rechts):

Die zweite Methode, die H_2-Technik, ist anzuwenden, wenn das Eingangssignal, welches zum Analysator geht, mit Störrauschen $v(j\omega)$ beaufschlagt ist (Gl. (6-32)). In ähnlicher Weise, wie im Fall der H_1-Technik wird die Grundgleichung nun mit dem störungsfreien Ausgangsspektrum (konjugiert komplex) $S_x^*(j\omega)$ multipliziert (Gl. (6-33)). Geht man wieder von nichtkorrelierenden Stör- und Verformungssignalen aus, so erhält man nach einer genügenden Anzahl Mittelungen den gesuchten fehlerfreien Frequenzgang (Gl. (6-34)).

$$G_2(j\omega) = \frac{S_x(j\omega)}{S_F(j\omega) + v(j\omega)} \quad (6\text{-}32)$$

$$G_2(j\omega) = \frac{S_x(j\omega) \cdot S_x^*(j\omega)}{[S_F(j\omega) + v(j\omega)] \cdot S_x^*(j\omega)}$$

$$= \frac{S_x(j\omega) \cdot S_x^*(j\omega)}{S_F(j\omega) \cdot S_x^*(j\omega)} \cdot \frac{1}{1 + \dfrac{v(j\omega) \cdot S_x^*(j\omega)}{S_F(j\omega) \cdot S_x^*(j\omega)}} = G(j\omega) \cdot \text{Störanteil} \quad (6\text{-}33)$$

mit $\quad S_x^*(j\omega) = \text{Re}\{S_x(j\omega)\} - j\,\text{Im}\{S_x(j\omega)\}$
konjugiert komplexes Frequenzspektrum des Ausgangssignals
(Verformungssignal)

$$G_2(j\omega) = \frac{S_x(j\omega) \cdot S_x^*(j\omega)}{S_F(j\omega) \cdot S_x^*(j\omega)} = \frac{S_{xx}(\omega)}{S_{Fx}(j\omega)} \qquad (6\text{-}34)$$

Wobei entsprechend Gleichung (6-27) $S_{xx}(j\omega)$ das Autoleistungsspektrum des Ausgangssignals x(t) bezeichnet. Bei der Messung des Nachgiebigkeitsfrequenzgangs muss über die Ermittlung der Kohärenzfunktion überprüft werden, welcher Störfall vorliegt.

Kohärenzfunktion

Bei der Untersuchung des Übertragungsverhaltens eines Systems muss man häufig mit Störsignalen rechnen. Üblicherweise treten Störsignale auf, die je nach Intensität, trotz der Mittelwertbildung und der oben beschriebenen beiden Berechnungsverfahren, einen mehr oder weniger großen Fehler bei der Messdatenverarbeitung zur Folge haben. Um das Maß der Störsignale auf das berechnete Übertragungsverhalten des Systems abschätzen zu können, wird die sogenannte Kohärenzfunktion genutzt, die aus den drei Leistungsspektren bestimmt wird.

Nach der Gl. (6-31) wird das Quadrat des Absolutbetrages des über eine Anzahl von M Messungen gemittelten Frequenzganges nach der H_1-Technik berechnet:

$$\left| G_1(j\omega) \right|^2 = \frac{\left| \overline{S_{xF}(j\omega)} \right|^2}{\left| \overline{S_{FF}(\omega)} \right|^2} \qquad (6\text{-}35)$$

mit $\overline{S_{xF}(j\omega)}$ und $\overline{S_{FF}(j\omega)}$ als gemittelte Leistungsspektren.
Andererseits gilt, wie aus Gl. (6-26) abzuleiten ist:

$$\left| G(j\omega) \right|^2 = \frac{\overline{S_{xx}(\omega)}}{S_{FF}(\omega)} \qquad (6\text{-}36)$$

wobei Gl. (6-36) nur dann erfüllt ist, wenn eine strenge Abhängigkeit zwischen Ein- und Ausgangssignal besteht. Dagegen haben Störsignale auf Gl. (6-35), wie oben erläutert, bei ausreichend großer Anzahl Mittelungen kaum einen Einfluss.

Die Kohärenzfunktion wird nun durch Quotientenbildung der in den Gleichungen (6-35) und (6-36) aufgestellten Relationen berechnet:

$$\gamma_{Fx}^2(\omega) = \frac{\left| G_1(j\omega) \right|^2}{\left| G(j\omega) \right|^2} = \frac{\left| \overline{S_{xF}(j\omega)} \right|^2}{\overline{S_{FF}(\omega)} \cdot \overline{S_{xx}(\omega)}} \qquad (6\text{-}37)$$

Auf ähnliche Weise wird die Kohärenz im Fall der H_2-Technik ermittelt:

$$\gamma_{Fx}^2(\omega) = \frac{|G(j\omega)|^2}{|G_2(j\omega)|^2} = \frac{\overline{S_{xx}(\omega)} \cdot \left|\overline{S_{Fx}(j\omega)}\right|^2}{\overline{S_{FF}(\omega)} \cdot \left|\overline{S_{xx}(\omega)}\right|^2} = \frac{\left|\overline{S_{Fx}(j\omega)}\right|^2}{\overline{S_{FF}(\omega)} \cdot \overline{S_{xx}(\omega)}} \qquad (6\text{-}38)$$

Die Kohärenzfunktion nimmt nur bei strenger linearer Abhängigkeit (Kausalität) zwischen Eingangs- und Ausgangssignal ihren maximalen Wert von 1 an. Beinhalten die Ein- oder Ausgangssignale Störsignale, so haben sie bei ausreichender Anzahl Mittelungen auf das Kreuzleistungsspektrum, d.h. den Zähler der Kohärenzfunktion (Gl. (6-37), (6-38)), keinen Einfluss. In die Autoleistungsspektren im Nenner gehen die Störsignale aber ein, so dass mit zunehmendem Anteil des Störsignals sich der Wert der Kohärenzfunktion von 1,0 in Richtung 0 bewegt.

Frequenzanalysen nach den beiden unterschiedlichen Auswerteverfahren (H_1- und H_2-Technik) setzen voraus, dass die jeweilige Bezugsgröße fehlerfrei ist, bei H_1 gilt dies für F(t) und bei H_2 für x(t). Ein Test der Kohärenzfunktion nach dem H_1- und dem H_2-Verfahren zeigt, welcher Betrag von beiden dem Idealbetrag von $\gamma_{Fx}^2(\omega) = 1$ am nächsten kommt. So kann das geeignete Auswerteverfahren ausgewählt werden. Die Kombination aus H_1- und H_2-Technik wird als H_V-Technik bezeichnet. Durch sie ist eine Berücksichtigung von Störsignalen auf dem Ein- und dem Ausgangssignal möglich.

Für Einbrüche in der Kohärenz sind im Wesentlichen folgende Ursachen verantwortlich:

– Schwingungen und Erschütterungen, die nicht direkt durch den Erreger verursacht werden, sondern von außen in die Maschine gelangen (d.h. Störsignale im Wegsignal);
– Nichtlinearitäten, z.B. hervorgerufen durch Abheben des Relativerregers oder des Wegaufnehmers an der Wegmessstelle oder Nichtlinearitäten des zu untersuchenden Systems selbst, wie z.B. durch Spiel in den Führungen;
– Störungen im Kraft- und Wegmesssystem, z.B. Rauschen der Messverstärker (50 Hz).

In Bild 6-18 ist die Vorgehensweise zur Berechnung von Frequenzgängen aus stochastischen Signalen in Form eines Flussbildes nochmals dargestellt.

6.2.4 Messung von Eigenschwingungsformen, Bestimmung der modalen Parameter, Curve-Fitting-Verfahren

Bei der Aufnahme von Nachgiebigkeitsfrequenzgängen an Maschinen werden i. a. ausgeprägte Resonanzüberhöhungen der Nachgiebigkeit beobachtet. Zum Auffinden der Maschinenbauteile, die zu der Resonanzerscheinung einen wesentlichen Beitrag leisten, ist die Messung der Schwingungsformen erforderlich.

Üblicherweise werden heute die Schwingungsformen einer Maschine, bei den einzelnen Resonanzfrequenzen, mit Hilfe einer rechnergestützten *Modalanalyse* ermittelt. Erster Schritt hierzu ist die Approximation der Maschine durch eine Anzahl von Strukturpunkten, Bild 6-19, wobei die Lage der einzelnen Messpunkte im

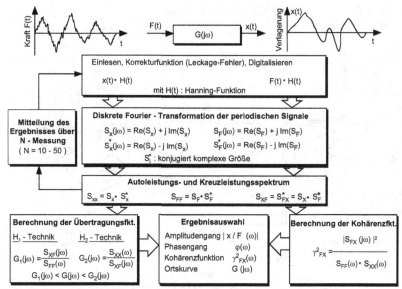

Bild 6-18. Berechnung von Frequenzgängen aus stochastischen Signalen

Rechner gespeichert wird. Mit der Auswahl der Messpunkte beeinflusst der Benutzer maßgeblich die Identifikation von Schwingungsformen und auch Schwachstellen der Struktur. Die Strukturpunkte (Messpunkte auf der Struktur) sollten so gewählt werden, dass die gemessene Schwingungsform ausreichende Informationen über die dynamische Bewegung der Maschine erlaubt. So sind beispielsweise zur Erfassung der Relativbewegung von Koppelstellen (z.B. Führungsbahnen) die Messpunkte direkt nebeneinander auf die verschiedenen Bauteile zu setzen.

Zur Anregung der Schwingungsformen erfolgt eine Krafteinleitung relativ zwischen Werkzeug und Werkstück mit stochastischen, impuls- oder sinusförmigen Signalen im interessierenden Frequenzbereich. Die Nachgiebigkeiten der Maschine in den drei Maschinenkoordinatenrichtungen werden an allen Strukturpunkten gemessen und im Rechner in Form von Übertragungsfrequenzgängen abgespeichert.

Im Anschluss an die Ermittlung der Übertragungsfunktionen für jeden Strukturpunkt in den drei Maschinenkoordinatenrichtungen, erfolgt das so genannte „Curve-Fitting“. Das Ziel des Fit-Prozesses ist eine Reduktion des enormen Datenvolumens durch eine mathematische Beschreibung der gemessenen Übertragungsfunktionen als Polynomfunktion. Bei dieser Approximation der gemessenen Übertragungsfunktionen durch komplexe analytische Gleichungen werden für jede wichtige Eigenschwingungsform und jeden Strukturpunkt deren komplexe Nachgiebigkeitsvektoren, Frequenz und Dämpfung benötigt.

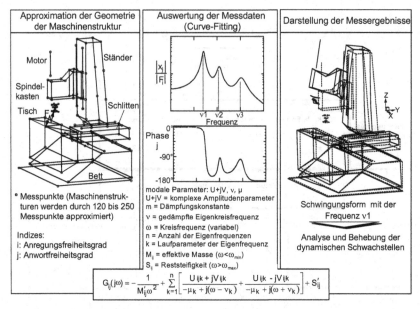

| Approximation der Geometrie der Maschinenstruktur | Auswertung der Messdaten (Curve-Fitting) | Darstellung der Messergebnisse |

Bild 6-19. Prinzipielle Vorgehensweise bei der Modalanalyse

Es existiert eine Vielzahl unterschiedlicher Fit-Verfahren, wobei allgemein zwei Kategorien unterschieden werden:

– Einmassenschwingerverfahren (single-degree-of-freedom, SDOF)
– Mehrmassenschwingerverfahren (multiple-degree-of-freedom, MDOF)

Im Fall der Einmassenschwingerverfahren wird die Struktur durch ein System entkoppelter Einmassenschwinger beschrieben. D.h. die Schwingungsform bei jeder Resonanzfrequenz wird so ermittelt, als ob es sich um die einzige Resonanzfrequenz der Struktur handeln würde. Die Gleichungen zur Lösung dieses Problems sind in Abschnitt 6.1 zusammengefasst, wobei sich der Gesamtnachgiebigkeitsfrequenzgang der Struktur als Summe aller Einzelfrequenzgänge beschreiben lässt. Es sei hier darauf hingewiesen, dass die einzelnen Schwingungsformen der zu untersuchenden Struktur für die Anwendung der Einmassenschwingerverfahren deutlich entkoppelt sein müssen. Dies äußert sich in den Nachgiebigkeitsfrequenzgängen dadurch, dass die einzelnen Resonanzstellen voneinander isoliert sind. (Die Resonanzfrequenzen haben einen großen Frequenzabstand.)

SDOF-Verfahren führen sehr schnell zu Ergebnissen und benötigen Computer mit nur geringen Rechenleistungen. Sie sind, aufgrund der nur in sehr seltenen Fällen zutreffenden Voraussetzung entkoppelter Systeme, zumeist wesentlich ungenauer als MDOF-Verfahren.

Die sogenannten MDOF-Verfahren ermitteln die Resonanzstellen, die Dämpfungen und die Schwingungsamplituden für mehrere Schwingungsformen simultan. Dies erlaubt eine wesentlich genauere Beschreibung des dynamischen

Verhaltens, da somit auch gekoppelte und stark gedämpfte Schwingungsformen ermittelt werden können.

Im Folgenden werden die Grundgleichungen der Modalanalyse hergeleitet, auf denen die Mehrmassenschwingerverfahren beruhen. Dabei wird zunächst von einem ungedämpften System ausgegangen, dann werden ein System mit viskoser proportionaler Dämpfung und ein System mit allgemeiner viskoser Dämpfung behandelt. Für eine weitergehende Bearbeitung der Thematik wird auf die angegebene Literatur verwiesen.

Ungedämpftes System

Das dynamische Verhalten eines ungedämpften n-Massen-Schwingers lässt sich durch ein Differentialgleichungssystem 2. Ordnung mit den n x n Systemmatrizen beschreiben [6-4,6-10]:

$$[M] \cdot \{\ddot{x}\} + [K] \cdot \{x\} = \{f\} \qquad (6\text{-}39)$$

mit

[M]   Massenmatrix,

[K]   Steifigkeitsmatrix,

$\{x\}$ Vektor der Verlagerungen,

$\{\ddot{x}\}$ Vektor der Beschleunigungen,

$\{f\}$ Vektor der äußeren Kräfte, wirksam an den Massen.

Zur Lösung des Differentialgleichungssystems wird von folgendem Ansatz ausgegangen:

$$\{f\} = \{F\} \cdot e^{(j\omega t)}$$

$$\{x\} = \{X\} \cdot e^{(j\omega t)}$$

$$\{\ddot{x}\} = -\omega^2 \{X\} \cdot e^{(j\omega t)}$$

Eingesetzt in Gl. (6-39) führt dies zu:

$$(-\omega^2[M] + [K]) \cdot \{X\} = \{F\} \qquad (6\text{-}40)$$

Es folgt die für Differentialgleichungen übliche Vorgehensweise, nach der zunächst die homogene Gleichung mit $\{F\} = 0$ und später die inhomogene Gleichung gelöst wird:

$$\omega^2[M]\{X\} = [K] \cdot \{X\} \qquad (6\text{-}41)$$

Die Matrixgleichung (6-41) repräsentiert ein Eigenwertproblem. Die realen Eigenwerte ω_{nk}, die sogenannten ungedämpften natürlichen Eigenfrequenzen und die zugehörigen Eigenvektoren $\{\Psi_k\}$ können mit üblichen Eigenwerttechniken ermittelt werden [6-5, 6-11].

Die oben genannten Eigenvektoren haben nach [6-12] die wichtige Eigenschaft, die Massen- und Steifigkeitsmatrizen der Gl. (6-39) zu diagonalisieren:

$$[\psi]^T [M][\psi] = \lceil m \rfloor \qquad\qquad (6\text{-}42)$$

$$[\psi]^T [K][\psi] = \lceil k \rfloor \qquad\qquad (6\text{-}43)$$

(mit $\lceil \rfloor$ als Symbol für eine Diagonalmatrix)
wobei die Matrix $[\Psi]$ aus den n Eigenvektoren $\{\Psi_k\}$ besteht:

$$[\psi] = [\{\psi_1\} \{\psi_2\} \dots \{\psi_n\}]$$

Die Matrix $[\Psi]$ kann als Transformationsmatrix aufgefasst werden, wobei sie die Systemkoordinaten $\{X\}$ in die sogenannten modalen Koordinaten $\{Z\}$ umformt:

$$\{X\} = [\psi] \cdot \{Z\} \qquad\qquad (6\text{-}44)$$

Diese Transformation ändert nicht die Lösung des Gleichungssystems (6-39), sondern erleichtert diese nur. Werden die Gl. (6-42, 6-43 und 6-44) in (6-40) eingesetzt, so führt dies zu:

$$\lceil -\omega^2 \lceil m \rfloor + \lceil k \rfloor \rfloor \cdot \{Z\} = [\Psi]^T \{F\} \qquad\qquad (6\text{-}45)$$

Gl. (6-45) repräsentiert n ungekoppelte lineare Gleichungen, die wesentlich einfacher zu lösen sind als das gekoppelte Gleichungssystem (6-40). Erreicht wurde diese Vereinfachung durch die Verwendung der modalen Matrix $[\Psi]$ als Transformationsmatrix. Durch eine entsprechende Umformung kann Gl. (6-45) rücktransformiert werden:

$$\{X\} = [\Psi] \cdot \lceil -\omega^2 \lceil m \rfloor + \lceil k \rfloor \rfloor^{-1} \cdot [\Psi]^T \{F\} \qquad\qquad (6\text{-}46)$$

oder unter Ausnutzung der Beziehung

$$\omega_{nk} = \sqrt{\frac{k_k}{m_k}}$$

zu

$$\{X\} = \sum_{k=1}^{n} \frac{\{\psi_k\} \{\psi_k\}^T \{F\}}{k_k \left[1 - \left(\dfrac{\omega}{\omega_{nk}} \right)^2 \right]} \qquad\qquad (6\text{-}47)$$

Gl. (6-47) stellt im Frequenzbereich die Antwort eines ungedämpften n-Massenschwingers auf eine Belastung $\{F\}$ dar. Der k-te Term in der Summe bestimmt den Beitrag des k-ten Modes (Eigenschwingungsform) auf die gesamte Bewegung $\{X\}$ aufgrund eines Kraftvektors $\{F\}$.

System mit proportionaler viskoser Dämpfung

Die Differentialgleichung eines n-Massenschwingers mit viskoser Dämpfung hat die folgende Form:

$$[M] \cdot \{\ddot{x}\} + [C] \cdot \{\dot{x}\} + [K] \cdot \{x\} = \{f\} \tag{6-48}$$

wobei [C] die viskose Dämpfung und $\{\dot{x}\}$ den Geschwindigkeitsvektor darstellt.

Die lineare Differentialgleichung zweiter Ordnung (Gl. (6-48)) mit konstanten Koeffizienten beschreibt das dynamische Verhalten der Struktur vollständig. Die Struktureigenschaften sind in den physikalischen Matrizen für Masse [M], Dämpfung [C] und Steifigkeit [K] zusammengefasst; die äußeren Kräfte beschreibt der Vektor $\{f\}$.

In Anlehnung an die Vorgehensweise im Fall des ungedämpften Systems lässt sich Gl. (6-48) in Gl. (6-49) umformen:

$$-\omega^2 [M]\{X\} + j\omega [C] \cdot \{X\} + [K] \cdot \{X\} = \{F\} \tag{6-49}$$

Um mit Hilfe der Eigenvektormatrix [Ψ] wiederum das Gleichungssystem (6-49) entkoppeln zu können, ist Voraussetzung, dass gilt:

$$[\Psi]^T [C][\Psi] = \lceil C \rfloor \tag{6-50}$$

Dies heißt, die Dämpfungsmatrix [C] muss ebenfalls durch die Eigenvektormatrix [Ψ] diagonalisiert werden können. In [6-13] wird gezeigt, dass hierzu folgende Bedingung (6-51) erfüllt sein muss.

$$[C][M]^{-1}[K] = [K][M]^{-1}[C] \tag{6-51}$$

Nach [6-12, 6-13] kann obige Gl. (6-51) nur dann erfüllt sein, wenn [C] eine lineare Kombination der Matrizen [M] und [K] ist:

$$[C] = \alpha \cdot [M] + \beta \cdot [K] \tag{6-52}$$

Dämpfungsmechanismen, welche die Beziehung (6-51) erfüllen, werden proportionale viskose Dämpfung genannt.

Unter der oben genannten Voraussetzung (Gl. (6-51)) kann eine äquivalente Umformung wie im ungedämpften Fall durchgeführt werden (siehe Gl. (6-47)). Dies führt zur Lösung des Gleichungssystems entsprechend Gl. (6-53):

$$\{X\} = \sum_{k=1}^{n} \frac{\{\psi_k\} \{\psi_k\}^T \{F\}}{k_k \left[1 - \left(\frac{\omega}{\omega_{nk}} \right)^2 + 2jD_k \frac{\omega}{\omega_{nk}} \right]} \tag{6-53}$$

mit

$$\omega_{nk} = \sqrt{\frac{k_k}{m_k}}$$

als ungedämpfter natürlicher Eigenfrequenz und

$$D_k = \frac{c_k}{2}\sqrt{k_k m_k}$$

als Dämpfungsmaß.

Gl. (6-53) stellt die Antwort eines proportional viskos gedämpften Mehr-massenschwingers auf einen Kraftvektor {F} dar. Ausgehend von dieser Gleichung kann die Bewegung eines Punktes i aufgrund einer Kraftanregung an einem Punkt j abgeleitet werden zu:

$$\frac{x_i}{F_j} = \sum_{k=1}^{n} \frac{\Psi_{ik}\Psi_{jk}}{k_k\left[1 - \left(\frac{\omega}{\omega_{nk}}\right)^2 + 2jD_k\frac{\omega}{\omega_{nk}}\right]} \qquad (6\text{-}54)$$

mit

$$S_{ijk} = \frac{\Psi_{ik}\Psi_{jk}}{k_k} \qquad (6\text{-}55)$$

sogenannte „modale Nachgiebigkeit" [6-14]

Dies führt zu der allgemein üblichen Form [6-15]

$$\frac{x_i}{F_j} = \sum_{k=1}^{n} \frac{S_{ijk}}{\left[1 - \left(\frac{\omega}{\omega_{nk}}\right)^2 + 2jD_k\frac{\omega}{\omega_{nk}}\right]} \qquad (6\text{-}56)$$

System mit allgemeiner viskoser Dämpfung

Betrachtet man erneut die Differentialgleichung zweiter Ordnung mit viskoser Dämpfung:

$$[M]\cdot\{\ddot{x}\} + [C]\cdot\{\dot{x}\} + [K]\cdot\{x\} = \{f\}$$

so erfüllt im Allgemeinen Fall [C] nicht die unter (6-51) getroffenen Voraus-setzungen, so dass die reale Transformationsmatrix [Ψ] das Gleichungssystem nicht entkoppeln kann. Mit Hilfe geeigneter Transformationsverfahren und unter Einsatz komplexer Eigenvektoren kann dieses Gleichungssystem dennoch gelöst werden [6-12]:

$$\{X\} = \sum_{k=1}^{n} \left[\frac{\{\Psi_k\}\{\Psi_k\}^T\{F\}}{a_k(j\omega - \lambda_k)} + \frac{\overline{\{\Psi_k\}}\,\overline{\{\Psi_k\}}^T\{F\}}{\overline{a_k}(j\omega - \overline{\lambda_k})} \right] \qquad (6\text{-}57)$$

mit

$\{\Psi_k\}$	komplexer Eigenvektor der k-ten Schwingungsform
	($\overline{\{\Psi_k\}}$: Konjugiert komplexer Eigenvektor)
$\lambda_k = \mu_k + j\nu_k$	komplexer Eigenwert der k-ten Schwingungsform
	($\{\overline{\lambda_k}\}$: Konjugiert komplexer Eigenwert)
μ_k	Abklingkonstante
ν_k	Gedämpfte Eigenkreisfrequenz
a_k	Normierungsfaktor

Aus Gl. (6-57) folgt, dass die Bewegung eines Punktes i aufgrund einer Kraftanregung an einem Punkt j in folgender Form bestimmt werden kann:

$$\frac{x_i}{F_j} = \sum_{k=1}^{n} \left[\frac{\Psi_{ik}\Psi_{jk}}{a_k(j\omega - \lambda_k)} + \frac{\overline{\Psi_{ik}}\,\overline{\Psi_{jk}}}{\overline{a_k}(j\omega - \overline{\lambda_k})} \right] \qquad (6\text{-}58)$$

Mit den Beziehungen

$$\frac{\Psi_{ik}\Psi_{jk}}{a_k} = U_{ijk} + jV_{ijk}$$

und

$$\frac{\overline{\Psi_{ik}}\,\overline{\Psi_{jk}}}{\overline{a_k}} = U_{ijk} - jV_{ijk}$$

führt dies zu der in der Literatur [6-10,6-15,6-16] üblichen Schreibweise:

$$\frac{x_i}{F_j} = \sum_{k=1}^{n} \left[\frac{U_{ijk} + jV_{ijk}}{-\mu_k + j(\omega - \nu_k)} + \frac{U_{ijk} - jV_{ijk}}{-\mu_k + j(\omega + \nu_k)} \right] \qquad (6\text{-}59)$$

Im Zähler der Gl. (6-59) stehen die komplexen Amplitudenparameter $(U \pm jV)$, die das komplexe Übertragungsverhalten der Struktur zwischen Erregungs- und Verlagerungsmesspunkt wiedergeben. Die im Nenner stehenden komplexen Eigenwerte (gedämpfte Eigenkreisfrequenz ν und Abklingkonstante μ) sind globale Größen der Struktur. Sie können für jede Eigenschwingung aus der Analyse des Nachgiebigkeitsverhaltens eines einzelnen Strukturpunktes ermittelt werden und gelten für alle Punkte der Struktur für diese Eigenform. Dagegen ändern sich bei ein und der selben Eigenschwingung die Amplitudenparameter von Punkt zu Punkt entsprechend der Schwingungsform der Struktur.

Eine sehr anschauliche Interpretation der Gl. (6-59) ist mit Hilfe eines Einmassenschwingers möglich. Hierzu wird die sogenannte Nyquist-Darstellung (oder auch Ortskurven-Darstellung) gewählt, bei welcher der Imaginärteil auf der vertikalen und der Realteil auf der horizontalen Achse aufgetragen ist.

Wie in Bild 6-20 (oben links) dargestellt [6-12], stellt der erste Term in der Summe in Gl. (6-59)

$$x + jy = \frac{1}{-\mu + j(\omega - \nu)}$$

einen Kreis in der komplexen Ebene dar (mit überwiegend positiven Frequenzen, gekennzeichnet durch die dick ausgeführte Linie), mit dem Mittelpunkt $(1/(2\mu), 0)$ und dem Durchmesser $1/\mu$. Betrachtet man nun den komplexen Zähler $(U + jV)$ so führt eine Multiplikation mit der oben genannten Gleichung zu einer Drehung des Kreises um arctan(V/U) und einer Vergrößerung oder Verkleinerung um

$$\sqrt{U^2 + V^2}$$

Der zweite Term der Gl. (6-59) bestimmt wiederum einen Kreis mit gleichem Durchmesser und Mittelpunkt, jedoch mit überwiegend negativen Frequenzen (dünn ausgeführte Linie) (Bild 6-20, Mitte oben). Die Drehung um den gleichen Winkel arctan(V/U) erfolgt jedoch in die entgegengesetzte Richtung.

Die graphische Darstellung des Verhaltens eines Einmassenschwingers in der komplexen Ebene kann nun auf einfache Weise durch vektorielle bzw. getrennte Addition der Real- und Imaginärteile der beiden Kreise ermittelt werden (Bild 6-20, rechts). Eine physikalische Bedeutung haben selbstverständlich nur die positiven Frequenzen.

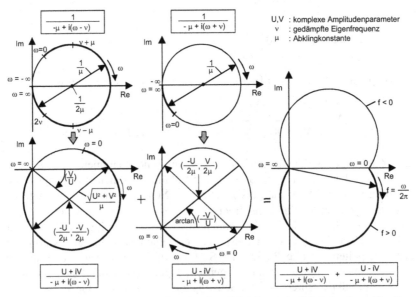

Bild 6-20. Graphische Interpretation der Grundgleichung der Modalanalyse (Quelle: nach van Loon)

Bisher wurden die zu untersuchenden Strukturen so betrachtet und modelliert, als ob sie über dem Frequenzbereich von 0 bis ∞ eine begrenzte Anzahl von n Freiheitsgraden aufweisen würden. In der Praxis besitzen Maschinensysteme aber eine unendliche Anzahl Freiheitsgrade. Dies bedeutet, dass in Gl. (6-59) die Eigenschwingungsformen eigentlich von k = 1 bis ∞ aufsummiert werden müssten.

Üblicherweise interessiert jedoch nur das Schwingungsverhalten in einem Frequenzband $[\omega_A \rightarrow \omega_B]$, so dass der gesamte Frequenzbereich in drei Teile unterteilt werden kann: $[0 \rightarrow \omega_A]$, $[\omega_A \rightarrow \omega_B]$ und $[\omega_B \rightarrow \infty]$. Nach [6-12] können die Einflüsse der Schwingungsformen unterhalb von ω_A durch $(-1/M'_{ij}\omega^2)$ abgeschätzt werden, wobei M'_{ij} als „effektive Masse" der unteren Schwingungsformen bezeichnet wird. Durch ähnliche Abschätzungen kann der Einfluss der oberen Schwingungsformen $[\omega_B \rightarrow \infty]$ durch den Term S'_{ij} abgeschätzt werden (S'_{ij}: „Restnachgiebigkeit"). Die Gl. (6-59) erhält dann die Form:

$$
\frac{x_i}{F_j} = -\frac{1}{M'_{ij}\omega^2} + \sum_{k=1}^{n}\left[\frac{U_{ijk} + jV_{ijk}}{-\mu_k + j(\omega - \nu_k)} + \frac{U_{ijk} - jV_{ijk}}{-\mu_k + j(\omega + \nu_k)}\right] + S'_{ij} \quad (6\text{-}60)
$$

Für den praktischen Anwendungsfall ist wesentlich, dass dadurch die Anzahl n der zu berücksichtigen Eigenschwingungsformen bedeutend kleiner wird, als die Anzahl der Freiheitsgrade des Mehrmassenschwingers. Mit Hilfe der gemessenen Frequenzgänge lassen sich anhand der auftretenden Resonanzstellen Aussagen darüber ableiten, wie viele Eigenschwingungsformen für den interessierenden Frequenzbereich relevant sind. In vielen Fällen wird n < 10 sein, obwohl reale Werkzeugmaschinenstrukturen, die ein Massekontinuum darstellen, theoretisch nahezu (unendlich) viele Freiheitsgrade besitzen.

Vergleich der Modelle

Um die unterschiedlichen Modelle einer zu untersuchenden Struktur (ungedämpft, proportional viskos gedämpft, allgemein viskos gedämpft) miteinander vergleichen zu können wird zunächst Gl.(6-59) in eine vergleichbare Form transformiert.

Mit den Beziehungen für den Realteil S_{ijk} und den Imaginärteil R_{ijk} der modalen Nachgiebigkeit, dem Betrag ω_{0k} der Eigenwerte λ_k und dem Dämpfungsmaß D_k,

$$
S_{ijk} = \frac{-2(\mu_k U_{ijk} + \nu_k V_{ijk})}{\omega_{0k}^2}
$$

$$
R_{ijk} = \frac{2U_{ijk}}{\omega_{0k}^2}
$$

$$
\omega_{ok} = \sqrt{\mu_k^2 + \nu_k^2}
$$

$$D_k = -\frac{\mu_k}{\omega_{0k}} = -\frac{\mu_k}{\sqrt{\mu_k^2 + v_k^2}}$$

ergibt sich die Beziehung für den Nachgiebigkeitsfrequenzgang nach Gl. (6-59) zu

$$\frac{x_i}{F_j} = \sum_{k=1}^{n} \frac{S_{ijk} + j\omega R_{ijk}}{\left[1 - \left(\frac{\omega}{\omega_{0k}}\right)^2 + 2jD_k \frac{\omega}{\omega_{0k}}\right]} \qquad (6\text{-}61)$$

Der Vergleich der Gl. (6-56) für die proportionale viskose Dämpfung mit der Gl. (6-61) für allgemeine viskose Dämpfung führt zu dem Schluss, dass unter der Voraussetzung der Proportionalität (Gl. (6-51)) die folgenden beiden Beziehungen gelten:

$$R_{ijk} = 0 \text{ und damit } U_{ijk} = 0$$

und

$$\omega_{0k} = \omega_{nk}$$

D.h., die Amplituden der komplexen Eigenwerte sind gleich den ungedämpften Eigenkreisfrequenzen.

Auf diese Weise kann Gl. (6-59) für den Fall proportional viskos gedämpfter Systeme in folgender Form geschrieben werden:

$$\frac{x_i}{F_j} = \sum_{k=1}^{n} \left[\frac{jV_{ijk}}{-\mu_k + j(\omega - v_k)} + \frac{-jV_{ijk}}{-\mu_k + j(\omega + v_k)} \right] \qquad (6\text{-}62)$$

Der Unterschied zwischen proportionaler viskoser Dämpfung und allgemeiner viskoser Dämpfung äußert sich im mathematischen Modell alleine darin, ob der Parameter U_{ijk} gleich Null ist oder nicht. Zur Lösung des Gleichungssystems im Fall allgemein viskoser Dämpfung sind für jede Schwingungsform (oder für jeden Freiheitsgrad) 4 Parameter (μ_k, v_k, U_{ijk}, V_{ijk}) zu bestimmen. Für die proportionale Dämpfung reduziert sich die Anzahl der Parameter auf 3 (μ_k, v_k, V_{ijk}) und für ungedämpfte Systeme auf 2 (ω_k, V_{ijk}).

Die Vorgehensweise bei der Durchführung einer Modalanalyse besteht nun darin, ausgehend von den gemessenen Frequenzgängen für die n dominanten Eigenfrequenzen die 4n+2 Werte der Gl. (6-60) n·(μ_k, v_k, U_{ijk}, V_{ijk}) sowie S'_{ij} und M'_{ij} zu bestimmen. Dieses Vorgehen muss entsprechend der Anzahl an Krafteinleitungsstellen j und Wegmessstellen i wiederholt werden. Das entspricht einer Approximation der gemessenen Frequenzgänge durch analytische Gleichungen (curve-fit). Die übliche Methode hierfür ist die Verwendung der Methode der kleinsten Fehlerquadrate. Es gilt, die folgende Gleichung zu minimieren [6-12, 6-17]:

$$E_t = \sum_{r=1}^{m} E_r^{\ 2}$$

$$= \sum_{r=1}^{m} \left\{ \left[Re\left(\frac{x_i}{F_j}\right)_e - Re\left(\frac{x_i}{F_j}\right)_a \right]^2 + \left[Im\left(\frac{x_i}{F_j}\right)_e - Im\left(\frac{x_i}{F_j}\right)_a \right]^2 \right\} \quad (6\text{-}63)$$

$$= \min$$

wobei der Index e die experimentellen Messungen und a die analytischen Werte bezeichnet; i, j kennzeichnen die Strukturmesspunkte, m die Anzahl der äqui-distanten Frequenzwerte bei denen das Strukturverhalten messtechnisch erfasst wurde. Die Werte für m liegen je nach gewünschter Genauigkeit und geforderter Rechengeschwindigkeit bei üblichen Analysatoren zwischen m = 512 und m = 16384. Unter Ausnutzung der Vereinfachungen:

$$MR_r = Re\left(\frac{x_i}{F_j}(\omega_r)\right)_e \qquad \text{Realteil der Messung bei } \omega_r$$

$$MI_r = Im\left(\frac{x_i}{F_j}(\omega_r)\right)_e \qquad \text{Imaginärteil der Messung bei } \omega_r,$$

$$AR_r = Re\left(\frac{x_i}{F_j}(\omega_r)\right)_a \qquad \text{Realteil der Analyse bei } \omega_r$$

$$AI_r = Im\left(\frac{x_i}{F_j}(\omega_r)\right)_a \qquad \text{Imaginärteil der Analyse bei } \omega_r$$

mit ω_r: Resonanzkreisfrequenz

und der Differenzierung von E_t bezogen auf jede der 4n + 2 Unbekannten, liegen 4n + 2 Gleichungen des Typs

$$\frac{\delta E_t}{\delta h_1} = -2 \sum_{r=1}^{m} \left\{ [MR_r - AR_r] \frac{\delta AR_r}{\delta h_1} + [MI_r - AI_r] \frac{\delta AI_r}{\delta h_1} \right\} \quad (6\text{-}64)$$

vor, wobei h_1 die jeweiligen Unbekannten μ_k, v_k, U_{ijk}, V_{ijk}, S'_{ij} und M'_{ij} bezeichnet. Zur Lösung dieses Gleichungssystems werden zunächst vom erfahrenen Benutzer Startwerte anhand repräsentativer Frequenzgänge vorgegeben (auszuwertender Frequenzbereich, Lage der Resonanzfrequenzen, Anzahl der möglichen Schwingungsformen) die zu ersten Abschätzungen der 4n + 2 Werte führen. Aufbauend auf diesen Startwerten kann die Gl. (6-64) gelöst werden.

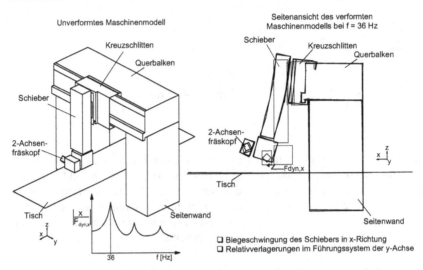

Bild 6-21. Schwingungsform einer Portalfräsmaschine

In vielen Fällen wird nicht in allen Frequenzbereichen eine zufriedenstellende Übereinstimmung zwischen den gemessenen Frequenzgängen und den analytischen Gleichungen festzustellen sein. Ursachen hierfür sind:

– schlechte Wahl der Lage der Messpunkte an der Maschine (z.B. Schwingungsknoten),
– hohes Rausch- zu Nutzsignalverhältnis der gemessenen Frequenzgänge (schlechte Kohärenzfunktion),
– Nichtlinearitäten des Systems,
– Vorliegen nicht ausschließlich viskoser Dämpfung.

Nachdem die modalen Parameter iterativ nach der Methode der kleinsten Fehlerquadrate ermittelt wurden, können die Schwingungsformen animiert auf einem Monitor dargestellt werden. Bild 6-21 zeigt als Beispiel die ausgelenkte Lage der ersten Eigenschwingungsform einer Portalfräsmaschine. Die Verlagerungen zwischen Werkzeug und Werkstück resultieren bei dieser Schwingungsform aus einer Durchbiegung des Schiebers in x-Richtung und Relativverlagerungen im Führungssystem der y-Achse.

Neben der oben beschriebenen Methode der kleinsten Fehlerquadrate existieren eine Vielzahl weiterer Fit-Verfahren, die je nach Anwendungsfall eingesetzt werden können. So erfordert eine Mehrpunktanregung (z.B. an Werkzeugmaschinen mit zwei Bearbeitungsstellen, wie Zweispindel-Drehmaschinen) ein anderes Approximationsverfahren als eine Einpunktanregung. Strukturen mit vielen Schwingungsformen (Modes) sind dabei schwieriger zu verarbeiten als unkomplizierte Bauteile. Sehr schnelle Rechenverfahren bieten häufig nicht die Genauigkeit rechen- und zeitintensiverer Methoden.

6.2.5 Testsignal- und Erregerarten

Zur Analyse des dynamischen Verhaltens von Werkzeugmaschinen ist in die Maschine eine definierte dynamische Kraft einzuleiten und zur Bestimmung des Nachgiebigkeitsverhaltens sowohl die Kraft als auch die daraus resultierende Verlagerung zu messen. Der erforderliche Versuchsaufbau zur Messung dynamischer Nachgiebigkeiten und zur Schwingungsformanalyse ist in Bild 6-16 dargestellt. Die einzusetzenden Messmittel zur Kraft- und Verlagerungsmessung sind ausführlich in Kapitel 2 beschrieben. In den folgenden Abschnitten werden die nach dem heutigen Stand der Technik üblichen Erregerarten und die mit ihnen verwirklichten Anregungsformen dargestellt.

6.2.5.1 Anregungsformen

Es existiert eine Vielzahl verschiedener Signalformen, um eine Maschine anzuregen und deren Nachgiebigkeitsverhalten und Schwingungsformen zu ermitteln. Die Auswahl einer geeigneten Signalform beeinflusst die Qualität der Frequenzgangmessung und somit auch die Qualität der Modalanalyse.

Die Anregungssignale zur Bestimmung von Nachgiebigkeitsfrequenzgängen können in zwei Klassen eingeteilt werden. Die erste Klasse ist die der Rauschsignale. Signale dieser Form können allein durch die statistische Verteilung des Frequenzinhalts über einer Zeitperiode definiert werden, somit kann keine mathematische Beziehung zur Beschreibung der Signale angegeben werden. Die zweite Klasse beinhaltet die Signale, die durch eine funktionale Beschreibung dargestellt werden können. Hierbei wird unterschieden in periodische und nichtperiodische Signale, wobei es sich bei den periodischen Signalen zumeist um sinusförmige Anregungen und bei den nichtperiodischen Signalen um impulsförmige, kurze Signale handelt.

Die Wahl des Anregungssignals wird nicht nur bestimmt von der erforderlichen Messzeit und den zur Realisierung des Signals erforderlichen Geräten, sondern auch sehr stark von dem Systemverhalten der zu untersuchenden Struktur. Hierbei ist insbesondere die Linearität von Interesse. Für den Fall eines linearen Systems führen alle Anregungsformen theoretisch zum gleichen Ergebnis. Zumeist sind jedoch reale Maschinen zu einem gewissen Grad nichtlinear. Die Nutzung definierter Anregungssignale (z.B. Sinus-Signale oder Impuls-Signale) führt zu Ergebnissen, die abhängig sind von der Wahl des Signaltyps, der Signalamplitude und der Vorspannung. Sie können daher insbesondere zur Überprüfung der Struktur hinsichtlich des Auftretens von Nichtlinearitäten genutzt werden, indem unterschiedliche Signalamplituden bzw. statische Vorspannungen für vergleichende Messungen verwendet werden. Demgegenüber führen Rauschsignale im Fall von Nichtlinearitäten zu einer guten Linearisierung des Systems im Arbeitspunkt für den gewählten Rauschpegel.

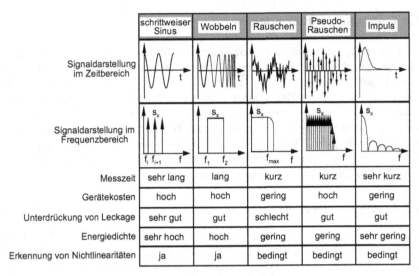

	schrittweiser Sinus	Wobbeln	Rauschen	Pseudo-Rauschen	Impuls
Signaldarstellung im Zeitbereich					
Signaldarstellung im Frequenzbereich					
Messzeit	sehr lang	lang	kurz	kurz	sehr kurz
Gerätekosten	hoch	hoch	gering	hoch	gering
Unterdrückung von Leckage	sehr gut	gut	schlecht	gut	gut
Energiedichte	sehr hoch	hoch	gering	gering	sehr gering
Erkennung von Nichtlinearitäten	ja	ja	bedingt	bedingt	bedingt

Bild 6-22. Erregungssignalformen und ihre Eigenschaften

In Bild 6-22 sind die Erregungssignalformen zusammengefasst, die zur Bestimmung von Nachgiebigkeitsfrequenzgängen und zur Ermittlung von Schwingungsformen verwendet werden. Gleichzeitig wird im Bild eine Bewertung der einzelnen Signalformen nach unterschiedlichen Kriterien vorgenommen. Hierbei handelt es sich um die Messzeit, die Gerätekosten zur Realisierung des Signals, die Möglichkeiten, die das Signal bietet, Leckageeffekte zu unterdrücken bzw. Nichtlinearitäten zu identifizieren und die Energiedichte, mit der ein Kraftsignal eine Struktur anregt. Für Werkzeugmaschinenuntersuchungen werden zumeist rauschförmige Signale genutzt, da sie zum einen eine sehr schnelle Messdatenerfassung bei geringen Messgerätekosten erlauben und gleichzeitig die realen Zerspankräfte sehr gut simulieren. Voraussetzung für gute Ergebnisse ist jedoch, wie oben erwähnt, die Anpassung des Frequenzbereiches und der Amplitude des Rauschsignals an den realen Bearbeitungsprozess.

6.2.5.2 Erregerarten

Die Anregung einer Maschine mit dynamischen Kräften kann in Form einer absoluten oder relativen Krafteinleitung erfolgen, Bild 6-23. Dabei wird von absoluter Anregung gesprochen, wenn die Kraft an nur einem Maschinenteil eingeleitet wird. Dies kann mit Hilfe einer seismischen Masse, durch eine Impulsanregung oder mittels eines Relativerregers erfolgen, wenn dieser sich gegen einen externen Bezugspunkt abstützt.

Im Fall der Relativanregung wird ein geschlossener Kraftfluss in der Struktur erzeugt, wobei speziell bei Werkzeugmaschinen zur Simulation der Prozesskräfte relativ zwischen Werkzeug und Werkstück angeregt wird.

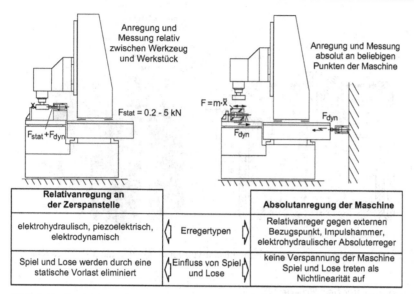

Bild 6-23. Gegenüberstellung von Erregungs- und Messverfahren

Neben der Frage, welches Messergebnis gefordert ist, bzw. welcher Praxisfall simuliert werden soll, sind im Hinblick auf die Auswahl einer Erregungsart die folgenden Unterscheidungsmerkmale zu berücksichtigen:

– Die Relativerregung bietet die wichtige Möglichkeit, neben dynamischen Kräften eine statische Grundlast in das System einzuleiten. Dies ist für die praxisnahe Simulation der Zerspankräfte von Bedeutung. Bei den üblichen Werkzeugmaschinenstrukturen mit Fügestellen ist die Steifigkeit und Dämpfung der Fugen vorspannungsabhängig, so dass das Nachgiebigkeitsverhalten von der Vorspannung beeinflusst wird.

– Eine Relativerregung ist bei sich bewegenden Bauteilen nicht mit einfachen Mitteln realisierbar. Hier ist der Einsatz eines Absoluterregers (Bild 6-23 rechts) sinnvoll. Diese Problematik besteht zum Beispiel bei der Messung von Nachgiebigkeitsfrequenzgängen während der Vorschubbewegung einzelner Bauteile. Bei rotierender Arbeitsspindel ist die Absoluterregung mit dem Impulshammer oder elektromagnetischem Erreger zweckmäßiger.

– Des weiteren eignet sich eine Absoluterregung für die Untersuchung einzelner Bauteile, z.B. Ständer von Großwerkzeugmaschinen, ohne dass zusätzliche Vorrichtungen für eine steife Abstützung des Relativerregers erstellt werden müssen.

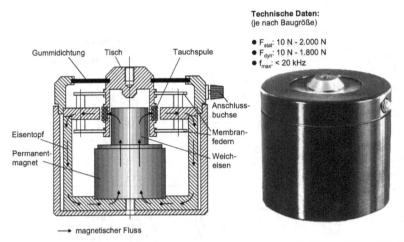

Bild 6-24. Schema des elektrodynamischen Relativerregers (Quelle: nach Brüel & Kjaer)

Elektrodynamischer Erreger [6-18]

In der Regel finden elektrodynamisch wirkende Erreger zur Relativ- und Absolut-anregung von Strukturen Anwendung. Dabei stützen sie sich gegen einen internen oder externen Bezugspunkt ab. Den prinzipiellen Aufbau elektrodynamischer Erreger zeigt Bild 6-24. Die Bewegung des Tisches wird durch das Anlegen einer Wechselspannung an der Tauchspule erzeugt. Der Permanentmagnet liefert eine hohe magnetische Flussdichte im Luftspalt, die zur Erzeugung einer großen Wechselkraft bei niedriger Verstärkerleistung führt. Der Einsatzbereich elektro-dynamischer Erreger reicht von der Anregung sehr kleiner Bauteile bis zu Groß-maschinen. Es existiert eine Vielzahl unterschiedlicher Bauformen mit statischen Vorspannkräften von 10 bis 2.000 N, möglichen Anregungsfrequenzen bis 20 kHz und dynamischen Kräften bis 1.800 N.

Elektrohydraulischer Relativerreger [6-19]

Bei der Untersuchung von Werkzeugmaschinen haben sich elektrohydraulisch arbeitende Erreger ausgezeichnet bewährt. Bild 6-25 zeigt die Schnittzeichnung eines solchen Relativerregers. Sein großer Vorteil liegt in der kompakten Baugröße. Der von einem Hydraulikaggregat kommende Ölstrom wird über ein Servoventil entsprechend dem anliegenden elektrischen Signal wechselseitig auf die Ringkolbenflächen geleitet. Die statische Vorlast wird zusätzlich über die hintere Kolbenfläche aufgebracht und über den statischen Pumpendruck des Hydraulikaggregates eingestellt. Zur Feinjustierung lässt sie sich in einem kleineren Bereich durch eine Gleichspannung variieren, die dem elektrischen Wechselkraftsignal überlagert wird. Die wirksame Kraft ist mit Hilfe eines DMS-Kraftmesselements erfassbar.

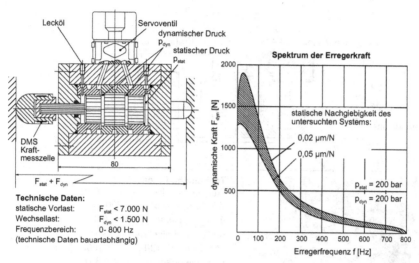

Bild 6-25. Elektrohydraulischer Relativerreger

Je nach Steifigkeit des zu untersuchenden Systems können dynamische Kräfte mit Frequenzen bis 800 Hz und maximale Erregerkräfte entsprechend der im Bild 6-25 gezeigten Charakteristik erreicht werden. Die statische Vorlast kann dabei bis zu 7000 N betragen.

Die Frequenzbeschränkung resultiert in erster Linie aus den Strömungswiderständen des Servoventils, der Bewegungsamplitude des Stößels und der Leistungsfähigkeit des Hydraulikaggregates.

Neben der hier gezeigten Ausführungsvariante bestehen für andere Messaufgaben weitere Erreger dieses Prinzips mit angepassten anderen Abmessungen. Eine kleine Ausführung ermöglicht dank einer kleineren Kolbenfläche und geringer Kolbenmasse eine höhere Anregungsfrequenz. Die Kraftamplituden sind bei dieser Ausführung jedoch kleiner. Andere Varianten sind speziell für weiche Strukturen ausgelegt, bei denen große Stößelwege erforderlich sind. Solche Strukturen kommen zum Beispiel in der Handhabungstechnik vor. Der zur Verfügung stehende Stößelweg beträgt hier ± 6 mm bei einem Frequenzbereich von ca. 150 Hz.

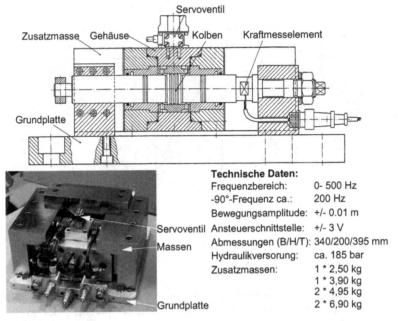

Technische Daten:

Frequenzbereich:	0- 500 Hz
-90°-Frequenz ca.:	200 Hz
Bewegungsamplitude:	+/- 0.01 m
Ansteuerschnittstelle:	+/- 3 V
Abmessungen (B/H/T):	340/200/395 mm
Hydraulikversorung:	ca. 185 bar
Zusatzmassen:	1 * 2,50 kg
	1 * 3,90 kg
	2 * 4,95 kg
	2 * 6,90 kg

Bild 6-26. Prinzipbild des elektrohydraulischen Absoluterregers

Elektrohydraulischer Absoluterreger [6-20]

Zur Untersuchung von großen Ständerbauteilen und translatorisch bewegten Maschinenbauteilen wurde ein Absoluterreger entwickelt, der nach der Umkehrung des seismischen Prinzips arbeitet. Bild 6-26 veranschaulicht den Aufbau des Absoluterregers. Eine auf einer Kolbenstange frei bewegliche Masse wird durch den von einem Servoventil gesteuerten Ölstrom hin- und hergeworfen. Die Reaktionskraft wird über Kolbenstange, Lagerböcke und Grundplatte in das zu untersuchende Objekt eingeleitet. Die eingeleitete Kraft wird aus der Deformation der Kolbenstange über DMS bestimmt und kann durch die unterschiedlichen Zusatzmassen variiert werden.

Piezoelektrischer Erreger [6-21]

Unter Piezoelektrizität versteht man die Eigenschaft bestimmter kristalliner Materialien, auf ihrer Oberfläche eine elektrische Ladung zu erzeugen, die proportional zum einwirkenden mechanischen Druck ist (Kapitel 2). In jüngster Vergangenheit kamen jedoch auch keramische Elemente auf den Markt, die den inversen Piezo-Effekt ausnutzen – nämlich eine geometrische Änderung der äußeren Kontur als Folge einer angelegten elektrischen Ladung. Hierbei werden zum Erreichen einer Elementverformung entweder der Longitudinal- oder der Transversaleffekt ausgenutzt, Bild 6-27. In Abhängigkeit dieser beiden Effekte ergeben sich für den technischen Einsatz piezomechanischer Stellelemente auch deren typische Bauformen.

Der Longitudinaleffekt beschreibt die Wegänderung in Polarisationsrichtung des Piezoelementes, so dass sich für den Piezostapel, auch als Translator bezeichnet, die resultierende Auslenkung ΔL als Summe der Deformationen der Einzelelemente ergibt.

Der Transversaleffekt beschreibt die sich bei einer angelegten Spannung in Polarisationsrichtung einstellenden Querkontraktionen Δl des Piezoelementes. Dabei führt jedes Element den vollen Stellweg aus. Das Parallelschalten der Streifen in Form eines Laminates dient zur Erhöhung von Steifigkeit und Stabilität. Der Bimorphtranslator, als Spezialfall des Piezolaminates, ist in seinem Verhalten und Aufbau mit einem Bimetall vergleichbar. Zwei Piezostreifen sind so miteinander verbunden, dass sie sich beim Anlegen einer Spannung gegenläufig auslenken. Im Fall der sogenannten Disk- oder Scheibentranslatoren wird die Kontraktion dünner Keramikscheiben ausgenutzt, Bild 6-27.

Piezotranslatoren werden in Hochvolt- und Niedervolttechnik gefertigt. Während die Hochvoltelemente bis zu 1000 V Betriebsspannung zum Erreichen ihrer maximalen Ausdehnung benötigen, kommen die Niedervoltelemente durch eine Reduzierung der Schichtdicken mit etwa 100 V aus. Sie benötigen allerdings einen wesentlich höheren Ladestrom.

Durch die Entwicklung spezieller Leistungsverstärker ist es möglich geworden, piezomechanische Stellelemente als Erregereinheiten zu nutzen. Je nach Bauform und Leistungsdaten der Piezoelemente können Anregungsfrequenzen bis zu 20 kHz bei hoher Energieeinbringung realisiert werden. Die möglichen Wegamplituden sind im Vergleich zu hydraulischen Erregern jedoch wesentlich kleiner.

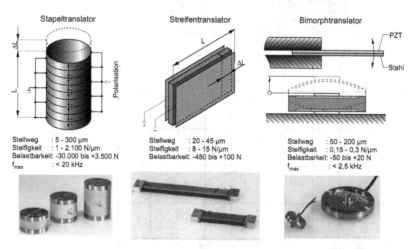

Bild 6-27. Prinzipielle Bauformen handelsüblicher piezomechanischer Erreger (Quelle: nach PI)

Elektromagnetischer Relativerreger [6-22]

Um den Einfluss der Spindeldrehzahl auf das dynamische Nachgiebigkeitsverhalten von Spindel-Lager-Systemen erfassen zu können, z.B. bei hydrodynamischen Lagern, benutzt man elektromagnetisch wirkende Erreger. Bild 6-28 zeigt
das Prinzip eines solchen Erregers. Der magnetische Fluss eines U-förmigen Elek-
tromagneten wird durch ein rotierendes Joch geschlossen.

Zur Vermeidung von Wirbelstromverlusten ist das als Werkstück- bzw. Werk-
zeugersatzstück ausgebildete rotierende Joch aus Dynamoblechringen zusammen-
gesetzt. Über zwei getrennte Spulen, die von Wechsel- bzw. Gleichstrom durchflossen werden, entsteht im Luftspalt eine magnetische Induktion, die zu statischen und dynamischen Kräften führt. Die Erregerkräfte erfasst man über piezoelektrische Kraftmesszellen. Die Wegmessung erfolgt über berührungslos wirkende Wirbelstromaufnehmer. Mit diesem Erreger können in einem Frequenzbereich
bis zu 1000 Hz dynamische Kräfte bis zu 130 N bei statischen Kräften von maximal 2000 N erzeugt werden.

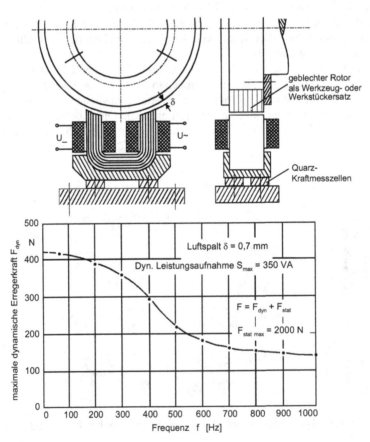

Bild 6-28. Elektromagnetischer Erreger

Impulshammer [6-23,6-24]

Zur Erzeugung eines Kraftimpulses werden hammerförmige Absoluterreger verwendet. Konstruktive Ausführungen von Impulshämmern sind in Bild 6-29 gezeigt. Von mehreren Messgeräteherstellern werden derartige Impulshämmer angeboten, wobei zumeist, wie im unteren Bildteil gezeigt, eine Quarzmesszelle zur
Kraftmessung genutzt wird.

Zusatzmassen am Hammer erlauben eine Anpassung des Schlagkraftimpulses
an die zu untersuchende Struktur. Mit Hilfe von Koppelelementen aus Materialien
unterschiedlicher Härte kann der Frequenzbereich des Anregungsspektrums auf
die jeweiligen Erfordernisse des Anwendungsfalles abgestimmt werden.

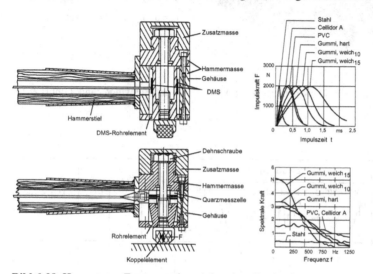

Bild 6-29. Hammer zur Erzeugung impulsförmiger Testkraftsignale

Unwuchterreger

Der in Bild 6-30 dargestellte Unwuchterreger ist ebenfalls ein Absoluterreger, der
prinzipiell nur sinusförmige Kräfte erzeugt. Durch die gegensinnig laufenden
Exzentermassen erreicht man, dass sich die jeweiligen x-Komponenten der Kraft
aufheben, während sich die y-Komponenten addieren. Die Frequenz der Kraftanregung ist durch die Drehzahl der kämmenden Räder bestimmt. Ein Nachteil
dieses Erregers ist, dass die Kraft quadratisch von der Frequenz abhängt und nur
schwierig zu variieren ist (Variation der Massen m oder der radialen Position der
Exzentermassen).

In Bild 6-31 sind die Einsatzgebiete der vorgestellten Erregertypen bezüglich
der möglichen Signalform, der Leistungsfähigkeit und des Frequenzbereichs
gegenübergestellt.

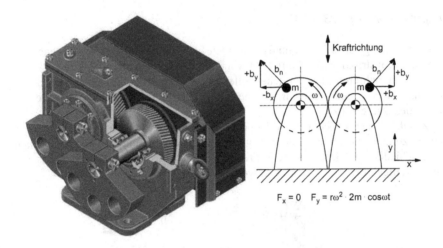

Bild 6-30. Prinzip eines Unwuchterregers (Quelle: Friedrich Schwingtechnik GmbH & Co. KG)

Erreger	Testkraftsignale			f_{max} (Hz)	max. F_{dyn} (N)	max. F_{stat} (N)	Maschinen-zustand
	sinusförmig (F, t)	stochastisch (F, t)	aperiodisch (F, t)				
Elektrodynam. Relativerreger	x	x		20kHz	1800	2000	Stillstand
Elektrohydraul. Relativerreger	x	x		1200	1500	7000	Stillstand
Piezo-Erreger	x	x		<20kHz	25	30000	Stillstand
Elektromagnet. Relativerreger	x	x		1000	500	2000	rotierende Bauteile
Elektrohydraul. Absoluterreger	x	x		500	2000	-	translator. u. rotat. bewegte Bauteile
Impulshammer			x	2500	-	-	translator. bewegte Bauteile

Bild 6-31. Merkmale und Einsatzmöglichkeiten verschiedener Testsignal- und Erregerarten

6.3 Dynamisches Maschinenverhalten bei der Zerspanung mit definierter Schneidengeometrie (Fräsen, Drehen, Bohren, Räumen usw.)

6.3.1 Regenerativeffekt für Prozesse mit stehenden Werkzeugen (Drehen) unter Berücksichtigung des gerichteten Nachgiebigkeitsverhaltens

Wie in Abschnitt 6.1.2 angedeutet, ist auch der stabile Zerspanvorgang infolge des Grundrauschens der Schnittkräfte oder durch innere Maschinenkräfte (Unwuchten, Beschleunigungskräfte, usw.) bzw. durch Bodenerschütterungen niemals frei von Schwingbewegungen relativ zwischen Werkzeug und Werkstück. Die Maschine wird daher insbesondere bei impulsförmigen Anregungen bevorzugt in ihren Eigenschwingungen angeregt und wird dabei Oberflächenwellen mit diesen Eigenfrequenzen auf die Oberfläche des Werkstücks aufschneiden.

Ein erneutes Einschneiden des Werkzeuges in diese Welligkeit, z.B. beim Drehen nach einer Werkstückumdrehung, bedeutet eine dynamische Anregung der Maschine wiederum mit der Maschineneigenfrequenz. Ob sich diese Welligkeiten nun aufschaukeln oder nach einer Anregung abklingen, hängt von einer Reihe von Einflussfaktoren ab. Hierzu zählen vor allem die Größen, die die dynamischen Schnittkraftschwankungen bestimmen, wie das relative dynamische Nachgiebigkeitsverhalten zwischen Werkzeug und Werkstück und der vorliegende Zerspanprozess.

Im Falle einer ausreichend hohen Maschinensteifigkeit und Systemdämpfung wird der Zerspanprozess nach einer dynamischen Anregung weiterhin stabil verlaufen. Bei einer unzureichenden dynamischen Maschinensteifigkeit tritt ab einer bestimmten aktiven Meißelkantenlänge (Spanungsbreite) ein instabiler Zustand ein. Die nach einer kurzen Aufklingzeit vorliegenden heftigen relativen Schwingbewegungen zwischen Werkzeug und Werkstück kommen nicht mehr zur Ruhe. Die auf der Werkstückoberfläche aufgeschnittenen Wellen halten den Schwingvorgang aufrecht.

Vereinfacht lässt sich der beschriebene Vorgang anhand eines Drehprozesses beschreiben, wie er in Bild 6-32 oben schematisch dargestellt ist. Eine impulsartige Schnittkraftänderung zur Zeit t_1 möge eine abklingende Eigenschwingungsbewegung relativ zwischen Werkstück und Werkzeug verursachen, so dass eine harmonische Oberflächenkontur auf dem Werkstück die Folge ist (t_2 in Bild 6-32).

Nach einer Werkstückumdrehung (t_3) wird die harmonische Kontur vom Meißel abgespant. Die hieraus resultierenden Schnittkraftschwankungen regen die Maschine erneut zu Schwingungen in ihren Eigenfrequenzen an. Von einer bestimmten Spanungsbreite an reicht die Systemdämpfung nicht mehr aus, um den Vorgang zu beruhigen, d.h. der Zerspanungsprozess wird instabil (t_4). Weil das erneute Einschneiden in zuvor erzeugte Oberflächenwellen den Schwingungsvorgang aufrechterhält, spricht man bei dieser Schwingungserscheinung von „regenerativem Rattern".

Lage der Vektoren "Kraftanregung F" und "Maschinenverformung x_d"
für den gerichteten Frequenzgang G_g (jω)

$$G_g\,(j\omega) = \frac{x_d\,(j\omega)}{F\,(j\omega)}$$

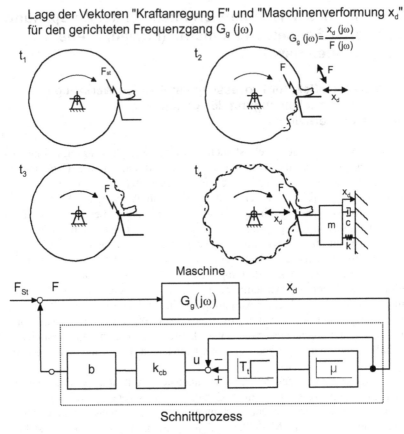

Bild 6-32. Darstellung des regenerativen Rattervorgangs

Im unteren Teil von Bild 6-32 ist das Zusammenwirken von Maschine und Prozess durch ein vereinfachtes Blockschaltbild wiedergegeben. Der Zerspanungs-vorgang ist als geschlossener Wirkungskreis dargestellt, wobei die Maschinen-nachgiebigkeit im Vorwärtszweig und der Schnittprozess in der Rückkopplung liegen. Das *Maschinenverhalten* für einen spezifischen Prozess wird durch den sogenannten *gerichteten Nachgiebigkeitsfrequenzgang* G_g(jω) beschrieben, der die geometrischen Bedingungen des betrachteten Zerspanungsvorgangs berück-sichtigt, d.h. die relative Lage von Werkstück und Werkzeug, die Meißelgeometrie und die Anzahl der Schneiden des verwendeten Werkzeugs. Er beschreibt die infolge der dynamischen Schnittkraft auftretenden Relativbewegungen zwischen Werkstück und Werkzeug in Richtung der Spanungsdicke.

Wie bereits angedeutet, sind lediglich solche Relativbewegungen von aus-schlaggebender Bedeutung, die eine Spandickenänderung hervorrufen, d.h. deren Richtung senkrecht zur Schnittoberfläche des Werkstücks liegt und die durch die Schnittkraftschwankungen des vorliegenden Prozesses erzeugt werden. In Bild 6-32 sind die für den Einstechprozess repräsentativen Richtungen für die Schnittkraft F und die Relativverformung x_d dargestellt. Der gerichtete Nachgiebigkeits-frequenzgang $G_g(j\omega)$ beschreibt das Maschinenverhalten genau in dieser Richtung.

Zum Schnittprozess zählen:

- Das drehzahlabhängige *Totzeitglied* T_t. Es ist für den Regenerativeffekt charakteristisch und beschreibt den Zeitraum zwischen dem Aufschneiden einer Oberflächenwelle und dem erneuten Einschneiden in diese Welle.
- Der *Überdeckungsfaktor* μ. Er gibt den Grad der Überdeckung eines Schnittes mit dem darauffolgenden an (z.B. Einstechdrehen: $\mu = 100\%$; Gewindedrehen: $\mu = 0\%$).
- Die spezifische dynamische *Schnittsteifigkeit* k_{cb}. Sie ist eine Werk-stoffkonstante, die die Schnittkraftänderung infolge einer dynamischen Spanungsdickenänderung wiedergibt.
- Die *Spanungsbreite* b, die im Zusammenhang mit dem Einstellwinkel κ_M ein Maß für die aktive Meißelkantenlänge ist. Durch sie ergibt sich u.a. die absolute Größe der dynamischen Schnittkraftänderung. Die Grenzspanungs-breite b_{cr} wird häufig als repräsentative Beschreibungsform für die ratterfrei erreichbare Schnittleistung eines bestimmten Zerspanungsfalles gewählt.

Der Einfluss der Maschine und des Schnittprozesses auf das Ratterverhalten, d.h. auf die Grenzspanungsbreite, kann aus der Stabilitätsbetrachtung des geschlossen-en Wirkkreises Maschine-Schnittprozess abgeleitet werden [6-25; 6-26]. Unter Anwendung des Nyquist-Kriteriums für die Stabilität des Wirkungskreises gilt für den Frequenzgang des aufgeschnittenen Kreises:

$$\text{Re}\{G_0(j\omega)\} \quad \begin{array}{l} < 1 \text{ stabil} \\ = 1 \text{ Stabilitätsrand} \\ > 1 \text{ instabil} \end{array} \qquad (6\text{-}65)$$

$$\text{Im}\{G_0(j\omega)\} = 0 \qquad (6\text{-}66)$$

Bei einem Überdeckungsgrad $\mu = 1$ ergibt sich für den aufgeschnittenen Regelkreis Maschine-Schnittprozess:

$$G_0(j\omega) = G_g(j\omega) \cdot (e^{-j\omega T_t} - 1) \cdot k_{cb} \cdot b \qquad (6\text{-}67)$$

Mit

$$e^{-j\omega T_t} = \cos(\omega T_t) - j \cdot \sin(\omega T_t)$$

folgt:

$$\text{Re}\{G_0(j\omega)\} = \left[\text{Re}\{G_g(j\omega)\}(\cos(\omega T_t) - 1) + \text{Im}\{G_g(j\omega)\}\sin(\omega T_t)\right] k_{cb} \cdot b$$
$$(6\text{-}68)$$

$$\text{Im}\{G_0(j\omega)\} = \left[\text{Im}\{G_g(j\omega)\}(\cos(\omega T_t) - 1) - \text{Re}\{G_g(j\omega)\}\sin(\omega T_t)\right] k_{cb} \cdot b$$
$$(6\text{-}69)$$

Durch Nullsetzen von Gl. (6-69) entsprechend dem zweiten Teil der Nyquist-Bedingung (Gl. (6-66)) ergibt sich:

$$\frac{\sin(\omega T_t)}{\cos(\omega T_t) - 1} = \frac{\text{Im}\{G_g(j\omega)\}}{\text{Re}\{G_g(j\omega)\}} \qquad (6\text{-}70)$$

Mit

$$\tan\frac{\alpha}{2} = \frac{1 - \cos\alpha}{\sin\alpha}$$

folgt:

$$\tan\left(\frac{\omega T_t}{2}\right) = -\frac{\text{Re}\{G_g(j\omega)\}}{\text{Im}\{G_g(j\omega)\}} \qquad (6\text{-}71)$$

Somit ergibt sich folgende Beziehung für die drehzahlabhängige Totzeit T_t mit $\omega = 2\pi f$:

$$T_t = \frac{1}{\pi f}\arctan\left(-\frac{\text{Re}\{G_g(jf)\}}{\text{Im}\{G_g(jf)\}}\right) \qquad (6\text{-}72)$$

Da $\arctan(\alpha) = \arctan[\alpha + m\cdot\pi]$ mit $m = 1, 2, 3,..., \infty$ gilt:

$$T_t = \frac{1}{\pi f}\left\{\arctan\left(-\frac{\text{Re}\{G_g(jf)\}}{\text{Im}\{G_g(jf)\}}\right) + m\cdot\pi\right\} \qquad (6\text{-}73)$$

für

$m = 1, 2, 3,..., \infty$.

Durch die Verknüpfung von Drehzahl und Werkzeugschneidenzahl mit der Totzeit ergibt sich die folgende Gleichung:

$$n = \frac{60}{zT_t} = \frac{60 \cdot f\,[\text{Hz}]}{z \cdot \left(m - \dfrac{1}{\pi} \cdot \arctan\dfrac{\text{Re}\{G_g(jf)\}}{\text{Im}\{G_g(jf)\}}\right)}\,\text{min}^{-1} \qquad (6\text{-}74)$$

mit

$m = 1, 2, 3,...$; T_t in sec.

Mit Hilfe der Gl. (6-74) lässt sich für jede mögliche Ratterfrequenz f über den Phasenwinkel, der durch die Vektorkomponenten von Real- und Imaginärteil des gerichteten Nachgiebigkeitsfrequenzgangs beschrieben wird, eine Reihe m kritischer Drehzahlen zuordnen.

Ob es bei den verschiedenen Drehzahlen zum Rattern kommt, wird durch die aktuelle Spanungsbreite b bestimmt. Liegt diese über der kritischen Spanungsbreite (Grenzspanungsbreite b_{cr}), so ist der Schnittprozess instabil.

Die jeder Frequenz f entsprechende Grenzspanungsbreite b_{cr} kann hierbei aus der l. Nyquist-Bedingung (Stabilitätsrand, d.h. $Re\{G_0(j\omega)\} = 1$) Gl. (6-65) und (6-68) unter Berücksichtigung von Gl. (6-70) abgeleitet werden.

$$b_{cr} = \frac{1}{Re\{G_g(jf)\}k_{cb} \cdot \left\{-1 + \cos(2\pi fT_t) + \dfrac{\sin^2(2\pi fT_t)}{\cos(2\pi fT_t) - 1}\right\}} \qquad (6\text{-}75)$$

Mit

$$\cos(2\pi fT_t) + \frac{\sin^2(2\pi fT_t)}{\cos(2\pi fT_t) - 1} \equiv -1$$

folgt:

$$\boxed{b_{cr} = \frac{1}{2k_{cb}\left|Re\{G_g(jf)\}_{neg}\right|}} \qquad (6\text{-}76)$$

Damit sich für die Grenzspanungsbreite b_{cr} ein positiver Wert ergibt, besteht für den instabilen Bearbeitungsvorgang die Bedingung, dass der Realteil des gerichteten Frequenzgangs $Re\{G_g(jf)\} < 0$ ist. Das bedeutet, nur der Verlauf des negativen Realteils der gerichteten Ortskurve ist für die Stabilitätsbetrachtung von Interesse. Das absolute Minimum der Grenzspanungsbreite liegt damit an der Stelle des maximalen negativen Realteils der gerichteten Maschinenortskurve:

$$b_{cr\,min} = \frac{1}{2k_{cb}\left|Re\{G_g(jf)\}_{neg}\right|_{max}} \qquad (6\text{-}77)$$

Die mindestens erreichbare Grenzspanungsbreite verhält sich also umgekehrt proportional zur spezifischen dynamischen Schnittsteifigkeit und zum maximalen negativen Realteil des gerichteten Nachgiebigkeitsfrequenzgangs der Maschine. Eine Maschine besitzt demnach eine umso geringere Neigung zu selbsterregten Schwingungen (regenerativem Rattern), je kleiner der negative Realteil der gerichteten Nachgiebigkeitsortskurve ist.

Die bisher analytisch abgeleiteten Beziehungen für die Bestimmung der Stabilitätsgrenze bzw. der kritischen Grenzspanungsbreiten b_{cr} und der zugehörigen Drehzahlen sind auch anschaulich auf graphischem Wege herleitbar.

Den im Bild 6-33 dargestellten Stabilitätszusammenhängen in der komplexen Ebene liegt die Stabilitätsgleichung (6-67) zugrunde. Wie die Gl. (6-65) fordert, ist der Stabilitätsrand erreicht, wenn $G_0(jf)$ durch den Punkt (1,0) der reellen Achse geht. Wird die Achse rechts von (1,0) geschnitten, so ist der Prozess instabil.

Gemäß Gl. (6-67) ist in Bild 6-33 der gerichtete Frequenzgang $-G_g(jf)$ dargestellt, der sich durch eine Drehung von $G_g(jf)$ um 180° um den Ursprungspunkt ergibt. Physikalisch ist diese Vorzeichenumkehr dadurch zu erklären, dass eine durch die Schnittkraft belastete Maschinenstruktur nachgibt, was eine momentane Spandickenverminderung zur Folge hat. Dies entspricht dem negativen Summenzeichen im direkten Rückkopplungszweig in Bild 6-32. Nach einer Totzeit ($T_t = l/n$ beim Drehen und $T_t = 1/(n\cdot z)$ beim Fräsen) muss jedoch dieser reduzierte Materialabtrag beim erneuten Messereingriff jetzt zusätzlich abgespannt werden (daher positives Vorzeichen).

Für einen Frequenzpunkt f_1 ist der Maschinennachgiebigkeitsvektor $-G_g(jf_1)$ eingezeichnet. Ein Kreis um die Pfeilspitze von $G_g(jf_1)$ mit dem Radius der Vektorlänge $|G_g(jf_1)|$ entspricht den geometrischen Orten aller möglichen Resultate des Ausdrucks $G_g(jf_1)(e^{-j2\pi f_1 T_t} - 1)$, wobei der Kreis die Frequenzgangdarstellung der Totzeit T_t in Form des Ausdrucks $e^{-j2\pi f_1 T_t}$ bildet.

Wie erwähnt, entspricht der Vektor $-G_g(jf_1)$ der momentanen Maschinenverlagerung bei der Frequenz f_1. Der Vektor $G_g(jf_1)(e^{-j2\pi f_1 T_t} - 1)$, der gegenüber dem Ersten um die Phase $\varepsilon = 2\pi f_1 T_t$ gedreht ist, berücksichtigt den Teil der Spandickenänderung, der durch die Verformung der Maschine vor genau einem Messereingriff hervorgerufen wurde.

Wie das Bild 6-33 zeigt, gibt es für jeden Vektor der Maschinennachgiebigkeitsortskurve $G_g(jf)$ im Bereich ihres negativen Realteils einen korrespondierenden zu addierenden Vektor $-G_g(jf)e^{-j2\pi fT}$, so dass die Spitze der Vektorsumme genau auf der positiven reellen Achse liegt. Hierbei ist dann die Stabilitätsbedingung:

$$\mathrm{Im}\{G_g(jf)(e^{-j2\pi fT_t} - 1)\} = 0 \qquad (6\text{-}78)$$

erfüllt. Es handelt sich bei diesem Vektor um eine Spiegelung des Vektors $-G_g(jf)$ um die reelle Achse.

Im Bild 6-33 wird gezeigt, dass für diese Vektoren die Winkelbeziehung für den Winkel ε:

$$\tan(180° - \frac{\varepsilon}{2}) = \frac{\mathrm{Re}\{G_g(jf)\}}{\mathrm{Im}\{G_g(jf)\}} \qquad (6\text{-}79)$$

besteht. Der resultierende Vektor beträgt in diesem Fall:

$$-G_g(jf)(1 - e^{-j2\pi fT_T}) = 2\,\mathrm{Re}\{-G_g(jf)\} \qquad (6\text{-}80)$$

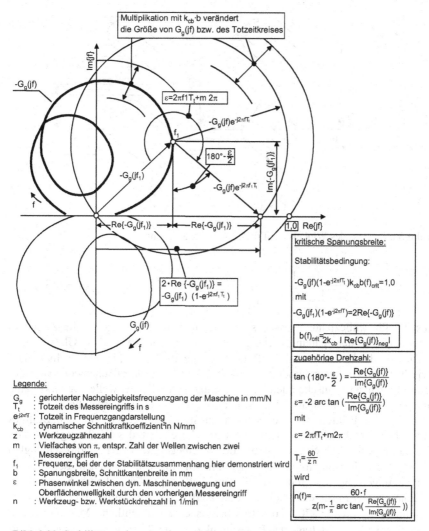

Bild 6-33. Stabilitätsanalyse aus der gerichteten Maschinenortskurve

Das Produkt dieses resultierenden Vektors multipliziert mit den Faktoren dynamischer Schnittkraftkoeffizient k_{cb} und Spanungsbreite b ist für den Stabilitätsrand laut Gl. (6-65) und (6-67) genau 1,0. Daraus ergibt sich die durch Gl. (6-76) bekannte Formel:

$$2\,\mathrm{Re}\{-G_g(jf)\}\,k_{cb}b = 1 \qquad\qquad (6\text{-}81)$$

$$b_{cr} = \frac{1}{2k_{cb}\,\mathrm{Re}\{-G_g(jf)\}} \qquad\qquad (6\text{-}82)$$

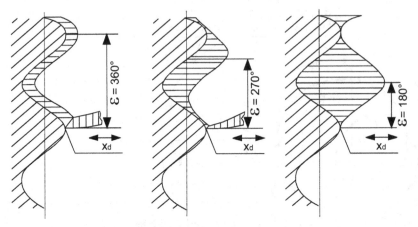

Bild 6-34. Einfluss des Winkels ε auf die Spandickenänderung

$$b_{cr} = \frac{1}{2k_{cb}\left|Re\{G_g(jf)_{neg}\}\right|} \tag{6-83}$$

Aus der Phasenbeziehung lassen sich, wie im Bild 6-33 gezeigt, die zu jedem kritischen Wert der Spanungsbreite gehörenden Drehzahlen ableiten, Gl. (6-74).

Die von der Drehzahl und der Ratterfrequenz abhängige Phasenverschiebung ε zwischen der vor einer Umdrehung aufgeschnittenen Oberflächenwelle und der beim folgenden Einschneiden entstehenden Oberflächenwelle bewirkt eine unterschiedlich starke Spandickenmodulation, wie Bild 6-34 verdeutlicht.

Im linken Bildteil ist die Schwingungsfrequenz genau ein ganzzahliges Vielfaches der Drehfrequenz bzw. Einschneidefrequenz des Werkzeugs, so dass die momentane Schwingbewegung des Meißels exakt der vorab erzeugten Oberflächenwelligkeit folgt; d.h. der Phasenwinkel ε zwischen den beiden Schwingungen beträgt 360°. In diesem Fall ergibt sich keine Spandicken-modulation. Der mittlere Bildteil zeigt die beiden Signalverläufe mit einer Phasen-verschiebung von ε = 270°. Hier tritt bereits eine beträchtliche Modulation der Spanungsdicke auf. Beträgt der Phasenwinkel ε = 180°, so verlaufen die Wellig-keiten an der Ober- und Unterseite des Spans gerade gegenphasig, so dass sich für diese Konstellation die maximale Spanungsdickenmodulation ergibt.

Wie noch unten gezeigt wird, ist der Phasenwinkel ε für die Stabilitätsgrenze von ausschlaggebender Bedeutung. Mit Hilfe der Gl. (6-74) und (6-76) lassen sich übersichtliche Stabilitätsdiagramme darstellen. In diskreten Frequenzabständen der gerichteten Maschinennachgiebigkeitsortskurve $G_g(jf)$ werden im Bereich des negativen Realteils die Grenzspanungsbreiten mit Gl. (6-76) berechnet. Für dieselben Frequenzen (in diesem Fall Ratterfrequenzen) werden die zugehörigen Drehzahlen ermittelt, Gl. (6-74), wobei sich für jeden Grenzspanungswert über die Ordnungszahl m mehrere Drehzahlen ableiten lassen. Mathematisch berück-sichtigt die Zahl m die Mehrdeutigkeit des Winkels (arctan(α) = arctan(π·m+α)).

Physikalisch beschreibt sie die Anzahl der auf der Werkstückoberfläche aufgeschnittenen Wellen von einem Werkzeugeingriff zum nächsten. Diese
Ordnungs- bzw. Wellenzahl kann aus der folgenden Beziehung hergeleitet
werden:

$$m = f_{Ratter} \cdot T_t \qquad (6\text{-}84)$$

$$T_t = \frac{1}{n \cdot z} \qquad (6\text{-}85)$$

$$m = f_{Ratter} \cdot \frac{1}{n \cdot z} \qquad (6\text{-}86)$$

f_{Ratter} = Ratterfrequenz
T_t = Totzeit = Zeit zwischen zwei Werkzeugeingriffen
n = Werkstück- bzw. Werkzeugumdrehung
z = Zähnezahl des Werkzeugs ($z = 1$ beim Drehen)

Bild 6-35 stellt ein solches Stabilitätsdiagramm $b_{cr} = f(n)$ für ein vereinfachtes
Maschinensystem (Einmassenschwinger) dar. Der Verlauf der „Rattersäcke" ist
dem Verlauf der Ortskurve gut zuzuordnen. Der minimalen Grenzspantiefe entspricht der maximale negative Realteil der Maschinennachgiebigkeitsortskurve.
     Wie man dem oberen Diagramm in Bild 6-35 entnehmen kann, wird der Ab-
stand der sackförmigen Kurvenzüge mit zunehmender Drehzahl, d.h. mit abnehmender Ordnungszahl m größer.

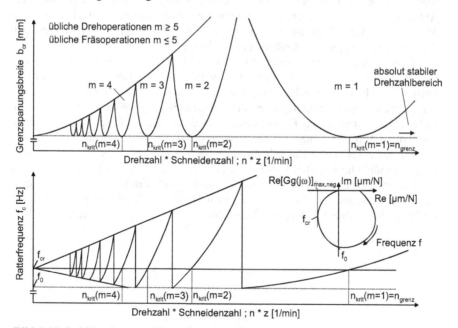

Bild 6-35. Stabilitätskarte und Ratterfrequenzverlauf

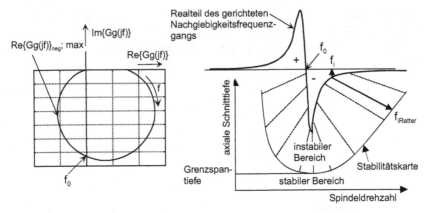

Bild 6-36. Zusammenhang zwischen Ortskurve und Stabilitätskarte [6-27]

Während man sich bei üblichen Drehoperationen im Drehzahlbereich m ≥ 5 der Stabilitätskarte bewegt, wo die Kurven sehr eng beieinander liegen, fallen die Drehzahlen beim Fräsprozess, bedingt durch den relativ kurzen Messerabstand, üblicherweise in den Bereich m ≤ 5. Aus diesem Grunde ist es bei Drehoperationen kaum möglich, den sackartigen Verlauf der Kurven nutzbringend auszuwerten, wohingegen diese Möglichkeit bei Fräsoperationen durchaus gegeben ist.

Beim Bearbeiten von leicht zerspanbaren Werkstoffen mit hohen Schnittgeschwindigkeiten ist man in der Lage, oberhalb des „Rattersackes" der Ordnung m = 1 zu arbeiten. In diesem stabilen Drehzahlbereich ist weder eine fremderregte Anregung noch eine regenerative Instabilität gegeben. Im unteren Teil von Bild 6-35 sind die Ratterfrequenzen über der Drehzahl aufgetragen. Sie folgen den Frequenzen des negativen Realteils der Ortskurve.

Dieser Zusammenhang wird nochmals in Bild 6-36 verdeutlicht. Der linke Teil des Bildes zeigt die Ortskurve einer Bearbeitungsaufgabe. Jeder Punkt der Ortskurve, d.h. jede einzelne Frequenz, wird durch den Real- und Imaginärteil beschrieben. Diese Realteile, in einem Diagramm aufgetragen, ergeben den im rechten Teil dargestellten Kurvenverlauf. In dieser Darstellung repräsentiert die horizontale Achse die einzelnen Frequenzen f_i. Mit der Kenntnis des Realteils und der Frequenz lässt sich für jede Frequenz f_i die Ratterfrequenz $f_{i,Ratter}$ und die maximal mögliche Schnitttiefe berechnen (Gl. 6.-76). Im Bild 6-36 rechts unten ist ein Rattersack der Stabilitätskurve dargestellt. Jeder Punkt der Stabilitätskurve kann einem Frequenzpunkt des negativen Realteils der Nachgiebigkeitsortskurve eindeutig zugeordnet werden, wie die Verbindungslinien verdeutlichen.

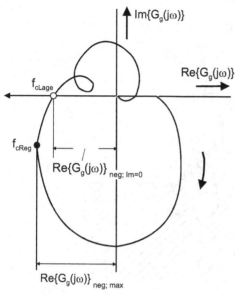

Gerichtete Nachgiebigkeitsortskurve: $G_g(j\omega)$

Bild 6-37. Ermittlung von kritischem Nachgiebigkeitskennwert und Ratterfrequenz bei Lagekopplung aus dem gerichteten Nachgiebigkeitsfrequenzgang

6.3.2 Selbsterregte Schwingungen durch Lagekopplung

Die als Lagekopplung bezeichneten selbsterregten Schwingungserscheinungen können bei Schwingungssystemen höherer Ordnung, d.h. bei gekoppelten Systemen, deren Eigenfrequenzen nahe beieinander liegen, auftreten, so dass sich die unterschiedlichen Eigenschwingungen gegenseitig beeinflussen. Durch die beim Zerspanungsprozess räumlich wirkende Schnittkraft werden zwei Maschinenschwingungen mit benachbarten Eigenfrequenzen aber unterschiedlichen Hauptschwingungsrichtungen angeregt, so dass die Werkzeugspitze relativ zum Werkstück eine geschlossene, elliptische Kurve durchläuft, wobei die Bewegungsrichtung des Meißels von der Lage der Eigenfrequenzen in den beiden Schwingungsrichtungen abhängt; Bild 6-38. Wird die Ortskurve in Uhrzeigerrichtung in Bild 6-37 durchlaufen, so wird dem Schwingungssystem insgesamt Energie zugeführt, wodurch es zu Instabilitäten kommen kann. Im Fall der umgekehrten Richtung wird dem System Energie entnommen, so dass die Schwingungen gedämpft werden.

Bild 6-38 zeigt das Prinzip der Lagekopplung anhand eines vereinfachten Modells. Die Werkzeugspitze bildet ein Schwingungssystem mit zwei Freiheitsgraden [6-28], die orthogonal zueinander liegen.

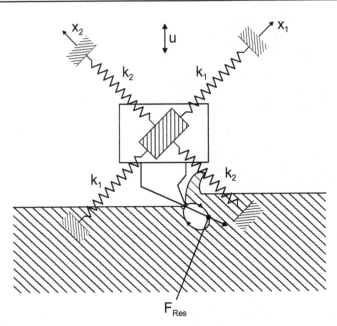

Bild 6-38. Prinzip der Lagekopplung (Quelle: Tlusty)

Für die mathematische Formulierung der Lagekopplung gilt die in Bild 6-32 dargestellte Modellvorstellung, wobei lediglich der Zweig, der das Totzeitglied T_t beinhaltet, entfällt. Die Lagekopplung stellt sich somit in dem Wirkungskreismodell als Spezialfall mit dem Überdeckungsgrad $\mu = 0$ dar. Somit ergibt sich für den offenen Kreis die folgende Gleichung für den Frequenzgang, auf die ebenfalls das Stabilitätskriterium von Nyquist angewendet wird.

$$G_0(j\omega) = -G_g(j\omega)k_{cb}b \qquad (6\text{-}87)$$

Der Wert für die kritische Grenzspanungsbreite $b_{cr\,Lage}$ wird somit aus der Gl. (6-87) herleitbar:

$$b_{cr\,Lage} = \frac{-1}{k_{cb}\,\mathrm{Re}\big[G_g(j\omega)\big]_{Im=0}} = \frac{1}{k_{cb}\big|\mathrm{Re}\big[G_g(j\omega)\big]_{neg}\big|_{Im=0}} \qquad (6\text{-}88)$$

Aus Gl. (6-88) geht hervor, dass es nur dann zur Instabilität durch die Lagekopplung kommen kann, wenn die gerichtete Ortskurve die negative reelle Achse schneidet, wie es Bild 6-37 verdeutlicht.

Charakteristisch für Rattererscheinungen sowohl durch den Regenerativeffekt wie auch infolge einer Lagekopplung ist, dass die Frequenz des Schwingungsvorgangs von der Schnittgeschwindigkeit bzw. der Maschinendrehzahl weitgehend unabhängig ist.

Aus der Bedingung: $\text{Im}[G_0(j\omega)] = 0$ folgt auch die Bestimmung der Ratterfrequenz der Lagekopplung

$$\text{Im}[G_g(j\omega)] = 0 \Rightarrow f_{c\,\text{Lage}}$$

Sie entspricht der Frequenz, mit der die gerichtete Ortskurve $G_g(j\omega)$ die negative reelle Achse schneidet.

Ein Vergleich zwischen den Gl. (6-77) und (6-88)

$$b_{cr\,\text{min,Regenerativ}} = \frac{1}{2k_{cb}\left|\text{Re}[G_g(j\omega)]_{\text{neg}}\right|_{\text{max}}} \tag{6-77}$$

$$b_{cr\,\text{Lage}} = \frac{1}{k_{cb}\left|\text{Re}[G_g(j\omega)]_{\text{neg}}\right|_{\text{Im}=0}} \tag{6-88}$$

ergibt, dass unter Berücksichtigung des gerichteten Ortskurvenverlaufes und des allgemeinen Falls:

$$\text{Re}[G_g(j\omega)]_{\text{neg, Im}=0} \leq \text{Re}[G_g(j\omega)]_{\text{neg max}} \tag{6-89}$$

sich die Grenzspanungstiefen etwa wie folgt verhalten:

$$b_{cr\,\text{Lage}} \geq 2b_{cr\,\text{min Regenerativ}} \tag{6-90}$$

Für eine Bearbeitungsaufgabe ist der Grenzspanungswert, der bei Arbeiten mit Nullüberdeckung (Lagekopplung) erzielt werden kann, also mehr als doppelt so groß wie bei einer Bearbeitungsaufgabe, mit Überdeckung $\mu = 1$ (Regenerativeffekt). Da aber in den meisten Fällen die Ortskurve die negative reelle Achse gar nicht bzw. nur bei sehr kleinen Werten schneidet, tritt dieses Ratterphänomen nur selten auf.

Bild 6-39 stellt den Effekt der Lagekopplung beispielhaft für eine Senkrechtdrehmaschine dar. Im linken Teil des Bildes ist die gekoppelte Schwingungsform zu erkennen. Durch den Einsatz einer Hilfsmasse können beide Schwingungsformen entkoppelt werden. Dies vermindert die Neigung zu selbsterregten Schwingungen infolge der Lagekopplung. In der Ortskurve zeigt sich dies durch die deutliche Verringerung des negativen Realteils bei Einsatz der Hilfsmasse.

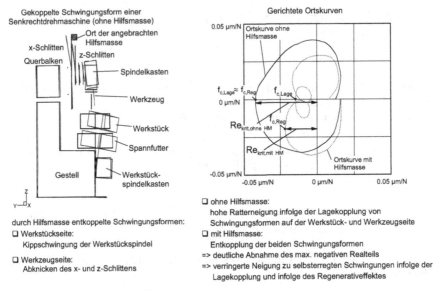

Bild 6-39. Beispiel für den Effekt der Lagekopplung

6.3.3 Simulation des Ratterverhaltens mit Hilfe der Nachgiebigkeits- matrix für beliebige Prozesse mit definierter Schneide

6.3.3.1 Modell des Ratterverhaltens spanender Werkzeugmaschinen für den allgemeinen Prozessanwendungsfall

6.3.3.1.1 Allgemeine Grundlagen

Wie in Kapitel 6.3.1 gezeigt wurde, ist zur theoretischen Stabilitätsanalyse die Kenntnis des gerichteten Nachgiebigkeitsfrequenzganges $G_g(jf)$ erforderlich, der die geometrischen Besonderheiten des auf der Maschine vorliegenden Zerspan- prozesses berücksichtigt. Da diese geometrischen Parameter des Zerspanungs- vorganges von einem Bearbeitungsfall zum nächsten variieren, müsste theoretisch hierzu eine unübersehbar große Zahl von gerichteten Frequenzgängen gemessen werden. Dieses trifft insbesondere bei Fräsmaschinen zu.

   Der in diesem Kapitel abgeleitete Modellansatz nutzt für den allgemeinen Fall die drei direkten (in x-, y- und z- Richtung) und die sechs Kreuzfrequenzgänge der Maschinennachgiebigkeit, um hiermit für jeden beliebigen Schnittprozess das hierzu adäquate gerichtete Maschinenverhalten zu berücksichtigen.

   Für jede zu prüfende Bauteillage (Messstelle) einer Maschine ist dazu eine allgemeine Beschreibung des relevanten Nachgiebigkeitsverhaltens an der Zerspanstelle erforderlich. Da die Kraftanregung in einer Richtung nicht nur eine Verlagerung in derselben Achse bewirkt, sondern im allgemeinen auch Verlagerungen in Richtung der beiden anderen Koordinaten zur Folge hat, lässt sich das Nachgiebigkeitsverhalten an der Zerspanstelle durch das folgende allgemeine Gleichungssystem beschreiben:

$$
\begin{Bmatrix} x \\ y \\ z \end{Bmatrix} = \begin{bmatrix} G_{F_x x} & G_{F_y x} & G_{F_z x} \\ G_{F_x y} & G_{F_y y} & G_{F_z y} \\ G_{F_x z} & G_{F_y z} & G_{F_z z} \end{bmatrix} \begin{Bmatrix} F_x \\ F_y \\ F_z \end{Bmatrix} \tag{6-91}
$$

$$\{X\} = \quad\quad [G] \quad\quad \{F\}$$

Hierin bedeuten:

$\{X\}$: Verformungsvektor mit den translatorischen Bewegungsgrößen in den entsprechenden Achsen x, y, z.

$\{F\}$: Beanspruchungsvektor mit den Kräften F_x, F_y, F_z in den Achsen x, y, z.

$[G]$: Nachgiebigkeitsfrequenzmatrix, bestehend aus neun Einzelfrequenzgängen, davon drei direkte Frequenzgänge auf der Hauptdiagonalen und sechs Kreuzfrequenzgänge. Der erste Index der Frequenzgänge beschreibt die Vektorrichtung der Ursache, nämlich die Kräfte in x-, y- und z-Richtung, der zweite Index die Richtung der Reaktion in Form von translatorischen Bewegungen. Bei linearen Systemen, wie sie bei Werkzeugmaschinen näherungsweise vorliegen, ist $[G]$ symmetrisch (s.a. Kap. 6.3.3.3), d.h.:

$$G_{F_x y} \equiv G_{F_y x}, \ G_{F_x z} \equiv G_{F_z x}, \ G_{F_y z} \equiv G_{F_z y} \ .$$

Zur messtechnischen Erfassung der Nachgiebigkeitsmatrix $[G]$ werden die Kräfte F_x und F_y nicht an der Zerspanstelle eingeleitet, d.h. am Umfang des Fräsers, sondern in Spindelmitte so, dass ihre Wirkungslinien durch die Spindeldrehachse verlaufen. Dadurch wird das rotatorische Übertragungsverhalten der Arbeitsspindel und die daraus resultierende Einleitung von Momenten in die Maschinenstruktur nicht berücksichtigt. Diese Vernachlässigung ist zulässig, da die Praxis zeigt, dass Spanungsdickenänderungen infolge von Drehmomentänderungen in der Regel von untergeordneter Bedeutung sind.

Bild 6-40 zeigt eine solche gemessene Nachgiebigkeitsmatrix für eine Messstelle einer Bettfräsmaschine.

Für eine allgemeine Anwendung ist eine einheitliche, allgemeingültige Definition des Koordinatensystems und der verwendeten Winkelbeziehungen erforderlich. Die Koordinatenachsen x, y und z beziehen sich auf das Maschinenkoordinatensystem und sind mit der Achsindizierung der gemessenen, orthogonalen Nachgiebigkeitsfrequenzgänge bezüglich Kraft- bzw. Verlagerungsrichtung identisch.

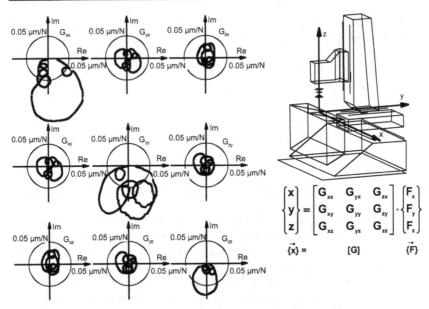

Bild 6-40. Gemessene Nachgiebigkeitsmatrix einer Vertikalfräsmaschine

Im Bild 6-41 sind die gültigen Koordinatensysteme am Beispiel einer Vertikal-fräsmaschine und einer Futterdrehmaschine dargestellt.

Zur Beschreibung der Schneidkantenlage des Werkzeuges im Arbeitsraum und relativ zum Werkstück sind die folgenden Winkel von Bedeutung: Der Einstell-winkel κ_M ist der Winkel zwischen der Schnittkante des Werkzeuges und der Senkrechten der Rotationsachse. Beim Fräsen ist zusätzlich die Winkellage φ der Werkzeugkante um die z-Achse von Interesse, mit dem Eintrittswinkel φ_i und An-stellwinkel φ_o zur Festlegung des Fräsbogens, Bild 6-41.

In Analogie zu Bild 6-32, d.h. bei Kenntnis des gerichteten Nachgiebigkeits-frequenzganges, zeigt Bild 6-42 das Modell der regenerativen Anregung in Form eines Blockschaltbildes für den allgemeinen Fall. Entsprechend der Gleichung (6-91) werden die drei Kräfte in den Koordinatenrichtungen F_x, F_y, F_z den entspre-chenden direkten und Kreuznachgiebigkeitsfrequenzgängen zugeführt, an deren Ausgängen jeweils Anteile der dynamischen Bewegungen in x, y und z anliegen, die an den 3 Summenpunkten zu x_{ges}, y_{ges} und z_{ges} zusammengefasst werden. Die grau hinterlegte, mittige Fläche in Bild 6-42 entspricht hierbei Gl. (6-91).

Die Bewegungskomponenten werden nun jeweils auf die Senkrechte der Werk-zeugschneidkante in Spandickenrichtung x_d projiziert. Hierzu dienen 3 Bewe-gungsrichtungsfaktoren $d_{x,xd}$, $d_{y,xd}$, und $d_{z,xd}$, an deren Ausgang jeweils die mo-mentane Relativbewegung in Spandickenänderung $x_d(x)$, $x_d(y)$, $x_d(z)$ in Folge der Bewegungen in den Koordinatenrichtungen x_{ges}, y_{ges}, und z_{ges} vorliegen. Diese werden an dem Summenpunkt zur momentanen Relativbewegung, x_d, zwischen Werkzeug und Werkstück in Spandickenänderung zusammengefasst.

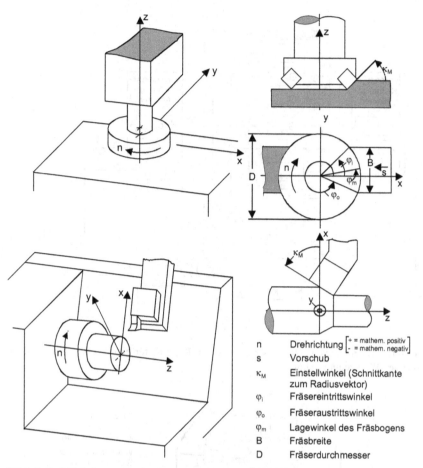

Bild 6-41. Winkel zur Beschreibung der Schneidkantenlage des Werkzeuges im Arbeitsraum und relativ zum Werkstück; Koordinatensystem nach VDI 3255

Die Bewegungsrichtungsfaktoren $d_{x,xd}$, $d_{y,xd}$, und $d_{z,xd}$ beinhalten eine Reihe von prozessbeschreibenden geometrischen Größen wie Einstellwinkel κ_M (immer von der Senkrechten zur Drehachse hin zur Werkzeugschneidkante gemessen), Ein- und Austrittswinkel der Fräsermesser am Werkstück, Bild 6-41, oben. Weiter sind die Winkel α und β zu berücksichtigen, die die räumliche Schnittkraftlage beschreiben, Bild 6-43 und Bild 6-45.

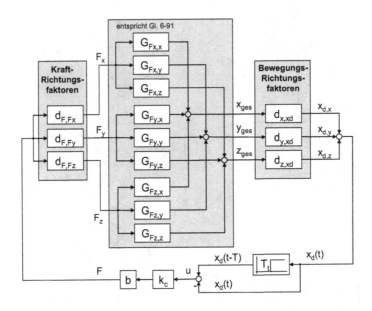

Bild 6-42. Allgemeines Modell des regenerativen Ratterns für eine Werkzeugschneide an spanenden Werkzeugmaschinen

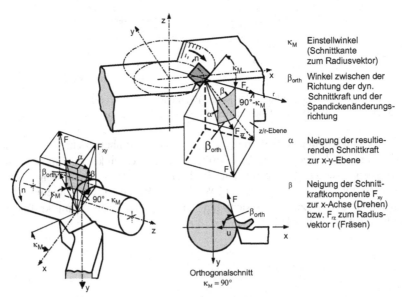

Bild 6-43. Winkel zur Beschreibung der Schnittkraft- und der Spanungsdickenänderungsrichtung

Die Spandicke u ergibt sich, wie auch schon in Bild 6-32 beschrieben, durch die Differenzenbildung von $x_d(t-T_t)$ des letzten Werkzeugschneideneingriffs zu $x_d(t)$ des momentanen Eingriffs. Die Zeit zwischen den zwei Schneideneingriffen ist hierbei durch das Totzeitglied T_t abgebildet.

Multipliziert man nun die Spandicke u mit der Spanbreite b und dem Schnittkraftkoeffizienten k_c so ergibt sich die Schnittkraft F. Diese Schnittkraft F steht ebenfalls senkrecht auf der Schneikante des Werkzeuges, ist um den Winkel β_{orth} gegenüber der Fläche - gebildet aus der Rotationsachse z und der senkrechten Verbindungslinie von der Rotationsachse zur Schneidkantenmitte (z/x-Ebene beim Drehen und z/r-Ebene beim Fräsen) - geneigt, Bild 6-43.

Es gilt nun, diese im Raum stehende Schnittkraft F in die Komponenten in Richtung der orthogonalen Maschinenkoordinaten F_x, F_y und F_z zu zerlegen. Hierzu dient die zweite Gruppe der Richtungsfaktoren, die drei so genannten „Kraftrichtungsfaktoren". Diese projizieren die Schnittkraft F auf die x-, y und z-Maschinenachsen, Bild 6-42 links.

Hiermit kann nun der allgemeine Ratterkreis geschlossen werden, in dem die drei Kraftkomponenten als Eingänge auf die entsprechenden direkten und Kreuznachgiebigkeitsfrequenzgänge wirken.

Wie im Folgenden dargestellt ist, unterscheidet man zwischen Richtungsfaktoren für Prozesse mit räumlich feststehenden Werkzeugen (Drehen) und solchen mit rotierenden Werkzeugen (Fräsen, Bohren usw.). Die Herleitung der Richtungsfaktoren ist für beide Fälle nahezu gleich.

Im Bild 6-43 sind die Winkel zur räumlichen Beschreibung der resultierenden Schnittkraft in Bezug zum Maschinenkoordinatensystem für eine Schneide der Fräsbearbeitung und für eine Drehoperation dargestellt.

Beide Darstellungen zeigen den resultierenden Schnittkraftvektor in Form des Komponentenkubus. Die Lage der Kanten dieses Kubus ergibt sich wie folgt:

Eine Kante liegt immer parallel zur Drehachse, d.h. zur z-Achse. Die andere zeigt von der Mitte der Werkzeugschneide senkrecht zur Rotationsachse auf die Werkstückoberfläche (x-Achse beim Drehen und rotierender r-Vektor beim Fräsen) und die dritte Kante liegt senkrecht zu den beiden anderen.

Für den Drehprozess ergibt sich folgendes Bild:

Da die lotrechte Verbindung der Schneidenmitte zur Drehachse identisch mit der Maschinen-x-Achse ist, liegt der Kubus zwangsläufig mit seinen Kanten parallel zu den Maschinenachsen x, y, z. Bei rotierenden Werkzeugen läuft der Kubus mit der Schneide um, da vereinbarungsgemäß die eine Kubuskante die lotrechte Verbindung der Schneidenmitte zur Drehachse (Radiusvektor r) ist. Eine Kubuskante ist parallel zur z-Achse und die dritte wieder senkrecht zu den beiden. Auf diese Weise lassen sich die Verhältnisse des Drehprozesses auf das Fräsen übertragen. Der Winkel α beschreibt die Neigung der resultierenden Schnittkraft gegen die Fläche senkrecht zur Drehachse, d.h. gegen die x-y-Ebene. Der Winkel β gibt die Neigung dieser projizierten Schnittkraftkomponente F_{xy} in der x-y-Ebene gegen die lotrechte Verbindung von der Schneidkantenmitte zur Drehachse (F_x beim Drehen, F_r beim Fräsen) an.

Wie aus Bild 6-43 für den Drehprozess zu entnehmen ist, wird bei einem Einstellwinkel $\kappa_M = 90°$ der Raumwinkel β zu β_{orth}. Es handelt sich hierbei um eine für den Einstechdrehprozess typische Schneidenlage. Daher wird dieser Winkel β_{orth} durch den Einstechdrehprozess oder auch durch einen Längsdrehprozess (κ_M = 0°, α = (90°-β_{orth})) experimentell gewonnen [6-29]. Mit Hilfe dieses bekannten Winkels β_{orth}, dem Einstellwinkel κ_M und dem Neigungswinkel λ bzw. Schraubenwinkel der Schneide lassen sich die Raumwinkel α und β für die Schnittkraft durch die folgenden Beziehungen berechnen:

$$\alpha = \arcsin(\cos\kappa_M \cos\beta_{orth}) + \lambda \qquad\qquad (6\text{-}93)$$

$$\beta = \arctan\left(\frac{\tan\beta_{orth}}{\sin\kappa_M}\right) \qquad\qquad (6\text{-}94)$$

Der orthogonale Schnittkraftwinkel β_{orth} selbst ist abhängig vom Werkstoff, von der Schneidengeometrie, vom Vorschub und der Schnittgeschwindigkeit sowie vom Verschleißzustand des Werkzeuges. Für Stahlwerkstoffe und übliche Meißelgeometrien ergeben sich Winkel [6-25]

$$76° \leq \beta_{orth} \leq 89° \qquad\qquad (6\text{-}95)$$

Für alle gängigen spanenden Bearbeitungsverfahren können somit die erforderlichen Kenngrößen zur Bestimmung der Richtungsfaktoren ermittelt werden.

Bild 6-44 stellt die *Kraftrichtungsfaktoren* $d_{F,Fi}$ (mit i= {x, y, z}) für stehende und rotierende Werkzeuge dar, mit deren Hilfe die Schnittkraft F gemäß der oben beschriebenen Abhängigkeiten in ihre Komponente F_x, F_y und F_z zerlegt wird:

$$F_x = d_{F,Fx} \cdot F$$

$$F_y = d_{F,Fy} \cdot F$$

$$F_z = d_{F,Fz} \cdot F .$$

Die Kraftrichtungsfaktoren $d_{F,Fi}$ finden sich im linken Teil von Bild 6-42 wieder. Für den Drehprozess wird mit dem Winkel α die Schnittkraft in die x/y-Ebene (als F_{xy}) und auf die z-Achse (F_z) projiziert. Der Winkel β sorgt für die Aufsplitterung von F_{xy} in F_x und F_y. Bei rotierenden Werkzeugen muss zusätzlich die Lage der Schneide durch den Rotationswinkel φ berücksichtigt werden. Bei rotierenden Werkzeugen sind die Richtungsfaktoren somit nicht konstant, sondern zeitvariabel.

Analog zum Drehprozess wird auch hierbei mit dem Winkel α die Schnittkraft in die x/y-Ebene projiziert. Die weitere Zerlegung in Richtung des Radiusvektors r und senkrecht dazu, d.h. in Tangentialrichtung und dann weiter in x-, y-Richtung, geschieht über den Winkel ($\varphi(t) \pm \beta$), wobei das Vorzeichen vor β durch die Drehung der Spindel bestimmt wird.

Kraftrichtungsfaktoren							
für stehende Werkzeuge				**für rotierende Werkzeuge**			
	Projektion von F		Zerlegung von F_{xy}		Projektion von F		Zerlegung von F_{xy}
	F_{xy} in die x-y-Ebene	F_z in z-Richtung	in F_x und F_y		F_{xy} in die x-y-Ebene	F_z in z-Richtung	in F_x und F_y
$d_{F,F_x} =$	$\cos \alpha$	$\cdot$	$\cos \pm\beta$	$d_{F,F_x} =$	$\cos \alpha$	$\cdot$	$\cos (\varphi\pm\beta)$
$d_{F,F_y} =$	$\cos \alpha$	$\cdot$	$\sin \pm\beta$	$d_{F,F_y} =$	$\cos \alpha$	$\cdot$	$\sin (\varphi\pm\beta)$
$d_{F,F_z} =$		$\sin \alpha$		$d_{F,F_z} =$		$\sin \alpha$	

$$\alpha = \arcsin \left(\cos \kappa_M \cdot \cos \beta_{orth}\right) + \lambda \qquad\qquad \varphi = \omega \cdot t$$

$$\beta = \arctan \left(\frac{\tan \beta_{orth}}{\sin \kappa_M}\right) \qquad\qquad\qquad \omega = 2\pi n$$

λ : Werkzeugschraubwinkel   n: Drehzahl
+ math. positive Werkzeugdrehrichtung
- math. negative Werkzeugdrehrichtung

Bild 6-44. Kraft-Richtungsfaktoren $d_{F, Fi}$ für stehende und rotierende Werkzeuge, gemäß Bild 6-42

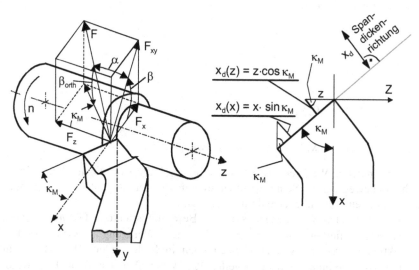

Bild 6-45. Geometrische Verhältnisse zur Ableitung der Richtungsfaktoren für den Drehprozess

Bewegungsrichtungsfaktoren			
für stehende Werkzeuge		**für rotierende Werkzeuge**	
	Projektion der Relativ-bewegungen x, y, z in Richtung der Spandickenänderung x_d	Projektion der Relativbewegung x und y auf die Lage der Schneide $\varphi(t)$, d.h. den Radiusvektor	Projektion der Bewegung in Radiusvektorrichtung und z-Richtung senk-recht zur Schneide, d.h. in Spandickenänderung
$d_{x,x_d} =$	$\sin \kappa_M$	$d_{x,x_d} =$ $\cos \varphi$	$\sin \kappa_M$
$d_{y,x_d} =$	0	$d_{y,x_d} =$ $\sin \varphi$	$\sin \kappa_M$
$d_{z,x_d} =$	$\cos \kappa_M$	$d_{z,x_d} =$ 1	$\cos \kappa_M$

Bild 6-46. Bewegungsrichtungsfaktoren $d_{i,\,xd}$ für stehende und rotierende Werkzeuge

Die Herleitung der *Bewegungsrichtungsfaktoren* ist, wie Bild 6-46 am Beispiel des Drehprozesses zeigt, wesentlich einfacher. Ihre Aufgabe besteht darin, die Komponenten der Relativbewegungen zwischen Werkzeug und Werkstück, die in den Koordinatenrichtungen x, y, z vorliegen, in Richtung der Spandickenänderung x_d, d.h. auf die Senkrechte der Schneidenkante, zu projizieren. In der Skizze des Drehmeißels in Bild 6-45, rechts, wird das verdeutlicht. Der Zusammenhang zwischen der Spandickenänderung und den x-, y-, z-Bewegungskomponenten stellt sich wie folgt dar:

$$x_d(x) = d_{x,x_d} \cdot x$$

$$x_d(y) = d_{y,x_d} \cdot y$$

$$x_d(z) = d_{z,x_d} \cdot z$$

$$x_d(x) = x_d(x) + x_d(y) + x_d(z).$$

Für das stehende Werkzeug ist $x_d(y) = 0$, da durch die Koordinatendefinition eine Schwingbewegung in Schnittgeschwindigkeitsrichtung (y), d.h. in tangentialer Richtung, keine Spandickenänderung erzeugt.

Bei rotierenden Werkzeugen sind die Bewegungsrichtungsfaktoren ebenfalls zeitvariabel. Hierbei wird zunächst über den Werkzeuglagewinkel $\varphi(t)$ die Projektion der x- und y-Relativbewegungen in Richtung des Werkzeugradius-vektors vorgenommen. Mit der zweiten Projektion über den Winkel κ_M werden dann diese Bewegungen und zusätzlich die Bewegung in z-Richtung auf die Senkrechte der Schneide, d.h. in Spandickenrichtung, transformiert.

Auch an dieser Stelle ist zu erkennen, dass der Drehprozess hier als Sonderfall des Fräsens interpretiert werden kann. Definitionsgemäß liegt der Radiusvektor beim Drehen stets in der x-Achse. D.h. der Winkel φ ist unverändert, konstant $0°$.

Da die Werte für $\cos(0°) = 1$ und $\sin(0°) = 0$ betragen, wird für den Drehprozess $d_{x,xd} = \sin(\kappa_M)$ und $d_{y,xd}$ folglich zu 0.

Mit den nun vorliegenden Kraft- und Bewegungsrichtungsfaktoren lässt sich unter Zuhilfenahme des Modells nach Bild 6-32 bzw. Bild 6-42 das Stabilitätsverhalten jedes Zerspanungsprozesses simulieren, wobei die direkten und Kreuz-Nachgiebigkeitsfrequenzgänge der Maschine meist durch eine Messung vorher erfasst werden.

Das Modell – so wie bisher betrachtet – berücksichtigt nur eine Werkzeugschneide, die sich mit dem Werkstück im Eingriff befindet. Sind mehrere Schneiden im Eingriff, z.B. Mehrschlittenbearbeitung beim Drehen oder wie beim Fräsen üblich, so sind diese Schneiden in gleicher Weise einzeln zu berücksichtigen.

Es werden grundsätzlich zwei Verfahren zur Stabilitätsermittlung angewandt. Bei Prozessen mit stehenden Werkzeugen liegen konstante, zeitinvariante Richtungsfaktoren vor. Hier wird das in Kap. 6.3.1 beschriebene Nyquist-Verfahren herangezogen. Bei rotierenden Werkzeugen, insbesondere wenn sich wenig Werkzeugschneiden im Eingriff befinden (Schaftfräser mit vier Zähnen), sind die Richtungsfaktoren stark zeitvariant. In diesem Fall muss auf eine zeitliche Simulation zurückgegriffen werden, die in Kap. 6.3.3.1.3 näher beschrieben wird. Auch hierbei findet das Modell nach Bild 6-42 Anwendung.

Sind bei rotierenden Werkzeugen jedoch mehr als 4 Zähne gleichzeitig im Eingriff, so kann man vereinfachend mit konstanten Richtungsfaktoren rechnen, da die zeitlichen Betragsänderungen zu deren Mittelwerten relativ klein sind. Somit kann eine Ratteranalyse auch hierbei im Frequenzbereich vorgenommen werden.

6.3.3.1.2 Simulation im Frequenzbereich bei konstanten Richtungsfaktoren

Im Folgenden werden solche Prozesse betrachtet, bei denen von konstanten zeitin-
varianten Richtungsfaktoren ausgegangen werden kann. Es handelt sich, wie
schon erwähnt, um Drehprozesse und Fräsprozesse mit einer größeren Zahl von
Schneiden im Eingriff, z.B. Messerkopffräsprozesse.

Für den Fall der konstanten Richtungsfaktoren lässt sich das Modell in Bild 6-
42 vereinfachen. Die Bewegungsrichtungsfaktoren lassen sich rückwärts zum
Signalfluss vor die Frequenzgänge und ebenso die Kraftrichtungsfaktoren zu den
Frequenzgängen hin bewegen, so dass sich Kraft- und Bewegungsrichtungsfaktoren zu 9 Gesamtrichtungsfaktoren zusammenfassen lassen, die sich direkt vor
den entsprechenden 9 Frequenzgängen (3 direkte und 6 Kreuzfrequenzgänge)
befinden, Bild 6-47.

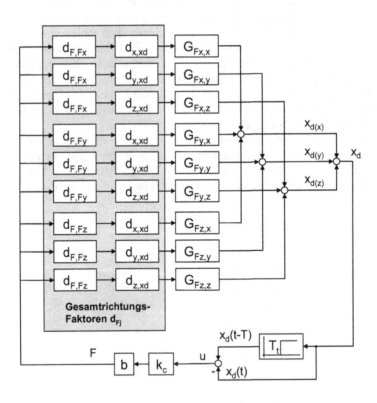

Bild 6-47. Vereinfachtes Modell nach Bild 6-42 bei konstanten Richtungsfaktoren

Bild 6-48 zeigt den Zusammenhang nach der beschriebenen Verschiebung der Richtungsfaktoren. Die Gesamtrichtungsfaktoren stellen eine Art Gewichtungsfaktoren dar, mit denen die 9 gemessenen orthogonalen Frequenzgänge für einen bestimmten Bearbeitungsfall bewertet werden, um aus ihnen additiv die gerichtete Ortskurve für den zu betrachtenden Prozess zu erhalten. Mit dieser Vereinfachung wird das Modell von Bild 6-42 auf ein einschleifiges Rückführungssystem (Bild 6-32) zurückgeführt, so dass die in Kap. 6.3.1 abgeleiteten Vorgehensweise nach dem Nyquist-Kriterium Anwendung finden kann.

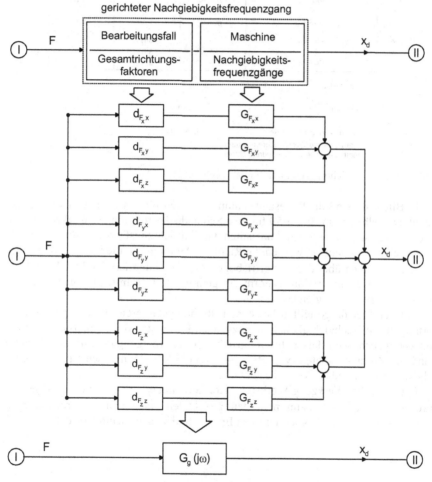

Bild 6-48. Blockschaltbild zur Berechnung eines gerichteten Nachgiebigkeitsfrequenzganges unter Verwendung der Gesamtrichtungsfaktoren und der Nachgiebigkeitsfrequenzgänge

Gesamt-richtungs-faktor $d_{F,j}$	Bewegungsrichtungs-faktor d_{i,x_d} Projektion der Relativbewegungen x, y, z auf die Richtung der Spandicken-änderung x_d	Kraftrichtungsfaktor $d_{F,Fi}$ Projektion des Kraftvektors F		
		in die x-y-Ebene	in z-Richtung	Zerlegung in die Komponeneten F_x und F_y
				in x-Richtung
$d_{F_x,x} =$	$\sin \kappa_M$	$\cdot \cos \alpha$	$\cdot$	$\cos \pm\beta$
$d_{F_x,y} =$	0	$\cdot \cos \alpha$	$\cdot$	$\cos \pm\beta$ =0
$d_{F_x,z} =$	$\cos \kappa_M$	$\cdot \cos \alpha$	$\cdot$	$\cos \pm\beta$
				in y-Richtung
$d_{F_y,x} =$	$\sin \kappa_M$	$\cdot \cos \alpha$	$\cdot$	$\sin \pm\beta$
$d_{F_y,y} =$	0	$\cdot \cos \alpha$	$\cdot$	$\sin \pm\beta$ =0
$d_{F_y,z} =$	$\cos \kappa_M$	$\cdot \cos \alpha$	$\cdot$	$\sin \pm\beta$
$d_{F_z,x} =$	$\sin \kappa_M$	$\cdot$	$\sin \alpha$	$\cdot \; 1$
$d_{F_z,y} =$	0	$\cdot$	$\sin \alpha$	$\cdot \; 1$ =0
$d_{F_z,z} =$	$\cos \kappa_M$	$\cdot$	$\sin \alpha$	$\cdot \; 1$

$$\alpha = \arcsin\left(\cos \kappa_M \cdot \cos \beta_{orth}\right) + \lambda \qquad\qquad \varphi = \omega \cdot t$$

$$\beta = \arctan\left(\frac{\tan \beta_{orth}}{\sin \kappa_M}\right) \qquad\qquad \omega = 2\,\pi\,n$$

λ : Werkzeugschraubwinkel   n: Drehzahl
+ math. positive Werkzeugdrehrichtung
- math. negative Werkzeugdrehrichtung

Bild 6-49. Gesamtrichtungsfaktoren für den Drehprozess

In Bild 6-49 sind die 9 Gesamtrichtungsfaktoren für das Drehen zusammengestellt. Dasselbe gilt in Bild 6-50 für eine Schneide des rotierenden Werkzeugs. Um hieraus zu den gemittelten konstanten Gesamtrichtungsfaktoren für rotierende Werkzeuge zu gelangen, werden die Richtungsfaktoren für alle im Eingriff befindlichen Schneiden über dem Eingriffsbogen ($\varphi_0 - \varphi_i$) integriert. Bild 6-51 zeigt das Ergebnis dieser Integration in Form der gemittelten Gesamtrichtungsfaktoren für Fräserwerkzeuge mit gleicher Teilung.

Mit den hier dargestellten konstanten Richtungsfaktoren und den gemessenen orthogonalen Nachgiebigkeitsfrequenzgängen lassen sich für die meisten Bearbeitungsaufgaben Stabilitätsanalysen hinsichtlich Ratterneigung durchführen. Hierbei sind die Zusammenhänge von Bild 6-48 und Bild 6-35 mit den Stabilitätsgleichungen (6-74) und (6-76) zu beachten.

Für einfache Werkzeug/Werkstück-Konfigurationen, z.B. beim Einstechdrehprozess mit $\kappa_M = 90°$, kann man den gerichteten Nachgiebigkeitsfrequenzgang durch entsprechende Ausrichtung von Erreger und Wegaufnehmer direkt messen.

Gesamt-richtungs-faktor $d_{F,j}$	Bewegungsrichtungs-faktor d_{i,x_d} Projektion der Relativbewegungen x, y, z auf die Richtung der Spandicken-änderung x_d	Kraftrichtungsfaktor $d_{F,Fi}$ Projektion des Kraftvektors F		
		in die x-y-Ebene	in z-Richtung	Zerlegung in die Komponeneten F_x und F_y
$d_{F_x,x} =$	$\sin \kappa_M \cos \varphi$	$\cdot \cos \alpha$	$\cdot$	in x-Richtung $\cos(\varphi \pm \beta)$
$d_{F_x,y} =$	$\sin \kappa_M \sin \varphi$	$\cdot \cos \alpha$	$\cdot$	$\cos(\varphi \pm \beta)$
$d_{F_x,z} =$	$\cos \kappa_M$	$\cdot \cos \alpha$	$\cdot$	$\cos(\varphi \pm \beta)$
$d_{F_y,x} =$	$\sin \kappa_M \cos \varphi$	$\cdot \cos \alpha$	$\cdot$	in y-Richtung $\sin(\varphi \pm \beta)$
$d_{F_y,y} =$	$\sin \kappa_M \sin \varphi$	$\cdot \cos \alpha$	$\cdot$	$\sin(\varphi \pm \beta)$
$d_{F_y,z} =$	$\cos \kappa_M$	$\cdot \cos \alpha$	$\cdot$	$\sin(\varphi \pm \beta)$
$d_{F_z,x} =$	$\sin \kappa_M \cos \varphi$	$\cdot$	$\sin \alpha$	$\cdot$ 1
$d_{F_z,y} =$	$\sin \kappa_M \sin \varphi$	$\cdot$	$\sin \alpha$	$\cdot$ 1
$d_{F_z,z} =$	$\cos \kappa_M$	$\cdot$	$\sin \alpha$	$\cdot$ 1

$\alpha = \arcsin\left(\cos \kappa_M \cdot \cos \beta_{orth}\right) + \lambda$

$\beta = \arctan\left(\dfrac{\tan \beta_{orth}}{\sin \kappa_M}\right)$

$\varphi = \omega \cdot t$

$\omega = 2 \pi n$

λ : Werkzeugschraubwinkel
n : Drehzahl
r : Werkzeugradius-Vektor
$+\beta$: Rechtsdrehung um z
$-\beta$: Linksdrehung um z
φ : Werkzeugdrehwinkel
F : Schnittkraft
x_d : Spandickenänderung

+ math. positive Werkzeugdrehrichtung
- math. negative Werkzeugdrehrichtung

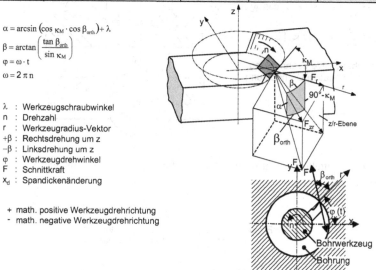

Bild 6-50. Gesamtrichtungsfaktoren einer Werkzeugschneide für Fräs- und Bohrwerkzeuge $d_{F_i,j} = f(\varphi(t))$

$$d_{F_x x,m} = +\frac{z}{8\pi} \cos\alpha \sin\kappa_M \left[\cos\beta \left(\sin 2\varphi_0 - \sin 2\varphi_i + 2(\hat{\varphi}_0 - \hat{\varphi}_i)\right) \begin{Bmatrix} + \\ - \end{Bmatrix} \sin\beta \left(\cos 2\varphi_0 - \cos 2\varphi_i\right)\right]$$

$$d_{F_x y,m} = +\frac{z}{8\pi} \cos\alpha \sin\kappa_M \left[-\cos\beta \left(\cos 2\varphi_0 - \cos 2\varphi_i\right) \begin{Bmatrix} + \\ - \end{Bmatrix} \sin\beta \left(\sin 2\varphi_0 - \sin 2\varphi_i - 2(\hat{\varphi}_0 - \hat{\varphi}_i)\right)\right]$$

$$d_{F_x z,m} = +\frac{z}{2\pi} \cos\alpha \cos\kappa_M \left[\cos\beta \left(\sin\varphi_0 - \sin\varphi_i\right) \begin{Bmatrix} + \\ - \end{Bmatrix} \sin\beta \left(\cos\varphi_0 - \cos\varphi_i\right)\right]$$

$$d_{F_y x,m} = +\frac{z}{8\pi} \cos\alpha \sin\kappa_M \left[-\cos\beta \left(\cos 2\varphi_0 - \cos 2\varphi_i\right) \begin{Bmatrix} + \\ - \end{Bmatrix} \sin\beta \left(\sin 2\varphi_0 - \sin 2\varphi_i + 2(\hat{\varphi}_0 - \hat{\varphi}_i)\right)\right]$$

$$d_{F_y y,m} = +\frac{z}{8\pi} \cos\alpha \sin\kappa_M \left[-\cos\beta \left(\sin 2\varphi_0 - \sin 2\varphi_i - 2(\hat{\varphi}_0 - \hat{\varphi}_i)\right) \begin{Bmatrix} + \\ - \end{Bmatrix} \sin\beta \left(\cos 2\varphi_0 - \cos 2\varphi_i\right)\right]$$

$$d_{F_y z,m} = +\frac{z}{2\pi} \cos\alpha \cos\kappa_M \left[-\cos\beta \left(\cos\varphi_0 - \cos\varphi_i\right) \begin{Bmatrix} + \\ - \end{Bmatrix} \sin\beta \left(\sin\varphi_0 - \sin\varphi_i\right)\right]$$

$$d_{F_z x,m} = +\frac{z}{2\pi} \sin\alpha \sin\kappa_M \left[\sin\varphi_0 - \sin\varphi_i\right]$$

$$d_{F_z y,m} = +\frac{z}{2\pi} \sin\alpha \sin\kappa_M \left[-(\cos\varphi_0 - \cos\varphi_i)\right]$$

$$d_{F_z z,m} = +\frac{z}{2\pi} \sin\alpha \cos\kappa_M \left[\hat{\varphi}_0 - \hat{\varphi}_i\right]$$

$\begin{Bmatrix} + \\ - \end{Bmatrix}$ math. positive Drehrichtung
math. negative Drehrichtung

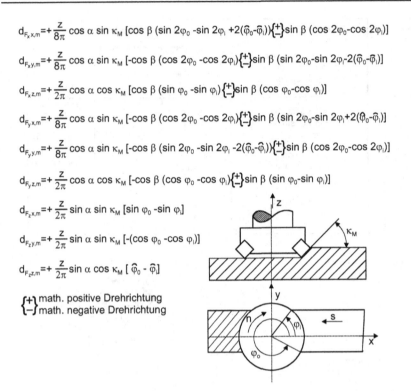

Bild 6-51. Gemittelte Gesamtrichtungsfaktoren für Fräswerkzeuge mit gleicher Teilung $d_{F_i,j} = f(\varphi_0 - \varphi_i)$

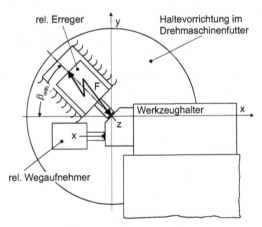

rel. Erreger
Haltevorrichtung im Drehmaschinenfutter
Werkzeughalter
rel. Wegaufnehmer

Bild 6-52. Versuchsanordnung zur direkten Ermittlung der gerichteten Ortskurve an Drehmaschinen

Bild 6-52 gibt in Form einer Prinzipskizze den Aufbau zur Messung der gerichteten Ortskurve einer Drehmaschine wieder. Mit Hilfe dieser Versuchseinrichtung wird die gerichtete Ortskurve für den Bearbeitungsvorgang „Einstechen ($\beta = \beta_{orth}$)" gemessen, der üblicherweise für Drehmaschinen die kritische Beanspruchung darstellt. Da jedoch der Winkel β_{orth}, der von der Richtung der Spanungsdickenänderung und der Richtung der dynamischen Schnittkraft eingeschlossen wird, von der Schneidengeometrie und vom Werkstoff abhängt, müsste man eine Reihe von gerichteten Ortskurven ermitteln, die den möglichen Bereich des auftretenden Winkels β_{orth} überstreichen (Verfahren mit definierter Schneide: $76° < \beta_{orth} < 89°$).

Daher empfiehlt es sich auch für den Einstechdrehprozess, sowohl den direkten Frequenzgang in x-Richtung $G_{Fx,x}(j\omega)$ als auch den Kreuzfrequenzgang $G_{Fy,x}(j\omega)$ bzw. $G_{Fx,y}(j\omega)$ zu messen, um die gerichtete Ortskurve für jeden beliebigen Winkel über die folgende Beziehung bestimmen zu können.

$$G_g(j\omega) = d_{F_x x} \cdot G_{F_x x}(j\omega) + d_{F_y x} \cdot G_{F_y x}(j\omega)$$
$$= \cos\beta_{orth} \cdot G_{F_x x}(j\omega) + \sin\beta_{orth} \cdot G_{F_y x}(j\omega) \tag{6-96}$$

Mit Hilfe von Gl. (6-96) wurde für eine größere Anzahl von vermessenen Drehmaschinen der gerichtete Nachgiebigkeitsfrequenzgang berechnet und auf der Basis der Gl. (6-77) die Grenzspanungsbreite bestimmt. Parallel dazu ließ sich unter vergleichbaren Randbedingungen im Zerspanungsversuch die Rattergrenze ermitteln (siehe Versuchsanordnung in Kapitel 10).

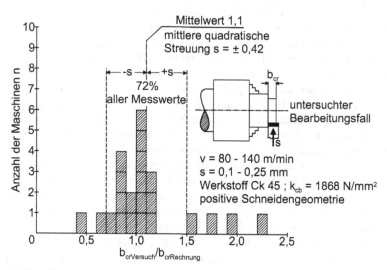

Bild 6-53. Zusammenhang zwischen praktisch und theoretisch ermittelten Grenzspanungsbreiten

Um den linearen Zusammenhang zwischen den berechneten dynamischen Kenngrößen und den im Rattertest ermittelten Grenzspanungsbreiten nachzuweisen, wurden die im Zerspanungsversuch ermittelten Grenzspanungsbreiten ($b_{cr\,Vers.}$) zu den theoretisch auf der Basis der Nachgiebigkeitsmessungen berechneten ($b_{cr\,Rechn.}$) ins Verhältnis gesetzt, Bild 6-53. Wie man dem Bild entnehmen kann, besteht kein streng proportionaler Zusammenhang zwischen den im Zerspanungsversuch bestimmten und den auf der Basis der Nachgiebigkeitsmessungen berechneten Grenzspanungsbreiten. Die Verteilung der Einzelwerte, die schon bei dieser relativ geringen Anzahl von Untersuchungsergebnissen die Form einer statistischen Verteilung mit dem Mittelwert 1,1 annimmt, beweist, dass ein eindeutiger systematischer Zusammenhang zwischen den untersuchten Größen besteht. Jedoch kann ein relativ breites Streuband festgestellt werden. Dieses Streuband ist im wesentlichen auf die nicht exakt erfassbaren Einflussgrößen des Schnittprozesses auf den Rattervorgang (Meißelzustand, Geometrie, Werkstoff usw.) zurückzuführen und verdeutlicht die Unsicherheit der Aussage von theoretisch bestimmten Grenzspantiefen.

Bei praktischen Ratterversuchen an Fräsmaschinen kommt erschwerend hinzu, dass eine Vielzahl von Werkzeug/Werkstück-Konfigurationen - d.h. die Abhängigkeit von Lage und Länge des Fräsbogens für jede Messstelle - zu untersuchen ist.

Durch die geänderte Werkzeug/Werkstück-Konfiguration ergeben sich jeweils unterschiedliche Belastungsfälle für die Maschine, die sich in Verbindung mit dem räumlichen Nachgiebigkeitsverhalten der Maschine in unterschiedlichen Grenzspanungswerten bemerkbar machen. Anschaulich entspricht dieser Testfall einer Zirkularfräsoperation, wie sie in Bild 6-54 dargestellt ist. Die Simulation dieser Zirkularfräsoperation kann für verschiedene Einstellwinkel und Fräsbögen durchgeführt werden, die den Bereich der in der Praxis relevanten Werkzeug/ Werkstück-Konfigurationen und Werkzeuggeometrien umfassen.

Geht man davon aus, dass für die Maschinenbeurteilung die minimale Grenzspanungstiefe der Stabilitätskarte von Interesse ist, da man die stabilen Bereiche zwischen den sackartigen Kurvenzügen ohne Kenntnis der Stabilitätskarte nicht gezielt einstellen kann, erscheint es sinnvoll, diesen minimalen Grenzspanungswert für eine vorgegebene Bearbeitungsaufgabe für sämtliche Lagen des Werkstücks rund um das Werkzeug zu ermitteln und auszuwerten. In Bild 6-55 ist der Verlauf der mittleren Gesamtrichtungsfaktoren für die beiden Werkzeugeingriffswinkel 90° und 180° über der Fräsrichtung dargestellt. Bei einem Eingriffswinkel von 180° sind mehrere Richtungsfaktoren über dem Fräswinkel konstant.

Bild 6-56 veranschaulicht das Ergebnis einer Bearbeitungssimulation für eine Bettfräsmaschine auf der Basis der modalen Parameter der gemessenen Nachgiebigkeitsfrequenzgangmatrix. Im linken Teil des Bildes ist in einem Polardiagramm für den Einstellwinkel $\kappa_M = 75°$ für unterschiedliche Fräsbögen $\varphi_i - \varphi_0 = 45°$, 90°, 135° und 180° die minimale, kritische Grenzspannungstiefe in Abhängigkeit vom Lagewinkel des Fräsbogens φ_m dargestellt. Der rechte Teil in Bild 6-56 zeigt den mittleren Bereich der Stabilitätskarte vergrößert.

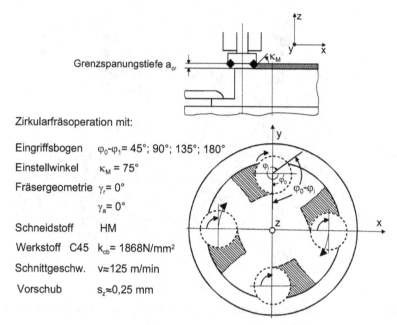

Zirkularfräsoperation mit:

Eingriffsbogen φ_0-φ_1= 45°; 90°; 135°; 180°

Einstellwinkel κ_M = 75°

Fräsergeometrie γ_r= 0°

γ_a= 0°

Schneidstoff   HM

Werkstoff C45 k_{cb}= 1868N/mm²

Schnittgeschw.   v≈125 m/min

Vorschub s_z≈0,25 mm

Bild 6-54. Repräsentative Bearbeitungen für die rechnerische Simulation zur Bestimmung der Grenzspanungstiefe

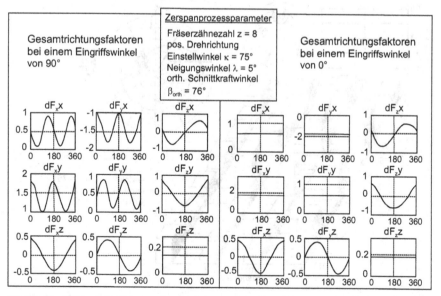

Bild 6-55. Größe der mittleren Gesamtrichtungsfaktoren über dem Fräswinkel für die Eingriffswinkel φ_i - φ_0 = 90° und 180°

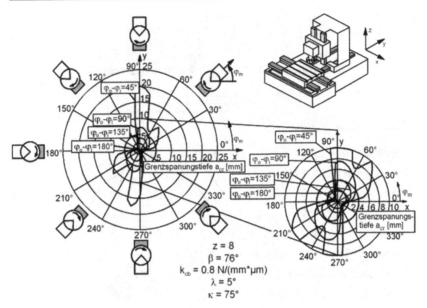

Bild 6-56. Grenzspanungstiefe in Abhängigkeit von der Lage und Größe des Fräsbogens

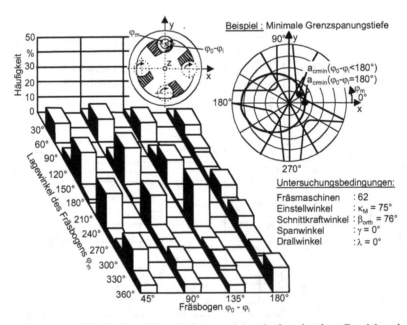

Bild 6-57. Häufigkeit der relativen Leistungsminima in den einzelnen Bereichen des Lagewinkels des Fräsbogens für verschiedene Größen des Fräsbogens

Durch eine derartige Stabilitätskarte wird anschaulich ein Eindruck vom Stabilitätsverhalten der Maschine in Abhängigkeit von der Lage des Fräsbogens im Maschinenkoordinatensystem vermittelt (bei Vertikalfräsmaschinen x-y-Ebene, gleich Tischebene).

Charakteristisch für die Darstellung der Grenzspanungstiefe in Abhängigkeit vom Lagewinkel des Fräsbogens – Richtungsorientierung – im Polardiagramm ist der hyperbelastähnliche Verlauf der Kurvenzüge. An deren Unstetigkeitsstellen wechselt jeweils die für das Rattern verantwortliche modale Schwingung. Typisch ist weiterhin, dass die Grenzspanungstiefe bzw. die minimale dynamische Steifigkeit mit zunehmendem Eingriffsbogen – bedingt durch die die Ratterneigung erhöhende Anzahl im Eingriff befindlicher Schneiden – zunächst abnimmt ($\varphi_0 - \varphi_i$ = 45° bis 90°). Bei Eingriffsbögen $\varphi_0 - \varphi_i > 90°$ nimmt die Grenzspanungstiefe bereichsweise wieder zu.

Der Verlauf dieser Kurven zeigt, dass das Stabilitätsverhalten der Maschine für ein und dieselbe Aufgabe allein durch die veränderte Werkstück-Werkzeug-Konfiguration große Unterschiede aufweist und als wesentliche Einflussgröße der Eingriffsbogen und der Einstellwinkel zu berücksichtigen sind. Zur Berechnung der Stabilitätskarten (Bild 6-35) oder von Maschinenkarten wie in Bild 6-56 gezeigt, liegen Softwaretools vor. Der Programmablauf ist weitgehend automatisiert, so dass lediglich die Maschinennachgiebigkeitsortskurven und die Parameter des zu simulierenden Bearbeitungsprozesses als Eingabedaten erforderlich sind.

Eine große Zahl gemessener Nachgiebigkeitsmatrizen und daraus berechneter Polardiagramme für Fräsmaschinen und Bearbeitungszentren wurden statistisch dahingehend ausgewertet, stabile bzw. weniger stabile Werkzeug/Werkstück-Konfigurationen bautypabhängig zu bestimmen.

Die Untersuchung erfolgte für die repräsentative Bearbeitungsaufgabe des Zirkularzerspanprozesses mit einem Einstellwinkel κ_M = 75° und für verschiedene Fräsbögen von 45° bis 180°. Das Ergebnis für die Lage der minimalen dynamischen Maschineneigenschaft ist in Bild 6-57 gezeigt.

Der Darstellung ist zu entnehmen, dass bei Fräsbögen $\varphi_0 - \varphi_i < 180°$ die minimalen Grenzspanungstiefen bei Lagewinkeln φ_m = 30° – 60°, 120° – 150°, 210° – 240° und 300° – 330° auftreten. Dieses Verhalten kann für die Mehrzahl der Fräsmaschinen als typisch angesehen werden. Die Ursache für diese Richtungs-Orientierung liegt darin, dass fast alle Maschinen modale Symmetrieebenen aufweisen, wodurch bevorzugt senkrecht aufeinander stehende Eigenschwingungsrichtungen entstehen. Weiterhin zeigt sich, dass bei Fräsbögen $\varphi_0 - \varphi_i$ = 180° keine so eindeutige Ausprägung der Richtungsorientierung gegeben ist.

Die Ratterursachen können aus der Frequenz, mit der die Maschine bei Überschreitung der Stabilitätsgrenze schwingt, und den damit korrespondierenden Schwingungsformen aus der Modalanalyse gewonnen werden.

6.3.3.1.3 Simulation im Zeitbereich

Bei der Stabilitätsanalyse von Systemen mit zeitvarianten Koeffizienten, wie z.B. sich stark ändernder Richtungsfaktoren bei Fräsoperationen (Bild 6-58), ungleichen Zahnteilungen oder starken Nichtlinearitäten (z.B. Führungsspiel, progressive Federkennlinie, Coulomb'scher Reibung usw.) ist eine geschlossene Vorgehensweise mit regelungstechnischen bzw. mathematischen Verfahren im Frequenzbereich, wie in Abschnitt 6.3.3.1.1 und 6.3.3.1.2 beschrieben, nicht mehr zulässig. Hier stellt die Simulation des dynamischen Nachgiebigkeitsverhaltens im Zeitbereich eine sinnvolle Alternative dar.

Am Beispiel des Schaftfräsens wird nun im Folgenden die Vorgehensweise bei der Simulation im Zeitbereich dargestellt.

Unter den Fräsverfahren wird das Schaftfräsen wegen seiner universellen Einsatzmöglichkeiten in vielen Bereichen der Fertigung eingesetzt. Bei der spanenden Fertigung von Integralbauteilen im Flugzeugbau muss bis zu 95% des Rohteilvolumens durch Schaftfräsoperationen abgearbeitet werden. Die simulationstechnische Vorherbestimmung des maximalen ratterfreien Zerspanungsquerschnitts bei der NC-Programmierung in der CAP- und CAM-Phase ermöglicht die Optimierung der technologischen Daten für die NC-Programme hinsichtlich der Prozessstabilität und des maximalen Zerspanvolumens. Auf diese Weise kann ein aufwendiges Testen und notwendiges Ändern der NC-Programme an der Bearbeitungsmaschine entfallen.

Wie in den Abschnitten 6.3.3.1.1 und 6.3.3.1.2 beschrieben, erfolgt im Allgemeinen die analytische Berechnung der Grenzspanungsbreite durch eine Stabilitätsanalyse des Wirkungskreises Maschine-Schnittprozess im Frequenzbereich nach Gl. (6-76) (in Abschnitt 6.3.1.). Um die aus der Regelungstechnik bekannten Stabilitätskriterien wie z.B. Nyquist anwenden zu können, wurden die zeitvarianten Richtungsfaktoren durch ihre konstanten, zeitlich gemittelten Werte ersetzt, Bild 6-51. Die Näherung in Form der gemittelten, konstanten Richtungsfaktoren ist für Messerkopffräser wegen der großen Schneidenzahl zulässig. Da Schaftfräser nur wenige Schneiden (2 - 4) haben und typische Schaftfräsoperationen auch meist kleine Eingriffsbögen aufweisen, ist eine Analyse im Frequenzbereich wegen der sich stark ändernden Richtungsfaktoren nicht mehr gestattet, so dass die Prozesssimulation im Zeitbereich durchgeführt werden muss.

Ein Programmpaket, welches auf der Basis des in Bild 6-62 dargestellten Prozess- und Schwingungsmodells arbeitet, lässt eine Beurteilung des Stabilitätsverhaltens des Prozesses auch für die zeitvarianten Richtungsfaktoren zu.

Dabei wird das Modell nach Bild 6-42, das lediglich für eine Werkzeugschneide gilt, auf den Mehrfacheingriff der Schneiden im Eingriffsbogen erweitert, Bild 6-62.

Wie abgebildet wird das dynamische Nachgiebigkeitsverhalten der Maschine im Vorwärtszweig des geschlossenen Wirkungskreises durch die Nachgiebigkeitsfrequenzgang-Matrix $G_{F,j}$ beschrieben. Auf die zeitvarianten Schnitt- und Störkräfte, die auf die Maschine einwirken, reagiert sie mit entsprechenden Verlagerungen an der Zerspanungsstelle. Der Zerspanungsprozess in der Rückführung wird durch die drehzahl- und zahnteilungsabhängigen Totzeitglieder T_t, die zeitva-

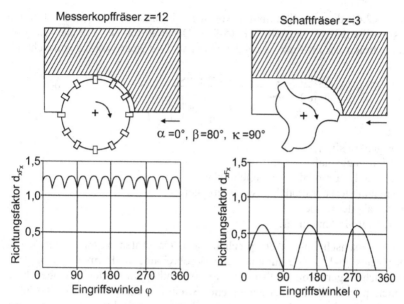

Bild 6-58. Vergleich des Gesamtrichtungsfaktors d_{xFx} für Messerkopf und Schaftfräser

rianten Richtungsfaktoren $d_{i,xd}$ und $d_{F,Fi}$, die die Bewegungs- und Kraftkomponenten für jede Position $\varphi(t)$ der im Eingriff befindlichen Schneiden beschreiben, sowie durch die spezifischen dynamischen Schnittsteifigkeit k_{cb} und die Spanungstiefe b nachgebildet.

Das Totzeitglied T_t ist für den Regenerativeffekt charakteristisch. Es beschreibt den Zeitraum zwischen dem Aufschneiden einer Oberflächenwelle durch eine Schneide und dem Einschneiden in diese Welligkeit durch die nachfolgende Schneide. Aus der aktuellen Verlagerung an einer bestimmten Stelle des Fräsbogens und der Verlagerung an dieser Stelle vom vorhergehenden Zahn wird die relative Größe der Spandickenänderung für jeden im Eingriff befindlichen Zahn berechnet. Zusammen mit den Richtungsfaktoren und den anderen Elementen der Rückführung ergibt sich aus ihr eine erneute dynamische Kraftanregung, die in die Maschine eingeleitet wird und die somit den Wirkungskreis schließt.

Nachbildung der Maschinennachgiebigkeit im Zeitbereich

Das dynamische Verhalten der Fräsmaschine im Vorwärtszweig des Ratterwirkungskreises wird auf messtechnischem Wege in der Form der orthogonalen, relativen Nachgiebigkeitsfrequenzgänge zwischen Werkzeug und Werkstück bestimmt (siehe Abschnitt 6.2.4), Bild 6-40. Dieses Nachgiebigkeitsverhalten beinhaltet die relative Nachgiebigkeit an der Zerspanstelle bedingt durch die Maschinenstruktur, d.h. zwischen Werkstück und Werkzeug.

Da diese Darstellung des Nachgiebigkeitsverhaltens im Frequenzbereich für die Simulation im Zeitbereich nicht geeignet ist, wird aus dem gemessenen Nachgiebigkeitsfrequenzgang eine mathematische Beschreibung abgeleitet (Gl. (6-61),

Abschnitt 6.2.4), die eine Summation von n Differentialgleichungen 2. Ordnung (Einmassenschwingern) darstellt, Gl. (6-97). Diese Form der Frequenzgangbeschreibung liefert der Fit-Prozess bei der Modalanalyse einer Werkzeugmaschine.

$$G(j\omega) = \frac{x(j\omega)}{F(j\omega)} = \sum_{k=1}^{n} \frac{S_k + j\omega R_k}{1 + 2D_k \frac{j\omega}{\omega_{0k}} + \left(\frac{j\omega}{\omega_{0k}}\right)^2} \qquad (6\text{-}97)$$

ω_{0k} = Eigenkreisfrequenz,
D_k = Dämpfungsmaß,
S_k = Realteil der modalen Nachgiebigkeit,
R_k = Imaginärteil der modalen Nachgiebigkeit,
n = Anzahl der Modes,
k = 1, ..., n Modenummer.

Den n Einmassenschwingern entsprechen die n markanten Resonanzstellen des Gesamtsystems [6-12]. Die summarische Beschreibung in Form von einzelnen Einmassenschwingern kommt theoretisch einer Entkopplung gleich, wobei diese jedoch nicht physikalisch an der gemessenen Struktur vorzufinden ist, Bild 6-59.

Durch den Fit-Prozess der gemessenen Übertragungsfunktion erhält man die modalen Daten der Näherungsgleichung (6-97), die für jede Resonanzstelle (Mode) k aus vier modalen Parametern: Eigenkreisfrequenz ω_{0k}, Dämpfungsmaß D_k, Realteil der modalen Nachgiebigkeit S_k und Imaginärteil der modalen Nachgiebigkeit R_k bestehen.

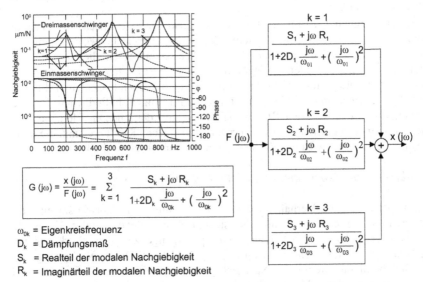

Bild 6-59. Darstellung des Nachgiebigkeitsfrequenzganges eines Dreimassenschwingers

Transformiert man diese Gleichung in den Zeitbereich mit den Operatoren $j\omega = d/dt$ und $(j\omega)^2 = d^2/dt^2$, so ergibt sich für jeden Mode die Differentialgleichung in der folgenden Form:

$$x_k(t) + \frac{2D_k}{\omega_{0k}}\frac{dx_k(t)}{dt} + \frac{1}{\omega_{0k}^2}\frac{d^2x_k(t)}{dt^2} = S_k F(t) + R_k \frac{dF(t)}{dt}$$

$$(6\text{-}98)$$

Diese Gleichung lässt sich unter der häufig zutreffenden Voraussetzung sehr kleiner Imaginärteile der modalen Nachgiebigkeiten R_k vereinfachen. D.h. für

$$R_k \frac{dF(t)}{dt} \ll S_k F(t) \qquad (6\text{-}99)$$

ergibt sich die Differentialgleichung eines Einmassenschwingers.

$$x_k(t) + \frac{2D_k}{\omega_{0k}}\frac{dx_k(t)}{dt} + \frac{1}{\omega_{0k}^2}\frac{d^2x_k(t)}{dt^2} = S_k F(t) \qquad (6\text{-}100)$$

Hierbei entspricht S_k der statischen Nachgiebigkeit des Schwingungssystems. Diese Gleichung lässt sich durch die numerische Differentiation lösen [6-5]. Betrachtet man die Funktion $x_t(t)$ und $F(t)$ in ihrer zeitdiskreten Form, so erhält man

$$x_k(t) = x_k(i\Delta t) = x_{k,i} \qquad (6\text{-}101)$$

$$F(t) = F(i\Delta t) = F_i \qquad (6\text{-}102)$$

mit $t = i\Delta t$

t   Zeit
Δt Zeitschrittweite
i   i-ter Zeitschritt

Zur Lösung der Gl. (6-100) werden die folgenden Differentialoperatoren verwendet:

$$\frac{dx_k(t)}{dt} \Rightarrow \frac{x_{k,i} - x_{k,i-1}}{\Delta t} \qquad (6\text{-}103)$$

$$\frac{d^2x_k(t)}{dt^2} \Rightarrow \frac{x_{k,i+1} - 2x_{k,i} + x_{k,i-1}}{\Delta t^2} \; ; \text{Index } k = k\text{-ter Mode}$$

$$(6\text{-}104)$$

Somit erhält man durch Einsetzen der Gl. (6-103) und Gl. (6-104) in die Gl. (6-100):

$$x_{k,i} + \frac{2D_k}{\omega_{0k}\Delta t}(x_{k,i} - x_{k,i-1}) + \frac{1}{\omega_{0k}^2 \Delta t^2}(x_{k,i+1} - 2x_{k,i} + x_{k,i-1}) = F_i S_k$$

$$(6\text{-}105)$$

$$x_{k,i+1} = \omega_{0k}^2 \Delta t^2 \left[S_k F_i - \left(1 + \frac{2D_k}{\omega_{0k}\Delta t} - \frac{2}{\omega_{0k}^2 \Delta t^2}\right) x_{k,i} - \right.$$
$$\left. \left(\frac{1}{\omega_{0k}^2 \Delta t^2} - \frac{2D_k}{\omega_{0k}\Delta t}\right) x_{k,i-1} \right] \qquad (6\text{-}106)$$

D.h. für den neuen Zeitschritt (i+1) wird der Bewegungswert $x_{k,i+1}$ eines Modes k aus dem momentanen Kraftwert F_i dem momentanen Bewegungswert $x_{k,i}$ und dem um einen äquidistanten Zeitabstand Δt zurückliegenden Wert $x_{k,i-1}$ berechnet.

Die bisherigen Ableitungen bezogen sich lediglich auf eine einzelne Resonanzspitze des Nachgiebigkeitsfrequenzgangs. Um die Gesamtverlagerung x_{i+1} entsprechend der Summation von Gl. (6-97) für den kompletten Frequenzgang zu erhalten, ist dieselbe Prozedur für alle n in Betracht gezogenen Resonanzspitzen (Modes) mit den entsprechenden modalen Parametern des Frequenzgangs durchzuführen.

Somit ergibt sich x_{i+1} aus der Beziehung:

$$x_{i+1} = \sum_{k=1}^{n} x_{k,i+1} = x_{2,i+1} + \ldots + x_{n,i+1} \qquad (6\text{-}107)$$

Die mit den Gl. (6-106) und (6-107) dargestellte Vorgehensweise für die Berechnung der Verformungswerte ist nun lt. Bild 6-62 für den allgemeinen Fall in 9 parallelen Zweigen, d.h. für 3 direkte und 6 Kreuzfrequenzgänge durchzuführen, um die 3 Verlagerungsanteile x_{i+1}, y_{i+1} und z_{i+1} zu erhalten. Diese Verlagerungskomponenten errechnen sich aus der Addition der Einzelanteile.

$$x_{i+1} = x_{F_x,i+1} + x_{F_y,i+1} + x_{F_z,i+1} \qquad (6\text{-}108)$$

$$y_{i+1} = y_{F_x,i+1} + y_{F_y,i+1} + y_{F_z,i+1} \qquad (6\text{-}109)$$

$$z_{i+1} = z_{F_x,i+1} + z_{F_y,i+1} + z_{F_z,i+1} \qquad (6\text{-}110)$$

Nachbildung des Prozesses

Um den Wirkungskreis entsprechend Bild 6-62 zu schließen, sind drei Einzelrückführungen für jeden im Eingriff befindlichen Zahn zur Berechnung der dynamischen Schnittkraftkomponenten F_x, F_y und F_z erforderlich. In den Bewegungs- und Kraftrichtungsfaktoren je Zahn werden alle prozessabhängigen, geometrischen Gegebenheiten berücksichtigt. Im Zeitbereich $(i\Delta t)$ ist die Lage $\varphi(i\Delta t)$ einer jeden

Schneide des Werkzeugs zu verfolgen und die Richtungsfaktoren zu ermitteln. In den Drehwinkelbereichen des Werkzeugs, in denen die Schneiden keinen Kontakt zum Werkstück haben, sind die Richtungsfaktoren $d_{iF_j}(\varphi) = 0$ zu setzen.

Durch die Verwendung von angepassten Totzeiten lassen sich auch Prozesse mit Fräsern ungleicher Teilung simulieren. Berücksichtigt man zusätzlich den Spanquerschnitt durch den Vorschub des im Eingriff befindlichen Zahnes, so wird zusätzlich die Maschinenanregung durch den Messereingriff (Fremderregung) mit einbezogen, wie sie auch im realen Prozess erfolgt.

Die statische und dynamische Verformung des Maschine durch den Schneiden-eingriff des Werkzeugs (fremderregte, erzwungene Schwingung) wird in Bild 6-62 durch die je Zahn zusätzlich berücksichtigte Spanungsdicke $h_i(\varphi)$ mit einbezogen. $h_i(\varphi)$ wird abhängig von der Schneidenposition φ_i über den Vorschub des spezifischen Zahnes $f_{z,i}$ und den Vorschubrichtungsfaktor d_f ermittelt. Hierbei spielt die Richtung des Vorschubs (z.B. die z-Richtung für Bohroperationen und der Winkel δ_f in der x/y-Ebene für Fräsoperationen) eine wichtige Rolle. $f_{z,i}$ ist bei Fräsern mit gleicher Teilung für alle Zähne gleich, d.h.

$$f_{z_i} = f_z = \frac{f}{z}.$$

Bei Fräsern mit ungleicher Teilung und ungleicher radialer Position der Schneide kann jedoch f_{zi} von Zahn zu Zahn unterschiedlich sein, Bild 6-60.

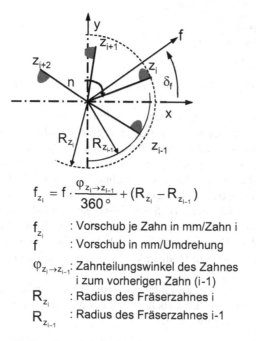

$$f_{z_i} = f \cdot \frac{\varphi_{z_i \to z_{i-1}}}{360°} + (R_{z_i} - R_{z_{i-1}})$$

f_{z_i} : Vorschub je Zahn in mm/Zahn i

f : Vorschub in mm/Umdrehung

$\varphi_{z_i \to z_{i-1}}$: Zahnteilungswinkel des Zahnes i zum vorherigen Zahn (i-1)

R_{z_i} : Radius des Fräserzahnes i

$R_{z_{i-1}}$: Radius des Fräserzahnes i-1

Bild 6-60. Zahnspezifischer Vorschub f_{zi} für einen Fräser mit ungleicher Teilung und ungleichen Radiuslängen

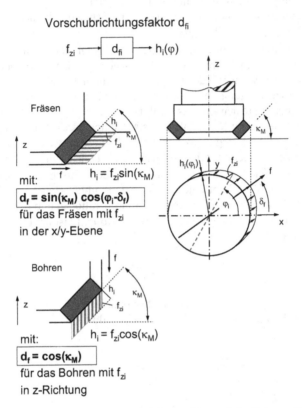

Bild 6-61. Darstellung des Vorschubrichtungsfaktors d_{fi} für Fräs- und Bohroperationen

Bild 6-61 gibt die geometrischen Verhältnisse für die drehwinkelabhängige Spanungsdicke $h_i(\varphi_i)$ wieder. Der für das Fräsen ebenfalls zeitvariante Vorschubrichtungsfaktor d_f berechnet die Spanungsdicke h zufolge des Vorschubs je Zahn und der Vorschubrichtung sowie des Schneidenlagewinkels φ_i. Hierbei kann durch die individuelle Angabe des Vorschubs je Zahn, Bild 6-60, auch eine ungleiche Zahnteilung berücksichtigt werden.

Für gedrallte Werkzeuge, z.B. Schaftfräser, kann nicht wie bei Messerkopffräsern die Position der Schneide mit einem einzelnen Positionswinkel φ_i beschrieben werden. Die sich im Eingriff befindliche Schneide wirkt abhängig von der Spantiefe b und dem Drallwinkel λ über einen mehr oder weniger großen Lagewinkelbereich $\varphi(t)$.

Zur Berechnung der Schnittkräfte an gedrallten Schaftwerkzeugen und der Ratterneigung wurde ein Ersatzberechnungsmodell in Form eines Schichtenmodells nach Bild 6-63 entwickelt.

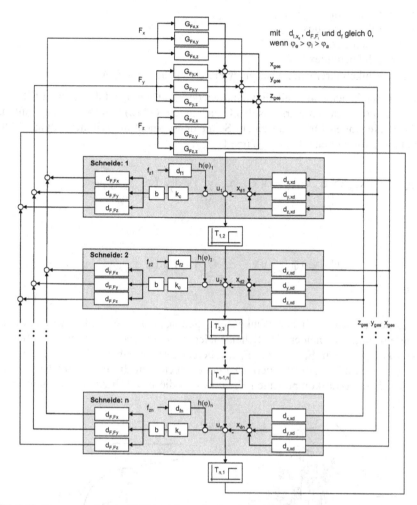

Bild 6-62. Prozessmodell des Ratterwirkungskreises beim Fräsen

Darin wird der Fräser in einzelne Scheiben mit der Scheibenbreite Δb unterteilt, wobei die Schneiden innerhalb der Scheibe als gerade und parallel zur Rotations-achse des Werkzeugs angenommen wird. Die aktuelle Position des Schneiden-abschnitts innerhalb einer Scheibe wird durch den Winkel $\varphi_{v,w,i}$ beschrieben.

$$\varphi_{v,w,i} = 2\pi i\Delta t - \frac{2\pi}{z}(w-1) + \Delta\lambda(v-1) \quad w = 1,...,z \;\; v = 1,...,s \quad (6\text{-}111)$$

n = Drehzahl
i = i-ter Zeitschritt
$i\Delta t$ = Zeitschrittweite

z   = Zähnezahl
w   = Schneidenindex
s   = Scheibenzahl
v   = Scheibenindex
$\Delta\lambda$ = Winkelinkrement zwischen zwei Schneidensegmenten

Für dieses Scheibenmodell sind dann wieder die Richtungsfaktoren von Bild 6-44 und Bild 6-46 anwendbar. Aus den Gleichungen (6-112) und (6-113) gewinnt man die Beziehungen für die an einem Schneidensegment angreifenden dynamischen Schnittkraftkomponenten $F_{x,v,w,i}$ und $F_{y,v,w,i}$:

$$F_{x,v,w,i} = k_{cb}\Delta b \left[d_{xF_x}(\varphi_{v,w,i})(x_i - x_{(i-\frac{T_t}{\Delta t})}) + d_{yF_x}(\varphi_{v,w,i})(y_i - y_{(i-\frac{T_t}{\Delta t})}) \right]$$

(6-112)

$$F_{y,v,w,i} = k_{cb}\Delta b \left[d_{xF_y}(\varphi_{v,w,i})(x_i - x_{(i-\frac{T_t}{\Delta t})}) + d_{yF_y}(\varphi_{v,w,i})(y_i - y_{(i-\frac{T_t}{\Delta t})}) \right]$$

(6-113)

Aus den unterschiedlichen Winkelstellungen $\varphi_{v,w,i}$ der Schneiden werden die auf die einzelnen Schneiden des Scheibenelements wirkenden dynamischen Schnittkraftkomponenten $F_{x,v,w,i}$ und $F_{y,v,w,i}$ berechnet und über alle Schneiden- und Scheibenelemente aufsummiert. Daraus ergeben sich die resultierenden dynamischen Schnittkraftkomponenten $F_{x,i}$ und $F_{y,i}$, die das Schwingungssystem erneut anregen.

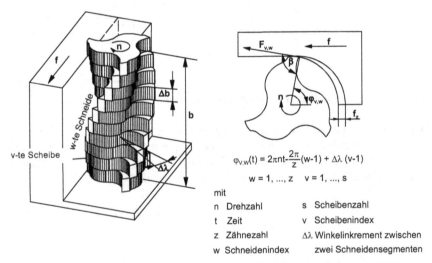

$$\varphi_{v,w}(t) = 2\pi n t - \frac{2\pi}{z}(w-1) + \Delta\lambda \, (v-1)$$

$$w = 1, ..., z \quad\quad v = 1, ..., s$$

mit
n   Drehzahl   s   Scheibenzahl
t   Zeit   v   Scheibenindex
z   Zähnezahl $\Delta\lambda$ Winkelinkrement zwischen
w   Schneidenindex   zwei Schneidensegmenten

Bild 6-63. Ersatzberechnungsmodell für die Simulation gedrallter Schaftfräser [6-31]

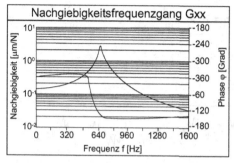

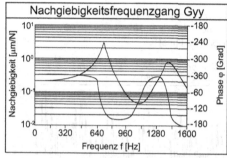

Parameter für die Simulation				
Richtg./ Mode	ω_0 [1/s]	S [µm/N]	D [%]	R [µm s/N]
x	1	3791.2	1.61 e-01	3.924	1.39 e-05
y	1	4188.4	1.69 e-01	3.570	4.89 e-07
	2	8463.8	4.40 e-02	3.729	-1.21 e-06

HSS - Schaftfräser :

Durchmesser D : 30 mm
Auskraglänge L : 100 mm
Drallwinkel λ : 30 Grad
Zähnezahl z : 3

Bild 6-64. Nachgiebigkeitsfrequenzgänge und modale Parameter eines Schaftfräsers

Aufbauend auf den theoretischen Grundlagen der vorausgegangenen Kapitel wurde in Anlehnung an den in Bild 6-62 dargestellten Ratterwirkungskreis die Simulation für einen Schaftfräsvorgang durchgeführt. Im Folgenden sollen die Simulationsergebnisse im Zeitbereich am Beispiel der Schaftfräsoperation auf einer Konsolfräsmaschine erläutert werden.

Bild 6-64 zeigt im linken Teil das dynamische Systemverhalten in Form der gemessenen relativen Nachgiebigkeitsfrequenzgänge $G_{F,x}$ und $G_{F,y}$. Rechts sind tabellarisch die aus dem Fit-Prozess gewonnenen modalen Parameter aufgeführt. Bei dem eingesetzten Werkzeug handelt es sich um einen dreizahnigen HSS-Schaftfräser (D = 30 mm, L = 100 mm), der in Verbindung mit der Maschine in x-Richtung einen Mode von f_{x1} = 602 Hz und in y-Richtung zwei Modes von f_{y1} = 666 Hz und f_{y2} = 1346 Hz aufweist.

In Bild 6-65 sind die simulierten Werkzeugverlagerungen in x-Richtung bei den ersten 10 Zahneingriffen einer 180° Fräsoperation (Vollnutenschnitt) für einen stabilen und einen instabilen Prozess dargestellt. Bei dem zerspanten Material handelte es sich um den Werkstoff AlZnMgCu 1,5 mit einem k_{cb}-Wert von 600 N/mm². Die Periode des Zahneingriffs und die Werkzeugschwingungen mit der Systemeigenfrequenz 660 Hz sind deutlich zu erkennen.

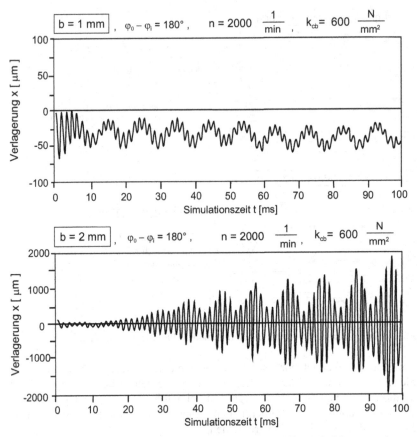

Bild 6-65. Werkzeugschwingungen einer stabilen und instabilen Schaftfräsoperation

Im oberen Bildteil sind die Verlagerungen bei einer Spanungstiefe von b=1 mm, die unterhalb der Stabilitätsgrenze liegt, dargestellt. Der untere Bildteil zeigt die Werkzeugverlagerungen derselben Bearbeitungsoperation bei einer größeren Spanungstiefe von b = 2 mm. Diese Spanungstiefe liegt oberhalb der Stabilitätsgrenze, was durch einen Anstieg der Werkzeugschwingungen ausgedrückt wird.

Zwei weitere Beispiele für die Genauigkeit der Simulation im Zeitbereich zeigen Bild 6-66 und Bild 6-67. Hier sind die gemessenen und simulierten Werte der Schnittkräfte eines vordefinierten Zerspanungsprozesses in x- und y-Richtung gegenübergestellt.

Bild 6-66 zeigt den Verlauf der Schnittkraft. Wie man erkennt, sind den statischen Schnittkräften hohe dynamische Anteile überlagert. Es handelt sich hierbei um einen stabilen Prozess. Die dynamischen Kraftanteile kommen durch die veränderlichen Eingriffsstellungen der Schneiden zustande. Der Vergleich der gemessenen und simulierten Ergebnisse zeigt eine gute Übereinstimmung der statischen und dynamischen Schnittkraftverläufe.

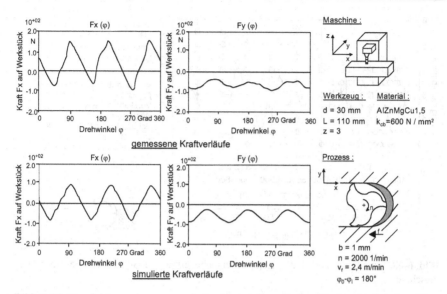

Bild 6-66. Vergleich gemessener und simulierter dynamischer Kraftverläufe bei stabilem Verhalten

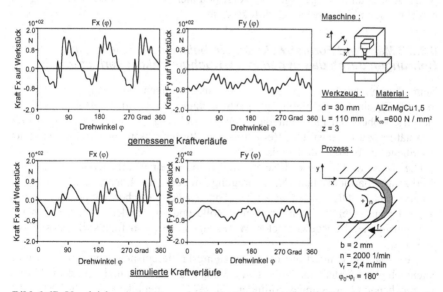

Bild 6-67. Vergleich gemessener und simulierter dynamischer Kraftverläufe mit höherfrequenten Kraftanteilen durch dynamische Werkzeugeigenschwingungsbewegungen

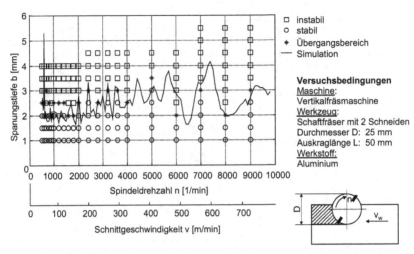

Bild 6-68. Simulierte und durch Zerspanversuche ermittelte Stabilitätskarte einer Fräsmaschine

Auf Grundlage dieser Ergebnisse ist es möglich, auch für Schaftfräser die Stabilitätskarte zu berechnen, Bild 6-68. Neben der simulativ bestimmten Stabilitätskarte, sind auch die durch Versuche ermittelten stabilen bzw. instabilen Bearbeitungspunkte eingetragen. Es zeigt sich hier eine gute Übereinstimmung der berechneten und gemessenen Stabilitätskarte.

6.3.3.2 Maß- und Formabweichungen beim Ausspindeln von Bohrungen durch das dynamische Nachgiebigkeitsverhalten

Beim Ausspindeln von Bohrungen mit einschneidigen Werkzeugen beobachtet man häufig eine drehzahlabhängige Abweichung der Form des Bohrungsdurchmessers, wobei sich nicht nur das Maß der Bohrung ändert, sondern auch eine Ovalität festzustellen ist. Das Verhältnis der Ellipsenachsen und deren Lage in der x/y-Ebene ist ebenfalls drehzahlabhängig.

Die Ursache für diese Erscheinung liegt in einer mit Drehfrequenz des Werkzeugs harmonischen Kraftanregung in der x/y-Ebene, d.h. quer zur Rotationsachse. Die Anregungskräfte können zwei Ursachen haben. Zum einen spielt die umlaufende Schnittkraft eine Rolle und zum anderen können sich bei nicht ausreichend ausgewuchteten Werkzeugen die Zentrifugalkräfte auswirken [6-32].

Die Maschine reagiert auf diese Anregungskräfte entsprechend ihres relativen Nachgiebigkeitsverhaltens zwischen Werkzeugschneide und Werkstück mit entsprechenden Bewegungsamplituden. Dieses Nachgiebigkeitsverhalten ist in der Regel in jeder Werkzeugposition rund um die z-Achse unterschiedlich.

6.3.3.2.1 Bohrungsmaß- und Bohrungsformabweichungen durch den Schnittkrafteinfluss

Bild 6-69 zeigt das Bohrwerkzeug und die Lage der wirkenden Schnittkraft. Nach Kienzle beträgt die Schnittkraft

$$F = k_{c1.1} \cdot a \cdot f^{(1-m_c)} \cdot (\cos \kappa_m)^{-m_c} \qquad (6\text{-}114)$$

Die Lage der Schnittkraft zur Position der Werkzeugschneidkante wird durch die Winkel κ_m (Einstellwinkel) und β_{orth} (orthogonaler Schnittkraftwinkel) bestimmt.

Bild 6-70 stellt die Verhältnisse am Schnittkraftkubus detaillierter dar. Die Schnittkraft F, die mit der Werkzeugfrequenz umläuft, besitzt in jeder Winkelposition um die z-Achse unterschiedliche Kraftkomponenten in der x- und y-Richtung.

$$F_x = F \cdot \cos \alpha \cdot \cos(\varepsilon(t) \pm \beta + \pi) \qquad (6\text{-}115)$$

$$F_y = F \cdot \cos \alpha \cdot \sin(\varepsilon(t) \pm \beta + \pi) \qquad (6\text{-}116)$$

$$F_z = F \cdot \sin \alpha \qquad (6\text{-}117)$$

mit $\qquad \varepsilon(t) = 2 \cdot \pi \cdot \dfrac{n}{60} \cdot t \qquad (6\text{-}118)$

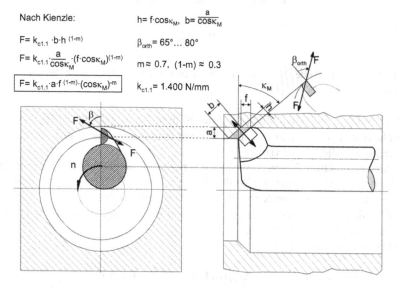

Nach Kienzle:

$h= f \cdot \cos\kappa_M, \quad b= \dfrac{a}{\cos\kappa_M}$

$F= k_{c1.1} \cdot b \cdot h^{(1-m)}$

$\beta_{orth} = 65° \dots 80°$

$F= k_{c1.1} \cdot \dfrac{a}{\cos\kappa_M} \cdot (f \cdot \cos\kappa_M)^{(1-m)}$

$m \approx 0.7, \quad (1-m) \approx 0.3$

$\boxed{F= k_{c1.1} \cdot a \cdot f^{(1-m)} \cdot (\cos\kappa_M)^{-m}}$

$k_{c1.1} = 1.400 \text{ N/mm}$

Bild 6-69. Rotierende Schnittkraft eines einschneidigen Werkzeugs zum Ausspindeln von Bohrungen

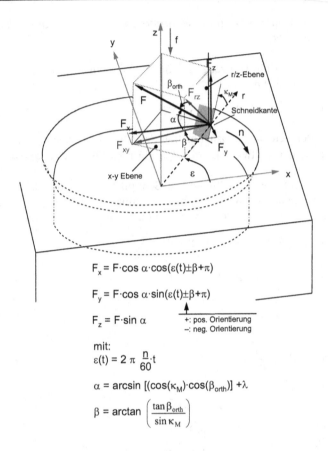

$$F_x = F \cdot \cos \alpha \cdot \cos(\varepsilon(t) \pm \beta + \pi)$$

$$F_y = F \cdot \cos \alpha \cdot \sin(\varepsilon(t) \pm \beta + \pi)$$

$$F_z = F \cdot \sin \alpha \qquad \begin{array}{l} \text{+: pos. Orientierung} \\ \text{--: neg. Orientierung} \end{array}$$

mit:

$$\varepsilon(t) = 2\,\pi\,\frac{n}{60} \cdot t$$

$$\alpha = \arcsin\left[(\cos(\kappa_M) \cdot \cos(\beta_{orth})\right] + \lambda$$

$$\beta = \arctan\left(\frac{\tan\beta_{orth}}{\sin\kappa_M}\right)$$

Bild 6-70. Berechnung der Schnittkraftkomponenten F_x, F_y und F_z in Abhängigkeit der Schneidenposition

Die Kräfte in x- und y-Richtung sind neben dem Positionswinkel $\varepsilon(t)$ von den Winkeln α und β abhängig, die auch bei den Richtungsfaktoren in Kap. 6.3.3.1 eine wichtige Rolle spielen (Bild 6-71).

Während die Kräfte F_x und F_y mit gleicher Amplitude und um 90° versetzt die Maschine mit Drehfrequenz des Werkzeugs in x- und y-Richtung harmonisch anregen, ist die Kraftkomponente in z-Richtung konstant (Gl. 6-117)

Der Winkel π in den Gleichungen 6-115 und 6-116 sorgt für die Ausrichtung der Schnittkraft auf das Werkzeug.

Die Bewegungsgleichung

$$\begin{pmatrix} x(i\omega) \\ y(i\omega) \end{pmatrix} = \begin{bmatrix} G_{xx}(i\omega) \cdot e^{-i \cdot \varphi_{xx}(\omega)} & G_{yx}(i\omega) \cdot e^{-i \cdot \varphi_{yx}(\omega)} \\ G_{xy}(i\omega) \cdot e^{-i \cdot \varphi_{xy}(\omega)} & G_{yy}(i\omega) \cdot e^{-i \cdot \varphi_{yy}(\omega)} \end{bmatrix} \begin{pmatrix} F_x(i\omega) \\ F_y(i\omega) \end{pmatrix} \quad (6\text{-}119)$$

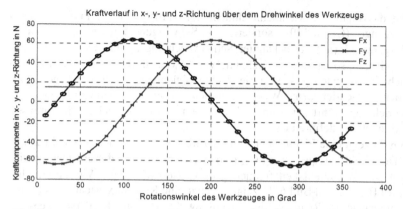

Bild 6-71. Schnittkraftkomponenten F_x, F_y und F_z in Abhängigkeit von der Schneidenposition

beschreibt die x- und y-Bewegung der Werkzeugspitze und damit die Abweichung von der vorgegebenen Sollgeometrie der Bohrung durch die harmonische Schnittkraftverläufe F_x und F_y für jede Position $\varepsilon(t)$ (s. Gl. 6-115 + und 6-116).

Die Nachgiebigkeitsmatrix von Gleichung (6-119) besteht aus den direkten und Kreuz-Nachgiebigkeitsfrequenzgängen in x- und y-Richtung.

In Bild 6-72 ist die Bewegungsgleichung (6-119) zusätzlich in Form eines Blockschaltbildes dargestellt und eine Definition des Kraft- und Verformungsrichtungen für die vier Nachgiebigkeitsfrequenzgänge in Tabellenform vorgenommen worden.

Die jedem Frequenzgang in der Matrix zugeordnete Phasenverschiebung $e^{-i \cdot \varphi_{j,k}(\omega)}$ berücksichtigt die Tatsache, dass die Anregungskraft, die die momentane Bewegung des Werkzeuges an der Stelle $\varepsilon(t)$ hervorruft, um den Zeitbetrag bzw. Phasenwinkel $\varphi_{j,k}(\omega)$ des entsprechenden Frequenzgangs vorher, d.h. zeitlich zurückliegend, gewirkt hat.

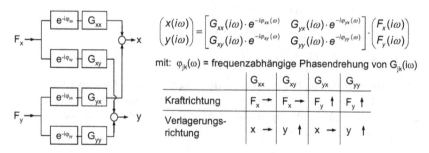

$$\begin{pmatrix} x(i\omega) \\ y(i\omega) \end{pmatrix} = \begin{bmatrix} G_{xx}(i\omega) \cdot e^{-i\varphi_{xx}(\omega)} & G_{yx}(i\omega) \cdot e^{-i\varphi_{yx}(\omega)} \\ G_{xy}(i\omega) \cdot e^{-i\varphi_{xy}(\omega)} & G_{yy}(i\omega) \cdot e^{-i\varphi_{yy}(\omega)} \end{bmatrix} \begin{pmatrix} F_x(i\omega) \\ F_y(i\omega) \end{pmatrix}$$

mit: $\varphi_{jk}(\omega)$ = frequenzabhängige Phasendrehung von $G_{jk}(i\omega)$

	G_{xx}	G_{xy}	G_{yx}	G_{yy}
Kraftrichtung	$F_x \rightarrow$	$F_x \rightarrow$	$F_y \uparrow$	$F_y \uparrow$
Verlagerungs-richtung	$x \rightarrow$	$y \uparrow$	$x \rightarrow$	$y \uparrow$

Bild 6-72. Bewegungsgleichung des Werkzeugs in Abhängigkeit von Nachgiebigkeitsmatrix und Schnittkraftkomponenten

Sollte das relative Maschinennachgiebigkeitsverhalten nicht in Form der 4 Frequenzgänge (Gl. 6-119), sondern als Schwingungsformen bzw. modale Frequenzgänge $G_M(i\omega)$ bei bekannter Schwingrichtung (Winkellage) in der x/y-Ebene vorliegen, so ist eine Umrechnung von $G_M(i\omega)$ in die direkten und Kreuz-Nachgiebigkeitsfrequenzgänge für die Nachgiebigkeitsmatrix entsprechend der im Folgenden beschriebenen Weise möglich. Eine Kraftanregung F_M in Schwingrichtung führt zu einer Verlagerung δ_M, die über die modale Nachgiebigkeit G_M definiert ist.

Bild 6-73 zeigt eine Eigenschwingung der Maschine unter dem Winkel γ zur x-Achse. Der direkte Frequenzgang $G_{xx}(i\omega)$ errechnet sich aus dieser Eigenschwingung mit dem Nachgiebigkeitsfrequenzgang $G_M(i\omega)$ wie folgt: Wie die Graphik im unteren Bildteil von Bild 6-73 zeigt, erzeugt eine Kraft in x-Richtung, F_x, eine Kraftkomponente in Richtung der Eigenschwingung von $F_M(F_x) = F_x/\cos(\gamma)$. Diese harmonische Kraft erzeugt eine Schwingungsamplitude in Eigenschwingrichtung von der Größe $\delta_M(F_x) = G_M \cdot F_M(F_x)$. Die x-Komponente dieser Schwingung beträgt: $x = \delta_M(F_x) \cdot \cos(\gamma)$.

Somit lautet der direkte Nachgiebigkeitsfrequenzgang G_{xx}:

$$G_{xx}(i\omega) = \frac{x}{F_x} = \frac{\delta_M(F_x) \cdot \cos(\gamma)}{F_M(F_x)/\cos(\gamma)} = G_M(i\omega) \cdot \cos^2(\gamma).$$

Für den Kreuzfrequenzgang G_{xy} gilt:

$$G_{xy}(i\omega) = \frac{y}{F_x} = \frac{\delta_M(F_x) \cdot \sin(\gamma)}{F_M(F_x)/\cos(\gamma)} = G_M(i\omega) \cdot \sin(\gamma) \cdot \cos(\gamma)$$

In gleicher Weise lassen sich die Beziehungen für G_{yy} und G_{yx} herleiten. Gleichung 6-120 stellt alle vier Abhängigkeiten dar. Wie zu erkennen ist, sind die beiden Kreuzfrequenzgänge G_{xy} und G_{yx} identisch.

$$
\begin{aligned}
G_{xx}(i\omega) &= G_M(i\omega) \cdot \cos^2(\gamma) \\
G_{xy}(i\omega) &= G_M(i\omega) \cdot \sin(\gamma) \cdot \cos(\gamma) \\
G_{yx}(i\omega) &= G_M(i\omega) \cdot \cos(\gamma) \cdot \sin(\gamma) \\
G_{yy}(i\omega) &= G_M(i\omega) \cdot \sin^2(\gamma)
\end{aligned}
\qquad (6\text{-}120)
$$

Das folgende Beispiel demonstriert die beschriebenen Zusammenhänge: Die Maschine hat in dem interessierenden Frequenzbereich (Drehzahlbereich des Werkzeugs) zwei markante Eigenschwingungen, die in Bild 6-74 in Vektordarstellung abgebildet sind.

Eigenschwingungsfrequenzgang für Lagewinkel γ

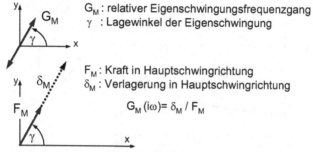

G_M : relativer Eigenschwingungsfrequenzgang
γ : Lagewinkel der Eigenschwingung

F_M : Kraft in Hauptschwingrichtung
δ_M : Verlagerung in Hauptschwingrichtung

$$G_M(i\omega) = \delta_M / F_M$$

Berechung der direkten und Kreuznachgiebigkeiten

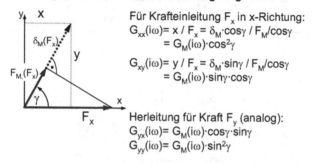

Für Krafteinleitung F_x in x-Richtung:
$$G_{xx}(i\omega) = x / F_x = \delta_M \cdot \cos\gamma / F_M / \cos\gamma$$
$$= G_M(i\omega) \cdot \cos^2\gamma$$

$$G_{xy}(i\omega) = y / F_x = \delta_M \cdot \sin\gamma / F_M / \cos\gamma$$
$$= G_M(i\omega) \cdot \sin\gamma \cdot \cos\gamma$$

Herleitung für Kraft F_y (analog):
$$G_{yx}(i\omega) = G_M(i\omega) \cdot \cos\gamma \cdot \sin\gamma$$
$$G_{yy}(i\omega) = G_M(i\omega) \cdot \sin^2\gamma$$

Bild 6-73. Berechnung der Nachgiebigkeitsmatrix über die modale Nachgiebigkeit G_M und die Winkellage γ

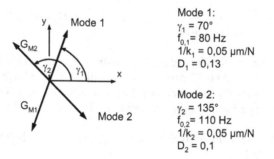

Mode 1:
$\gamma_1 = 70°$
$f_{0,1} = 80$ Hz
$1/k_1 = 0{,}05$ µm/N
$D_1 = 0{,}13$

Mode 2:
$\gamma_2 = 135°$
$f_{0,2} = 110$ Hz
$1/k_2 = 0{,}05$ µm/N
$D_2 = 0{,}1$

Bild 6-74. Lage der Eigenschwingungen in der x/y-Ebene

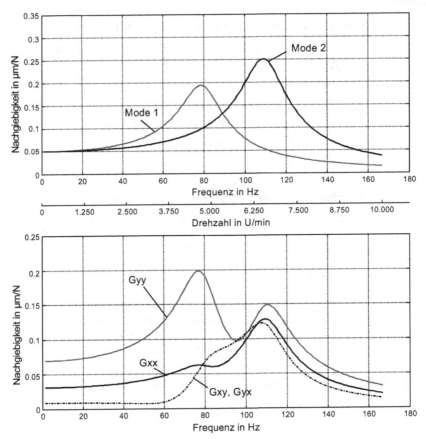

Bild 6-75. Schwingungsmoden und abgeleitete Nachgiebigkeitsmatrix entsprechend der Eigenschwingungen von Bild 6-74

Die Resonanzkurven der Nachgiebigkeitsfrequenzgänge sind für beide Moden im oberen Teil von Bild 6-75 dargestellt. Über die bekannte Lage der Moden (Bild 6-74) ergeben sich die darunter abgebildeten direkten und Kreuz-Nachgiebigkeitsfrequenzgänge für die x- und y-Richtung. Für die Umrechnung wurde Gl. 6-120 herangezogen.

Ergänzend zeigt Bild 6-76 die Frequenzgänge der Nachgiebigkeitsmatrix in Ortskurvendarstellung.

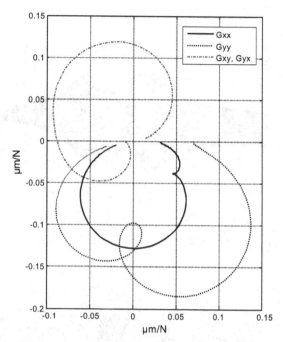

Bild 6-76. Nachgiebigkeitsmatrix in Ortskurvendarstellung entsprechend der beiden Moden in Bild 6-74

Die Bewegung der Werkzeugspitze über dem Drehwinkel $\varepsilon(t)$ und der Drehzahl n ist in Bild 6-77 in zwei Darstellungsformen gezeigt. Wie zu erkennen ist, können die Abweichungen drehzahlabhängig große Beträge annehmen.

Für einige ausgewählte Drehzahlen ist die Bohrungsmaß- und Bohrungsform-abweichung in Bild 6-78 dargestellt. Das Achsverhältnis und die Lage der Ellipsen variieren sehr stark.

Bild 6-79 zeigt anschaulich die Gestalt der Bohrung über dem gesamten Dreh-zahlbereich (0-10.000 U/min). Die Linien in Längsrichtung des dargstellten Kör-pers veranschaulichen die Bewegung des Werkzeuges in der x/y-Ebene über der Drehzahl, d.h. die Abweichung von der Werkzeug-Solllage. Wie zu erkennen ist, sind die Formabweichungen insbesondere im Frequenzbereich zwischen 4000 und 7000 U/min sehr groß, dort wo sich die Eigenfrequenzen der beiden Moden befin-den (s. Bild 6-75).

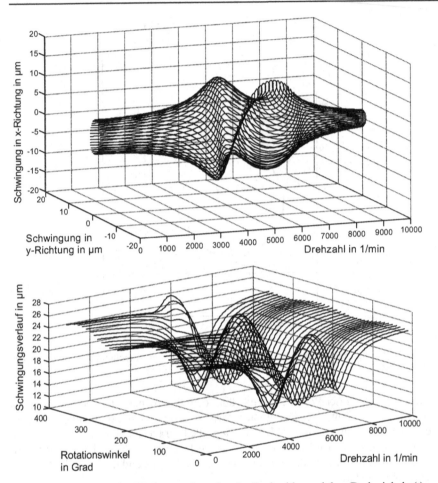

Bild 6-77. Bewegung der Werkzeugspitze über der Drehzahl n und dem Drehwinkel $\varepsilon(t)$

Welch unregelmäßige Verformungswege die Werkzeugschneide in Abhängig-keit von der Drehzahl und der Werkzeuglage $\varepsilon(t)$ nehmen kann, demonstriert an-schaulich Bild 6-80. Hier sind die Pfade der Verlagerungen für 9 repräsentative Punkte am Umfang der Bohrung über dem Drehzahlbereich dargestellt. Diese Pfade sind von Punkt zu Punkt sehr verschieden und ohne die Nutzung eines Si-mulationsprogramms nicht vorhersehbar.

Nur im Sonderfall eines völlig symmetrischen Nachgiebigkeitsverhaltens rund um die z-Achse, was bei realen Maschinen lediglich vorkommt, wenn das Nach-giebigkeitsfrequenzgang vom dynamischen Verhalten der Spindel und des Werk-zeugs geprägt ist. bleiben die Bohrungen kreisrund. Jedoch ändert sich ihr Durch-messer mit der Amplitude des Nachgiebigkeitsfrequenzganges. In diesem Sonder-fall bildet sich die Nachgiebigkeitsortskurve an jedem Punkt am Bohrungsumfang exakt ab, wie Bild 6-81 anschaulich zeigt.

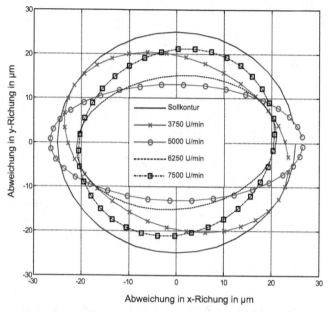

Bild 6-78. Bohrungsmaß- und Bohrungsformabweichungen für verschiedene Drehzahlen

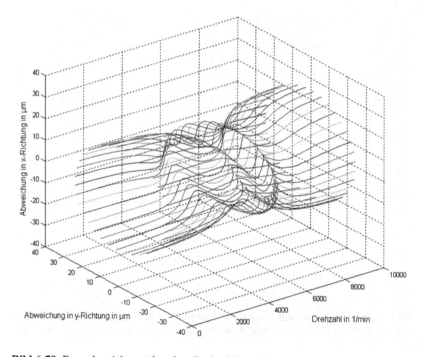

Bild 6-79. Formabweichung über dem Drehzahlbereich 0-10.000 U/min

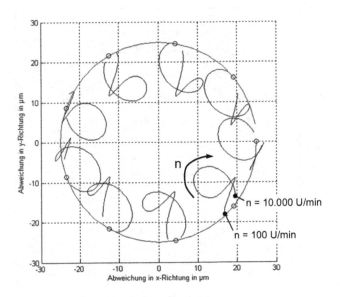

Bild 6-80. Verformungswege der Werkzeugschneide für 9 gleichmäßig über den Umfang der Bohrung verteilte Punkte im Drehzahlbereich 0 -10.000 U/min; unsymmetrische Nachgiebigkeitsverteilung

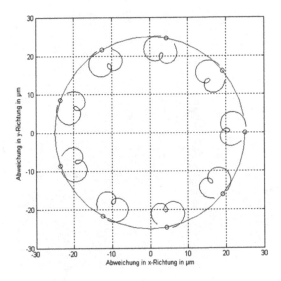

Bild 6-81. Verformungswege der Werkzeugschneide für 9 gleichmäßig über den Umfang der Bohrung verteilte Punkte im Drehzahlbereich 0 -10.000 U/min; symmetrische Nachgiebigkeitsverteilung

6.3.3.2.2 Bohrungsmaß- und Bohrungsformabweichungen durch Unwuchtkräfte

Durch unwuchtige Werkzeuge oder auch schlecht gewuchtete Hauptspindel-systeme kommt es ebenfalls zu den im vorangegangenen Kapitel beschriebenen Erscheinungen.

Nur verhält sich der Kraftanregungsmechanismus hierbei anders als dies bei den Schnittkraftsignalen der Fall ist. Während die Schnittkräfte nahezu drehzahl-unabhängig sind, nimmt die Zentrifugalkraft mit der Drehzahl zum Quadrat zu:

$$F_{Zentr.} = m \cdot r \cdot \omega^2 \qquad (6\text{-}121)$$

mit $m \cdot r$ = Unwucht.

Zusätzlich wirkt sich noch ein weiterer Einfluss auf die Gestalt der Bohrungs-abweichung aus, nämlich die relative Lage des rotierenden Unwuchtvektors zur Position der Schneide. Bild 6-82 stellt diesen Zusammenhang dar. Häufig ist es möglich, den Winkel γ zwischen Unwuchtrichtung und Schneide zu verändern, um auf diese Art eine Minimierung der Abweichung vorzunehmen.

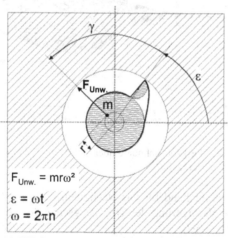

γ: **Winkel zwischen Unwuchtvektor und Werkzeugschneide**

Bild 6-82. Geometrie und Belastung eines unausgewuchteten Werkzeugs

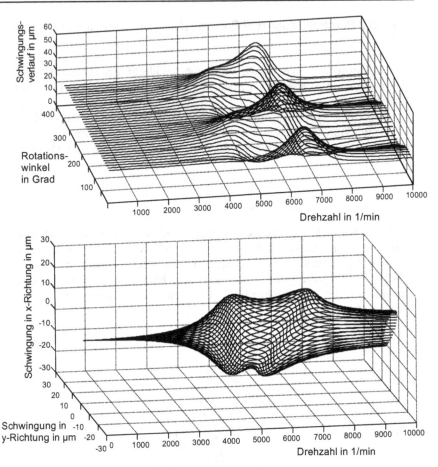

Bild 6-83. Verlagerung der Werkzeugschneide über dem Drehwinkel ε(t) und der Drehzahl n für ein unausgewuchtetes Werkzeug

Bild 6-83 zeigt vereinfachend für das Nachgiebigkeitsverhalten der Maschine aus Kap. 6.3.3.2.1 die Verlagerung der Werkzeugschneide über dem Drehwinkel ε(t) und dem Drehzahlbereich.

Hierbei ist jedoch zu beachten, dass es sich bei der Unwuchtanregung um eine absolute Kraftanregung an der Spindelseite der Maschine handelt und nicht wie bei der Schnittkraftanregung um eine relative Kraftanregung zwischen Werkzeug und Werkstück.

In beiden Fällen sind die Relativbewegungen zwischen Werkzeug und Werkstück als Reaktion auf diese Kräfte von Interesse. Charakteristisch bei dem Unwuchteinfluss ist die Auswirkung der Verformungen auf Grund der quadratischen Abhängigkeit von der Drehzahl im hohen Drehzahlbereich. Bis etwa 7.000 U/min zeigt sich im vorliegenden Beispiel kaum eine merkliche Bohrungsabweichung.

Um den Einfluss des Winkels $\gamma(t)$, d.h. der Lage des Unwuchtvektors relativ zur Werkzeugschneide, zu demonstrieren, sind in Bild 6-84 für $\gamma = 0°$ und $90°$ die Bohrungsformen einiger repräsentativer Drehzahlen dargestellt.

Bild 6-85 beschreibt ebenfalls über den Gesamtdrehzahlbereich die Form der Bohrung bzw. ihre Abweichungen. Auch hier wird deutlich, dass sich markante Abweichungen erst im oberen Drehzahlbereich einstellen.

In Analogie zu Bild 6-80 beschreibt Bild 6-86 den Pfad der Werkzeugschneide an 9 Punkten des Bohrungsumfangs über dem gesamten Drehzahlbereich. Im Gegensatz zu Anregung durch die Schnittkraft (Kap. 6.3.3.2.1), wo die Bohrung in der Regel kleiner wird, vergrößert oder verkleinert sich die Bohrung durch den Zentrifugaleinfluss je nach Lage der Schneide zum Zentrifugalkraftvektor (Winkel γ).

Um eine optimale Lage des Winkels γ in Bezug auf eine minimale Abweichung zu erreichen, kann auch hier ein Simulationsprogramm eine wertvolle Hilfe sein.

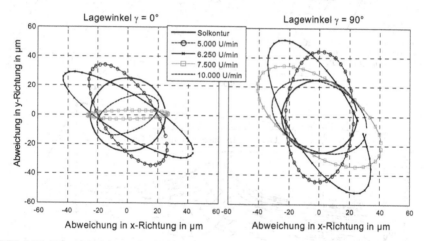

Bild 6-84. Formabweichung der Bohrung bei Unwucht für $\gamma = 0°$ und $90°$ für die Drehzahlen n= 5000, 6250, 7500, 10000 U/min

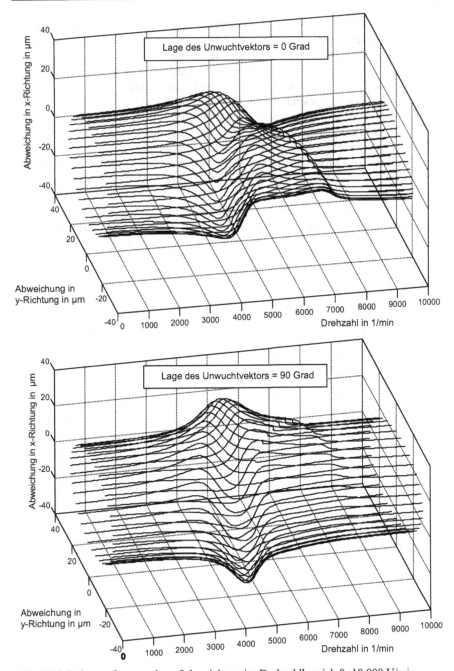

Bild 6-85. Bohrungsform- und -maßabweichung im Drehzahlbereich 0 -10.000 U/min

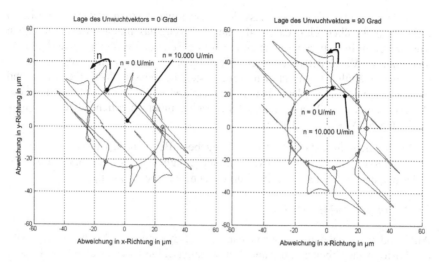

Bild 6-86. Verlagerungen der Werkzeugschneide für 9 gleichmäßig über den Umfang der Bohrung verteilte Punkte im Drehzahlbereich 0 -10.000 U/min; unsymmetrische Nachgiebigkeitsverteilung, Unwuchtvektor 0° und 90°

6.3.3.3 Messvorschrift zur Untersuchung spanender Werkzeugmaschinen

Anforderungen an die Messvorschrift

Die Untersuchung des statischen und dynamischen Verhaltens spanender Werkzeugmaschinen hat das primäre Ziel, statische und dynamische Schwachstellen in der Maschinenkonstruktion aufzudecken und einen Vergleich der Nachgiebigkeitswerte ähnlicher Maschinen unterschiedlicher Hersteller zuzulassen. Um gleichzeitig den Messaufwand so gering wie möglich zu halten, ist es erforderlich, ein standardisiertes Messprogramm bei der Untersuchung von Werkzeugmaschinen anzuwenden.

Ferner sind an eine praxisorientierte Messvorschrift noch weitere Anforderungen zu stellen, die eine effektive und rationelle Durchführung der Messungen sowie eine einfache Aufbereitung und Interpretation der Messergebnisse gewährleisten sollen. Hierzu gehören:

– Der Versuchsumfang und die einzuhaltenden Randbedingungen müssen für Messungen in der Industrie praktikabel sein.
– Ähnliche Maschinen sollen unter vergleichbaren Versuchsbedingungen untersucht werden.
– Aus den Untersuchungsergebnissen muss das statische und dynamische Maschinenverhalten bei für die Maschinen repräsentativen und möglichst auch bei besonders kritischen Bearbeitungsaufgaben abgeleitet werden können.
– Die Messvorschrift muss eindeutig und leicht verständlich sein.

Besonders wichtig ist hierbei, dass der Messaufwand einen gewissen zeitlichen Rahmen nicht übersteigt, da für die an Werkzeugmaschinen durchzuführenden Messungen in Industrieunternehmen nur wenig Zeit zur Verfügung steht. Um eine quantitative Vergleichbarkeit der Messergebnisse mit den Untersuchungsergebnissen ähnlicher Maschinen sicherzustellen, müssen Werkstückgröße und Werkzeugmasse an die Maschinengröße angepasst sein. Für die Untersuchung des Ratterverhaltens von Werkzeugmaschinen stehen unterschiedliche Untersuchungsmethoden zur Verfügung. Diese sind:

- der Bearbeitungstest (Kapitel 10) für gegebene Bearbeitungsaufgaben,
- die Messung der Nachgiebigkeitsfrequenzgangmatrix (Kapitel 6.3.3) und Ableitung der Rattergrenze für frei vorgegebene Bearbeitungsaufgaben.

Festlegung der Messposition

Aufgrund der Abhängigkeit der statischen und dynamischen Nachgiebigkeit von der Position im Arbeitsraum einer Werkzeugmaschine ist es erforderlich, bei der Messung der Frequenzgänge unterschiedliche Positionen im Arbeitsraum zu berücksichtigen. Daraus ergeben sich folgende Regeln für die Festlegung der Messpositionen:

- Die Messpositionen werden so festgelegt, dass die Nachgiebigkeit als Funktion eines Parameters (Achsposition) dargestellt werden kann.
- Für die Maschinenachsen mit großem Einfluss auf die Nachgiebigkeit sind drei Achspositionen erforderlich; ansonsten reichen zwei Positionen aus.
- Bei symmetrischem Maschinenaufbau wird die Achsposition von der Mitte in eine Richtung variiert.
- Bei Maschinen mit einer Stell- und Verfahrachse für eine Richtung wird für zwei Positionen der Stellachse die Position der Verfahrachse variiert.
- An der Referenzmessstelle (Drehmaschinen: Messstelle am Futter; Fräsmaschinen: Messstelle in Tischmitte) wird die komplette Nachgiebigkeitsmatrix gemessen. An den anderen Messpositionen werden nur die direkten Nachgiebigkeitsfrequenzgänge erfasst.
- Die Variation der statischen Vorlast oder die Messung der statischen Kennlinie wird an der Referenzstelle durchgeführt.

Für die an Dreh- oder Fräsmaschinen durchzuführenden Messungen werden im Folgenden zwei Beispiele dargestellt.

Beispiel Spitzendrehmaschine

Bei Spitzendrehmaschinen besteht eine starke Abhängigkeit der Maschinennachgiebigkeit von der Position im Arbeitsraum. Dies liegt nicht nur an der Durchbiegung des Werkstückes, sondern auch an dem veränderten Kraftfluss durch die Werkstückspindel bzw. den Reitstock. Daher wird das Maschinennachgiebigkeitsverhalten an den drei Messpositionen bestimmt, die in Bild 6-87 oben rechts skizziert sind.

Bei der Untersuchung von Drehmaschinen werden Testwerkstücke eingesetzt, deren Durchmesser und Länge sich an der Größe des Drehdurchmessers über dem Support bzw. des Umlaufdurchmessers über dem Maschinenbett orientiert. Das Längen/Durchmesser-Verhältnis des Spitzen-Testwerkstückes beträgt 5:1. Für die Untersuchung des Nachgiebigkeitsverhaltens von Futterdrehmaschinen bzw. Spitzendrehmaschinen mit Futterwerkstücken wird das in Bild 6-87 unten rechts dargestellte Ersatzwerkstück verwendet. Das Längen/Durchmesser-Verhältnis des Futterwerkstückes beträgt 1:1,8. Bei Stangendrehmaschinen wird der maximal mögliche Stangendurchmesser verwendet.

Mit dem Spitzenwerkstück werden die Frequenzgänge mit Kraftanregung in x-Richtung an den drei Messpositionen (Futterseite, Werkstückmitte und Reitstockseite) gemessen. Für die Messung des Einflusses der Supportstellung in z-Richtung ist daher der Reitstock zurückzufahren und mit einem Futterwerkstück der Frequenzgang G_{zz} zu messen.

Durchmesser für Werkstück bei Bearbeitung mit Reitstock:
$D_{w,Sp}$=25mm + 1/4 Drehdurchmesser [mm]
Werkstücklänge: L_w=5 $D_{w,Sp}$

l1= Ø Werkstück
l2=l3=2*Ø Werkstück
l1+l2+l3=5*Ø Werkstück

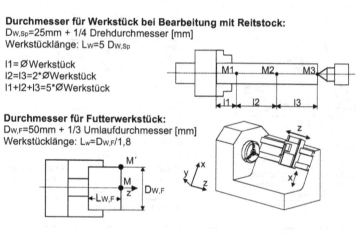

Durchmesser für Futterwerkstück:
$D_{w,F}$=50mm + 1/3 Umlaufdurchmesser [mm]
Werkstücklänge: L_w=$D_{w,F}$/1,8

Zu messende Nachgiebigkeitsfrequenzgänge
Position M1, M2 und M3: G_{xx}, (G_{xy}), (G_{xz})
Position M: G_{xx}, G_{zz}, (G_{xy}), (G_{xz})

Definition:
Umlauf-Ø= Umlauf-Ø über dem Bett
Dreh-Ø= Dreh-Ø über dem Support
$D_{w,F}$ = Durchmesser des Futterwerkstücks
$D_{w,Sp}$ = Durchmesser des Spitzenwerkstücks

Untersuchte Abhängigkeit	Messposition	Vorrichtungen; Randbedingungen
Supportstellung	Messposition M1, M2 und M3	Erregung nur in x-Richtung
stat. Vorlast	Messposition M1	F_{stat}=1000; 2000; 4000 N
axiale Nachg. G_{zz}	Messposition M	mit Futterwerkstück
	Messposition M, M2 und M3	statische Vorlast 1000 - 2000N

Bild 6-87. Messvorschrift für Spitzendrehmaschinen

Beispiel Vertikalfräsmaschine

An der in Bild 6-88 dargestellten Vertikalfräsmaschine sollen die notwendigen Messpositionen bei Fräsmaschinen erläutert werden. Als Referenzmessstelle dient die Messposition 1 in Tischmitte. Dort wird die komplette Nachgiebigkeitsmatrix erfasst, sowie eine Variation der statischen Vorlast vorgenommen. Zur Erfassung des Einflusses der x-Schlitten-Position auf das Nachgiebigkeitsverhalten werden die direkten Nachgiebigkeitsfrequenzgänge an den Positionen 2 und 3 aufgenommen. Die Positionen ergeben sich aus den mit dem Faktor 0,75 multiplizierten halben maximalen Verfahrwegen in x- und z-Richtung. Der Einfluss der Spindelkastenstellung wird in Position 1 durch zwei Messungen mit z = 70 mm über dem Tisch und z = $H_{max}/2$ erfasst. In der Messposition mit z = $H_{max}/2$ wird die Maschine mit der Hälfte des maximal zulässigen Werkstückgewichts belastet. In den anderen Messpositionen wird der Messaufbau unmittelbar gegen den Maschinentisch abgestützt.

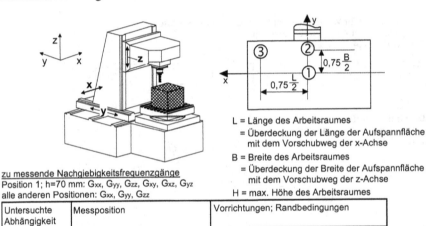

L = Länge des Arbeitsraumes
  = Überdeckung der Länge der Aufspannfläche
    mit dem Vorschubweg der x-Achse

B = Breite des Arbeitsraumes
  = Überdeckung der Breite der Aufspannfläche
    mit dem Vorschubweg der z-Achse

H = max. Höhe des Arbeitsraumes

zu messende Nachgiebigkeitsfrequenzgänge
Position 1; h=70 mm: G_{xx}, G_{yy}, G_{zz}, G_{xy}, G_{xz}, G_{yz}
alle anderen Positionen: G_{xx}, G_{yy}, G_{zz}

Untersuchte Abhängigkeit	Messposition	Vorrichtungen; Randbedingungen
Tischstellung	Position 1, 2 und 3; h=70mm	
stat. Vorlast	Position 1; h=70mm	F_{stat}=1000; 2000; 4000 N
Stellung des Spindelkastens	Position 1 h=Verfahrweg Z/2 + 70mm	ausreichend steifes Werkstück (Masse = 0,5*max. Masse) der Höhe Verfahrweg Z/2
	Position 1 (z=H/2+70mm), 2 und 3	statische Vorlast 1000-2000N

Bild 6-88. Messvorschrift für Bettfräsmaschinen (Vertikalfräsmaschine)

Auswahl der Testwerkzeuge

Bei den Messungen der statischen und dynamischen Nachgiebigkeit an Fräsmaschinen werden anstatt der realen Werkzeuge sogenannte Ersatzwerkzeuge eingesetzt. Bild 6-89 gibt die Größen der Ersatzwerkzeuge für Fräsmaschinen wieder. Für die Untersuchung von Fräsmaschinen werden Testwerkzeuge eingesetzt, die einem Messerkopffräser ähnlich sind. Die Abmessungen dieser Testwerkzeuge richten sich nach der Leistung des Hauptspindelantriebs. Bei der Auswahl des Ersatzwerkzeugs für Fräsmaschinen darf die maximal zulässige Werkzeugmasse des Werkzeugwechslers bzw. der maximal mögliche Durchmesser des Werkzeugmagazins nicht überschritten werden. Ist das nach der Messvorschrift zu verwendende Ersatzwerkzeug zu groß, wird das größte mögliche Ersatzwerkzeug bei den Messungen eingesetzt.

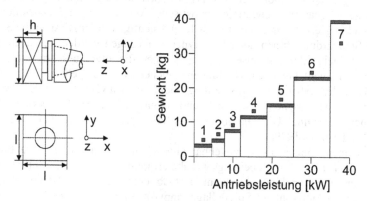

Ersatzwerkzeuggröße

Werkzeug-nummer	Kanten-länge l	Höhe h	Gewicht	Leistung
1	67 mm	50 mm	4 kg	0 - 4 kW
2	81 mm	50 mm	5 kg	4 - 7,8 kW
3	110 mm	56 mm	8 kg	7,8 - 12 kW
4	126 mm	63 mm	12 kg	12 - 18,5 kW
5	168 mm	63 mm	16 kg	18,5 - 25,5 kW
6	219 mm	63 mm	23 kg	25,5 - 35 kW
7	252 mm	80 mm	40 kg	> 35 kW

Bild 6-89. Testwerkzeuge für die Untersuchung des statischen und dynamischen Nachgiebigkeitsverhaltens von Fräsmaschinen

6.3.3.4 Stand der Technik

Zur vergleichenden Beurteilung von Nachgiebigkeitsmessungen an Werkzeugmaschinen sind für den Hersteller zwei Aspekte von Interesse. Zur Interpretation
der Messergebnisse wird eine Einordnung der statischen und dynamischen
Steifigkeitswerte seiner Maschine in den firmenneutral präsentierten Stand der
Technik (andere, vergleichbare Maschinen) benötigt. Um Maschinen eines Typs
jedoch unterschiedlicher Größe vergleichen zu können, wurden die statischen und
dynamischen Steifigkeitswerte auf zwei verschiedene Merkmale bezogen. Es
handelt sich zum einen um die installierte Hauptspindelleistung und zum anderen
um eine abgeleitete geometrische Kenngröße, die den Arbeitsraum repräsentiert.
Beide Sachverhalte werden in zwei Diagrammtypen getrennt dargestellt.

Die statischen und dynamischen Analysen von Werkzeugmaschinen, die vom
Werkzeugmaschinenlabor der RWTH Aachen ständig durchgeführt werden,
ermöglichen eine firmenneutrale, statistische Auswertung und Darstellung der
Untersuchungsergebnisse. Dabei muss berücksichtigt werden, dass in die Statistik
neben Standardmaschinen auch Prototypen einbezogen werden, die noch erhebliche Schwachstellen aufweisen. Ferner konnten die zuvor beschriebenen Messvorschriften nicht bei allen Messungen gleichermaßen eingehalten werden. Die
Grundlage der statistischen Auswertung bilden die schwächsten an den einzelnen
Maschinen gemessenen statischen und dynamischen Steifigkeitswerte jeder
einzelnen Maschine. Die Diagramme berücksichtigen Untersuchungsergebnisse
der Jahre 1980 bis 1999.

Maschinen können als vergleichbar angesehen werden, sofern ihre Bauform
den gleichen Typ von Bearbeitungsaufgabe ermöglicht. Neben der Unterteilung in
Dreh- und Fräsmaschinen erscheint deshalb eine weitere Unterscheidung von
vertikaler und horizontaler Spindellage sinnvoll. Eine noch feinere Unterteilung,
bei den Fräsmaschinen etwa in Bohrwerke, Bett- und Konsolfräsmaschinen oder
Drei- und Fünfachsmaschinen, ist bei der derzeitigen Gesamtzahl untersuchter
Dreh- und Fräsmaschinen nicht praktikabel.

Um den Einfluss der Baugröße der Maschinen eines Typs auf ihre Steifigkeitswerte zu relativieren, ist eine Bezugsgröße erforderlich, die die absoluten
Steifigkeiten zu relativen Steifigkeiten normiert. Auf diese Weise wird ein
Vergleich von Maschinen unterschiedlicher Größe möglich. Die Bezugsgröße
muss verschiedenen Anforderungen genügen:

– sie muss transparent, d.h. für den Betrachter nachvollziehbar sein.
– sie muss aus Praktikabilitätsgründen leicht aus den Leistungs- und/oder
  Geometriedaten der Maschine zu ermitteln sein.
– sie muss Steifigkeitswerte verschiedener Maschinen eines Typs, die für unterschiedlich große Werkstücke geeignet sind, vergleichbar machen. Die Bezugsgröße von Maschinen für vergleichbare Bearbeitungsaufgaben muss in etwa
  gleich groß sein.

Den genannten Anforderungen werden die aus den Zerspanraumabmessungen berechnete mittlere Zerspanraumlänge (Fräsmaschinen) bzw. der mittlere Drehdurchmesser (Drehmaschinen) sowie die Leistung des Hauptantriebes gerecht. Mit diesen Bezugsgrößen lässt sich der Stand der Technik in zwei verschiedenen Diagrammtypen darstellen:

Diagrammtyp I (Berücksichtigung der Maschinengröße)

Die Zerspanraumabmessungen beschreiben in guter Näherung die Abmessungsgrenzen des zerspanbaren Werkstückspektrums. Da eine Maschine häufig mit verschiedenen Bett- bzw. Tischlängen lieferbar ist, erscheint es sinnvoll, als Bezugsgröße bei Drehmaschinen den mittleren Drehdurchmesser (arithmetisches Mittel als Drehdurchmesser über den Querschlitten und Umlaufdurchmesser über dem Maschinenbett), bei Fräsmaschinen eine mittlere Zerspanraumlänge (Wurzel aus dem Produkt der beiden Achslängen y und z) zu betrachten, zumal die Tisch- oder Bettlänge einer Maschine auf die Steifigkeit an der Vergleichsmessstelle auch nur geringen Einfluss hat. Im Diagrammtyp 1 sind die relativen, auf die genannten Bezugsgrößen bezogenen Steifigkeitswerte in der Einheit [N/(µm·m)] in sogenannten Häufungsdiagrammen dargestellt (Bild 6-90 und Bild 6-92).

Diagrammtyp 2 (Berücksichtigung der Hauptantriebsleistung)

Die installierte Hauptantriebsleistung kann bei Standardmaschinen als Maß für die verfügbare Zerspanleistung angesehen werden. Bei Hochgeschwindigkeitsmaschinen trifft diese Analogie nur eingeschränkt zu, da hier die Leistung zur Beschleunigung und für höchste Drehzahlen benötigt wird. In Diagrammtyp 2 sind die relativen, auf die Antriebsleistung bezogenen Steifigkeitswerte in der Einheit [N/(µm·kW)] in sogenannten Häufigkeitsdiagrammen dargestellt (Bild 6-91 und Bild 6-93).

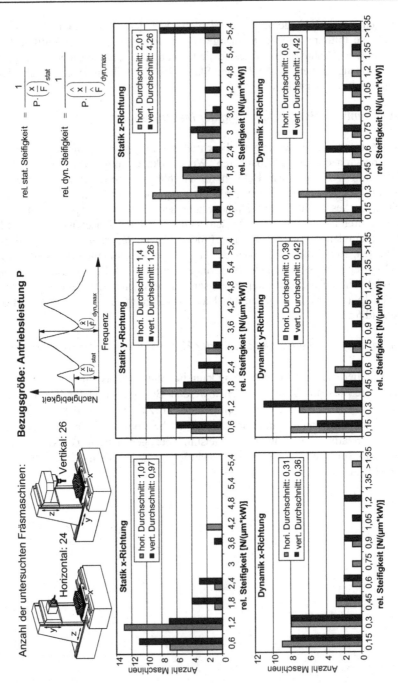

Bild 6-90. Auf die Zerspanraumabmessungen bezogene Vergleichssteifigkeit von Fräsmaschinen (Untersuchungszeitraum 1980 – 1999)

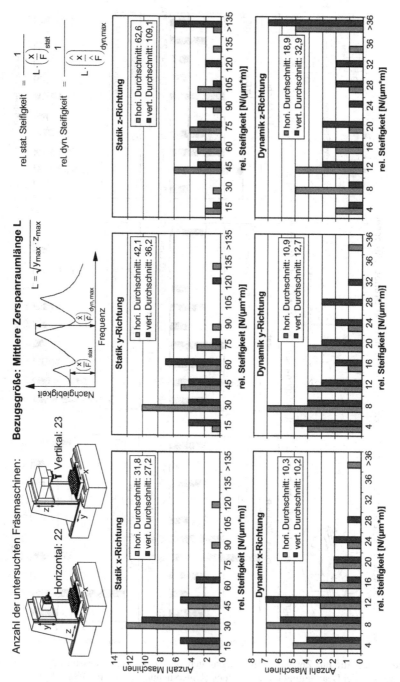

Bild 6-91. Auf die Antriebsleistung bezogene Vergleichssteifigkeit von Fräsmaschinen (Untersuchungszeitraum 1980 – 1999)

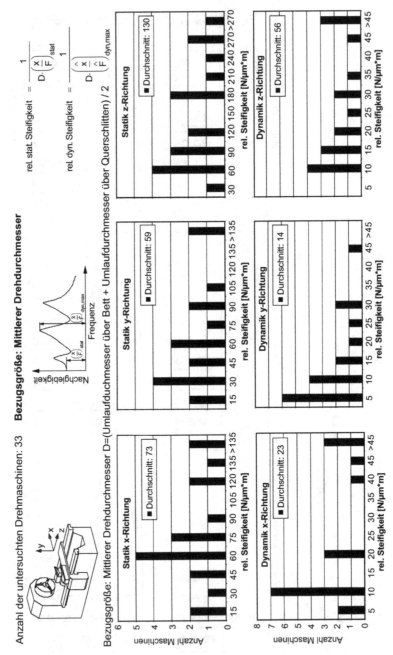

Bild 6-92. Auf die Zerspanraumabmessungen bezogene Vergleichssteifigkeit von Drehmaschinen bei Bearbeitung ohne Reitstock (Untersuchungszeitraum 1980 – 1999)

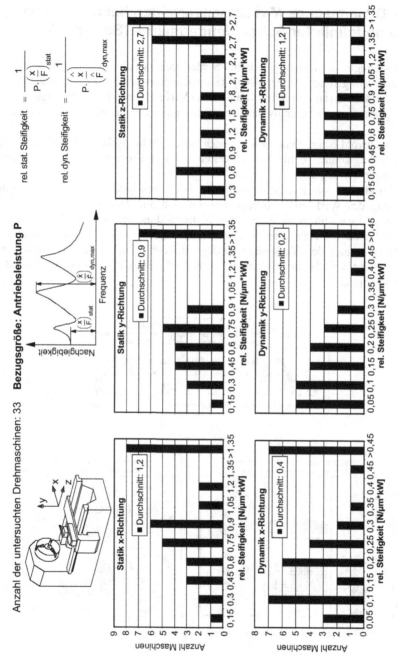

Bild 6-93. Auf die Antriebsleistung bezogene Vergleichssteifigkeit von Drehmaschinen bei Bearbeitung ohne Reitstock (Untersuchungszeitraum 1980 – 1999)

6.4 Dynamisches Maschinenverhalten bei der Zerspanung mit undefinierter Schneidengeometrie (Schleifen)

Selbsterregte Schwingungen beim Schleifprozess, die sich durch dynamische Relativverlagerungen in der Kontaktzone zwischen Werkstück und Schleifscheibe äußern, sind in starkem Maße von dem Schleifverfahren, den technologischen Einstellparametern und dem dynamischen Maschinennachgiebigkeitsverhalten abhängig.

Da sowohl beim Werkstück als auch bei der Schleifscheibe ein Materialabtrag stattfindet, können beide Komponenten die Ursache einer möglichen Schwingungsgenerierung sein.

Bei allen Umfangsschleifoperationen, bei denen eine kontinuierliche Drehbewegung des Werkzeugs vorliegt, können sich auf dem Schleifscheibenumfang Wellen entwickeln, wohingegen eine Wellenbildung auf dem Werkstück fast ausschließlich bei solchen Umfangschleifverfahren auftritt, bei denen eine kontinuierliche Bewegung des Werkstücks vorliegt. Bei den Planumfangschleifverfahren ist eine regenerative Wellenbildung auf dem Werkstück nur in speziellen Ausnahmefällen möglich.

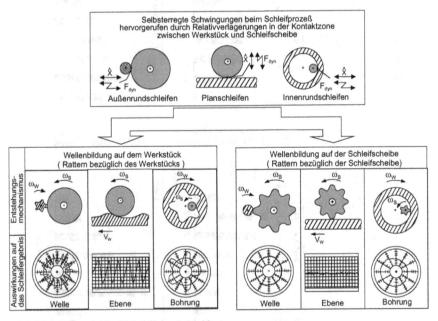

Bild 6-94. Regenerativeffekte beim Schleifen

Bild 6-94 zeigt die beiden unterschiedlichen Entstehungsmechanismen der Regenerativeffekte beim Schleifen und deren Auswirkungen auf das Schleifergebnis für das Außenrund-, das Plan- und das Innenrundschleifen. Während beim Rattern, hervorgerufen durch den Regenerativeffekt des Werkstücks, große Welligkeitsamplituden auf der Werkstückoberfläche festzustellen sind, können beim Rattern bedingt durch den Regenerativeffekt der Schleifscheibe lediglich feine Markierungen auf dem Werkstück optisch ausgemacht werden, die nur unter günstigen Voraussetzungen messtechnisch erfassbar sind [6-34].

6.4.1 Beschreibung des Regenerativeffektes bei der Zerspanung mit undefinierter Schneidengeometrie

Der Zusammenhang zwischen den selbsterregten Schwingungen und dem dynamischen Nachgiebigkeitsverhalten der Maschine kann beim Schleifen durch den in Bild 6-95 dargestellten Wirkungskreis beschrieben werden [6-33]. Im Vergleich zum Drehprozess (vgl. Bild 6-32) müssen beim Schleifprozess zusätzlich folgende Einflussgrößen berücksichtigt werden:

1. Die Nachgiebigkeit der Schleifscheibe in der Kontaktzone;
2. Die Formänderung der Schleifscheibe während des Prozesses durch den dynamischen Verschleiß;
3. Die unterschiedlichen geometrischen Eingriffsbedingungen zwischen Werkzeug und Werkstück.

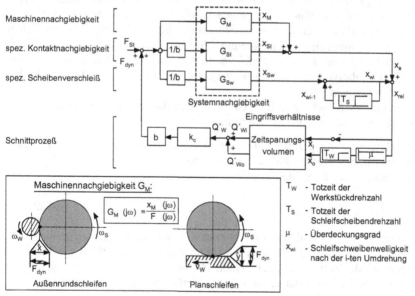

Bild 6-95. Wirkungskreis zur Analyse von regenerativen Ratterschwingungen beim Schleifen

Während beim Drehen im Vorwärtszweig nur die relative Maschinen-Werkzeug-nachgiebigkeit vorliegt, wird beim Schleifen der Vorwärtszweig um die spezifische Kontaktnachgiebigkeit G'_{Sl}, der Schleifscheibe und den spezifischen Schleif-scheibenverschleiß G'_{Sw} erweitert [6-38].

Die Kontaktnachgiebigkeit G'_{Sl} beinhaltet die lokale Verformung der Kontakt-zone der Schleifscheibe und der spezifische Schleifscheibenverschleiß G'_{Sw} den momentanen dynamischen Verschleiß, d.h. den Abrieb der Schleifscheibe auf-grund der dynamischen Schnittkräfte.

Dabei muss berücksichtigt werden, dass sich der dynamische Verschleiß der Schleifscheibe je nach momentaner Phasenlage zu einer bereits vorhandenen Welligkeit auf der Schleifscheibe vektoriell addiert.

6.4.1.1 Systemnachgiebigkeitsverhalten Schleifmaschine-Schleifscheibe-Werkstück

Bei der Analyse des Stabilitätsverhaltens von Schleifprozessen sind alle Kompo-nenten in Betracht zu ziehen, die auf die dynamischen Schnittkräfte mit Verformungen reagieren. Durch die Rückkopplungen wirken diese Verformungen ihrerseits auf den Zerspanprozess zurück und bilden damit die Gefahr des regenerativen Ratterns, Bild 6-95. Zu den Komponenten zur Beschreibung des Nachgiebigkeitsverhaltens an der Zerspanstelle zählen das Maschinenverhalten, das Werkstück- und auch das Schleifscheibenverhalten.

In Bild 6-96 ist das prinzipielle Nachgiebigkeitsersatzsystem für den Schleif-prozess dargestellt, das alle im Kraftfluss liegenden Einzelnachgiebigkeiten enthält und zur sogenannten Systemnachgiebigkeit zusammenfasst. Bezüglich eines stabil verlaufenden Prozesses interessiert das Nachgiebigkeitsverhalten in Richtung der Spanungsdickenänderung, die der Zustellrichtung entspricht. In dieser Richtung sind die Schnittkräfte beim Schleifen am größten. Daher stimmt der direkte relative Nachgiebigkeitsfrequenzgang G_{xx} in der Regel mit dem gerichteten Frequenzgang G_g überein.

Während des Maschinenstillstands ergibt sich die relative Gesamtverlagerung an der Zerspanstelle x_{ges} aus der Addition

- der Maschinenverlagerung und der Werkstückverformung x_M relativ zwischen der Schleifspindelachse und der Zerspanstelle und
- der Verformung der Schleifscheibe x_S.

$$x_{ges} = x_M + x_S \qquad\qquad (6\text{-}122)$$

Die Verformung der Schleifscheibe lässt sich unterscheiden in eine globale Ver-formung x_{Sg}, die sich z.B. durch Plattenschwingungen bemerkbar machen kann und eine lokale Verformung der Schleifscheibe x_{Sl}. Diese Verformung tritt nur unmittelbar in der Kontaktzone zwischen Schleifscheibe und Werkstück auf.

$$x_S = x_{Sg} + x_{Sl} \qquad\qquad (6\text{-}123)$$

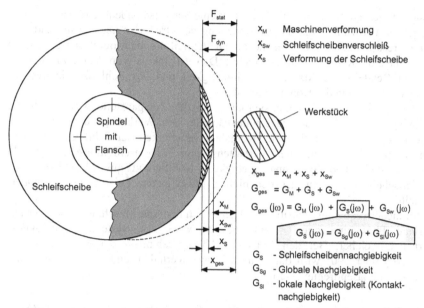

Bild 6-96. Modell zur Bestimmung des Systemnachgiebigkeitsverhaltens des Schleif-prozesses

Während der Schleifbearbeitung kommt noch eine weitere Größe x_{Sw} hinzu, die das Schleifscheibenverschleißverhalten beschreibt, so dass sich die Gesamt-verlagerung x_{ges} ergibt:

$$x_{ges} = x_M + x_S + x_{Sw} \qquad (6\text{-}124)$$

Da alle Einzelverlagerungen aufgrund einer dynamischen Krafteinleitung $F(j\omega)$ Phasenverschiebungen zum Kraftsignal aufweisen können, ist eine Darstellung in Form von Vektoren in der komplexen Ebene erforderlich. Diese sind zur Bestim-mung der frequenzabhängigen Systemnachgiebigkeit G_{ges} amplituden- und pha-sengerecht zu addieren.

$$G_{ges}(j\omega) = G_M(j\omega) + G_S(j\omega) + G_{Sw}(j\omega) \qquad (6\text{-}125)$$

Der dynamische Schleifscheibenverschleiß x_{Sw} pro Schleifscheibenumdrehung ist im Verhältnis zur Maschinenverlagerung sehr klein, daher kann er bei der Berech-nung der Systemnachgiebigkeit in der Regel vernachlässigt werden.

Die Nachgiebigkeit der Schleifscheibe in der Kontaktzone (Kontaktnachgiebig-keit) verhält sich im Frequenzbereich bis weit über 2500 Hz hinaus wie eine mas-selose Feder und verursacht demzufolge keine Phasenverschiebungen bzw. Reso-nanzüberhöhungen. Damit bewirkt die lokale Verformung der Schleifscheibe eine Verschiebung der Maschinenortskurve in der komplexen Ebene nach rechts zu stabileren Werten (ähnlich dem Schwanenhalsprinzip Abschnitt 6.6). Das heißt, beim Schleifen mit hoher Kontaktnachgiebigkeit (kleiner E-Modul, weiche Bin-

dungsart, geringe Schnittkraftbelastung, kleine Schleifscheibenbreite und Kontaktlänge) wird sowohl durch die Verschiebung der Ortskurve nach rechts und dem
daraus resultierenden kleineren negativen Realteil als auch durch die günstigere
Phasenlage die Ratterneigung gemindert. Dieser Effekt ist vom Verhältnis des negativen Realteils der Maschinennachgiebigkeit und des Schleifscheibenverfor-
mungsverhaltens in der Kontaktzone abhängig.

Das relative Nachgiebigkeitsverhalten an der Zerspanstelle wird durch das
Schwingungsverhalten der Maschinenbauteile, des Werkzeugs und des Werkstücks geprägt. Der Einfluss der Kontaktnachgiebigkeit der Schleifscheibe wird
am Beispiel des dynamischen Verhaltens einer Walzenschleifmaschine in Bild
6-97 deutlich. Die Systemnachgiebigkeit, resultierend aus Maschinen- und
Schleifscheibenverhalten, ist der bloßen Maschinennachgiebigkeit gegenübergestellt.

Im niederfrequenten unkritischen Bereich, in dem die Maschine keine oder nur
geringe Phasendrehungen $< -90°$ besitzt, wird das Systemnachgiebigkeitsverhalten weicher. Bei den kritischen Phasendrehungen der Maschinennachgiebigkeit über $-90°$ wird dagegen das Systemverhalten einhergehend mit einer
geringeren Phasendrehung steifer.

6.4.1.2 Geometrie dynamischer Eingriffsverhältnisse beim Schleifen

Die Rückführung des Wirkungskreises beim Schleifen (Bild 6-95) enthält den
nichtlinearen Übertragungsblock: „Eingriffsverhältnisse". Er beschreibt die geometrischen Zusammenhänge in der Kontaktzone, die zur Bestimmung der dynamischen Schnittkräfte notwendig sind. Im Folgenden wird hierauf näher eingegangen.

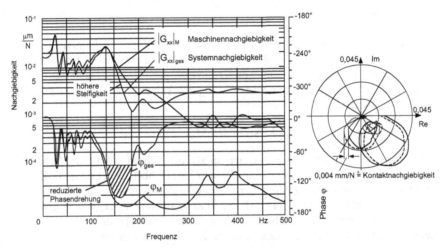

Bild 6-97. Gegenüberstellung des Maschinennachgiebigkeitsverhaltens und des Systemnachgiebigkeitsverhaltens

Bei der Zerspanung mit definierter Schneide (Drehen, Fräsen) wird die statische Schnittkraft in etwa proportional zur momentanen Spanungsdicke bzw. die dynamische Schnittkraft proportional zur Spanungsdickenänderung u(t) angenommen [6-2, 6-25]. Bedingt durch die Geometrie der Schleifscheibe und den daraus resultierenden Kontaktverhältnissen zwischen Werkstück und Werkzeug ist diese Annahme nicht unmittelbar auf das Schleifen übertragbar.

Bei diesem Bearbeitungsverfahren ist die statische Schnittkraft annähernd proportional zum momentanen Zeitspanungsvolumen bzw. die dynamische Schnittkraft proportional zur Zeitspanungsvolumenänderung. Die Kontaktlängenänderung verhält sich ebenfalls annähernd proportional zur dynamischen Schnittkraft [6-36, 6-37]. Da die Kontaktlängenänderung zur graphischen Veranschaulichung der dynamischen Eingriffsverhältnisse besser geeignet ist, wird häufig auch diese Größe verwendet.

In Bild 6-98 sind diese unterschiedlichen geometrischen Eingriffsverhältnisse beim Drehen und Schleifen dargestellt. Die Spanungsdickenänderung u(t) beim Drehen wird durch die Differenz zwischen der vor einer Umdrehung aufgeschnittenen Oberfläche $x_d(t - T)$ und der aktuellen Verlagerung $x_d(t)$ zwischen Werkzeug und Werkstück gebildet. Formelmäßig bedeutet dies:

$$u(t) = x_d(t - T) - x_d(t) \qquad (6\text{-}126)$$

wobei T die Zeit zwischen zwei Werkstückumdrehungen darstellt [6-25].

Beim Schleifen ergibt sich die Kontaktlängenänderung ebenfalls aus der Relation zwischen momentaner Verlagerung $x_M(t)$ und der vor einer Werkstückumdrehung aufgeschnittenen Welligkeit $x_M(t - T)$. Jedoch kann sie nicht durch eine einfache Differenzbildung berechnet werden [6-34].

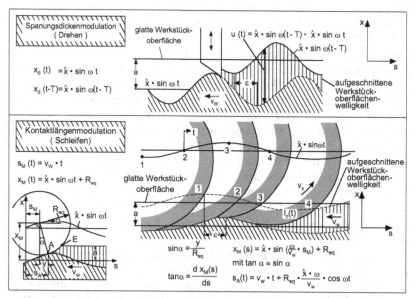

Bild 6-98. Geometrische Eingriffsbedingungen beim Drehen und beim Schleifen

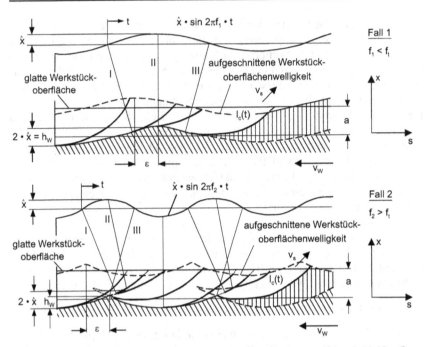

Bild 6-99. Darstellung der geometrischen Eingriffsbedingungen beim Schleifen für zwei Schwingfrequenzen

Um diese Zusammenhänge zu verdeutlichen, sind in Bild 6-99 anhand zweier Fallstudien die Eingriffsverhältnisse beim Flachschleifen für zwei unterschiedliche Schwingfrequenzen bei gleicher Schwingamplitude und gleicher Werkstückvorschubgeschwindigkeit v_w, dargestellt.

Im ersten Fall wird die Amplitude der sinusförmigen Verlagerung $\hat{x}$ zwischen Schleifkörper und Werkstück voll als Welligkeit auf dem Werkstück abgebildet. Es fällt jedoch auf, dass die Welligkeit auf der Werkstückoberfläche nicht mehr den rein sinusförmigen Verlauf der relativen Verlagerung zwischen Schleifscheibenmittelpunkt und Werkstückoberfläche aufweist. Weiterhin entspricht die zeitliche Änderung der Kontaktlänge nicht dem zeitlichen Verlauf der Verlagerung zwischen Schleifkörper und Werkstück. So entstehen abhängig von den geometrischen Eingriffsverhältnissen bereits vor dem tiefsten Eindringen der Schleifscheibe in das Werkstück maximale dynamische Schnittkräfte.

Das zweite Fallbeispiel im unteren Bildteil zeigt die Eingriffsverhältnisse bei einer höheren Schwingfrequenz. Es wurde dabei davon ausgegangen, dass sowohl die Schwingamplitude $\hat{x}$ als auch die Werkstückgeschwindigkeit v_w im Vergleich zu Fall 1 konstant bleiben.

Es zeigt sich, dass zum einen der Verlauf der aufgeschnittenen Oberflächenwelligkeit stark von dem sinusförmigen Verlauf der relativen Verlagerung zwischen Schleifscheibe und Werkstück abweicht, und zum anderen die Welligkeitsamplitude deutlich geringer als im ersten Fall ist. Das heißt, die relative

Schwingung zwischen Scheibenmittelpunkt und Werkstück kann sich nicht mehr voll als Werkstückwelligkeit abbilden.

Weiterhin weicht auch der zeitliche Verlauf der Kontaktlänge $l_c(t)$ als Funktion der Verlagerung $x(t)$ zwischen Schleifscheibe und Werkstück vom ersten Fallbeispiel ab.

Die Frequenz, bei der gerade noch die Amplitude der sinusförmigen Verlagerung der Scheibe dem Betrag nach als Welligkeitsamplitude auf dem Werkstück abgebildet wird, heißt Übergangsfrequenz f_t. Bei dieser Frequenz schneiden sich zum ersten Mal näherungsweise die Linien I, II und III aus den in Bild 6-99 dargestellten Beispielen in einem Punkt. Dieser Punkt liegt bei der Übergangsfrequenz genau auf der oberen Linie von $2\hat{x}(h_W = 2\hat{x})$. Die Welligkeit bildet sich bei der Frequenz f_t erstmals spitzförmig aus. Mit $f > f_t$ wandert die Welligkeitsspitze weiter nach unten, d.h. die Oberflächenwelligkeitsamplitude nimmt ab $(h_W < 2\hat{x})$.

Das, was hier für die Eingriffsbedingungen beim Flachschleifen gezeigt wurde, gilt auch für das Außen- und Innenrundschleifen. Anstelle des tatsächlichen Schleifscheibendurchmessers D_S wird hierbei der äquivalente Schleifscheibendurchmesser D_{eq} verwendet [6-37]. Für das Außenrundschleifen beträgt der äquivalente Schleifscheibendurchmesser:

$$D_{eq} = \frac{D_W \cdot D_S}{D_W + D_S} \qquad (6\text{-}127)$$

wobei D_W den Werkstückdurchmesser darstellt.

Für das Innenrundschleifen gilt entsprechend:

$$D_{eq} = \frac{D_W \cdot D_S}{D_W - D_S} \qquad (6\text{-}128)$$

Für die Kontaktlängenänderung ohne Berücksichtigung einer bereits auf der Werkstückoberfläche vorhandenen Welligkeit $l_{co}(j\omega)$ kann bis zur Übergangsfrequenz f_t aufgrund von durchgeführten geometrischen Betrachtungen in guter Näherung eine geschlossene Beschreibungsgleichung angegeben werden.

$$l_{ci}(j\omega) = -\sqrt{R_{eq} \cdot a - R_{eq} \cdot \sqrt{a^2 - \hat{x}^2}} - j \cdot \frac{\hat{x} \cdot \omega \cdot R_{eq}}{v_W} \qquad (6\text{-}129)$$

mit

a   Zustellung
$\hat{x}$ Schwingungsamplitude
R_{eq} äquivalenter Schleifscheibenradius
v_W Werkstückgeschwindigkeit

6.4.1.3 Ermittlung der Übergangs- und Abhebefrequenz

Übergangsfrequenz

Die Übergangsfrequenz f_t wurde in Abschnitt 6.4.1.2 als die Frequenz definiert, bei der sich gerade noch die Schwingungsamplitude bei sinusförmiger Relativverlagerung voll als Welligkeitsamplitude auf dem Werkstück abbildet. Diese Frequenz kann aus den geometrischen Beziehungen abgeleitet werden, die sich ergeben, wenn die Linien I, II und III aus Bild 6-99 in einem Punkt zusammentreffen [6-33].

Bei einer Schwingfrequenz unterhalb der Übergangsfrequenz f_t bewegt sich der Anfangspunkt der Kontaktlänge immer in die gleiche Richtung wie die Bahnbewegung des Schleifscheibenmittelpunktes. Seine aktuelle Wegkoordinate $s_A(t)$ auf der Werkstückoberfläche errechnet sich für Frequenzen bis einschließlich Übergangsfrequenz f_t aus der Werkstückgeschwindigkeit v_W der dazu senkrechten Bewegung der Schleifscheibenmittelpunktsbahn $\hat{x} \cdot \sin(\omega t)$ und aus den geometrischen Zusammenhängen zwischen Schleifscheibe und Werkstück (s. Bild 6-98) zu:

$$s_A(t) = v_W \cdot t + R_{eq} \cdot \frac{x \cdot \omega}{v_W} \cdot \cos(\omega t) \qquad (6\text{-}130)$$

Liegt die Schwingfrequenz oberhalb der Übergangsfrequenz f_t, existieren Zeitabschnitte, in denen sich der Anfangspunkt der Kontaktlänge entgegen der Schleifscheibenmittelpunktsbahn bewegt. Die Übergangsfrequenz f_t stellt den Grenzfall der Schwingfrequenz dar, bei der der Anfangspunkt der Kontaktlänge stillsteht und gleichzeitig der Schleifscheibenmittelpunkt auf dem Scheitelwert seiner sinusförmigen Bahn liegt. Dies ist bei $t = T/4$ der Fall. Es muss also gelten:

$$\frac{ds_A(t)}{dt}\Big|_{t=T/4} = 0 \qquad (6\text{-}131)$$

Durch einfache Differentiation der Gl. (6-130) und unter Beachtung der Bedingung (6-131) ergibt sich

$$\omega = \frac{v_W}{\sqrt{R_{eq} \cdot \hat{x}}} \qquad (6\text{-}132)$$

Die Übergangsfrequenz ergibt sich mit der Definition für die Kreisfrequenz

$$\omega = 2\pi f \qquad (6\text{-}133)$$

zu

$$f_t = \frac{v_W}{2\pi \cdot \sqrt{R_{eq} \cdot \hat{x}}} \qquad (6\text{-}134)$$

Abhebefrequenz

Bei einem großen Verhältnis von Schwingfrequenz zu Werkstückgeschwindigkeit kann der theoretische Anfangspunkt der Kontaktlänge auch für Verlagerungen $\hat{x}$, die kleiner als die Zustellung a sind, oberhalb der Werkstückoberfläche liegen, d.h. die Schleifscheibe hebt in einem gewissen Zeitraum der Periodendauer der Relativschwingung vom Werkstück ab. Die Frequenz, ab der diese Erscheinung erstmalig auftritt, wird als „Abhebefrequenz f_l" bezeichnet. Das Abheben tritt zuerst zu den Zeitpunkten auf, bei denen die Steigung zwischen der Schleifscheibenmittelpunktsbahn und dem Werkstück maximal ist. Die maximale Steigung tritt bei sinusförmiger Relativverlagerung der Schleifscheibe beim Nulldurchgang der ansteigenden Sinusschwingung auf:

$$\left. \frac{dx_M(s)}{ds} \right|_{t=0} = \frac{\hat{x} \cdot \omega}{v_W} \qquad (6\text{-}135)$$

Der Endpunkt der Normalen an dieser Stelle mit der Länge R_{eq} muss dann genau an der Werkstückoberfläche enden. Daraus ergibt sich für die Abhebefrequenz:

$$f_l = \frac{v_W}{2\pi\hat{x}} \cdot \sqrt{\frac{2 \cdot R_{eq} \cdot a - a^2}{R_{eq}^2 - 2 R_{eq} \cdot a + a^2}} \qquad (6\text{-}136)$$

Unter der immer zutreffenden Voraussetzung, dass der äquivalente Schleifscheibenradius R_{eq} sehr viel größer als die Zustellung a ist, vereinfacht sich die Gleichung zu:

$$f_l \approx \frac{v_W}{2\pi\hat{x}} \cdot \sqrt{\frac{2 \cdot a}{R_{eq}}} \qquad (6\text{-}137)$$

und unter Einbeziehung der Übergangsfrequenz zu:

$$f_l \approx f_t \cdot \sqrt{\frac{2 \cdot a}{\hat{x}}} \qquad (6\text{-}137)$$

Bild 6-100 gibt in tabellarischer Form einen Überblick über die wichtigsten charakteristischen Frequenzen und Wellenlängen beim Schleifen und deren Einflussparameter.

Übergangsfrequenz f_t (transition frequency)	Übergangswellenlänge λ_{tw}
$f_t = \dfrac{v_w}{2\pi\sqrt{R_{eq}\hat{x}}}$	$\lambda_{tw} = 2\pi\sqrt{R_{eq}\hat{x}}$

Abhebefrequenz f_l (lift of frequency)	Abhebewellenlänge λ_{lw}
$f_l = \dfrac{v_w}{2\pi\hat{x}}\sqrt{\dfrac{2a}{R_{eq}}}$	$\lambda_{lw} = 2\pi\hat{x}\sqrt{\dfrac{R_{eq}}{2a}}$
$f_l = f_t\sqrt{\dfrac{2a}{\hat{x}}}$	$\lambda_{lw} = \lambda_{tw}\sqrt{\dfrac{\hat{x}}{2a}}$

mit

a	[mm]	Zustellung
f_t, f_l	[Hz]	Übergangsfrequenz, Abhebefrequenz
R_{eq}	[mm]	Äquivalenter Schleifscheibenradius
v_w	[mm/s]	Werkstückgeschwindigkeit
$\hat{x}$	[mm]	Schwingamplitude
$\lambda_{tw}, \lambda_{lw}$	[mm]	Übergangswellenlänge, Abhebewellenlänge

Bild 6-100. Charakteristische Frequenzen und Wellenlängen beim Schleifen

Aus den geometrischen Eingriffsbedingungen während des dynamisch instabilen Schleifprozesses kann die entstehende Welligkeit auf der Werkstückoberfläche bestimmt werden.

Die Höhe h_w der Welligkeit hängt ab von der Schwingamplitude $\hat{x}$, der Schwingfrequenz f, der Werkstückgeschwindigkeit v_W und dem äquivalenten Schleifscheibenradius R_{eq}.

In Bild 6-101 ist der Einfluss der auf die Übergangsfrequenz bezogenen Schwingfrequenz auf die Form der Werkstückwelligkeit dargestellt.

Der linke Bildteil zeigt die Form der Welligkeit pro Schwingperiode. Im rechten Bildteil ist das Amplitudenverhältnis $h_W/2\hat{x}$ als Funktion der auf die Übergangsfrequenz bezogenen Schwingfrequenz f/f_t dargestellt. Es zeigt sich, dass mit steigender Frequenz die Form der Werkstückwelligkeit zunehmend vom sinusförmigen Verlauf der Schwingung zwischen Schleifscheibe und Werkstück abweicht. Weiterhin ist zu erkennen, dass sich schon beim fünffachen Überschreiten der Übergangsfrequenz weniger als 10% der Schwingungsamplitude als Welligkeit abbildet.

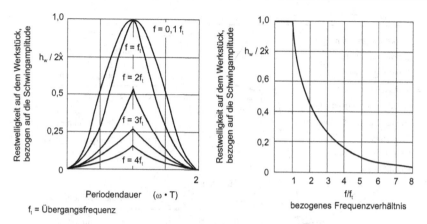

Bild 6-101. Abbildung von Form und Größe der Schwingamplitude auf das Werkstück

6.4.1.4 Darstellung der Zeitspanungsvolumenänderung in der komplexen Ebene

Aufbauend auf der Beschreibung der geometrischen Eingriffsverhältnisse in Abschnitt 6.4.1.2 wird im Folgenden das dynamische Zeitspanungsvolumen dargestellt. Diese Größe eignet sich zur Berechnung der dynamischen Schnittsteifigkeit. In Abhängigkeit von den Einflussparametern

- Schwingamplitude $\hat{x}$
- Zustellung a
- Werkstückgeschwindigkeit und v_w
- äquivalenter Schleifscheibenradius R_{eq}

kann die Zeitspanungsvolumenänderung zu jedem beliebigen Zeitpunkt ermittelt werden.

In Bild 6-102 wird der Zusammenhang zwischen dem dynamischen Zeitspanungsvolumen und der dynamischen Kontaktlänge deutlich. Aus der Schwinggeschwindigkeit $\dot{x}$ und der Werkstückgeschwindigkeit v_W, wird die resultierende dynamische Geschwindigkeit ermittelt. Durch die Projektion der Kontaktlänge in eine Zerspanebene senkrecht zu dieser Geschwindigkeit lässt sich die Zeitspanungsvolumenänderung berechnen. Es zeigt sich auch hier, dass die maximale dynamische Zeitspanungsvolumenänderung nicht mit der maximalen Schwingamplitude $\hat{x}$ einhergeht.

Daher wird die Zeitspanungsvolumenänderung in komplexer Schreibweise beschrieben. Der dynamische Anteil des Zeitspanungsvolumens lässt sich bis zur Übergangsfrequenz f_t für kleine Schwingamplituden $\hat{x}$ in guter Näherung berechnen:

$$Q'_{w,dyn}(j\omega) = -\hat{x} \cdot v_w - j \cdot \hat{x} \cdot \omega \sqrt{2 \cdot R_{eq} \cdot a} \qquad (6\text{-}139)$$

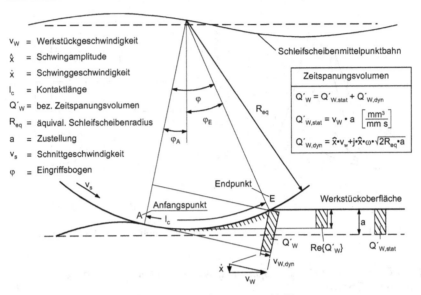

Bild 6-102. Geometrische Eingriffsverhältnisse beim Schleifen

Der maximale Realteil des dynamischen Zeitspanungsvolumen ergibt sich bei den maximalen Verlagerungen relativ zwischen Schleifscheibe und Werkstück.

In dem Moment, in dem die relative Verlagerung Null ist, tritt dennoch ein dynamisches Zeitspanungsvolumen auf, weil die Schwinggeschwindigkeit $\dot{x}$ dann maximal ist. Dieser imaginäre Anteil ist im Prinzip das dynamische Zeitspanungsvolumen, das sich aus dem Produkt der Schwinggeschwindigkeit $(\hat{x} \cdot \omega)$ und der Kontaktlänge l_c ergibt, die angenähert $\sqrt{2 \cdot R_{eq} \cdot a}$ beträgt.

In Bild 6-103 ist im linken Teil oben die zeitliche sinusförmige Relativverlagerung zwischen Schleifscheibe und Werkstück über zwei Perioden für eine Frequenz unterhalb der Übergangsfrequenz dargestellt. Aufgrund dieser Relativverlagerung (Bild 6-99 oben) ändert sich gemäß den Abbildungsgesetzen auch das momentane Zeitspanungsvolumen. Die sich ergebende zeitliche Änderung des Zeitspanungsvolumens ist im unteren linken Bildteil aufgetragen. Es ist zu erkennen, dass zwischen der relativen Verlagerung und der daraus resultierenden Zeitspanungsvolumenänderung eine Phasenverschiebung von φ_k auftritt. Bei der Signaltransformation in den Frequenzbereich ergibt sich die rechts im Bild dargestellte Zeigerstellung in der komplexen Ebene. Dabei ist die im 3. Quadranten liegende vektorielle Zeitspanungsvolumenänderung die um φ_k verzögerte Systemantwort auf die in der positiven reellen Achse größenverzerrt aufgetragene Relativverlagerung $\hat{x}$.

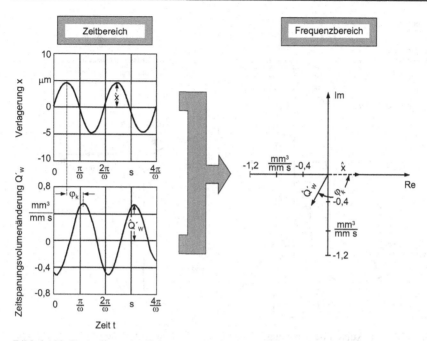

Bild 6-103. Darstellung der Zeitspanungsvolumenänderung im Zeitbereich und in der komplexen Ebene

Die vollständige Ortskurve der inneren Zeitspanungsvolumenänderung $Q'_{Wi}(j\omega)$ ist in Bild 6-104 dargestellt. Die Darstellung gilt für konstante $\hat{x}$-, a- und R_{eq}-Werte. Die innere Zeitspanungsvolumenänderung Q'_{Wi} ergibt sich aus der momentanen Relativbewegung zwischen Werkzeug und Werkstück (Bild 6-99). Bei Rundschleifoperationen ist zusätzlich die äußere Zeitspanungsvolumenänderung Q'_{Wo} aufgrund der vor einer Werkstückumdrehung entstandenen Oberflächenwelligkeit zu berücksichtigen. Beide Werte, Q'_{Wi} und Q'_{Wo} sind phasengerecht vektoriell zu addieren, wobei die Phasenlänge ε durch die Schwingfrequenz f und die Werkstückdrehzahl n bestimmt wird.

$$\varepsilon = \frac{2\pi f}{n_W} \tag{6-140}$$

$$Q'_W = Q'_{Wi} + Q'_{Wo} \tag{6-141}$$

Das innere dynamische Zeitspannungsvolumen nimmt mit steigender Frequenz zu und strebt gegen einen Grenzwert.

Die Radien der Kreise, die durch die äußere Zeitspanungsvolumenänderung Q'_{Wo} bestimmt werden, bleiben bis zur Übergangsfrequenz nahezu gleich. Nach Überschreiten dieser Frequenz werden die Beträge von Q'_{Wo} sehr schnell kleiner. Die Ursache liegt in der reduziert abgebildeten Schwingamplitude auf dem Werkstück (Bild 6-101).

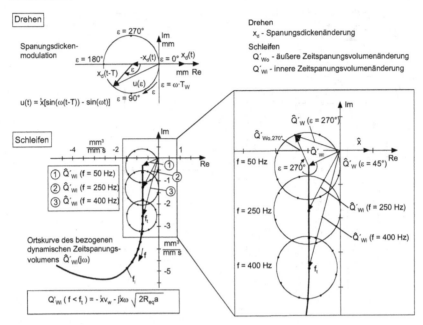

Bild 6-104. Ortskurven der Spanungsdickenänderung (Drehen) und der Zeitspanungsvolumenänderung (Schleifen)

Im oberen Teil von Bild 6-104 ist als Vergleich zum Schleifen die relativ einfache Ortskurve der Spanungsdickenänderung für die Verfahren mit geometrisch bestimmter Schneide aufgetragen. Die gesamte Spanungsdickenänderung $u(\varepsilon)$ ergibt sich aus der phasengerechten vektoriellen Addition der inneren Spanungsdickenänderung $x_d(t)$ und der äußeren Spanungsdickenänderung $x_d(t-T)$. Eine Beeinflussung dieser Werte durch Werkstückgeschwindigkeit und Schwingfrequenz ist im Gegensatz zum Schleifen nicht vorhanden. Die innere Spanungsdickenänderung $x_d(t)$ entspricht bei einem Vergleich der beiden Ortskurven miteinander der inneren Zeitspanungsvolumenänderung Q'_{Wi} und die äußere Spanungsdickenänderung $x_d(t-T)$ der äußeren Zeitspanungsvolumenänderung Q'_{Wo}.

6.4.1.5 Wellenbildung auf dem Werkstück

Voraussetzung für regenerative Schwingungen bedingt durch das Werkstück ist eine auf der Werkstückoberfläche abgebildete Welligkeit. Die in den Abschnitten 6.4.1.2 und 6.4.1.3 durchgeführte Analyse der Eingriffsverhältnisse hat gezeigt, dass die Abbildung der Schwingungen auf dem Werkstück vor allem von der Schwingfrequenz, der Werkstückgeschwindigkeit sowie der Zustellung bei sonst konstant gehaltenen Bearbeitungsparametern abhängt.

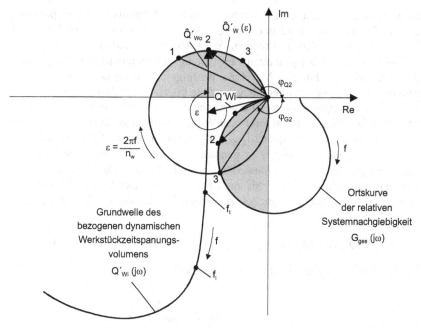

Bild 6-105. Graphische Bestimmung der Instabilitätsbereiche für eine regenerative Wellenbildung auf dem Werkstück

In Bild 6-105 sind die Zusammenhänge für die Stabilität des in Bild 6-95 gezeigten Wirkungskreises in Abhängigkeit von der Ortskurve der relativen Nachgiebigkeit $G_g(j\omega)$ und der Ortskurve der Zeitspanungsvolumenänderung $Q'_w(j\omega)$ dargestellt. Dabei wird die dynamische Schnittkraft proportional zur Zeitspanungsvolumenänderung angenommen.

Ähnlich wie beim Drehen kann der Schleifprozess infolge einer Wellenentwicklung auf dem Werkstück nur dann instabil werden, wenn bei einer Frequenz die gerichtete relative Maschinennachgiebigkeitskurve $G_g(j\omega)$ Werte im 3. bzw. 2. Quadranten und gleichzeitig die Ortskurve der Zeitspanungsvolumenänderung Werte im 2. und 3. Quadranten besitzt.

Für den in Bild 6-105 gezeigten Bearbeitungsfall ist das in Abschnitt 6.4.1.6 beschriebene Nyquist-Kriterium für die mit 1, 2 und 3 gekennzeichneten Verlagerungen und Zeitspanungsvolumenänderungen erfüllt. Der Imaginärteil des aufgeschnittenen Wirkungskreises $G_0(j\omega)$ nimmt den Wert Null an, wenn der Winkel φ_k gleich dem Winkel φ_G ist. Die Größe des Realteils des aufgeschnittenen Wirkungskreises $G_0(j\omega)$ und somit die Neigung zur Instabilität wird bei gleichen Bearbeitungsbedingungen durch das Produkt aus den Absolutwerten von Systemverlagerung, Zeitspanungsvolumen und Schleifscheibenbreite bestimmt. Das Maximum dieses Produktes liegt im Allgemeinen bei der Frequenz, bei der die gerichtete Maschinenortskurve ihren maximalen negativen Realteil besitzt. Dies ist hier für den Fall 2 erfüllt.

Mit steigender Schwingfrequenz verlagert sich die Ortskurve der Zeitspanungs-volumenänderung zunehmend in den 3. Quadranten. Aus diesem Grund treten ab einem gewissen kritischen Frequenz-Werkstückgeschwindigkeitsverhältnis $f_{c\,max}/v_W$ keine Vektoren der gesamten Zeitspanungsvolumenänderung $Q'_W(\varepsilon)$ im 2. Quadranten mehr auf. Für eine Maschine, deren gerichtete Ortskurve im 3. und 4. Quadranten der komplexen Ebene liegt und die bis zu der bestimmten Frequenz $f_{c\,max}$ keine Verlagerungsvektoren mit einem negativen Realteil besitzt, ist somit die Gefahr eines Regenerativeffektes auf dem Werkstück nicht gegeben.

Die maximal kritische Frequenz $f_{c\,max}$ ist genau dann erreicht, wenn die äußere Zeitspanungsvolumenänderung $\hat{Q}'_{Wo}$ genauso groß ist wie der negative Imaginär-teil der inneren Zeitspanungsvolumenänderung $\mathrm{Im}\{Q'_{Wi}\}$. Da die äußere Zeit-spanungsvolumenänderung Q'_{Wo} bis zur Übergangsfrequenz f_t stets genauso groß ist wie der Realteil der inneren Zeitspanungsvolumenänderung $\mathrm{Re}\{Q'_{Wi}\}$ muss gelten:

$$\left|\mathrm{Re}\{Q'_{Wi}\}\right| = \left|\mathrm{Im}\{Q'_{Wi}\}\right| = \hat{Q}'_{Wo} \qquad (6\text{-}142)$$

Dieser Zusammenhang ist in Bild 6-106 dargestellt.

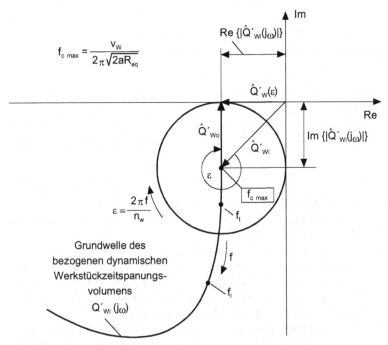

Bild 6-106. Graphische Bestimmung der maximal kritischen Ratterfrequenz für eine rege-nerative Wellenbildung auf dem Werkstück

Die Gl. 6-139 beschreibt den Real- und den Imaginärteil der inneren Zeitspanungsvolumenänderung, so dass nach dem Einsetzen dieser in Gl. 6-142 für die maximal kritische Frequenz $f_{c\,max}$ gilt:

$$f_{c\,max} = \frac{v_w}{2\pi\sqrt{2 \cdot R_{eq} \cdot a}} \qquad (6\text{-}143)$$

6.4.1.6 Grenzphasenkurve für werkstückseitiges Rattern

Der Verlauf der Ortskurve für das dynamische Zeitspanungsvolumen Q'_w in der komplexen Ebene hängt nur von den dynamischen Eingriffsverhältnissen bei den jeweiligen Frequenzen ab. Es lässt sich für beliebige Schleifprozesse berechnen, wie im vorherigen Kapitel gezeigt wurde (Bild 6-104). Multipliziert man dieses dynamische Zeitspanungsvolumen mit den Schnittkraftkoeffizienten des Schleifprozesses, so ergibt sich die dynamische Schnittsteifigkeit, die den Rückwärtszweig des Wirkungskreises des Schleifprozesses darstellt (Bild 6-95). Nach dem Zwei-Ortskurven-Verfahren können zulässige Phasenlagen des Systemnachgiebigkeitsfrequenzganges einer Schleifmaschine angegeben werden, bei denen keine Instabilität durch den werkstückseitigen Regenerativeffekt auftreten kann.

Ausgehend vom Wirkungskreis ist die Stabilität des Schleifprozesses vom dynamischen Systemverhalten (Vorwärtszweig) und dem komplexen dynamischen Schnittkraftverhalten (Rückwärtszweig) abhängig (Bild 6-95). Nach dem Zwei-Ortskurven-Verfahren ist die Voraussetzung für die Instabilität immer dann gegeben, wenn das Produkt aus dem Nachgiebigkeitsvektor des Vorwärtszweigs und dem Schnittsteifigkeitsvektor des Rückwärtszweigs einen reellen Wert größer als Eins ergibt. Für positive reelle Werte müssen die beiden komplexen Vektoren gleiche Phasenwinkel mit unterschiedlichem Vorzeichen aufweisen, also von der Phasenlage her spiegelbildlich zur reellen Achse liegen.

In Bild 6-107 sind die Zusammenhänge für die Stabilität in Abhängigkeit von der Ortskurve, der Systemnachgiebigkeit und der Ortskurve der dynamischen Schnittsteifigkeit für einen Frequenzpunkt dargestellt. Der Schleifprozess kann nur instabil werden, wenn für eine Frequenz ω_1 zum Nachgiebigkeitsvektor $G_{ges}(j\omega_1)$ ein Schnittsteifigkeitsvektor $k_s(j\omega_1)$ existiert, der spiegelsymmetrisch zur reellen Achse in der komplexen Ebene liegt.

Aufgrund der komplexen Eingriffsverhältnisse beim Schleifen verlagert sich die Ortskurve der dynamischen Schnittsteifigkeit mit steigender Frequenz vom zweiten in den dritten Quadranten. Damit lässt sich für den im Bild 6-107 dargestellten Zusammenhang eine Stabilitätsbedingung ableiten. Hierbei wird ausgenutzt, dass für die Entstehung einer Instabilität die Phasenwinkel der Nachgiebigkeit und der Schnittsteifigkeit den gleichen Betrag und unterschiedliche Vorzeichen haben müssen.

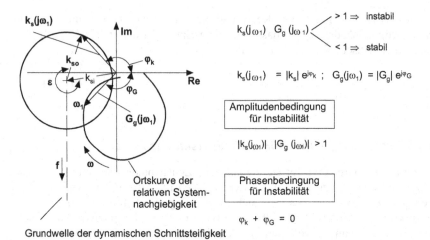

$$k_s(j\omega_1)\ G_g(j\omega_1) \begin{cases} > 1 \Rightarrow \text{instabil} \\ < 1 \Rightarrow \text{stabil} \end{cases}$$

$$k_s(j\omega_1) = |k_s|\ e^{j\varphi_k}\ ;\ \ G_g(j\omega_1) = |G_g|\ e^{j\varphi_G}$$

Amplitudenbedingung für Instabilität

$$|k_s(j\omega_1)|\ |G_g(j\omega_1)| > 1$$

Phasenbedingung für Instabilität

$$\varphi_k + \varphi_G = 0$$

Bild 6-107. Stabilitätsanalyse des Schleifprozesses mit dem Zwei-Ortskurven-Verfahren

Für jede Frequenz wird der minimale Phasenwinkel der Schnittsteifigkeitsortskurve (Grenzphasenwinkel φ_{gr}) bestimmt, unter dem gerade noch ein Schnittsteifigkeitsvektor existiert. Nur solche Frequenzbereiche der Systemnachgiebigkeitsortskurve sind noch rattergefährdet, in denen der Phasenwinkel betragsmäßig größer ist als der Grenzphasenwinkel der Schnittsteifigkeitsortskurve (Bild 6-108). Dieser Grenzphasenwinkel ist maschinenunabhängig und wird allein von den dynamischen Eingriffsverhältnissen beeinflusst.

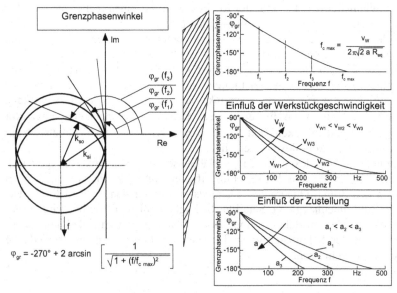

Bild 6-108. Graphische Bestimmung des Grenzphasenwinkels für das werkstückseitige Rattern

Die Lage der dynamischen Schnittsteifigkeitsortskurve wird durch die dynamischen Eingriffsbedingungen bei der jeweiligen Frequenz bestimmt, die sich aus

- der Werkstückgeschwindigkeit v_w,
- der Zustellung a und
- dem äquivalenten Schleifscheibenradius R_{eq}

ergibt. Wie sich die Grenzphasenkurve durch die Maschineneinstellbedingungen zur gezielten Veränderung des Stabilitätsverhaltens beeinflussen lässt, wird in Bild 6-108 unten rechts gezeigt. Mit zunehmender Zustellung dreht die Grenzphasenkurve stärker gegen –180°; gleichzeitig wird der Frequenzbereich, in dem werkstückseitiges Rattern auftreten kann, kleiner.

Dagegen führen höhere Werkstückgeschwindigkeiten zum umgekehrten Effekt, so dass die Grenzphasenkurve flacher verläuft. Hierbei wird die Gefahr einer werkstückseitigen Welligkeitsbildung durch den Verlauf des Phasenganges sowie durch den daraus resultierenden größeren Frequenzbereich größer.

In Bild 6-109 oben ist die Systemnachgiebigkeit G_{xx} Schleifmaschine-Schleifscheibe-Werkstück gezeigt. Für drei Schleifprozesse, die sich hinsichtlich ihrer Maschineneinstellbedingungen unterscheiden, sind die Phasengrenzkurven eingezeichnet. Eine selbsterregte Schwingungsentwicklung (im Bild unten dargestellt) tritt bei dem Bearbeitungsversuch auf, bei dem die Grenzphasenkurve den Phasengang der Systemnachgiebigkeit schneidet (Fall 1). Erhöht man den Einstechvorschub, was einer Zustellungserhöhung entspricht, oder verringert die Werkstückgeschwindigkeit, wird der Prozess wieder stabil (Fall 2 und 3). Dem Bild 6-109 ist zu entnehmen, dass die Phasengrenzkurven den Maschinenphasengang für die geänderten Eingriffsverhältnisse nicht mehr schneiden.

In Bild 6-110 ist ein durch Einstechschleifversuche ermitteltes Stabilitätsfeld dargestellt. Die werkstückseitige Ratterneigung wurde in Abhängigkeit von der Zustellung und der Werkstückgeschwindigkeit untersucht. Die Instabilitätsneigung nimmt mit zunehmender Werkstückgeschwindigkeit zu. Dies ist darauf zurückzuführen, dass der Realteil der dynamischen Schnittsteifigkeitsamplitude nahezu proportional mit der Werkstückgeschwindigkeit ansteigt (Gleichung 6-139). Die kritische Werkstückgeschwindigkeit wird durch die senkrechte Kurve dargestellt.

Im höheren Geschwindigkeitsbereich ist die Stabilität nur noch von der Phasenbeziehung zwischen der Systemnachgiebigkeit und der Schnittsteifigkeit abhängig. Wegen der Phasenbedingung liegt bei großen Zustellungen ein stabiler Bereich vor (Bild 6-109).

Die Grenzphasenkurve verläuft mit zunehmender Werkstückgeschwindigkeit flacher (Bild 6-108). Dies spiegelt sich darin wieder, dass mit größerer Werkstückgeschwindigkeit die obere Stabilitätskurve ansteigt. Der instabile Zustellbereich nimmt zu.

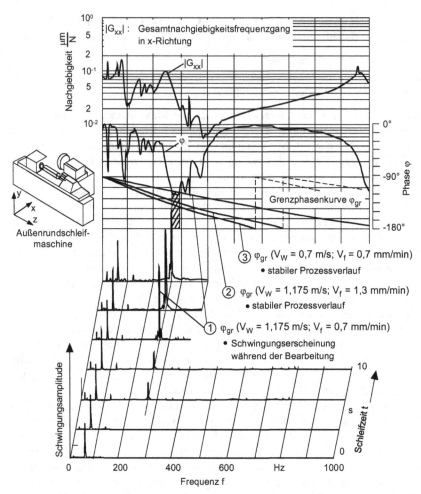

Bild 6-109. Bewertung der Systemnachgiebigkeit mit Grenzphasenkurven bei unterschiedlichen Maschineneinstellbedingungen

Bei kleinen Zustellungen stellt sich ebenfalls ein stabiler Prozessverlauf ein (untere Stabilitätskurve). Dieser Effekt ist auf die Kontaktnachgiebigkeit der Schleifscheibe zurückzuführen. Die Kontaktnachgiebigkeit wird mit abnehmender Schnittkraftbelastung größer. Dadurch verlagert sich die Ortskurve der Systemnachgiebigkeit nach rechts, was zu einem stabileren Verhalten führt (Kapitel 6.4.1.1).

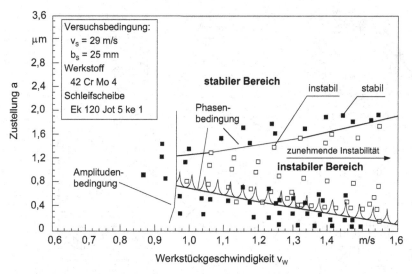

Bild 6-110. Messtechnisch ermitteltes Stabilitätsfeld beim Einstechschleifen

6.4.1.7 Wellenbildung auf der Schleifscheibe

Nach längerer Schleifzeit kann auf der Mantelfläche der Schleifscheibe häufig eine Wellenbildung beobachtet werden, deren Ursache auch in einem Regenerativeffekt zu suchen ist. Im Folgenden werden die Randbedingungen, unter denen diese Wellenbildung möglich ist, aufgezeigt [6-39]. Bild 6-111 zeigt links eine Schleifscheibe mit einer ausgeprägten Oberflächenwelligkeit, wie sie nach einer längeren Schleifzeit vorliegen kann. Der darunter dargestellte abgewickelte Ausschnitt der Schleifscheibenmantelfläche zeigt neben der momentanen bei der i-ten Umdrehung vorhandenen Welligkeit auch die Oberflächenwelligkeit vor einer (i-1)-ten Umdrehung.

Die Differenz zwischen beiden Welligkeiten beinhaltet den Verschleiß im dargestellten Ausschnitt für eine Umdrehung der Schleifscheibe. Dieser Verschleiß $x_{Sw\ ges}$ setzt sich aus einem statischen Anteil $x_{Sw\ stat}$ und einem dynamischen Anteil mit der Amplitude x_{Sw} zusammen.

Der Quotient aus der Amplitude der Welligkeit x_{wi} nach der i-ten Umdrehung und der Amplitude der Welligkeit x_{wi-1} bei einer Umdrehung vorher stellt den Welligkeitsfortschritt p_w dar.

$$p_w = \frac{x_{wi}}{x_{wi-1}} \qquad\qquad (6-144)$$

Bei p_w größer als 1 nimmt die Welligkeit zu; ist p_w kleiner als 1, so geht die Welligkeit zurück. Im dargestellten Ausschnitt ist p_w größer als 1. Der Phasenwinkel ε_{Sw} zwischen dem Verlauf des dynamischen Verschleißanteils und der auf der Mantelfläche vorhandenen Welligkeit beträgt hierbei 180°.

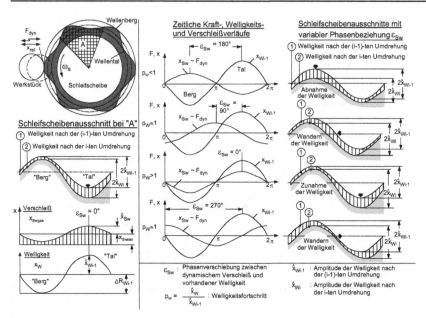

Bild 6-111. Zusammenhang zwischen dynamischer Normalkraft, dynamischem Verschleiß und der Welligkeit auf der Schleifscheibe

Im rechten Bildteil wird der Einfluss des Phasenwinkels ε_{Sw} zwischen dem dynamischen Verschleiß und der vorhandenen Welligkeit der Schleifscheibe auf die Entwicklung der Wellen anhand von vier Fallbeispielen untersucht. Es zeigt sich, dass eine Welligkeitszunahme nur dann möglich ist, wenn zwischen dynamischem Verschleiß und vorhandener Welligkeit ein Phasenwinkel ε_{Sw} zwischen 90° und 270° vorliegt. Da auf der Schleifscheibenmantelfläche nur ganze Wellenperioden abgebildet werden können, treten Schwingungen, die auf den dynamischen Schleifscheibenverschleiß zurückzuführen sind, nur mit ganzzahligen Vielfachen der Schleifscheibendrehfrequenz auf.

In Bild 6-112 ist in der Bildmitte die Entwicklung der Schwingamplituden während des Schleifens am Beispiel einer Flachschleifmaschine dargestellt. Der untere Bildteil zeigt die anschließend gemessene Welligkeit auf der Schleifscheibe.

Es konnten in diesem Fall 20 Wellen auf der Schleifscheibe ermittelt werden. Multipliziert man diese Wellenzahl mit der Drehfrequenz der Schleifscheibe, so ergibt sich dabei die Frequenz, bei der im mittleren Bildteil die Entwicklung der Schwingungen zu beobachten ist. Die Welligkeitsamplituden bei den Wellenanzahlen 19 bzw. 21 sind dagegen auf eine Schwebung zurückzuführen.

Ein Vergleich mit dem gezeigten Nachgiebigkeitsfrequenzgang der Maschine zeigt, dass sich die Wellen auf der Schleifscheibe oberhalb der Frequenzen entwickeln, bei denen die Phasenverschiebung zwischen Kraft und Weg des gerichteten Frequenzganges $G_g(j\omega)$ mehr als −90° beträgt.

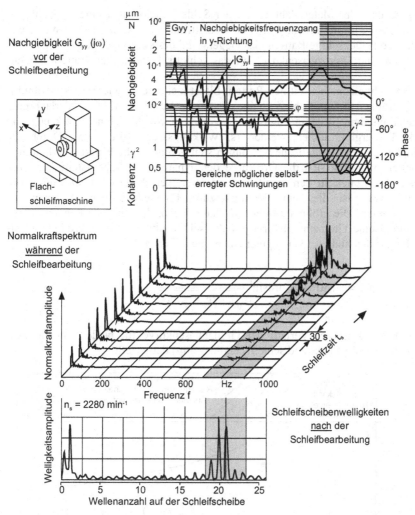

Bild 6-112. Bereich der Welligkeitsentwicklung auf der Schleifscheibe infolge des dynamischen Maschinennachgiebigkeitsverhaltens

6.4.1.8 Grenzphasenkurve für das schleifscheibenseitige Rattern

Die Ratterneigung des Schleifprozesses durch Welligkeitsbildung auf der Schleifscheibenoberfläche kommt wesentlich häufiger vor als die Welligkeitsbildung auf dem Werkstück; zumal diese Gefahr bis in einen sehr hohen Frequenzbereich besteht.

Die kinematischen Randbedingungen für eine Welligkeitsbildung auf der Schleifscheibe besagen, dass sich eine Welligkeit auf der Schleifscheibe nur in Form ganzzahliger Wellen auf dem Schleifscheibenumfang aufbauen kann. Das bedeutet, dass der Materialabtrag auf der Schleifscheibe über eine Vielzahl von Umdrehungen immer in den Wellentälern stattfinden muss. In gleicher Weise wie für das werkstückseitige Rattern, das Gegenstand des vorherigen Kapitels ist, lässt sich auch eine Grenzphasenkurve für das schleifscheibenseitige Rattern berechnen.

Beim schleifscheibenseitigen Rattern bildet sich aber – wie bereits erwähnt – eine Welligkeit auf der Schleifscheibe aus. Diese muss vektoriell zur Verlagerung, die sich aus dem Systemnachgiebigkeitsverhalten von Maschine, Werkzeug und Werkstück ergibt, addiert werden (s. Wirkungskreis, Bild 6-95). Durch die Welligkeit auf der Schleifscheibe können sich geometrische Eingriffsverhältnisse einstellen, wodurch sich die Ortskurve der dynamischen Schnittsteifigkeit vom dritten Quadranten in den zweiten Quadranten verschiebt. Wie in Bild 6-107 gezeigt wird, ist dies eine Voraussetzung für selbsterregte Schwingungserscheinungen. Die größten möglichen Phasenlagen, die auftreten können, lassen sich durch eine Grenzphasenkurve für die schleifscheibenseitige Welligkeitsentwicklung (Gleichung 6.137) in guter Näherung angeben [6-40].

$$\varphi_{gr} = -180° + 2 \cdot \arcsin\left(\frac{1}{\sqrt{1 + (f/f_{c\,max})^2}}\right) \qquad (6\text{-}145)$$

In Bild 6-113 ist der Verlauf der Grenzphasenkurve für beide Schwingungsphänomene (werkstück- und schleifscheibenseitig) dargestellt.

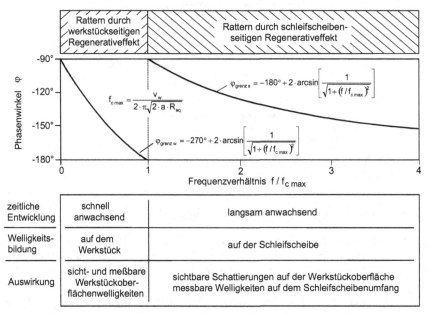

Bild 6-113. Verlauf der Grenzphasenkurve für schleifscheiben- und werkstückseitiges Rattern

Bis zur Frequenz f_{cmax} ist eine Welligkeitsentwicklung auf dem Werkstück möglich, im darüber liegenden Frequenzbereich kann nur noch eine Welligkeitsentwicklung auf der Schleifscheibe entstehen. Voraussetzung für einen stabilen Prozessverlauf ist wie bereits erwähnt, dass der Phasengang der Systemnachgiebigkeit (Maschine, Schleifscheibe, Werkstück) die Grenzphasenkurve nicht schneidet.

In Bild 6-114 sind das Systemverhalten einer Außenrundschleifmaschine und die Schwingungserscheinungen, die während der Bearbeitung entstehen, gegenübergestellt. Im oberen Bildteil wird der Amplituden- und Phasengang der Systemnachgiebigkeit G_{xx} gezeigt und im unteren Bildteil sind die Schwingungen abgebildet.

Der Phasengang der Systemnachgiebigkeit wird mit der Grenzphasenkurve, die sich bei diesem Bearbeitungsfall aus den geometrischen Eingriffsverhältnissen ergibt, verglichen. Die Schnittpunkte der Phasengänge zeigen die möglichen Frequenzbereiche, in denen der Schleifprozess infolge der Eingriffsbedingungen instabil werden kann.

Es stellt sich in den vorausberechneten rattergefährdeten Frequenzbereichen eine Instabilität ein. In diesem Fall kommt es zur Welligkeitsbildung auf der Schleifscheibe.

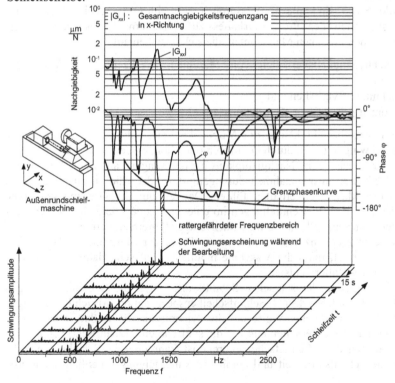

Bild 6-114. Zusammenhang zwischen dem dynamischen Systemverhalten, der Schwingungsentwicklung während der Bearbeitung und der Grenzphasenkurve

6.4.2 Möglichkeiten zur Erhöhung der Stabilität beim Schleifen

Als Ergebnis des vorangegangenen Kapitels ist festzustellen, dass ein Regenerativeffekt sowohl vom Werkstück als auch von der Schleifscheibe hervorgerufen werden kann. Aufgrund der Eingriffsverhältnisse zwischen Schleifscheibe und Werkstück treten die beiden Ratterphänomene bevorzugt in unterschiedlichen Frequenzbereichen mit verschieden großen Amplituden auf dem Werkstück auf.

Es wurde gezeigt, dass zwischen dem dynamischen Schnittkraftverhalten und den Eingriffsverhältnissen ein komplexer Zusammenhang besteht. Die Phasengänge des Nachgiebigkeitsverhaltens des Gesamtsystems, bestehend aus Schleifmaschine, Werkstück und Schleifscheibe und der Schnittsteifigkeit, haben eine hohe Bedeutung für die Ratterneigung. Eine Bedingung für einen instabilen Prozessverlauf ist, dass das Produkt aus der Amplitude der Nachgiebigkeit und der dynamischen Schnittsteifigkeit bei einer Frequenz größer als Eins ist. Eine weitere Bedingung, die für den Ratterfall zusätzlich erfüllt sein muss, ist das Schneiden der Grenzphasenkurven des Prozesses mit der Phasenkurve der Systemnachgiebigkeit.

Aus diesen Erkenntnissen lassen sich eine Reihe von Maßnahmen zur Prozessstabilisierung ableiten.

In Bild 6-115 sind alle Einflussgrößen aufgeführt, die geeignet sind, das Stabilitätsverhalten des Prozessverlaufes zu verbessern. Hierbei kann unterschieden werden zwischen Maßnahmen, die sich beziehen auf:

– das Nachgiebigkeitsverhalten von Maschine, Werkzeug und Werkstückaufnahme,
– das Schnittkraftverhalten und
– die geometrischen Eingriffsverhältnisse.

Darüber hinaus besteht häufig die Möglichkeit die Entwicklung einer selbsterregten Schwingung, z.B. durch Drehzahlmodulation, entgegenzuwirken.

Auf der Basis von Nachgiebigkeitsuntersuchungen an Schleifmaschinen können Verbesserungsmaßnahmen durchgeführt werden, die zu einem besseren dynamischen Maschinenverhalten führen. Der Verlauf der Grenzphasenkurven macht deutlich, dass Phasendrehungen im unteren Frequenzbereich möglichst gar nicht oder klein sein sollten, um werkstückseitiges Rattern zu verhindern.

Im höheren Frequenzbereich, in dem die Phase der Maschinennachgiebigkeit gegen −180° strebt, muss die Maschine möglichst steif sein, damit kein schleifscheibenseitiges Rattern entsteht.

Die Verringerung der statischen Schnittkräfte durch die Schnittbedingungen wie z.B. Kühlmittel, Werkstoff, Schleifscheibenspezifikation, Abrichtbedingungen usw. wirkt sich in gleicher Weise auf die dynamischen Schnittkräfte und damit günstig auf das Ratterverhalten aus. Da die statische und dynamische Schnittkraft direkt proportional zur Schleifscheibenbreite ist, kann über die Scheibenbreite die dynamische Schnittsteifigkeit und damit die Ratterneigung erheblich beeinflusst werden.

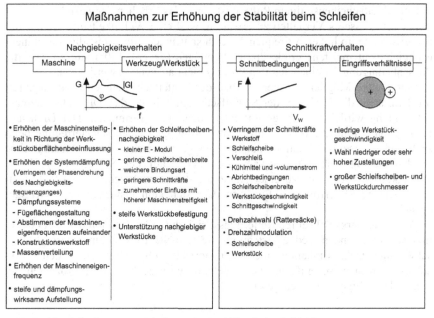

Bild 6-115. Maßnahmen zur Erhöhung der Stabilität beim Schleifen

Die Eingriffsverhältnisse und die dynamischen Schnittkräfte werden wesentlich durch die Werkstückgeschwindigkeit bestimmt. Der Realteil der dynamischen Schnittsteifigkeitsamplitude verhält sich nahezu proportional zur Werkstückgeschwindigkeit (Gleichung 6-139). Daher verläuft die Grenzphasenkurve mit zunehmender Werkstückgeschwindigkeit flacher (Bild 6-108). Gerade durch den flacheren Verlauf kommt es eher zu Überschneidungen mit der Phasenkurve der Systemnachgiebigkeit. Die meisten Schleifprozesse werden daher bei größeren Werkstückgeschwindigkeiten instabil.

Die Änderung einzelner Schnittkraftparameter wirkt sich häufig auf mehrere Einflüsse aus, die teilweise gegensätzliche Auswirkungen haben können. So kann bei der Zustellung keine eindeutige Tendenz hinsichtlich der Stabilität angegeben werden. Die Instabilität eines Schleifprozesses ist häufig nur in einem bestimmten Zustellbereich feststellbar. Der stabile Zustellbereich kann in der Regel auf eine günstige Phasenbeziehung zwischen Systemverhalten und Schnittsteifigkeitsverhalten zurückgeführt werden.

So geht bei kleinen Zustellungen, d.h. mit kleinen Schnittkräften eine große Kontaktnachgiebigkeit der Schleifscheibe einher, die die Systemnachgiebigkeitsortskurve in stabilere Bereiche verschiebt. Daher wird mit abnehmender Zustellung ein Schleifprozess häufig wieder stabiler. Eine große Zustellung hat dagegen einen starke Drehung der Grenzphasenkurve zur Folge (Kapitel 6.4.1.6), so dass auf diese Weise ebenfalls werkstückseitiges Rattern vermieden werden kann.

Bei schleifscheibenseitigem Rattern ist durch das Erhöhen der Zustellung in der Regel kein besseres Verhalten zu erwarten, weil eine Welligkeitsbildung auf der Schleifscheibe im höheren Frequenzbereich stattfindet. Hier weist die Maschinennachgiebigkeit meistens große Phasendrehungen (gegen −180°) auf, so dass die Phasenbedingung für einen stabilen Prozess nicht ausgenutzt werden kann.

Eine andere Möglichkeit, den Aufbau der Schleifscheibenwelligkeit zu unterdrücken, stellt die Variation der Schleifscheibendrehzahl dar. Die Schwingungsentwicklung wird hierdurch gestört oder sogar ganz vermieden. Der Drehzahlmodulation kommt die relativ lange Entwicklungszeit einer Selbsterregung beim schleifscheibenseitigen Rattern zugute. Die geometrischen Eingriffsverhältnisse werden ständig geändert. Es kann sich damit auf der Schleifscheibe keine Welligkeit aufbauen, die zu einer Änderung der geometrischen Eingriffsverhältnisse bei der Ratterfrequenz führt, so dass sich kein instabiler Prozessverlauf einstellt.

Auch das werkstückseitige Rattern lässt sich durch Modulation der Werkstückdrehzahl unterbinden. Jedoch ist durch die schnelle Entwicklung dieser Ratterschwingungen das Einhalten einer stabilisierenden Phasenlage durch den Werkstückantrieb nicht so einfach. Diese Methode wird auch bei Drehprozessen mit mehr oder weniger Erfolg eingesetzt.

6.4.3 Stand der Technik von Schleifmaschinen

In umfangreichen Maschinenuntersuchungen des WZL's wurde das statische und dynamische Verhalten von vielen Schleifmaschinen messtechnisch ermittelt. Die Untersuchungen wurden weitgehend unter standardisierten Bedingungen durchgeführt. Einschränkend ist anzumerken, dass die Werkstückabmessungen, die das statische und das dynamische Verhalten vor allem von Außenrund- und Walzenschleifmaschinen beeinflussen, nicht bei allen Untersuchungen einheitlich gewählt werden konnten. Dennoch geben die im Folgenden aufgeführten Werte einen Überblick über die in der industriellen Praxis üblichen dynamischen Eigenschaften der Maschine-Werkstückkombination.

Für die statistische Auswertung wurden von den in verschiedenen Maschinenpositionen ermittelten Steifigkeiten jeweils die schwächsten Werte herangezogen. Im Folgenden werden sowohl die ungewichteten als auch die auf die Antriebsleistung bezogenen statischen und dynamischen Steifigkeiten angegeben.

Diese bezogenen Steifigkeiten erlauben einen qualitativen Vergleich von Maschinen unterschiedlicher Baugröße untereinander, weil zwischen der umsetzbaren installierten Antriebsleistung und der statischen wie der dynamischen Steifigkeit der Maschine eine proportionale Abhängigkeit besteht.

Im Folgenden wird eine maschinenartspezifische Betrachtung der statischen und dynamischen Eigenschaften durchgeführt.

Die Verteilung der ungewichteten und der auf die Leistung bezogenen statischen und dynamischen Steifigkeiten der untersuchten Außenrundschleifmaschinen ist in Bild 6-116 dargestellt. Da bei den Außenrundschleifmaschinen die größten Schleifkräfte und die daraus resultierenden Verlagerungen, die zu

Werkstückoberflächenbeeinflussungen führen, normal zur Werkstückoberfläche auftreten, wurden die direkten relativen Nachgiebigkeitsfrequenzgänge in x-Richtung ausgewertet.

Der Mittelwert der statischen Steifigkeiten beträgt 24,88 N/μm und bei den maximalen dynamischen Steifigkeiten wird ein Mittelwert von 6,65 N/μm erreicht.

Zwischen Universalaußenrundschleifmaschinen und Walzenschleifmaschinen ist es sinnvoll, hinsichtlich ihres Nachgiebigkeitsverhaltens eine Unterteilung vorzunehmen, da die Walzenschleifmaschinen aufgrund ihrer Bauart wesentlich steifer sind. So liegen die durchschnittlichen statischen Steifigkeiten bei 87,24 N/μm und die mittleren maximalen dynamischen Steifigkeiten bei 20,59 N/μm, Bild 6-117.

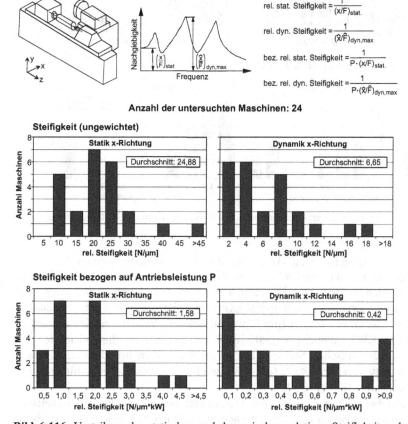

Bild 6-116. Verteilung der statischen und dynamischen relativen Steifigkeiten der untersuchten Außenrundschleifmaschinen

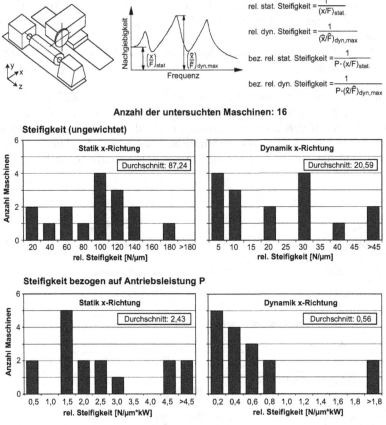

Bild 6-117. Verteilung der statischen und dynamischen relativen Steifigkeiten der untersuchten Walzenschleifmaschinen

Auch die bezogenen Steifigkeitswerte der Walzenschleifmaschinen liegen über denen der Außenrundschleifmaschinen. Wie zu erwarten ist jedoch die Differenz zwischen den beiden Maschinentypen bei den bezogenen Werten erheblich niedriger. So liegt die mittlere bezogene statische Steifigkeit bei Außenrundschleifmaschinen bei 1,58 N/(µm·KW) und bei den Walzenschleifmaschinen bei 2,43 N/(µm·KW). Ähnliche Verhältnisse liegen bei den auf die Antriebsleistung bezogenen dynamischen Steifigkeiten vor. Bei den Außenrundschleifmaschinen liegt der Mittelwert bei 0,42 N/(µm·KW) und bei Walzenschleifmaschinen beträgt der Mittelwert 0,56 N/(µm·KW).

In gleicher Weise wurden für Flachschleifmaschinen die Häufigkeitsverteilungen der statischen und dynamischen Steifigkeiten bzw. die jeweiligen bezogenen Steifigkeiten ermittelt, Bild 6-118. Die Normalkräfte und die Richtung der Verlagerungen, die unmittelbar zu Geometrieänderungen führen, liegen bei Flachschleifmaschinen in y-Richtung. Aus diesem Grunde wurden für die Auswertung jeweils die direkten Nachgiebigkeitsfrequenzgänge in y-Richtung zugrunde gelegt.

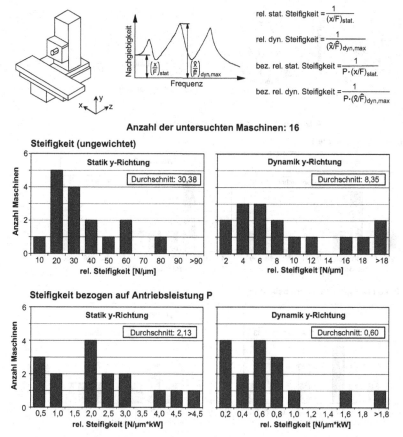

Bild 6-118. Verteilung der statischen und dynamischen relativen Steifigkeiten der untersuchten Flachschleifmaschinen

Es ist den Ergebnissen zu entnehmen, dass die Flachschleifmaschinen im Durchschnitt ein geringfügig besseres statisches und dynamisches Verhalten zeigen als die Außenrundschleifmaschinen. Dies ist vor allem in der steifen Ankopplung des Werkstücks auf dem Tisch begründet.

Bei Spitzenlosschleifmaschinen wird zur Bewertung die Steifigkeit in x-Richtung herangezogen, da in dieser Richtung auch die Normalkraft wirkt, die im Wesentlichen die Oberfläche des Werkstücks beeinflusst. Im Vergleich zu Außenrundschleifmaschinen liegen die ungewichteten statischen und dynamischen Steifigkeiten deutlich höher (Bild 6-119). Dies ist unter anderem auf den kompakten Maschinenaufbau und die breite Werkstückabstützung durch die Regelscheibe zurückzuführen. Gleichzeitig sind jedoch auch die Antriebsleistungen höher, so dass die bezogenen Werte wiederum auf einem den Außenrundschleifmaschinen vergleichbaren Niveau liegen.

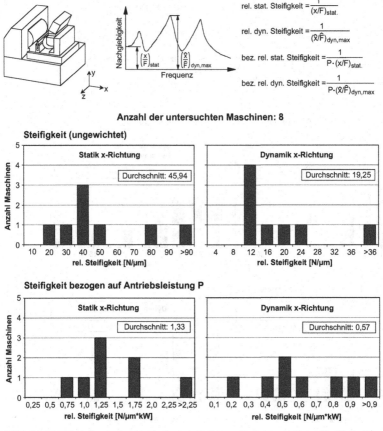

Bild 6-119. Verteilung der statischen und dynamischen relativen Steifigkeiten der untersuchten Spitzenlosschleifmaschinen

6.5 Einflussfaktoren auf das Ratterverhalten

Die objektive Beurteilung des Ratterverhaltens spanender Werkzeugmaschinen setzt unbedingt die Reproduzierbarkeit der gemessenen Maschinengüte voraus. Dies bedeutet aber, dass alle Randbedingungen, die die Urteilsfindung beeinflussen, ebenfalls reproduzierbar sein müssen. Die Erfahrung zeigt, dass viele Einflussfaktoren auf das Ratterverhalten einer Maschine einwirken, deren Gesetzmäßigkeiten in vielen Fällen nur tendenzmäßig bekannt und durch Messungen sehr schwierig erfassbar sind. Die Einflussfaktoren können in Maschinen-, Werkstück-, Werkzeug- und Schnittprozessbedingte Bereiche aufgeteilt werden. Bild 6-120 gibt eine Zusammenstellung der einzelnen Einflussgrößen wieder.

Grenzspanungsbreite b_{cr} = f (Maschine, Werkstück/Werkzeug, Schnittprozess)				
Maschine		**Werkstück/Werkzeug**	**Schnittprozess**	
Betriebsbedingungen	Richtungsorientierung			
1. Fundament Aufstellbe-dingungen 2. Lage der Bauteile 3. Spindeldrehzahl 4. Schlitten-, Tischbe-wegungen 5. Lose, Umkehrspannen, Nichtlinearitäten, Vorspannung, Klemmungszustände 6. Betriebstemperatur	geometrische Einflüsse durch den Bearbeitungs-fall: 1. Richtung der dynami-schen Schnittkraft infolge Einstellwinkel u. Neigungswinkel 2. Werkstück-Werkzeug-konfigurationen	1. Werkstücknachgiebigkeit 2. Werkstückmasse 3. Werkstückeinspannung 4. Werkstück- bzw. Werkzeugdurchmesser 5. Werkzeugnachgiebigkeit 6. Werkzeugmasse 7. Werkzeugeinspannung	1. Werkstoff 2. Schneidengeometrie 3. Werkzeugverschleiß-zustand 4. Eckenradius 5. Schnittgeschwindigkeit 6. Vorschub 7. Hysterese bei Bestim-mung der Grenz-spanungsbreite 8. Werkzeug-Schneid-stoffkombination 9. Ungleichteilung bei Mehrschneidenwerk-zeugen 10. Kühl- und Schmier-mittel	

(Seitlich: Einflussgrößen)

Bild 6-120. Stabilitätsbeeinflussende Parameter

Von der Vielfalt der wesentlichen Einflussfaktoren entfällt nur ein Teil auf die Gruppe, für die die Maschine verantwortlich ist. Alle übrigen Einflussfaktoren sind auf das Werkstück bzw. das Werkzeug oder aber auf den Schnittprozess zu-rückzuführen.

Beim Einsatz und bei der Beurteilung spanender Werkzeugmaschinen sind die Auswirkungen der Einzeleinflüsse auf die Ratterneigung zu berücksichtigen. In [6-25] werden die wesentlichen Einflussgrößen in ihrer qualitativen Auswirkung auf das Ratterverhalten diskutiert.

6.6 Maßnahmen zur Verringerung der Ratterneigung

In der Praxis ist man oft vor die Aufgabe gestellt, gezielte Maßnahmen zur Ver-meidung von Ratterschwingungen zu ergreifen. Die Beschreibung der verschiede-nen Einflüsse auf das Stabilitätsverhalten eines Bearbeitungsvorgangs bietet die Gelegenheit, die möglichen Maßnahmen zusammenzustellen, Bild 6-121, die trendmäßig eine stabilisierende Wirkung ausüben. Hierbei wurde in Anlehnung an Bild 6-120 eine Aufgliederung in die Bereiche Maschine, Werkstück/Werkzeug und Schnittprozess vorgenommen.

Anwendungsbereich			
Maschine		Werkstück/Werkzeug	Schnittprozess
Betriebsbedingungen	Richtungsorientierung		
1. Erhöhen der statischen Steifigkeit 2. Steifes Fundament bzw. dämpfungswirksame Aufstellung 3. Wahl der optimalen Bauteillagen (Schlitten-Querbalken-, Support-position) 4. Drehzahlmodulation zur Verminderung des Regenerativeffektes 5. Ausnutzen von Nicht-linearitätseffekten 6. Erhöhung der System-dämpfung -aktive Dämpfer -passive Dämpfer -Dämpfungslager -Dämpfungsleisten	Wahl der Bearbeitungs-bedingungen so, dass 1. resultierende Schnitt-kraft 2. Normale zur Schnitt-fläche senkrecht zur größten dynamischen Nachgiebig-keitsrichtung der Maschine stehen	1. Unterstützung nach-giebiger Werkstücke (Lünette) 2. geringe Werkstückmasse 3. steife Werkstückbe-festigung 4. dämpfungswirksames Werkzeug 5. geringe Werkzeugmasse	1. Werkstoffwahl nach geringen k_{cb}-Werten 2. Verringerung des Freiwinkels 3. Negativer Spanwinkel 4. Abziehen der Schneid-kante 5. Erhöhen des Vorschubs 6. Wahl niedriger oder sehr hoher Schnittge-schwindigkeiten zur Vermeidung des Stabilitätsminimums 7. Bei Mehrschneiden-werkzeugen Werkzeuge mit ungleicher Teilung einsetzen 8. Wahl stabiler Dreh-zahlen (zwischen den Rattersäcken)

(Seitliche Beschriftung: Maßnahmen)

Bild 6-121. Maßnahmen zur Verbesserung des Ratterverhaltens

6.6.1 Aktive und passive Dämpfungssysteme

Bei der Auswahl der geeigneten Maßnahmen ist der Gesichtspunkt der Realisier-barkeit zu bedenken. An im Einsatz befindlichen Maschinen sind meistens nur solche Maßnahmen ergreifbar, die die Änderung der Richtungsorientierung – d.h. des Belastungsfalls – und der Schnittprozessbedingungen betreffen. Darüber hin-aus kann man das dynamische Maschinenverhalten vielfach durch eine Erhöhung der Systemdämpfung mittels aktiver oder passiver Dämpfer wesentlich verbes-sern. Während passive Dämpfer darauf beruhen, dass dem System Energie entzo-gen wird, führen aktive Dämpfer dem zu bedämpfenden System Energie zu.

Die wichtigsten passiven Dämpfungssysteme sind in der Bild 6-122 aufgeführt. Hilfsmassensysteme haben einen vergleichsweise einfachen Aufbau und werden häufig nachträglich an bestehende Maschinenstrukturen mit unzureichenden dyna-mischen Eigenschaften angebracht. Spindelschwingungen lassen sich durch so ge-nannte Dämpfungsbuchsen bekämpfen, die direkt zwischen dem Gehäuse und der Spindel wirken. Eine andere Möglichkeit besteht darin, den feststehenden Außen-ring der Spindellagerung über einen dämpfungswirksamen hydrostatischen Spalt im Gehäuse abzustützen (gedämpfte Werkzeugspindel).

Bezeichnung	Anwendungsgebiete	Funktionsprinzip
Reibungsdämpfung (trockene Reibung)	Gestellbauteile, (Anordnung von Scheuerleisten, Belassen von Kernsand in Gussteilen)	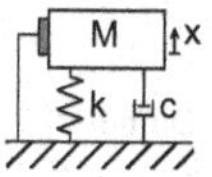
Hilfsmassendämpfer (Lanchasterdämpfer, Schlagschwingungs- dämpfer)	Maschinenständer und -tische Bohrstangen, Dreh-, Fräs-, und Schleifmaschinenspindeln, Stößel, Drehmeißel	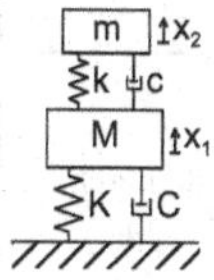
abstimmbare Hilfsmassendämpfer	Frässpindeln, Bohrstangen, Stößel	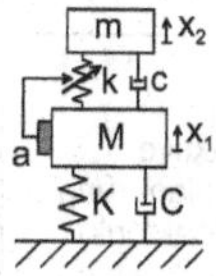
Dämpfungsbuchse (Squeeze-Film-Effekt)	Dreh-, Fräs- und Schleifmaschinenspindeln	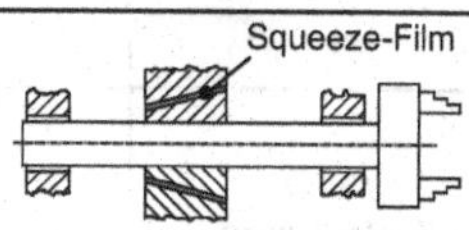
Gedämpfte Werkzeugspindel	Fräs- und Schleifmaschinenspindeln	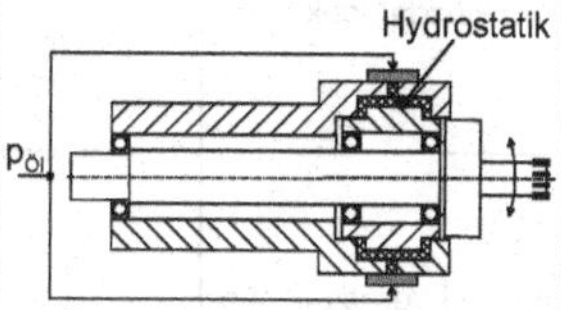

Bild 6-122. Passive Dämpfungssysteme

In Bild 6-123 sind die wichtigsten aktiven Dämpfungssysteme für Werkzeug-maschinen dargestellt. Der Vorteil aktiver Systeme liegt darin, dass sie vergleichs-weise flexibel an wechselnde Betriebsbedingungen anzupassen sind und bezogen auf den Bauraum bzw. das Gewicht eine erheblich bessere Wirksamkeit aufweisen. Nachteilig ist der vergleichsweise hohe Realisierungsaufwand.

Wesentlicher Bestandteil aktiver Dämpfungssysteme ist ein geeigneter Regel-algorithmus, der aus den fortlaufend erfassten Schwingungen die Stellsignale für die Aktorik bestimmt.

Bezeichnung	Anwendungsgebiete	Funktionsprinzip
aktive Dämpfer	Maschinentische, Werkzeug-stößel, Querbalken, nachgiebige Werkstücke	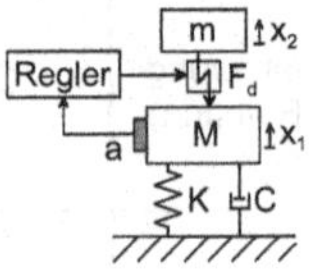
geregelte mech. Impedanz	Aufnahme von Drehwerkzeugen	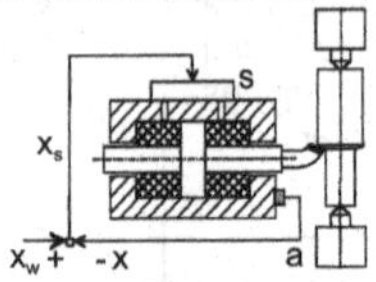
Aktive Spindellagerung (Piezoaktorik)	Schleifmaschinenspindeln	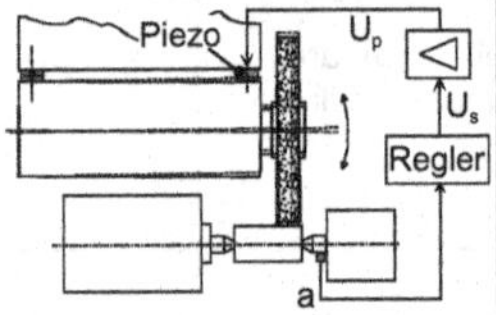
Aktive Zentrierspitze (Piezoaktorik)	Schleifwerkstücke	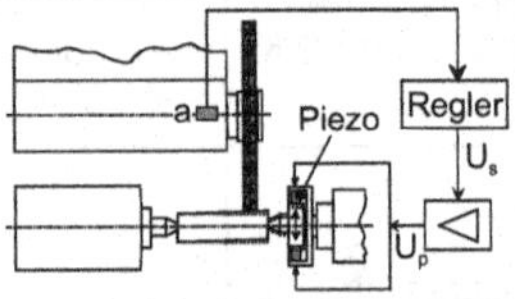
Aktive hydrostatische Spindellagerung	Fräsmaschinenspindeln	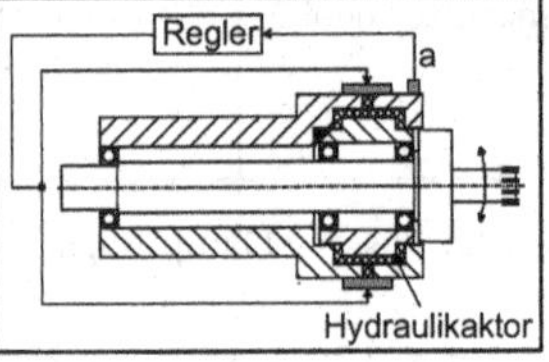

Bild 6-123. Aktive Dämpfungssysteme

6.6.2 Verminderung des negativen Realteils

Wie bereits in Kapitel 6.3 erläutert, ist das Stabilitätsverhalten einer Werkzeugmaschine um so besser, je kleiner der maximale negative Realteil der Nachgiebigkeitsortskurve ist. In Bild 6-124 sind die Einflussfaktoren auf das dynamische Verhalten am Beispiel eines Einmassenschwingers dargestellt.

Eine Verminderung des maximalen negativen Realteils kann durch eine Erhöhung der Dämpfung c und der Steifigkeit k sowie durch eine Verkleinerung der schwingenden Masse m erreicht werden.

Das Nachgiebigkeitsverhalten kann weiterhin durch eine Erhöhung der Eigenfrequenz und durch das sogenannte „Schwanenhalsprinzip" verbessert werden. Das Schwanenhalsprinzip beruht darauf, dass sich die Nachgiebigkeitsortskurve durch ein statisch weiches Element mit hoher Dämpfung und Eigenfrequenz im Kraftfluss der Maschine in Richtung positiver Realteile verschiebt.

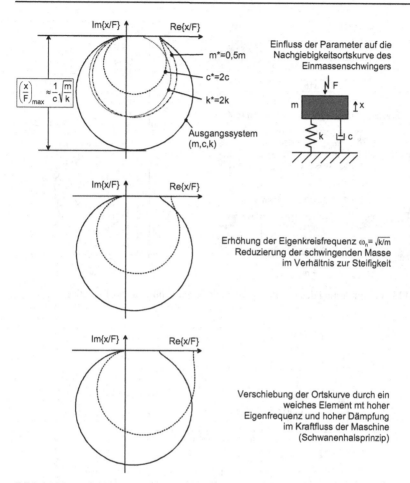

Bild 6-124. Maßnahmen zur Verminderung der Ratterneigung

Die Verbesserung des dynamischen Verhaltens durch Erhöhung der Eigenfrequenz ist im Bild 6-125 am Beispiel von Bohrstangen dargestellt. Gegenüber der massiven Stahlbohrstange 1 wurde bei der Bohrstange 2 eine Geometrieoptimierung der Innenkontur durchgeführt. Weiterhin wurde der schwere Stahlkopf durch einen leichteren Aluminiumkopf ersetzt. Im Nachgiebigkeitsfrequenzgang ist zu erkennen, dass die Eigenfrequenz durch diese Maßnahmen um mehr als 50% gesteigert werden konnte, während die maximale dynamische Nachgiebigkeit etwa um den Faktor zwei abnimmt. Durch den Einsatz von Kohlefaserverstärktem Kunststoff (CFK) bei der Bohrstange 3 kann die Eigenfrequenz weiter gesteigert und folglich die dynamische Nachgiebigkeit reduziert werden. Gleichzeitig wirkt sich bei diesem Werkstoff die hohe Materialdämpfung günstig auf das Nachgiebigkeitsverhalten aus. Anhand der Nachgiebigkeitsortskurve ist die Verminderung des maximalen negativen Realteils der geometrieoptimierten Bohrstange sowie der CFK-Bohrstange zu erkennen.

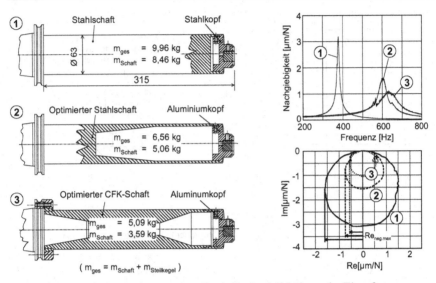

Bild 6-125. Verminderung des negativen Realteils durch Erhöhung der Eigenfrequenz

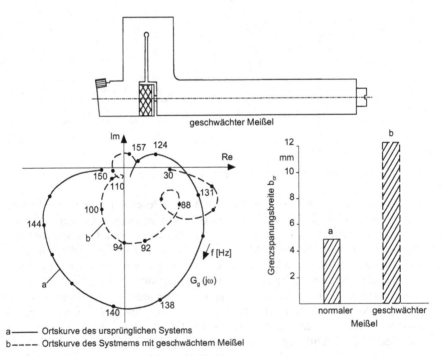

a ——— Ortskurve des ursprünglichen Systems
b - - - - Ortskurve des Systmems mit geschwächtem Meißel

Bild 6-126. Verminderung des negativen Realteils (Schwanenhalsprinzip)

In Bild 6-126 ist ein Beispiel für die praktische Umsetzung des Schwanenhals-
prinzips an einem Drehmeißel dargestellt. Das schwingende Feder-Masse-System
besteht hierbei aus der vorderen Meißelspitze, wobei die Masse durch den linken
Teil des Schwanenhalses und die Feder durch den Einschnitt erzeugt wird. Die
Eigenfrequenz dieses Systems liegt weit über den Maschineneigenfrequenzen. Zur
Erzielung einer hohen Dämpfung wird an die Stelle des meißelschwächenden
Sägeschnittes ein dämpfungswirksames Material eingebracht. Das Ergebnis des
verringerten negativen Realteils des Gesamtsystems spiegelt sich in der Erhöhung
der Grenzspanungsbreite (Bild 6-126 unten rechts) wieder.

Ein vergleichbares Konzept für die Fräsbearbeitung ist die gedämpfte Werkzeugaufnahme, die in Bild 6-127 dargestellt ist. Der eigentliche Fräser ist über ein
meanderförmiges Federelement mit der eigentlichen Werkzeugaufnahme verbunden. Die Dämpfung wird über einen in einem ringförmigen Spalt wirksamen
Squeezefilm realisiert. Das Nachgiebigkeitsverhalten ist im Vergleich mit einer
herkömmlichen Werkzeugaufnahme gleicher Abmessungen dargestellt. Anhand
der Ortskurve ist eine deutliche Verbesserung des dynamischen Verhaltens zu erkennen.

Ein dem Schwanenhalsprinzip ähnlicher Effekt lässt sich an Schleifmaschinen
durch das elastische Verhalten der Schleifscheibe erzielen (Abschnitt 6.4.1.1).

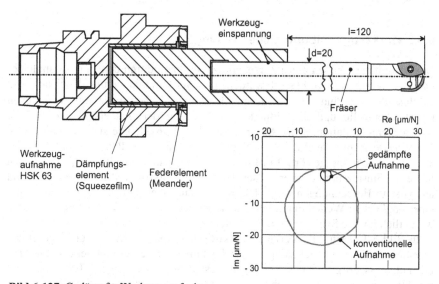

Bild 6-127. Gedämpfte Werkzeugaufnahme

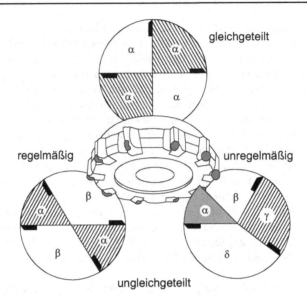

Bild 6-128. Unterschiedliche Teilungsarten bei Fräsern

6.6.3 Werkzeuge mit ungleicher Teilung

Das Stabilitätsverhalten eines Zerspanprozesses kann durch den Einsatz ungleich-
geteilter Werkzeuge verbessert werden. Das Wirkprinzip beruht dabei auf dem
Einfluss des sich ändernden Phasenwinkels (ε) zwischen einer aufgeschnittenen
Oberflächenwelle und der aktuellen Verlagerung der Schneidenkante auf die
Spandickenmodulation, siehe Abschnitt 6.3.1, Bild 6-34. Die sich normalerweise
einstellende stationäre Ratterschwingung wird durch die Phasenmodulation des
Werkzeugs ständig gestört. In Bild 6-128 sind unterschiedliche Teilungsarten
heute im Einsatz befindlicher Fräser dargestellt. Praktische Zerspanversuche und
analytische Berechnungen von Stabilitätskarten haben bewiesen, dass aufgrund
einer ungleichen Werkzeugteilung gegenüber baugleichen, gleichgeteilten Fräsern
wesentlich höhere Spanungstiefen möglich sind.

In Bild 6-129 sind die Verläufe der kritischen Spanungstiefen für einen gleich
geteilten und einen regelmäßig ungleichgeteilten Fräser gegenübergestellt. Man
erkennt, dass aufgrund des Teilungsunterschiedes zwischen $n = 100$ min^{-1} und
$n = 225$ min^{-1} ein breiter Drehzahlbereich entsteht, in dem die Stabilitätsgrenze
wesentlich höher liegt als bei dem Fräser mit gleicher Teilung.

Die Verbesserung der dynamischen Stabilität ist, wie aus der in Bild 6-129
gezeigten Stabilitätskarte zu ersehen ist, bei gegebener Zähnezahl und Eigenfrequenz durch das Teilungsverhältnis auf einen bestimmten Drehzahlbereich festgelegt, der sowohl über als auch unter dem tatsächlichen Arbeitsbereich liegen kann.
Für den praktischen Einsatz eines Fräsers mit ungleicher Teilung kommt es daher
darauf an, das Teilungsverhältnis so zu wählen, dass die Erhöhung der Stabilität
bei den für die Zerspanung vorgesehenen Schnittgeschwindigkeiten erreicht wird.

Zur Bestimmung des erforderlichen Teilungsverhältnisses wird davon ausgegangen, dass sich bei der Frequenz, die in der Ortskurve den größten negativen Realteil liefert, die an zwei aufeinander folgenden Zähnen durch die Oberflächenwellen verursachten Kräfte aufheben sollen. Da diese Frequenz wegen der geringen Dämpfungswerte, die bei Werkzeugmaschinen vorliegen, nur wenig von der Eigenfrequenz f_n abweicht, lässt sich für einen regelmäßig ungleich geteilten Fräser näherungsweise folgende Beziehung ableiten:

$$\frac{b}{a} = \frac{240 + n \cdot z / f_n}{240 - n \cdot z / f_n} \geq 1 \qquad\qquad (6\text{-}146)$$

mit

b/a   Teilungsverhältnis [–]
n   Drehzahl [min^{-1}]
f_n Eigenfrequenz [Hz]
z   Zähnezahl des Werkzeugs [–]

Hiermit ist eine einfache Berechnung des erforderlichen Teilungsverhältnisses für einen Fräser möglich [6-41, 6-42].

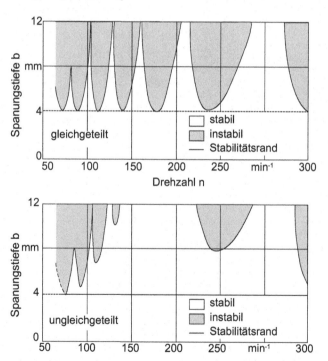

Bild 6-129. Stabilitätskarte eines gleichgeteilten und eines ungleichgeteilten Fräsers

7 Messtechnische Erfassung des dynamischen Verhaltens von Vorschubantrieben

Vorschubantriebe in Werkzeugmaschinen haben die Aufgabe, die von der Steuerung vorgegebenen Bahnen möglichst genau in Bewegungen der Maschinenachsen umzusetzen. Hierbei treten zwangsläufig Abweichungen zwischen Soll- und Istgröße auf, die sowohl statische und dynamische Anteile aufweisen. Diese können sowohl linearen als auch nichtlinearen Charakter haben.

Die Abweichungen resultieren zum einen aus dem mechanischen und zum anderen aus dem regelungstechnischen Teil des Vorschubsystems. Bild 7-1 zeigt den vereinfachten Wirkungsplan einer Antriebsachse mit angekoppelter schwingungsfähiger Mechanik [vgl. 7-1].

Das geometrische Verhalten von Werkzeugmaschinen und die zu dessen Bestimmung zur Verfügung stehenden Messmethoden zur Erfassung der Fehler werden in Kapitel 3 dieses Bandes beschrieben. Hinsichtlich des Vorschubsystems ist hier insbesondere der Spindelsteigungsfehler zu nennen, der sich insbesondere dann auf die Positioniergenauigkeit auswirkt, wenn die Lageerfassung über ein indirektes Messsystem (z.B. am Motor) vorgenommen wird. Auch ein direktes Messsystem kann Teilungsfehler des Maßstabs aufweisen, die sich dann in gleicher Weise auf die Positioniergenauigkeit auswirken. Der Maßstabteilungsfehler eines direkten Messsystems lässt sich mit den gleichen Verfahren bestimmen, die auch zur Bestimmung des Spindelsteigungsfehlers zum Einsatz kommen, z.B. mittels Laserinterferometrie.

Das regelungstechnische Verhalten der Vorschubachsen sowie die sich daraus ergebenden Übertragungsfehler werden bereits ausführlich in Band 3 dieser Buch-

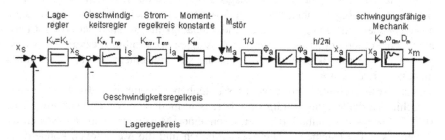

Bild 7-1. Vereinfachter Wirkungsplan eines Antriebs mit schwingungsfähiger Mechanik

reihe in den Kapiteln 3 und 4 beschrieben. Das Verhalten der mechanischen Maschinenelemente wurde bereits in Kapitel 6 dieses Bands eingehend beschrieben.

In den folgenden Abschnitten steht die Messung und Beurteilung des dynamischen Verhaltens der Vorschubsysteme im Vordergrund. Hierbei wird zwischen linearen und nichtlinearen Einflüssen unterschieden.

7.1 Messtechnische Erfassung von Signalen der Antriebsregelkreise

Zur Beurteilung des Verhaltens von Antriebsachsen ist es vielfach erforderlich, Signale im Wirkungsplan, Bild 7-1, messtechnisch zu erfassen. Dies sind beispielsweise mechanische Größen wie die Lage des Schlittens x_m oder die Beschleunigung der Motorwelle $\ddot{\varphi}_a$. Hierzu kann es notwendig sein, bestimmte Signale als Anregung in das System einzukoppeln. An dieser Stelle sei das Störmoment $M_{stör}$ genannt. Dieses Signal wird beim Betrieb der Maschine beispielsweise durch Prozesskräfte hervorgerufen.

Um jedoch das Gesamtsystem, bestehend aus Regelung und Mechanik, beurteilen zu können, sind ebenfalls elektrische Größen wie beispielsweise die Tachospannung oder die Sollgeschwindigkeit als Regel- und Stellgröße des Drehzahlregelkreises von Interesse.

Die inzwischen nur noch selten eingesetzten analogen Antriebe sind meistens mit einer standardisierten Spannungsschnittstelle zur Übertragung des Geschwindigkeitssollwertes ausgerüstet (Band 3, Abschn. 3.4.3). Sie bieten die Möglichkeit, die Steuerung an der Geschwindigkeitsschnittstelle abzuklemmen und dort das gewünschte Signal aufzuprägen. Die Tachospannung kann ebenfalls auf einfache Weise an den entsprechenden Klemmen gemessen werden. Gleiches gilt für weitere elektrische Größen wie z.B. die Ankerspannung oder den Motorstrom.

In modernen, digitalen Antriebssystemen sind diese Signale jedoch nicht mehr von außen zugänglich. Vielmehr werden die Regelkreise in den Mikroprozessoren berechnet. Die Datenübertragung zwischen der Steuerung und den Antrieben erfolgt ebenfalls digital. Von den meisten Herstellern werden jedoch analoge Schnittstellen (DA-Wandler) zur Ausgabe der steuerungsinternen Signale angeboten. In der Regel haben die vom Wandler erzeugten Signale jedoch keine ausreichende Auflösung, Frequenz und Genauigkeit für anspruchsvolle Messaufgaben. Außerdem ist es für einige Messungen notwendig, spezielle Eingangsgrößen für die Regelkreise zu erzeugen, die sich mit einem NC-Teileprogramm nicht generieren lassen.

Aus diesem Grund sind viele Messaufgaben, die für eine Beurteilung des Maschinenverhaltens notwendig sind, bereits in modernen Steuerungen integriert. Bild 7-2 zeigt beispielhaft die Definition einer Messaufgabe in der Steuerung Sinumerik 840D (Siemens). Die Messaufgaben und die Messgrößen können aus einer Liste ausgewählt werden. Außerdem müssen die für die Durchführung der Messung notwendigen Parameter vom Benutzer eingegeben werden.

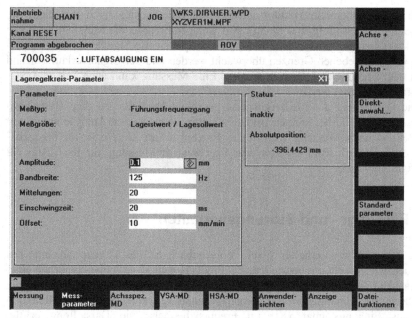

Bild 7-2. Definition einer Messung mit einer Sinumerik 840D (Quelle: Siemens)

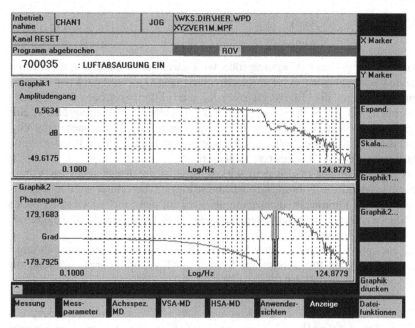

Bild 7-3. Darstellung der Messergebnisse auf der Steuerungsoberfläche (Quelle: Siemens)

Die Messung kann im Hintergrund ablaufen. Sie lässt sich durch verschiedenste Ereignisse starten (Triggervorgang). Auf welches Ereignis die Messung reagieren soll, kann konfiguriert werden. So können beispielsweise Signale auf Überschreitung von angegebenen Grenzen überwacht werden und der Signalverlauf vor und nach dem Ereignis festgehalten werden. Eine Messung kann auch aus dem NC-Programm gestartet werden.

Die Darstellung der Messergebnisse geschieht ebenfalls auf dem Bildschirm der Steuerung. Hierbei können Bildausschnitte zur genaueren Analyse vergrößert werden. Je nach Messung werden die Ergebnisse im Zeit- oder im Frequenzbereich dargestellt. Bild 7-3 zeigt das Ergebnis der Messung, die nach Bild 7-2 konfiguriert wurde.

7.2 Führungs- und Störungsverhalten

Das dynamische Verhalten von Vorschubachsen lässt sich anhand des Frequenzgangs recht gut beurteilen. Ein Frequenzgang G ist immer zwischen einer Eingangsgröße und einer Ausgangsgröße definiert, Gl. 7-1. Der Frequenzgang beschreibt die Abhängigkeit des Ausgangssignals $x_a(t)$ eines Systems als Reaktion auf das Eingangssignal $x_e(t)$ im Frequenzbereich. Die Darstellung erfolgt demzufolge über die Frequenz ω als $X_a(j\omega)$ bzw. $X_e(j\omega)$, vgl. auch Band 3, Abschn. 4.1.1.

$$G(j\omega) = \frac{X_a(j\omega)}{X_e(j\omega)} \tag{7-1}$$

Je nach Eingangs- und Ausgangsgröße wird zwischen Führungs- und Störfrequenzgang unterschieden. Als Führungsfrequenzgang $G_{führ}$ wird ein Frequenzgang bezeichnet, wenn die Eingangsgröße X_e eine Führungsgröße des Systems repräsentiert, z.B. die Sollposition x_s in Bild 7-1. Falls die Eingangsgröße X_e eine Störgröße darstellt, z.B. $F_{stör}$, wird der Frequenzgang als Störfrequenzgang $G_{stör}$ bezeichnet. Die Ausgangsgröße X_a könnte in diesen beiden Fällen beispielsweise die Ist-Lage x_m des Werkzeugs repräsentieren.

Störgrößen, die auf das System wirken, sind in der Regel nicht im Voraus bekannt, während die Führungsgrößen meist a-priori berechnet werden können. Sowohl auf den Führungsfrequenzgang als auch auf den Störfrequenzgang lassen sich dieselben Darstellungsverfahren anwenden (z.B. Ortskurve, Bode-Diagramm, Darstellung im Zeitbereich).

Für ein optimales, dynamisches Systemverhalten versucht man, die Führungsfrequenzgänge aller Regelkreise im System zu 1 zu optimieren, während die Störfrequenzgänge möglichst 0 sein sollen, Gl. 7-2.

$$G_{führ}(j\omega) \rightarrow 1$$
$$G_{stör}(j\omega) \rightarrow 0 \tag{7-2}$$

Hinsichtlich des Lageregelkreises versucht man beispielsweise, das Führungs-
verhalten zu 1 zu optimieren, während die Reaktion auf Störungen, etwa auf die
Prozesskraft $F_{stör}$, möglichst gering sein soll, Gl. 7-3.

$$G_{führ}(j\omega) = \frac{X_i(j\omega)}{X_s(j\omega)} \rightarrow 1$$

$$G_{stör}(j\omega) = \frac{X_i(j\omega)}{F_{stör}(j\omega)} \rightarrow 0$$

$$(7\text{-}3)$$

Die Berechnung von Frequenzgängen anhand der Struktur der Regelkreise wurde
bereits ausführlich in Band 3 beschrieben. Im Folgenden werden kurz die verschiedenen Möglichkeiten zur Aufnahme von Frequenzgängen erläutert und anhand von Verfahren dargestellt.

7.3 Frequenzgangmessung

Die Messung eines Frequenzgangs beruht auf der Anregung des Systems über das
Eingangssignal. Das Ausgangssignal wird dann in Bezug auf das Eingangssignal
dargestellt. Bild 7-4 zeigt einen möglichen Aufbau zur Bestimmung des Übertragungsverhaltens einer Antriebachse.

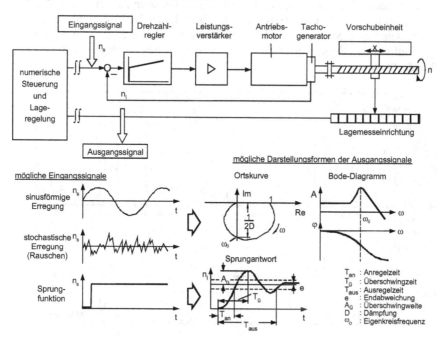

Bild 7-4. Bestimmung des Übertragungsverhaltens von Antrieben

Zur Messung des Frequenzgangs sind verschiedene Signalformen für die Systemanregung durch die Eingangsgröße denkbar, Bild 7-4. Üblich sind hier eine sinusförmige Anregung, eine stochastische Erregung sowie die Erregung des Systems durch einen Sprung oder Stoß. Die verschiedenen Erregungsarten sind bereits in Abschn. 6.2.5 beschrieben.

Das Verhältnis von Ausgangs- zu Eingangsgröße wird bei sinusförmiger Anregung oder bei Anregung durch ein Rauschsignal in der Regel im Frequenzbereich durch eine Ortskurve oder ein Bode-Diagramm dargestellt und ausgewertet. Hierfür werden beide Signale zunächst mit Hilfe der FFT (Fast-Fourier-Transformation) in den Frequenzbereich umgerechnet.

Bei Anregung des Systems durch einen Sprung bietet sich darüber hinaus die Darstellung und Auswertung im Zeitbereich an. Die verschiedenen Darstellungsformen lassen sich prinzipiell ineinander umrechnen.

7.3.1 Messung des Führungsfrequenzgangs

Der Führungsfrequenzgang kann zur Bewertung der Führungseigenschaften des Vorschubsystems herangezogen werden. Aus dem Frequenzgang lässt sich die Regelbandbreite der untersuchten Regelkreise ablesen. Außerdem kann der Frequenzgang als Hilfsmittel für die Einstellung der Regelkreise herangezogen werden.

Manchmal ist es sinnvoll, das Verhalten von bestimmten Teilen des Antriebs gezielt zu messen. Um beispielsweise die Einstellung des Stromreglers zu beurteilen, kann eine Messung des Lageregelkreises nicht herangezogen werden, da der Einfluss des Stromreglers durch das Verhalten der überlagerten Regelkreise überdeckt wird.

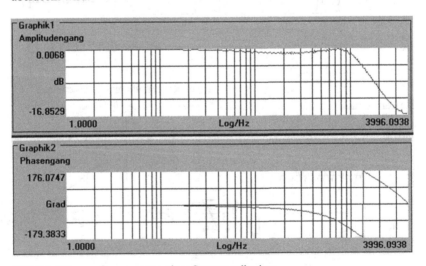

Bild 7-5. Führungsfrequenzgang eines Stromregelkreises

Zur Isolation des Verhaltens des Stromregelkreises lässt sich daher ein Teil-frequenzgang messen. Dies setzt jedoch voraus, dass die entsprechenden Eingangs- und Ausgangssignale über entsprechende Funktionen der Steuerung bzw. der Antriebselektronik zugänglich sind.

Bild 7-5 zeigt den Führungsfrequenzgang $G_{führ,I}$ eines Stromregelkreises. Eingangsgröße ist der Sollstrom i_s, Ausgangsgröße ist der Iststrom i_a, siehe Bild 7-1. Im oberen Teil ist der Amplitudengang dargestellt, im unteren Teil der Phasengang.

$$G_{führ,I}(j\omega) = \frac{I_a(j\omega)}{I_s(j\omega)} \tag{7-4}$$

Es zeigt sich, dass hier die Bandbreite dieses Regelkreises etwa 700 Hz beträgt. Dies kann aus der leichten Resonanzüberhöhung bei dieser Frequenz abgelesen werden, ein besseres Kriterium ist jedoch, dass an dieser Stelle die Phase erstmalig die –90°-Linie schneidet.

Bei analogen Antrieben wird zur Messung eines Übertragungsfrequenzgangs die Steuerung abgeklemmt und die Eingangs- und Ausgangssignale werden direkt an die entsprechenden Klemmen der Messelektronik angeschlossen. Die Messung und Berechnung des Frequenzgangs erfolgt dann mit externen Geräten.

7.3.2 Messung des Störfrequenzgangs

Zur Bewertung des Störverhaltens von Werkzeugmaschinen werden in der Regel Störkräfte in die Maschinenstruktur eingeleitet. Diese Störkräfte können perio-disch oder einmalig sein.

Um periodische Signale oder ein Rauschen zu erzeugen, werden Erreger ver-wendet. Der Aufbau solcher Erreger ist in Abschn. 6.2.5.2 beschrieben. Da der Einfluss der Vorschubsysteme im unteren Frequenzbereich ausgeprägt ist, wird hierbei meist ein elektrohydraulischer Relativerreger verwendet, der z.B. zwischen dem Maschinenbett und dem Vorschubschlitten eingespannt wird.

Als einmaliges Signal kann z.B. ein Kraftsprung oder das Anschlagen mit einem Impulshammer verwendet werden.

Zur Ermittlung des Ist-Signals werden meist zusätzliche Sensoren, z.B. Beschleunigungs- oder Wegaufnehmer an der Maschine angebracht. In Einzel-fällen ist auch die Auswertung der Messsysteme der Maschine möglich.

7.3.2.1 Messung mit periodischen Signalen

Zur Darstellung werden die Eingangs- und Ausgangssignale mit Hilfe einer Fast-Fourier-Transformation in den Frequenzbereich umgerechnet. Bild 7-6 zeigt bei-spielhaft den gemessenen Nachgiebigkeitsfrequenzgang einer Vorschubachse, die mit einem linearen Direktantrieb ausgerüstet ist. Die komplette Achse hat eine Masse von 440 kg [7-1].

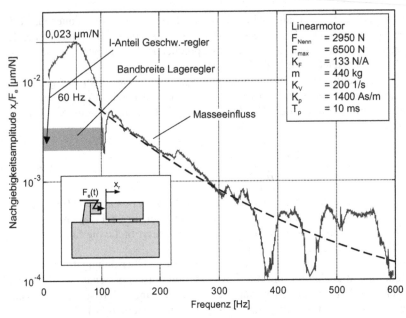

Bild 7-6. Nachgiebigkeitsfrequenzgang einer linearmotorgetriebenen Vorschubachse

Der Abfall des Amplitudengangs hin zu niedrigen Frequenzen ist durch den integrierenden Charakter des Geschwindigkeitsreglers begründet. Abweichungen mit sehr niedriger Frequenz werden durch den Regler erfasst und zu Null ausgeregelt.

An der größten Überhöhung des Amplitudengangs kann die maximale dynamische Nachgiebigkeit (entsprechend der minimalen dynamischen Steifigkeit) des Systems zu 0,023 μm/N abgelesen werden. An dieser Stelle ist auch die Resonanzfrequenz des Lagerregelkreises abzulesen. Eine impulsförmig angeregte Störung wird mit Schwingungen dieser Frequenz abklingen.

Der Abfall des Amplitudengangs zu höheren Frequenzen begründet sich durch den Einfluss der Masse [7-2]. Dieser Einfluss lässt sich nach Gl. 7-5 berechnen und ist in Bild 7-6 durch die gestrichelte Linie angedeutet. Es wird deutlich, dass sich die Masse mit zunehmender Anregungsfrequenz der Störkraft reduzierend auf die Schwingungsamplituden auswirkt.

$$\hat{F} = m \cdot \hat{x} \cdot \omega^2$$

$$\frac{\hat{x}}{\hat{F}} = \frac{1}{m \cdot \omega^2} = \frac{1}{m(2\pi f)^2} \tag{7-5}$$

Die Frequenzgangmessung setzt eine umfangreiche Messausrüstung voraus. Zur Erfassung hoher Frequenzen müssen die Eingangssignale mit mindestens der zehnfachen Frequenz erfasst werden. Um eine eindeutige Zuordnung (Korrelation) zwischen den Signalen zu gewährleisten, müssen die Eingänge simultan abgetastet werden. Außerdem müssen die Signale mit der FFT in den Frequenzbereich umgerechnet werden.

Wird dieser Aufwand als zu hoch erachtet, bietet sich zur Beurteilung einiger Systemeigenschaften auch die Auswertung der Sprungantwort des Systems an.

7.3.2.2 Messung mit einem Kraftsprung

Aufgrund des größtenteils linearen Charakters der zu bewertenden Strecke kann der Kraftsprung gleichermaßen durch Auf- oder Abbau einer Störkraft erzeugt werden. Ein qualitativ guter Störkraftsprung ergibt sich daher sehr einfach durch Abschneiden eines Gewichtes, Bild 7-7 [7-3 und 7-4].

Bild 7-8 zeigt die Messergebnisse, die an einer Vorschubachse mit Kugelgewindetrieb als Reaktion auf einen Störkraftsprung ermittelt wurden [7-2].

Für die Messung, die dem linken Diagramm zugrunde liegt, wurde der Regelkreis über ein direktes Messsystem (Linearmaßstab) geschlossen. Bei der im rechten Diagramm dargestellten Messung kam das indirekte Messsystem (Motorencoder) zum Einsatz.

Die Auslenkungskurve im linken Bild zeigt, dass die Abweichung vom direkten Messsystem erfasst und über den I-Anteil im Drehzahlregler bis auf 0 verringert wird. Im rechten Diagramm wird deutlich, dass das indirekte Messsystem die Abweichung nur zu einem sehr kleinen Teil erfassen kann und daher eine große Restabweichung verbleibt. Demzufolge lässt sich die statische Steifigkeit im linken Fall mit fast unendlich und im rechten Fall mit etwa 144 N/μm angeben.

Die dynamische Steifigkeit des Systems kann, wie bereits in Band 3 in Kapitel 4 hergeleitet, als Quotient aus der Störkraft und der sich daraus ergebenden maximalen Auslenkungsamplitude berechnet werden. In dem gezeigten Fall ergibt sich eine dynamische Steifigkeit von etwa 130 N/μm aus beiden Diagrammen. Die dynamische Störsteifigkeit ist also in diesem Fall für die Regelung über ein direktes Messsystem zufälligerweise dieselbe wie für die Regelung über ein indirektes.

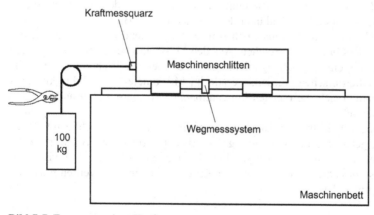

Bild 7-7. Erzeugung eines Kraftsprungs

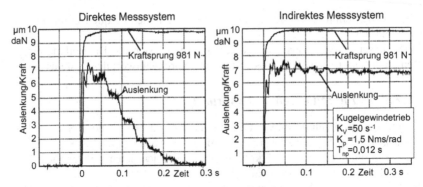

Bild 7-8. Messergebnis: Reaktion auf einen Störkraftsprung

Als weitere Größe kann bei hoch eingestelltem Lageregelkreis dessen Regelbandbreite abgelesen werden. Sie entspricht der untersten Eigenfrequenz der Vorschubachse, die sich bei Einsatz einer kaskadierten Regelung aus dem Lageregelkreis ergibt. Eine Abzählung der Schwingungen ergibt in beiden Fällen eine Frequenz von etwa 30 Hz.

7.4 Erfassung nichtlinearer Einflüsse in Vorschubsystemen

7.4.1 Kleinste verfahrbare Schrittweite

Bei Präzisionsmaschinen ist häufig von Interesse, wie man Vorschubantriebe hinsichtlich sehr kleiner Zustellungen testen kann.

Zur Untersuchung dieser Eigenschaften werden von der NC-Steuerung treppenförmige Sollwertänderungen vorgegeben, die von den Vorschubantrieben nachgefahren werden sollen. Die resultierenden Bewegungen werden z.B. mittels eines Laserinterferometers erfasst und über der Zeit dargestellt, Bild 7-9.

Bei den Untersuchungen muss dem Antrieb ausreichend Zeit gegeben werden, die einzelnen Positionen zu erreichen. Aus den Messschrieben kann das Weg-Zeit-Verhalten bei kleinsten Stellsignalen, die verbleibenden Wegfehler sowie das Umkehrverhalten ersehen werden. Gerade im Mikrometer- und Submikrometerbereich verhalten sich die meisten konventionellen Antriebe völlig anders als im Millimeterbereich.

Die kleinste Schrittweite ist dann erreicht, wenn die verbleibende Wegabweichung genauso groß oder sogar größer als der vorgegebene Sollwert ist. Bei konventionellen Vorschubantrieben sind die Istwerte oft von Schwingungen überlagert, so dass hier eine Glättung der Kurve vorgenommen werden muss, wie in Bild 7-9 unten dargestellt ist.

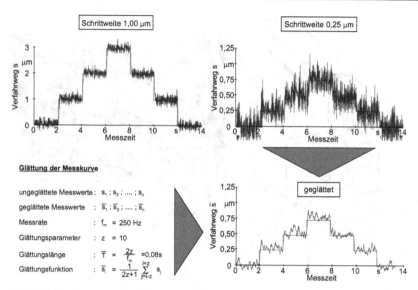

Bild 7-9. Bestimmung der kleinsten verfahrbaren Schrittweite von Vorschubantrieben

7.4.2 Kreisformtest

Eine genaue Erfassung des Einflusses von Steuerung und Antrieben auf das Fertigungsergebnis einer Maschine ist nur schwer durchführbar. Bei der Herstellung eines Testwerkstücks lassen sich die Einflüsse der Fertigungstechnologie nicht von den durch die Maschine verursachten Konturabweichungen trennen. Zur direkten Beurteilung einer Maschine werden deshalb spezielle Tests eingesetzt.

Für Maschinen mit linearen Achsen hat sich der Kreisformtest bewährt. Dieser erlaubt eine einfach durchzuführende, aussagekräftige Beurteilung der geometrischen und antriebstechnischen Genauigkeit [7-5 und 7-6].

Den prinzipiellen Messaufbau zeigt Bild 7-10. Ein in zwei Achsen kontinuierlich messender Messtaster wird von der Maschine mit konstanter Bahngeschwindigkeit entlang eines Kreisnormals (Zylinder, Kegel) geführt. Der Durchmesser der Kreisbahn wird dabei etwas kleiner bzw. größer als der Durchmesser des Kreisnormals programmiert, so dass der Messtaster auch bei fehlerfreier Bahn um einen konstanten Betrag ausgelenkt wird. Diese Auslenkung wird gemessen und mit einem X-Y-Plotter in vergrößertem Maßstab (z.B. 1:1000) aufgezeichnet. Die radiale Abweichung wird so nahezu winkelgetreu dargestellt. Durch Reibung zwischen Messtaster und Kreisnormal wird der Taster auch in tangentialer Richtung ausgelenkt. Dies führt zu einer Verdrehung des aufgezeichneten Bildes um einen konstanten Winkel. Der Winkel kann durch eine Messung in umgekehrter Verfahrrichtung bei sonst gleichbleibenden Randbedingungen ermittelt werden.

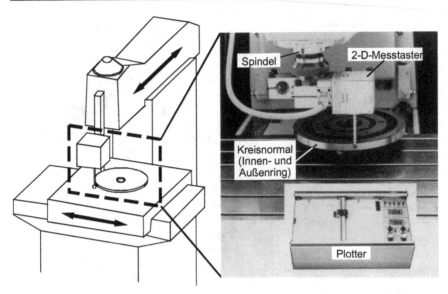

Bild 7-10. Messaufbau des Kreisformtests (Quelle: nach Fa. Cary)

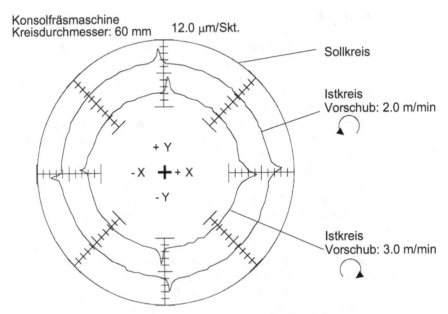

Bild 7-11. Kreisformtest mit Kreuzgitter bei Variation des Vorschubs

Das in Bild 3-76 gezeigte Kreuzgitter-Messsystem vermeidet diese Winkelverdrehung. Die Abtastung erfolgt photoelektrisch und damit berührungslos nach einem interferentiellen Messprinzip, wie es auch bei hochgenauen Linearmaßstäben angewendet wird. Durch die Verwendung eines Kreuzgitters und eines Abtastkopfes mit zwei rechtwinklig zueinander angeordneten Abtasteinheiten können zweidimensionale Bewegungen erfasst werden. Bei einer Teilungsperiode des Gitters von 8 μm und elektronischer Vervielfachung des Messsignals wird eine Auflösung von 10 nm erreicht. Die Auswertung und Darstellung der Messdaten erfolgt bei diesem System auf einem Rechner mit angeschlossenem Plotter. Das Ergebnis eines Kreisformtests, mit einem Kreuzgitter-Messsystem gemessen an einer Konsolfräsmaschine, zeigt Bild 7-11. Dargestellt sind die Abweichungen von der Sollkontur eines Kreises mit 60 mm Durchmesser.

Die Messungen zeigen an den Umkehrpunkten der Verfahrrichtung deutliche Abweichungsspitzen, die durch Haftreibung in der Achsmechanik hervorgerufen werden. Neben der Drehrichtungsabhängigkeit dieser Bahnabweichungen sind die mit der Vorschubgeschwindigkeit zunehmenden Radiusabweichungen zu erkennen.

Diese Abweichungen hängen mit der Regelung der Achse zusammen, deren begrenzter K_V-Faktor einen Schleppfehler in beiden Achsen hervorruft.

8 Geräuschverhalten von Werkzeugmaschinen

Verursacht durch hohe Lärmbelastungen am Arbeitsplatz wird eine große Anzahl von Arbeitnehmern bei der Ausübung ihrer Tätigkeit behindert oder auf Dauer sogar physisch geschädigt. So liegt, wie aus Bild 8-1 ersichtlich, bei der Mehrzahl der gewerblichen Berufsgenossenschaften die Lärmschwerhörigkeit an der Spitze aller zu entschädigenden Berufskrankheiten. Bei der Messung und Beurteilung von Geräuschen unterscheidet man grundsätzlich zwei Zielgrößen. Untersuchungen über die Geräuschimmission haben zum Ziel, die Einwirkung von Lärm auf den Menschen mittels geeigneter Verfahren zu beschreiben. Geräuschemissionsuntersuchungen beschäftigen sich hingegen mit der Geräuschabstrahlung durch Lärmquellen, z.B. Maschinen, mit dem Ziel, vergleichende Aussagen über deren akustisches Verhalten zu gewinnen.

Nach der Erläuterung einiger Grundbegriffe werden im Folgenden Möglichkeiten der modernen Schallmesstechnik, der Geräuschbeurteilung und -analyse gezeigt. Anhand spanender Werkzeugmaschinen werden beispielhaft weiterführende Aussagen zur Beurteilung der Geräuschemission von Werkzeugmaschinen vorgenommen.

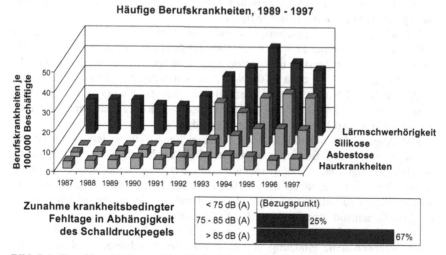

Bild 8-1. Berufskrankheiten – Krankheitsrisiko durch erhöhte Lärmeinwirkung (Quelle: Hauptverband der gewerblichen Berufsgenossenschaften (HVBG))

8.1 Grundbegriffe der Akustik

8.1.1 Schallkennwerte

Als *Schall* werden mechanische Schwingungen von festen, flüssigen oder gasförmigen Stoffen mit Frequenzen von etwa 16 Hz bis maximal 16 000 Hz bezeichnet. Innerhalb dieser Frequenzspanne kann das menschliche Gehör Schwingungen als Schall wahrnehmen [8-1 bis 8-4].

Die messtechnische Grundgröße ist der *Schalldruck*: er ist ein dem Gleichdruck überlagerter zeitabhängiger Wechseldruck (Größenordnung 10^2 bis 10^{-5} N je m^2). Zur Berechnung von Schallkennwerten ist von dem zeitlich schwankenden Schalldruck der Effektivwert zu bilden:

$$\tilde{p} = \sqrt{\frac{1}{T} \int_0^T p^2(t)dt} \quad \text{mit } T \to \infty \tag{8-1}$$

In technischen Messgeräten wird der Effektivwert während einer endlichen Zeit T (Größenordnung 1 s) gebildet.

Als *Schallschnelle* bezeichnet man die Geschwindigkeit, mit der die Materieteilchen im Schallfeld oszillieren. Der Effektivwert errechnet sich zu:

$$\tilde{v} = \sqrt{\frac{1}{T} \int_0^T v^2(t)dt} \quad \text{mit } T \to \infty \tag{8-2}$$

Diese Größe ist nicht zu verwechseln mit der Schallgeschwindigkeit c (Ausbreitungsgeschwindigkeit der Schallenergie).

Luftschall ist vom menschlichen Gehör über einen sehr großen Druckbereich wahrnehmbar. Bei einer Frequenz von 1000 Hz liegt die Hörschwelle – die untere Grenze, bei der ein Schalldruck gerade noch wahrgenommen werden kann – bei einem Effektivwert von etwa $2 \cdot 10^{-5}$ N/m^2, die Schmerzgrenze liegt oberhalb eines effektiven Schalldruckes von 20 N/m^2. Beide frequenzabhängigen Schwellwerte sind in Bild 8-2 dargestellt, das ferner die Druck- und Frequenzbereiche angibt, die für Sprache und Musik kennzeichnend sind.

Die Angabe des Schalldrucks zur Kennzeichnung eines Geräusches ist aufgrund dieses großen Bereiches unübersichtlich; auch hat die lineare Skala der Schallfeldkenngrößen wenig gemeinsam mit der Sinnesempfindung des Menschen. Diese Gründe haben dazu geführt, in der technischen Akustik logarithmische Skalen zu nutzen und diese als Pegelmaße zu definieren. Die Benennung für diese dimensionslose Größe ist das dB (dezi-Bel).

Als wichtige akustische Kenngrößen, welche die abgestrahlte Schallemission einer Geräuschquelle eindeutig und reproduzierbar beschreiben, haben sich der Schalldruckpegel L_p und der Schallleistungspegel L_W durchgesetzt.

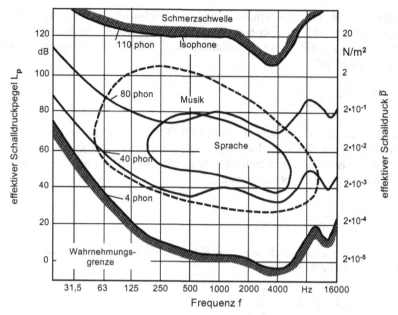

Bild 8-2. Hörflächendiagramm (Quelle: L. Cremer)

Der Schalldruckpegel ist folgendermaßen definiert:

$$L_p = 10 \lg \frac{\tilde{p}^2}{\tilde{p}_0^2} = 20 \lg \frac{\tilde{p}}{\tilde{p}_0} \qquad (8\text{-}3)$$

Als Bezugsschalldruck ist ein Wert von $\tilde{p}_0 = 2 \cdot 10^{-5}$ N/m² festgelegt. Für den Schallleistungspegel L_W gilt:

$$L_W = 10 \lg \frac{P}{P_0} \qquad (8\text{-}4)$$

mit der Schallleistung P und der Bezugsschallleistung $P_0 = 1 \cdot 10^{-12}$ W.

Die Schallleistung P ist die von der Schallquelle abgestrahlte Schallleistung in Watt bzw. das Integral der Schallintensität I über die die Schallquelle einhüllende Fläche S:

$$P = \oint \vec{I} \, d\vec{S} \qquad (8\text{-}5)$$

Die Schallintensität ist die Schallenergie, die je Zeiteinheit durch die Flächeneinheit strömt; sie ergibt sich aus dem Produkt von Schalldruck und Schallschnelle:

$$I = \tilde{p} \cdot \tilde{v} \left[\frac{N}{m^2} \cdot \frac{m}{s} \right] \qquad (8\text{-}6)$$

Die Schallschnelle ist messtechnisch nur sehr schwierig zu erfassen. Bei Messungen im Fernfeld, d.h. bei ausreichend großem Abstand des Messpunktes von der Geräuschquelle, sind Schalldruck und Schallschnelle proportional zueinander, so dass gilt:

$$\tilde{v} = \frac{\tilde{p}}{\rho \cdot c} \qquad (8\text{-}7)$$

mit $\rho \cdot c$ als Schallkennimpedanz Z_0 (für Luft 408 Ns/m^3), ρ als Dichte des Mediums und c als Schallgeschwindigkeit (für Luft 330 m/s^2). Unter dieser Voraussetzung lässt sich die Schallschnelle durch den Schalldruck ausdrücken. Für die Schallintensität ergibt sich somit:

$$I = \frac{\tilde{p}^2}{\rho \cdot c} \left[\frac{W}{m^2} \right] \qquad (8\text{-}8)$$

Die Schallleistung ergibt sich aus der Schallintensität I und der tatsächlich durchströmten Fläche S.

$$P = I \cdot S = \tilde{p} \cdot \tilde{v} \cdot S = \frac{\tilde{p}^2}{\rho \cdot c} \cdot S \qquad (8\text{-}9)$$

Gl. (8-9) gilt jedoch nur für die Annahme, dass der Schalldruck p(t) und die Schallschnelle v(t) die gleiche Phasenlage haben. Diese Bedingung ist in ausreichend großer Entfernung von der Schallquelle erfüllt (Abstand ca. 1 m).

Begriff	Formelzeichen	Formelmäßige Beschreibung
effektiver Schalldruck	$\tilde{p}$	$\tilde{p} = \sqrt{\frac{1}{T} \int_0^T p^2(t)dt}$; $T \rightarrow \infty$
effektive Schallschnelle	$\tilde{v}$	$\tilde{v} = \sqrt{\frac{1}{T} \int_0^T v^2(t)dt}$; $T \rightarrow \infty$
Schallintensität	I	$I = \tilde{p} \cdot \tilde{v} = \frac{\tilde{p}^2}{\rho \cdot c}$
Schallleistung	P	$P = I \cdot S = \frac{\tilde{p}^2}{\rho \cdot c} \cdot S$
Schalldruckpegel	L_p	$L_p = 10 \lg \frac{I}{I_0} = 20 \lg \frac{P}{P_0}$ mit $\tilde{p}_0 = 2 \cdot 10^{-5} \frac{N}{m^2}$; $\tilde{v}_0 = \frac{\tilde{p}_0}{\rho \cdot c} = 5 \cdot 10^{-8} \frac{m}{s}$; $I_0 = \tilde{p}_0 \cdot \tilde{v}_0 = 10^{-12} \frac{W}{m^2}$
Schallleistungspegel	L_w	$L_w = 10 \lg \frac{P}{P_0} = L_p + L_s = 20 \lg \frac{\tilde{p}}{\tilde{p}_0} + 10 \lg \frac{S}{S_0}$ mit $S_0 = 1 m^2$; $P_0 = I_0 \cdot S_0 = 10^{-12} W$

Bild 8-3. Schalltechnische Grundbegriffe

Mit $P = \tilde{p} \cdot \tilde{v} \cdot S$ und der Bezugsgröße $\tilde{p}_0$ folgt für die Ermittlung des Schallleistungspegels:

$$L_W = 10 \lg \frac{\tilde{p}^2}{\tilde{p}_0^2} + 10 \lg \frac{S}{S_0} \text{ mit } S_0 = 1 \text{ m}^2 \qquad (8\text{-}10)$$

Der Schallleistungspegel setzt sich also aus dem Schalldruckpegel und einem additiven Glied, dem Messflächenmaß, zusammen.

Eine zusammenfassende Darstellung der zum Verständnis und zur Beurteilung von Schallproblemen in der Geräuschmesspraxis notwendigen Grundbegriffe ist in Bild 8-3 gegeben.

8.1.2 Spektrale Zusammensetzung des Schalls

Außer den Hinweisen, die aus summarischen Schallmessungen für die Konstruktion und Auslegung geräuscharmer Maschinen und Anlagen zu erwarten sind, kommt der systematischen Analyse von Geräuschursachen eine besondere Bedeutung zu. Um die Ursache der Geräuscherzeugung einzelner Quellen ermitteln zu können, ist eine Frequenzanalyse des Luft- bzw. Körperschalls notwendig. Es soll zunächst kurz auf die Zusammenhänge von Signalen im Zeit- und Frequenzbereich eingegangen werden.

In Bild 8-4 ist ein willkürliches Messsignal als Funktion der Zeit dargestellt. Mit Hilfe der Fouriertransformation [8-5] oder Filtertechnik lässt sich jedes Signal in einzelne harmonische Komponenten unterschiedlicher Amplituden und Phasenlagen zerlegen. In diesem Beispiel setzt sich das Ausgangssignal aus drei Sinusschwingungen von 1000, 2000 und 3000 Hz zusammen. Die im unteren Bildteil gezeigte Darstellung im Frequenzbereich gibt deutlich Auskunft über die einzelnen Frequenzanteile. Auf die Angabe der verschiedenen Phasenlagen wurde verzichtet.

Man unterscheidet bei der Schallanalyse charakteristische Frequenzspektren. In Bild 8-5 sind die Schalldruckamplituden in Abhängigkeit von der Frequenz für verschiedene Schallereignisse aufgetragen.

– Einfacher Ton: Schall von sinusförmigem Verlauf
– Tongemisch: aus Tönen beliebiger Frequenz zusammengesetzter Schall
– Einfacher Klang: aus harmonischen Teiltönen zusammengesetzter Schall
– Geräusch: Schall mit kontinuierlichem Spektrum oder ein Tongemisch, das sich aus sehr vielen Einzeltönen zusammensetzt, deren Frequenzen nicht im Verhältnis ganzer Zahlen zueinander stehen.

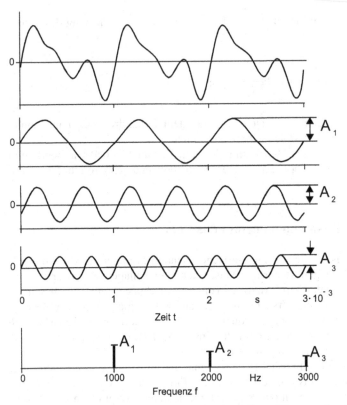

Bild 8-4. Zusammenhang zwischen Signalen im Zeit- und Frequenzbereich

8.2 Analyse und Bewertung von Geräuschen

8.2.1 Frequenzbewertung

Das normal ausgebildete menschliche Gehör nimmt Frequenzen von rd. 16 Hz bis etwa 16 kHz wahr, wobei die Hörempfindung einerseits von der absoluten Höhe des Schalldrucks und andererseits von seiner Frequenzlage abhängt. Die Empfindlichkeit des Ohres ist am größten für Töne im mittleren Frequenzbereich von etwa 2000 bis 6000 Hz, Bild 8-2. Die Ursache hierfür liegt an dem Aufbau des Außenohres, d.h. der Länge des Gehörganges von der Ohrmuschel bis zum Trommelfell. In dem Frequenzbereich, in welchem die Länge des Gehörganges ca. ¼ der Wellenlänge des Luftschalls entspricht, ist die Aufnahme von Schallschwingungen durch das Trommelfell besonders gut. Dies entspricht bei den meisten Menschen einer Frequenz von 4000 Hz.

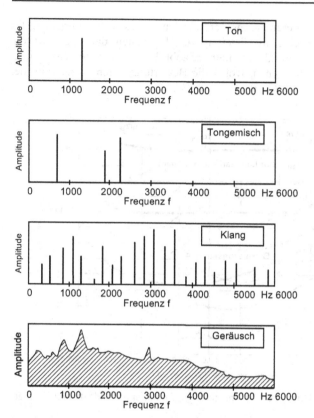

Bild 8-5. Amplitudenspektrum für verschiedene Schallereignisse

Die Abhängigkeit des Lautstärkepegels von Schalldruckpegel und Frequenz wird durch die „Kurven gleicher Lautstärke" (Isophonen) beschrieben, Bild 8-6. Diese Kurven geben an, welchen Pegel ein Schallsignal mit vorgegebener Frequenz aufweisen muss, damit es gleich laut wie ein 1000 Hz-Signal mit vorgegebenem Schalldruckpegel empfunden wird.

Ein reiner Ton mit einer Frequenz von 50 Hz und einem Schalldruckpegel von 80 dB wird genau so laut empfunden wie der Standardschall von 1 kHz und 60 dB, der Ton hat einen Lautstärkepegel von 60 Phon, Bild 8-6.

Um die frequenzabhängige Empfindlichkeit des Ohrs bei der messtechnischen Beurteilung von Geräuschquellen zu berücksichtigen, wurde eine Frequenzbewertung eingeführt, die das Geräusch frequenzabhängig und in Abhängigkeit des absoluten Schalldrucks wichtet.

Die Bewertungskurven A, B und C (in Bild 8-6 ausgezogene Kurven) zeigen die genormten Geräuschbewertungen. Die A-Bewertungskurve gilt in Annäherung an die Kurven gleicher Lautstärke für Schalldruckpegel kleiner 55 dB, die B-Kurve für Schalldruckpegel zwischen 55 und 85 dB und die C-Kurve für Schalldruckpegel über 85 dB. International wird jedoch heute die A-Kurve für alle Schalldruckpegel zur frequenzabhängigen Bewertung eines Geräusches verwen-

det, um auf Grund dieser Vereinbarung vergleichbare Messwerte zu erhalten. Da
diese Bewertungskurven eine Idealisierung der Isophonen darstellen, ist die
Benennung der Messgröße mit „Phon" nicht erlaubt. Der gewichtete Schalldruckpegel wird daher in dB angegeben, wobei die Bewertung durch Indizierung der
Pegelgröße erfolgt, z.B. L_{pA} = 85 dB.

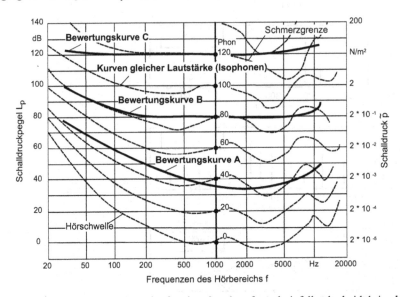

Bild 8-6. Kurven gleicher Lautstärke für sinusförmige, frontal einfallende, beidohrig abge-
hörte Einzeltöne

8.2.2 Zeitbewertung

Zur Bewertung des zeitlichen Verlaufes von Schallsignalen sind in Pegelmessern
verschiedene Integrationszeiten installiert, die die Dynamik der Anzeige beeinflussen. Entsprechend DIN IEC 651 sind drei verschiedene Anzeigedynamiken
vorgesehen. Ihre Wahl richtet sich zum einen danach, ob das Geräusch konstant,
schwankend oder impulsartig ist, zum anderen hängt die Einstellung von den bei
Schallmessungen einzuhaltenden Messvorschriften ab.

Bild 8-7 stellt für ein impulshaltiges Geräusch die Auswirkung der unterschiedlichen Anzeigearten bzw. Integrationszeiten auf den gemessenen Pegelverlauf
vergleichend gegenüber. Deutlich ist zu erkennen, dass die Zeitbewertung
Impuls (I) höhere Messwerte anzeigt als die Bewertungen Fast (F) und Slow (S),
die für die Messungen von sich schnell ändernden bzw. konstanten oder nahezu
konstanten Geräuschen vorgesehen sind. Kurzdauernde oder impulshaltige
Geräusche werden mit „Impuls" gemessen.

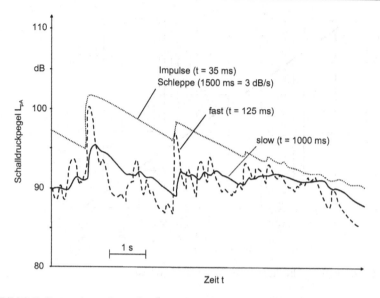

Bild 8-7. Gegenüberstellung der Pegelverläufe bei unterschiedlichen Anzeigearten

Eine Besonderheit dieser Zeitbewertung ist es, dass die Anzeige nach Beendigung eines kurzzeitigen Schallereignisses mit einer Geschwindigkeit von 3 dB/s konstant abfällt. Durch diesen verzögerten Rücklauf der Anzeige werden die gehörphysiologischen Nachwirkungen impulshaltiger Geräusche durch den festgestellten Messwert berücksichtigt.

8.2.3 Beurteilung zeitlich schwankender Geräusche

Zulässige Einwirkdauer für Schalldruckpegel

Wichtigstes Ziel aller Geräuschuntersuchungen ist es, die Geräuscheinwirkung, bezeichnet als Geräuschimmission, auf den Menschen möglichst gering zu halten, um ihn vor Gesundheitsgefährdungen und -schäden zu bewahren. Nach umfangreichen medizinischen Untersuchungen wurden Grenzwerte festgelegt, die nicht überschritten werden dürfen. Bild 8-8 zeigt den zulässigen Schalldruckpegel in Abhängigkeit von seiner Einwirkdauer. Für einen achtstündigen Arbeitstag (480 min) beträgt der zur Zeit höchstzulässige konstant einwirkende Grenzwert 85 dB. Wird dieser Grenzwert überschritten, so ist der Unternehmer nach der UVV-Lärm (Unfall-Verhütungs-Vorschrift) dazu verpflichtet, persönliche Schallschutzmittel zur Verfügung zu stellen. Die eingezeichnete Kurve verdeutlicht, dass sich bei einer Pegeländerung um 3 dB die zulässige Einwirkdauer mit dem Faktor 2 ändert.

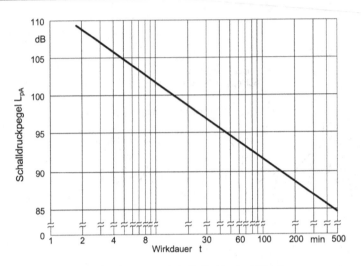

Bild 8-8. Zulässiger Schalldruckpegel als Funktion der Wirkdauer

Instationäre Geräuschverläufe – äquivalenter Pegel

Schallvorgänge verlaufen im Allgemeinen nicht konstant, sondern ändern sich in Abhängigkeit von der Zeit. Nach DIN 45641 wird deshalb ein zeitlich gemittelter Pegel L_m innerhalb zweckmäßig gewählter Teilzeiten, Bild 8-9, errechnet, dessen Energie einem zeitlich konstanten Geräusch äquivalent ist (energieäquivalenter Pegel).

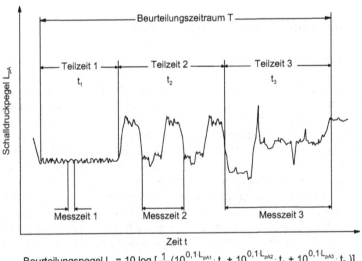

Beurteilungspegel $L_r = 10 \log \left[\frac{1}{T} (10^{0,1 \cdot L_{pA1}} \cdot t_1 + 10^{0,1 \cdot L_{pA2}} \cdot t_2 + 10^{0,1 \cdot L_{pA3}} \cdot t_3) \right]$

Bild 8-9. Schallpegelverlauf im Beurteilungszeitraum und Beispiele für zweckmäßig gewählte Mess- und Teilzeiten (Quelle: nach DIN 45641)

Die Teilzeiten t_i legt man so fest, dass gleichartige Schallereignisse zusammengefasst werden können. Insbesondere stationäre und periodische Geräuschvorgänge lassen sich gut in Teilzeiten zusammenfassen. Die Messzeit innerhalb dieser Teilzeiten richtet sich nach der Gleichmäßigkeit des Pegelverlaufs. Wie aus Bild 8-9 hervorgeht, genügt in der Teilzeit 1 eine kurze Messzeit, da der Pegel nahezu konstant ist. In der Teilzeit 2 muss mindestens ein Zyklus erfasst werden. Die Messzeit ist im 3. Fall mit der Teilzeit 3 identisch, da der Pegel in diesem Zeitraum völlig unregelmäßig verläuft. Die folgende Formel zeigt, wie aus unterschiedlichen Geräuschpegeln und ihren Einwirkdauern ein energetischer Mittelwert gebildet wird, der sich mit vorgegebenen Grenzwerten vergleichen lässt:

$$L_m = 10 \lg \left(\frac{1}{T} \sum_{i=1}^{n} 10^{\frac{L_i}{10}} \cdot t_i \right) \qquad (8\text{-}11)$$

Der Beurteilungspegel L_r ist ein modifizierter zeitlicher Mittelungspegel. Er wird als Grundlage zur Beurteilung von Geräuschen im Hinblick auf ihre Auswirkung auf den Menschen über ein größeres Zeitintervall (Beurteilungszeitraum) z.B. eine Arbeitsschicht, einen Tag oder eine Woche herangezogen:

$$L_r = 10 \lg \left(\frac{1}{T} \sum_{i=1}^{n} 10^{\frac{L_{mi}+K_i}{10}} \cdot t_i \right) \qquad (8\text{-}12)$$

Der Beurteilungspegel wird nach dem gleichen formelmäßigen Ansatz bestimmt wie der Mittelungspegel. Jedoch können die Pegel L_{mi} Zuschläge K_i für Ton- und Impulshaltigkeit des Geräusches oder für bestimmte Tages- oder Nachtzeiten erhalten, falls sie im Messwert noch nicht enthalten sind. Die individuelle Geräuschsituation wird durch die Pegelzuschläge im Beurteilungspegel mit berücksichtigt. Die Höhe der Zuschläge ist z.B. in der Richtlinie VDI 2058 Bl. 1 festgelegt.

8.3 Schallmesstechnik zur Ermittlung der Geräuschemissionen von Maschinen

Sowohl für den Maschinenhersteller als auch für den Betreiber sind Aussagen über das Geräuschverhalten ihrer Maschinen von großem Interesse. Einerseits kann die Einhaltung gesetzlicher Bestimmungen überprüft werden, andererseits werden durch den Vergleich des Geräuschverhaltens mit anderen Maschinen Entscheidungshilfen gegeben, ob und in welchem Umfang Lärmminderungsmaßnahmen erforderlich sind.

Voraussetzung für einen objektiven Vergleich des Geräuschverhaltens von Maschinen und Anlagen ist die exakte Ermittlung der Geräuschemission. Neben dem Emissions-Gesamtpegel, der die Geräuschabstrahlung einer Anlage in einem definierten Betriebspunkt repräsentiert, sind für Lärmminderungsmaßnahmen spektrale Analysen der Geräusche notwendig. Zur Geräuschbestimmung stellt das Normenwerk der DIN 45635 bewährte Verfahren bereit, die seit langem Anwendung in der Praxis finden.

Ein etwas neueres Verfahren zur Messung von Geräuschemissionen ist die Schallintensitätsmesstechnik. Gegenüber der Schalldruckmesstechnik ermöglicht die Schallintensitätsmessung ein vereinfachtes Messen unter akustisch ungünstigen Bedingungen. Die Methoden der Schallmessung und der spektralen Analyse werden im Folgenden erläutert und die beiden Verfahren zur Geräuschemissionsbestimmung von Maschinen hinsichtlich ihrer unterschiedlichen Messtechnik vergleichend gegenübergestellt.

8.3.1 Schalldruckmessung

Der von einer Geräuschquelle abgestrahlte Schall wird als Schalldruck von einem Mikrophon aufgenommen, in ein elektrisches Signal umgewandelt und verstärkt. Der Signalflussplan in Bild 8-10 verdeutlicht die weitere elektronische Verarbeitung der Messsignale. Entsprechend den Frequenzbewertungskurven und den Zeitkonstanten, die die Anzeigedynamik beeinflussen (s. a. Abschnitt 8.2), wird der gemessene Schalldruck korrigiert und somit dem Geräuschempfinden des menschlichen Ohrs angepasst. Ferner zeigt das Bild ein Beispiel für den Aufbau einer Schallmesskette, bestehend aus dem Messobjekt, dem Kondensatormikrophon, dem Messverstärker sowie dem Mess- und Analyserechner.

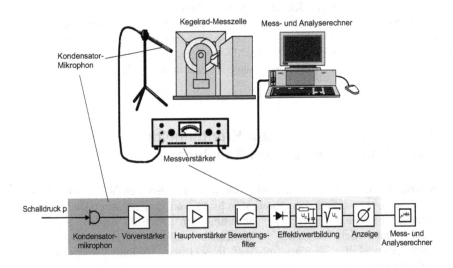

Bild 8-10. Schallpegelmessung nach DIN IEC 651 für Geräuschmessungen

Bei dem Messverstärker handelt es sich um ein Gerät, das mit den Bewertungs-filtern A, B und C sowie mit den Integrationszeiten „Slow" und „Fast" ausgestattet ist. Zusätzlich verfügt der Messverstärker über die Zeitkonstante „Impuls" und einen Signalausgang, der an die Analogmesskarte eines Mess- und Analyserechners angeschlossen werden kann. Hier erfolgt dann eine Speicherung der Messdaten auf der Festplatte sowie eine Weiterverarbeitung der Signale, wie z.B. eine Fast-Fourier-Transformation zur Ermittlung des Schallspektrums. Heutzutage kann sogar gänzlich auf den Einsatz eines Messverstärkers verzichtet werden, da die Messrechner mit einer internen Signalverstärkung ausgerüstet sind. Dies ermöglicht den direkten Anschluss des Kondensatormikrophons an den Mess- und Analyserechner.

In Abhängigkeit vom zeitlichen Verlauf eines Signals kann die Bestimmung des Mittelungs- bzw. Beurteilungspegels mit konventionellen Pegelmessgeräten sehr aufwändig werden. Hierzu werden automatisch arbeitende Messgeräte, wie z.B. Lärmdosimeter, eingesetzt, die den gemessenen Pegelwert digitalisieren und mit Hilfe eines integrierten Rechners die entsprechenden Schallkennwerte ermitteln und anzeigen, so dass die Beurteilung zeitlich schwankender Geräusche wesentlich erleichtert wird.

8.3.2 Analysiermesstechnik

Bei der Frequenzanalyse von Geräuschen unterscheidet man zwischen Analysen mit absoluter Bandbreite (im Allgemeinen schmalbandige Filter) und Analysen mit relativer Bandbreite (z.B. Terz- oder Oktavfilter). Hierbei sind folgende charakteristische Filterfrequenzen definiert:

Grenzfrequenzen

- untere Filterdurchlassfrequenz: f_u
- obere Filterdurchlassfrequenz: f_o

Breite des Durchlassbereiches der Filter

- Schmalbandfilter: $f_o - f_u = \text{konstant (z.B. 15 Hz)}$

- Terzfilter: $f_o = \sqrt[3]{2} \cdot f_u$

- Oktavfilter: $f_o = 2 \cdot f_u$

- Mittenfrequenz: $f_m = \sqrt{f_o \cdot f_u}$

Aus den Definitionen der Grenzfrequenzen f_u und f_o folgt, dass eine Oktave drei Terzbänder umfasst; die Terzanalyse verfügt also im Vergleich zur Oktavanalyse um ein dreifach besseres Auflösungsvermögen. Die Nenndurchlassbereiche und Mittenfrequenzen sind nach DIN 45651 und DIN 45652 genormt [8-13, 8-14]. Die unterschiedlichen Arbeitsweisen und Anwendungsmöglichkeiten werden im Folgenden beispielhaft aufgezeigt.

Die meisten technischen Geräusche setzen sich nicht wie oben dargestellt aus reinen Tönen zusammen, sondern aus einer Reihe von zufälligen Schwingungen, die zum sogenannten Rauschen führen. Diesem Rauschen können mehr oder weniger starke Einzeltonkomponenten überlagert sein. Wie sich die verschiedenen Frequenzanalyseverfahren auf die Messergebnisse und Interpretationsmöglichkeiten auswirken, zeigt Bild 8-11. Im oberen Bildteil ist ein Rauschvorgang dargestellt, der mit einem Rauschgenerator erzeugt wurde. Diesem Rauschvorgang wurden drei Einzeltonkomponenten überlagert, deren Pegel den Rauschpegel um jeweils 10 dB übersteigen.

In der Darstellung im Zeitbereich sind die Einzelkomponenten nicht erkennbar. Im unteren Bildteil ist eine Frequenzanalyse mit gleichbleibender, absoluter Bandbreite ($\Delta f = 10$ Hz) über den gesamten Frequenzbereich durchgeführt. Die Analyse des Rauschvorgangs zeigt ein geschlossenes Schmalbandspektrum von 0 bis 20 kHz, die Einzeltöne (Sinusschwingungen) sind im Analyseergebnis klar zu erkennen. Im mittleren Bildteil ist vom gleichen Zeitsignal eine Frequenzanalyse mit relativer Bandbreite (Terz und Oktav) durchgeführt worden. Die Frequenzachse ist der relativen Bandbreite angepasst und entsprechend logarithmisch geteilt. Der Unterschied zu der schmalbandigen Analyse ist deutlich erkennbar; mit steigender Frequenz und damit mit steigender Filterbandbreite wird die Summe der Energien innerhalb eines Terz- oder Oktavbandes größer. Damit ergibt sich der im Bild gezeigte treppenförmige Verlauf. Der Anstieg beträgt beim Oktavpegel 3 dB und beim Terzpegel 1 dB je Stufe.

Mit steigender Bandbreite wird das Erkennen von Einzelkomponenten schwieriger. Der erste Einzelton von 300 Hz ist im Terzspektrum noch deutlich zu erkennen, die Auswirkungen des zweiten und dritten Teiltones (3000 Hz und 12500 Hz) sind praktisch nicht mehr wahrzunehmen. Durch die dreifach größere Bandbreite sind im Oktavspektrum selbst Einzeltöne mit hohen Amplituden kaum zu erkennen.

Aus den genannten Tatsachen ist die Schlussfolgerung zu ziehen, dass bei der Suche nach Geräuschursachen, die sich auf bestimmte einzelne Frequenzen beziehen, nur schmalbandige Frequenzanalysen zum Ziel führen. Für viele Planungsaufgaben und zur allgemeinen Beurteilung des Frequenzinhaltes eines Geräusches leisten Terz- oder Oktavanalysen wertvolle Dienste, da deren Frequenzauflösungen z.B. für die Konstruktion von Schalldämpfern oder zur Bestimmung des Absorptionsverhaltens von Räumen völlig ausreichen. Ein bevorzugtes Einsatzgebiet ist bei der Auslegung von Kapselungen gegeben. Schmalbandige Analysen liefern hier im Allgemeinen keine brauchbaren Aussagen, da die Dämmungs- und Dämpfungseigenschaften der eingesetzten Materialien breitbandig wirksam sind. Ein weiterer Vorteil der Terz- und Oktavanalysen besteht in der einfachen Messtechnik.

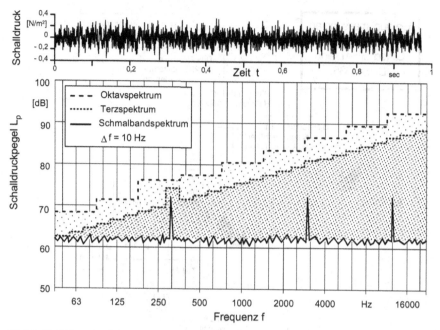

Bild 8-11. Zeitverlauf, Spektrum mit konstanter Bandbreite sowie Terz- und Oktavspektren von Rauschen und Einzeltönen

8.3.3 Geräuschmessungen nach DIN 45635

Kennwert für die Geräuschemission ist der Schallleistungspegel bei definierten Betriebsbedingungen, der unter Berücksichtigung von Fremdgeräuschen und raumakustischen Rückwirkungen einen Vergleich unterschiedlicher Maschinen zulässt. Maßgebend für die Ermittlung des Schallleistungspegels ist die Normensammlung DIN 45635.

Bild 8-12 zeigt die schematische Darstellung der in drei Ebenen gegliederten Norm. Die erste Ebene enthält „Rahmenblätter", in denen allgemeine Feststellungen für die unterschiedlichen Messverfahren getroffen werden. Die zweite Ebene bilden die sogenannten „Folgeblätter". Hierin sind die Vorschriften für bestimmte Maschinenarten (z.B. Werkzeugmaschinen, elektrische Maschinen, Haushaltsmaschinen) festgehalten. Daran schließen sich die „Anhangblätter" an. Sie enthalten die speziellen Anweisungen und Betriebsbedingungen, die zur Messung der unterschiedlichen Maschinen, z.B. Drehmaschinen, Fräsmaschinen, Kaltkreissägemaschinen usw. einzuhalten sind.

Das Normenwerk der DIN 45635 stimmt inhaltlich mit der internationalen Normenreihe ISO 3740 – 3747 überein. Aufgrund von Bestrebungen, die Normen international anzugleichen, werden die ISO-Richtlinien in die deutsche Normung als DIN EN 23740 – 23747 aufgenommen und zukünftig die entsprechenden Teile

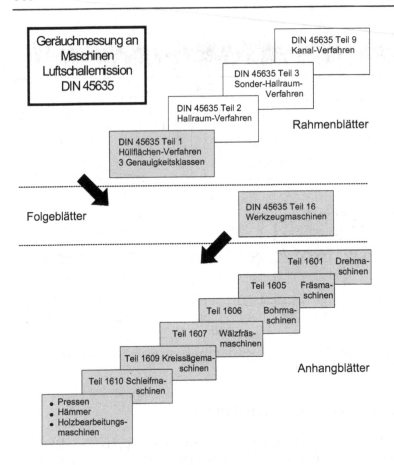

Bild 8-12. DIN 45635 Geräuschmessung an Maschinen

der DIN 45635 ersetzen. Auf die Messpraxis hat diese Normenanpassung jedoch kaum Auswirkungen, da die betroffenen DIN-Teile mit den ISO-Standards weitgehend übereinstimmen. Zudem behalten mittelfristig die Folge- und Anhangblätter von DIN 45635 weiterhin ihre Gültigkeit, da entsprechende internationale Regelungen hier nur teilweise existieren. Daher orientieren sich die nachfolgenden Betrachtungen an dem gängigen Hüllflächenverfahren nach DIN 45635-01, das den ISO-Normen 3744 – 3746 entspricht sowie an dem DIN-Folgeblatt 45635-16, welches spezielle Festlegungen für Werkzeugmaschinen enthält.

Das Hüllflächenverfahren stellt ein einfaches und damit praktikables Verfahren zur Ermittlung der Geräuschemission dar. Es wird in drei Genauigkeitsklassen eingeteilt, die von der Messumgebung, der Qualität der Messgeräte und der Anordnung der Messpunkte abhängig sind. Nach dem Hüllflächenverfahren werden um eine geometrisch idealisierte Maschine die Messpunkte auf sog. Messpfaden festgelegt. Die Genauigkeitsklassen 2 und 3 schreiben eine rechteckige Hüllfläche

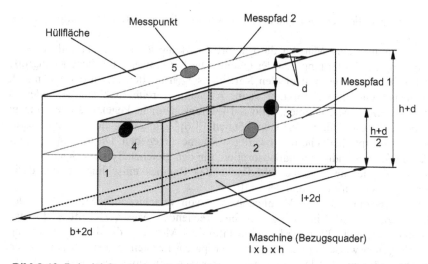

Bild 8-13. Beispiel für eine vereinfachte Messpunktanordnung bei der Schallleistungsmessung nach dem Hüllflächenverfahren

vor (Genauigkeitsklasse 1: halbkugelförmige Hüllfläche). Unter Beachtung der einzuhaltenden Umgebungsbedingungen werden die Genauigkeitsklassen 2 und 3 für die Geräuschuntersuchungen üblicher Werkzeugmaschinen erreicht.

Das Bild 8-13 zeigt beispielhaft eine vereinfachte Messpunktanordnung für eine mittelgroße Maschine. Die fünf Messpunkte sind in den Teilflächenschwerpunkten der Hüllfläche positioniert. Die Hüllfläche besitzt an allen Stellen einen Mindestabstand von $d \geq 1\,\mathrm{m}$ zu dem Bezugsquader, der das Messobjekt symbolisiert. Durch die gleichmäßige Verteilung der Messorte wird das Gesamtgeräuschverhalten der Maschine auch bei lokal unterschiedlicher Abstrahlung möglichst genau erfasst. Für eine exakte Geräuschmessung nach DIN 45635 ist die Anordnung der Messpunkte entsprechend der angestrebten Genauigkeitsklasse aus den Rahmenblättern zu entnehmen.

Aus der Größe der Messfläche lässt sich das Messflächenmaß (siehe auch Gl. (8-10)) zur Bestimmung des Schallleistungspegels errechnen. Bei einer Schallmessung addieren sich die Schallenergien der zu messenden Maschine und die der übrigen im Messraum vorhandenen Schallerzeuger. Zur Bestimmung der Geräuschemission, die eine objektive Beurteilung der Maschine ermöglichen soll, muss deshalb der gemessene Pegelwert um den Fremdgeräuschanteil bereinigt werden. Die Größe des Korrekturwertes K_1 hängt ab von der Differenz zwischen dem gemessenen Gesamtpegel und der Höhe des Fremdgeräusches.

Ferner wird das Messergebnis durch die akustischen Rückwirkungen (Reflexionen und Beugungen) des Raumes verfälscht. Dieser Raumeinfluss wird über einen weiteren Korrekturwert K_2 berücksichtigt. Die Bestimmung von K_2 kann messtechnisch über verschiedene Verfahren, beispielsweise durch Messung der Nachhallzeit in Räumen oder durch Vergleichsmessungen mit einer Normschallquelle, erfolgen. Alternativ besteht für Messungen der Genauigkeitsklasse 3

auch die Möglichkeit, K_2 anhand von Raumgröße und Raumausstattung abzuschätzen.

Ein anschauliches Maß für die Raumrückwirkung ist der Pegelabfall bei Ver-
doppelung der Entfernung von der Quelle. Die Extremwerte für diese Kenngröße
sind 0 dB in Räumen mit idealen Reflexionseigenschaften und 6 dB, wenn sich
der Schall ungestört ausbreiten kann, z.B. unter Freifeldbedingungen oder in
reflexionsarmen Messräumen. Bild 8-14 veranschaulicht Pegelabnahmen, die in
üblichen Industriehallen auftreten können [8-6]. Zum Vergleich ist eine äquivalente Absorptionsfläche der jeweiligen Räume angegeben. Diese entspricht der
Fläche mit vollständiger Schallabsorption, die den gleichen Teil der Schallenergie
absorbiert, wie die gesamte Oberfläche des Raumes einschließlich der darin
enthaltenen Gegenstände und der Luft.

Voraussetzung für eine Vergleichbarkeit von verschiedenen Messungen oder
Maschinen ist die Einhaltung der entsprechenden Messvorschriften. Ebenso
wichtig ist eine ausführliche Dokumentation der Messung, die die Durchführung
und Vorgehensweise bei der Messung transparent machen. Nähere Erläuterungen
zur Durchführung und Dokumentation derartiger Emissionsmessungen an Werkzeugmaschinen werden in Abschnitt 8.5 gegeben.

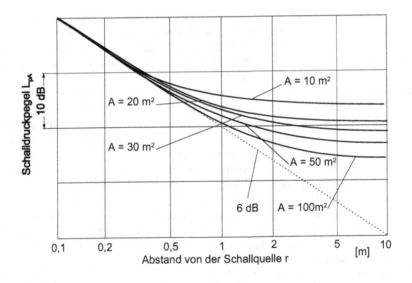

Bild 8-14. Schalldruckpegelverlauf im Freifeld und in halbhalligen Räumen

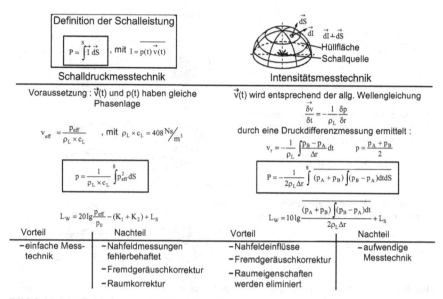

Bild 8-15. Möglichkeiten zur Schallleistungsbestimmung

8.3.4 Geräuschmessungen nach dem Schallintensitätsmessverfahren

Eine weitere Möglichkeit, die Schallleistung von Maschinen und anderen Geräuschquellen zu ermitteln, ist durch das Schallintensitätsmessverfahren gegeben.

In Bild 8-15 werden die physikalischen und mathematischen Grundlagen für die Bestimmung des Schallleistungspegels nach der konventionellen Schalldruckmesstechnik der Schallintensitätsmesstechnik gegenübergestellt. Der wesentliche Unterschied besteht darin, dass beim herkömmlichen Verfahren die Schallschnelle über die Schallkennimpedanz $Z_0 = \rho_L \cdot c_L$ berechnet wird, während bei der Intensitätsmessung die Schnelle als vektorielle Größe durch die Bestimmung der Druckdifferenz mit Hilfe zweier im Abstand Δr angeordneter Mikrophone messtechnisch ermittelt wird. Hieraus folgt, dass auch im Nahfeld einer Quelle die Schallwerte korrekt erfasst werden können.

Zur praktischen Ermittlung der zeitlich und räumlich mittleren Intensität werden die Mikrophone so auf einer beliebigen Hüllfläche geführt, dass sie mit dem Schallquellenmittelpunkt auf einer Geraden liegen. Die Druckgradienten aller Schallanteile, die innerhalb der Hüllfläche erzeugt werden und die Fläche nach außen durchdringen, weisen in Bezug auf die Messrichtung das gleiche Vorzeichen auf. Durch die hintereinander angeordneten Mikrophone wechseln die Schallanteile von Fremdgeräuschen, die von außen durch die Hüllfläche einfallen, den Hüllraum durchlaufen und wieder austreten, das Vorzeichen des Gradienten, so dass sie sich gegenseitig aufheben. Der so ermittelte Schallpegel ist also weitgehend unabhängig von Fremdgeräuschen und Raumrückwirkungen, auch wenn diese deutlich größer sind als die vom Messobjekt abgestrahlten Geräusche.

Messung des Messgegenstandes
ohne Einfluss von Fremdgeräuschen

$$\oint_S \vec{I} \cdot d\vec{S} = P_{Maschine} = 110 \text{ dB}$$

Messung des Schallleistungsanteils der
Fremdgeräusche über der Hüllfläche
des Messgegenstandes

$$\oint_S \vec{I} \cdot d\vec{S} = P_{Fremd} = 0 \text{ dB}$$

Messung des Messgegenstandes
unter Einfluss von Fremdgeräuschen

$$\oint_S \vec{I} \cdot d\vec{S} = P_{Maschine} = 110 \text{ dB}$$

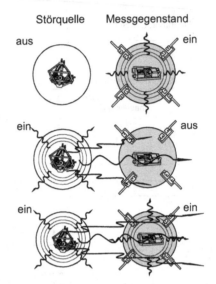

Bild 8-16. Elimination des Fremdgeräuscheinflusses bei der Schallintensitätsmesstechnik

In Bild 8-16 sind die Zusammenhänge, die für die direkte Elimination des Fremdgeräuscheinflusses bei der Schallintensitätsmesstechnik verantwortlich sind, noch einmal graphisch veranschaulicht.

Das Prinzip der Signalverarbeitung und die hierzu benötigten Geräte zeigt das Bild 8-17. Die von den beiden Mikrophonen aufgenommenen Schalldrucksignale werden vorverstärkt und über Analog-Digital-Wandler parallel arbeitenden Filtern

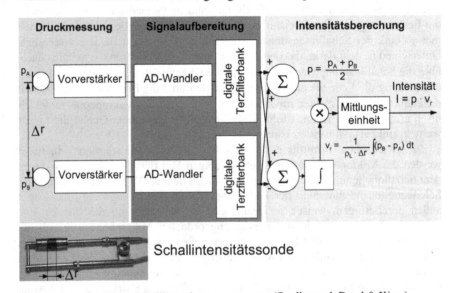

Bild 8-17. Aufbau eines Schallintensitätsmesssystems (Quelle: nach Bruel & Kjaer)

zugeführt. In einem nachgeschalteten Rechner werden die Schallsignale entsprechend den im Bild angegebenen Gleichungen zu einer mittleren Schallintensität verarbeitet, aus der sich durch anschließende Integration über die Messfläche die Schallleistung ergibt. Durch die Filter, die sowohl relative als auch absolute Bandbreiten aufweisen können, lässt sich die frequenzmäßige Zusammensetzung der Intensität ermitteln, so dass auch Rückschlüsse auf die Geräuschanregung und ihre Auswirkungen auf das Gesamtgeräusch möglich sind.

Im unteren Bildteil ist die Schallintensitätsmesssonde mit den beiden Mikrophonen dargestellt, die mit einem Distanzstück aus Kunststoff auf den Abstand Δr gehalten werden.

Durch die technische Realisierung der Intensitätsmethode ergeben sich Abweichungen von den theoretisch zu erwartenden Pegelwerten, die sich auf den nutzbaren Frequenzbereich auswirken. Durch die Wahl unterschiedlicher Mikrophonabstände Δr können verschiedene Frequenzbereiche gewählt werden. Im oberen Teil des Bildes 8-18 ist der Momentanzustand des Druckverlaufs einer Schallwelle mit der Wellenlänge λ über dem Weg r aufgetragen. In Abhängigkeit vom Mikrophonabstand Δr ergibt sich die Druckdifferenz Δp.

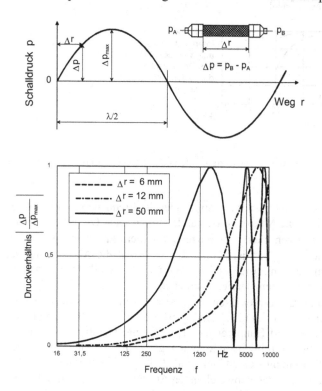

Bild 8-18. Abhängigkeit und Schalldruckdifferenz Δp von der Frequenz f und dem Mikrophonabstand Δr

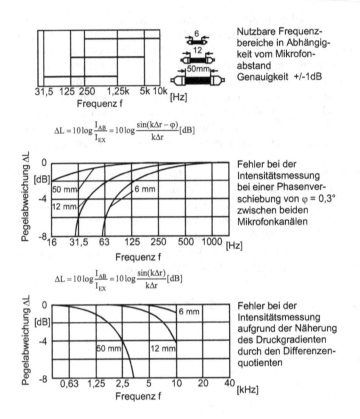

Bild 8-19. Frequenzbereiche des eingesetzten Intensitätsmessverfahrens (Quelle: nach Bruel & Kjaer)

Der Betrag des Druckverhältnisses $\Delta p / \Delta p_{max}$ über der Frequenz f ist im unteren Bildteil für drei verschiedene Mikrophonabstände aufgetragen. Die Näherung des Druckgradienten $\delta p / \delta r$ durch den Differenzenquotienten $\Delta p / \Delta r$ entspricht der Forderung, dass Δr kleiner als $\lambda/4$ ist, wobei für $\Delta r \rightarrow \lambda/4$ die Abweichung der Näherungslösung vom mathematisch exakten Wert größer wird. Dieser Amplitudenfehler begrenzt den Frequenzbereich nach oben.

Die Pegelabweichung ΔL vom exakten Wert ist bei niedrigen Frequenzen von der Phasenverschiebung der beiden analogen Messketten, bestehend aus Mikrophon, Vorverstärker und Hauptverstärker, abhängig. Durch eine geeignete Paarung der Kondensatormikrophone und einen genauen Abgleich der beiden Messketten kann der Phasenunterschied kleiner als 0,3° gehalten werden. Das Bild 8-19 zeigt die systematischen Pegelabweichungen ΔL durch den Phasenfehler und den Näherungsfehler durch den Differenzenquotienten. Für eine Genauigkeit von ± 1 dB sind die nutzbaren Frequenzbereiche in Abhängigkeit des Mikrophonabstandes im oberen Bildteil zusammenfassend dargestellt.

Durch die anwendungsgerechte Weiterentwicklung des Schallintensitätsmessverfahrens ist die Ermittlung der Schallleistung komplexer Quellen und die Ortung von Teilschallquellen genauer und einfacher möglich als mit konventionellen Schallmessgeräten [8-18 bis 8-20].

Für die Ortung von Geräuschquellen wird die Richtungscharakteristik der bei Schallintensitätsmessungen eingesetzten Messsonde genutzt. Die Sonde, die aus zwei nahe beieinander angeordneten Mikrophonen besteht, erlaubt neben der Messung des Schalldruckes auch die Ermittlung der Phasendifferenz zwischen den beiden Mikrophonsignalen, woraus sich der Schalleinfallswinkel bestimmen lässt. Durch Hin- und Herbewegen sowie Drehen der Mikrophonanordnung bei gleichzeitigem Beobachten der Intensitätsanzeige lässt sich so der Fluss der Schallenergie nachvollziehen und die dominierend abstrahlende Quelle lokalisieren.

8.4 Ortung von Schallanteilen und Rückschlüsse auf die Geräuschanregung bei Maschinen

Grundvoraussetzung für einen wirkungsvollen Einsatz von geräuschmindernden Maßnahmen ist die Kenntnis der dominierenden Schallquellen. Nur wenn die Maßnahmen an der zunächst lautesten Quelle angesetzt werden, ist mit einer merklichen Minderung des Gesamtgeräusches zu rechnen. Daher kommt der Ortung von Geräuschquellen eine besondere Bedeutung zu. Hierbei liefern bereits einfach anzuwendende Verfahren gute Ergebnisse, wie in den nachfolgenden Kapiteln gezeigt wird. Zur Klärung der Geräuschursache für den gezielten Einsatz geräuschmindernder Maßnahmen sind im Allgemeinen aufwendigere Methoden notwendig, wie z.B. die Kohärenz- und die Schmalbandanalyse oder das Schallintensitätsmessverfahren (s. Abschnitt 8.3.4). Beispiele für Lärmminderungsmaßnahmen finden sich im Band 2 dieser Buchreihe.

8.4.1 Rundummessung im Fernfeld

Zur Bestimmung der Geräuschemission nach DIN 45635 wird der Schalldruck an mehreren Messpunkten im Abstand von 1 m am Umfang der zu untersuchenden Maschine gemessen (s. a. Abschnitt 8.3). Das Ergebnis einer solchen Rundummessung ist in Bild 8-20 am Beispiel einer Karuselldrehmaschine dargestellt. Aufgetragen ist der Schalldruckpegel in dB in Abhängigkeit von der Drehzahl der Planscheibe und von der Messstelle an der Maschine. Alle Versuche wurden bei leerlaufender Maschine durchgeführt. Es ist deutlich zu erkennen, dass bei niedrigen Drehzahlen die höchsten Pegelwerte an den Messpunkten 4 und 5 auftreten, d.h. der Antriebsmotor ist im unteren Drehzahlbereich für die Geräuschentwicklung hauptsächlich verantwortlich. Mit steigender Drehzahl werden die Unterschiede zwischen den Messwerten an den einzelnen Messpunkten geringer.

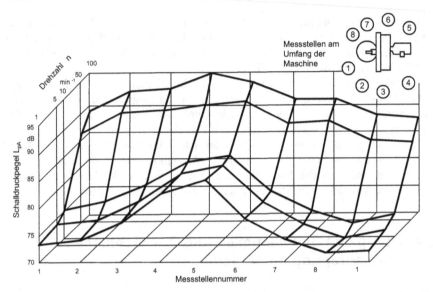

Bild 8-20. Schalldruckpegel in Abhängigkeit von Messstelle und Drehzahl bei einer Karusselldrehmaschine

Dies bedeutet, dass das Geräusch zunehmend durch eine zentral gelegene Geräuschquelle (in diesem Fall das Getriebe) bestimmt wird. Der Antriebsmotor liefert an den Messpunkten 4 und 5 bei der höchsten Drehzahl der Planscheibe einen vergleichsweise geringeren Beitrag zum Gesamtgeräusch.

8.4.2 Rundummessung im Nahfeld

Liegen mehrere Schallquellen an einer Maschine vor oder weisen nebeneinander liegende Bauteile unterschiedliches Geräuschverhalten auf, so ist eine Trennung der Einzelquellen nach der in Abschnitt 8.4.1 genannten Messmethode oftmals nicht mehr möglich. In diesen Fällen ist die Messpunktzahl zu erhöhen und der Messabstand zu verringern. Dabei ist zu beachten, dass je nach Frequenzlage des abgestrahlten Schalls bei Messabständen kleiner als 0,4 m der absolute Pegelwert verfälscht werden kann, da Schalldruck und Schallschnelle, wie bei der messtechnischen Ermittlung von Schallpegelwerten vorausgesetzt, nicht mehr in Phase zueinander sind (Nahfeldfehler) [8-4]. Diese eventuellen Fehler sind jedoch in diesem Zusammenhang von untergeordneter Bedeutung, da bei der Quellenortung die Verteilung der Pegelwerte von Interesse ist und nicht ihre absolute Höhe. Sind die Absolutpegel von Interesse, so ist die Schallintensitätsmesstechnik einzusetzen, die Messungen im Nahfeld erlaubt (s. Abschnitt 8.3.4).

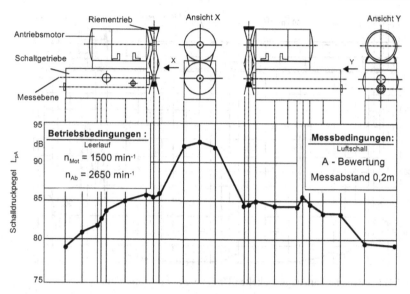

Bild 8-21. Nahfeldmessungen des Luftschalls an einem Werkzeugmaschinenantrieb

Das Bild 8-21 zeigt das Ergebnis von Nahfeldmessungen an einem Maschinen-antrieb, bestehend aus einem elektrischen Motor, einem verstellbaren Riementrieb und einem nachgeschalteten Rädergetriebe. Der Verlauf der Messwerte am Umfang des Aggregates verdeutlicht, dass die untere Riemenscheibe für die erhöhte Geräuschabstrahlung verantwortlich ist. Die hier gemessenen Schall-druckpegel liegen bis zu ca. 15 dB über dem Geräusch der übrigen Baugruppen, so das hierdurch das Gesamtgeräuschverhalten des Antriebs entscheidend beeinflusst wird.

Eine weitere Verbesserung der Aussagekraft von Pegelmessungen im Nahfeld der Maschine ist durch die Verwendung von Mikrophonen mit ausgeprägter Richtcharakteristik bzw. durch den Einsatz der Schallintensitätsmesstechnik (s. Abschnitt 8.3.4) möglich.

8.4.3 Messung des Körperschalls

Messungen des Körperschalls haben den Vorteil, dass die Schwingungen der Bauteile direkt gemessen werden und Einflüsse durch Fremdgeräusche oder Reflexionen vermieden werden. Bild 8-22 zeigt die Möglichkeit, durch Körper-schalluntersuchungen die Geräuschquellen näher einzugrenzen.

Am Umfang einer Universaldrehmaschine wurden an einer Vielzahl von Messpunkten Körperschallmessungen durchgeführt. Die Messwerte wurden mit einem piezoelektrischen Beschleunigungsaufnehmer ermittelt und über dem abgewickelten Umfang der Maschine aufgetragen. Der Verlauf der Kurve verdeutlicht, dass am Maschinenbett nur geringe Werte vorliegen, während an der Rückseite im Bereich des Spindelkastens die Beschleunigungen maximal sind.

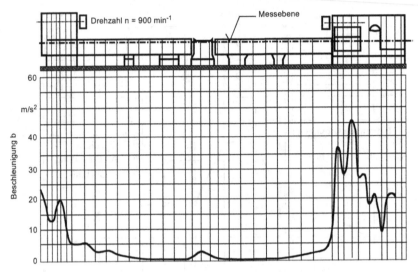

Bild 8-22. Körperschall am abgewickelten Umfang einer Drehmaschine

Besonders starke Schwingungen treten an den Abdeckplatten, die für Montage-
und Wartungsarbeiten vorgesehen sind, auf. Da die Schwingungsformen der
untersuchten Bauteile im Allgemeinen nicht bekannt sind, muss das entsprechende
Bauteil an einer Vielzahl von Messpunkten untersucht werden, um zu verhindern,
dass beispielsweise Messungen in einem Schwingungsknoten als repräsentativ für
die einzelnen Maschinenbauteile angenommen werden.

8.4.4 Ermittlung von Schallanteilen

Unter gewissen Voraussetzungen lassen sich die Luftschallanteile einzelner
Maschinenbaugruppen am Gesamtgeräusch anhand von Körperschallmessungen
bestimmen [8-4, 8-21]. Die dem Schalldruck der Luft äquivalente Körperschall-
kenngröße ist die Schnelle, die sich durch Integration aus dem Beschleunigungssignal ergibt. Weiterhin ist zu beachten, dass bedingt durch den Abstrahlgrad
(Band 2) von Bauteilen der Körperschall nicht proportional in Luftschall
umgesetzt wird. Eine Abschätzung des Einflusses verschiedener Baugruppen am
Gesamtluftschall ermöglichen flächengewichtete Körperschallbestimmungen. Da
der Körperschall auf der Maschinenoberfläche stark unterschiedliche Werte
aufweisen kann, ist im Allgemeinen eine große Anzahl von Messpunkten notwendig. Der einer Teilfläche S_k zugeordnete Körperschallleistungspegel ergibt
sich aus dem mittleren Schnellepegel der einzelnen Messpunkte i, der mit der
Größe der abstrahlenden Fläche nach Gl. 8-13 gewichtet wird.

$$L_{Wv_k} = 10 \lg \left[\frac{1}{n} \sum_{i=1}^{n} 10^{0,1 L_{vi}} \right] + 10 \lg \frac{S_k}{S_0} \qquad (8\text{-}13)$$

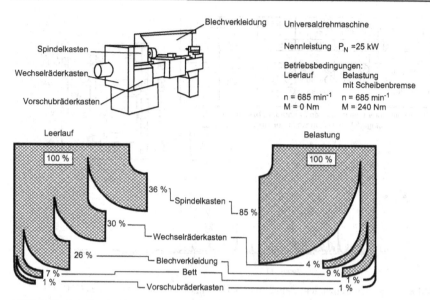

Bild 8-23. Anteile der Baugruppen an der Gesamtschallleistung einer Drehmaschine (Körperschallmessung)

Das Bild 8-23 zeigt am Beispiel einer Universaldrehmaschine die Bilanz der Körperschallleistungen für die Betriebszustände Leerlauf und Last. Die Belastung wurde dabei mit Hilfe einer Scheibenbremse aufgebracht.

Während im Leerlauf der Spindelkasten, der Wechselräderkasten und die Blechverkleidung nahezu gleiche Schallanteile aufweisen, bildet bei Belastung der Spindelkasten, der die wichtigsten Funktionsträger – Hauptgetriebe und Spindel-Lager-System – aufnimmt, die dominierende Geräuschquelle. Lärmminderungsmaßnahmen werden somit zunächst sinnvollerweise am Spindelkasten durchgeführt, um erfolgreiche Geräuschreduktionen zu erzielen.

8.4.5 Schmalbandanalysen

Sind die für das Gesamtgeräuschverhalten verantwortlichen Quellen bekannt, ist die Geräuschursache zu analysieren. Da bei Maschinen oftmals periodisch wirkende Anregungsmechanismen vorliegen, sind die Schallsignale hinsichtlich ihres Frequenzgehaltes zu untersuchen.

Wegen ihres geringen Auflösungsvermögens insbesondere im mittel- und hochfrequenten Bereich sind für eine gezielte Ursachenanalyse Terz- bzw. Oktavanalysen im Allgemeinen wenig geeignet (Abschnitt 8.3.2), so dass schmalbandig arbeitende Analysatoren eingesetzt werden. Aus den Frequenzanalysen von Luft- und Körperschall kann auf die Anregung des Geräusches geschlossen werden. Als Beispiel seien Untersuchungen an Zahnradgetrieben erläutert. In Bild 8-24 ist im oberen Teil der Getriebeplan einer Drehmaschine dargestellt.

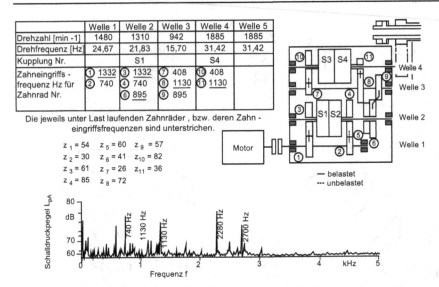

Bild 8-24. Wellendrehzahlen, Zahneingriffsfrequenzen und Spektrum eines Getriebes

Die Tabelle neben der Skizze enthält bei einer Motordrehzahl von 1480 min^{-1} und bei einer bestimmten Schaltstellung der Radpaare die Drehzahlen und Drehfrequenzen der einzelnen Wellen sowie entsprechend den jeweiligen Zähnezahlen die Zahneingriffsfrequenzen ($f = z \cdot n$) der im Eingriff befindlichen Zahnräder.

Ein Vergleich der so errechneten Daten mit den aus einer Frequenzanalyse des Getriebegeräusches gewonnenen Werten ermöglicht eine direkte Zuordnung zwischen Geräusch und den geräuscherzeugenden Zahnradpaarungen [8-11]. Bei dieser Getriebeschaltung läuft der Kraftfluss über die Radpaarungen 1/3, 6/9 und 8/11, während die Radpaarungen 2/4 und 7/10 lastfrei mitlaufen. Ausgeprägte Amplitudenüberhöhungen treten bei der leerlaufenden Radpaarung 2/4 und den belasteten Rädern 8/11 und 1/3 auf. Ferner sind bei den beiden letztgenannten Paarungen die ersten Harmonischen in der Frequenzanalyse zu erkennen. Die geringen Abweichungen zwischen den errechneten und den abgelesenen Werten ergeben sich dabei aus den Ungenauigkeiten bei der Drehzahlmessung und dem Auflösungsvermögen des eingesetzten Frequenzanalysators.

In Bild 8-25 ist ein Messaufbau zur Aufnahme schmalbandiger Frequenzanalysen von Luft- und Körperschallpegeln dargestellt. Das gemessene Signal wird den Hauptverstärkern zugeführt (vgl. auch Bild 8-10), an denen der Schallpegel und der Beschleunigungswert abzulesen sind.

Anschließend wird das verstärkte Signal dem Messrechner zugeführt. Hier erfolgt auf digitale Weise die Filterung zur messtechnisch notwendigen Eliminierung von Frequenzanteilen, die außerhalb des betrachteten Bereiches liegen. Weiterhin wird die rechnerische Fast-Fouriertransformation (FFT) durchgeführt und darauf aufbauend die Frequenz- und Ordnungsanalysen erstellt. Neben der direkten Ausgabe der Frequenzspektren ist auch eine Ausgabe in Dateiform möglich.

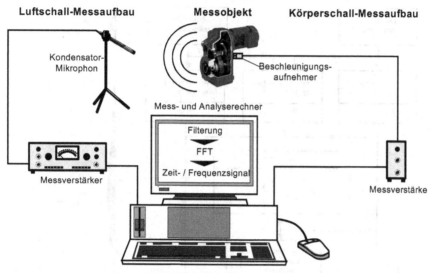

Bild 8-25. Messaufbau für Geräuschanalysen

8.4.6 Kohärenzanalysen

Durch die Ermittlung des Kreuzleistungsspektrums mit Hilfe des Fourier-Analysators besteht die Möglichkeit, auch dann Frequenzanalysen des Schalldruckes zu erstellen, wenn die im vorigen Abschnitt beschriebene Analyse aufgrund hoher Fremdgeräuschanteile zu falschen Aussagen führt. Dies ist insbesondere dann gegeben, wenn die zu untersuchende Maschine an eine etwa gleichlaute oder lautere Antriebsmaschine gekoppelt ist.

Den prinzipiellen Ablauf des sogenannten Kohärenzverfahrens zeigt Bild 8-26. Die synchron gemessenen Luft- und Körperschallsignale werden in ihre spektralen Anteile zerlegt. Aus beiden Spektren wird die Kohärenzfunktion gebildet. Sie gibt für jede Frequenz an, inwieweit ein kausaler Zusammenhang zwischen dem gemessenen Körperschall und Luftschall besteht. Aus dem Gesamtluftschallspektrum werden anschließend diejenigen Frequenzen herausgefiltert, für die aufgrund guter Kohärenz eine eindeutige Zuordnung zum Körperschall des Messobjekts möglich ist. Hierzu wird das Luftschallspektrum $S_{xx}(f)$ mit der Kohärenzfunktion $\gamma^2(f)$ multipliziert. Die Amplituden bei den einzelnen Frequenzen werden zu einem gefilterten Summenpegel aufaddiert, der von den Fremdgeräuschanteilen bereinigt ist (Bild 8-27).

Das Verfahren funktioniert nur unter der Voraussetzung, dass das Geräusch der Störquellen in keinem funktionalen Zusammenhang zu dem der zu untersuchenden Quelle steht. Andernfalls kann der Störanteil nicht eliminiert werden.

Eine weitere Möglichkeit, auch bei hohen Fremdgeräuschen und unter raumakustisch ungünstigen Bedingungen genaue Pegelwerte zu ermitteln, besteht in der Anwendung des Intensitätsmessverfahrens, das in Abschnitt 8.3.4 eingehend beschrieben wird. [8-12].

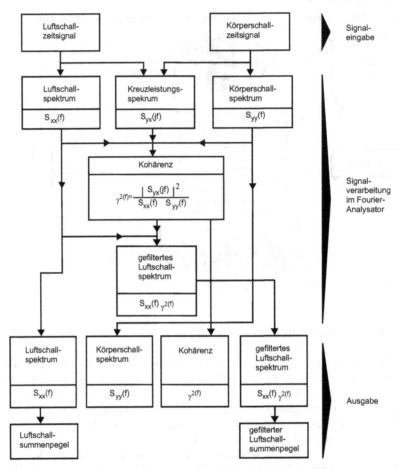

Bild 8-26. Fremdgeräuscheliminierung mit Hilfe des Kohärenzverfahrens

8.5 Beurteilung des Geräuschverhaltens von Werkzeugmaschinen

Zur Beurteilung der Geräuschemission einer Werkzeugmaschine ist grundsätzlich die Kenntnis zweier Dinge Vorraussetzung. Zum einen muss anhand geeigneter Messungen das Geräuschemissionsverhalten der zu beurteilenden Maschine ermittelt werden, und zum anderen muss der aktuelle Stand der Technik bezüglich der Geräuschemission vergleichbarer Werkzeugmaschinen dem Beurteiler bekannt sein. Auf diese Weise kann er die Emissionseigenschaften seiner Maschine bewerten. Die zur Bestimmung des Geräuschemissionsverhaltens moderner Werkzeugmaschinen sinnvollen Einzelmessungen werden im Folgenden anhand prägnanter Beispiele erläutert.

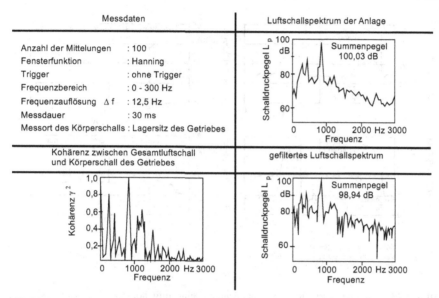

Bild 8-27. Filtern von Störgeräuschen mit Hilfe der Kohärenzfunktion

Für Dreh- oder Fräsmaschinen werden die Geräuschmessungen während typischer Betriebszustände, d.h. vorzugsweise während eines Zerspanvorgangs, eines Leerlaufvorgangs, dem Eilgangverfahren der Bewegungseinheiten, dem Hochlauf der Spindel und, falls möglich, während des automatischen Werkzeug- und Werkstückwechsels durchgeführt.

Für den Zerspan- und Leerlaufvorgang werden Schallleistungspegel nach dem in der DIN 45635 beschriebenen Hüllflächenverfahren ermittelt. Die Schnittbedingungen werden bei der Geräuschmessung während der Zerspanung so eingestellt, dass die Zerspanleistung 50% der maximalen Antriebsleistung der Hauptspindel bei 100% Einschaltdauer entspricht. Die Geräuschmessung im Leerlauf wird bei maximaler Hauptspindeldrehzahl der Maschine durchgeführt.

Neben den beiden Betriebszuständen (Bild 8-28) können z.B. bei Drehmaschinen auch während des Verfahrens des Supportes oder während des Hochlaufs der Spindel erhebliche Geräuschemissionen auftreten.

Ergebnisse von Messungen während dieser Betriebszustände sind in Bild 8-28 gezeigt. Hierzu wurden an unterschiedlichen Mikrofonpositionen auf der Hüllfläche die Schalldruckpegel über der Zeit aufgenommen. Im linken Teil von Bild 8-28 sind für zwei Messstellen die zeitlichen Schalldruckpegelverläufe dargestellt, die beim Verfahren des Supportes mit Eilganggeschwindigkeit entstanden.

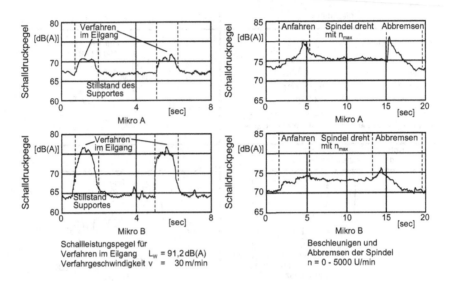

Bild 8-28. Zeitliche Verläufe von Schalldruckpegeln, aufgenommen bei Drehmaschinen während des Verfahrens im Eilgang sowie beim Beschleunigen und Abbremsen der Hauptspindel

    Während der Aufnahme befand sich der Support zunächst im Stillstand und wurde dann über seinen maximalen Verfahrweg mit Eilganggeschwindigkeit verfahren. Dieser Zyklus wurde während der Aufnahme zweimal durchlaufen. Es ist deutlich zu erkennen, dass die Schalldruckpegel beim Eilgangverfahren erheblich ansteigen. Allerdings ist die Höhe des Anstiegs abhängig von der Mikrofonposition. Während sich für die Mikrofonposition A, welche sich auf der Rückseite der Maschine befand, nur ein Schalldruckpegelanstieg von ca. 5 dB(A) ergab, lag dieser Anstieg für die Mikrofonposition B, in unmittelbarer Nähe des Maschinenbedieners, bei ca. 12 dB(A). Insgesamt konnte für den Betriebspunkt „Eilgangverfahren des Supportes" ein Schallleistungspegel von 91,2 dB(A) ermittelt werden. Ein Vergleich mit dem Schallleistungspegel von 91,5 dB(A), der für diese Maschine bei der Zerspanung ermittelt wurde, zeigt, dass für diese Drehmaschine beim Eilgangverfahren die Geräuschemission genau so hoch lag, wie bei der Zerspanung mit 50% der Nennantriebsleistung. Analoge Messungen an einer Vielzahl vergleichbarer Drehmaschinen bestätigten dieses Messergebnis. Wie hoch der jeweilige Anstieg des Schalldruckpegels ausfällt, ist dabei hauptsächlich abhängig von den maximalen Verfahrgeschwindigkeiten der Supporte.

    Wird die Hauptspindel der Drehmaschine aus dem Stillstand auf ihre maximale Drehzahl beschleunigt oder von ihrer maximalen Drehzahl in den Stillstand abgebremst, so können während des Beschleunigungs- bzw. Abbremsvorgangs kurzfristig Schalldruckpegel auftreten, die deutlich größer sind als die beim Leerlauf mit maximaler Drehzahl gemessenen.

    Als Beispiel für eine solche Schalldruckpegelüberhöhung sind in der rechten Seite von Bild 8-28 für zwei Messstellen die Schalldruckpegelverläufe für den

Beschleunigungs- und den Abbremsvorgang der Hauptspindel einer Drehmaschine dargestellt. Aus den Messergebnissen geht hervor, dass der Schalldruckpegel sowohl während des Beschleunigens als auch während des Abbremsens der
Hauptspindel kurzfristig Maximalwerte aufweist, die deutlich über dem Pegel bei
Maximaldrehzahl liegen. Die auftretenden Schalldruckpegelüberhöhungen sind
abhängig von der Mikrofonposition an der gemessen wird. So beträgt diese Pegel-
überhöhung an der Mikrofonposition A ca. 5 bis 8 dB(A), während sie für die
Mikrofonposition B mit nur ca. 2 bis 3 dB(A) wesentlich niedriger ausfällt. Das
Verhalten der Maschinen ist hierbei sehr unterschiedlich, wie eine Vielzahl von
Messungen bestätigten. Es wurden solche mit sehr deutlichen Schalldruckpegel-
überhöhungen beim Beschleunigen bzw. Abbremsen der Hauptspindel gemessen.
Andererseits waren an anderen Maschinen keine Überhöhungen des Schalldruck-
pegels zu erkennen. Da die Beschleunigungzeit der Spindel einen großen Einfluss
auf die entsprechenden Schalldruckpegelüberhöhungen hat, sollte sie bei solchen
Messungen angegeben werden.

Aufgrund der Tatsache, dass unterschiedliche Betriebszustände einer modernen
Drehmaschine für deren Geräuschemission signifikant sein können, wurden bei
der Überarbeitung vorhandener Messvorschriften die relevanten Maschinen-
operationen berücksichtigt. Die in den Bildern 8-29 und 8-30 gezeigten
Protokollblätter stellen einen Vorschlag zur Auswertung einer normgerechten
Geräuschmessung dar. Sie sehen für die unterschiedlichen Betriebszustände
Angaben über die jeweiligen Geräuschemissionen vor. So sind im Bild 8-29
(Protokollblatt l) neben den allgemeinen Daten zur Maschine und zur Messung die
Schallleistungspegel und der Emissionsdruckpegel am Arbeitsplatz für die
unterschiedlichen Maschinenoperationen angegeben.

Bild 8-30 (Protokollblatt 2) beinhaltet neben den Daten zur Zerspanung und der
Maschinenaufstellung nähere Informationen über die Messung während des
Spindelhochlaufs und während des Eilgangverfahrens des Supportes.

Bei weiteren Messungen, aufgenommen an Fräsmaschinen während des
Wechselvorgangs des Werkzeugs bzw. des Werkstücks, ergaben sich auch für
diese Betriebszustände erhebliche Beeinflussungen der Geräuschemissionen.

In Bild 8-31 sind Schalldruckpegelverläufe, aufgenommen während des
Werkzeugwechsels (linker Bildteil) bzw. des Palettenwechsels (rechter Bildteil),
gezeigt. Über der Dauer der im linken Teil von Bild 8-31 dargestellten Aufnahme
wurden zwei Werkzeugwechsel hintereinander durchgeführt. Ein Werkzeug-
wechselvorgang dauerte ca. 5 s. An beiden Mikrofonpositionen ist ein deutlicher
Anstieg der Schalldruckpegel beim Wechselvorgang im Vergleich zur ansonsten
stillstehenden, betriebsbereiten Maschine festzustellen.

Für den Werkzeugwechsel wurde ein über der Dauer des Wechselvorgangs
gemittelter Schallleistungspegel von 95,1 dB(A) ermittelt. Dieser Schallleistungspegel liegt deutlich über den für den Leerlauf bei Maximaldrehzahl und für den
Zerspanungsvorgang ermittelten Pegeln, die bei dieser Maschine bei 85,1 dB(A)
bzw. 90,5 dB(A) liegen.

Allgemeine Daten zur Messung	
Geräuschmessung nach DIN 45635 Teil 1601	
Messbericht Nr. 1	Ort, Datum der Messung: Messstadt, 09.09.1999
Ausführender der Messung: Dipl.-Ing. D. Zaramitropoulos	
Auftraggeber der Messung : D. Rippa	
Zweck der Messung : Schallemissionermittlung einer Werkzeugmaschine	

Maschinendaten	
Bauart : CNC-Drehmaschine	
Ausstattung : Universalrevolver	
Hersteller: Telaar	Typ : 08-15
Baujahr : 1990	Seriennummer: 4711
Abmessungen	Arbeitsraum
Länge x Breite x Höhe: 5,2 x 2,1 x 2,0 m³	gr. Umlaufdurchmesser: 650 mm
Gewicht : 14600 kg	gr. Drehlänge : 2020 mm
Hauptantrieb	
Nennleistung bei 100% ED: 40kW	
max. Spindeldrehmoment: 1050 Nm	
Spindeldrehzahlbereich: 28-3500 U/min	
Spindeleckdrehzahl: 365 U/min	
Drehzahlverstellung: stufenlos	

Aufstellung der Maschine	
Hallenmaße (l x b x h): 80m x 30m x 8m	Umgebungskorrektur K₂: 4,7 dB
Hallenvolumen : 19200 m³	Messflächenmaß : 19,9 dB

Messergebnisse	Genauigkeitsklasse nach DIN 45635 Teil I: 3		Arbeitsplatzbezogene Umgebungskorrektur	
	Schalleistungspegel	K_{3A}	Emissionsschalldruckpegel AP	
Zerspanung (P: 20,1 kW)	90,5 dB(A)	7,0	66,8 dB(A)	
Leerlaufmessung (n$_{max}$: 3500 U/min)	94,4 dB(A)	1,8	80,3 dB(A)	
Verfahren der Supporte (Mittelung über Messzeit)	88,4 dB(A)	7,0	61,5 dB(A)	
Verfahren der Supporte (max. Impulsschalldruck)			69,3 dB(A)	
betriebsbereite Maschine (mit Hilfsaggregaten)	86,9 dB(A)	7,0	62,3 dB(A)	

Bild 8-29. Erfassung und Auswertung von Geräuschmesswerten, Teil 1

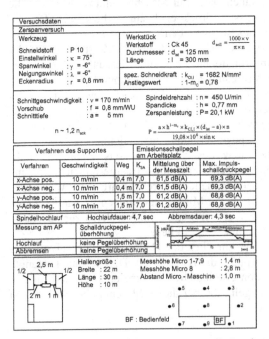

Bild 8-30. Erfassung und Auswertung von Geräuschmesswerten, Teil 2

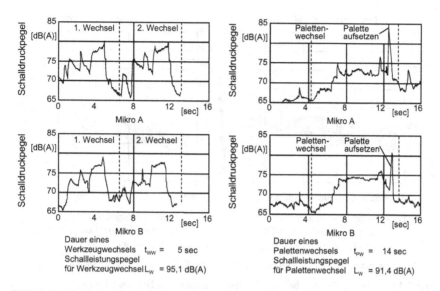

Bild 8-31. Zeitliche Verläufe von Schalldruckpegeln, aufgenommen an Fräsmaschinen während des Werkzeug- und Palettenwechsels

An einzelnen Mikrofonpositionen wurden darüber hinaus Schalldruckpegel von bis zu 80 dB(A) während dieses Vorgangs festgestellt. Die für diese Maschine gezeigten Schalldruckpegelverläufe während des Wechselvorgangs konnten in ähnlicher Form auch an anderen Maschinen festgestellt werden. Analog zu den Protokollblättern, die zur Durchführung der Messungen an Drehmaschinen verwendet werden, existieren auch für Fräsmaschinen Auswerteblätter, die für die verschiedenen Maschinenoperationen Geräuschangaben vorsehen.

Hat man anhand entsprechender Messungen das Geräuschemissionsverhalten einer Werkzeugmaschine ermittelt, ist es möglich, mit dem für die Zerspanung bzw. den Leerlauf gemessenen Schalleistungspegeln einen Vergleich mit dem Stand der Geräuschemissionen ähnlicher Maschinen durchzuführen. Auch dies soll im Folgenden näher erläutert werden.

Vom WZL wurden in den Jahren 1993 und 1994 Serienmessungen durchgeführt [8-17]. Es wurden für eine große Anzahl Dreh- und Fräsmaschinen verschiedener Größen und Maschinenleistungen unterschiedlicher Hersteller die Schalleistungspegel messtechnisch erfasst. Dabei wurden die Betriebspunkte „Zerspanen mit 50% der Nennleistung" und „Leerlauf bei maximaler Spindeldrehzahl" berücksichtigt. Im Bild 8-32 repräsentieren die in den Diagrammen eingezeichneten schraffierten Flächen die Bereiche, in denen die Schalleistungspegel der Drehmaschinen in Abhängigkeit von der Nennantriebsleistung liegen. Im linken Diagramm sind die Ergebnisse der Messung im Leerlauf und im rechten Diagramm die Ergebnisse der Zerspanungsmessungen eingezeichnet.

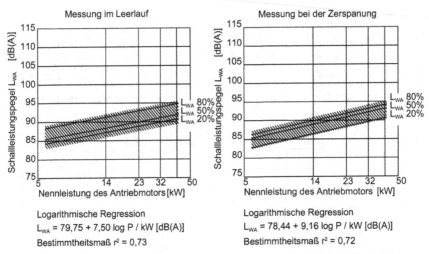

Logarithmische Regression
$L_{WA} = 79,75 + 7,50 \log P / kW \, [dB(A)]$
Bestimmtheitsmaß $r^2 = 0,73$

Logarithmische Regression
$L_{WA} = 78,44 + 9,16 \log P / kW \, [dB(A)]$
Bestimmtheitsmaß $r^2 = 0,72$

Die Linien entsprechen den oberen Bereichsgrenzen für 20%, 50% und 80% Summenhäufigkeit

Bild 8-32. Stand der Technik bei der Geräuschemission von Drehmaschinen

Ausgehend von den ermittelten Messwerten wurde versucht, statistische Gesetzmäßigkeiten aufzuzeigen, um eine übergeordnete Darstellung der Ergebnisse zu ermöglichen. Bei den Auswertungen der Serienmessungen wurde als Ordnungsfunktion eine logarithmische Regression des allgemeinen Typs angesetzt:

$$L_{WA} = A + B \cdot \lg P_{mech} \, [dB(A)] \qquad (8\text{-}14)$$

Der Hintergrund für diese Regression ist in der physikalischen Beziehung zwischen anregender Energie, ausgedrückt über die Nennleistung des Antriebsmotors, und dem erzeugten Luftschall zu sehen. Diese Größen sind in erster Näherung direkt voneinander abhängig. Die Auftragung der Luftschallleistung in logarithmischer Schreibweise ($L_W = 10 \lg P/P_0$) führt somit zur logarithmischen Regression.

Für die Drehmaschinen berechnet sich für den Betrieb im Leerlauf bei maximaler Drehzahl die Regressionsgerade zu:

$$L_{WA} = 79,75 + 7,50 \lg P_{Nenn} \, [dB(A)] \qquad (8\text{-}15)$$

Neben dieser Regressionsgerade (50%-Gerade) sind jeweils zwei weitere Geraden in den Diagrammen eingetragen. Die 80%-Gerade, die besagt, dass 80% aller Maschinen in ihrer Geräuschemission unter dieser Gerade liegen, und die 20%-Gerade, die aussagt, dass nur 20% aller gemessenen Maschinen leiser sind als diese Grenzkurve anzeigt. So ist beispielsweise für eine Drehmaschine mit $P = 23$ kW mit 50%-iger Wahrscheinlichkeit während des Leerlaufvorgangs ein Schalleistungspegel von maximal $L_{WA} = 90$ dB(A) zu erwarten. Die Güte der Regression wird durch das Bestimmtheitsmaß r^2 ausgedrückt. Je näher dieser Wert an 1 herankommt, desto geringer sind die Abweichungen der Messwerte von der angenommenen Kurve. Der Wert selbst wird berechnet nach der Methode der kleinsten Fehlerquadrate. Für die logarithmische Regression der gemessenen Schalleistungspegel über der Nennleistung ergab sich ein Bestimmtheitsmaß von $r^2 = 0,73$, wodurch die Abhängigkeit der Schalleistung von der Nennantriebsleistung bestätigt wird.

Analog zu der Vorgehensweise bei der Ermittlung der Schalleistungspegel im Leerlauf bei maximaler Spindeldrehzahl wurden für die untersuchten Drehmaschinen auch die Schalleistungspegel während der Zerspanung bestimmt (rechtes Diagramm). Hierbei wurde ein Außenlängsdrehprozess mit einem Werkstück aus dem Werkstoff Ck 45 N und einem Werkzeug-Werkstoff aus der Anwendungsgruppe P10 bis P20 gewählt. Die Schnittbedingungen wurden so eingestellt, dass die notwendige Zerspanleistung 50% der maximalen Antriebsleistung der Hauptspindel bei 100% ED entspricht. Die Drehzahl bei diesen Messungen lag bei ca. dem 1,2fachen der jeweiligen Eckdrehzahl und als Anhaltswert für die Schnittgeschwindigkeit wurde ein Wert von ca. 180 bis 200 m/min angestrebt.

Die Vorgehensweise zur Ermittlung der Regressionsgeraden ist ebenfalls analog der für die Leerlaufmessungen. Für die Zerspanungsbearbeitung wurde die unten angegebene Regressionsgerade mit einem Bestimmtheitsmaß von $r^2 = 0,72$ ermittelt:

$$L_{WA} = 78,44 + 9,16 \lg P_{Nenn} \, [dB(A)] \tag{8-16}$$

Auch für Fräsmaschinen wurde anhand von Serienmessungen der Stand der Technik für die Geräuschemission im Leerlauf und während der Bearbeitung ermittelt. Im Bild 8-33 ist der Bereich, in dem die ermittelten Schalleistungspegel der Fräsmaschinen im Leerlauf und bei der Zerspanung liegen, sowie die resultierenden Regressionsgeraden eingezeichnet. Anhand solcher Diagramme ist es dem Käufer bzw. dem Hersteller einer Werkzeugmaschine möglich, bei Kenntnis der Geräuschemission der jeweiligen Maschine, einen Vergleich mit dem aktuellen technischen Stand durchzuführen.

Wurde z.B. für eine Fräsmaschine mit 14 kW Nennantriebsleistung während der Bearbeitung ein Schalleistungspegel von 95 dB(A) ermittelt, so führt der Vergleich mit den Serienmessungen zu dem Ergebnis, dass 80% der Maschinen leiser sind als die gemessene; oder anders ausgedrückt, dass diese Maschine in den Bereich der lautesten 20% der Maschinen fällt. Die zum Vergleich notwendigen Diagramme sind für jedermann zugänglich in den vom VDI veröffentlichten ETS-Richtlinien (ETS = Emission Technischer Schallquellen) zu finden.

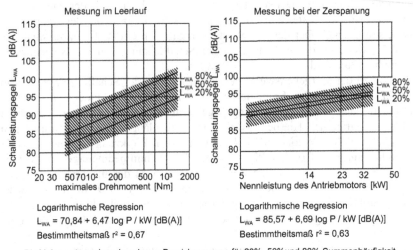

Bild 8-33. Stand der Technik bei der Geräuschemission von Fräsmaschinen

Die in den Jahren 1976 und 1977 vom WZL im Auftrag der Bundesanstalt für Arbeitsschutz durchgeführten Messungen, deren Ergebnisse bislang in Form der ETS-Richtlinien (Stand 1978) den Stand der Technik repräsentierten, belegen im Vergleich zu den aktuellen Messergebnissen aus den Jahren 1993/94 einen erheblichen Fortschritt in der Geräuschbekämpfung bei Werkzeugmaschinen. Trotz höherer Geschwindigkeiten und Leistungen bei modernen Werkzeugmaschinen konnte die Geräuschemission um durchschnittlich ca. 10 dB(A) drastisch reduziert werden. Neue Antriebssysteme sowie Teil- und Vollkapselung der Maschine sind nur einige der konstruktiven Veränderungen die zu dieser Entwicklung beigetragen haben.

8.6 Gehörgerechte Geräuschbeurteilung

Durch das gestiegene Umweltbewusstsein und der Kenntnis über die negativen gesundheitlichen Folgen, die durch eine hohe Lärmbelastung verursacht werden, sind in den vergangenen Jahren die akustischen Anforderungen an Industriegüter extrem gestiegen.

Im Bereich des Getriebebaus stellt das Geräusch neben der Fertigungsgenauigkeit und der Lebensdauer eines Getriebes, ein weiteres Qualitätsmerkmal zur Beurteilung dar. Zahlreiche Richtlinien und Verordnungen zwingen beispielsweise den Hersteller von Werkzeugmaschinen bestimmte Emissionsgrenzen einzuhalten. An dieser Stelle sei auf die entsprechenden VDI-ETS-Richtlinien verwiesen, in denen der akustische Stand der Technik für verschiedene Maschinenarten dokumentiert ist. Während in den VDI-ETS-Richtlinien Grenzwerte für die

Geräuschemission angegeben werden, findet man zudem in den Unfallverhütungs-vorschriften (UVVs) und der Arbeitsstättenverordnung Angaben über zulässige Schallimmissionen am Arbeitsplatz. Als Bewertungsgröße für die Lärmemission wird vorwiegend der Schallleistungspegel genutzt. Lärmimmissionen werden in der Regel als A-bewerteter Schalldruckpegel angegeben.

Der Nachteil einer Geräuschbewertung mittels der genannten Pegelgrößen ist in der unzureichenden Beschreibungsgenauigkeit des subjektiven Geräuscheindrucks zu sehen. Bei den heutigen Getrieben ist in den wenigsten Fällen eine Über-schreitung der zulässigen Pegelgrößen das Problem. Vielmehr wird vom Kunden der subjektive Geräuscheindruck bemängelt, d.h. dass beispielsweise ein unan-genehmer Pfeifton von dem Getriebe abgestrahlt wird. Um bereits bei der Qualitätskontrolle solche Mängel zu erkennen, bedient man sich in der Regel eines erfahrenen Geräuschprüfers oder Frequenzanalysen des Luft- und Körperschalls. Zeigt beispielsweise das Luftschallspektrum starke Amplitudenüberhöhungen einzelner Frequenzen, so wird dies im Allgemeinen als schlecht bewertet, da man auf eine Tonalität des Geräusches schließen kann. Da es jedoch keine genormten Vergleichsspektren zur Beurteilung gibt und aufgrund der eingeschränkten Übertragbarkeit auf unterschiedlichste Getriebe auch keine Normspektren angegeben werden können, behilft man sich in den Unternehmen durch die Aufstellung eigener Bewertungskriterien. Beispielsweise wird für ein als gut bewertetes Getriebe ein Luftschallspektrum aufgezeichnet, dass dann als Referenz für die Qualitätskontrolle genutzt wird.

Zur objektiven Beurteilung des – letztenendes entscheidenden – subjektiven Geräuscheindrucks gibt es aber auch Ansätze in der Normung. Die einfachste und verbreitetste Methode zur gehörgerechten Bewertung von Luftschall ist die Frequenzbewertung mittels der sogenannten A-Filterung. Mit der A-Filterung wird dem frequenzabhängigen Lautstärkeempfinden des menschlichen Gehörs Rechnung getragen. Daneben wurden, insbesondere von Zwicker [8-18], neue Kenngrößen definiert, die eine bessere Beschreibung der subjektiven Wirkung des Luftschalls ermöglichen sollen. Hier ist beispielsweise die Größe Lautheit zu nennen, deren Berechnungsalgorithmus in der DIN 45631, respektive ISO 532 B beschrieben wird.

In neuerer Zeit spricht man vielfältig auch von der sogenannten Geräusch-qualität. Die Geräuschqualität eines Produktes kann nach Genuit [8-19] wie folgt definiert werden:

Geräuschqualität ist der Erfüllungsgrad der Gesamtheit aller Einzelanforderungen an ein Hörereignis.

Sie beinhaltet drei unterschiedliche Arten von Einflussgrößen:

1. physikalische   (Schallfeld)
2. psychoakustische   (Hörwahrnehmung)
3. psychologische   (Hörbewertung)

Neben dieser sehr allgemeinen Definition von Geräuschqualität ist es jedoch erforderlich, weitergehende Begriffe zur Beschreibung von Geräuschen festzulegen. An dieser Stelle ist darauf hinzuweisen, dass im Bereich der objektiven Bewertungsgrößen zur Beschreibung des subjektiven Geräuschempfindens noch ein erheblicher Forschungs- und Normungsbedarf besteht.

8.6.1 Mess- und Analysetechnik zur gehörgerechten Geräuschbeurteilung

Für eine gehörgerechte Aufnahme sowie eine entsprechende Wiedergabe von Geräuschen ist eine besondere Messtechnik erforderlich. Durch den Aufbau des Außenohres (Ohrmuschel und Gehörgang bis zum Trommelfell) besitzt das menschliche Gehör eine Richtcharakteristik bei der Wahrnehmung von Luftschall. Um dieser Eigenschaft Rechnung zu tragen, ist insbesondere in den 80er Jahren des letzten Jahrhunderts die Kunstkopfmesstechnik zu einer ausgereiften technischen Lösung weiterentwickelt worden, die inzwischen im Bereich des Automobilbaus als Standardwerkzeug bei akustischen Problemen eingesetzt wird.

Bild 8-34 zeigt einen Kunstkopf für eine gehörgerechte Aufnahme von Luftschall mit zugehörigem Speicher und Wiedergabegerät.

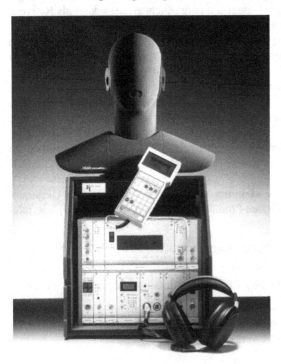

Bild 8-34. Kunstkopf-Messsystem (Quelle: Head acoustics)

INDIREKTE BEURTEILUNG DER MASCHINENEIGENSCHAFTEN DURCH BEARBEITUNGSTESTS

9 Ermittlung der Arbeitsgenauigkeit mit Prüfwerkstücken

Eine anschauliche Aussage über die Arbeitsgenauigkeit einer Werkzeugmaschine erhält man durch die Fertigung von Prüfwerkstücken. Hierbei ist jedoch zu beachten, dass sämtliche Maschinenfehler und Prozesseinflüsse summarisch das Arbeitsergebnis bestimmen, weshalb es häufig schwierig ist, von der Werkstückungenauigkeit auf die verursachenden Einzelmerkmale der Maschine zu schließen. Zusätzlich wirken sich auch maschinenexterne Einflussgrößen, wie die Fertigungsparameter oder Umgebungseinflüsse auf die Arbeitsgenauigkeit aus [9-1].

Daher wurden verschiedene Bearbeitungstests entwickelt, um die gewünschte Beurteilung der Maschine durchführen zu können. So existieren zum einen normierte Verfahren, die einerseits durch die Standardisierung der Randbedingungen und des Prüfungsablaufes eine Vergleichbarkeit mit anderen Maschinen ermöglichen und andererseits durch Auslegung des Prüfwerkstückes ein möglichst umfassendes Bild vom geometrischen und dynamischen Verhalten der Werkzeugmaschine ermöglichen sollen.

Während direkte Messverfahren (Geradlinigkeit, Winkligkeit, usw., (s. Kapitel 3) die Zuordnung der Abweichungen zu den einzelnen Maschinenkomponenten ermöglichen und so konstruktive Verbesserungsnotwendigkeiten bestimmt werden können, stellen Bearbeitungstests eine wirtschaftliche Alternative zur Beurteilung von Werkzeugmaschinen im Rahmen einer Abnahme sowie einer späteren Wiederholprüfung dar. Bild 9-1 gibt einen Überblick über die wichtigsten Normen und Richtlinien zur Abnahme von Werkzeugmaschinen.

Bearbeitungstests bieten die Vorteile, dass sie ohne Messgeräte an der Maschine auskommen, leicht als Wiederholprüfung in die laufende Produktion eingeschoben werden können und einen sehr anschaulichen Beweis der Arbeitsgenauigkeit in Form eines realen Werkstückes liefern. Ferner können bei Bearbeitungstests die realen Umgebungs- und Prozessbedingungen mit den auftretenden Belastungen durch statische und dynamische Zerspankräfte sowie die entstehende Prozesswärme erzeugt werden, so dass wirkliche Industriebedingungen vorliegen.

Normen / Richtlinien	direkte Messungen	Bearbeitungstests
DIN-ISO 230 (1996-...) Prüfregeln für WZM	Geometrische Genauigkeit Kreisformprüfungen Prüfung von Wärmewirkungen Geräuschemission	*nicht vorgesehen*
ISO 10791 (1998) Test conditions for machining centres	Geometrische Genauigkeit Kreisformprüfungen Prüfung von Wärmewirkungen Geräuschemission	Fertigen eines Prüfwerkstückes unter Schlichtbedingungen
DIN V8602 (1990) Verhalten von WZM unter statischer und thermischer Last	statische Nachgiebigkeit und thermoelastische Verformung an der Zerspanstelle	*nicht vorgesehen*
VDI 2851 (1986) Beurteilung von WZM durch Einfachprüfwerkstücke	*nicht vorgesehen*	Fertigen verschiedener Geometrie- und Formelemente unter Schlichtbedingungen
VDI/DGQ 3441 ff. (1977) Statistische Prüfung der Arbeits- und Positionsgenauigkeit von WZM	Ermittlung der Kennwerte: - Positionsunsicherheit - Positionsabweichung - Positionsstreubreite - Umkehrspanne	Fertigen einfacher Prüfwerkstücke und Berechnung der Arbeitsunsicherheit (6s-Bereich)
VDMA 8669 (1999) Fähigkeitsuntersuchung zur Abnahme von spanenden WZM	*nicht vorgesehen*	Fertigen von 50 gleichen Werkstücken mit Berechnung der Kurzzeitfähigkeit
Richtlinien der Hersteller und Abnahmevorschriften der Anwender von WZM	Sonderprüfungen von Baugruppen bzw. der Gesamtmaschine	geringe Anzahl von firmenabhängigen Prüfwerkstücken / Fähigkeitsuntersuchungen

Bild 9-1. Normen und Richtlinien zur Abnahme von Werkzeugmaschinen

Nachteilig ist jedoch, dass die Zuordnung der einzelnen Werkstückungenauigkeiten zu den Maschinenabweichungen häufig nicht möglich ist. Dies kann letztendlich nur von direkten Messungen an der Maschine erbracht werden.

Da die einzelnen Maschinenabweichungen und sonstigen Einflussfaktoren summarisch auf die Arbeitsgenauigkeit wirken, liegt meist eine Überlagerung unterschiedlicher Maschinenursachen für Formabweichungen am Werkstück vor, wie sie am Beispiel eines zylindrischen Teils in Bild 9-2 gezeigt sind. Ergänzend sind die obere und untere Toleranzgrenze eingezeichnet, wie sie zur Beurteilung der summarisch auftretenden Fehler erforderlich sind.

Diese Überlagerung stellt jedoch nicht nur eine Schwierigkeit bei der Interpretation der verursachenden Maschinenabweichungen dar, sondern erschwert auch die messtechnische Erfassung. Durch eine geeignete Messstrategie und Filterwahl muss versucht werden, die interessierende Formabweichung zu erfassen und vom Rauhigkeitseinfluss der Oberfläche zu trennen.

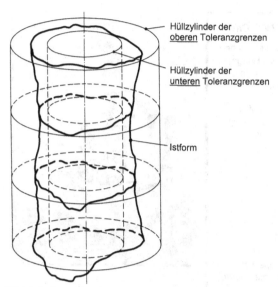

Hüllzylinder der
oberen Toleranzgrenzen

Hüllzylinder der
unteren Toleranzgrenzen

Istform

Bild 9-2. Formabweichungen an einem zylindrischen Teil

9.1 Werkstückmesstechnik

Eine Problematik bei der Beurteilung der Arbeitsgenauigkeit von Werkzeugmaschinen aufgrund der bearbeiteten Werkstücke liegt im Messen der Prüfwerkstücke. NC-gesteuerte Werkzeugmaschinen haben heute derart geringe Arbeits-
unsicherheiten, dass die zu untersuchenden Abweichungen in der Größenordnung
der mit konventionellen Messmitteln – wie Messschieber, Mikrometerschraube,
Rachenlehre – erreichbaren Messgenauigkeiten liegen.

Bei Werkstücken, die eine relativ einfache Form aufweisen, wird dieses Problem durch Mehrmessstellen-Messvorrichtungen gelöst. Im Bereich der komplexen
Werkzeuggeometrie war bisher beispielsweise die Messung von Schnecken- und
Kegelrädern sowie von Rotoren für Verdichter noch ein ungelöstes Problem. Ein
entscheidender Fortschritt zur Lösung dieser Aufgabe war die Entwicklung von
3D-Messmaschinen, die durch ein sehr hohes Auflösungsvermögen und eine hohe
Messgenauigkeit gekennzeichnet sind. Ein Beispiel für eine solche Maschine ist
mit Angabe der wichtigsten technischen Daten in Bild 9-3 dargestellt. Der Tast-
kopf, der zum Antasten der zu messenden Flächen dient, kann innerhalb des räumlichen Messbereichs jeden Punkt erreichen. Die Aufbereitung der Solldaten, die
Positionierung für den jeweiligen Messvorgang, die Übernahme der Ist-
Koordinaten und die Verarbeitung der Messwerte zur Berechnung der örtlichen
Abweichungen übernimmt der angeschlossene Rechner.

Zur Dokumentation der Messergebnisse sind die Messmaschinen mit Plotter
und Schnelldrucker ausgerüstet. Bild 9-4 zeigt als Beispiel die Messung eines
Zylindergehäuses in Trochoidenform für Wankelmotoren. Das Istprofil der Kurve

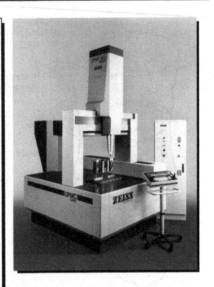

Präzisionsmesszentrum UPMC Carat

Bauart:	Portalmessgerät mit feststehendem Gerätetisch aus Hartgestein, Traverse und Pinole aus Aluminiumlegierung
Tastkopf:	Messender 3D-Tastkopf für statische Messwerterfassung, Vielpunktmessung und Scanningbetrieb
Messbereich:	X = 850 mm Y = 700 mm Z = 600 mm
Auflösung:	0,2 µm
Messunsicherheit	u = (0,5 + L/900) µm (L = Messlänge in mm)
Besonderheiten:	Rechnerische Kompensation thermischer Biegungseinflüsse des Gerätetisches

Bild 9-3. Technische Daten eines Präzisionsmesszentrums (Quelle: C. Zeiss Oberkochen)

wird auf der Messmaschine punktförmig in vorwählbaren Schrittweiten abgetastet und mit dem vom Rechner gelieferten Sollprofil verglichen. Das Plotterprotokoll zeigt in vergrößertem Maßstab die ermittelten Abweichungen. Die Sollkontur kann entweder durch Abtasten eines „Meisterstücks" und Abspeichern im Rechner vorgegeben oder durch eine rechnerische Simulation des Fertigungsprozesses erzeugt werden.

Als Beispiel zeigt Bild 9-5 ein Berechnungsmodell zur Bestimmung der Sollkontur von Kegelrädern. Das Modell beruht auf der Simulation des Herstellungsprozesses. Sämtliche Einstell- und Bewegungsmöglichkeiten einer Maschine werden dabei berücksichtigt. Durch schrittweise Änderung der Winkel W_{12}, W_{45} und W_{89} lassen sich die Bewegungen der jeweiligen Elemente Werkstück, Werkzeug und Maschine beschreiben. Als Ergebnis eines solchen Bewegungsvorgangs entsteht die Zahnradflankenkontur in Form von diskreten Stützpunkten als Bewegungsnormal für den Messvorgang. Dieser wird durchgeführt, indem man über die zu messende Raumkontur (Zahnflanke) ein Netz von Messpunkten legt, deren zugehörige Sollwerte durch die in Bild 9-5 gezeigte Simulation des Herstellungsprozesses bestimmt werden.

Zur Messwertprotokollierung wird gemäß Bild 9-6 die Sollkontur der Zahnflanke in die Zeichenebene abgewickelt. Die Lage der Messpunkte auf der Zahnflanke ist dabei so gewählt, dass sie jeweils durch die Schnittpunkte des dargestellten Netzes mit parallelen Linien zur Zahnkopf- oder Fuß- bzw. Außen- oder Innen-Begrenzung gekennzeichnet werden können.

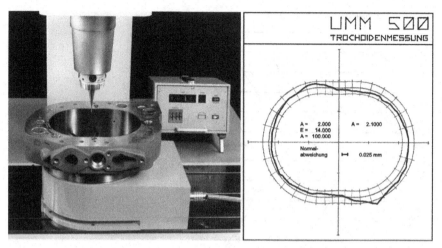

Bild 9-4. Automatische Trochoidenmessung (Quelle: nach Zeiss)

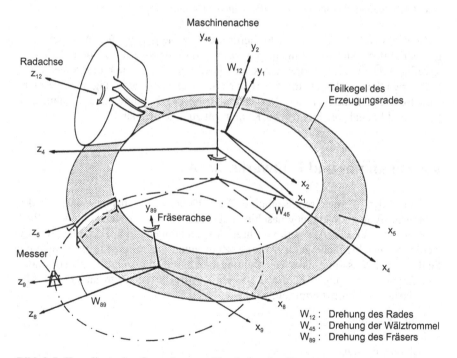

Bild 9-5. Koordinatenkonfiguration zur Simulation des Erzeugungsprozesses von Kegelrädern

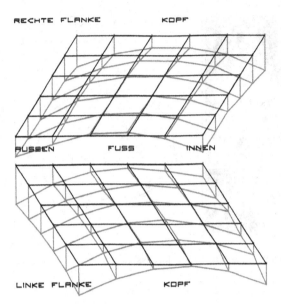

Bild 9-6. Kegelradmessung mit 3D-Koordinaten-Messmaschine

In dieses Netz werden in der Plotterdarstellung die gemessenen Abweichungen in überhöhtem Maßstab eingetragen, wobei die Messwerte entsprechend ihres jeweiligen Über- bzw. Untermaßes entweder über oder unter den zugehörigen Sollwerten liegen. Durch diese Art der Messwertprotokollierung wird erreicht, dass trotz des relativ groben Netzes und trotz der Krümmung der Zahnflanke Form- und Lageabweichungen der Kontur gut zu erkennen sind.

9.2 Abnahme- und Prüfwerkstücke

Im Folgenden werden repräsentative Werkstücke zur Abnahme- und Wiederholungsprüfung an Werkzeugmaschinen aufgezeigt. Mit der Herstellung der Prüfwerkstücke und der Auswertung ihrer Abweichungen vom Fertigungssollmaß werden unterschiedliche Ziele verfolgt. Zum einen wird die nahezu vollständige Funktion der Maschine unter Bearbeitungsbedingungen gezeigt, was bei Sonder- und Einzweckmaschinen häufig die einzige Aufgabe ist. Zum anderen werden Einzelkriterien indirekt ermittelt, wie:

– Umkehrspanne,
– Positionsunsicherheit,
– Bahnabweichung,
– Antriebsdynamik,
– statische Steifigkeit,
– thermische Drift.

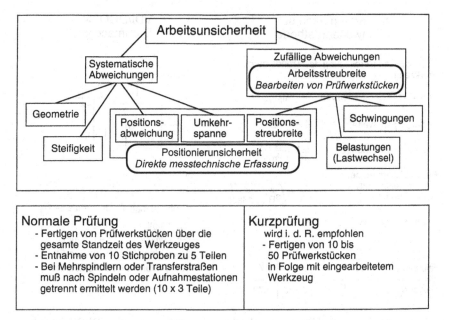

Normale Prüfung	Kurzprüfung
- Fertigen von Prüfwerkstücken über die gesamte Standzeit des Werkzeuges - Entnahme von 10 Stichproben zu 5 Teilen - Bei Mehrspindlern oder Transferstraßen muß nach Spindeln oder Aufnahmestationen getrennt ermittelt werden (10 x 3 Teile)	wird i. d. R. empfohlen - Fertigen von 10 bis 50 Prüfwerkstücken in Folge mit eingearbeitetem Werkzeug

Bild 9-7. Statistische Prüfung der Arbeits- und Positionsgenauigkeit von Werkzeugmaschinen (Quelle: VDI/DGQ 3441 ff.)

Da bei diesen Bearbeitungstests immer die Randbedingungen des Schnittprozesses (Verschleiß der Werkzeuge, Material) Einfluss auf das Ergebnis nehmen, sind technologisch bedingte Abweichungen nicht von den durch die Maschine verursachten Abweichungen zu trennen. Daher ist bei der Anfertigung von Prüfwerkstücken und der Interpretation der Messergebnisse stets mit besonderer Sorgfalt vorzugehen. Die aus diesen Bearbeitungstests gewonnenen Ergebnisse ergänzen in sinnvoller Weise die Ergebnisse der direkten Messungen.

9.2.1 Prüfwerkstücke zur Ermittlung der Arbeits- und Positionsgenauigkeit

Mit der Erarbeitung von Richtlinien zur Prüfung von Werkzeugmaschinen und zur Durchführung von Bearbeitungstests befassen sich u.a. Arbeitskreise des Vereins Deutscher Ingenieure (VDI) und der Deutschen Gesellschaft für Qualität e. V. (DGQ). Die Ergebnisse sind u. a. in den Gemeinschaftsrichtlinien VDI/DGQ 3441 ff. [9-2] für die Maschinengattungen Drehmaschinen, Fräsmaschinen, Bohrmaschinen und Schleifmaschinen niedergelegt.

Es wird zwischen systematischen und zufälligen Abweichungen unterschieden, Bild 9-7. Während die Positionsunsicherheit durch direkte Messungen erfasst wird (vgl. Abschnitt 3.1), wird die Arbeitsstreubreite durch Bearbeiten und Vermessen von sehr einfachen Prüfwerkstücken mit anschließender statistischer Auswertung ermittelt.

Auswertung nach der Spannweitenmethode	VDI/DGQ 3442: Drehmaschinen

Rechnerische Bereinigung des Trends durch Werkzeugverschleiß

Spannweite der Stichprobe: $R_j = x_{jmax} - x_{jmin}$

mittlere Spannweite: $\bar{R} = \dfrac{1}{m} \cdot \sum\limits_{j=1}^{m} R_j$

Standardabweichung: $s_R^* = \dfrac{\bar{R}}{d_n}$

Berücksichtigung der Messmittelstandardabweichung: $s_R = \sqrt{s_R^{*2} - s_{Mess}^2}$

Arbeitsstreubreite: $A_S = 6 \cdot s_R$

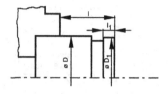

Prüfmerkmal: Durchmesser D_1

Werkstoff: C 45

Schnitttiefe: a = 0,5 mm

Vorschub: f = 0,1 mm/U

Kurzprüfung mit 25 Werkstücken

Stichprobengröße m	3	5	7
Faktor d_n	1,693	2,326	2,704

Bild 9-8. Auswertung und Prüfwerkstücke für Drehmaschinen (Quelle VDI/DGQ 3442)

Die normale Prüfung sieht vor, dass mit einem neuen Werkzeug begonnen wird und so viele Prüfwerkstücke bearbeitet werden, bis das Werkzeug verschlissen ist. Hiermit kann der Einfluss des Werkzeugverschleißes auf die Arbeitsstreubreite erfasst werden. Zur Messung und Auswertung werden von der Gesamtmenge der gefertigten Prüfwerkstücke 10 Stichproben zu 5 Teilen entnommen.

Es wird jedoch empfohlen, in der Regel nur die Kurzprüfung anzuwenden, so dass nur 10 bis 50 Prüfwerkstücke in Folge gefertigt und anschließend vermessen werden. Hierbei wird ein Werkzeug eingesetzt, mit dem bereits einige Schnitte gemacht wurden, so dass der erhöhte Anfangsverschleiß des Werkzeuges nicht das Prüfergebnis beeinflusst.

Die Auswertung der Messdaten erfolgt mittels der Spannweiten-Methode, um eine leichte Berechnung zu ermöglichen, Bild 9-8. Hierbei wird der Mittelwert der Spannweiten der einzelnen Gruppen berechnet und mit diesem die Standardabweichung geschätzt. Da jede Messung mit einer gewissen Unsicherheit behaftet ist, wird die Messmittelstandardabweichung (vgl. Abschnitt 9.3) vorher ermittelt und von der Prozessstandardabweichung abgezogen. Dieses Vorgehen sollte jedoch nicht dazu verleiten, ein Messmittel mit einer im Verhältnis zu den Werkstücktoleranzen großen Streuung zu verwenden, da hierdurch die Aussage der Messung sehr unsicher wird.

Im Bild 9-8 ist ein Prüfwerkstück für Drehmaschinen dargestellt. Es zeichnet sich durch geometrische Einfachheit aus. Einziges Prüfmerkmal ist der Durchmesser D_1. Die Prüfwerkstücke für die anderen Fertigungsverfahren sind entsprechend aufgebaut.

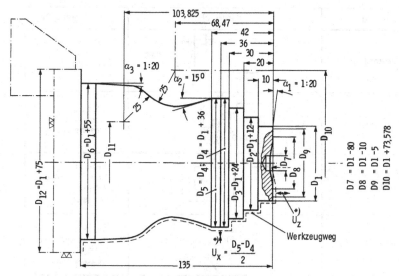

Bild 9-9. Einfachprüfwerkstück für NC-Drehmaschinen (Quelle: nach VDI 2851 Bl. 2)

9.2.2 Prüfwerkstücke zur Ermittlung maschinentypischer Fehler

Während die in VDI/DGQ 3441 ff festgelegten Prüfwerkstücke zur statistisch abgesicherten Prüfung der Arbeits- und Positionsgenauigkeit dienen, werden mit den im Folgenden aufgeführten Bearbeitungsprüfwerkstücken Werkzeugmaschinen im Hinblick auf einzelne Fehler untersucht. Diese Prüfwerkstücke können sowohl zur Abnahmeprüfung als auch bei Wiederholungsprüfungen im Rahmen einer vorbeugenden Überwachung und Instandhaltung herangezogen werden [9-3 bis 9-5].

Für NC-Drehmaschinen ist das empfohlene Prüfwerkstück, Bild 9-9, aus den Konturelementen nach Bild 9-10 gebildet worden (VDI 2851 Bl. 2). Es können Prüfungen von

– Umkehrspanne,
– Maßabweichung (Positionierung),
– Winkelabweichung,
– Langsamfahr- und Interpolationsverhalten,
– Bahnabweichung

vorgenommen werden. Dabei erfolgt die Bearbeitung eines vorgedrehten Werkstücks unter Schlichtbearbeitungsbedingungen (a = 0,2 mm), so dass wesentliche statische Schnittkräfte nicht auftreten.

Prüfung		Konturelement	Abweichungsursache
2.1	Umkehrspanne	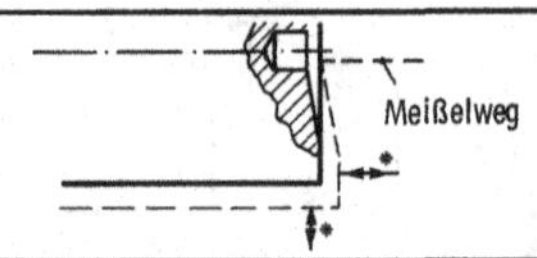 Meißelweg	Mechanik Steuerung
2.2	Maßabweichung	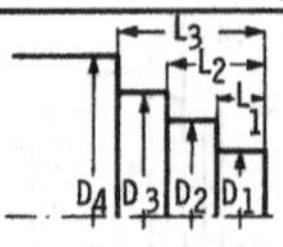 L_3 L_2 L_1 D_4 D_3 D_2 D_1	Steuerung Vorschubantriebe Messsysteme
2.3	Winkelabweichung Langsamfahr- verhalten	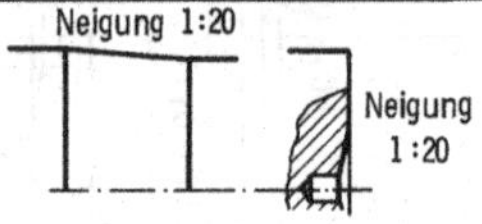 Neigung 1:20 Neigung 1:20	Mechanik Linear-Interpolator Antriebe Messsysteme
2.4	Bahnabweichung	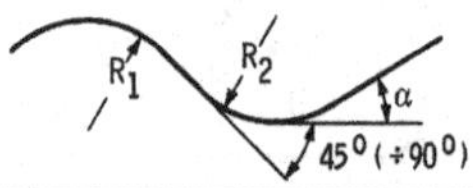 R_1 R_2 α $45^0(\div90^0)$	Mechanik Zirkular-Interpolator Antriebe Messsysteme

Bild 9-10. Konturelemente eines Einfachprüfwerkstücks für NC-Drehmaschinen (Quelle: nach VDI 2851 Bl. 2)

Während die Prüfungen 2.1 bis 2.4, Bild 9-10, fester Bestandteil des Einfachprüfwerkstücks sind, werden die im Bild 9-11 dargestellten Prüfungen 4.1 bis 4.4 empfohlen, um im Einzelfall weitere Einflussparameter ermitteln zu können.

Prüfung		Konturelement	Abweichungsursache
4.1	Gewindeschneiden	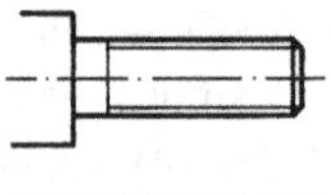	Mechanik Steuerung
4.2	Antriebsdynamik	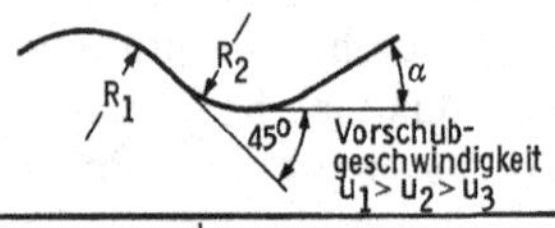 R_1 R_2 α 45^0 Vorschub- geschwindigkeit $u_1>u_2>u_3$	Mechanik Zirkular-Interpolator Dynamik der Vorschub-Antriebe $R_i=f(u)$
4.3	statische Nachgiebigkeit	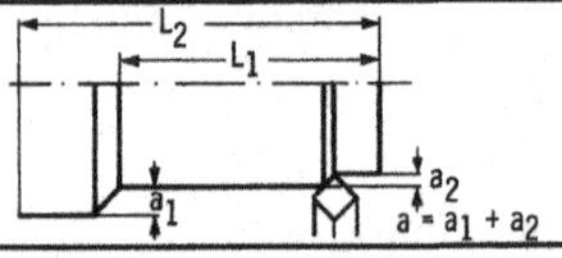 L_2 L_1 a_1 a_2 $a=a_1+a_2$	Ausführung der mechanischen Baugruppen
4.4	Thermische Drift	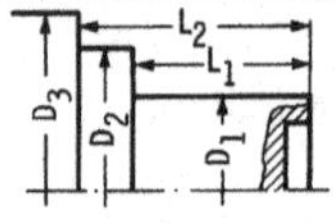 L_2 L_1 D_3 D_2 D_1	Wärmequellen Bauteilgestaltung

Bild 9-11. Konturelemente eines Prüfwerkstücks für NC-Drehmaschinen zur Durchführung von Ergänzungsprüfungen (Quelle: nach VDI 2851 Bl. 2)

Hierzu gehören kinematische Tests (Gewindeschneiden), Tests des Interpolators und der Dynamik der Vorschubantriebe sowie Tests unter statischen Schnittprozessbelastungen (Schnittkraftsprung) und unter thermischen Einflüssen. Die Bestimmung des Einflusses einer statischen Schnittprozessbelastung der Maschine erfolgt in Abhängigkeit von der installierten Antriebsleistung, wobei eine 50%ige Auslastung der Maschine zugrunde gelegt wird. Für den im Folgenden angegebenen Bearbeitungsfall ergibt sich dann zwischen der Schnittiefe $a = a_1 + a_2$ (vgl. Bild 9-11) und der installierten Antriebsleistung P [kW] der Zusammenhang

$$a = 0{,}2 \cdot P\,[kW]\,mm \tag{9-1}$$

	P > 10 kW	P <= 10 kW
Bearbeitungsfall	Längsdrehen	Längsdrehen
Werkstoff	CK 45	CK 45
Schneidstoff	P 10	P 10
Schneidplatte	SPUN 120308	SPUN 120304
Klemmhalter	CSTPR	CSTPR
Schnittgeschwindigkeit	$v = 140$ m/min	$v = 140$ m/mm
Vorschub	$s = 0{,}25$ mm	$s = 0{,}12$ mm
Gesamtwirkungsgrad	$\eta = 0{,}7$	$\eta = 0{,}7$
Schnitttiefe	$a_2 = 0{,}2$ mm	$a_2 = 0{,}2$ mm

Daraus folgt die Schnitttiefe

$$a_1 = a - 0{,}2\,[mm] \tag{9-2}$$

Zur Erfassung der thermischen Maschinenverlagerungen werden mehrere Prüfwerkstücke während der Aufheizphase der Maschine im zeitlichen Abstand von ca. 1/2 Stunde bearbeitet. Dazwischen wird die Maschine mit Produktionswerkstücken belastet. Es ist zu berücksichtigen, dass für Testwerkstücke ein spezielles Werkzeug eingesetzt wird, das für die Produktionswerkstücke nicht verwendet wird.

Prüfwerkstücke für NC-Fräsmaschinen sind u.a. in der Richtlinie VDI 2851 Bl. 3 festgelegt, die eine Weiterentwicklung des amerikanischen NAS-Standards, Bild 9-12, darstellt [9-6].

Bild 9-12. Prüfwerkstück für die Abnahme bahngesteuerter Fräsmaschinen (Quelle: nach NAS 913)

Anhand dieses Werkstücks lassen sich folgende Merkmale bei Gleich- und Gegenlauffräsbearbeitung beurteilen:

– Umkehrspanne aus der Differenz der Maße a und b, c und d (Positionsgenauigkeit,
– Parallelität und Orthogonalität der bearbeiteten Flächen (Geometrie),
– Winkelabweichungen (Steuerung, Interpolation),
– Kreisformabweichungen (Steuerung, Interpolation, Spiel),
– Maßabweichungen (Steuerung, Messsystem, Statik, Temperatur, Verschleiß).

Bild 9-13 zeigt das Einfachprüfwerkstück für NC-Bohrmaschinen, das auch für die Prüfung der Positioniergenauigkeit von Fräsmaschinen geeignet ist (VDI 2851 Bl. l).

Die Bearbeitung dieses Einfachprüfwerkstücks erfolgt in einer Aufspannung. Die Reihenfolge der Arbeitsschritte ist Zentrieren, Bohren, Aufbohren, Fertigbohren sowie Fräsen der Schrägen und Fräsen der Einsenkung. Dabei wird in der in Bild 9-13 rechts angegebenen Reihenfolge positioniert. Die hier durchführbaren Prüfungen sind:

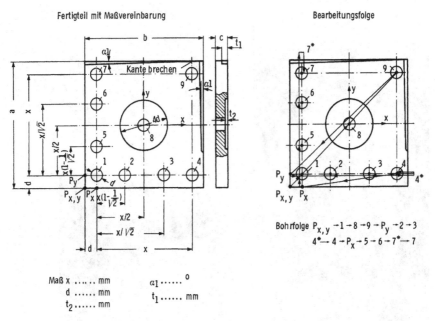

Bild 9-13. Einfachprüfwerkstück für die Abnahmebearbeitung an NC-Bohrmaschinen (Quelle: nach VDI 2851 Bl. L)

- Positionsgenauigkeit durch Prüfung der Stichmaße,
- Umkehrspanne,
- Interpolation bei geringen Steigungen,
- Quadrantenumkehr beim Zirkularfräsen der Einsenkung.

Zur Prüfung von Werkzeugmaschinen durch Bearbeitungstests existieren auf internationaler Ebene verschiedenartige Werkstückvorschläge, von denen neben den bereits genannten der BAS-Test [9-7], die UMIST-Bedingungen [9-8], die Japanese Industrial Standards [9-9] und die GOST-Normen [9-10] weite Verbreitung gefunden haben.

Neben diesen standardisierten Prüf- und Abnahmewerkstücken werden zur Beurteilung und Abnahme von Werkzeugmaschinen vermehrt kundenspezifische Werkstücke herangezogen. Insbesondere bei hochdynamischen Maschinensystemen ist neben der indirekten Überprüfung der Einzelmerkmale die Beurteilung des Zusammenwirkens der Einzelkomponenten von entscheidender Bedeutung.

Verantwortlich für die Genauigkeit hochdynamischer Vorschubbewegungen sind neben den mechanischen Eigenschaften, z.B. der dynamischen Nachgiebigkeit der Maschinenstruktur, insbesondere die Leistung der Vorschubantriebe und deren Regelung sowie die Eigenschaften der Maschinensteuerung, wie z.B.:

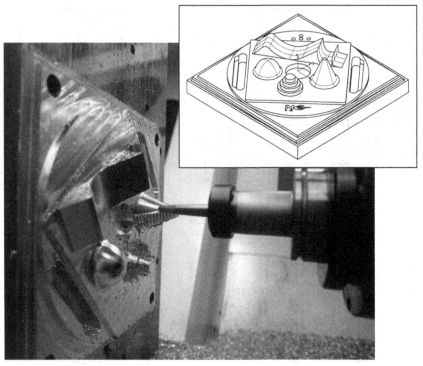

Bild 9-14. Prüfwerkstück für HSC-Systeme (Quelle: nach NCG Empfehlung 2004 Teil 1 (Entwurf))

– Blockzykluszeiten,
– Look-ahead Funktion,
– Kontrolle der Beschleunigungsrampen,
– Interpolationsverfahren.

Weiterhin haben die verwendeten Programmierstrategien zur Erzeugung der Werkzeugwege sowie deren Beschreibungsformat (Linearsätze, Splines, NURBS, etc...) Einfluss auf die Qualität der erzeugten Oberflächen.

Um den Aufwand für den Vergleich und die Beurteilung von HSC-Systemen zu reduzieren, wird vom Arbeitskreis-HSC der NC-Gesellschaft, Ulm, die Empfehlung NCG 2004 (Abnahmerichtlinien/-Werkstücke für Hochgeschwindigkeitsbearbeitung) erarbeitet [9-11]. Wesentlicher Bestandteil von Teil 1 dieser Empfehlung ist ein Prüfwerkstück für Fräsmaschinen und Bearbeitungszentren, welches neben den einfachen Geometrieelementen Kreis und Quader auch komplexere Geometrien, wie z.B. Kugelabschnitt und Kegel, sowie ein Freiformflächenelement enthält (Bild 9-14). Zur Beurteilung der Bearbeitungsergebnisse werden die gemessenen Form-, Lage- und Maßtoleranzen sowie die Oberflächengüte unter gleichzeitiger Berücksichtigung der benötigten Bearbeitungszeiten herangezogen.

9.3 Fähigkeitsuntersuchungen zur Abnahme von Werkzeugmaschinen

Fähigkeitsuntersuchungen stellen eine weitere Möglichkeit dar, die Maschineneigenschaften indirekt durch Bearbeitungstests zu beurteilen. Diese wurden von der Automobilindustrie und deren Zulieferfirmen entwickelt [z.B. 9-12 bis 9-15] und dienen als Abnahmeprüfung für Werkzeugmaschinen. Wie im Folgenden noch erläutert werden wird, ist deren Anwendung jedoch nur für Sondermaschinen bzw. werkstückgebunden eingesetzte Werkzeugmaschinen mit einer geringen Taktzeit sinnvoll.

In Verbindung mit der Verbreitung der statistischen Prozessregelung (SPC), dem wachsenden Qualitätsbewusstsein (DIN/ISO 9000 ff.) und der Entwicklung der Maschinenhersteller zu Systemanbietern nimmt die Anzahl von Fähigkeitsuntersuchungen zu. Da keine standardisierten Verfahren vorliegen, hat dies in den letzten Jahren dazu geführt, dass zahlreiche firmenabhängige Methoden entwickelt wurden.

9.3.1 Vorgehensweise

Bild 9-15 gibt einen Überblick über das grundsätzliche Vorgehen bei einer Fähigkeitsuntersuchung. Zum Einstellen des Prozesses auf den Sollwert werden einige Werkstücke gefertigt und die NC-Werkzeugdaten entsprechend korrigiert. Anschließend werden die Prüfwerkstücke hergestellt und vermessen. Die Beurteilung der Fähigkeit erfolgt über die statistische Auswertung der Merkmalswerte mit der Berechnung der Fähigkeitsindizes.

Fähigkeitsuntersuchungen sollen die Eignung einer Fertigungseinrichtung nachweisen, Werkstücke mit definierter Toleranz in vorgegebener Zeit und statistisch nachgewiesener Sicherheit herstellen zu können. Es wird grundsätzlich unterschieden zwischen Maschinenfähigkeit und Prozessfähigkeit. Während die Maschinenfähigkeitsuntersuchung zur Vorabnahme beim Hersteller dient und somit das kurzzeitige Streuverhalten aufzeigt, dienen Prozessfähigkeitsuntersuchungen zur Beurteilung des langzeitigen Streuverhaltens unter realen Prozessbedingungen. So werden zur Ermittlung der Maschinenfähigkeit in der Regel 50 Werkstücke in Folge gefertigt, während die Prozessfähigkeit anhand von z.B. 300 Werkstücken nachgewiesen wird.

Aufgrund der zahlreichen maschinenunabhängigen Einflussfaktoren, die auch bei einer Maschinenfähigkeitsuntersuchung von Bedeutung sind (z.B. Umgebungstemperatur und Rohlingsbeschaffenheit), ist die Bezeichnung Maschinenfähigkeit nicht angemessen und sollte durch den Begriff Kurzzeitfähigkeit ersetzt werden. Durch die Unterscheidung in Kurz- und Langzeitfähigkeit wird betont, dass der wesentliche Unterschied beider Verfahren in dem Untersuchungszeitraum und damit der Werkstückanzahl liegt.

Als indirektes Prüfverfahren sind Fähigkeitsuntersuchungen im hohen Maße von den Umgebungs- und Randbedingungen abhängig, Bild 9-15. Sowohl die Ein-

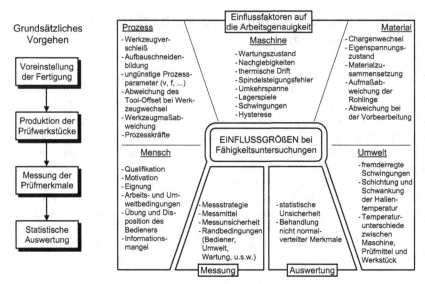

Bild 9-15. Grundsätzliches Vorgehen und Einflussgrößen bei Fähigkeitsuntersuchungen

flussfaktoren auf die Arbeitsgenauigkeit als auch die Messunsicherheit und die Art der statistischen Auswertung beeinflussen das Ergebnis einer Fähigkeitsuntersuchung.

Die statistische Auswertung soll ermöglichen, dass aufgrund der Genauigkeit weniger Werkstücke auf die Prozesssicherheit von Werkzeugmaschinen über einen langen Zeitraum geschlossen werden kann. Hierzu wird die Streuung der Merkmalswerte in Beziehung zur Toleranz gesetzt und als Fähigkeitsindex C bezeichnet. Die Lage des Mittelwertes wird zusätzlich durch den sogenannten kritischen Fähigkeitsindex C_k bewertet, Bild 9-16.

$$C = \frac{T}{6s} \tag{9-3}$$

$$C_k = \frac{\Delta x_{krit}}{3s} \tag{9-4}$$

Unter der Annahme von normalverteilten Merkmalen bedeutet ein Fähigkeitsindex von 1,0, dass 99,73% aller Merkmalswerte der Grundgesamtheit innerhalb des Toleranzbereiches liegen. Da aus Kosten- und Zeitgründen bei der Abnahme von Werkzeugmaschinen in der Regel nur 50 Werkstücke gefertigt werden, stellt der ermittelte Fähigkeitsindex nur einen Schätzwert für die wirkliche Prozesssicherheit dar. Um diese statistisch gegebene Unsicherheit ausgleichen zu können und einen größeren Spielraum für die spätere Massenproduktion zu bekommen, werden jedoch Forderungen von C > 1,33, C > 1,67 oder höher gestellt. Dies bedeutet, dass nicht nur das 6-fache, sondern sogar das 8-fache bzw. das 10-fache der Standardabweichung innerhalb der Toleranz liegen muss.

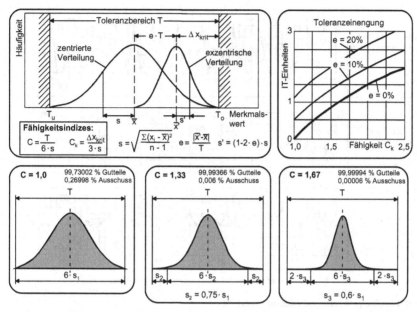

Bild 9-16. Bedeutung der Fähigkeitsindizes

Das Diagramm im oberen Teil des Bildes 9-16 verdeutlicht, welche immense Toleranzeinengung dies für den Hersteller von Werkzeugmaschinen bei der Abnahmeprüfung bedeutet. Bei einer mittigen Lage der Merkmalswerte, also der Exzentrizität $e = 0\%$, bedeutet die Einhaltung der Forderung $C_k > 2{,}0$ einen Sprung von l,5 IT-Einheiten gegenüber der ursprünglichen Zeichnungstoleranz. Ist der Mittelwert der Merkmalswerte beispielsweise um $e = 20\%$ aus der Toleranzmitte verschoben, so entspricht dies einer weiteren Verschärfung der Genauigkeitsanforderung von über einer IT-Einheit.

Im Gegensatz zu genormten Bearbeitungstests werden die Anforderungen und Belastungen bei jeder Abnahmeprüfung entsprechend der Bearbeitungsaufgabe neu festgelegt, so dass die Angabe eines Fähigkeitsindexes nur in Verbindung mit der Bearbeitungsaufgabe und den Toleranzen zu sehen ist.

Prozessstabilität und Fähigkeit

Die statistische Prozessregelung (SPC) geht davon aus, dass die Bearbeitungsergebnisse stochastisch um einen zeitlich konstanten Mittelwert streuen, solange systematische Einflüsse ausgeschaltet werden können. Ein solcher Prozess wird als stabil oder beherrscht bezeichnet. Ein Prozess gilt als fähig, wenn er beherrscht ist und Toleranzüberschreitungen am Werkstück aufgrund der unvermeidbaren stochastischen Streuung mit vorgegebener statistischer Sicherheit ausgeschlossen werden können.

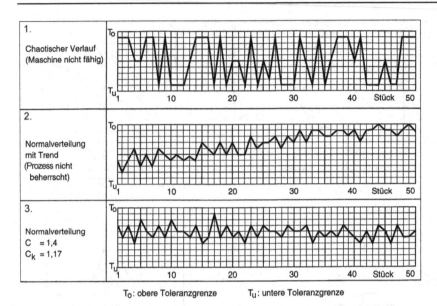

Bild 9-17. Charakteristische Messwertverläufe

Bei einer Fähigkeitsuntersuchung werden die kritischen Merkmale (Maße) der gefertigten Teile vermessen und in sogenannten Urwert- oder Einzelwertkarten aufgezeichnet. Nach Bild 9-17 sind die folgenden charakteristischen Messwertverläufe zu unterscheiden:

1. Die Messwerte springen chaotisch zwischen wenigen Werten hin und her, was beispielsweise durch Spiel in den Führungselementen der Bearbeitungseinrichtung oder durch zu große Aufmaßschwankungen verursacht werden kann. In diesem Fall gilt der Prozess als nicht beherrscht, so dass auch keine Fähigkeit nachgewiesen werden kann. Der Prozess muss verbessert werden.

2. Die Messwerte folgen einem Trend, der z.B. durch thermische Drift oder Werkzeugverschleiß hervorgerufen sein kann. Dieser systematische Einfluss kann mit den Mitteln der SPC unter Kontrolle gebracht werden, wobei ein zu starker Trend ein unwirtschaftlich häufiges Nachstellen erzwingt. Häufig ist ein Trend besser in einer Qualitätsregelkarte zu erkennen, in der z.B. der Mittelwert einzelner Gruppen aus fünf Messwerten sowie deren Standardabweichung eingetragen werden. Hierdurch kann der systematische Anteil in Form der Mittelwerte und der zufällige Anteil in Form der Standardabweichung getrennt werden.

3. Die Messwerte streuen zufällig um einen nahezu konstanten Mittelwert. Dies stellt im engeren Sinne einen beherrschten Prozess dar. Der Prozess gilt als fähig, wenn zusätzlich die vom Anwender geforderten Fähigkeitsindizes eingehalten werden.

9.3.2 Einflussfaktoren

Die werkstückgebundene Abnahme von Werkzeugmaschinen in Form einer Fähigkeitsuntersuchung bringt es mit sich, dass sich neben den Maschineneigenschaften auch die Umgebungsbedingungen, die Bedienung, das Material und der Prozess auf die Arbeitsgenauigkeit auswirken. Ferner ist die Messung der Werkstücke von großer Bedeutung, da jede Messung mit Fehlern und Unsicherheit behaftet ist. Dies ist bei Fähigkeitsuntersuchungen um so wichtiger, weil die Messmittelstandardabweichung direkt in die ermittelte Prozessstandardabweichung eingeht und so die Fähigkeitsindizes verringert [9-16].

Das Ergebnis einer Fähigkeitsuntersuchung wird nicht nur von den oben beschriebenen Faktoren beeinflusst, sondern zusätzlich von der angewendeten Auswertmethode. Im Folgenden werden die wichtigsten Einflussfaktoren näher erläutert.

Werkzeugverschleiß

Bei der Fertigung mehrerer Werkstücke und der anschließenden statistischen Auswertung der Messergebnisse kann sich der Werkzeugverschleiß auf verschiedene Arten auswirken:

- Die Werkzeugbelastung ist so groß, dass während der Fertigung eines Werkstückes messbarer Verschleiß am Werkzeug auftritt.
- Der Werkzeugverschleiß ist so gering, dass er nur im Vergleich der verschiedenen Werkstücke bemerkbar ist.

Der erste Fall ist bei Fähigkeitsuntersuchungen nur selten anzutreffen, da eine statistische Abnahme mit vertretbarem Aufwand nur bei geringen Taktzeiten zu rechtfertigen ist. Dies bedeutet, dass in aller Regel der Werkzeugverschleiß bezogen auf ein Werkstück vernachlässigbar ist.

Der zweite Fall tritt hingegen häufiger auf. Hierbei ist eine Verschiebung des Mittelwertes der einzelnen Stichproben – also ein Trend in der Einzelwert- oder Mittelwertkarte – zu beobachten, die ihre Ursachen hat in

- der Veränderung der Schneidengeometrie – z.B. Schneidkantenversatz beim Drehen – und
- der größer werdenden Schnittkraft, verursacht durch den zunehmenden Werkzeugverschleiß.

Die Art des Trends richtet sich nach dem Verschleißverhalten des Werkzeuges. So ist mit einem erhöhten, degressiv ansteigenden Verschleiß eines neuen Werkzeuges und einem linearen Verschleiß eines bereits eingesetzten Werkzeuges zu rechnen. Zusätzlich kann nicht ausgeschlossen werden, dass die durch den Verschleiß veränderten Schnittkräfte Auswirkungen auf die Streuung des Prozesses haben.

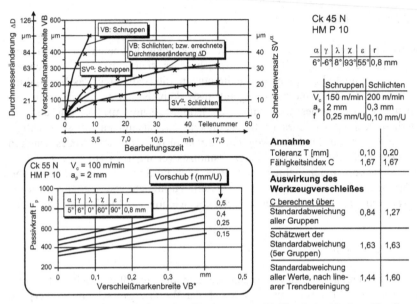

Bild 9-18. Beispiel zum Einfluss des Werkzeugverschleißes beim Drehen (Quelle: nach Langkammer, K.)

Im Bild 9-18 ist das Ergebnis einer Verschleißuntersuchung zusammengefasst, bei der 50 Einfachprüfwerkstücke nach VDI 2851 [9-3] bearbeitet wurden. Es wurde ein degressiver Anstieg der Verschleißmarkenbreite festgestellt, der für das Schlichtwerkzeug nach 17,5 min effektiver Bearbeitungszeit über VB ≈ 0,3 mm lag. Hieraus lässt sich eine Durchmesseränderung allein aufgrund des Schneidenversatzes errechnen, die bei dem letzten Werkstück einen Wert von $\Delta D = 63$ µm annimmt.

Die Veränderung des Fähigkeitsindexes durch den Werkzeugverschleiß ist abhängig von der geforderten Toleranz und der Auswertemethode. Die Tabelle im Bild 9-18 zeigt dies beispielhaft für zwei angenommene Toleranzen. Bei einem Fähigkeitsindex von C = 1,67 und einer Toleranz von 0,1 mm verschlechtert sich der Fähigkeitsindex durch den Werkzeugverschleiß auf C = 0,84. Werden die Werte um den jeweiligen Trendanteil korrigiert, so verschlechtert sich der Fähigkeitsindex nur auf C = 1,44, da von einem linearen Trend ausgegangen wurde und der wirkliche Verschleißverlauf exponentiell ist.

Wird der Fähigkeitsindex über einen Schätzwert für die Standardabweichung über die Gruppenbildung der Messwerte berechnet, so kann der Trendeinfluss durch Werkzeugverschleiß größtenteils eliminiert werden, so dass ein Fähigkeitsindex von C = 1,63 berechnet wird. Bei noch stärkerem Trend kann dessen Einfluss auf die Fähigkeitsindizes durch Gruppenbildung nicht mehr eliminiert werden, so dass in diesem Fall nach einer Trendbereinigung höhere Fähigkeitsindizes im Vergleich zur Berechnung über Gruppenbildung ermittelt werden.

Im unteren Teil des Bildes 9-18 ist ein Diagramm gezeigt, das den Einfluss des Kraftanstieges, hervorgerufen durch Werkzeugverschleiß, verdeutlicht. Die in dem Versuch ermittelte Verschleißmarkenbreite von VB = 0,3 mm führt bei den angegebenen Schnittwerten zu einem Anstieg der Passivkraft von ΔF_p = 150 N [9-17]. Dies hat eine zusätzliche Durchmesseränderung von 12 µm für eine durchschnittliche Nachgiebigkeit von Drehmaschinen von l/k = 0,04 µm/N zur Folge.

Thermisches Maschinenverhalten

Die Arbeitsgenauigkeit einer Werkzeugmaschine wird entscheidend durch die thermischen Umgebungsbedingungen sowie das thermo-elastische Maschinenverhalten bestimmt (vgl. Kapitel 5). In diesem Zusammenhang sind auch die Temperaturen der Rohlinge bzw. der Werkstücke zum Zeitpunkt der Fertigung sowie der Messung zu berücksichtigen.

Zusammenfassend demonstriert Bild 9-19 die Auswirkungen von innerer Erwärmung und Umgebungstemperaturschwankungen auf das Ergebnis einer Fähigkeitsuntersuchung am Beispiel eines Einständer-Bohr- und Fräswerkes [9-18].

Die Temperaturen im Maschinennahbereich sind stark abhängig von der Höhe über dem Boden. Es werden maximale Temperaturunterschiede von 4 °C festgestellt. Ebenso zeigt sich ein Temperaturabfall um ca. 2 °C durch das Öffnen des Hallentores. Aufgrund der großen auskragenden Längen ist eine starke Verlagerung in der Warmlaufphase der Maschine zu beobachten, die bei einer Drehzahl von 3150 min⁻¹ einen Wert von ca. 130 µm in der Z-Achse annimmt.

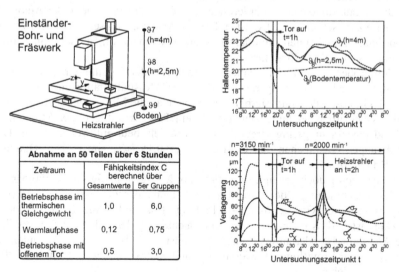

Abnahme an 50 Teilen über 6 Stunden		
Zeitraum	Fähigkeitsindex C berechnet über	
	Gesamtwerte	5er Gruppen
Betriebsphase im thermischen Gleichgewicht	1,0	6,0
Warmlaufphase	0,12	0,75
Betriebsphase mit offenem Tor	0,5	3,0

Bild 9-19. Einfluss des thermischen Maschinenzustandes auf die Fähigkeitsindizes

Die Tabelle in Bild 9-19 gibt für eine simulierte Abnahme an 50 Teilen über einen Zeitraum von 6 Stunden die Fähigkeitsindizes an, die sich nur aufgrund der thermoelastischen Verlagerung in Z-Richtung bei den einzelnen Betriebsphasen der Maschine ergeben würden. Wird davon ausgegangen, dass die Abnahme in der Phase des thermischen Gleichgewichtes durchgeführt wird – also etwa am Morgen des zweiten Versuchstages –, so stellt sich bei Berechnung über die Gesamtstandardabweichung ein Fähigkeitsindex von $C = 1,0$ ein. Durch Öffnen des Tores innerhalb des Abnahmezeitraumes verringert sich der Fähigkeitsindex auf die Hälfte. Wird die Prüfung in der Warmlaufphase durchgeführt, so sinkt der Fähigkeitsindex auf $C = 0,12$. Durch die Berechnung des Fähigkeitsindexes über 5er-Gruppen der Messwerte wird der Trendeinfluss mehr oder weniger eliminiert und es verbessern sich die Werte deutlich. Das Verhältnis der Werte im Vergleich der einzelnen Betriebsphasen bleibt jedoch aufgrund des starken Einflusses der thermoelastischen Verformungen in diesem Beispiel erhalten.

Messunsicherheit

Jede Messung ist mit einer Unsicherheit behaftet, welche die Standardabweichung der Messdaten vergrößert und damit stets zu einer Verschlechterung der Fähigkeitsindizes führt. Folglich ist das Ergebnis einer Fähigkeitsuntersuchung, selbst bei identischen Werkstücken, abhängig von dem eingesetzten Messmittel und der Messstrategie. Im linken oberen Diagramm des Bildes 9-20 ist abzulesen, dass beispielsweise bei einer Messmittelstandardabweichung s_{Mess} von 60% der Prozessstandardabweichung $s_{Prozess}$ ein tatsächlicher Fähigkeitsindex $C_{tat} = 2,00$ durch die Messstreuung auf $C = 1,71$ verringert wird.

Die hieraus abgeleiteten Forderungen an Messmittel, wie sie in der Automobilindustrie z. T. schon gestellt werden, lassen erkennen, dass selbst mit sehr genauen Koordinatenmessgeräten minimal messbare Toleranzen im Bereich von 5 μm bis 20 μm liegen; Bild 9-20 rechts.

Von großer Bedeutung ist daher der Nachweis der Eignung eines Messgerätes für die gestellte Messaufgabe anhand einer Messmittelfähigkeitsuntersuchung [9-19]. Grundsätzlich sind hierbei Forderungen an die Messmittel bezogen auf die Prozessstandardabweichung sinnvoll, da ein Prozess mit geringer Streuung nur anhand eines sehr gering streuenden Messmittels beurteilt werden kann. Diese Forderungen entsprechen den Geraden $s_{Mess} = 0,15 \, s_{Prozess}$ im rechten Diagramm von Bild 9-20.

Es hat sich jedoch gezeigt, dass diese Forderungen häufig nicht erfüllbar sind, so dass zunehmend nur der Bezug auf die Toleranz der zu messenden Werkstücke angestrebt wird (Gerade $6 s_{Mess} = 0,15 \, T_{min}$). Die Einhaltung dieser Forderung gewährleistet, dass die maximale Verschlechterung des Fähigkeitsindexes durch die Messmittelstandardabweichung 1,1% ausmacht, Bild 9-20 links unten. Die Verfahren zur Ermittlung der Messmittelstandardabweichung sind u.a. in [9-20 bis 9-22] beschrieben.

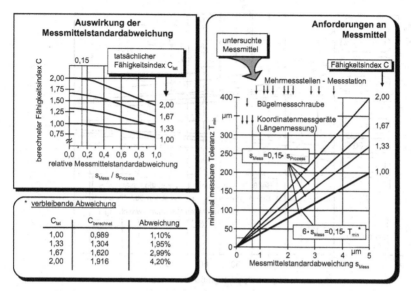

Bild 9-20. Einflussgröße Messmittelstandardabweichung

9.3.3 Statistische Auswertung

Das Hauptziel einer Fähigkeitsuntersuchung ist es, nicht nur die Arbeitsgenauigkeit als Momentaufnahme des Maschinen- bzw. Prozesszustandes zu erfassen, sondern eine Abschätzung der Prozesssicherheit – d.h. der Arbeitsgenauigkeit und des Leistungsvermögens über einen langen Zeitraum – zu erhalten. Der einzige Weg, um dies mit hoher Aussagesicherheit zu erreichen, besteht darin, dass der Prozess über einen langen Zeitraum beobachtet und die Prozessqualität in Form der Merkmalswerte dokumentiert wird.

Aufgrund des eingeschränkten zeitlichen und finanziellen Aufwandes, der bei einer Maschinenabnahme akzeptiert wird, kann jedoch nur ein gewisser Ausschnitt (Kurzzeitfähigkeit) des Prozessverhaltens betrachtet werden. Um die hiermit gewonnene Aussage als Abschätzung des fortdauernden Prozessverhaltens (Langzeitfähigkeit) übertragbar zu machen, ist es sinnvoll, statistische Methoden anzuwenden, die es ermöglichen, von der Kurzzeitfähigkeit auf die Langzeitfähigkeit des Prozesses zu schließen und Sicherheiten zu berechnen, die als Maß dafür dienen, inwieweit dieser Abschätzung „vertraut" werden kann.

Die Statistik muss im Zusammenhang mit Fähigkeitsuntersuchungen als Hilfsmittel zur Interpretation der Messergebnisse betrachtet werden. Hierbei muss es immer das Ziel sein, den Prozess so weit wie möglich zu verstehen. An erster Stelle muss daher die Analyse der technisch-physikalischen Zusammenhänge stehen. Auf dieser Grundlage kann versucht werden, die vielfältigen statistischen Auswertemöglichkeiten anzuwenden, um ein vollständiges Bild vom Prozessverhalten zu bekommen.

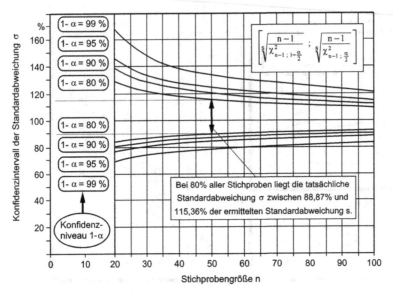

Bild 9-21. Konfidenzintervalle der Standardabweichung

Statistische Sicherheit

Zur Berechnung der Fähigkeitsindizes werden Schätzwerte der Standardabweichung und des Mittelwertes ermittelt. Diese sind mit einer gewissen Unsicherheit
behaftet, die in der Statistik mit den Konfidenzintervallen beschrieben wird. Im
Bild 9-21 sind Konfidenzintervalle für die Standardabweichung dargestellt.

Mit zunehmender Stichprobengröße werden die Konfidenzintervalle kleiner,
d.h. der Bereich, in dem die Standardabweichung der Grundgesamtheit σ bezogen
auf die Standardabweichung der Stichprobe liegt, wird verkleinert. Es ist jedoch
auch zu erkennen, dass die Kurven für größere Stichproben nahezu horizontal verlaufen, weshalb eine weitere Erhöhung der Stichprobengröße nur noch eine geringe Verkleinerung der Konfidenzintervalle mit sich bringt.

Werden Standardabweichungen anhand von Stichproben mit 50 Teilen ermittelt, so bedeutet dies, dass bei 80% aller Stichproben die Standardabweichung der
Grundgesamtheit σ in einem Bereich zwischen 88,87% und 115,36% der ermittelten Standardabweichung s liegt.

Mit der Kenntnis dieser Konfidenzintervalle ist es möglich, Konfidenzintervalle
der Fähigkeitsindizes anzugeben. So kann z.B. festgehalten werden, dass bei 95%
aller Stichproben zu 50 Teilen Fähigkeitsindizes zwischen $C_u = 1,34$ und
$C_o = 2,00$ ermittelt werden für einen Fähigkeitsindex der Grundgesamtheit von
$C = 1,67$ [9-23].

Von ähnlicher Größenordnung sind die Konfidenzintervalle für den kritischen
Fähigkeitsindex. Hier nimmt zusätzlich die Unsicherheit des ermittelten Mittelwertes einen Einfluss auf das Konfidenzintervall, so dass diese, im Vergleich zu

den Konfidenzintervallen des (nicht kritischen) Fähigkeitsindexes, geringfügig größer sind.

Die Konsequenzen dieser statistisch gegebenen Unsicherheit bei einer Fähigkeitsuntersuchung zur Abnahme von Werkzeugmaschinen sind zum einen die Einsicht, dass es wenig sinnvoll ist, bei der Abnahme auf die genauste Einhaltung des geförderten Fähigkeitsindexes zu bestehen und zum anderen, dass der Maschinenhersteller, sofern es möglich ist, eine große Sicherheit einplanen muss, um auch in einem „zufällig" ungünstigen Fall die Abnahme erfolgreich zu bestehen.

Verteilungsmodelle

Die Berechnung der Fähigkeitsindizes geschieht über die Bestimmung der Standardabweichung der Messwerte. Somit ist mit der Definition der Fähigkeitsindizes ein Zusammenhang zur Gauß'schen Normalverteilung gegeben. Verteilungen einseitig begrenzter Toleranzen, wie z.B. Formtoleranzen oder Oberflächenrauheiten, entsprechen jedoch häufig keiner Normalverteilung, da sie eine physikalische Grenze zu einer Seite hin haben und somit schief verteilt sind.

Aus diesem Grund werden in der Automobilindustrie z. T. andere Verteilungsmodelle ergänzend angesetzt. Inwieweit dieses Vorgehen statistisch sinnvoll und für den Praktiker von Nutzen ist, wird derzeit heftig diskutiert. Um eine Vergleichbarkeit der einzelnen Verteilungsmodelle herzustellen, wurden zwei Verfahren zur Berechnung von Fähigkeitskennwerten für nicht-normalverteilte Merkmale entwickelt, die im Bild 9-22 dargestellt sind.

Der erste Weg geht über die Bestimmung einer Ersatzstandardabweichung, die sich daraus ergibt, dass die Strecke bestimmt wird, innerhalb derer die Fläche unter der Dichtefunktion 99,73% der Gesamtfläche aufweist – also dem ursprünglichen 6s-Bereich der Gauß'schen Normalverteilung. Hierzu muss das 0,135%- und das 99,865%-Quantil der Dichtefunktion bestimmt werden.

Entsprechend der zweiten Methode werden die Überschreitungsanteile – also die Ausschussanteile – der Dichtefunktion bestimmt und in ein Verhältnis zu den Überschreitungsanteilen einer standardisierten Normalverteilung gesetzt. Beiden Verfahren gemeinsam ist, dass bei der Projektion der Verteilungen auf die Normalverteilung und der Verdichtung in Form von Fähigkeitsindizes die wirkliche Form der Verteilung nicht weiter beachtet wird.

In letzter Zeit ist deutlich geworden, dass die rein formal-mathematische Behandlung der Messwerte ohne Berücksichtigung der technisch-physikalischen Gegebenheiten nicht sinnvoll ist. Diese Methode führt zwar zu einer numerisch eindeutigen Auswahl eines Verteilungsmodells, jedoch ist es fragwürdig, ob hiermit der tatsächliche Prozess beschrieben wird. Zusammen mit den oben beschriebenen Methoden zur Berechnung der Fähigkeitsindizes führt dies dazu, dass sehr unterschiedliche Fähigkeitsindizes in Abhängigkeit vom Verteilungsmodell und den zufälligen Werten der Stichprobe berechnet werden.

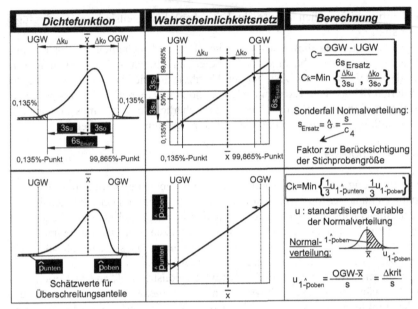

Bild 9-22. Möglichkeiten zur einheitlichen Beurteilung verschiedener Verteilungsfunktionen

Das folgende Beispiel soll die Problematik bei der Berücksichtigung anderer Verteilungsmodelle aufzeigen. Die Beispieldaten in Bild 9-23 werden durch die eingezeichnete Dichtefunktion der logarithmischen Normalverteilung gut angenähert. Aufgrund des sich nur sehr langsam an die x-Achse nähernden Funktionsverlaufes wird hiermit eine Ersatzstandardabweichung bestimmt, die sehr groß ist und zu einem kritischen Fähigkeitsindex von 1,72 führt.

Bei der Berechnung des Fähigkeitsindexes über die Gauß'sche Normalverteilung ist der Fähigkeitsindex um ca. das 2,4-fache größer. Obwohl die Normalverteilung offensichtlich die Verteilung der Messdaten unzureichend beschreibt, da diese zu einem großen Teil in den negativen Bereich der x-Achse unterhalb des unteren Grenzwertes UGW verläuft, zeigt der Vergleich des 6s-Bereiches mit der Spannweite, dass die Berechnung über die Normalverteilung die Streuung der Messergebnisse recht gut wiedergibt. Ferner demonstriert das Beispiel, dass auch bei schiefen Verteilungen die Prozessstabilität sehr gut mit Hilfe einer Mittelwert-Standardabweichungs-Regelkarte beurteilt werden kann.

Neben der Beurteilung der Verteilungsfunktion im Histogramm mit Dichtefunktion gibt es auch die Möglichkeit, die Daten in sogenannte Wahrscheinlichkeitsnetze einzutragen und die Fähigkeitsindizes graphisch zu bestimmen. Im Bild 9-24 ist dies am Beispiel einer Durchmessertoleranz für eine Normalverteilung und klassierte Werte dargestellt.

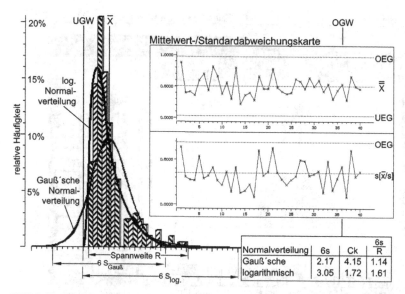

Bild 9-23. Niedriger Fähigkeitsindex bei logarithmischer Normalverteilung

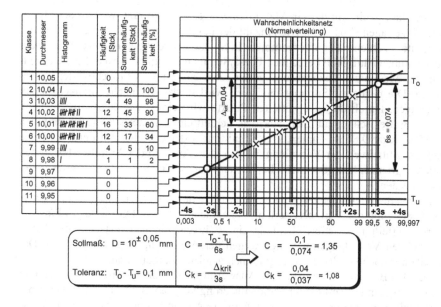

Bild 9-24. Graphische Bestimmung der Fähigkeitsindizes im Wahrscheinlichkeitsnetz für Normalverteilung

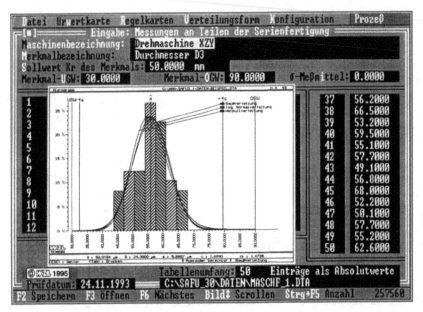

Bild 9-25. Statistisches Auswerteprogramm für Fähigkeitsuntersuchungen (SAFU)

Die Häufigkeit, mit der ein Maß in einer Klasse vorkommt, wird in der Strichliste eingetragen (Spalte 3). Die Anzahl der in einer Klasse gefertigten Teile wird in Spalte 4 zahlenmäßig übernommen. In Spalte 5 wird die kumulierte Häufigkeit oder Summenhäufigkeit berechnet. Diese Summenhäufigkeit wird auf die Gesamtzahl der Messungen bezogen und in der sechsten Spalte in Prozentwerten aufgetragen. Die bezogene Summenhäufigkeit wird in das Wahrscheinlichkeitspapier übertragen. Durch die so ermittelten Punkte wird eine Ausgleichsgerade gelegt. Den ± 3s-Bereich erhält man aus den Schnittpunkten dieser Geraden mit den 0,135%- und 99,865%-Linien. Der Schnittpunkt der Geraden mit der 50%-Linie gibt den Mittelwert der Verteilung an. Aus dem Abstand des Mittelwertes zu den Toleranzgrenzen kann der kritische Abstand zur Berechnung des C-Wertes abgelesen werden.

Liegen die eingetragenen Punkte in der Nähe der Ausgleichsgeraden, so ist dies als Bestätigung der Normalverteilungsannahme anzusehen. Für die logarithmische Normalverteilung existiert ebenfalls ein Wahrscheinlichkeitsnetz, während dies bei anderen Verteilungsfunktionen wegen der Anpassung an den jeweiligen Datensatz nur noch von Rechnerprogrammen geleistet werden kann.

Um den Bereich der statistischen Auswertung näher analysieren zu können und gleichzeitig ein Hilfsmittel zur Rationalisierung von Fähigkeitsuntersuchungen bereitzustellen, wurde am WZL das statistische Auswerteprogramm für Fähigkeitsuntersuchungen (SAFU) entwickelt [9-24], Bild 9-25. Das PC-Programm bietet die Möglichkeit der rechnerischen und graphischen Analyse mittels Einzelwertkarte, Regelkarten, Wertestrahl, Histogramm und Wahrscheinlichkeitsnetzen. Da der Nachweis der Messmittelfähigkeit eine Voraussetzung zur sinnvollen Durch-

führung einer Prozessfähigkeitsuntersuchung ist, wurde ebenfalls ein Modul zur
Auswertung von Messmittelfähigkeitsuntersuchungen eingearbeitet.

9.3.4 Abnahmerichtlinie

Fähigkeitsuntersuchungen zur Abnahme von Werkzeugmaschinen verursachen einen hohen finanziellen und zeitlichen Aufwand. Die Ursache hierfür liegt u. a. in
dem Mangel an einheitlichen Richtlinien, so dass Hersteller und Anwender von
Werkzeugmaschinen bei jeder Abnahme erneut die Einzelheiten des Vorgehens
und der Auswertung abstimmen müssen. Anpassungsprozesse während der Abnahme führen häufig zu einer verzögerten Inbetriebnahme und Bezahlung der Maschine. Aus diesem Grund hat das WZL die Richtlinie „Fähigkeitsuntersuchung
zur Abnahme spanender Werkzeugmaschinen" erarbeitet, die in Form des
VDMA-Einheitsblattes 8669 veröffentlicht ist [9-25], Bild 9-26.

Die Richtlinie grenzt Fähigkeitsuntersuchungen von anderen Verfahren zur
Abnahme spanender Werkzeugmaschinen ab und erläutert die wesentlichen maschineninternen und -externen Einflussgrößen auf das Ergebnis der Prüfung. Der
Begriff Maschinenfähigkeit wird durch die Bezeichnung Kurzzeitfähigkeit ersetzt,
um deutlich zu machen, dass es sich bei dieser Prüfung um eine vorläufige Abschätzung der Langzeitfähigkeit handelt.

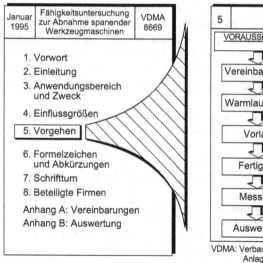 

Bild 9-26. VDMA-Einheitsblatt 8669: Fähigkeitsuntersuchung zur Abnahme spanender
Werkzeugmaschinen

Vereinbarungsbereiche

Organisation
Zeitplanung
Logistik

Maschine
Aufstellung
Warmlaufphase

Randbedingungen
Werkstoff
Aufmaßtoleranz

Technologie
Werkzeuge
Prozessparameter

Messung
Messmittel
Messort

Beurteilungsgrößen
Toleranzen
Fähigkeitsindizes
(...)

Vereinbarungen	1 Organisation		Blatt 1/4
1.1 ALLGEMEINE DATEN			
Maschinenbezeichnung	Drehmaschine XYZ		
Maschinen-Nr.	D 08 15		
Teilebezeichnung	Welle		
Teile-Nr.	W 47 11		
Werkstoff	Ck 45		
1.2 TEILEZAHL / STICHPROBENENTNAHME			
Bearbeitungszeit / Teil t_{Bearb}	4,5 min		
Anzahl zu fert. Teile n_{ges} (empf.: n_{ges}=50)	50		
Gesamtbearb.-Zeit $t_{ges} \approx n_{ges}$ (t_{Bearb}+t_{Neben})	ca. 5 h		
Anzahl auszuwertender Teile n (empf. n=50)	50		
Stichprobenentnahme (empf.: 5er-Gruppen)	—		
1.3 ZEITPLANUNG / LOGISTIK			
a) Bereitstellung	Hersteller (H) Anwender (A)	Ort (H / A)	Termin
Rohlinge	A	H	10. KW
Werkzeuge	A	H	10. KW
Spannmittel	H	H	10. KW
Maschine	H	H	13. KW
Bedienpersonal Maschine	H		
Messmittel			

Bild 9-27. Vereinbarungen im Zusammenhang mit Fähigkeitsuntersuchungen

Aufgrund des eingeschränkten Aussagegehaltes und des hohen Prüfaufwandes wird empfohlen, diese Abnahmeprüfung nur an werkstückgebunden eingesetzten Maschinen mit geringer Taktzeit durchzuführen. Dies bedeutet, dass Fähigkeitsuntersuchungen nur für Werkzeugmaschinen empfohlen werden, die in der Großserien- oder Massenproduktion eingesetzt werden. Da für diesen Maschinentyp der Einsatz im Dreischichtbetrieb üblich ist, muss eine ausreichende Warmlaufphase vor Prüfungsbeginn vorgesehen bzw. der Trend durch thermische Drift separat beurteilt werden.

Bevor die eigentliche Fähigkeitsuntersuchung beginnen kann, müssen umfangreiche Vereinbarungen getroffen werden, Bild 9-27. Hierzu finden sich in der Richtlinie Empfehlungen u. a. zur zulässigen Hallentemperaturschwankung, zur Warmlaufphase und zur Höhe der Fähigkeitsindizes. Ebenso müssen die Organisation, die Prozessauslegung sowie die Messung der Werkstücke im Vorfeld besprochen werden.

Nach einer ausreichenden Warmlaufphase wird der Prozess auf den Sollwert eingestellt und die Werkstücke werden in Folge gefertigt. Die Richtlinie enthält eindeutige Vorgaben zur Auswertung der Prüfungsergebnisse, Bild 9-28. Da bei der Abnahme in der Regel nur 50 Messwerte für jedes Merkmal vorliegen, stellt die Einzelwertkarte ein aussagekräftiges und einfaches Diagramm zur Beurteilung des Prozessverhaltens dar.

Liegt ein besonders starker Trend vor, so kann dieser in der Einzelwertkarte durch lineare Regression ermittelt werden. Anschließend werden die Merkmalswerte um den jeweiligen Trendanteil korrigiert. Hierbei kann der Trend durchaus in Ergänzung zu den Fähigkeitsindizes gesondert beurteilt werden.

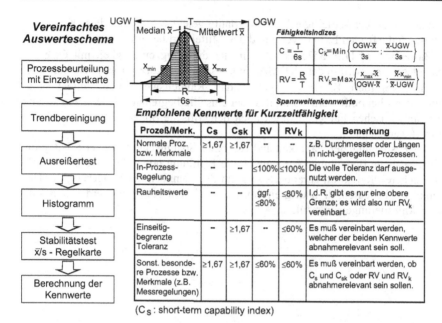

Bild 9-28. Statistische Auswertung der Merkmalswerte nach VDMA 8669

Danach ist zu prüfen, ob ein Ausreißer vorhanden ist, der im gegenseitigen Einvernehmen von Hersteller und Anwender für die weitere Auswertung unberücksichtigt bleiben kann. Um ein vollständiges Bild von dem Prozessverhalten und der Stabilität zu bekommen, werden ein Histogramm und eine Mittelwert-Standardabweichungs-Regelkarte erstellt. Die Berechnung schließt mit der Ermittlung der Fähigkeitsindizes über einen Schätzwert der Standardabweichung (5er-Gruppenbildung). Dies ist unabhängig davon, ob zuvor eine Trendbereinigung durchgeführt wurde.

Alternativ zu den Fähigkeitsindizes werden in dem VDMA-Einheitsblatt die Spannweitenkennwerte RV und RV_k eingeführt, um für diejenigen Prozesse bzw. Merkmale, die offensichtlich nicht mit dem Modell der Gauß'schen Normalverteilung beschrieben werden können, eine Kennzahl für die Abnahme zu definieren. In der Richtlinie werden Empfehlungen zu den Anwendungsfällen und Grenzwerten gegeben, Bild 9-28.

$$RV = \frac{R}{T} \tag{9-5}$$

$$RV_k = \text{Max} \left\{ \frac{x_{max} - \tilde{x}}{OGW - \tilde{x}}, \frac{\tilde{x} - x_{min}}{\tilde{x} - UGW} \right\} \tag{9-6}$$

Werden die Spannweitenkennwerte alternativ zu den Fähigkeitsindizes verwendet, so muss besonderer Wert auf die Prozessbeurteilung hinsichtlich Stabilität, Trend und sonstiger nicht-zufälliger Kurvenverläufe gelegt werden, da diese Kennwerte nur durch die beiden Extremwerte und den Mittelwert bestimmt werden.

Basierend auf DIN 55350 [9-26], in der die Langzeitfähigkeit mit $C_l \geq 1{,}33$ festgelegt wird, wird in dem VDMA-Einheitsblatt ein Kurzzeitfähigkeitsindex von $C \geq 1{,}67$ gefordert. Es wird festgelegt, dass Rauheitswerte nicht mittels Fähigkeitsindizes beurteilt werden und dass bei einseitig begrenzten Toleranzen alternativ zum kritischen Fähigkeitsindex auch der kritische Spannweitenkennwert vereinbart werden kann.

Die Festlegung der Fähigkeitsindizes bzw. Spannweitenkennwerte hat große wirtschaftliche Bedeutung. Wenngleich die Erfüllung hoher Anforderungen u. U. eine sichere Produktion garantiert, so kann dies dennoch die Steigerung der Herstellkosten bedeuten, da häufig ein höherer Aufwand getrieben werden muss, um diese Anforderungen zu erfüllen.

10 Beurteilung des statischen und dynamischen Verhaltens während der Bearbeitung

10.1 Verfahren zur Bestimmung der Grenzspanleistung

Die messtechnische Erfassung der Grenzspanleistung setzt voraus, dass man den Übergang vom stabilen zum instabilen Bearbeitungsvorgang genau erfassen kann. Als Kriterium für das Erreichen der Leistungsgrenze wird die sogenannte Grenzspanungsbreite b_{cr} oder Grenzschnitttiefe a_{cr} gewählt, bei der gerade noch eine stabile Zerspanung möglich ist.

Zur experimentellen Bestimmung dieser Grenzschnitttiefe wird die Spanungstiefe nach und nach erhöht, bis Schwingungen großer Amplituden auftreten. Diese machen sich im Allgemeinen auch als Geräusch bemerkbar, dessen Frequenz insbesondere durch die Eigenschwingungen des für den Rattervorgang verantwortlichen Systems festliegen. Besondere Vorsicht ist bei den sehr niederfrequenten Schwingungen geboten (z.B. Portalschwingungen), die vom menschlichen Ohr nicht wahrgenommen werden können. Die wellige Werkstückoberfläche ist in jedem Fall als zweites Identifizierungsmerkmal heranzuziehen, Bild 10-1.

Drehräumwerkstück

Bohrwerkstück

Bild 10-1. Werkstücke mit Rattermarkierungen

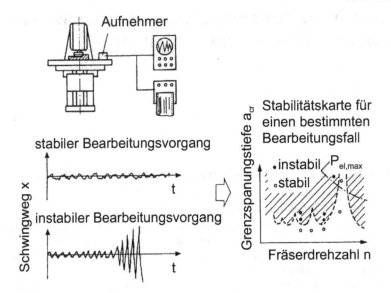

Bild 10-2. Ermittlung der Grenzspanungsbreite und Darstellung der Ergebnisse in einer Stabilitätskarte

Als sicherstes Verfahren hat sich die direkte Messung der Schwingungen mit Hilfe von Weg-, Geschwindigkeits- oder Beschleunigungssensoren erwiesen, die in der Nähe der Schnittstelle, z.B. an der Pinole oder am Tisch, befestigt werden und deren Signale auf Oszilloskopen oder mit Messrechnern registriert werden, Bild 10-2. Durch die Darstellung der Beschleunigungsspektren für unterschiedliche Zustellungen als sogenanntes Wasserfalldiagramm können das Auftreten von Ratterschwingungen und die Ratterfrequenz festgestellt werden, Bild 10-3.

Normen zur Beurteilung der Grenzspanleistung bestehen zur Zeit nicht. Jedoch werden von einigen Instituten und Institutionen Testbedingungen vorgeschlagen.

Welcher Aufwand erforderlich ist, um für eine einzige Werkzeug/Werkstück-Konfiguration beim Fräsen das Minimum der Grenzspanungsbreite zu ermitteln, zeigt Bild 10-4 recht anschaulich. Aufgrund der Abhängigkeit der Grenzspanungsbreite von der Drehzahl des Fräsens ist es erforderlich, mindestens einen „Rattersack" genau zu beschreiben.

Die Anwendung des Bearbeitungstests zur Beurteilung des dynamischen Verhaltens ist aufgrund der genannten Mängel nur bei Einzweckmaschinen oder bei solchen Maschinen angeraten, bei denen die Anzahl der zu erfassenden Bearbeitungsvariationen in Grenzen bleibt. Im Gegensatz dazu zeichnet sich das in Abschnitt 6.3.3.1.1 beschriebene Verfahren auf der Basis dynamischer Nachgiebigkeitsmessungen und anschließender Bearbeitungssimulation durch eine umfassende Aussagefähigkeit bei vertretbarem Versuchsaufwand und guter Reproduzierbarkeit der Versuchsergebnisse aus, Bild 10-5.

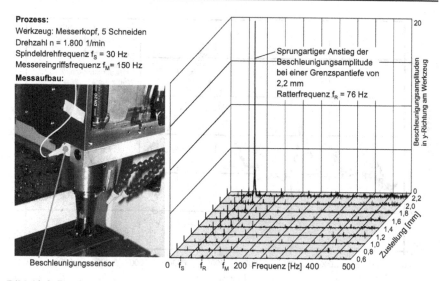

Prozess:
Werkzeug: Messerkopf, 5 Schneiden
Drehzahl n = 1.800 1/min
Spindeldrehfrequenz f_S = 30 Hz
Messereingriffsfrequenz f_M = 150 Hz
Messaufbau:

Beschleunigungssensor

Sprungartiger Anstieg der
Beschleunigungsamplitude
bei einer Grenzspantiefe von
2,2 mm
Ratterfrequenz f_R = 76 Hz

Bild 10-3. Bearbeitungstest bis zur Grenzspanungstiefe an einem Bearbeitungszentrum

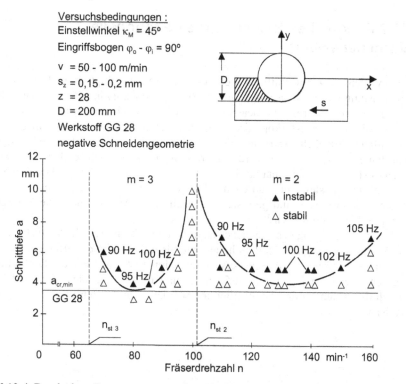

Versuchsbedingungen :
Einstellwinkel κ_M = 45°
Eingriffsbogen φ_o - φ_i = 90°

v = 50 - 100 m/min
s_z = 0,15 - 0,2 mm
z = 28
D = 200 mm
Werkstoff GG 28
negative Schneidengeometrie

Bild 10-4. Durch einen Zerspanungsversuch ermittelte Stabilitätskarte einer Fräsmaschine

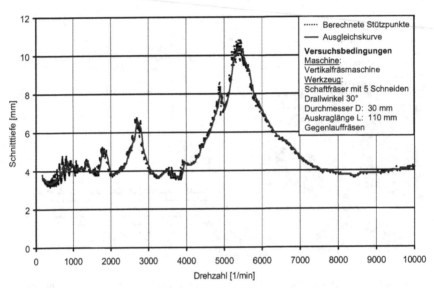

Bild 10-5. Durch Simulation im Zeitbereich ermittelte Stabilitätskarte einer Fräsmaschine

10.2 Praktisches Beispiel für eine rationelle Vorgehensweise

Ein Verfahren zur Ermittlung der statischen Nachgiebigkeit und der Grenz-spanleistung von Fräsmaschinen mittels Prüfwerkstück ist in Bild 10-6 dargestellt. An einem stufenförmig vorbearbeiteten Prüfwerkstück wird während des Ver-suchs mit einem Messerkopfstirnfräser eine Referenzebene und anschließend die eigentliche Prüffläche bearbeitet. Da das Werkstück bezogen auf das Werkzeug in konstanter Höhe verfahren wird, ändert sich die Schnitttiefe entlang des Werk-stückes stufenartig. Dies hat zur Folge, dass die abdrängende Passivkraft ebenfalls stufenförmig ansteigt und durch die Messung der Parallelitätsabweichung zwi-schen Referenzebene und gefräster Prüffläche eine Aussage über die Steifigkeit der Maschine möglich wird.

Bei der Auslegung des Versuches ist darauf zu achten, dass die Werkstück- und die Werkzeugsteifigkeit deutlich höher sind als die Maschinensteifigkeit, weshalb z.B. ein Schaftfräser für diesen Versuch ungeeignet ist. Zur Versuchsdurchführung wurden je ein Werkstück aus St-52 in Z- und in Y-Vorschubrichtung gefertigt. Durch die stufenförmige Vorbearbeitung wurden Schnitttiefensprünge von 2 mm realisiert.

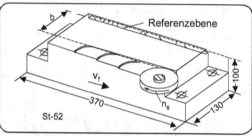

Bild 10-6. Versuch zur statischen Verformung und Grenzspanleistung

Der stufenförmige Anstieg der Schnitttiefe führt zu einem Anstieg der maximalen Passivkraft um ca. 1.000 N pro Stufe. Dieser Anstieg der Passivkraft wirkt sich auf die Maßhaltigkeit des Werkstückes aus. In Bild 10-7 sind die Abweichungen der Prüfkante von dem vorgegebenen Abstand zur Referenzebene dargestellt. Es ergibt sich eine durchschnittliche Abweichung von 32 μm pro 2 mm Schnitttiefenerhöhung. Die großen Abweichungen bei der Bearbeitung in Z-Vorschubrichtung sind zurückzuführen auf starke Rattererscheinungen bei Schnitttiefen von über 8 mm, womit die Grenzspanleistung bei vorgegebenen Technologiedaten ermittelt werden kann. Die Ergebnisse verdeutlichen ebenfalls die Richtungsabhängigkeit des dynamischen Verhaltens der Versuchsmaschine.

Bei der Interpretation der Ergebnisse ist zu beachten, dass entsprechend der Kinematik beim Gleichlauffräsen die konturerzeugende Schneide mit der theoretischen Spandicke null austritt und somit keinen Anteil an der Passivkraft leistet (unterer Bildteil von Bild 10-7). Die bei der Konturerzeugung abdrängende Kraft wird also von der nächst folgenden Schneide bestimmt. Die Eingriffsbreite a_e der Endbearbeitung muss hierbei um einen gewissen Betrag, z.B. 1 mm, größer gewählt werden, als die Eingriffsbreite der Vorbearbeitung, um sicher zu gehen, dass die Prüffläche trotz der abdrängenden Passivkraft bearbeitet wird.

Wenngleich dieses Verfahren mit einem geringen zeitlichen Aufwand verbunden ist, beschränkt sich die Aussage auf das statische und dynamische Maschinenverhalten bei einem einzigen Belastungszustand, so dass zur Beschreibung des dynamischen Verhaltens zahlreiche Prüfungen mit verschiedenen Technologieparametern, Werkzeugen und Vorschubrichtungen bezogen auf das Maschinenkoordinatensystem notwendig sind.

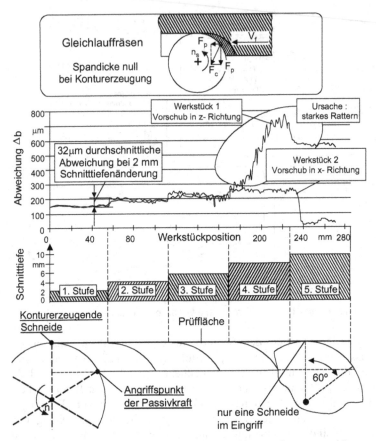

Bild 10-7. Maßabweichung durch statische Maschinenverformung und Rattern

Aus diesem Grunde sind praktische Rattertests bei solchen Maschinen sinnvoll, auf denen die gleichen Werkstücke oder weniger Varianten gefertigt werden (Sondermaschinen, Einzweckmaschinen). Aber auch bei Drehmaschinen können praktische Rattertests repräsentative Aussagen liefern. Da in den meisten Fällen das Spindellagersystem der Hauptspindel die größte dynamische Schwachstelle darstellt, sind Drehmaschinen mit einfachen Einstechtests wirtschaftlich zu überprüfen (vgl. Abschnitt 6.3). Bei Universal-Fräsmaschinen ist die Zahl der Bearbeitungsaufgaben unendlich groß, so dass hier eine dynamische Bewertung auf der Grundlage gemessener Nachgiebigkeitsortskurven die beste Methode darstellt (vgl. Abschnitt 6.2).

11 Zusammenfassung

Dieser Band „Messtechnische Untersuchung und Beurteilung, dynamische Stabilität" befasst sich mit den Möglichkeiten zur Erfassung und Beurteilung der charakteristischen Eigenschaften von Werkzeugmaschinen. Außer den geometrischen und kinematischen Eigenschaften der Maschinen im lastfreien Zustand wird auch auf die Eigenschaften der Maschinen unter statischen, dynamischen und thermischen Lasten sowie ihr Geräuschverhalten eingegangen.

Ziel dieser Ausführungen ist es, Verfahren vorzustellen, die zum einen die Feststellung von Maschinenfehlern im Hinblick auf eine Verbesserung der Eigenschaften und zum anderen eine Beurteilung im Sinne einer Maschinenabnahme erlauben.

Ausführlich wird der heutige Stand der Messtechnik gezeigt und dabei – soweit vorhanden – auf Richtlinien und Normwerke eingegangen, in denen entsprechende Prüf- und Beurteilungsverfahren dargestellt sind.

Darüber hinaus werden, in Verbindung mit der Darstellung der Messtechnik, Vorgehensweisen besprochen, die es erlauben, die Schwachstellen der Maschinen hinsichtlich der einzelnen Eigenschaften zu erkennen, um zielsicher Verbesserungsmaßnahmen ergreifen zu können.

Neben dieser Erfassung und Beurteilung der Maschineneigenschaften durch direkte Messung wird in den letzten Abschnitten auf die indirekte Erfassung der Eigenschaften der Maschine, d.h. auf die Durchführung von Bearbeitungstests mit anschließender Prüfung der gefertigten Werkstücke, eingegangen. Hierunter fallen auch Fähigkeitsuntersuchungen zur Abnahme von Sondermaschinen. Dabei wird die Aussagefähigkeit dieser Tests im Hinblick auf Möglichkeiten zur Analyse der einzelnen Eigenschaften der Maschine kritisch beurteilt.

Anhang

Normen und Richtlinien

Die messtechnische Untersuchung und Beurteilung von Werkzeugmaschinen orientiert sich an einer Vielzahl von Normen. Die folgende Auflistung umfasst – ohne Anspruch auf Vollständigkeit – die gebräuchlichsten Normen und Richtlinien, welche für die messtechnische Erfassung von Maschineneigenschaften herangezogen werden können. Im Hinblick auf den praktischen Umgang mit der Liste wird der direkte Kapitelbezug hergestellt.

Kapitel 1:   Ziele und Methoden zur Erfassung der Maschineneigenschaften

DIN Taschenbuch 122:	Werkzeugmaschinen 2. Normen über Abnahmebedingungen. 3. Aufl. 1988, Beuth-Verlag, Berlin, Köln.
DIN Taschenbuch 162:	Werkzeugmaschinen 3. Normen über Abnahmebedingungen. 2. Aufl. 1988, Beuth-Verlag, Berlin, Köln.
DIN V 8602:	Verhalten von Werkzeugmaschinen unter statischer und thermischer Beanspruchung, Allgemeine Regeln für die Prüfung von Fräsmaschinen (Vornorm).
DIN 45635:	Geräuschmessung an Maschinen.
VDI 2851 Blatt 1:	Beurteilung von Bohrmaschinen durch Einfachprüfwerkstücke.
VDI 2851 Blatt 2:	Beurteilung von NC-Drehmaschinen durch Einfachprüfwerkstücke.
VDI 2851 Blatt 3:	Beurteilung von Fräsmaschinen und Bearbeitungszentren durch Einfachprüfwerkstücke.
VDI/DGQ 3441 – 3445:	Statistische Prüfung der Arbeits- und Positionsgenauigkeit von Werkzeugmaschinen.

Kapitel 2:   Messgeräte zur Erfassung von Maschineneigenschaften

DIN 879:	Teil 1. Feinzeiger mit mechanischer Anzeige.

**Kapitel 3:   Geometrisches und kinematisches Verhalten von Werk-
zeugmaschinen**

DIN 1319 Teil 1:   Grundbegriffe der Messtechnik; Messen, Zählen, Prü-
                             fen.
DIN 1319 Teil 2:   Grundbegriffe der Messtechnik; Begriffe für den An-
                             wender von Messgeräten.
DIN 1319 Teil 3:   Grundbegriffe der Messtechnik; Begriffe für die Un-
                             sicherheit beim Messen und für die Beurteilung von
                             Messgeräten.
DIN 2257 Teil 1:   Begriffe der Längenprüftechnik; Einheiten, Tätigkei-
                             ten, Prüfmittel; Messtechnische Begriffe.
DIN 2257 Teil 2:   Begriffe der Längenprüftechnik; Fehler und Unsicher-
                             heiten beim Messen.
DIN V 8602:   Verhalten von Werkzeugmaschinen unter statischer
                             und thermischer Beanspruchung (Vornorm),
                             Teil 1 bis 3.
DIN 8605:   Werkzeugmaschinen; Drehmaschinen mit erhöhter
                             Genauigkeit; Abnahmebedingungen.
DIN 8642:   Wälzfräsmaschinen mit normaler Genauigkeit; Ab-
                             nahmebedingungen.
DIN/ISO 4291:   Verfahren für die Ermittlung der Rundheitsab-
                             weichung.
DIN/ISO 6545:   Acceptance Conditions for Gear Hobbing Machines;
                             Testing the Accuracy (Entwurf).
DIN Taschenbuch 122:   Werkzeugmaschinen 2. Normen über Abnahmebe-
                             dingungen. 3. Aufl. 1988, Beuth-Verlag, Berlin, Köln.
DIN Taschenbuch 162:   Werkzeugmaschinen 3. Normen über Abnahmebe-
                             dingungen. 2. Aufl. 1989, Beuth-Verlag, Berlin, Köln.
VDI/DGQ 3441 – 3445:   Statistische Prüfung der Arbeits- und Positions-
                             genauigkeit von Werkzeugmaschinen.
ANSI/ASME B89.3.4M: Axis of rotation. Methods for specifying and testing.
                             The American Society on Mechanical Engineers,
                             1985.

Kapitel 4:   Statisches Verhalten von Werkzeugmaschinen

DIN V 8602:   Verhalten von Werkzeugmaschinen unter statischer
                             und thermischer Beanspruchung (Vornorm), Teil 1 bis
                             3.
DIN 55189:   Ermittlung von Kennwerten für Pressen der Blechver-
                             arbeitung bei statischer Belastung, Teil 1 und 2.

Kapitel 5:   Thermisches Verhalten von Werkzeugmaschinen

DIN V 8602:

Verhalten von Werkzeugmaschinen unter statischer und thermischer Beanspruchung (Vornorm), Teil 1 bis 3.

ISO/DIS 230-3:

Test code for machine tools, Part 3: Determination of thermal effects.

Kapitel 6:   Dynamisches Verhalten von Werkzeugmaschinen

Kapitel 7:   Messtechnische Erfassung des dynamischen Verhaltens von Vorschubantrieben

VDI/DGQ 3441:

Statistische Prüfung der Arbeits- und Positionsgenauigkeit von Werkzeugmaschinen.

VDI 2851, Blatt 3:

Numerisch gesteuerte Arbeitsmaschinen. Beurteilung von Fräsmaschinen und Bearbeitungszentren durch Einfachprüfwerkstücke.

VDI 3427 Blatt 1+2:

Numerisch gesteuerte Arbeitsmaschinen. Dynamisches Verhalten von numerischen Bahnsteuerungen an Werkzeugmaschinen.

Kapitel 8:   Geräuschverhalten von Werkzeugmaschinen

DIN 45630:

Grundlagen der Schallmessung.
Blatt 1: Physikalische und subjektive Größen von Schall, 1971.

DIN 45631:

Berechnung des Lautstärkepegels und der Lautheit aus dem Geräuschspektrum.
Verfahren nach E. Zwicker, 1991.

DIN 45635:

Geräuschmessungen an Maschinen.
Teil 16:   Hüllflächenverfahren, Werkzeugmaschinen, 1978.
Teil 1601: Besondere Festlegung für Drehmaschinen, 1978.
Teil 1605: Besondere Festlegung für Fräsmaschinen, 1981.
Teil 1606: Besondere Festlegung für Bohrmaschinen, 1984.
Teil 1607: Besondere Festlegung für Wälzfräsmaschinen, 1984.
Teil 1609: Besondere Festlegung für Kaltkreissägemaschinen, 1984.
Teil 1610: Besondere Festlegung für Schleifmaschinen, 1984.

DIN 45641:	Mittelung von Schallpegeln, 1990.
DIN EN 61260:	Elektroakustik-Bandfilter für Oktaven und Bruchteile von Oktaven, 1996.
DIN EN 60651:	Schallpegelmesser, 1994.
VDI 2058:	Blatt 2 : Beurteilung von Lärm hinsichtlich Gehörgefährdung, 1988.
VDI 2570:	Lärmminderung in Betrieben, Allgemeine Grundlagen, 1980.
VDI 2711:	Schallschutz durch Kapselung, 1978.
VDI 3720:	Lärmarm Konstruieren.
	Blatt 1: Allgemeine Grundlagen, 1980.
	Blatt 2: Beispielsammlung, 1982.
	Blatt 3: Systematisches Vorgehen, 1978.
	Blatt 4: Rotierende Bauteile und deren Lagerung, 1984.
	Blatt 5: Hydraulikkomponenten und -systeme, 1984.
	Blatt 6: Mechanische Eingangsimpedanz von Bauteilen, insbesondere Normprofilen (Entwurf), 1984.
	Blatt 7: Beurteilung von Wechselkräften bei der Schallentstehung (Entwurf), 1989.
	Blatt 9.1: Leistungsgetriebe; Minderung der Körperschallanregung im Zahneingriff, 1990.
VDI 3742:	Emissionskennwerte technischer Schallquellen. Spanende Werkzeugmaschinen.
	Blatt 1: Drehmaschinen, Februar 1981.
	Blatt 2: Fräsmaschinen, Februar 1981.
	Blatt 3: Wälzfräsmaschinen, Juni 1983.
	Blatt 4: Kaltkreissägemaschinen, Juni 1983.
	Blatt 5: Schleifmaschinen, Juni 1983.
	Blatt 6: Bohrmaschinen, Juni 1983.
ISO 3740:	Akustik – Bestimmung des Schalleistungspegels von Schallquellen – Leitlinien für die Anwendung von Grundnormen und die Erarbeitung von Schallprüfvorschriften, 1980.
ISO 3744ff:	Akustik – Bestimmung des Schalleistungspegels von Schallquellen (unterschiedliche Genauigkeitsklassen und Randbedingungen).
ISO 9614-1:	Akustik – Bestimmung der Schalleistungspegel von Geräuschquellen durch Schallintensitätsmessungen. Teil 1: Messungen an diskreten Punkten, 1993.
ISO 9614-2:	Akustik – Bestimmung der Schalleistungspegel von Geräuschquellen durch Schallintensitätsmessungen. Teil 2: Messung mit kontinuierlicher Abtastung, 1996.

AV: Arbeitsstättenverordnung, 1975. BGBl. I. S. 729.
UVV „Lärm":   Unfallverhütungsvorschrift „Lärm".
                                (VGB 121), Neufassung 1990.

Kapitel 9: Ermittlung der Arbeitsgenauigkeit mit Prüfwerkstücken

VDI 2851 Blatt 1:   Beurteilung von Bohrmaschinen durch Einfachprüf-
                                werkstücke.
VDI 2851 Blatt 2:   Beurteilung von NC-Drehmaschinen durch Einfach-
                                prüfwerkstücke.
VDI 2851 Blatt 3:   Beurteilung von Fräsmaschinen und Bearbeitungs-
                                zentren durch Einfachprüfwerkstücke.
VDI/DGQ 3441 – 3445:   Statistische Prüfung der Arbeits- und Positions-
                                genauigkeit von Werkzeugmaschinen.
VDMA 8669:   Fähigkeitsuntersuchung zur Abnahme spanender
                                Werkzeugmaschinen.
NAS: National Aerospace Standard, Washington
                                913 für bahngesteuerte Fräsmaschinen
                                978 für NC-gesteuerte Maschinenzentren
                                979 für diverse NC-Maschinen.
BAS-Norm: Dynamischer Maschinentest. Schweden ISO/TC 29/
                                WG 22, Juni 1968.
NCG 2004 Teil 1:   Abnahmerichtlinien/-werkstücke für Hochgeschwin-
                                digkeitsbearbeitung (HSC) – Teil 1: Fräsmaschinen
                                und Bearbeitungszentren, Empfehlung der NC-
                                Gesellschaft, Ulm, 1997 (Entwurf).

Kapitel 10: Beurteilung des statischen und dynamischen Verhaltens während der Bearbeitung

UMIST-Test: University of Manchester, Institut of Science and
                                Technology (UMIST). Specifications and Tests of
                                Metal-Cutting Machine Tools. Proceedings of the
                                Conference, February 19/20, 1970, Vol. 1,2; Revell &
                                George Limited, Manchester.
BAS-Norm: Dynamischer Maschinentest. Schweden ISO/TC
                                29/WG 22, Juni 1968.
ENIMS-Test: Russian Standards of Rigidity for Machine Tools.
                                Russian, Machine Tools Abstracts and Reports,
                                MTIRA – Manchester.
VDF-Test: Abnahmeprüfung numerisch gesteuerter Werkzeug-
                                maschinen. Vereinigte Drehmaschinen Fabriken,
                                VDE 1450, 1967

Literatur

[1-1]   *Taniguchi, N.:* Current Status in, and Future Trends of, Ultraprecision Machining and Ultrafine Materials Processing. CIRP-Annalen 32/2/1983.

[1-2]   *Beitz, W.; Grote, K.-H.:* Dubbel, Taschenbuch für den Maschinenbau, 19. Auflage. Berlin: Springer Verlag, 1997.

[1-3]   *Tlusty, J.:* Richtlinien und Vorschriften für die Prüfung von Werkzeugmaschinen. CIRP-Annalen XI, S. 125 ff, 3/1963.

[1-4]   DIN Taschenbuch 122: Werkzeugmaschinen 2, Normen über Abnahmebedingungen, 3. Auflage. Berlin, Wien, Zürich: Beuth-Verlag 1988.

[1-5]   DIN V 8602-1 bis 3: Verhalten von Werkzeugmaschinen unter statischer und thermischer Beanspruchung. Berlin, Wien, Zürich: Beuth-Verlag 1990-05.

[1-6]   VDI 2851 Blatt 1: Numerisch gesteuerte Arbeitsmaschinen, Beurteilung von Bohrmaschinen durch Einfachprüfwerkstücke. Hrsg. VDI-Gesellschaft Produktionstechnik (ADB). Berlin, Wien, Zürich: Beuth-Verlag 1986-11.

[1-7]   VDI 2851 Blatt 2: Numerisch gesteuerte Arbeitsmaschinen, Beurteilung von NC-Drehmaschinen durch Einfachprüfwerkstücke. Hrsg. VDI-Gesellschaft Produktionstechnik (ADB). Berlin, Wien, Zürich: Beuth-Verlag 1986-11.

[1-8]   VDI 2851 Blatt 3: Numerisch gesteuerte Arbeitsmaschinen, Beurteilung von Fräsmaschinen und Bearbeitungszentren durch Einfachprüfwerkstücke. Hrsg. VDI-Gesellschaft Produktionstechnik (ADB). Berlin, Wien, Zürich: Beuth-Verlag 1986-11.

[1-9]   DIN Taschenbuch 162: Werkzeugmaschinen 3, Normen über Abnahmebedingungen, 2. Auflage. Berlin, Wien, Zürich: Beuth-Verlag 1989.

[1-10] VDI/DGQ 3441-3445: Statistische Prüfung der Arbeits- und Positioniergenauigkeit von Werkzeugmaschinen. Berlin, Wien, Zürich: Beuth-Verlag 1977-03, 1978-09.

[1-11] DIN 45635: Geräuschmessung an Maschinen. Berlin, Wien, Zürich: Beuth-Verlag 1984-04.

[2-1]   *Warnecke, H.J.; Dutschke, W.:* Fertigungsmeßtechnik, Handbuch für Industrie und Wissenschaft. Berlin, Heidelberg, New York: Springer-Verlag, 1984.

[2-2]   DIN 879 Teil 1: Feinzeiger mit mechanischer Anzeige. Berlin, Köln: Beuth-Verlag.

[2-3]   *Rohrbach, C.:* Handbuch für experimentelle Spannungsanalyse. Düsseldorf: VDI-Verlag, 1989.

[2-4]   *Rohrbach, C.:* Handbuch für elektrisches Messen mechanischer Größen. Düsseldorf: VDI-Verlag, 1967.

[2-5]   Potentiometer-Geber. Datenblatt 4513 A; Prospekt der Fa. TWK-Elektronik GmbH, Düsseldorf.

[2-6]   Sensoren zur elektrischen Messung mechanischer Größen. Gesamtkatalog 1991 der Fa. Burster Präzisionsmeßtechnik, Gernsbach.

[2-7]   *Beitz, W.; Küttner, K.-H.:* Dubbel, Taschenbuch für den Maschinenbau, 19. Auflage. Berlin, Heidelberg, New York: Springer-Verlag, 1997.

[2-8]   Berührungsloses Kapazitives Wegmeßsystem. Datenblatt 227 104 / 04.88; Prospekt der Fa. Micro Epsilon.

[2-9]   Modulares Berührungsloses Wegmeßsystem. Datenblatt 227 054 / 04.89; Prospekt der Fa. Micro Epsilon.

[2-10] Induktive Wegaufnehmer. Datenblatt D 25.02.0 der Fa. Hottinger Baldwin Meßtechnik GmbH, Darmstadt.

[2-11] Induktive Wegaufnehmer. Datenblatt D 25.01.7 der Fa. Hottinger Baldwin Meßtechnik GmbH, Darmstadt.

[2-12] Wegaufnehmer, Sangamo Transducers, Prospekt der Fa. Schlumberger Meßgeräte GmbH, Essen, 1991.

[2-13] *Pfeifer, T.:* Manuskript zur Vorlesung „Elektrisches Messen mechanischer Größen". Werkzeugmaschinenlabor der RWTH Aachen, Lehrstuhl für Fertigungsmesstechnik und Qualitätsmanagment.

[2-14] Wavelength Tracking Compensation, Supplement to HP 5527A Technical Data. Prospekt der Fa. Hewlett Packard, 1986.

[2-15] *Kerner, M.:* Interferenz-Refraktometer, Stand und Perspektiven. Technisches Messen 58 (1991) 1.

[2-16] *Meiser, H.-P.; Luhs, D.; Frerking, D.:* Neue relative und absolute Laser-Interferometer-Refraktometer für die Messung der Brechzahl von Luft, Gasen und Flüssigkeiten. VDI-Berichte 749, 1989.

[2-17] *Wilkening, G.:* Messen und Berücksichtigen der Brechzahl der Luft, VDI/VDE Gesellschaft Meß- und Regeltechnik: Vorträge zum Aussprachetag „Laser-Interferometer in der Längenmeßtechnik", Braunschweig, 1985.

[2-18] Dokumentation „Laser-Interferometer in der Längenmeßtechnik", VDI Bericht 548: Düsseldorf. VDI-Verlag, 1985.

[2-19] Hewlett-Packard, California, USA: Designer's Guide Laser Position Transducer HP 5527 A.

[2-20] Axiom 2/20 Displacement Measuring Laser Interferometer System. Prospekt Fa. Zygo Corporation.

[2-21] *Pfeifer, T.:* Neue Meßverfahren zur Beurteilung der Arbeitsgenauigkeit von Werkzeugmaschinen. Habilitation RWTH Aachen, 1972.

[2-22] *Pfeifer, T.:* Untersuchung der geometrischen und kinematischen Genauigkeit von Werkzeugmaschinen unter Einsatz neuer Laser-Technologien. DFG-Forschungsbericht Op/1/IS7 1975.

[2-23] *Hoffer, T.M.; Fischer, W.:* Abnahme von Werkzeugmaschinen mit einem Laser-Meßsystem Teil I u. II. Feinwerktechnik u. Meßtechnik Heft 6 u. 7, München 1977.

[2-24] *Grüberl, H.; Nitsch, G.:* Laserinterferometrie: Flexibel durch LWL-Strahlführung. Feinwerktechnik und Meßtechnik 100 (1992) 10.

[2-25] *Schüßler, H.H.:* Die Eignung von Laserstrahl und photoelektrischen Detektoren zur Messung der Abweichung von Geradlinigkeit und Ebenheit im Maschinenbau. Dissertation RWTH Aachen, 1971.

[2-26] *Schüßler, H.H.:* Measurement of Straightness deviations by Means of a Laser Beam with multiple Position Sensitive Photodetectors. IMEKO Symposium on Measurement and Inspection in Industry by Computer Aided Metrology, Ungarn 1990.

[2-27] Large Area PSD Series, Technical Data. Prospekt der Fa. Hamamatsu Photonics K. K., Japan, 1990.

[2-28] Technische Informationen, LDS 1 (Laser-Distance-Sensor). Prospekt der Fa. Leuze electronic, Owen/Teck, 1989.

[2-29] *Ernst, A.:* Digitale Längen- und Winkelmeßtechnik. Bibliothek der Technik Bd.34, Verlag Moderne Industrie, 1991.

[2-30] *Peglow, M.:* Meßmethoden zum Autokollimationsfernrohr. Ernst Leitz GmbH, Wetzlar.

[2-31] Elcomat/Elcomat HR Electronic Autocollimator. Prospekt der Fa. Möller Optische Werke GmbH, 1990.

[2-32] *Schwiegelshohn, K.:* Entwicklung seismischer Drehfehlermeßgeräte mit niedrigen Eigenfrequenzen für die Verzahntechnik. Dissertation RWTH Aachen, 1963.

[2-33] N.N.: Inkrementale Winkelmeßsysteme, Firmenschrift Fa. Heidenhain, Traunreut.

[2-34] Quarzkristall-Beschleunigungsaufnehmer, Datenblätter 8.8. Prospekt der Fa. Kistler In-
        strumente AG, Winterthur, Schweiz, 1989.

[2-35] *Weck, M.; Plewnia, C.:* Schwingungs- und Lärmprobleme, Hilfe mit modernen Meß-
        und Analysemethoden. VDI-Berichte, Nr. 904, 1991.

[2-36] *Weck, M.; Lauffs, H.-G.:* Verfahren zur berührungslosen Sensorsignalübertragung von
        rotierenden Wellen. VDI-Berichte, Nr. 509, 1984.

[2-37] Dehnungsmeßstreifen mit Zubehör. Datenblatt G 24.01.6; Prospekt der Fa. Hottinger
        Baldwin Meßtechnik GmbH, Darmstadt.

[2-38] *Hoffmann, K.:* Grundlagen der Dehnungsmeßstreifen-Technik; Die Messung elementarer
        Belastungsfälle mit DMS. Hottinger Baldwin Meßtechnik GmbH, Darmstadt, vd 5.80-
        3.0(A).

[2-39] *Tichy, J.; Gautschi, G.:* Piezoelektrische Meßtechnik, Physikalische Grundlagen. Berlin,
        Heidelberg, New York: Springer-Verlag, 1980.

[2-40] Quarzkristall-Meßunterlegscheiben, Datenblatt 6.011. Prospekt der Fa. Kistler Instru-
        mente AG, Winterthur, Schweiz, 1989.

[2-41] *Weck, M.; Krauhausen, M.:* Anwendung der holografischen Interferometrie bei der Un-
        tersuchung von Werkzeugmaschinen. VDI-Seminar „Schwingungen an Werk-
        zeugmaschinen", 1991.

[2-42] *Steel, W.H.:* Interferometry, second edition. Cambridge University Press, 1983.

[2-43] *Jones, R.; Wykes, C.:* Holografie and Speckle Interferometry. Cambridge University
        Press, 1983.

[2-44] *Hecht, E.:* Optik. Addison-Wesley Publishing Company, 1989.

[2-45] *Creath, K.; Wolf, E.:* Phase-measurement interferometry techniques. Progress in optics
        XXVI, Elsevier science publishers B.V. 1988, pp. 35 1-391.

[2-46] *Weber, J.:* Elektronische Speckle-Pattern-Interferometrie. Feinwerktechnik und
        Meßtechnik 94 (1986), 5. 426-428.

[2-47] *Creath, K.:* Phase-shifting speckle interferometry. Applied Optics 9/85, Vol. 24, No. 18,
        pp. 3053-3058.

[3-1]   DIN Taschenbuch 122: Werkzeugmaschinen 2; Normen über Abnahmebedingungen. 3.
        Aufl. Berlin, Köln: Beuth-Verlag, 1988.

[3-2]   DIN Taschenbuch 162: Werkzeugmaschinen 3; Normen über Abnahmebedingungen. 2.
        Aufl. Berlin, Köln: Beuth-Verlag, 1989.

[3-3]   VDI/DGQ 3441-3445: Statistische Prüfung der Arbeits- und Positionsgenauigkeit von
        Werkzeugmaschinen. Berlin, Köln: Beuth-Verlag, 1977.

[3-4]   *Stöferle, Th.; Ertl, P.; McKown, P.A.; Scarr, Ä.J.; Weck, M.:* Specifying the Accuracy of
        Multi-Axis Measuring Machines and Machine Tools. CIRP-Work-Shop 1976/77. Paris:
        CIRP-Secretariat general, 19 Rue Blanche.

[3-5]   *Tlusty, J.:* Testing and Evaluating the Accuracy of Numerically Controlled Machine
        Tools. Transactions of the Society of Manufacturing Engineers. Dearborn (Michigan,
        USA), 1973.

[3-6]   *Schlesinger, G.:* Prüfbuch für Werkzeugmaschinen. 1. Auflage 1927, 7. Auflage 1962.
        Middelburg: G.W. den Boer.

[3-7]   DIN V 8602: Verhalten von Werkzeugmaschinen unter statischer und thermischer Bean-
        spruchung; Allgemeine Regeln für die Prüfung von Fräsmaschinen. Berlin, Köln: Beuth-
        Verlag, 1990.

[3-8]   *Peglow, M.:* Meßmethoden zum Autokollimationsfemrohr. Firmendruck der Ernst Leitz
        GmbH, Wetzlar.

[3-9]   *Hoffer, T.M.; Fischer, W.:* Abnahme von Werkzeugmaschinen mit einem Laser-
        Meßsystem, Teil 1 und II. Feinwerktechnik & Meßtechnik (1977) Heft 6 und 7.

[3-10] *Profos, P.; Pfeifer, T.:* Handbuch der industriellen Meßtechnik, Wien: R. Oldenbourg-
        Verlag, 1992.

[3-11] *Richters, H.; Dutschke, W.:* Erfahrungen bei der Geradheitsmessung, VDI/VDE Gesellschaft für Meß- u. Regeltechnik, GMR-Bericht 6, Vorträge zum Aussprachetag „Laserinterferometrie in der Längenmeßtechnik" 12.-13. März 1985.

[3-12] *Bronstein, I.N.; Semendjajew, K.A.:* Taschenbuch der Mathematik. Frankfurt/Main, Verlag Harri Deutsch, 1998.

[3-13] *Jordan-Engeln, G.; Reutter, F.:* Numerische Mathematik für Ingenieure. Mannheim, Wien, Zürich: Bibliografisches Institut, 1982.

[3-14] *Weck, M.; Mengen, D.:* Optimierung optischer Meßmittel für die Erfassung geometrischer Abweichungen an Werkzeugmaschinen. VDW-Forschungsvorhaben 0156, Werkzeugmaschinenlabor der RWTH Aachen, 1989.

[3-15] *Weck, M.; Reisel, U.; Mengen, D.:* Einsatz optischer Meßverfahren zur Erfassung geometrischer und kinematischer Abweichungen an Werkzeugmaschinen. VDW-AIF Forschungsbericht Nr. 6777, Werkzeugmaschinenlabor der RWTH Aachen, 1989.

[3-16] Autorenkollektiv: Geometrisches und kinematisches Verhalten von Werkzeugmaschinen im lastfreien und belasteten Zustand. Seminarunterlagen, Werkzeugmaschinenlabor der RWTH Aachen 1980.

[3-17] *Weck, M.; Mehles, H.:* Genauigkeitsmessungen an Werkzeugmaschinen. VDI-Berichte Nr. 408/1981.

[3-18] *Bryan, J.B.:* A simple method for testing measuring machines and machine tools. Precision Engineering, Vol. 4 No. 2, April 1982.

[3-19] DIN ISO 4291: Verfahren für die Ermittlung der Rundheitsabweichung. Berlin, Köln: Beuth-Verlag, 1987.

[3-20] *Donaldson, R.:* Simple method for separating spindle error from test ball roundness error. CIRP Annals 21, Nr. 1, 1987.

[3-21] DIN 8601: Abnahmebedingungen für Werkzeugmaschinen für die spanende Bearbeitung von Metallen; Allgemeine Regeln. Berlin, Köln: Beuth-Verlag, 1986.

[3-22] DIN 8605: Werkzeugmaschinen; Drehmaschinen mit erhöhter Genauigkeit; Abnahmebedingungen. Berlin, Köln: Beuth-Verlag, 1976.

[3-23] ANSI/ASME B89.3.4M: Axis of rotation; Methods for specifying and testing. The American Society on Mechanical Engineers, 1985.

[3-24] *Weck, M.; Schmidt, M.:* Analyse des Wälzfräsmaschinenverhaltens unter statischer Belastung. VDW-AIF Forschungsbericht Nr. 4647, Werkzeugmaschinenlabor der RWTH Aachen, 1983.

[3-25] DIN 8642: Wälzfräsmaschinen mit normaler Genauigkeit; Abnahmebedingungen. Berlin, Köln: Beuth-Verlag.

[3-26] *Weck, M.; Luderich, J.:* Hochgenaue Spindelsysteme. Untersuchung über die Laufgenauigkeit und deren Einfluß auf das Bearbeitungsergebnis. Aachen: Verlag Shaker.

[4-1] Autorenkollektiv: Geometrisches und kinematisches Verhalten von Werkzeugmaschinen im lastfreien und belasteten Zustand. Seminarunterlagen, Werkzeugmaschinenlabor der RWTH Aachen, 1980.

[4-2] EPPMP-Autorenkollektiv: Static deflection measurement techniques for mechanical presses. EPPMP Recommendation Nr. 5, 1977.

[4-3] *Hanisch, M.:* Das Verhalten mechanischer Kaltfließpressen in geschlossener Bauart bei mittiger und außermittiger Belastung. Dissertation TU Hannover, 1978.

[4-4] *Eckstein, R.:* Beurteilung der statischen Last-Verformungseigenschaften von Werkzeugmaschinen mit Hilfe der quasistatischen Meßtechnik. Dissertation RWTH Aachen, 1987.

[4-5] *Steinert, T.:* Meßtechnische Methoden zur Erfassung der Bauteileigenschaften. Vortrag auf der VDW-Konstrukteur-Arbeitstagung „Gestellbauteile spanender Werkzeugmaschinen", RWTH Aachen, 1992.

[5-1] *Kersten, A.:* Geometrisches Verhalten von Werkzeugmaschinen unter statischer und thermischer Last. Dissertation RWTH Aachen, 1983.

[5-2] *Weck, M.:* Werkzeugmaschinen Band 2: Konstruktion und Berechnung. 6. Auflage. Düsseldorf: VDI-Verlag, 1997.

[5-3] *Weck, M.; Eckstein, R.:* Hallenklima beeinflußt Arbeitsgenauigkeit. Industrie Anzeiger, 1986, Heft 72.

[5-4] Firmeninformation Krypton Electronic Engineering, Interleuvenlaan 86, 3001 Leuven, Belgien

[5-5] Firmenprospekt Firma FLIR Systems, 16505 SW 72nd Avenue, Portland, OR 97224 USA

[6-1] Schwingungen an spanenden Werkzeugmaschinen. Handbuch zur Aachener VDW-Konstrukteur-Arbeitstagung, Werkzeugmaschinenlabor der RWTH Aachen, 1971.

[6-2] *Danek, O.; Polacek, W.; Spacek, W.; Tlusty, J.:* Selbsterregte Schwingungen im Werkzeugmaschinenbau. Berlin: VEB-Verlag Technik, 1952.

[6-3] *Allemang, R.; Brown, D.; Rost, R.:* Experimental Modal Analysis And Dynamic Component Sythesis. Proceedings of the 13th International Seminar on Modal Analysis, Sept. 1988, Mech. Eng. Dept. K. U. Leuven, Belgien.

[6-4] *Natke, H.G.:* Einführung in die Theorie der Zeitreihen- und Modalanalyse, Braunschweig, Wiesbaden: Vieweg-Verlag, 1992.

[6-5] *Bronstein, I.N.; Semendjajew, K.A.:* Taschenbuch der Mathematik. Frankfurt/Main, Verlag Harri Deutsch, 1998.

[6-6] *Brigham, E.O.:* FFT, Schnelle Fourier-Transformation. 2. Auflage. München, Wien: Oldenbourg Verlag, 1985.

[6-7] *Cooley, J.W.; Tukey, J.W.:* An algorithm for machine calculation of complex Fourier series. Math. Computation, Vol. 19. Pp 297-301, April 1965.

[6-8] *Wehrmann, W.:* Real-time-Analyse. Grafenau/ Württ: Lexica-Verlag, 1979.

[6-9] *Weck, M.:* Analyse linearer Systeme mit Hilfe der Spektraldichtemessung und ihre Anwendung bei dynamischen Werkzeugmaschinenuntersuchungen unter Abnahmebedingungen. Dissertation RWTH Aachen, 1969.

[6-10] N.N.: CAEDS Test Data Analysis; Benutzerhandbuch. IBM Corporation, New York, USA 1988.

[6-11] *Beitz, W.; Küttner, K.-H.:* Dubbel; Taschenbuch für den Maschinenbau. 19. Auflage. Berlin, Heidelberg, New York: Springer-Verlag, 1997.

[6-12] *van Loon, P.:* Modal Parameters of Mechanical Structures, Ph.D. Dissertation Mech. Eng. Dept. K. U. Leuven, Belgien, 1974.

[6-13] *Caughey, T.K.; O'Kelly, M.E.J.:* Classical normal modes in damped linear dynamic systems. Journal of Applied Mechanics Vol. 31 (1965) pp. 583-588.

[6-14] *Cowley, A.:* The prediction of the dynamic characteristics of machine tool structures. Ph.D. Thesis University of Manchester, 1969.

[6-15] *Formenti, D.; Allemang, R.; Rost, R.; Severyn, T.; Leuridan, J.:* Analytical and Experimental Modal Analysis, Proceedings of the 13th International Seminar on Modal Analysis, Sept. 1988, Mech. Eng. Dept. K. U. Leuven, Belgien.

[6-16] N.N.: LMS-MODAL/Analysis, User Manual, Rev. 3.5, LMS International, Leuven, Belgien, 1999.

[6-17] *Leuridan, J.; V.d. Auweraer, H.; Mergeay, M.:* Review of Parameter Identification Techniques, Esprit Project 1561, SACODY, Proceedings of the 13th International Seminar on Modal Analysis, Sept. 1988, Mech. Eng. Dept. K. U. Leuven, Belgien.

[6-18] N.N.: Geräte zur Schwingungsanalyse, Prospekt Fa. Brüel und Kjaer, Dänemark, 1999.

[6-19] *Rehling, E.:* Entwicklung und Anwendung elektrohydraulischer Wechselkrafterreger zur Untersuchung von Werkzeugmaschinen. Dissertation RWTH Aachen, 1965.

[6-20] *Beckenbauer, K.:* Entwicklung und Einsatz eines aktiven Dämpfers zur Verbesserung der dynamischen Eigenschaften von Werkzeugmaschinen. Dissertation RWTH Aachen, 1970.

[6-21] N.N.: Piezo-Guide, Teil 1 und 2, Handbücher für Piezostelltechnik, Kataloge PZ 36, 37, Physik Instrumente, Waldbronn, 1998.

[6-22] *Pfeiffer, T.:* Berührungsloser elektromagnetischer Schwingungserreger für dynamische Untersuchungen an Werkzeugmaschinen. Dissertation RWTH Aachen, 1970.

[6-23] *Weck, M.; Prößler, E.-K.:* Untersuchung des dynamischen Verhaltens spanender Werkzeugmaschinen und deren einzelner Bauelemente und Kopplungsstellen mit Hilfe aperiodischer Testsignale. DFG-Forschungsbericht We 550/9, Juni 1977.

[6-24] *N.N.:* Impulshammer mit Quarzkristall-Kraftmesselement. Datenblatt 8.9726.3.88, Kistler Instrumente, Winterthur, Schweiz, 1988.

[6-25] *Weck, M.; Teipel, K.:* Dynamisches Verhalten spanender Werkzeugmaschinen; Einflußgrößen, Beurteilungsverfahren, Meßtechnik. Berlin, Heidelberg, New York: Springer-Verlag, 1977.

[6-26] *Weck, M:* Dynamisches Verhalten spanender Werkzeugmaschinen; Einflußgrößen, Beurteilungsverfahren, Meßtechnik. Habilitation RWTH Aachen, 1971.

[6-27] *Smith, S.; Tlusty, J.:* Stabilizing Chatter by Automatic Spindle Speed Regulation. Annals of the CIRP Vol. 41/1/1992.

[6-28] *Danek, O.; Polacek, W.; Spacek, W.; Tlusty, J.:* Selbsterregte Schwingungen im Werkzeugmaschinenbau. Berlin: VEB-Verlag Technik, 1952.

[6-29] *Werntze, G.:* Dynamische Schnittkraftkoeffizienten. Bestimmung mit Hilfe des Digitalrechners unter Berücksichtigung im mathematischen Modell zur Stabilitätsanalyse. Dissertation RWTH Aachen, 1973.

[6-30] *Roese, H.:* Untersuchung der dynamischen Stabilität beim Fräsen. Dissertation RWTH Aachen, 1967.

[6-31] *Beer, C.:* CAD/CAP unterstützte Generierung ratterfreier NC-Programme für das Schaftfräsen. Dissertation RWTH Aachen, 1995

[6-32] *Weck, M.:* Influence of the Direction Dependent Dynamic Machine Flexibility on the Ovality of Bored Holes, CIRP-Workshop 2005, Antalya

[6-33] *Schiefer, K.H.:* Theoretische und experimentelle Stabilitätsanalyse des Schleifprozesses. Dissertation RWTH Aachen, 1980.

[6-34] *Weck, M.; Schiefer, K.H.:* Interaction of the Dynamic Behaviour Between Machine Tool and Cutting Process for Grinding. Annals of CIRP Vol. 28/1/1979.

[6-35] *Weck, M.; Klotz, N.:* Schwingungsphänomene beim Abricht- und Schleifprozeß. Industrie Anzeiger Nr. 30, 1983, 5. 50 - 54.

[6-36] *Isensee, U.:* Beitrag zur dynamischen Stabilität des Schleifprozesses. Dissertation TU Braunschweig, 1977.

[6-37] *Werner, G.:* Kinematik und Mechanik des Schleifprozesses. Dissertation RWTH Aachen, 1971.

[6-38] *Opitz, H.; Younis, M.A.:* Betrachtung zur Stabilität des Schleifverfahrens. Industrie Anzeiger Nr. 15, 1971, 5. 317 ff.

[6-39] *Klotz, N.:* Beurteilung des statischen und dynamischen Verhaltens von Umfangschleifmaschinen. VDI Fortschritt-Berichte, Reihe 2: Fertigungstechnik Nr. 130. Düsseldorf: VDI-Verlag, 1987.

[6-40] *Weck, M.; Folkerts, W.; Alldieck, J.:* Auswirkungen von Maschine, Schleifscheibe und Schnittprozeß auf die dynamische Stabilität beim Schleifen. Jahrbuch Schleifen, Honen, Läppen und Polieren 1990, 56. Ausgabe 5. 277 - 292. Essen: Vulkan Verlag, 1990.

[6-41] *Dregger, E. U:* Untersuchung des instabilen und des stabilen Fräsprozesses. Dissertation RWTH Aachen, 1966.

[6-42] *Weck, M; Gnoyke, R.:* Entwicklung von Werkzeugen zur Verbesserung des Stabilitätsverhaltens spanender Bearbeitungsprozesse. Abschlußbericht zum Forschungsvorhaben AIF Nr. 620031, 1988.

[7-1] *Weck, M.; Krüger, P.; Brecher, C.:* Grenzen für die Reglereinstellung bei elektrischen Lineardirektantrieben. antriebstechnik 38, 2/3, 1999.

[7-2] *Weck, M.; Krüger, P.; Brecher, C.; Remy, F.:* Statische und dynamische Steifigkeit von linearen Direktantrieben. antriebstechnik 36, 12, 1997.

[7-3]   *Weck, M. und Krüger, P.:* Verbesserte Abschätzung der Störsteifigkeit linearer Direktan-
        triebe. In: Spur, G.; Weck, M.; Pritschow, G.: Technologien für die Hochgeschwindig-
        keitsbearbeitung. Reihe 2, VDI-Verlag, Düsseldorf, 1998.

[7-4]   *Weck, M.; Krüger, P.; Brecher, C.; Wahner, U.:* Components of the HSC-Machine. Pro-
        ceedings of the 2nd International German and French Conference on High Speed Ma-
        chining, Darmstadt 1999.

[7-5]   *Knapp, W.; Hrovet, S.:* Der Kreisformtest. Zürich: Eigenverlag S. Hrovet.

[7-6]   *Knapp, W.:* Ergebnisse bei der dynamischen Prüfung von Werkzeugmaschinen und Ko-
        ordinaten-Meßgeräten. VDI-Bericht Nr. 711.

[7-7]   *Schierling, H.:* Selbstinbetriebnahme – eine neue Eigenschaft moderner Drehstrom-
        antriebe. atp Nr. 32, 1990.

[8-1]   *Kraag, W.; Weißing, H.:* Schallpegelmeßtechnik. Berlin: VEB-Verlag Technik, 1970.

[8-2]   *Kurtze, G.:* Physik und Technik der Lärmbekämpfung. Karlsruhe: Verlag G. Braun,
        1964.

[8-3]   *Slawin, I.I.:* Industrielärm und seine Bekämpfung. Berlin: VEB-Verlag Technik, 1960.

[8-4]   *Heckl, M.; Muller, H.A.:* Taschenbuch der technischen Akustik. Heidelberg, New York,
        Berlin: Springer-Verlag, 1994.

[8-5]   Hewlett & Packard, Santa Clara (USA): Software Manual for Fast-Fourier-Analyser-
        Systems. (Bedienungshandbuch zum HP Fast-Fourier-Analysator 4551 B).

[8-6]   *Weck, M.; Melder, W.:* Maschinengeräusche - Messen, Beurteilen, Mindern. Düsseldorf:
        VDI-Verlag, 1980.

[8-7]   *Kuttner, H.:* Schallintensitätsmessungen in der Maschinenakustik. Messen und Prüfen 1
        Automatik, Bad Wörrishofen: H. Holtzmann Verlag, Jan./Feb. 1981.

[8-8]   *Gade, S.:* Sound Intensity. Technical Review No. 3 and No. 4, Brüel & Kjaer, Naerum
        1982.

[8-9]   *Hamann, M.:* Ein Beitrag zur Realisierung eines Schallintensitätsverfahrens in der Ma-
        schinenakustik. Dissertation Universität Hannover, 1980.

[8-10] *Klöckner, M.:* Geräuschminderung an spanenden Werkzeugmaschinen. Ursachen-
        analyse, Vorgehensweise und Hilfsmittel zur Durchführung konstruktiver Maßnahmen.
        Fortschritt-Berichte VDI-Z, Reihe 11, Nr. 47. Düsseldorf: VDI-Verlag, 1982.

[8-11] *Weck, M.; Lachenmaier, S.; Goebbelet, J.:* Lärmminderung an Getrieben. VDI-Berichte
        Nr. 389. Düsseldorf: VDI-Verlag, 1981.

[8-12] *Lachenmaier, S.:* Auslegung von evolventischen Sonderverzahnungen für schwingungs-
        und geräuscharmen Lauf von Getrieben, Stand der Technik, Einflußgrößen, Ausle-
        gungskriterien. Fortschritt-Berichte VDI-Z, Reihe 11, Nr. 54, Düsseldorf: VDI-Verlag,
        1983.

[8-13] *Melder, W.:* Geräuschemission spanender Werkzeugmaschinen - Einflußgrößen, Beur-
        teilungsverfahren, Meßtechnik. Dissertation RWTH Aachen, 1976.

[8-14] *Weck, M.; Melder, W.; Brey, W.; Klöcker, M.; Roschin, N.:* Geräuschemission von
        Drehmaschinen. Hrsg. Bundesanstalt für Arbeitsschutz und Unfallforschung, Dortmund,
        Forschungsbericht Nr. 181. Bremerhaven: Wirtschaftsverlag NW, 1977.

[8-15] *Weck, M.; Melder, W.; Brey, W.; Klöcker, M.; Roschin, N.:* Geräuschemission von
        Fräsmaschinen. Hrsg. Bundesanstalt für Arbeitsschutz und Unfallforschung, Dortmund,
        Forschungsbericht Nr. 214. Bremerhaven: Wirtschaftsverlag NW, 1979.

[8-16] *Weck, M.; Melder, W.; Brey, W.; Klöcker, M.; Wiedeking, W.:* Geräuschemission spa-
        nender Werkzeugmaschinen - Wälzfräsmaschinen, Kreissägemaschinen, Schleifmaschi-
        nen, Bohrmaschinen. Hrsg. Bundesanstalt für Arbeitsschutz und Unfallforschung, Dort-
        mund, Forschungsbericht Nr. 264. Bremerhaven: Wirtschaftsverlag NW, 1981.

[8-17] *Weck, M.; Nettelbeck, C.:* Geräuschemission und Stand der Lärmminderungstechnik von
        spanenden Werkzeugmaschinen. Abschlussbericht zum Forschungsvorhaben Nr. 1375
        der Bundesanstalt für Arbeitsschutz.

[8-18] *Zwicker, E.:* Psychoakustik. Berlin, Heidelberg, New York: Springer Verlag, 1982.

[8-19] *Genuit, K.:* Sound Quality / Design and Engineering, Seminarband, Herzogenrath, 1998.

[9-1]   *Weck, M.; Hanrath, G.:* Neue Testverfahren zur Beurteilung von Werkzeugmaschinen unter Last. 10. congreso de investigacion, diseno y utilizacion de maquinas-herramienta, San Sebastian, 1994.

[9-2]   VDI/DGQ 3441-3445: Statistische Prüfung der Arbeits- und Positionsgenauigkeit von Werkzeugmaschinen. Berlin, Köln: Beuth-Verlag, 1977.

[9-3]   VDI 2851 Blatt 1. Beurteilung von Bohrmaschinen durch Einfachprüfwerkstücke. VDI-Gesellschaft Produktionstechnik (ADB), November 1986.

[9-4]   VDI 2851 Blatt 2: Beurteilung von NC-Drehmaschinen durch Einfachprüfwerkstücke. VDI-Gesellschaft Produktionstechnik (ADB), November 1986.

[9-5]   VDI 2851 Blatt 3: Beurteilung von Fräsmaschinen und Bearbeitungszentren durch Einfachprüfwerkstücke. VDI-Gesellschaft Produktionstechnik (ADB), November 1986.

[9-6]   NAS: National Aerospace Standard Washington. 913 für Bahngesteuerte Fräsmaschinen, 978 für NC-gesteuerte Maschinenzentren, 979 für diverse NC-Maschinen.

[9-7]   BAS: Machine Tests. Sverges Mekanförbund. Box 5506, 11485 Stockholm.

[9-8]   *Tlusty, J.; Koenigsberger, F.:* University of Manchester, Institut of Science and Technology (UMIST): Specifications and Test of Metal-Cutting Machine Tools. Proceedings of the Conference 1 9th and 2Oth Feb. (1970) Vol. 1, 2. Manchester, Revell and George Limited.

[9-9]   JIS: Japanese Industrial Standards. Japanese Standards Association. Tokyo, Japan.

[9-10] ENIMS: Russian Standards of Rigidity for Machine Tools. Russian Machine Tools Abstracts and Reports, MTIRA-Manchseter.

[9-11] NCG 2004 Teil 1 (Entwurf): Abnahmerichtlinien/-Werkstücke für Hochgeschwindigkeitsbearbeitung (HSC) – Teil 1: Fräsmaschinen und Bearbeitungszentren, Empfehlung der NC-Gesellschaft, Ulm, 1997.

[9-12] N.N.: Sicherung der Qualität vor Serieneinsatz. 2. grundlegend überarbeitete Auflage, Verband der Automobilindustrie e.V., 1986.

[9-13] N.N.: Prozeßfähigkeit - Richtlinie für Untersuchungen der vorläufigen und fortdauernden Prozeßfähigkeit. Ford-Werke AG, Köln, 1991.

[9-14] N.N.: Handbuch für Statistical Process Control in der Fertigung. Adam Opel AG, Rüsselsheim, 1986.

[9-15] N.N.: Technische Statistik - Maschinen- und Prozeßfähigkeit von Bearbeitungseinrichtungen. Robert Bosch GmbH, Stuttgart, 1991.

[9-16] *Weck, M.; Hanrath, G.:* Abnahme von spanenden Werkzeugmaschinen. Abschlußbericht zum VDW-Forschungsvorhaben 157/1, Frankfurt, 1995.

[9-17] *Langkammer, K.:* Die Zerspankraftkomponenten als Kenngrößen zur Verschleißmessung an Hartmetall-Drehwerkzeugen. Dissertation RWTH Aachen, 1971.

[9-18] *Weck, M.; Schäfer, W.:* Einfluß thermischer Umgebungsbedingungen auf die Arbeitsgenauigkeit spanender Werkzeugmaschinen. VDW-AIF-Forschungsvorhaben, Werkzeugmaschinenlabor der RWTH Aachen, 1987.

[9-19] *Weck, M.; Hanrath, G.:* Abnahme spanender Werkzeugmaschinen in Form einer Fähigkeitsuntersuchung. VDI-Z 136 (1994), Nr. 9.

[9-20] *Schuster, W.; Herfort, P.:* Technische Statistik für Ingenieure - Fähigkeit von Meßeinrichtungen. Deutsches Institut für Fernstudienforschung an der Universität Tübingen, 1992.

[9-21] N.N.: Measurement Systems Analysis - Reference Manual. Chrysler, Ford, General Motors, Troy, Michigan, 1990.

[9-22] N.N.: Fähigkeit von Meßsystemen und Meßmitteln. Ford-Werke AG, Köln, 1990.

[9-23] *Porter, L.J.; Oakland, J. S.:* Process Capability Indices - An Overview of Theory and Practice. Quality and Reliability Engineering International, Vol. 7, 437-488 (1991).

[9-24] *Weck, M.; Hanrath, G.:* Handbuch zum Statistischen Auswerteprogramm für Fähigkeitsuntersuchungen (SAFU) - Version 3.2, Werkzeugmaschinenlabor der RWTH Aachen, 1995.

[9-25] VDMA 8669: VDMA-Einheitsblatt „Fähigkeitsuntersuchung zur Abnahme spanender Werkzeugmaschinen". Berlin: Beuth-Verlag, 1995.

[9-26] DIN 55350: Begriffe der Qualitätssicherung und Statistik, Teil 33: Begriffe der statistischen Prozeßlenkung (SPC). Berlin: Beuth Verlag, 1993.

Index